REFLECTÂNCIA DOS MATERIAIS TERRESTRES

análise e interpretação

REFLECTÂNCIA DOS MATERIAIS TERRESTRES
análise e interpretação

Paulo Roberto Meneses
Tati de Almeida
Gustavo Macedo de Mello Baptista
organizadores

oficina de textos

1ª reimpressão 2022

Grafia atualizada conforme o Acordo Ortográfico da Língua Portuguesa de 1990, em vigor no Brasil desde 2009.

Capa e projeto gráfico **Malu Vallim**
Diagramação **Douglas da Rocha Yoshida**
Preparação de figuras **Beatriz Zupo**
Preparação de textos **Hélio Hideki Iraha**
Revisão de textos **Natália Pinheiro Soares**
Impressão e acabamento

Dados Internacionais de Catalogação na Publicação (CIP)
(Câmara Brasileira do Livro, SP, Brasil)

Reflectância dos materiais terrestres : análise e interpretação / Paulo Roberto Meneses, Tati de Almeida, Gustavo Macedo de Mello Baptista organizadores. -- São Paulo : Oficina de Textos, 2019.

Bibliografia.
ISBN 978-85-7975-301-5

1. Análise espectral 2. Geotecnologia 3. Pesquisa espacial - Brasil 4. Reflectância espectral 5. Sensoriamento remoto I. Meneses, Paulo Roberto. II. Almeida, Tati de. III. Baptista, Gustavo Macedo de Mello.

19-23562 CDD-621.3678

Índices para catálogo sistemático:
1. Reflectância dos materiais terrestres : Sensoriamento remoto : Tecnologia 621.3678

Maria Alice Ferreira - Bibliotecária - CRB-8/7964

Rua Cubatão, 798
CEP 04013-003 São Paulo Brasil
tel. (11) 3085-7933
www.ofitexto.com.br e-mail: atend@ofitexto.com.br

PREFÁCIO

Com base nos trabalhos experimentais de Faraday, o físico e matemático escocês James Clerk Maxwell (1831-1879) começou, na década de 1860, a elucidar a natureza ondulatória da luz ao demonstrar que era possível encontrar uma equação de onda para descrever a propagação do campo elétrico e outra do campo magnético, que se deslocariam no espaço à velocidade da luz, o que o levou a inferir que a própria luz deveria ser uma onda eletromagnética. A onda eletromagnética seria, portanto, uma propagação transversal dos campos elétrico e magnético, que se irradiaria pelo espaço em diferentes comprimentos de onda ou em diferentes frequências. Essa teoria eletromagnética da luz conseguia explicar que as cores vistas de objetos a temperaturas ambientais eram resultadas da reflexão da luz em comprimentos de onda da luz visível. No entanto, havia alguns aspectos que essa teoria não esclarecia, sendo o principal deles a cor que determinados objetos emitiam quando eram superaquecidos. Objetos em temperaturas altíssimas (1.000 K) não refletiam a luz que incidia sobre eles, mas sim emitiam luz própria em intensidade suficiente para ser vista.

Coube ao físico alemão Gustav Robert Kirchhoff (1824-1887) descobrir que o espectro de radiação universal emitido pelos corpos aquecidos dependia apenas de sua temperatura, e não da composição do material em si. Um objeto com esse comportamento passou a ser denominado pelos cientistas da época de *corpo negro*, assim chamado não por sua cor, mas por ter a capacidade de absorver toda a radiação que sobre ele incidia. Porém, os dados obtidos experimentalmente mostravam só estarem de acordo com a teoria ondulatória de Maxwell para os maiores comprimentos de onda, sendo incompatíveis para os menores comprimentos. Deduziu-se disso que, pelos princípios da Física Clássica de energia contínua, um corpo negro em equilíbrio térmico deveria emitir, nos menores comprimentos de onda, radiação ultravioleta muito intensa tendendo ao infinito, ou seja, uma radiação com um efeito destruidor à sua volta. Na época, esse possível fenômeno ficou conhecido como *catástrofe do ultravioleta*. Isso permaneceu por longos anos como um problema irresolúvel no campo da Física Clássica.

No início do século XX, exatamente em 1900, Max Karl Ernst Ludwig Planck (1858-1947) pôs um fim nesse histórico impasse sobre a verdadeira natureza da luz, sugerindo de forma revolucionária novos fenômenos físicos envolvendo os átomos e elétrons da matéria e a luz. Surgiu de sua proposta o desenvolvimento de uma nova teoria física, denominada de teoria quântica. Essa revolucionária teoria propunha que a radiação eletromagnética é absorvida ou emitida por um corpo aquecido não sob a forma de ondas, mas por meio de pequenos "pacotes" de energia. A eles Max Planck deu o nome de *quantum*, termo do latim que significa literalmente "quanto": *quantum* seria uma unidade mínima indivisível de energia não contínua, proporcional à frequência da radiação eletromagnética e controlada por uma constante, conhecida como constante h de Planck. Essa era uma proposta que formulava a quantização da energia e, por meio dela, finalmente se ajustou a curva espectral da radiação do corpo negro para todos os comprimentos de onda. Foi a partir daí que surgiu a expressão teoria quântica. Atualmente, um *quantum* é chamado de fóton.

De acordo com a teoria quântica, um feixe de luz contendo trilhões de fótons, ao incidir sobre um material, será em parte absorvido, e isso resultará em uma troca da energia contida nos fótons da luz com a energia quântica contida nos átomos e moléculas da matéria. A porção de fótons de luz não absorvida será refletida, podendo ser detectada por sistemas sensores imageadores, que a converterão em imagens, ou então quantitativamente medida por sensores espectrorradiométricos. Os capítulos deste livro abordam conceitos sobre esses mecanismos de interação da luz com a matéria, expondo-os, em boa parte, na forma de um manual de interpretação da reflectância dos materiais naturais – rochas, minerais, solos, vegetação e água –, abordados nos intervalos de comprimentos de onda do visível, do infravermelho próximo, do infravermelho de ondas curtas e das micro-ondas. Os dados de reflectância são apresentados na forma de espectros, todos obtidos de experimentos de medidas espectrorradiométricas de campo ou de laboratório, realizadas pelos autores ou tomadas de bibliotecas espectrais disponíveis na literatura ou por instituições de pesquisa. Os dois primeiros capítulos são de leitura quase obrigatória para o leitor compreender como os processos quânticos agem nos diferentes materiais e revelam sua composição ou constituição química, física e biológica por meio das bandas de absorção que ocorrem em específicos e únicos comprimentos de onda do espectro eletromagnético.

Este livro foi escrito por especialistas que dedicaram boa parte de suas pesquisas a compreender o espectro de reflectância de alvos terrestres, e nossa esperança é de que ele possa ser acolhido por aqueles que ainda procuram complementar seus conhecimentos no uso e nas aplicações do sensoriamento remoto, bem como pelos acadêmicos responsáveis pelo ensino dessa surpreendente tecnologia de observação da Terra, o Sensoriamento Remoto.

Paulo Roberto Meneses e autores

SUMÁRIO

As figuras com o símbolo ◩ são apresentadas em versão colorida no final do livro.

Paulo Roberto Meneses
Tati de Almeida

1 Fundamentos de Espectrorradiometria

1.1 Radiação eletromagnética

Todo e qualquer entendimento sobre sensoriamento remoto fundamenta-se nos princípios físicos da interação da radiação eletromagnética com a matéria e em como ela é registrada pelos sistemas sensores para a construção das imagens. Uma parte importante desse entendimento está apoiada na espectrorradiometria, uma técnica de análise espectral que possibilita medir as intensidades energéticas da radiação eletromagnética antes e depois de ela ter interagido com os materiais terrestres e por meio da qual se tem a compreensão para interpretar as imagens de sensoriamento remoto. O foco deste capítulo inicial é, basicamente, a espectrorradiometria, em particular os fenômenos espectroscópicos que acontecem entre a radiação e a matéria. Para isso é preciso, primeiro, considerar algumas propriedades da radiação eletromagnética, pois delas dependerão os fenômenos espectroscópicos.

A radiação consiste na propagação de energia de um ponto a outro, no espaço ou em um meio natural, a certa velocidade. Existem dois tipos de radiação: a eletromagnética e a por emissão de partículas. Em sensoriamento remoto, a radiação eletromagnética é a utilizada para registrar as imagens dos objetos, por meio de sensores remotos. De acordo com as formulações de Maxwell, essa radiação se caracteriza pela oscilação ortogonal entre os campos elétrico e magnético, desacoplados das cargas elétricas que lhes deram origem, e se propaga pelo espaço vazio, na velocidade da luz, em uma direção ortogonal a esses dois campos. Essas oscilações dos campos elétrico e magnético são chamadas de ondas eletromagnéticas. Assim, define-se radiação eletromagnética como a oscilação dos campos elétrico e magnético segundo um padrão harmônico de ondas, isto é, ondas espaçadas repetitivamente no tempo. Esses campos dinâmicos sempre ocorrem juntos, como padrões inseparáveis, de modo que nem campo elétrico puro, nem campo magnético puro de onda irradiada acontecem separadamente.

A onda eletromagnética tem um comprimento cujo tamanho depende do tempo durante o qual a partícula geradora da onda é acelerada, e tem uma frequência que depende da frequência de vibração da partícula. Contudo, as formulações de Maxwell sobre o comportamento da radiação eletromagnética como um movimento de ondas suaves dos campos elétrico e magnético falham em explicar certos fenômenos importantes quando a radiação eletromagnética interage com a matéria. Em 1901, Planck observou, em experimentos de geração de ondas eletromagnéticas, que a radiação é emitida em forma de pulsos que carregam certas quantidades de energia. Assim, definiu que, do ponto de vista da Mecânica Quântica (ramo da Física que se dedica com o muito pequeno, nos níveis atômicos ou subatômicos), a radiação eletromagnética pode ser entendida como o deslocamento de pequenas partículas sem massa, os fótons. O fóton é a forma física de um *quantum*, a partícula básica estudada em Mecânica Quântica e que pode ser descrita como a partícula mensageira de energia das ondas eletromagnéticas. Uma onda eletromagnética exibe propriedades de partículas, ao mesmo tempo que partículas (elétrons) exibem propriedades de onda.

Essa propriedade dual da natureza da radiação eletromagnética, onda e energia, é matematicamente expressa por suas respectivas equações:

$$\lambda = \frac{c}{f} \quad \text{(modelo ondulatório)} \tag{1.1}$$

$$E_{fóton} = fh \text{ ou } E_{fóton} = \frac{hc}{\lambda} \quad \text{(modelo corpuscular)} \tag{1.2}$$

em que:
c = velocidade da luz (299.792.458 m/s);
h = constante de Planck (6,63 × 10^{-34} J.s ou 4,14 × 10^{-15} eV.s);
f = frequência.

Um elétron-volt (eV) é a energia adquirida por um elétron ao ser acelerado por meio de uma diferença de potencial de 1 V. Elétron-volt e joule (J) são unidades de energia, e a conversão respeita a relação 1 eV = 1,602 × 10^{-19} J.

Para calcular a energia do fóton em eV, quando se tem o comprimento de onda necessariamente em Å (10^{-9} m), pode-se usar a seguinte equação alternativa:

$$E = \frac{12.400}{\lambda} \tag{1.3}$$

Por exemplo, a energia do fóton da luz amarela ($\lambda \cong$ 600 nm $\cong$ 6.000 Å) é:

$$E = \frac{12.400}{6.000} = 2{,}06 \text{ eV} \tag{1.4}$$

Assim, de acordo com a equação da energia da onda (Eq. 1.2), quanto menor for o comprimento da onda, maior será o impulso ao fóton e mais evidentes serão as propriedades corpusculares da luz.

A radiação eletromagnética mais familiar ao ser humano é a luz solar, que ilumina a superfície da Terra. Uma faixa dessa luz é denominada visível, porque é sensível ao olho humano, que pode ser considerado um eficiente sensor capaz de detectar e identificar os objetos por meio dos raios de luz refletidos de suas superfícies. O Sol, como fonte de radiação eletromagnética, emite luz não somente do comprimento de onda do visível, mas também de comprimentos de onda menores, como o ultravioleta, e maiores, como o infravermelho próximo e de ondas curtas. Já a Terra, sendo também uma fonte de radiação eletromagnética, é capaz de emitir uma radiação infravermelha denominada termal, de comprimento de onda bem maior do que a luz solar. Por sua vez, fontes artificiais construídas pelo ser humano são capazes de emitir radiação de comprimentos de onda ainda muito maiores, que são as micro-ondas. Essas denominações, entre outras, foram dadas em decorrência de uma proposição arbitrária de divisão do espectro eletromagnético, o qual é apresentado na Fig. 1.1.

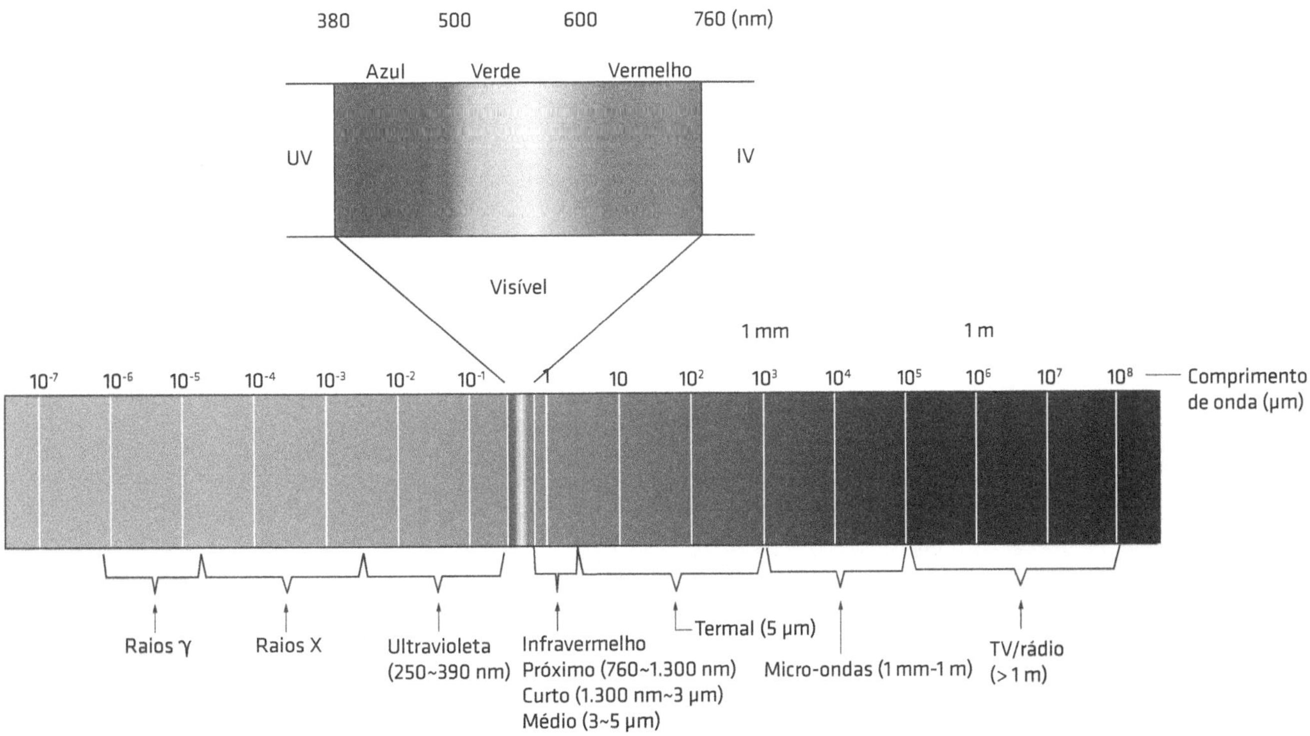

Fig. 1.1 *Divisão do espectro eletromagnético*

Apenas uma pequena porção do espectro eletromagnético, distribuída em três descontínuas faixas espectrais situadas entre 450 nm e 100 cm, é útil ao sensoriamento remoto. Há duas razões principais para essa limitação: a primeira e mais importante é imposta pelas atenuações e absorções da radiação eletromagnética pelos gases atmosféricos, que permitem a existência de apenas algumas janelas de transparência para a transmitância descendente e ascendente da radiação, enquanto a segunda se deve ao fato de a disponibilidade de fontes naturais de radiação eletromagnética limitar-se ao Sol e à Terra. Da luz solar, é possível servir-se somente do intervalo de comprimento de onda de 450 nm a 2.500 nm, e da radiação emitida pela Terra, apenas do intervalo de 8 µm a 14 µm, comumente utilizado em dados de sensoriamento remoto termal em plataformas aéreas. Devido à forte absorção atmosférica, um grande salto no espectro ocorre até se alcançar a terceira faixa útil de comprimento de onda, situada no intervalo das micro-ondas de 3,2 cm a 100 cm, geradas por fontes artificiais (osciladores eletrônicos) que são acopladas aos sensores conhecidos como radar. Os intervalos espectrais mostrados na Tab. 1.1 são essas regiões espectrais que podem ser usadas pelo sensoriamento remoto. Quando a radiação eletromagnética é denominada *óptica*, diz-se que ela se limita à região do visível ao infravermelho de ondas curtas, isto é, de 450 nm a 2.500 nm, porque sua principal propriedade é poder ser refletida pelas superfícies dos objetos de acordo com as leis ópticas de reflexão, dispersão e refração. É a região espectral mais utilizada pela maioria dos satélites de sensoriamento remoto multi e hiperespectral e a mais explorada pela espectrorradiometria.

Tab. 1.1 Intervalos espectrais de transparência atmosférica usados em sensoriamento remoto orbital

Denominação	Intervalo espectral ($\mu m = 10^{-6}$ m)	Fonte de radiação	Propriedades da medida
Visível	450-760 nm	Sol	Reflectância
Infravermelho próximo	760-910 nm	Sol	Reflectância
Infravermelho de ondas curtas	1.190-1.340 nm 1.550-2.500 nm	Sol	Reflectância
Infravermelho médio	3,5-4,2 µm 4,5-5,0 µm	Corpos terrestres com altas temperaturas, como florestas em situação de incêndios ou vulcões ativos	Emitância
Infravermelho termal	8,0-9,2 µm 10,2-14 µm	Terra	Emitância
Micro-ondas (radar)	3,2-100 cm	Artificial	Reflectância retroespalhada

1.2 Reflectância e radiância

Na prática, o conceito de reflectância é empregado todas as vezes que imagens são utilizadas para identificar espectralmente os materiais terrestres, como solos, vegetação, corpos de água, alvos urbanos, rochas etc. Por esse motivo, exige-se de todos os especialistas em sensoriamento remoto, pelo menos, o domínio de um conhecimento mínimo sobre o padrão ou o comportamento da reflectância dos materiais terrestres. A constatação disso pode ser feita por uma simples análise da própria definição de sensoriamento remoto. Das várias definições encontradas para descrever o que é sensoriamento remoto, a mais simples e usual caracteriza-o como uma técnica de aquisição de dados dos materiais existentes na superfície terrestre sem que haja contato físico direto entre o sensor e o objeto. Essa definição, aparentemente simplista, pode ser ampliada fazendo-se algumas considerações. Uma delas é que a falta de contato físico entre o sensor e o objeto implica a ausência de matéria no espaço interposto entre eles, ou seja, a informação sobre o objeto pode ser transportada ou transferida para o sensor através do espaço vazio. Essa transferência de informação só pode ser feita por meio da radiação eletromagnética, por ser a única forma de energia capaz de se propagar pelo vácuo.

Pode-se então, com mais rigor científico, definir sensoriamento remoto como "uma medida de trocas de energia resultantes da interação da energia contida na radiação eletromagnética de uma onda com a energia quântica contida nos átomos e moléculas que constituem a matéria" (Meneses; Madeira Netto, 2001).

De acordo com essa definição, as trocas de energias eletromagnética e quântica resultarão em valores diferenciados de reflectância (ρ), absortância (α) e transmitância (τ) por comprimento de onda (λ) caso a matéria exiba alguma transparência. Sabe-se que, pelo princípio de conservação de energia, a soma desses três componentes é igual à intensidade da energia incidente, que se escreve como:

$$I = \rho_\lambda + \alpha_\lambda + \tau_\lambda \quad (1.5)$$

Para os materiais sólidos, como as rochas, os solos e, em parte, a vegetação, a transmitância τ pode ser considerada igual a zero, e, como o sensor não está em contato físico direto com o objeto, também não registrará diretamente a absortância. Portanto, se $\tau = 0$ e α é a quantidade de energia retida pelo material (absortância), a medida feita pelos sensores é do componente da radiação eletromagnética refletida. A porcentagem não refletida, que é parte da radiação retida pela matéria, pode então ser inferida diretamente. Explica-se: identificar, de uma medida de reflectância feita com um espectrorradiômetro, que um material tem 25% de reflectância num discreto comprimento de onda equivale a dizer que esse material possui uma absortância equivalente a 75% da radiação incidente. Esse mesmo princípio aplica-se ao processo de aquisição de imagens pelos sensores imageadores multi e hiperespectrais, e é por isso que se torna um processo relativamente simples a comparação dos dados espectrorradiométricos de reflectância com a radiometria das imagens. No termal, a emissividade espectral de um objeto iguala-se à sua absortância ($\varepsilon_\lambda = \alpha_\lambda$), e, assumindo-se que a transmitância $\tau_\lambda = 0$, tem-se:

$$I = \rho_\lambda + \varepsilon_\lambda \quad (1.6)$$

Contudo, não se pode desconsiderar que a reflectância é também dependente de propriedades espaciais do objeto, tais como a textura e a estrutura de sua superfície, parâmetros que se destacam nos grandes comprimentos de onda das micro-ondas, que serão vistos adiante.

Mas, fisicamente, o que é reflectância e como ela é formulada matematicamente? Pode-se responder a essas questões com base nos elementos contidos na Fig. 1.2.

Nessa figura, apresenta-se a superfície de uma esfera que representa o hemisfério em que a radiação refletida difusa de um alvo (área de superfície lambertiana, ou seja, na qual a reflectância tem comportamento isotrópico) se espalha para cima no espaço. A radiação espalhada e que será medida pelo sensor está contida na área de um cone que é subtendido por um ângulo Ω numa dada direção θ. Esse fluxo radiante refletido do elemento de superfície lambertiana dA em qualquer direção θ normal à superfície, o qual é designado como radiância, é medido por:

$$d^2\varphi = L\, d\Omega\, dA \cos\Omega \quad (1.7)$$

ou

$$L = \frac{d^2\varphi}{dA} \cos\Omega\, d\Omega \ (radiância\ L) \quad (1.8)$$

em que $d\Omega$, o ângulo sólido subtendido pelo cone à área dA, de acordo com a Fig. 1.2, é igual a:

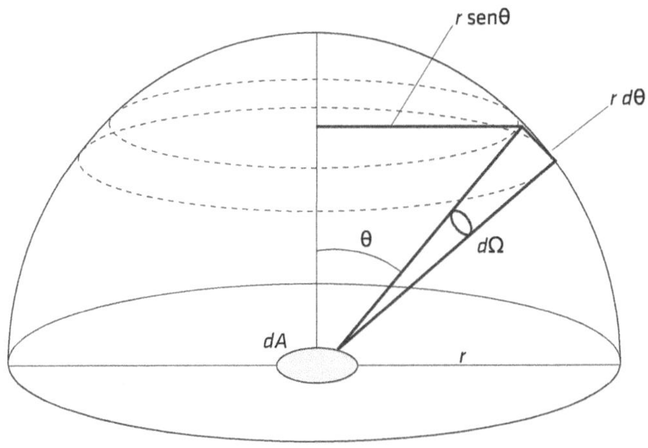

Fig. 1.2 *Geometria da interceptação do fluxo radiante hemisférico de um elemento de área de uma superfície lambertiana* dA *de radiância* L

Fonte: Slater (1980).

$$d\Omega = 2\pi r\, sen\theta (r\, d\theta) / r^2 \quad (1.9)$$

Considerando a equação da radiância L (Eq. 1.8), para conhecer o fluxo total difuso em todas as direções (subscrito h = hemisférico) deve-se integrar $d\Omega$ de 0 a $\pi/2$:

$$d\varphi_h = 2\pi \int_0^{\frac{\pi}{2}} L\, dA \cos\theta\, sen\theta\, d\theta \quad (1.10)$$

o que resulta em

$$d\varphi_h = \pi L\, dA \quad (1.11)$$

A razão do fluxo radiante total refletido $d\varphi_h$ pelo fluxo radiante incidente na superfície $d\varphi_i$ é a reflectância difusa ρ:

$$\rho = \frac{d\varphi_h}{d\varphi_i} \quad (1.12)$$

ou

$$\rho = \pi \frac{L}{E} \quad (1.13)$$

O fator π simboliza a reflectância hemisférica. Como tanto o fluxo de energia incidente E (irradiância) quanto o fluxo que deixa o alvo L (radiância) têm as mesmas unidades ($W/cm^2\ \mu m$), de acordo com a Eq. 1.13, a reflectância ρ é expressa em porcentagem. A medição da reflectância é feita pelos espectrorradiômetros, instrumentos portáteis capazes de medir tanto o fluxo radiante incidente (irradiância E) como o fluxo radiante total refletido (radiância L). Esse não é o caso dos sensores imageadores multi e hiperespectrais. Eles não medem a irradiância E da fonte solar, mas somente a radiância L que deixa o alvo, e, por essa razão, as imagens de sensoriamento remoto são de fato imagens de radiância, e não imagens de reflectância. Atualmente, há programas especializados que processam as imagens, convertendo-as em imagens de reflectância. É aconselhado realizar esse procedimento para ser possível comparar com maior confiança e facilidade a reflectância dos alvos contidos nas imagens com a reflectância medida pelos espectrorradiômetros.

A reflectância é, portanto, um parâmetro essencial na interpretação das imagens, sendo praticamente impossível interpretar imagens de sensores remotos caso não se conheça o comportamento espectral da reflectância dos diferentes tipos e classes de rocha, solo, vegetação e água. Esse fato é percebido de forma mais clara quando se verifica que a maior parte das técnicas de processamento de imagens digitais visando realces ou classificações baseia-se na análise espectral, e não nos atributos espaciais dos objetos relacionados com a forma. Para os atuais sensores de alta resolução espacial, tiveram de ser criadas novas técnicas de processamento orientadas a objetos (segmentação de imagens), como forma de interpretação da imagem.

As medidas espectrorradiométricas de reflectância dos materiais demonstram muito bem sua importância no processamento de imagens hiperespectrais, que, com centenas de bandas, possibilitam reconstituir com bastante detalhe o espectro de reflectância dos objetos contidos num *pixel*, bem como comparar sua pureza com espectros de reflectância obtidos em campo ou em laboratório e armazenados em bibliotecas espectrais. Para ilustrar esse procedimento, a Fig. 1.3 apresenta o espectro de reflectância de uma vegetação sadia, medido por um espectrorradiômetro, o qual é comparado com os espectros reamostrados para o sensor multiespectral OLI (7 bandas). É evidente que, quanto maior o número de bandas do sensor, mais facilmente a curva de reflectância se aproximaria da curva obtida pelo espectrorradiômetro.

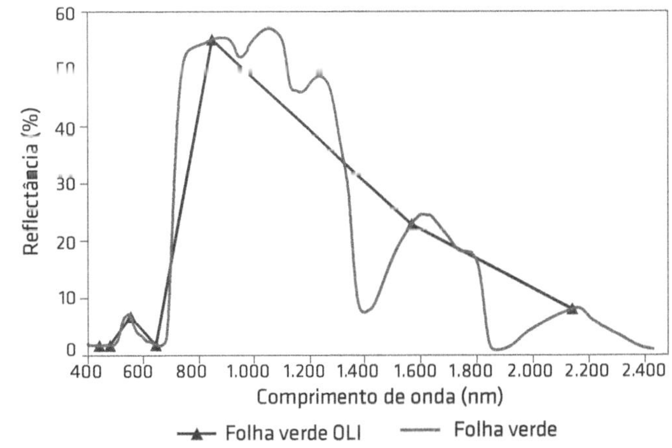

Fig. 1.3 *Comparação do espectro da folha verde de uma vegetação com os espectros reamostrados para o sensor multiespectral OLI, com 7 bandas*
Fonte: biblioteca espectral IG/UnB.

1.3 Modos de medir a radiação eletromagnética

Na Física, *radiometria* é um termo genérico usado para se referir à medida de qualquer um dos tipos conhecidos de radiação. Porém, em sensoriamento remoto, por se estar sempre medindo quantidades ou intensidades de radiação eletromagnética em diferentes faixas ou intervalos do espectro eletromagnético, é preferível usar os termos *radiometria espectral* ou *espectrorradiometria*. O primeiro identifica-se mais com as medições feitas pelos sensores imageadores, que de fato são instrumentos radiométricos que transformam a medida da radiação em imagens. Espectrorradiometria é reservado mais para os instrumentos radiométricos de campo ou de laboratório que expõem as medidas numéricas da radiação na forma de gráficos, denominados *curvas espectrais*. Dessa forma, pode-se dizer que há, pelo menos, dois possíveis modos de medir as intensidades da radiação eletromagnética refletida pelos materiais terrestres: por imagens e por medições quantitativas com os espectrorradiômetros. Neste capítulo inicial, serão abordadas somente as medições da radiação refletida da luz solar, sendo reservado um capítulo à parte para a discussão das propriedades da reflectância da radiação das micro-ondas.

O primeiro modo de medir a radiação eletromagnética da faixa da luz solar, mais utilizado em sensoriamento remoto, é feito por meio de sensores imageadores: câmeras digitais e sensores multi e hiperespectrais transportados em aviões ou satélites. Nesse caso, a radiação eletromagnética que deixa a superfície dos objetos é direcionada, pelo sistema óptico do sensor, para um conjunto de detectores acoplados no plano focal, e os sinais elétricos de saída desse sistema de detecção são transformados em valores digitais, que, dispostos num formato matricial, formam a imagem digital. O conjunto de dados pode ser composto de *n* bandas espectrais de estreita largura. Como demonstrado antes, a grandeza radiométrica à qual os números digitais estão relacionados é a radiância. A Fig. 1.4 apresenta um esquema simplificado da disposição dos principais componentes que constituem o

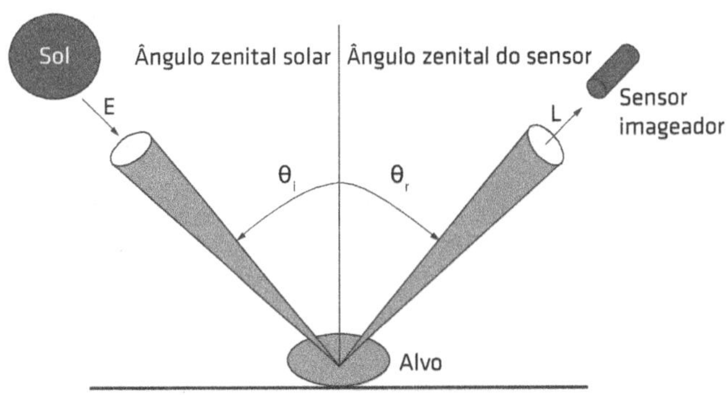

Fig. 1.4 *Fluxo da irradiância solar e da radiância do alvo nas direções dos ângulos θ*

modelo básico de um sistema de sensoriamento remoto – fonte, alvo e sensor imageador, alinhados direcionalmente pelos ângulos zenitais. Quando o ângulo θ zenital do sensor é igual a zero, a imagem é obtida na vertical, e, quando o ângulo θ é maior que zero, diz-se que a imagem é *off* nadir.

É interessante ver o processo físico/matemático da medição da radiância pelos sensores imageadores até sua conversão analógica/digital. Iniciando pela irradiância dos raios solares incidentes na superfície de uma área equivalente a um *pixel*:

1] Na ausência da atmosfera, a densidade de fluxo de radiação solar incidente na superfície da Terra (irradiância E_S) sob um ângulo θ zenital solar, num dado intervalo de comprimento de onda, é fornecida por:

$$E_S = \int_{\lambda 1}^{\lambda 2} E_\lambda cos\theta \, d\lambda \, (Wm^{-2}) \tag{1.14}$$

Como, em sensoriamento remoto, as bandas são de comprimentos de onda estreitos ($\Delta\lambda = \lambda_2 - \lambda_1$):

$$E_S = \int_{\lambda 1}^{\lambda 2} E_{\Delta\lambda} cos\theta \, \Delta\lambda \, (Wm^{-2}) \tag{1.15}$$

em que:

$E_{\Delta\lambda}$ = irradiância na banda Δ_λ.

2] Como já definido, a radiância L que deixa a superfície de área do terreno é espalhada para o hemisfério superior. Supondo que a superfície tenha uma reflectância R:

$$L = E_{\Delta\lambda} \cos \Delta\lambda \, R / \pi \tag{1.16}$$

em que:

π = hemisfério superior de ângulo sólido.

3] Na presença da atmosfera (espalhamento), a irradiância total na superfície do terreno (*ground*) torna-se:

$$E_g = E_{\Delta\lambda} \cos\theta \, \Delta\lambda \, T_\theta + E_d \tag{1.17}$$

em que:

E_d = irradiância do céu no *pixel d*.

Dessa forma, a radiância devida à irradiância global do *pixel* torna-se:

$$L_T = \frac{R}{\pi}(E_{\Delta\lambda} T_\theta \cos\theta \, \Delta\lambda + E_d)(W/m^2 sr) \tag{1.18}$$

4] E, acima da atmosfera, a radiância disponível para ser medida pelo sensor é adicionada de L_p, tal que:

$$L_T = \frac{RT_\varphi}{\pi}(E_{\Delta\lambda}T_\theta \cos\theta\,\Delta\lambda + E_d) + L_\rho (\mathrm{W/m^2sr}) \quad (1.19)$$

5] Conhecendo L, que é a potência radiante recebida pelo sensor, pode-se calcular o número digital C de cada *pixel* da imagem:

$$L = Ck + L_{min} \quad (1.20)$$

em que:
$k = (L_{max} - L_{min})/C_{max}$;
C = valor digital do *pixel*;
L_{max} e L_{min} = valores de radiância máxima e mínima de calibração do sensor.

Por exemplo, para um sensor de 8 *bits* (ND = 0 – 255), C_{max} é igual a 255.

Essa forma de os sensores imageadores medirem a radiância é o que se conhece como a resolução radiométrica da imagem e que é quantizada em *bits* (8, 10... 16 *bits*). Quanto maior o nível de quantização, maior a capacidade do sensor em detectar mínimas diferenças de radiância entre os alvos e, consequentemente, de reflectância.

O segundo modo de medir a radiação eletromagnética refletida é por meio de um equipamento conhecido como espectrorradiômetro de reflectância. A área de pesquisa que se ocupa disso é chamada de espectrorradiometria, denominação usada em sensoriamento e com origem no termo *espectroscopia*. Nas ciências química e física, espectroscopia é a designação para todas as técnicas de obtenção de dados físico-químicos por meio da transmissão, absorção ou reflexão da energia radiante incidente em uma amostra de material. Os princípios da espectroscopia foram formulados em torno de 1862 pelo físico alemão Gustav Robert Kirchhoff. De suas experiências, ele formulou as três leis empíricas da espectroscopia para determinar a composição de uma mistura de elementos, as quais estão retratadas graficamente na Fig. 1.5.

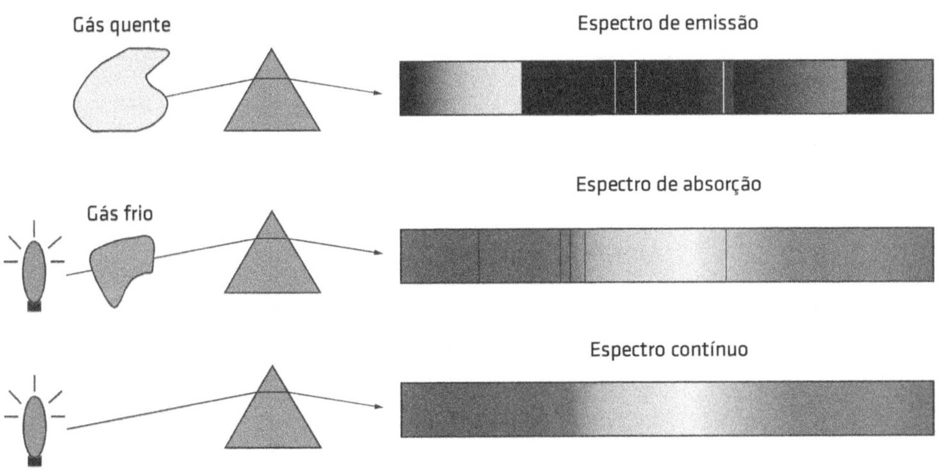

Fig. 1.5 *Leis de Kirchhoff da espectroscopia*

Segundo a primeira lei, um gás transparente quente produz um espectro de linhas brilhantes (de emissão). O número e a posição dessas linhas dependem dos elementos químicos presentes no gás. A espectroscopia de emissão é importante para a identificação dos gases quentes que compõem as estrelas (por exemplo, o Sol) e também permite analisar a intensidade da energia emitida pela amostra de uma matéria qualquer volatizada, e, nesse caso, consiste fundamentalmente na reemissão da energia previamente absorvida. Por sua vez, de acordo com a segunda lei, se uma luz passar por um gás à temperatura muito baixa, o gás causa a presença de linhas escuras (absorção). O número e a posição dessas linhas escuras dependem dos elementos químicos presentes no gás. A espectroscopia de absorção é uma ferramenta poderosa usada na técnica analítica da espectroscopia de absorção atômica, que se baseia no princípio de que átomos livres no estado estável podem absorver luz de um certo comprimento de onda, sendo a absorção da luz específica a cada elemento. Por fim, segundo a terceira lei, uma matéria sólida, líquida ou gasosa emite um espectro contínuo, o que possibilita a espectroscopia de espalhamento da luz, que determina a intensidade de energia refletida por uma amostra em função do comprimento de onda da luz incidente. É a espectroscopia do sensoriamento remoto.

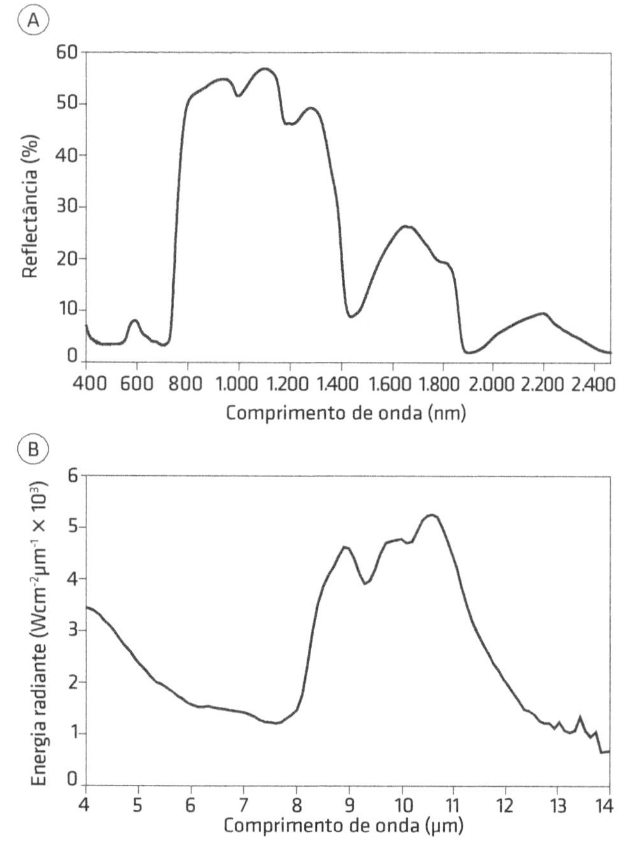

Fig. 1.6 *(A) Curva espectral de reflectância (nm) da vegetação e (B) espectro de emitância (µm) de uma rocha basáltica no comprimento de onda do termal*

Fonte: biblioteca espectral JHU (Salisbury et al., 1991).

Os termos *espectroscopia de espalhamento*, *espectroscopia eletromagnética* e *espectrorradiometria de reflectância* são sinônimos, mas os especialistas em sensoriamento remoto fazem uso preferencial do termo *espectrorradiometria*, por associá-lo ao instrumento medidor espectrorradiômetro. Informalmente, pode-se definir espectrorradiometria de reflectância como uma técnica instrumental que mede de forma contínua, com o uso de espectrorradiômetros, a reflectância de qualquer objeto ou matéria, sem, com isso, obter uma imagem pictorial dos objetos. Assim, espectrorradiômetros são sensores não imageadores. Os resultados das medidas espectrorradiométricas de reflectância são apresentados para o analista por meio de uma representação gráfica dos valores de comprimento de onda *versus* a reflectância e que se denomina espectro de reflectância ou curva espectral de reflectância (Fig. 1.6). Na região termal também existem espectrorradiômetros que medem a emitância radiante dos materiais, mas não há espectrorradiômetros para a faixa das micro-ondas ativas. Contudo, há espectrorradiômetros na faixa das micro-ondas passivas e, nesse caso, sendo a Terra a fonte emissora, eles medem um perfil linear da temperatura de brilho do terreno.

1.4 A IMPORTÂNCIA DA ESPECTRORRADIOMETRIA

A capacidade visual dos seres humanos para distinguir as diferentes cores dos objetos existentes na natureza é a comprovação de que cada material ou objeto interage espectralmente de forma distinta com a energia iluminante, proveniente do Sol. Para alguns materiais, é relativamente fácil encontrar as explicações. Por exemplo, a folha de uma árvore é verde porque ela reflete com mais alta intensidade a luz verde do visível, pelo pigmento clorofila, e absorve grande parte da radiação dos comprimentos de onda da luz azul e vermelha a fim de transformar a energia eletromagnética em energia química por meio da fotossíntese. Isso é aprendido mais como sendo um processo biofísico do que uma questão de processos de interação da radiação com as substâncias. Mas, para a maioria das substâncias constituintes dos minerais, dos solos e da água, com arranjos e ligações moleculares complexas, as explicações requerem a aquisição de dados detalhados de reflectância. Por que os diamantes, átomos de carbono arranjados num sistema cristalino cúbico que lhes confere a propriedade de ser opticamente transparentes para a radiação visível e que possui um elevado índice de refração, apresentam cores tão diversas? A espectrorradiometria é uma das técnicas de espectroscopia que ajuda a responder essa pergunta e, por isso, é tão importante como meio de obtenção de dados para o sensoriamento remoto. Algumas razões para tal são as seguintes:

- é sensível às mínimas quantidades de elementos ou moléculas presentes na matéria;
- exige quantidades mínimas de material para identificá-lo;
- pode ser realizada mesmo quando os materiais ou alvos estão distantes;
- é um método de análise não destrutivo;
- pode produzir informações espaciais e temporais detalhadas;
- pré-diagnostica dados da composição da matéria relevantes para análises mais trabalhosas e onerosas (por exemplo, raio X, absorção atômica).

Somente com as medidas espectrorradiométricas feitas em laboratório ou em campo é possível explicar e entender como cada um dos materiais terrestres aparecerá nas imagens. Infelizmente, muitos dos usuários de sensoriamento remoto tendem a julgar a espectrorradiometria como uma área estritamente teórica ou de interesse apenas para pesquisas não aplicadas. Esse julgamento pode induzir à utilização de métodos de interpretação de imagens dependentes unicamente de suas experiências como intérpretes. Esse é um sistema de classificação por método comparativo que só se mostra razoavelmente eficiente após um longo tempo de prática. A origem mais provável dessa conduta é o desconhecimento ou as dificuldades encontradas para obter e usar as medidas espectrorradiométricas como base para a interpretação de imagens, em virtude dos poucos espectrorradiômetros existentes no Brasil e da consequente falta de bibliotecas espectrais dos materiais existentes nos diversos terrenos ou biomas brasileiros.

A preocupação com a análise espectrorradiométrica não é coisa recente que tenha surgido com o início do sensoriamento remoto orbital. Na verdade, no início dos anos 1960, alguns pesquisadores já tinham dado início aos experimentos de medidas espectrorradiométricas com amostras de minerais e rochas. Esses materiais foram escolhidos porque são compostos de uma diversidade muito grande de elementos, moléculas e substâncias, e também por causa do interesse despertado no início da era espacial em conhecer a formação geológica dos planetas do sistema solar, analisando os espectros de luz refletida por esses astros.

Um dos primeiros resultados da aplicação prática dos estudos de reflectância foi obtido por Dolfus (1961), que se interessou pela análise dos espectros da luz refletida pelo planeta Marte, coletada por telescópio. Estudando esses espectros, esse cientista sugeriu uma provável composição limonítica (óxido de ferro) para a superfície marciana. Com base nesse experimento, deu-se início a uma série de pesquisas que procurou estimar a similaridade do espectro de reflectância da superfície marciana com a reflectância de amostras terrestres de minerais de óxido de ferro (Lyon, 1962; Draper; Adamick; Gibson, 1964; Sagan et al., 1965; Hovis Jr., 1965; Hovis Jr.; Callahan, 1966). Contudo, os mais importantes conhecimentos de espectrorradiometria totalmente dirigidos à análise das imagens multiespectrais, e que são referências básicas de consulta até hoje, foram introduzidos pelos sistemáticos trabalhos de medida de reflectância em laboratório de minerais e rochas, publicados na revista *Modern Geology* por Graham R. Hunt, John W. Salisbury e Charles J. Lenhoff, entre 1969 e 1973. Nessa série de trabalhos, esses autores analisaram a variação dos padrões de reflectância de diferentes tipos de rocha, relacionando-os ao conteúdo de suas composições mineralógicas. Outros pesquisadores estenderam esses estudos para solos, água e vegetação, criando-se, assim, uma linha de pesquisa focada na análise da reflectância como método de interpretação de imagens de sensoriamento remoto.

Atualmente, quase a maioria dos sensores em atividade oferece ao usuário a opção de imagens convertidas para reflectância. Dessas imagens podem ser extraídos espectros de reflectância de qualquer *pixel*, os quais podem ser comparados com espectros de campo e de laboratório a fim de determinar propriedades dos materiais contidos nos *pixels*.

Como mencionado há pouco, esse procedimento de comparar a reflectância do *pixel* das imagens com as curvas espectrais de reflectância de laboratório ou de campo é a base dos algoritmos de processamento de imagens hiperespectrais, que também pode ser estendida para imagens multiespectrais. No entanto, a interferência de alguns fatores pode dificultar o estabelecimento de uma direta correspondência de análise entre os objetos vistos nas imagens e os dados espectrorradiométricos. Pode-se mencionar quatro fatores principais:

- no imageamento orbital, a presença da atmosfera impede a obtenção de dados contínuos ao longo de toda a faixa da radiação solar, o que não é impedimento para a espectrorradiometria de laboratório;
- sensores imageadores com poucas bandas (baixa resolução espectral) limitam a análise comparativa da reflectância com os dados espectrorradiométricos;
- a radiação refletida da superfície dos materiais integra áreas de *pixels* relativamente grandes (resolução espacial), acarretando uma grande presença de *pixels* misturas;
- a maioria das superfícies dos materiais são refletoras difusoras não lambertianas, ou seja, a intensidade da radiação refletida pode variar, dependendo dos ângulos de visada do sensor ou de iluminação da fonte de radiação eletromagnética (fator de reflectância bidirecional, discutido adiante).

Por sua vez, em que pese diretamente a complexidade da natureza e da constituição dos materiais, diversos outros fatores exercem outros tipos de dificuldade na análise da reflectância das imagens de sensores remotos, sendo os mais comuns:

- a magnitude da reflectância de um material depende do tamanho de seus constituintes, por exemplo, da granulometria de um solo ou da rocha – dessa forma, para que os valores de reflectância sejam significativos, é preciso conhecer o tamanho das partículas dos componentes do material, o que não pode ser medido pelos sensores imageadores;
- alguns constituintes secundários presentes em certos materiais podem dominar o comportamento da reflectância;
- a presença mínima de substâncias ou compostos opacos, como a matéria orgânica contida nos solos e nas rochas, ou ainda a umidade, não só reduz a reflectância total como também pode mascarar as bandas espectrais de absorção diagnósticas de outros componentes mais importantes presentes no material;
- a quantidade de sombra presente no *pixel* proveniente de efeitos topográficos e declividade, entre outros aspectos, altera a reflectância dos alvos;
- algumas feições espectrais típicas de certos materiais podem aparecer modificadas nas imagens, por causa das atenuações e do espalhamento da radiação pelos constituintes presentes na atmosfera.

Em relação a este último item, na comparação entre imagens e espectrorradiometria, deve-se considerar a grande diferença de altura das medições. Enquanto os satélites localizam-se a centenas de quilômetros de altura, as medidas de campo com os espectrorradiômetros são realizadas a uma altura em torno de 2 m. A Fig. 1.7 contém os elementos envolvidos, enumerados para facilitar a explicação. A luz solar com trajetória direta incidente sobre o alvo no terreno (1) é a maior contribuição, cerca de 90% em dias claros e limpos. A atmosfera provoca uma parcela de espalhamento difuso da luz incidente que tem duas trajetórias: parte da luz espalhada vai diretamente em direção ao campo de visada do sensor (2), sem atingir o alvo, e a outra parte espalhada atinge o alvo e reflete-se para o sensor (3), somando-se à reflectância de (1). Sob algumas condições particulares, alvos externos ao campo de visada do sensor (4) podem contribuir para a reflectância do alvo visado. Pelas questões óbvias mostradas na Fig. 1.7, esses quatro elementos têm chance muito maior de participar na medida da reflectância feita pelos sensores de alta altitude, enquanto são minimizados nas medidas espectrorradiométricas de campo. A despeito disso, muitas informações podem ser obtidas das imagens com alta margem de segurança, porque há modelamentos matemáticos automatizados incorporados nos algoritmos de processamento de imagens que ajudam a minimizar esses efeitos da atmosfera. O fator do sombreamento pode ser minimizado por técnicas de divisão de bandas, embora se perca, nesse caso, a relação do número digital com a reflectância.

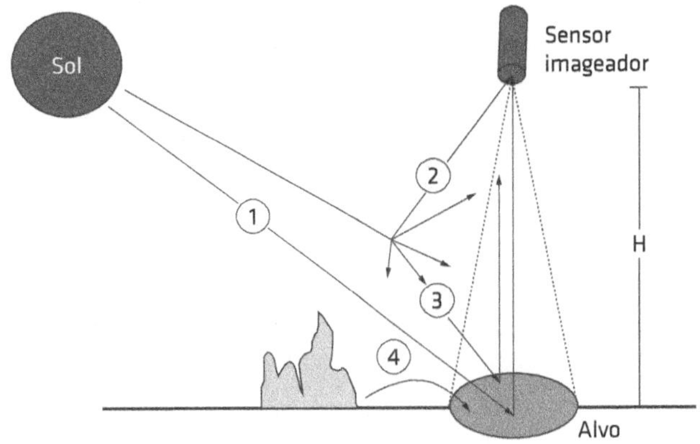

Fig. 1.7 *Diversas formas de interferência da atmosfera nas medidas de radiação efetuadas pelos sensores imageadores em comparação com as medidas espectrorradiométricas de campo*

1.5 Medida da reflectância com os espectrorradiômetros

O uso de espectrorradiômetros para obter informações sobre os materiais terrestres que possam orientar, com bases mais científicas, a interpretação das imagens é uma tarefa relativamente simples e, em termos operacionais, rápida e pouco trabalhosa. Uma medida é executada em questão de poucos segundos. Toda a informação registrada pelo espectrorradiômetro é transmitida ao analista na forma de um gráfico denominado *curva de reflectância espectral*. As medições espectrorradiométricas podem ser feitas em campo ou em laboratório, tendo como principal objetivo o conhecimento do comportamento da reflectância dos materiais para se determinar propriedades de suas naturezas física, química e biótica, ou, em resumo, suas composições. Para isso, as medidas espectrorradiométricas realizadas em laboratório, sob condições bastante controladas e sem interferências da atmosfera, dão maior confiança para relacionar a reflectância mais diretamente com a composição do material, permitindo, assim, avaliar com maior precisão algumas características, como a constituição molecular, a pureza dos constituintes ou as impurezas presentes, a quantidade, as alterações do material, entre outras. As bibliotecas espectrais são constituídas das medidas feitas em laboratório com base em amostras bem representativas dos alvos de interesse e coletadas sem causar-lhes danos estruturais. Por sua vez, as medidas em campo são importantes principalmente quando são necessárias comparações com a reflectância das classes de alvos vistos nas imagens, que exigem análises em tempo real (por exemplo, queimadas, transporte de sedimentos em rios etc.). São também importantes no entendimento das misturas de alvos contidos no *pixel* de uma imagem e quando fenômenos relacionados à temporalidade dos alvos devem ser considerados.

As medidas de laboratório requerem um arranjo instrumental entre a fonte de radiação eletromagnética (uma lâmpada halogênica), a amostra do material, uma placa de referência e o sensor, como pode ser visto na Fig. 1.8, com o espectrorradiômetro comercial da marca FieldSpec/ASD. A configuração estabelecida deve ser mantida fixa para todas as medidas feitas durante uma sessão de trabalho. A placa de referência é um artifício usado para medir de forma indireta a irradiância da fonte de iluminação, a fim de evitar os danos à óptica do instrumento que ocorreriam caso a cabeça óptica de leitura do espectrorradiômetro fosse apontada diretamente para a fonte de luz. A referência é uma placa branca calibrada, conhecida como Spectralon, que é construída de um material sintético baseado em politetrafluoretileno e que apresenta reflectância uniforme ao longo de todos os comprimentos de onda e próxima a 100%, como mostra a Fig. 1.9. Uma vez medida a reflectância da placa de referência, que, de forma indireta, é a medida da irradiância *E* da fonte, mede-se a radiância *L* da amostra. Esse procedimento, na realidade, nada mais é do que um ajuste de sintonia para calibrar o espectro do alvo àquele da placa. É possível realizar

Fig. 1.8 *Espectrorradiômetro FieldSpec, fonte de luz, placa de referência Spectralon, cabeça óptica e sonda para leitura de reflectância, amostra e computador para registro e exposição do espectro de reflectância*

esse mesmo procedimento de medida usando uma sonda luminosa com uma lente em sua extremidade que deve tocar a superfície do objeto, e pela qual passa uma luz interna que ilumina a amostra, ao mesmo tempo que mede a reflectância. Modelos de espectrorradiômetros com sondas de luz são práticos para medições em túneis de minas, poços e trincheiras, onde não se dispõe de luz externa.

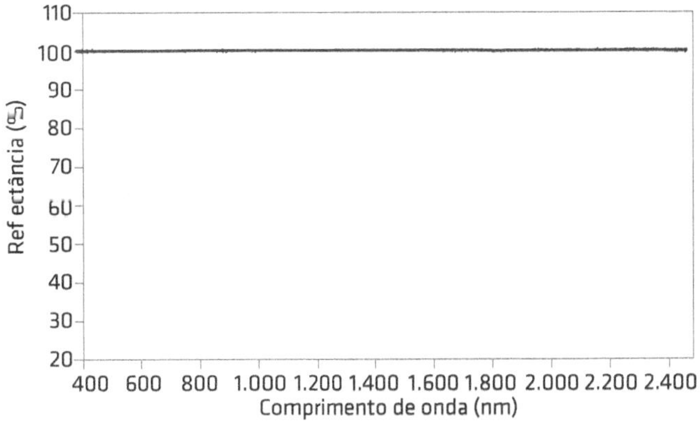

Fig. 1.9 *Gráfico da reflectância da placa de referência Spectralon, usada para a medida indireta da irradiância da fonte de iluminação*

O campo de visada instantâneo (IFOV) de um espectrorradiômetro varia em torno de 1° a 25°, o que possibilita enxergar uma área de apenas alguns poucos centímetros quadrados. Esse estreito foco pode resultar em mudanças no nível da reflectância com pequenas alterações da geometria de visada ou da posição da amostra de bancada. Normalmente, a varredura espectral dos espectrorradiômetros cobre toda a extensão do espectro óptico, de 350 nm a 2.500 nm, com resolução de largura de banda de 3 nm na faixa de comprimento de onda de 350 nm a 1.000 nm e de 10 nm na faixa de 1.000 nm a 2.500 nm. Isso perfaz um total de 460 medidas pontuais de reflectância.

Em geral, os espectrorradiômetros são configurados para ter três grades holográficas de difração distintas, com três conjuntos de detectores separados. Detectores fotodiodo de silício são usados para a região espectral do visível e do infravermelho próximo, de 350 nm a 1.000 nm, e detectores fotodiodos de InGaAs são utilizados para os comprimentos de onda do infravermelho de ondas curtas, de 1.000 nm a 1.830 nm e de 1.830 nm a 2.500 nm. Cada detector converte os fótons refletidos em elétrons, e essa corrente (fóton corrente) é continuamente convertida para uma voltagem, sendo, então, periodicamente digitalizada por um conversor analógico-digital (A/D). Os dados do espectro digitalizado são transmitidos para os controladores eletrônicos do instrumento e depois processados e analisados por um *software* que os expõe na tela do computador na forma de gráficos de reflectância. Um *software* de interface com o usuário permite definir alguns parâmetros da medição, aquisição dos espectros, identificação das amostras e outras informações.

O ideal seria que as medidas da placa e do alvo fossem feitas simultaneamente, porque qualquer fonte de luz produz radiação eletromagnética com pequenas variações de intensidade radiante no tempo. É o que sempre ocorre nas medidas de campo com a luz solar. A radiação solar medida em condições de atmosfera perfeitamente limpa sofre variações de até 5% em sua intensidade em questão de poucos segundos. Em laboratório, como as fontes artificiais de radiação (lâmpadas) que simulam a luz solar não são rigidamente estáveis, é necessário refazer regularmente a calibração.

Moraes Novo (2002) esclarece que, na prática, o que se faz é uma medida equivalente da reflectância, denominada *fator de reflectância* (FR), que é obtida por meio da razão entre a radiância L_a do alvo e a radiância L_p de uma superfície lambertiana ideal iluminada pela fonte. A obtenção do fator de reflectância depende, portanto, de uma superfície lambertiana ideal, que na realidade é uma superfície fictícia, mas representada pela placa Spectralon de referência. Isso é de fato um modo de estabelecer a equivalência entre o fator de reflectância e a reflectância real (ρ_a) de um alvo.

Como apresenta a Fig. 1.10, os ângulos θ e φ, respectivamente ângulo zenital e ângulo azimutal, chamam a atenção para a configuração em que o espectrorradiômetro, o alvo e a fonte são dispostos, uma vez que as posições relativas entre eles podem favorecer ou desfavorecer as medidas. Muitas vezes, quando se olha para uma superfície, como o tampo de madeira envernizada de uma mesa, percebe-se que, ao direcionar o olhar em várias direções, ou diferentes ângulos de observação, o tampo da mesa ora parece mais fosco, ora mais brilhante. Nesse caso, o fator de reflectância deve ser redimensionado como fator de reflectância bidirecional (FRB), pois os valores das intensidades da reflectância medida dependem dos ângulos (θ, φ) entre a posição do espectrorradiômetro e a posição da fonte em relação ao alvo. O termo *bidirecional* implica a necessidade de medidas direcionais com ângulos sólidos muito pequenos. A Fig. 1.10 é uma forma clássica de ilustrar o FRB. Ela está presente em quase todos os livros de sensoriamento remoto e seu significado é também importante nas medidas espectrorradiométricas de campo e no imageamento por imagens de satélite, devido principalmente à variação zenital solar ao longo do ano. Atualmente, muito se especula sobre seu efeito na obtenção de imagens de alta resolução espacial *off* nadir (por exemplo, imagens Ikonos, Aster).

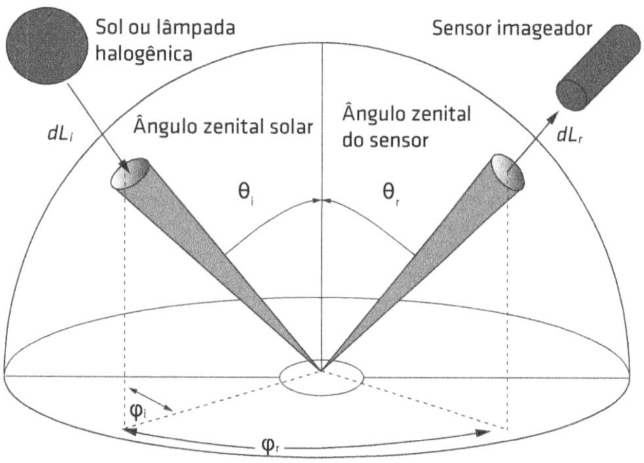

Fig. 1.10 *Relações angulares do fator de reflectância bidirecional (FRB)*

O FRB pode ser calculado pela Eq. 1.21 de Milton (1987). O valor do coeficiente K é introduzido nessa equação, uma vez que superfícies refletoras perfeitamente difusoras lambertianas não existem (caso da placa de referência). Os espectrorradiômetros automaticamente ajustam as medidas de reflectância a esse coeficiente de calibração ou outro qualquer de correção instrumental, não precisando o analista disso se ocupar. A equação da FRB é, dessa forma, uma relação entre a radiância refletida por um alvo numa dada direção específica e a radiância da placa que simula a irradiância da fonte.

$$FRB = \left(\frac{\partial L_a}{\partial L_p} \right) K \tag{1.21}$$

em que:

$\partial_L a$ = radiância do alvo;

$\partial_L p$ = radiância da placa de referência;

K = coeficiente de calibração da referência (placa).

Na natureza, em razão de os alvos terem a propriedade de se comportar como uma superfície difusora, o valor medido da reflectância bidirecional pode variar em função das direções dos fluxos incidente e refletido. Essa variabilidade espectral dos dados FRB pode ser dimensionada, e seu real efeito pode ser analisado por um fator de anisotropia. Experimentos de medição espectrorradiométrica de campo em áreas de gramíneas feitos por Sandmeier e Itten (1999) usando um goniômetro determinaram que significativos fatores de anisotropia, nesse caso o efeito de espalhamento múltiplo pelas disposições angulares das folhas da gramínea, ocorreram nas bandas de intensa absorção do azul e do vermelho e pouco influenciaram as bandas nas quais a reflectância é mais alta (infravermelho próximo). Por isso, deve-se estar sempre atento em certificar-se o quanto podem variar as intensidades de reflectância e absortância dos alvos na dependência das variações angulares das medidas espectrorradiométricas de campo e de laboratório. Por causa dessas variáveis, não é possível se referir a uma medida de reflectância como uma assinatura espectral absoluta do material, no sentido de que assinaturas sejam valores simples e completamente independentes de outros fatores.

Em demoradas campanhas de campo de grandes áreas, as medições espectrorradiométricas devem seguir o mesmo princípio de amostragem por malha, por meio de perfis paralelos entre si, e com o distanciamento das estações de coleta definido por algum parâmetro: escala, dimensão das classes de alvos, aspectos, ou outro qualquer. Nesse caso, é conveniente manter sempre a geometria fonte-alvo-sensor. Isso implica fazer todas as medições no campo mantendo-se ângulo azimutal entre o Sol, o alvo e o sensor. A experiência confirma que uma maior intensidade de reflectância pode ser medida quando se alinham no mesmo plano, isto é, quando a fonte de iluminação e o sensor são apontados na mesma direção para o alvo; em outras palavras, quando são alinhados a 180°.

Por último, é preciso fazer menção a uma regra básica da espectrorradiometria. O principal problema com a reflectância é o fato de ela não ser aditiva, ou seja, ao misturar duas amostras de igual massa e de reflectâncias diferentes, a reflectância resultante não será, necessariamente, a média da reflectância das duas amostras. E dois objetos diferentes que ocupam áreas iguais, dentro do mesmo campo de visada do espectrorradiômetro, também não têm a reflectância como uma medida de média.

1.6 Interações macroscópica e microscópica da radiação com os materiais

Em sensoriamento remoto, todos os materiais são descritos por meio da reflectância, pelas propriedades físicas aparentes de suas superfícies e pelas propriedades internas relacionadas à composição de seus constituintes, átomos e moléculas. Por esse motivo, em sensoriamento remoto classificam-se as interações da radiação em macroscópicas (física) e microscópicas (química). Como explicar essa classificação, se onda e energia são indissociáveis, e, consequentemente, a reflectância medida deveria ser a soma desses dois processos? Ou seja, não há como separar na reflectância o componente devido aos atributos físicos da superfície do componente devido à constituição de átomos e moléculas. A solução é encontrada nas próprias leis da radiação eletromagnética. Como energia, as ondas de pequenos comprimentos, por serem altíssimas, possibilitam uma intensa interação no nível microscópico da matéria, definindo fortemente as relações de intensidades entre a absorção e a reflectância de todos os materiais, enquanto o componente da interação macroscópica, que é dependente do tamanho da onda, torna-se um pouco secundário, porque o tamanho das ondas do visível e do infravermelho é tão pequeno em relação à rugosidade da superfície dos materiais que todos se comportam como radiadores difusos, sem grande distinção. Dessa forma, a reflectância dos pequenos comprimentos de onda é dominantemente governada pelos processos de interação microscópica. Por sua vez, os efeitos macroscópicos da interação da radiação são mais atuantes nos grandes comprimentos de onda das micro-ondas, nas quais a baixa energia da onda não permite interações no nível dos átomos e moléculas. Nas micro-ondas, a reflectância é uma resposta dependente das relações quase exclusivas do tamanho da onda com as variações de rugosidade dos objetos. Essa é uma regra geral que se aplica muito bem às imagens de sensoriamento remoto. Na espectrorradiometria, por se tratar de análises muito pontuais, de grande detalhe, é possível observar alguns efeitos de processos macroscópicos na reflectância dos pequenos comprimentos de onda, como será visto adiante. Da mesma forma, há também algumas propriedades físicas microscópicas dos materiais que podem interferir na reflectância dos grandes comprimentos de onda, o que será abordado no Cap. 10.

As propriedades macroscópicas e microscópicas das superfícies dos materiais podem também ser avaliadas, de forma bem genérica, segundo dois padrões de comportamento da reflectância, de acordo com os quais as superfícies são ditas refletoras difusas ou refletoras especulares. Esse é um conceito bastante empregado para descrever o comportamento da reflectância dos materiais via imagens, mas seus princípios são fundamentados na espectrorradiometria, como é demostrado a seguir.

1.6.1 Reflectâncias difusa e especular

Os critérios que definem se uma superfície tem um comportamento difuso ou especular são mostrados na Fig. 1.11. Se a superfície do material é lisa, prevalece a reflectância especular, que é altamente direcional. Nesse caso, o ângulo do raio refletido é igual ao ângulo do raio incidente. Se a superfície é rugosa, ocorre a reflectância difusa, a qual tem pouco direcionamento preferencial, espalhando por todo o hemisfério superior. Se a superfície é rugosa ou irregular, os raios que atingem diferentes posições da superfície chegam com ângulos de incidência diferentes, porque a normal ao ponto de incidência da luz muda ao longo da superfície. O ângulo de reflexão de cada raio de luz continua sendo igual ao de incidência, mas eles parecem ser refletidos em diferentes ângulos para quem vê a superfície, porque haverá raios refletidos em todas as direções. Se há transmitância (refração) no objeto, como nos corpos de água, a reflectância depende do índice de refração da superfície da água (n_2) e do ar (n_1) por comprimento de onda, regido pelas leis de Snell e Fresnel.

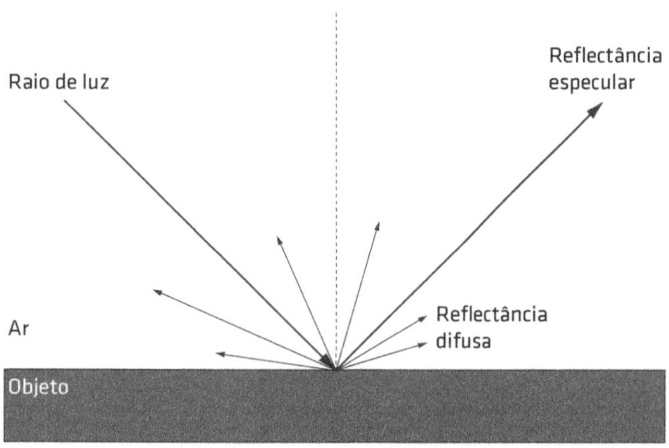

Fig. 1.11 *Direções dos raios refletidos por uma superfície lisa especular e por uma superfície rugosa difusa*

Um modo simples e bem prático para classificar uma superfície em lisa ou rugosa é estabelecer uma relação entre o tamanho da onda emitida numa direção θ e a medida da altura média do perfil linear da superfície. Essa relação estabelece que, quando o tamanho de onda é muitas vezes menor que a altura média do perfil linear da superfície, há muitas barreiras à luz, e a reflectância se dá em todas as direções, por isso a superfície é chamada de rugosa difusa. Por outro lado, quando o tamanho de onda é muito maior que a altura média do perfil linear, não há barreira à luz, a superfície é considerada lisa e a reflectância é especular. As direções dos raios refletidos das superfícies especulares e difusas são dependentes da direção θ dos raios incidentes.

A maioria das superfícies dos materiais da natureza – solo, vegetação, rocha e água – exibe comportamento de reflectância difusa, porque os comprimentos de onda da luz solar, que são da ordem de micrômetros (10^{-6} m), são bem menores que a altura média do perfil linear de suas superfícies. São as irregularidades de uma superfície rugosa que causam a difusão da radiação refletida em todas as direções, e por isso essa reflectância também é dita hemisférica.

Já se mencionou que as superfícies naturais parecem aproximar-se um pouco de uma superfície lambertiana, definida como aquela que reflete os raios incidentes em todas as direções e com a mesma intensidade, ou seja, de forma isotrópica. Mas, em razão de as superfícies se comportarem de forma anisotrópica, sempre haverá direções com raios de maior intensidade. Portanto, quanto mais rugosa for a superfície, mais imprevisíveis serão as direções de maior ou menor intensidade do espalhamento da radiação. Além disso, nas superfícies rugosas a onda eletromagnética passa ao interior do material, e parte da radiação é absorvida e o restante é refletido, podendo incluir uma parte refratada, a depender da transmitância do material.

Uma propriedade dos materiais que se comportam como refletores difusos se relaciona ao coeficiente de absorção k, a extensão ao longo da qual o material absorve energia, e que, por sua vez, relaciona-se à absortância α mostrada pela Eq. 1.22. O coeficiente de absorção como função do comprimento de onda λ_0 é um parâmetro fundamental para descrever as interações dos fótons com a matéria. Também assim é o índice de refração, mas ele geralmente varia menos do que o coeficiente de absorção α como uma função do comprimento de onda, principalmente no visível e no infravermelho próximo.

$$\alpha = \frac{4\pi k}{2{,}303\lambda_0} \tag{1.22}$$

Essa expressão mostra que, para um material difusor com um determinado valor de k, o qual é determinado experimentalmente, a absortância α aumenta no sentido de diminuição do comprimento de onda, e, consequentemente, a intensidade da reflectância difusa diminui.

Os materiais com superfícies lisas que se comportam como refletores especulares (R) são governados pela equação de Fresnel (luz incidente à normal da superfície plana):

$$R = \frac{(n-1)^2 + k^2}{(n'+1)^2 + k^2} \tag{1.23}$$

em que:

n = índice de refração igual a 1, considerando que o meio de incidência seja o ar;

n' = índice de refração do material.

De acordo com a Eq. 1.23, a reflectância especular *R* de superfícies lisas varia no mesmo sentido em que variam, para mais ou para menos, os valores de *n* e *k*. Ela é válida como reflexão de superfícies planas em amostras de espessura semi-infinita. Uma amostra de espessura semi-infinita é aquela que permite a análise da reflectância especular apenas de sua primeira superfície, sem a interferência de reflexão ocorrendo na subsuperfície (Trasferetti; Davanzo, 2001).

Superfícies de metais polidos e espelhos comportam-se como superfícies especulares. Quando uma pessoa está diante de um espelho plano, só consegue ver sua imagem refletida ao se colocar na posição normal ao espelho, porque os raios se refletem em uma única direção, paralelos entre si e no mesmo ângulo de incidência à normal. A superfície lisa de um corpo de água também pode ter um comportamento especular se essa condição existir. Todos já tiveram a experiência de ver, em certo momento, a superfície lisa de um corpo de água calmo, como se ela fosse uma superfície brilhante muito clara ou mesmo branca. Nesse caso, o que se vê é a imagem da reflectância de todos os raios do visível (violeta ao vermelho) refletidos pela superfície da água na mesma direção, com igual intensidade e opostos ao ângulo de incidência, e é por esse motivo que a superfície aparece branca aos olhos humanos.

Como a superfície de águas calmas é praticamente o único exemplo que às vezes pode ter uma reflectância especular na região óptica do espectro, medições espectrorradiométricas da reflectância da superfície da água são feitas com espectrorradiômetros especiais, configurados para medir, simultaneamente, a luz incidente, o componente de luz espalhada pela superfície e o componente refletido, como ilustra a Fig. 1.12. A simultaneidade das medidas também é necessária porque a água é um alvo dinâmico por seu movimento e pelo fluxo dos materiais que transporta.

Fig. 1.12 *Uso de espectrorradiômetro da marca TriOS para medidas simultâneas de irradiância solar (Ed), espalhamento do céu (Ld) e radiância ascendente da água (Lu) de corpos d'água*
Fonte: Bernini et al. (2016).

Em sensoriamento remoto, a reflectância especular é vista com maior frequência nos comprimentos centimétricos das micro-ondas ativas, porque ondas de tamanhos centimétricos muitas vezes podem ser maiores que as alturas médias das superfícies dos materiais. São especulares nas micro-ondas os alvos de superfícies lisas de água calma, estradas de terra ou asfaltadas, solos gradeados lisos, desertos lisos de areia, entre outros.

1.6.2 Interações macroscópicas

Nas medidas espectrorradiométricas feitas em campo ou em laboratório, deve-se considerar que as interações no nível macroscópico da radiação eletromagnética com os materiais são controladas pelas propriedades ópticas do material e envolvem efeitos como refração, absorção, difração e espalhamento, conforme as características físicas das superfícies. À exceção da água, pouco se conhece sobre esses complexos índices para minerais, solos e rochas, uma vez que esses materiais formam uma mistura não homogênea por pequenas áreas de exposição. Não há, dessa forma, uma adequada teoria física que descreva, com precisão, a reflectância das complexas superfícies que os materiais terrestres normalmente apresentam. No geral, no nível espectrorradiométrico, pode-se considerar como fatores macroscópicos algumas propriedades relacionadas à granulometria e à forma esférica ou não esférica dos grãos minerais constituintes dos solos e das rochas, à geometria das medições, e aos índices foliares e de distribuição angular foliar da vegetação e das condições das superfícies da água, abordados nos Caps. 6 e 7, respectivamente.

Granulometria

É uma propriedade de difícil caracterização espectrorradiométrica em campo, porque, de um local para outro, quase sempre ocorre variação de tamanho dos grãos no solo ou na rocha, dificultando uma amostragem de medidas mais representativas. Por exemplo, nos solos o horizonte superficial A_0 exposto, que é o horizonte que interage com a radiação eletromagnética, tem uma dinâmica exercida pelos efeitos da chuva, com escoamentos superficiais e transportes de material, que contribuem para dificultar a identificação de sua gênese com os horizontes subsuperficiais. Nas rochas, quase sempre se encontram partes da superfície intemperizadas e recobertas com uma fina capa de material alterado, condições essas que modificam o estado original do material e mascaram a observação da granulometria original dos minerais. Por isso, recomenda-se que a espectrorradiometria dos efeitos da granulometria seja feita em laboratório com as amostras que representem as variabilidades observadas. A intenção não é tomar uma amostra de material e, com a medida de reflectância, estimar o tamanho dos grãos. Busca-se, na verdade, saber se materiais de mesma composição, mas de granulometria distinta, como um arenito de granulação fina e um arenito de granulação grossa, apresentarão padrões de reflectância diferentes ou somente variações no nível de reflectância ou na intensidade das bandas de absorção.

Nas medidas espectrorradiométricas de laboratório, o efeito da granulometria é particularmente ressaltado quando as amostras de solo são peneiradas e homogeneizadas nas frações de tamanho de partículas de areia, silte e argila. Em amostras de rocha, são feitas medidas da superfície da rocha, *in natura*, ou do pó da rocha totalmente moída. Amostras pulverizadas devem ser depositadas em placas de vidro com reflectância calibrada, e o material deve ser distribuído de forma a ter uma superfície bem uniforme. A Fig. 1.13 mostra a primeira propriedade e, talvez, a mais evidente com relação à granulometria: se múltiplos espalhamentos dominam, a reflectância diminui com o aumento do tamanho do grão e, inversamente, aumenta com a dimi-

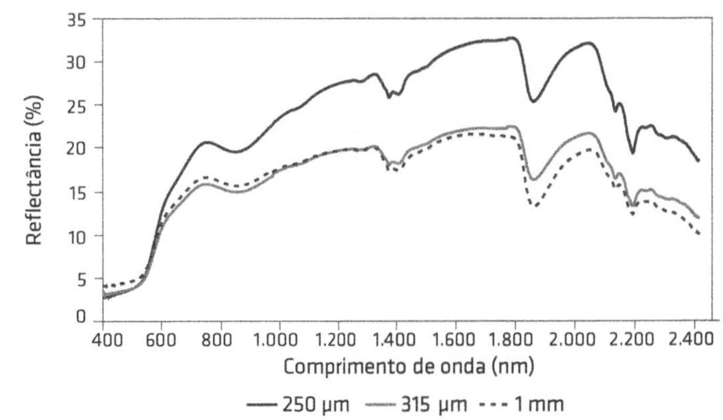

Fig. 1.13 *O efeito da granulometria na reflectância de uma amostra de solo se mostra por um aumento da reflectância com a diminuição da granulometria*
Fonte: biblioteca espectral IG/UnB

nuição do tamanho do grão. Esse comportamento é tão somente uma alteração de nível de albedo (define-se albedo como o valor da reflectância da radiação da luz solar visto em todos os seus comprimentos, e não por comprimento de onda específico; neve tem alto albedo, e matas, baixo albedo).

Por que ocorre esse efeito de aumento da reflectância com a diminuição do grão e, inversamente, sua diminuição com o aumento do grão? Uma superfície com grãos maiores tem um caminho interno maior para a luz percorrer, favorecendo a absorção dos fótons de acordo com a lei de Beers (Eq. 1.24), enquanto em superfícies com grãos menores há proporcionalmente mais superfícies de reflexão; em outras palavras, a razão superfície-volume é uma função do tamanho do grão. A lei de Beers se escreve:

$$I = I_0 e^{-kx} \tag{1.24}$$

em que:

I = intensidade observada;

I_0 = intensidade da luz original;

k = coeficiente de absorção;

x = distância viajada através do meio (espessura).

Olhando para o exponencial da lei de Beers, que estabelece a relação existente entre a transmitância e a concentração do meio pelo qual o feixe de luz passa, entende-se que a intensidade de um feixe de luz monocromática decresce exponencialmente à medida que a concentração do material absorvente aumenta aritmeticamente. Percebe-se que a fidedignidade dessa relação da granulometria é também dependente do coeficiente k de absorção do material, o qual varia em função do tipo de rocha ou de solo e do intervalo espectral considerado. Como k é medido experimentalmente, em sensoriamento remoto infere-se esse coeficiente como uma propriedade relacionada à densidade óptica, e, assim, os materiais podem ser classificados, quanto a seu comportamento espectrorradiométrico, como transparentes, opacos e transopacos. Exemplos desses comportamentos são mostrados na Fig. 1.14. Espectralmente, um material é dito transparente quando apresenta alto nível de reflectância e ausência de bandas de absorção no intervalo do espectro óptico, como é o caso dos cristais de quartzo puro. Por sua vez, é opaco quando absorve quase toda a radiação em todos os comprimentos de onda, sendo exemplos os solos orgânicos e minerais opacos como a magnetita. Vê-se na Fig. 1.14 que as curvas espectrais de reflectância desses dois tipos de material são planas e uniformes. Variações na granulometria de materiais que apresentem esses padrões de reflectância tipicamente planos não afetam praticamente o comportamento de

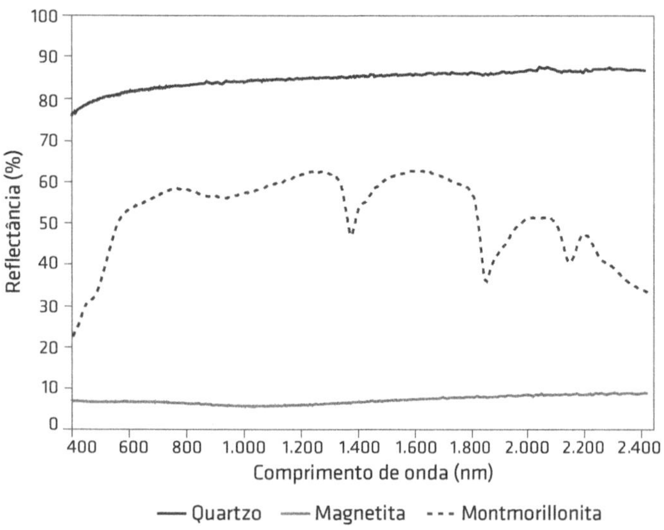

Fig. 1.14 *Os espectros de reflectância dos minerais quartzo, montmorillonita e magnetita exemplificam os comportamentos espectrais transparente, transopaco e opaco*

Fonte: biblioteca espectral mineral USGS (Clark et al., 2007).

suas curvas de reflectância. Por fim, o material é espectralmente transopaco quando, em alguns intervalos de comprimento de onda, seja do visível, do infravermelho próximo ou do infravermelho de ondas curtas, concentram-se fortes bandas de absorção, que marcam um comportamento diferenciado com outras partes do espectro com alta reflectância (por exemplo, o espectro do mineral montmorillonita da Fig. 1.14).

A maioria dos minerais de rocha exibe o comportamento transopaco, e seus padrões de reflectância são bastante sensíveis às variações de granulometria, bem como a qualquer mínima variação da composição química, da concentração ou da estrutura cristalina. São os materiais que seguem propriamente a lei de Beers: aumento da reflectância em função da diminuição da granulometria, tal como se vê na Fig. 1.15 para o mineral piroxênio ($CaFeSiO_2$). A variação granulométrica desse mineral foi obtida por moagem e peneiramento em várias granulações, com tamanho de 250 µm a 5 µm. Observar nessa figura que, conforme muda a granulação, as bandas de absorção têm suas profundidades e larguras alteradas, mas suas posições no espectro não se deslocam, e, o que é bastante importante, as formas dos espectros não se modificam.

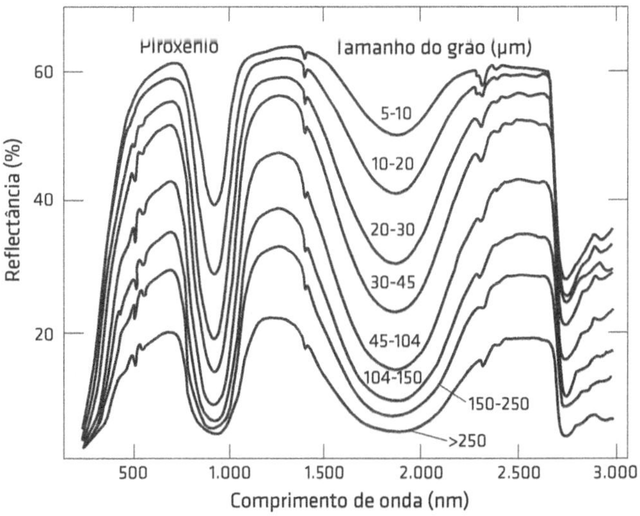

Fig. 1.15 *Aumento da reflectância com a diminuição da granulometria mostrado pelo mineral piroxênio, com alteração na profundidade das bandas de absorção, mas sem modificação na forma da curva de reflectância*

Fonte: Clark (1999).

Esfericidade e empacotamento dos grãos

Além da variação da granulometria, fatores como o empacotamento e a esfericidade dos grãos (Fig. 1.16) também contribuem para as variações da reflectância (Adams; Filice, 1967). Independentemente do tamanho do grão, quanto maior é a compactação, mais lisa a superfície se torna e, como consequência, mais refletora (são exemplos os solos compactados), embora o contrário possa ocorrer na faixa de 1.000 nm a 2.000 nm para alguns tipos de material. Quanto à esfericidade, partículas mais esféricas e com um empacotamento mais solto apresentam maior número de

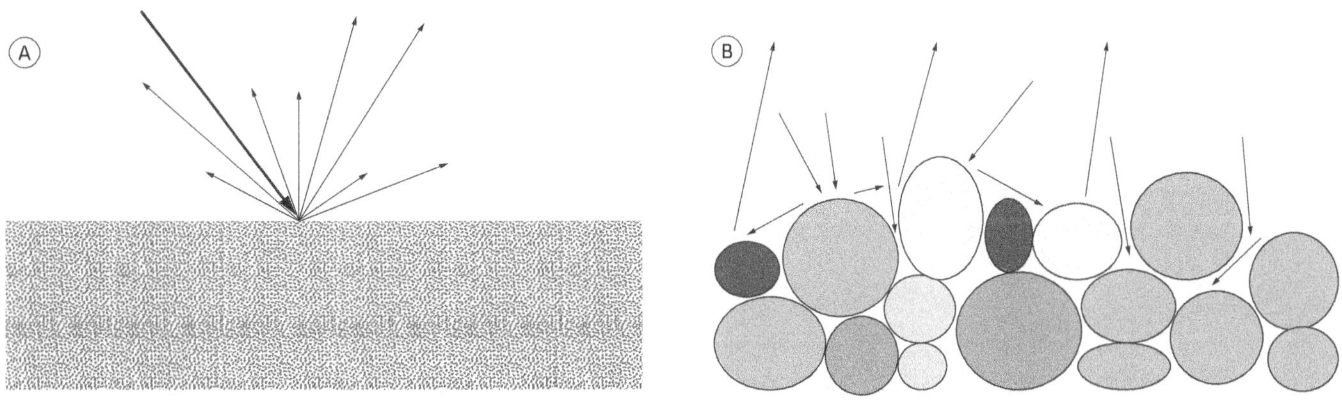

Fig. 1.16 *(A) Denso empacotamento dos grãos, que torna a superfície mais lisa e a reflectância maior, e (B) esfericidade dos grãos, que, quanto maior for, mais permitirá a penetração dos raios entre eles, diminuindo a reflectância*

superfícies expostas, porque, com grãos mais esféricos, as superfícies não se tocam completamente. Tal arranjo provoca maior número de reflexões entre as várias superfícies dos grãos, que retardam os raios refletidos, dificultando o escape da luz e aumentando a absorção e, assim, diminuindo a radiação refletida.

Geometria de iluminação

Nas medições espectrorradiométricas, a disposição entre a fonte, a amostra e o sensor é controlada pelos ângulos de inclinação zenital da fonte de iluminação e do sensor e por seus respectivos ângulos azimutais, os quais têm significativo impacto na reflectância difusa dos materiais (Fig. 1.17). Essas condições levam à necessidade de utilizar o fator de reflectância bidirecional (FRB), definido anteriormente.

Conforme apresenta a Fig. 1.17, espera-se que medidas feitas com o espectrorradiômetro em diferentes posições possam mostrar alguma variação na reflectância. Isso é mais notável de ser observado em medidas de campo, porque as superfícies dos materiais se apresentam, na maioria das vezes, com rugosidades variáveis, e, mesmo que teoricamente uma superfície rugosa difusora reflete os raios em todas as direções, haverá direções preferenciais de reflectância, com maior intensidade. O ideal é fazer a medida espectrorradiométrica alinhada aos raios de luz refletidos na direção de maior intensidade. No entanto, a variação da orientação da superfície de qualquer material encontrado no campo pode acontecer a distâncias muito curtas entre os alvos, o que obriga a procurar os melhores arranjos de ângulos a cada medida, e, consequentemente, para cada medida o tempo pode ser muito longo. Não é aconselhável uma medida espectrorradiométrica demorada, porque, além de o Sol mudar um pouco de posição, a atmosfera também pode se modificar. A solução desse problema é fixar uma geometria de medida, aconselhando-se que ela seja feita num ângulo de alinhamento de 180° entre o Sol, a amostra e o espectrorradiômetro.

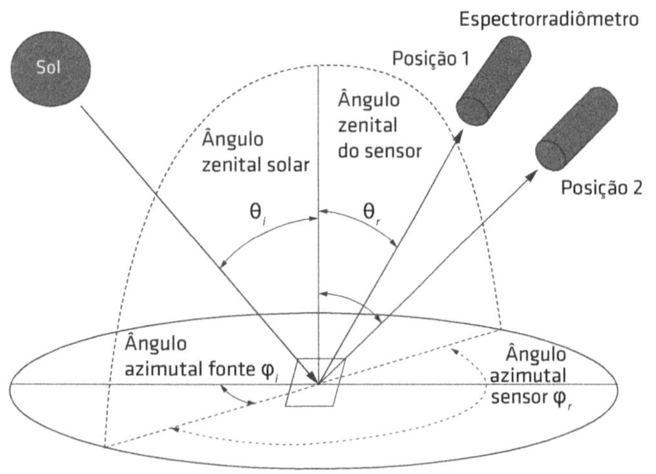

Fig. 1.17 *Valores angulares que condicionam a reflectância à posição do espectrorradiômetro*

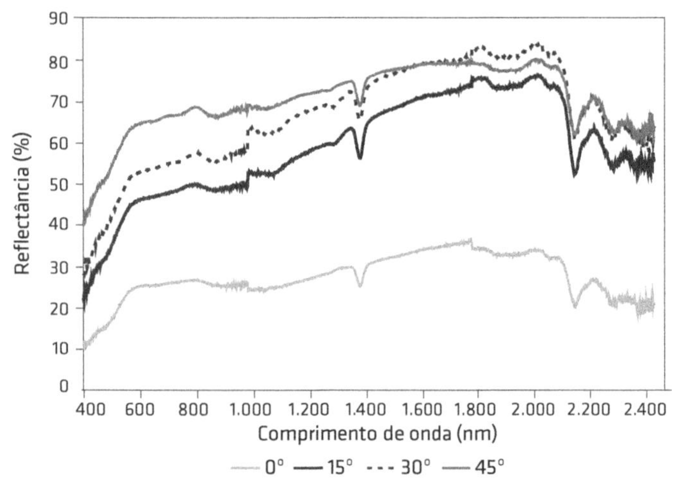

Fig. 1.18 *Espectros de reflectância de uma amostra de rocha tomada a diferentes ângulos de visada do espectrorradiômetro e com a fonte de iluminação fixada a 35°*
Fonte: biblioteca espectral IG/UnB.

Para demonstrar esses efeitos da geometria de iluminação, a Fig. 1.18 apresenta os espectros medidos em laboratório de uma amostra de rocha de superfície rugosa com o espectrorradiômetro posicionado a 0°, 15°, 30° e 45° (ângulo zenital sensor), fixando-se a luz na direção de inclinação de 35°, no mesmo plano de visada do espectrorradiômetro. O espectro medido a 0° (visada nadir) é tomado como o espectro de assinatura da reflectância. Conforme o ângulo de medida do espectrorradiômetro cresce, há um aumento geral de reflectância, embora isso não ocorra para todos os comprimentos de onda, como mostram os espectros medidos a 15° e 45° a partir de 1.600 nm. O espectro de mais alta reflectância é aquele em que o espectrorradiômetro estava posicionado a 45°, muito próximo da inclinação de 35° da fonte de iluminação, sendo essa, portanto, a geometria em que a superfície rugosa da rocha tem o raio de reflectância mais intenso.

Para analisar essa variabilidade espectral direcional dos dados de FRB, Sandmeier et al. (1998) desenvolveram, por meio de um experimento de medidas espectrorradiométricas, um parâmetro de análise denominado fator de anisotropia (*anisotropy factor* – ANIF), que permite a separação entre a assinatura espectral do alvo e os efeitos do FRB. O fator de anisotropria é calculado por uma razão entre a reflectância bidirecional R e a reflectância a nadir R_0, considerada como a assinatura espectral do alvo:

$$ANIF(\theta_i, \varphi_i; \theta_r, \varphi_r; \lambda) = \frac{R(\theta_i, \varphi_i; \theta_r, \varphi_r; \lambda)}{R_0(\theta_i, \varphi_i; \lambda)} \quad (1.25)$$

em que i = incidente e r = refletido.

O experimento de Sandmeier et al. (1998) consistiu em medir a reflectância de uma gramínea com o espectrorradiômetro posicionado a nadir (0°) e fora do nadir em diversos ângulos (–75° a +75°), com a direção da fonte de iluminação fixa em 35°. Os valores de ANIF são iguais a 1 para todos os comprimentos de onda no ângulo zenital do sensor em 0° (notar que, na Eq. 1.25, ANIF é dependente do comprimento de onda). Fora do nadir, entre 15° e 30°, os valores de ANIF são os que ficam mais próximos de 1, ou seja, a reflectância mostra somente um pouco de variabilidade em relação à assinatura espectral da gramínea (R_0). Mas, conforme o ângulo zenital do sensor se afasta do nadir, a magnitude dos efeitos dos dados FRB se torna muito mais acentuada, ou seja, a reflectância da gramínea, em cada comprimento de onda, é diferente para cada ângulo zenital do sensor.

Muito antes, Adams e Filice (1967) já haviam presenciado esses efeitos do FRB, sem, contudo, quantificá-los, como fizeram Sandmeier et al. (1998). Ao analisar em laboratório a dependência angular entre a fonte de iluminação e o sensor, Adams e Filice demonstraram experimentalmente que a assinatura espectral de reflectância dos materiais (R_0) e a melhor detecção das absorções ocorrem no intervalo angular entre 15° e 30° entre a fonte de iluminação e o sensor. Como visto, esse foi o mesmo intervalo de ângulo em que Sandmeier et al. (1998) determinaram valores de ANIF mais próximos de 1.

1.6.3 Interações microscópicas

Os fótons de radiação eletromagnética, ao incidir na superfície de um material, são capazes de penetrar uma finíssima camada limitada aos primeiros 10 µm a 50 µm de espessura. Isso é suficiente para que ocorra uma interação da energia contida nas ondas eletromagnéticas com a energia contida nos materiais. A quantidade de energia que um fóton transporta determina qual efeito ele terá sobre os átomos e moléculas da matéria. A luz do visível e a do infravermelho próximo estimulam os elétrons a movimentar-se entre os estados estacionários de energia do átomo, enquanto a luz do infravermelho de ondas curtas estimula as vibrações das ligações moleculares. Esses efeitos são, dessa forma, uma troca de energia que depende essencialmente da composição química atômica/molecular da matéria. Nas micro-ondas, o processo é um pouco diferente, pois ocorre a interação entre a onda e algumas moléculas polarizadas, o que não deixa de ser uma interação no nível microscópico.

Em qualquer sistema de átomos e moléculas, a energia total nele contida pode ser dividida em energias *nuclear*, *eletrônica*, *vibracional*, *rotacional* e *translacional*. Somente as três primeiras promovem transições energéticas, haja vista que a translacional não é quantizada (orientação de *spin*) e a rotacional pertence aos gases. Na Fig. 1.19 estão delimitados os intervalos de comprimento de onda em que ocorrem esses processos de transição ou trocas energéticas. Até o ultravioleta, as radiações são ionizantes e efetivamente rompem ligações, podendo provocar profundas alterações na estrutura dos átomos e moléculas e até mesmo iniciar reações químicas, mas não são disponíveis ao sensoriamento remoto. Para fins de sensoriamento remoto, utilizam-se as transições eletrônicas e vibracionais. As transições eletrônicas requerem energia extra, mais alta, para se excitar, a qual está contida nos menores comprimentos de onda do visível (380~760 nm) e do infravermelho próximo (760~1.300 nm). Elas são seguidas pelas transições vibracionais moleculares, de mais baixa energia, a qual está contida nos comprimentos de onda de 1.300 nm a 3.000 nm.

O principal resultado da interação microscópica pode ser identificado nos espectros de reflectância por fortes picos de queda da reflectância na forma de vales, que indicam que a matéria absorveu fortemente a radiação incidente naquele comprimento de onda. Eles são chamados de bandas de absorção e possuem larguras usualmente menores que 10 nm. Várias absorções podem ocorrer ao mesmo tempo ao longo dos comprimentos de onda para um material, indicando a presença de diferentes tipos de átomos ou de agrupamentos moleculares. O exato comprimento de onda no qual a banda de absorção ocorre, sua largura e sua profundidade dependem do tipo de estrutura interna dos constituintes, do tamanho dos raios iônicos dos átomos e das moléculas, das forças de ligação, do sítio de simetria e de coordenação, e das impurezas iônicas contidas no material. Exemplos de bandas de absorção são mostrados na Fig. 1.20 para três diferentes tipos

Comprimento de onda (µm)	10^{-8}	10^{-6}	10^{-4}	10^{-2}	10	10^{2}	10^{4}	10^{6}	10^{8}

Tipo de radiação	Raios gama	Raios X	UV	VIS	NIR	SWIR	TIR	Micro-ondas	Ondas de rádio

Transição nuclear $\lambda < 0{,}1$ Å	Int	Val	Vibr	Rot	Orientação de *spin*
	Transição eletrônica Int λ 0,1 Å-380 nm Val λ 380-1.300 nm		Transição molecular Vibr λ 1.300 nm-1.000 µm Rot λ 1 mm-100 cm		

Fig. 1.19 *Processos de interação da energia eletromagnética em função dos comprimentos de onda, em que int = interna, val = valência, vibr = vibracional, rot = rotacional, UV = ultravioleta, VIS = visível, NIR = infravermelho próximo, SWIR = infravermelho de ondas curtas e TIR = infravermelho termal*

de material. Nessa figura, o espectro do mineral de hidróxido de ferro goethita apresenta duas bandas de absorção centradas em 650 nm e 900 nm, devido à presença de átomos de Fe^{+2}; a grama verde e o mineral de argila montmorillonita, por possuírem moléculas de água em suas estruturas, apresentam duas bandas de água centradas em 1.400 nm e 1.920 nm; a montmorillonita apresenta uma terceira banda em 2.200 nm, devido à presença de moléculas de hidróxido de alumínio, e a grama verde, outra banda em 670 nm, que identifica o pigmento clorofila. Muito embora esses espectros sejam de reflectância, será visto nos capítulos adiante que toda a discussão sobre eles se resume na tentativa de caracterizar essas bandas de absorção e procurar relacioná-las às composições do material, como se mostrou nessa figura.

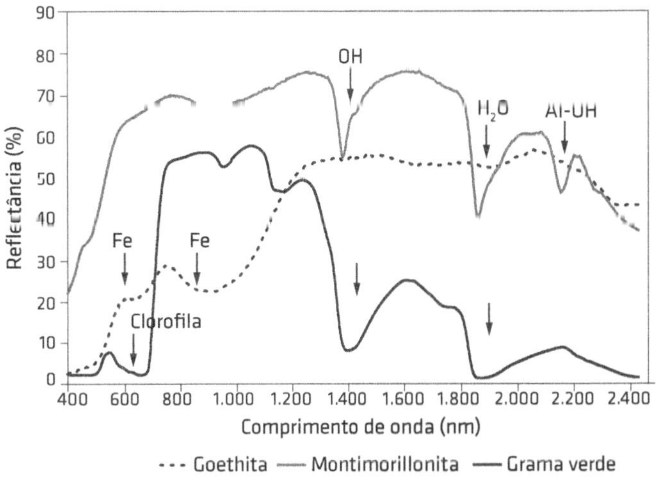

Fig. 1.20 *Espectros de reflectância, com as setas indicando a posição dos comprimentos de onda das principais bandas de absorção*

Fonte: biblioteca espectral mineral USGS (Clark et al., 2007).

Referências bibliográficas

ADAMS, J. B.; FILICE, A. L. Spectral reflectance 0.4 to 2.0 microns of silicate rock powders. *Journal of Geophysical Research*, Washington, DC, v. 72, n. 2, p. 5705-5715, 1967.

BERNINI, H.; MARTINEZ, J. M.; OLIVETI, D.; ROIG, H. L.; PINHEIRO, J. A. C. *Descarga sólida em suspensão e dinâmica fluvial na bacia do rio Madeira*: um perfil no período de cheia hidrológica. Cegot/Universidade do Minho, 2016.

CLARK, R. N. Spectroscopy of rocks and minerals, and principles of spectroscopy. *Manual of remote sensing*, 3(3-58), 2-2, 1999.

CLARK, R. N.; SWAYZE, G. A.; WISE, R.; LIVO, K. E.; HOEFEN, T.; KOKALY, R. F.; SUTLEY, S. J. USGS Digital spectral library splib06a. *US geological survey, digital data series*, 231., 2007.

DOLFUS, A. Polarization studies of planets. In: KUIPER, G. E; MIDDLEHURSI, B. M. (Ed.). *The solar system*. Chicago: University of Chicago Press, 1961. cap. 9, p. 343-395.

DRAPER, A. L.; ADAMICK, J. A.; GIBSON, F. K. Comparation of the spectra of Mars and goethite--hematite misture in the 1 a 2 micron region. *Icarus*, v. 3, p. 63-65, 1964.

HOVIS JR., W. A. Infrared reflectivity of iron oxide minerals. *Icarus*, v. 4, p. 425-430, 1965.

HOVIS JR., W. A.; CALLAHAN, N. R. Infrared reflectance spectra of igneous rocks, tuffs and red sandstone from 0.5 to 2.2 micron. *Journal of the Optical Society of America*, Washington, DC, v. 56, n. 5, p. 639-643, 1966.

LYON, R. J. P. *Minerals in the infrared*: a criterial bibliography. Palo Alto, CA: Stanford Research Institute, 1962. 76 p.

MENESES, P. R.; MADEIRA NETTO, J. D. S. *Sensoriamento remoto: reflectância dos alvos naturais*. Brasília/Planaltina: Editora Universidade de Brasília/Embrapa Cerrados, 2001. p. 127-154.

MILTON, E. J. Principles of field spectroscopy. *International Journal of Remote Sensing*, London, v. 8, n. 12, p. 1807-1827, 1987.

MORAES NOVO, E. M. L. *Sensoriamento remoto*: princípios e aplicações. 2. ed. São Paulo: Blucher, 2002.

SAGAN, C. et al. Total reflection spectrophotometry and thermogravimetric analysis of simulated martian surface material. *Icarus*, v. 4, p. 4361, 1965.

SALISBURY, J. W.; WALTER, L. S.; VERGO, N.; D'ARIA, D. M. Infrared (2.1-25 micrometers, spectro of mineral. Johns Hopkins University Press, 1991. 294 p.

SANDMEIER, S. R.; ITTEN, K. I. A field goniometer system (FIGOS) for acquisition of hyperspectral BRDF data. *IEEE Transactions on Geoscience and Remote Sensing*, v. 37, n. 2, p. 978-986, 1999.

SANDMEIER, S. R.; MULLER, C.; HOSGOOD, B.; ANDREOLI, G. Physical mechanisms in Hyperspectral BRDF data of grass and watercress. *Remote Sensing of Environment*, v. 66, p. 222-233, 1998.

TRASFERETTI, B. C.; DAVANZO, C. U. Introdução às técnicas de reflexão especular e reflexão-absorção no infravermelho: (1) reflexão especular. *Química Nova*, v. 24, n. 1, p. 94-98, 2001.

SLATER, P. *A review of remote sensing-optics and optical systems*. Boston: Addison-Wesley, 1980. 575 p.

Paulo Roberto Meneses
Tati de Almeida

2 Transições eletrônicas e moleculares e a origem das absorções

2.1 O modelo do átomo

O capítulo anterior apresentou uma breve discussão sobre o processo de interação microscópica da radiação eletromagnética com os materiais, dito dessa forma por ser uma interação que ocorre no nível microscópico dos átomos e moléculas. Este capítulo abordará esse processo sob a luz dos princípios básicos da Mecânica Quântica. Inicialmente, no entanto, é bom relembrar um pouco a estrutura do átomo e a distribuição da energia dentro dele, em parte mostradas na Fig. 2.1. No átomo, os elétrons situam-se na região externa, chamada de eletrosfera, que contém no máximo sete camadas (*K*, *L*, *M*, *N*, *O*, *P* e *Q*), cada qual com um número limitado de elétrons, distribuídos nos subníveis de energia *s*, *p*, *d* e *f*. Esses subníveis, também conhecidos como orbitais, são as regiões do espaço nas quais é maior a probabilidade de encontrar um elétron.

Os orbitais são como nuvens de elétrons cujos movimentos descrevem formas geométricas bem características e que podem ser representadas pela densidade de pontos de elétrons, em que a probabilidade de encontrar um elétron é menor à medida que se afasta do núcleo. Na Fig. 2.2 são ilustradas as formas de dois orbitais, *s* e *p*. A nuvem de elétrons nos orbitais *s* tem simetria esférica ao redor do núcleo. A forma geométrica da nuvem eletrônica dos orbitais *p* é a de um duplo ovoide achatado até o ponto de contato (o núcleo atômico) e que, orientado segundo os eixos de coordenadas cartesianas, configura três orbitais *p* simétricos: p_x, p_z e p_y. Segundo o princípio de exclusão de Pauli, em cada orbital cabem no máximo dois elétrons. Os orbitais que não possuem dois elétrons são ditos incompletos, estando os elétrons isolados ou desemparelhados. A distribuição dos elétrons nos subníveis de energia depende do número atômico de cada elemento e segue uma lei de preenchimento (diagrama de Linus Pauling) que estabelece que há dois elétrons (um orbital) no primeiro subnível orbital *s*, seis

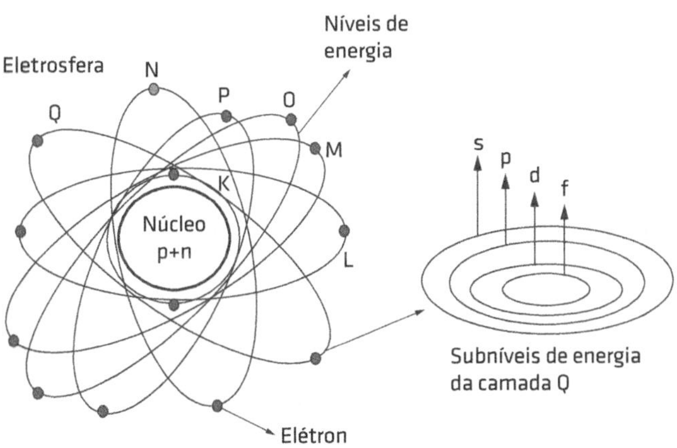

Fig. 2.1 *Eletrosfera, a região periférica ao redor do núcleo onde os elétrons ficam girando*

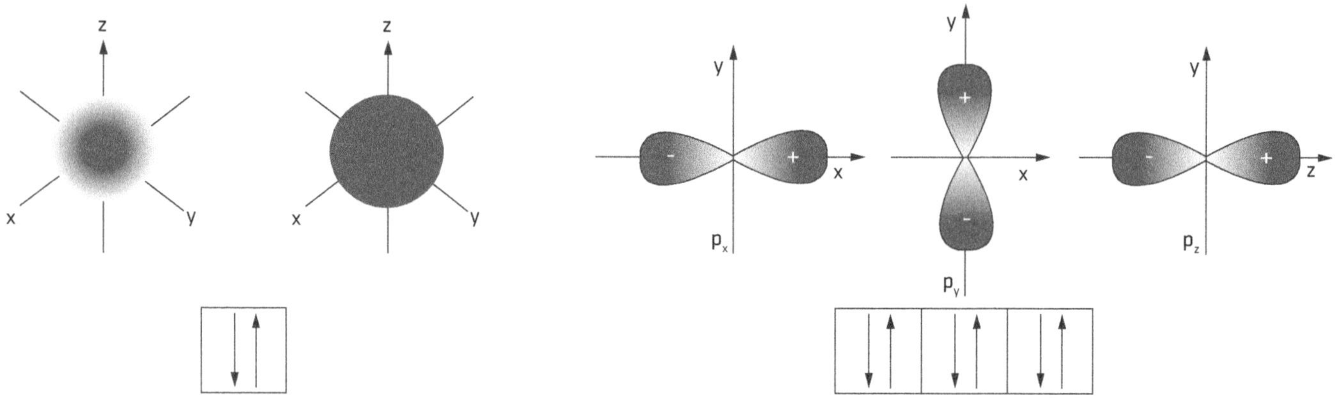

Fig. 2.2 *Formas geométricas das nuvens eletrônicas dos orbitais s (um orbital) e p (três orbitais)*

elétrons (três orbitais) no subnível *p*, dez elétrons (cinco orbitais) no subnível *d* e 14 elétrons (sete orbitais) no subnível *f*; quando os orbitais são preenchidos, formam-se pares de elétrons (Tab. 2.1).

Tab. 2.1 Distribuição dos elétrons nos subníveis de energia do átomo

Camada	**Nível**	**Subnível**	**Número máximo de elétrons**
K	1	s^2	2
L	2	s^2p^6	8
M	3	$s^2p^6d^{10}$	18
N	4	$s^2p^6d^{10}f^{14}$	32
O	5	$s^2p^6d^{10}f^{14}$	32
P	6	$s^2p^6d^{10}$	18
Q	7	s^2	2

Por exemplo: K (19) $1s^22s^22p^63s^23p^63d^1$ (a camada de valência do átomo de potássio é a *M*)

Pode acontecer de o último ou o penúltimo orbital não ser totalmente preenchido, ficando, assim, com elétrons desemparelhados. São esses elétrons desemparelhados que podem mover-se, num complexo ou num cristal, de um orbital de mais baixa energia para outro de energia mais alta, caracterizando uma energia de transição. Essa mudança de estados de energia pode ser provocada pela radiação eletromagnética dos comprimentos de onda do visível e do infravermelho próximo, e a consequência disso é a absorção de parte da energia contida na radiação eletromagnética. Para mover elétrons que estejam emparelhados, é necessário absorver uma quantidade de energia de intensidade muito maior, encontrada na radiação eletromagnética dos comprimentos de onda do ultravioleta ou do raio X. Quando os átomos isolados se unem para formar as moléculas, as transições dos estados ou níveis energéticos ocorrem entre as ligações que unem os átomos, e essas transições consistem na excitação de certos tipos de movimentos vibracionais dessas ligações, exigindo a pouca energia que é encontrada nos comprimentos de onda do infravermelho de ondas curtas.

Para entender a distribuição da energia dentro do átomo, é preciso recorrer aos princípios da Mecânica Quântica. Um de seus aspectos básicos é que a energia das partículas no átomo está restrita a certos valores discretos, muito bem definidos, e que somente esses valores são permitidos. Por isso, diz-se que a energia do átomo é quantizada, o que significa que somente certas órbitas com raios bem definidos podem ser ocupadas pelos elétrons. As órbitas que poderiam se situar entre esses intervalos estabelecidos pela Mecânica Quântica simplesmente não existem. Os estados permitidos – excitados e estacionários – que cada átomo pode apresentar são numerados em ordem de energia decrescente ($E_1 < E_2 < E_3 < E_4$...). O estado de energia mais baixa (E_1) é o estado estacionário e pode existir indefinidamente, até que seja excitado para um estado mais alto (E_2, E_3, ...). Ele é também denominado estado fundamental. Na Mecânica Quântica, esses estados ou conteúdos de energia quantizados são designados por um número inteiro n, que é chamado de número quântico. De fato, cada elétron de um átomo é caracterizado por quatro números quânticos, que são: principal (n), secundário ou azimutal (l), magnético (m ou m_l) e *spin* (s ou m_S). O número quântico principal indica a camada do elétron (K, L, M, ...), e o secundário, o subnível das camadas. É possível ver a representação desses estados na Fig. 2.3. O nível de energia ou número quântico principal mais baixo ($n = 1$) é o estado fundamental, e os estados que apresentam sucessivamente mais energia ($n = 2$, $n = 3$, $n = 4$, $n = \infty$) são chamados de estados excitados, seguindo uma ordem de afastamento do núcleo do átomo. O *continuum* indica que os estados caminham ao infinito, devido ao enorme número de átomos e moléculas que um material pode conter e, consequentemente, ao enorme número de orbitais.

Cada átomo é distintamente caracterizado por seus níveis ou estados de energia, que, de maneira bastante simples, como apresentado na Fig. 2.3, podem ser comparados com os degraus de uma escada, com alturas diferentes. Cada degrau dessa escada é um estado excitado e tem uma energia discreta. As transições energéticas que ocorrem são apenas as permitidas pelas diferenças de energia entre os possíveis estados excitados. Para um elétron poder transitar entre dois diferentes estados ou níveis de energia dentro do átomo, ou seja, para mover-se de uma órbita de mais baixa energia para outra de maior energia, ele deve absorver uma quantidade de energia extra igual à diferença dos potenciais de energia desses dois níveis. Essa excitação energética corresponde a um salto quântico (por exemplo, $1s^2$ para $2s^2$) por parte de um ou mais elétrons. Com o termo *salto quântico*, indica-se que a passagem dos elétrons para um nível mais alto não é contínua.

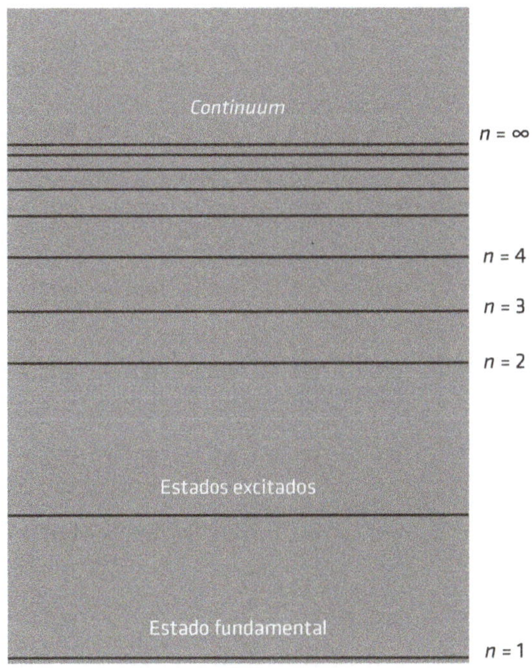

Fig. 2.3 *Diagrama de distribuição dos níveis ou estados de energia do átomo*

A quantidade de energia absorvida é a energia do fóton da luz eletromagnética incidente no material, e essa quantidade de energia da luz deve corresponder exatamente à diferença desses dois níveis (Fig. 2.4). Isso faz com que essas mudanças de níveis de energia apareçam na forma de bandas de absorção nos

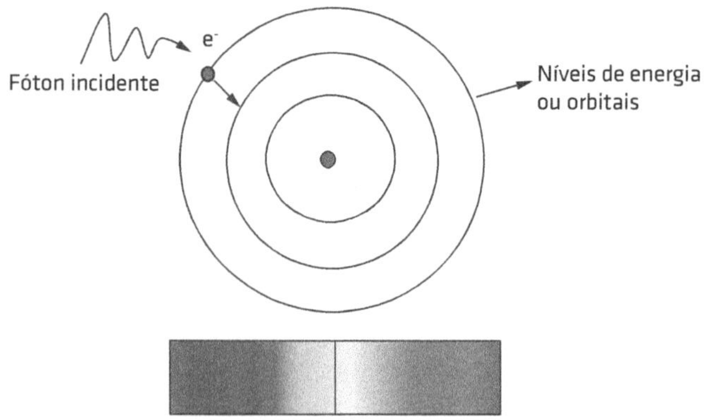

Fig. 2.4 *Ao colidir com um átomo, um fóton será absorvido se tiver energia igual à diferença de energia entre os dois estados quânticos, e o elétron será promovido para um estado de maior energia. A risca preta no espectro de cores indica o comprimento de onda de luz absorvida*

espectros de reflectância do material em estudo. Essas absorções ocorrem em específicos comprimentos de onda, de acordo com a composição atômica e molecular da matéria. A medida espectrorradiométrica da intensidade dessa absorção (sua largura e posição no espectro eletromagnético) possibilita determinar a composição da matéria. A duração do estado excitado normalmente é breve, e o átomo retorna ao estado fundamental após cerca de 10^{-8} segundos. Os elétrons excitados permanecem ligados ao átomo e, de forma espontânea, emitem essa energia absorvida, fazendo com que o átomo volte a seu estado de energia anterior. Geralmente, o retorno ao estado fundamental libera energia na forma de calor.

Esse processo de mudança de um estado estacionário para outro pode ser descrito por uma função de estado que é a combinação linear de dois estados estacionários. Como dito anteriormente, a transição de estado é acompanhada por uma oscilação eletromagnética que dá origem a uma absorção da radiação eletromagnética que pode ser detectada pelo espectrorradiômetro. A transição pode ser definida como:

$$E_1 - E_2 = h\nu \tag{2.1}$$

ou

$$\nu_{fóton} = \frac{\Delta E_{átomo}}{h} \tag{2.2}$$

em que:

h = constante de Planck (6,63 × 10^{-34} J · s);

ν = frequência;

$E_{átomo}$ = estado inicial de energia (E_i) – estado final de energia (E_f).

Como a distribuição dos níveis energéticos difere para cada tipo de átomo ou molécula, as quantidades de energia de radiação a serem absorvidas em determinado comprimento de onda são função direta da constituição atômica/molecular dos materiais. Assim, a intensidade das absorções e a posição que elas ocupam no espectro de reflectância são uma assinatura espectral daquele material.

Para a espectrorradiometria, o modelo quântico é, portanto, a chave para explicar as interações microscópicas. Mas calcular os valores desses níveis de energia é matéria complexa e de responsabilidade da Mecânica Quântica, indo muito além do alcance deste livro. Uma pequena ideia desses saltos quânticos é mostrada na Fig. 2.5, que ilustra esquematicamente o diagrama dos níveis de energia para o átomo de sódio (Na), de número atômico 11, que tem a configuração de elétrons orbitais $1s^2 2s^2 3p^6 3s^1$. No estado estacionário, os elétrons mais externos desse átomo ocupam o nível de energia $3s_{1/2}$. Quando excitados para um nível de energia mais alto, dão um salto quântico para os níveis de energia $3p_{1/2}$ e $3p_{3/2}$, os quais correspondem aos comprimentos de onda 589,1 nm e 589,6 nm. Ao regressarem a seu estado de energia anterior, emitirão uma intensidade de radiação eletromagnética exatamente igual à diferença entre as energias correspondentes ao nível mínimo de energia $3s_{1/2}$ e aos níveis excitados $3p_{1/2}$ e $3p_{3/2}$. Essa diferença de energia é correspondente à cor amarela (comprimentos de onda de 589,1 nm a 589,6 nm), o que explica a cor amarela das lâmpadas a vapor de sódio, muito usadas em postes de iluminação pública.

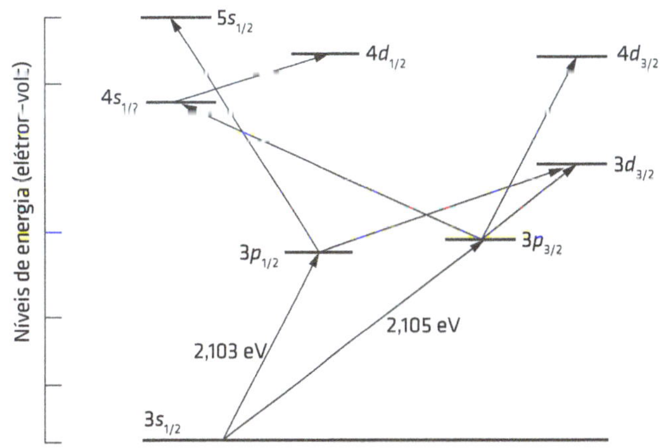

Fig. 2.5 *Diagrama dos níveis de energia do átomo de sódio e as diferenças em elétron-volt do estado estacionário $3s_{1/2}$ para os estados excitados $3p_{1/2}$ e $3p_{3/2}$*

2.2 Absorções

Átomos dificilmente existem livres, tendo, ao contrário, grande tendência a se transformar em moléculas. É o que acontece em todos os materiais terrestres, cuja existência é o resultado de uma combinação ou aglomeração diversificada de compostos químicos, formando as moléculas. Assim, quando dois ou mais átomos se combinam para formar uma molécula, seus orbitais combinam-se dando lugar a novos orbitais moleculares que alojarão os elétrons, os quais poderão estar sujeitos às mudanças de níveis de energia, por forças externas, a exemplo da radiação eletromagnética. A diferença entre um orbital molecular e um orbital atômico é que esse último está associado somente a um átomo.

Quando a radiação eletromagnética colide com um composto ou complexo químico qualquer (por exemplo, minerais), ocorre algum fenômeno espectroscópico. Se ela tiver um comprimento de onda da luz solar, muito provavelmente será absorvida pelos elétrons dos orbitais dos átomos ou dos orbitais moleculares, envolvendo a incorporação da energia contida no fóton à estrutura do composto. Esse é o principal fenômeno de interação da radiação com a matéria para fins de espectrorradiometria de reflectância, anteriormente abordada no Cap. 1. Quando o valor energético do fóton for maior ou menor do que a quantidade de energia necessária para se passar do estado fundamental para o excitado, a transição não ocorrerá, e isso caracteriza o que se chama de processo de ressonância (não há absorção). Essa relação entre as quantidades de energias absorvida e refletida por comprimento de onda traz as informações sobre a composição da matéria, que os usuários de sensoriamento remoto terão de decifrar nas várias bandas espectrais que o sensor possui. A mais simples percepção dessa relação absorção/reflexão é mostrada pelos materiais coloridos. Por exemplo, quando a luz branca incide sobre um material que tem a cor verde, como as folhas de uma vegetação sadia, a luz que interage e que tem relação com a estrutura eletrônica é a cor que não se vê, ou seja, nesse caso, as cores azul e vermelha que foram absorvidas.

O sólido pode ser considerado uma grande molécula, sendo as forças entre os átomos devidas às interações entre os elétrons atômicos e que, ditadas pelo arranjo de núcleos e elétrons, produzem um sistema quanticamente estável. Então, nos complexos moleculares dos materiais terrestres que compõem as rochas, os solos, a vegetação e a água, as absorções podem ser produzidas como consequência das transições de energia, que podem ser divididas em dois grupos. No primeiro grupo, há dois tipos de transição: as transições eletrônicas (dos elétrons), que envolvem as ligações dos átomos com os ligantes por meio de força eletrostática, e as transições de orbitais moleculares das ligações químicas. Nas transições eletrônicas, não há movimentação ou deslocamento dos átomos, apenas mudanças de "posição" dos elétrons pela absorção da energia da onda eletromagnética da luz do visível e do infravermelho próximo. O segundo grupo inclui as transições moleculares vibracionais. Elas ocorrem nos comprimentos de onda de menor energia do infravermelho de ondas curtas e se manifestam apenas como pequenos movimentos dos átomos da molécula, mudando-os de posição no espaço. Vários tipos de mecanismos podem descrever como ocorrem esses diferentes tipos de transições com a radiação eletromagnética da luz solar. Uma noção básica desses mecanismos de transição faz parte do conteúdo principal deste capítulo, e as teorias usadas para descrevê-los fazem parte dos estudos de ligações químicas, desenvolvidos pela Físico-Química, assunto contido principalmente em livros acadêmicos de Química Inorgânica e Molecular, como os de Mahan e Myers (2003) e Atkins e Shriver (1999).

Todos os materiais sólidos e líquidos, sem exceção, têm a propriedade de absorver partes da energia eletromagnética. Alguns mais, outros menos, dependendo do tipo de átomo e molécula e da quantidade de energia contida na onda eletromagnética. Quando quantidades expressivas de energia eletromagnética são absorvidas pela matéria, criam-se, no espectro contínuo de reflectância, as bandas de absorção. De fato, são essas bandas de absorção que permitem identificar a composição da matéria, ou seja, o tipo de átomo (por exemplo, Fe, Cr ou Ni) ou o tipo de molécula (por exemplo, AlOH, CO_3 ou H_2O). Esses conhecimentos são explorados com fins analíticos, por meio das técnicas de absorção e emissão atômica, e suas teorias foram apropriadas pelo sensoriamento remoto para ser possível descrever o comportamento dos espectros de reflectância e identificar a composição dos vários materiais terrestres. Embora boa parte da discussão que será vista tenha como exemplos os minerais de rocha, pelo fato de serem sólidos com estruturas cristalinas bem definidas, tudo se aplica igualmente, com as mesmas bases científicas, aos demais materiais terrestres, à exceção dos gases.

No entanto, apesar de esses princípios demostrarem que, efetivamente, o comportamento espectral da reflectância é expresso pela presença das absorções dos constituintes atômicos/moleculares da matéria, há certos fatores que podem influenciar as formas e intensidades das bandas de absorção, independentes da constituição da matéria, dos quais é possível citar:

- *Tempo de vida do estado excitado*: a largura de uma banda de absorção é determinada pelo tempo de vida do estado excitado. Estimar esse tempo envolve complexos cálculos físicos que levam em conta o número de revoluções efetuadas pelos elétrons em seus estados fundamentais e excitados (n = 1, 2, 3, 4...), o tamanho do raio da órbita e a velocidade do elétron excitado. Sabe-se que, quanto mais longo é o tempo do estado excitado, mais definida é a energia de transição e mais evidente é a banda de absorção.
- *Efeitos de saturação*: a forma de uma banda de absorção pode ser alterada se a excitação de um sistema é tão poderosa que o estado excitado é saturado (a população de átomos

ou elétrons excitados é igual à do estado estacionário fundamental). Sob tais condições, o coeficiente de absorção da amostra passa a ser dependente da intensidade da radiação incidente, em vez de ser uma característica exclusivamente inerente do material.

- *Efeito de relaxamento*: o relaxamento, que é a volta do estado excitado para o estado fundamental, decai com uma taxa que depende de um processo físico afetando um estado particular. Estados eletrônicos com tempo de vida de aproximadamente 10 µs apresentam rápidas taxas de relaxamento. Taxas muito mais lentas, *saturation broadening*, são encontradas para alguns estados excitados do infravermelho. Além de afetar a forma de uma banda de absorção específica, processos de relaxamento lentos podem criar uma mistura de alguns estados excitados.

2.3 Transições eletrônicas

As transições eletrônicas são as responsáveis por todas as bandas de absorção existentes no intervalo do visível ao infravermelho próximo, isto é, de 380 nm a 1.300 nm. Elas exigem maiores intensidades de energia eletromagnética e ocorrem nos íons que apresentam elétrons desemparelhados. Os materiais terrestres que mais frequentemente exibem absorções em decorrência dos mecanismos das transições eletrônicas são os minerais de rochas e os componentes minerais residuais presentes nos diferentes tipos de solo. Na vegetação também ocorrem transições eletrônicas associadas com os pigmentos. A cor verde das folhas está associada à clorofila *a*, que é uma porfirina, uma classe de moléculas orgânicas com uma estrutura de anéis e que contém em seu centro um átomo de Mg. Nas extremidades da porfirina, há uma série de ligações conjugadas, as quais, com seus elétrons, absorvem as luzes azul e vermelha, resultando na cor verde das folhas. Na água podem ocorrer transições eletrônicas, preferencialmente, pelos sedimentos transportados ou por outras substâncias que nela estão dissolvidas.

Os minerais de rocha são os que melhor apresentam os mecanismos de transição de energia pelo fato de comporem uma diversificada classe de estruturas cristalinas e combinações moleculares de quase todos os elementos da tabela periódica, incluindo em suas composições, principalmente, os elementos dos grupos dos metais de transição, metais alcalinos e metais alcalinoterrosos, bem como os outros metais. Porém, muitos dos átomos dos elementos vistos na tabela periódica somente apresentam transições eletrônicas em comprimentos de onda na região do ultravioleta ou do termal. Por exemplo, os átomos de silício, potássio e sódio, muito comuns nos minerais de rocha e nos resíduos minerais dos solos, não possuem absorções na faixa óptica do espectro eletromagnético. É por essa razão que nem sempre se pode obter, pela espectrorradiometria de reflectância, informações sobre a composição total dos materiais.

Para o assunto que interessa neste capítulo, que é descobrir como se originam no interior de átomos e moléculas as absorções da radiação eletromagnética, será lançado mão, para as explicações sobre as transições eletrônicas, das estruturas cristalinas dos minerais que contêm metais de transição, os quais deram origem à teoria de ligação química TCC (teoria de campo cristalino), formulada pela Ciência Física e, posteriormente, incluída na Ciência Química de ligações moleculares. Adiante, será discutida essa importante teoria para a espectrorradiometria.

Os minerais com metais de transição podem ser considerados compostos resultantes da agregação de um complexo metálico a um ânion. Os ânions são os ligantes ricos em elétrons, e os metais que formam os complexos são íons com orbitais disponíveis para acomodar esses elétrons. A formação de complexos é comum com metais de transição com orbitais de valência *d* e *f*. Em particular, um grupo de elementos da tabela periódica denominado metais de transição do primeiro grupo (Sc, Ti, V, Cr, Mn, Fe, Co, Ni, Cu e Zn) tem essa característica e, por isso, exibe com facilidade absorções decorrentes das transições eletrônicas de orbitais de valência *d*, as quais são responsáveis pela cor de muitos minerais. Mas, como a cor não depende apenas da natureza do íon, ela pode mudar em um mesmo complexo, como no caso do manganês, que no estado de oxidação +7 tem a cor púrpura, embora seu íon com estado de oxidação +2 seja rosa-pálido. A cor depende também da natureza dos ligantes com o íon, variando de ligante para ligante. Cada ligante exerce um efeito diferente na cor do complexo. Isso ocorre devido ao efeito dos orbitais *d*, que não se encontram todos com a mesma energia. Os metais de transição de números atômicos 22 a 29 (Ti, V, Cr, Mn, Fe, Ni, Co e Cu), por esse motivo, são chamados de íons cromóforos. Outro fator que afeta a cor é a disposição espacial do complexo.

Como esses metais são encontrados, com muita frequência, como constituintes dos minerais, são importantes para definir o comportamento espectral de minerais, rochas e solos. Nesses metais de transição do primeiro grupo, os elétrons estão distribuídos nos orbitais de uma maneira particular. O último orbital $4s$ é preenchido antes do orbital $3d$, que fica com elétrons vagos ou desemparelhados, definindo o número de valência do elemento. Tomando como exemplo o metal manganês, cujo número atômico é 25:

Mn (número atômico 25) $1s^2 2s^2 2p^6 3s^2 3p^6 3d^5 4s^2$

Orbitais *s* possuem $2e^- \rightarrow 1$ orbital *s*

Orbitais *p* possuem $6e^- \rightarrow 3$ orbitais *p*

Orbitais *d* possuem $10e^- \rightarrow 5$ orbitais *d*

Observar, nesse exemplo, que se preenche o orbital 1 com dois elétrons, e os orbitais 2, com oito elétrons, restando 15 elétrons para preencher os orbitais 3, que podem conter até 18 elétrons. Nesse terceiro orbital, os orbitais $3d$, que podem ter até dez elétrons, possuem apenas cinco elétrons – o orbital $4s$ é preenchido antes dele –, ocorrendo aí o desemparelhamento e o estado de valência do metal, e disso resulta a facilidade dos orbitais $3d$ para promover as transições. Situação similar ocorre para todos os outros metais de transição do primeiro grupo. A exceção é para o metal Zn, que apresenta orbital d^{10}, portanto sem elétrons desemparelhados para a transição (não tem valência). Os metais de transição do primeiro grupo possuem a configuração eletrônica do orbital $3d$ mostrada no Quadro 2.1.

Quadro 2.1 Configuração eletrônica de metais de transição do primeiro grupo

Metal	Configuração eletrônica
Sc	$3d4s^2$
Ti	$3d^2 4s^2$
V	$3d^3 4s^2$
Cr	$3d^5 4s^1$
Mn	$3d^5 4s^2$
Fe	$3d^6 4s^2$
Co	$3d^7 4s^2$
Ni	$3d^8 4s^2$
Cu	$3d^{10} 4s^1$
Zn	$3d^{10} 4s^2$

As transições dos níveis energéticos dos orbitais eletrônicos, que, em síntese, são um rearranjo dos elétrons de valência, são causadas por diferentes mecanismos. Cada mecanismo tem um processo diferente de promover a transição energética, e seus efeitos causam bandas de absorção que irão se diferenciar por suas intensidades e, sobretudo, pelo comprimento de onda em que vão ocorrer. Basicamente, esses mecanismos são os de campo cristalino e de transferência de carga entre íons de um mesmo retículo. Outros dois mecanismos de importância menor são as transições devidas às bandas de condução e valência e aquelas devidas aos centros de cor presentes em alguns minerais coloridos.

2.3.1 Transições eletrônicas de campo cristalino

Para explicar as transições eletrônicas de complexos metálicos envolvendo orbitais *d* e *f*, as teorias de ligações químicas de valência e de orbital molecular são substituídas por uma teoria baseada em interações eletrostáticas de campo cristalino. Elas oferecem soluções para as geometrias de retículos cristalinos octaédricos e tetraédricos, que correspondem à maioria absoluta dos complexos dos metais de transição. Sendo assim, a teoria de campo cristalino é a solução para diversas propriedades de muitos minerais de rocha. Quando os ânions se ligam ao metal, devido às forças de atração eletrostática, dá-se a formação de retículos cristalinos, que são aglomerados de formas geométricas bem definidas, típicas dos minerais de rocha. A teoria de campo cristalino baseia-se, preferencialmente, nos orbitais *d*, a exemplo do que acontece com os aglomerados de átomos de metais de transição, particularmente de Fe. Muito utilizada para explicar ligações químicas iônicas, as quais se formam pela atração elétrica entre íons de cargas opostas e que estão presentes em 90% dos minerais, essa teoria tem como pressuposto básico admitir que a interação metal-ligante é de natureza eletrostática. As espécies ligantes são como cargas negativas que interagem de forma pontual, por meio de interações repulsivas com os elétrons dos orbitais *d* do elemento central de carga positiva. Com *interação pontual*, quer-se dizer que os ligantes não apresentam interações covalentes com o metal (os metais nunca participam desse tipo de ligação). Nesse caso, quando um campo de cargas negativas é colocado em torno do centro metálico de um complexo octaédrico, todos os orbitais *d* têm suas energias acrescidas em consequência da repulsão eletrônica entre os elétrons do metal e os elétrons dos ligantes, promovendo o desdobramento de energia do orbital *d*. Complexos tetraedrais, como será visto logo adiante, também têm suas ligações sujeitas ao campo cristalino.

Na Fig. 2.6 é mostrado esse mecanismo de transição por campo cristalino para os complexos octaedrais, com as explicações dadas a seguir. Considera-se primeiro que, de acordo com a teoria de campo cristalino, no íon livre do metal de transição os cinco orbitais de valência *d* estão em níveis energéticos iguais. À medida que os ligantes negativos se aproximam do íon central positivo, os elétrons dos ligantes sofrem uma repulsão dos elétrons do metal, o que causa um aumento de energia de todos os elétrons em comparação com os elétrons no íon livre. Quando os ligantes do octaedro se aproximam, duas intensidades de interação acontecem em dependência da orientação dos orbitais do metal segundo os eixos cartesianos *x*, *y* e *z*. Os ligantes que fazem uma interação frontal com os orbitais orientados nas direções $d_{x^2-y^2}$ e d_{z^2} têm uma maior repulsão dos elétrons, e, com isso, há um forte aumento de energia desses orbitais. A esses orbitais localizados sobre os eixos cartesianos é dada a denominação *eg*. Os ligantes que se orientam entre os eixos

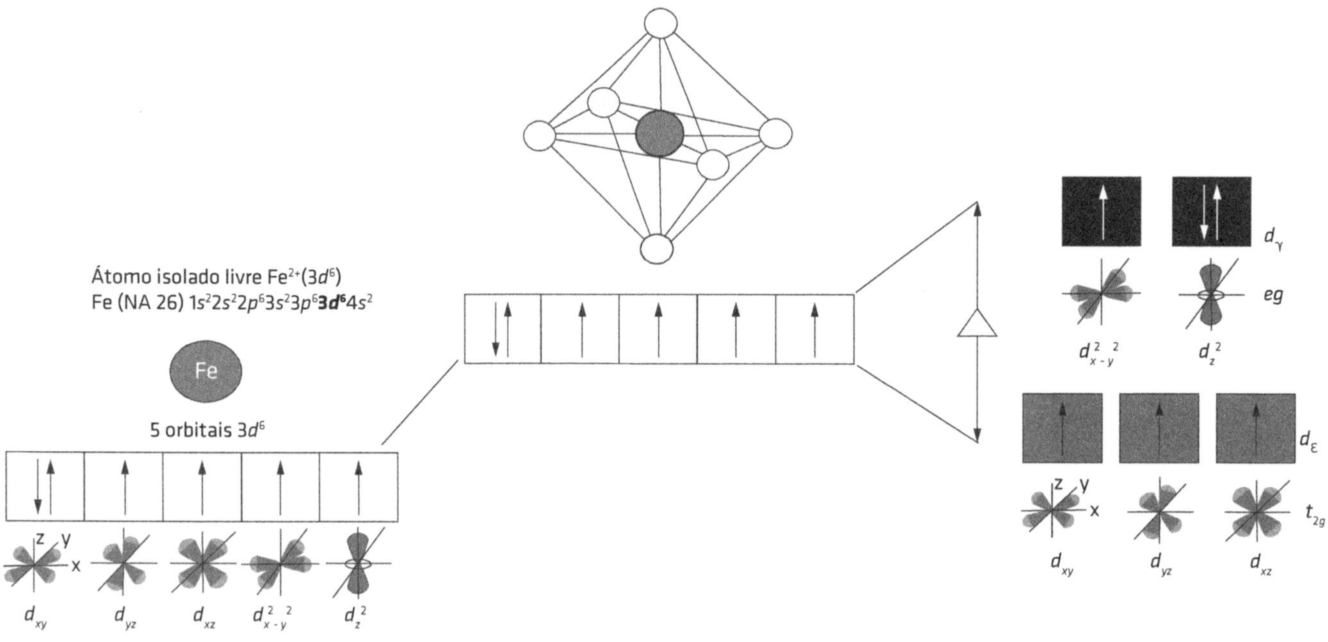

Fig. 2.6 *Representação da transição eletrônica pela teoria de campo cristalino em um complexo octaédrico*

dos orbitais d_{xy}, d_{yz} e d_{xz} sofrem menor repulsão, e os elétrons do íon central têm suas energias diminuídas. A esses orbitais que estão entre os eixos é dada a denominação t_{2g}. Esse processo é denominado desdobramento dos orbitais *d*, formando um triplete de orbitais d_ε de menor energia e um par de orbitais d_γ de maior energia. Esse desdobramento dos níveis de energia dos orbitais *d* do átomo central é o principal efeito da transição por campo cristalino. Nessas condições, quando o íon metálico contido no complexo absorve a radiação eletromagnética, ocorre a excitação de um ou mais elétrons desemparelhados de um dos orbitais d_ε de mais baixa energia para um dos orbitais energéticos d_γ mais altos. Os ligantes – I^-, Br^-, S_2^-, Cl^-, OH^- ou H_2O, por exemplo – podem definir a ordem de grandeza da diferença de energia do desdobramento do campo Δ dos orbitais d_γ e d_ε e, consequentemente, a cor do complexo. Quanto maior for o desdobramento dos orbitais *d*, mais energia será necessária para que as transições ocorram, e, dessa forma, a onda eletromagnética absorvida terá que ser de comprimento menor. Assim, se o complexo for irradiado por uma luz visível, a absorção de um fóton de energia dessa luz estimulará a transferência de um elétron do orbital de mais baixa energia para o orbital superior, e a banda de absorção que aparecerá no espectro será responsável por sua cor. A cor visualizada será forte se os ligantes forem de campo forte e fraca se os ligantes forem de campo fraco (Lee, 2000). Para os metais de transição do segundo grupo 4*d* (Y, Zr, Nb, Mo, Tc, Ru, Rh, Pd, Ag e Cd) e do terceiro período 5*d* (La, Hf, Ta, W, Re, Os, Ir, Pt, Au e Hg), há um significativo aumento do valor do desdobramento do campo, devido ao tamanho maior de seus átomos. A força do campo ligante tem uma ordem crescente de energia que se apresenta da seguinte forma, por exemplo: (campo fraco) $Mn^{+2} < Ni^{+2} < Cu^{+2} < Fe^{+2} < Cu^{+3} < Mo^{+3} < Rh^{+3} < Ru^{+3} < Pd^{+4} < Ir^{+3} < Pt^{+4}$ (campo forte).

Deve-se ter em conta que o elétron excitado não pode ir para qualquer outro orbital, quer dizer, nem todas as transições eletrônicas dos orbitais *d* do metal são possíveis.

Existem transições mais prováveis, chamadas de transições permitidas, e outras pouco prováveis, chamadas de transições proibidas (não se quer dizer que não ocorram, mas que são muito fracas). O que define se a transição será permitida ou proibida são as regras de seleção. Para uma transição ser permitida, deve respeitar pelo menos uma destas regras: a regra de seleção ou permissão de *spin* e a regra de permissão de Laporte (Rossman, 1988).

A regra que se relaciona com o *spin* dos elétrons determina que o preenchimento dos orbitais seja feito de modo a obter o maior número possível de orbitais desemparelhados, mas que o número total de elétrons desemparelhados permaneça o mesmo antes e depois da transição eletrônica. Isso significa que não há mudança de *spin* dos elétrons. Como os orbitais superiores *eg* estão vazios, qualquer um dos elétrons nos orbitais t_{2g} pode saltar para os orbitais *eg*, sem a necessidade de inversão do *spin*. O preenchimento dos orbitais pelos elétrons é simbolizado com uma seta voltada para cima ou para baixo, de acordo com o *spin* do elétron. Primeiro se deve preencher todos eles com apenas uma seta no mesmo sentido, e, se houver mais elétrons, continua-se preenchendo os orbitais com setas no outro sentido. Essa forma de preenchimento obedece ao princípio de exclusão de Pauli, segundo o qual dois elétrons não podem ter o mesmo conjunto de números quânticos, o que significa que dois elétrons somente podem ocupar o mesmo orbital atômico se tiverem *spins* eletrônicos inversos (Mahan; Myers, 2003). Cada *spin*, apontado para cima ou para baixo, tem valor de energia diferente. Segundo a regra de *spin*, a transição é permitida quando a soma total dos *spins* é igual a zero ($\Delta S = 0$). O número quântico do *spin* (S), por convenção, possui um valor igual a –1/2 quando a seta está orientada para baixo e +1/2 quando a seta está orientada para cima. No caso da Fig. 2.7, a soma de *spin* (S) do átomo de Fe^{+2} é igual a 2,0, que é a mesma do estado excitado; dessa forma, a diferença entre os dois estados é zero ($\Delta S = 0$). Portanto, a transição eletrônica para o íon Fe^{+2} é permitida, tal como foi demonstrado na Fig. 2.6.

Pela regra de seleção de *spin*, as transições são proibidas quando a soma total dos *spins* é diferente de zero ($\Delta S \neq 0$). Esse seria o caso do íon Mn^{+2} em um complexo octaédrico, como se vê na Fig. 2.8, pois a soma dos *spins* muda de um estado de energia para outro, de 2,5 para 1,5, e, assim, a diferença entre os dois estados é diferente de zero. Por definição, transições proibidas nunca deveriam ocorrer. Contudo, nas transições $d \rightarrow d$, outros fatores devem ser considerados (Rocha, 1999). O metal dos compostos não possui apenas orbitais *d*, mas também orbitais *p*, cujas órbitas possuem a forma de lóbulos e são muito parecidas com as dos orbitais *d*. Como os ligantes estão unidos ao metal por forças eletrostáticas,

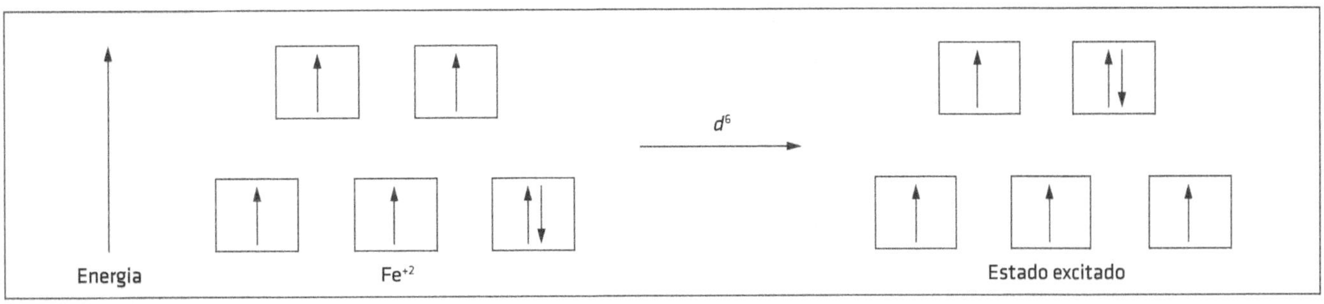

Fig. 2.7 *Transição eletrônica de* spin *permitida para o íon de* Fe^{+2}

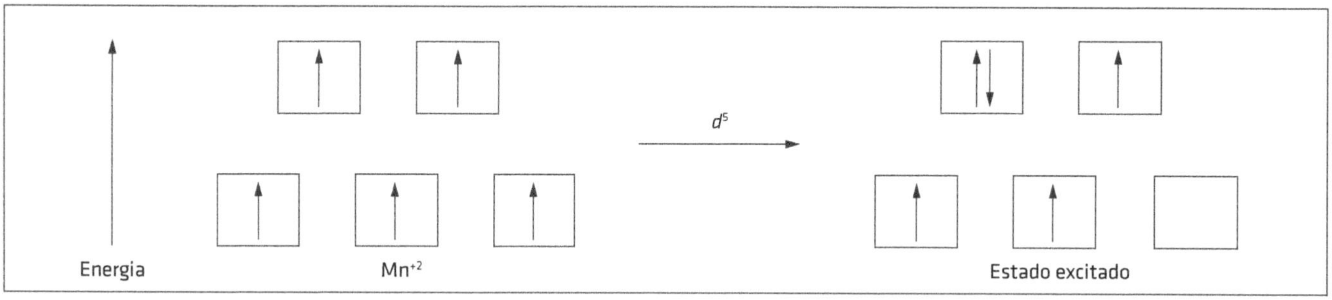

Fig. 2.8 *Transição eletrônica de* spin *proibida para o íon de* Mn^{+2}

algumas vibrações dessas ligações de alguma forma misturam uma pequena parte dos orbitais *p* aos orbitais *d*, e a transição deixa de ser uma transição pura $d \rightarrow d$ para ser uma transição com alguma característica de transições $p \rightarrow d$ ou $d \rightarrow p$. Isso faz com que as absorções correspondentes às transições $d \rightarrow d$, que são sempre fracas, pois são proibidas, apareçam nos espectros de reflectância apenas como pequenos ombros (*shoulders*), e não como uma feição de absorção profunda, bem destacada, podendo mesmo nem ocorrer.

A regra de permissão de Laporte diz respeito aos orbitais que são envolvidos na transição e afeta mais os complexos octaédricos, que são centrossimétricos. Segundo essa regra, em um complexo centrossimétrico as transições entre orbitais $s \rightarrow p$ ou orbitais $p \rightarrow d$ e $d \rightarrow f$ são permitidas, ao passo que as transições entre dois orbitais $s \rightarrow s$, $p \rightarrow p$, $d \rightarrow d$ e $f \rightarrow f$ são proibidas. Por ser uma regra bastante restritiva, pode impedir qualquer transição eletrônica (e absorções) de complexos octaédricos (transições $d \rightarrow d$). Porém, uma transição proibida pode se tornar fracamente permitida (absorção fraca), se o centro de simetria é eliminado por uma vibração assimétrica dos ligantes. Isso pode acontecer porque as ligações dos complexos não são exatamente estáticas, estão sempre vibrando, e os complexos nem sempre são um octaedro perfeito. Fundamentalmente, segundo Rocha (1999), pela regra de permissão de Laporte, a soma dos números quânticos secundários (l) dos orbitais envolvidos com a transição no complexo deve ser igual a 1 ($Dl = 1$), sendo que o número quântico secundário indica o subnível orbital em que o elétron está. Quando, pela regra de seleção de *spin*, $DS = 0$, e, pela regra de permissão de Laporte, $Dl = 1$, a transição é permitida e a banda de absorção é muito intensa, ao passo que, quando $DS \neq 0$ e $Dl \neq 1$, a transição é proibida e a banda de absorção é fraca (ombro).

Em virtude dessas regras de seleção, as transições de campo cristalino envolvendo o íon Fe^{+3} são a princípio também proibidas (Fig. 2.9). Entretanto, para certos complexos, especialmente óxidos e hidróxidos férricos, Rossman (1988) constatou que a intensidade das absorções é superior àquela esperada para transições proibidas envolvendo o íon Fe^{+3}. Esse aumento de intensidade deve-se às interações antiferromagnéticas que ocorrem quando há grande concentração do íon Fe^{+3} ou quando dois íons férricos são emparelhados pelo compartilhamento de ânions.

Os sistemas octaédricos com metais de transição também podem apresentar distorções de simetria (Fig. 2.10) no estado sólido em função do fator de empacotamento, ou seja, uma compressão ou um alongamento ao longo dos eixos de ordem dois, três ou quatro. Com o aumento da distorção do sítio octaédrico, os campos eletrostáticos atuando sobre o íon

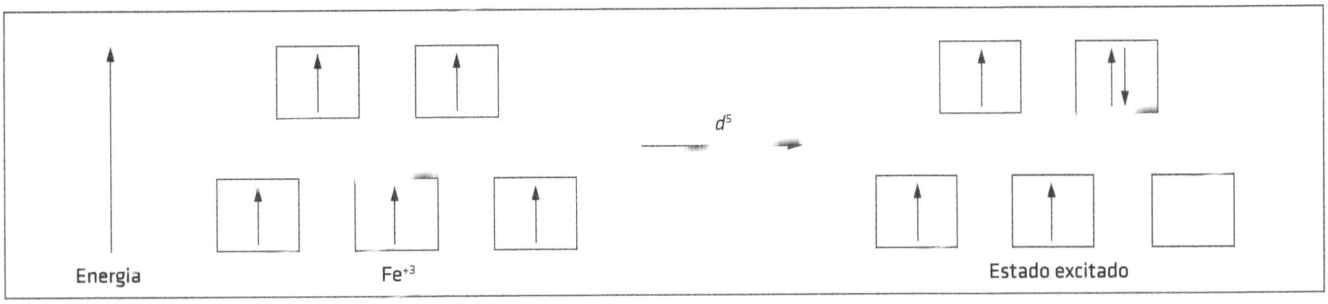

Fig. 2.9 *Transição eletrônica de* spin *proibida para* Fe^{+3}
Fonte: Rossman (1988).

causam novos particionamentos e deslocamentos de energia (no exemplo da Fig. 2.10, para o íon Fe^{+2}). Uma consequência imediata dessa maior distorção é o aparecimento de novas transições permitidas, com bandas de absorção do ferro centradas próximas a 1.800 nm. Outro resultado é a maior separabilidade e a maior intensidade das feições de absorção próximas a 1.000 nm. Essa maior intensidade também é observada para o íon Fe^{+3} em posição tetraédrica não centrossimétrica para a qual há maior probabilidade de absorção de luz do que para posições octaédricas centrossimétricas.

Segundo Xavier (2018), na aplicação da teoria de campo cristalino para os complexos tetraédricos, os quais são não centrossimétricos, os ligantes não interagem com os orbitais d_{z^2} e $d_{x^2-y^2}$ que estão sobre os eixos cartesianos (na face do cubo), e interagem fracamente com os orbitais d_{xy}, d_{xz} e d_{y_z} que estão entre os eixos. Uma vez que os orbitais não se posicionam diretamente na direção dos ligantes, que são em menor número, eles têm

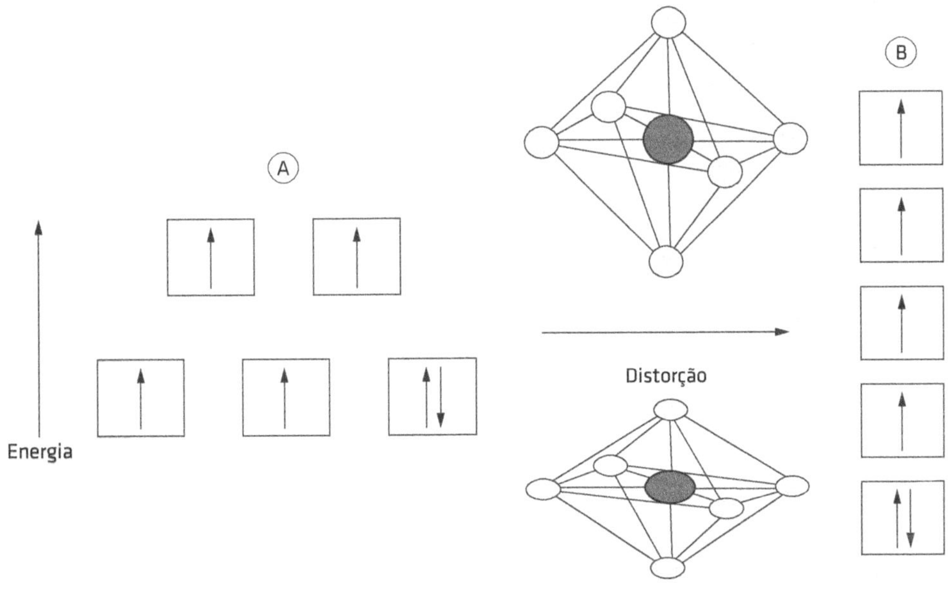

Fig. 2.10 *Distorção da simetria octaédrica por meio do deslocamento do íon* Fe^{+2}*: (A) para uma simetria octaédrica, os orbitais* 3d *são particionados em dois conjuntos; (B) quando ocorrem distorções no sítio octaédrico, cada um dos cinco orbitais* 3d *passa a ocupar um nível de energia específico*
Fonte: Rossman (1988).

um menor efeito direto sobre os orbitais *d*, e, como consequência, o desdobramento dos orbitais *d* é menor do que num campo octaédrico, além de ser invertido. A Fig. 2.11 mostra essa situação, exemplificando com um orbital d_z^2 na estrutura tetraédrica. Uma vez que menores quantidades de energia são necessárias para a absorção, as cores dos complexos tetraédricos sempre serão diferentes das cores dos complexos octaédricos, além de mais tênues. O desdobramento dos níveis *eg* e t_{2g} num campo cristalino tetraédrico é intrinsecamente menor do que num campo octaédrico, porque o campo cristalino tetraédrico contém dois terços a menos de ligantes e possui um menor efeito direto sobre os orbitais *d*.

Todos os demais íons dos elementos de transição com valência apresentam transições de campo cristalino, à exceção do Ti^{+4}, uma vez que ele não possui elétrons de valência nos orbitais *d* (igual a d^0).

Como os elétrons desemparelhados dos metais de transição têm seus estados de excitação situados frequentemente no espectro do visível e no início do infravermelho próximo, eles são responsáveis pela ampla variedade de cores de muitos minerais. Do trabalho de Nassau (1980) podem ser tomados alguns exemplos sobre a origem das cores de alguns minerais. Por exemplo, o coríndon puro (Al_2O_3) é incolor, mas pode apresentar cor muito brilhante como resultado da substituição de uma pequena porcentagem dos átomos de Al^{+3} por íons de Cr^{+3}, o que dá origem à cor vermelha da gema rubi. A esmeralda ($Be_3Al_2Si_6O_{18}$) também pode ter substituições de átomos de Al^{+3} por Cr^{+3}. Nas duas gemas, o Cr^{+3} substitui o Al^{+3} em sítios octaédricos distorcidos de coordenação 6, e, com isso, o rubi deveria ter a mesma cor da esmeralda. A razão da mudança de cor é a pequena diferença Δ_{oc} do campo cristalino entre as duas gemas. Cristais de quartzo-citrino (de cor amarela), água-marinha e jade devem suas cores às impurezas de ferro, bem como a granada-vermelha; já cristais de azurita e turquesa, às impurezas de cobre. Isso significa que a cor de um complexo depende da natureza do metal de transição, da disposição espacial do complexo e também da natureza dos ligantes, variando de ligante para ligante. Cada ligante exerce um efeito diferente na cor do complexo, devido ao efeito dos orbitais *d*, que não se encontram todos com a mesma energia.

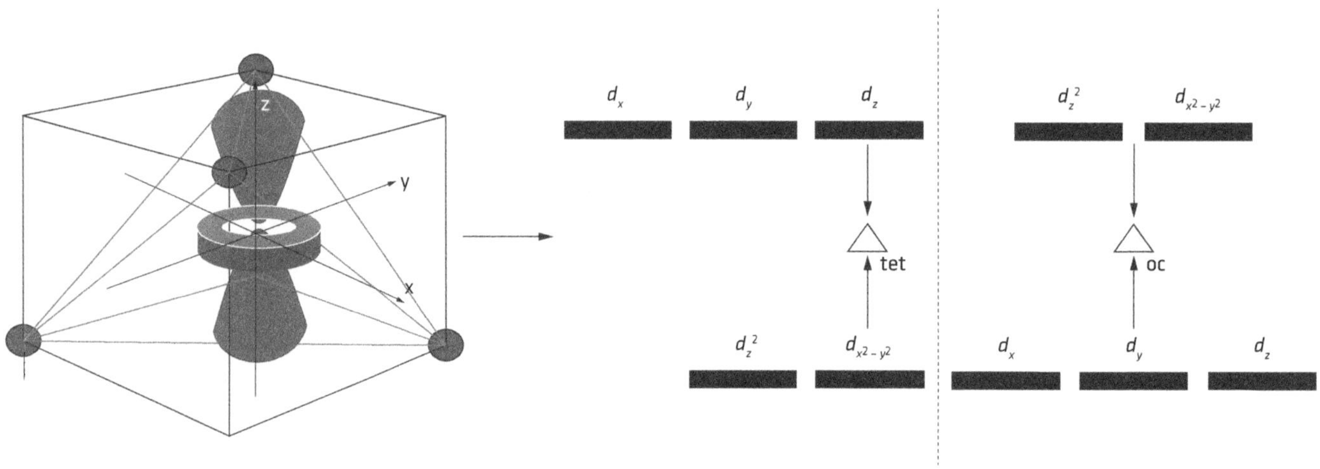

Fig. 2.11 *No campo cristalino, para sistemas tetraedrais, os orbitais d não se posicionam diretamente em relação aos ligantes e o desdobramento é menor quando comparado ao desdobramento octaedral*
Fonte: Xavier (2018).

A cor do solo é também usada para estabelecer diferenças entre os solos ricos em goethita (amarelos) e aqueles ricos em hematita (vermelhos), exemplo bastante conhecido e de uso prático entre os pedólogos. Sherman e Waite (1985) explicaram que essa diferença de cor é uma transição pelo efeito de campo cristalino, em razão das diferenças nas estruturas eletrônicas do Fe^{+2} e do Fe^{+3} que ocorrem em 480 nm para a goethita e em 530 nm para a hematita. Espectroscopicamente, as transições no Fe^{+3} ($3d^5$) são proibidas por *spin*, enquanto as de Fe^{+2} são permitidas (conservam o número de elétrons desemparelhados). Em resumo, segundo a teoria de campo cristalino, as cores originadas dos compostos podem manifestar-se sempre que existirem em um sólido íons metálicos com elétrons desemparelhados.

Como já mencionado, as transições eletrônicas $d \rightarrow d$ de campo cristalino resultam em bandas de absorção fracas, enquanto outras transições, como a transferência de carga, podem ter absorções bem mais fortes. No espectro de reflectância dos complexos metálicos, a banda de absorção será a identificação do íon metálico central. Por isso, o que primeiro determina a feição espectral de absorção é o estado de valência do íon (Fe^{+2} ou Fe^{+3}, por exemplo) e o número de coordenação dos ligantes, que é o número de ânions dispostos ao redor do cátion metálico central, sendo por ele coordenado. O número de coordenação é função do tamanho (raio iônico) do cátion metálico e do ânion. Os íons mais comuns têm as seguintes coordenações com o oxigênio:

Íon	Coordenação	
K^+	8-12	
Na^+	8-6	Cúbico a octaédrico
Ca^{+2}	8-6	
Mn^{+2}	6	Octaédrico
Fe^{+2}	6	
Mg^{+2}	6	
Fe^{+3}	6	
Ti^{+4}	6	
Al^{+3}	6	
Al^{+3}	4	Tetraédrico
Si^{+4}	4	
P^{+4}	4	
S^{+6}	4	

Outros parâmetros são:

- o arranjo energético dos retículos cristalinos, se octaedral, tetraedral, planar etc.;
- o tipo de ligante;
- o grau de distorção que o íon ocupa no retículo cristalino;
- a distância da ligação metal-ligante.

E, segundo Rocha (1999), deve-se associar a existência das bandas de absorção que surgem nos espectros às:

- absorções associadas somente aos ligantes, que podem ter bandas próprias;
- absorções associadas à transição metal-ligante, que podem gerar bandas específicas;
- absorções associadas somente ao metal – transição *d* → *d* responsável pela cor do complexo;
- absorções associadas ao ânion, que, por ser partícula simples, não apresenta coloração.

2.3.2 Transferência de carga

As transições de energia por transferência de carga são bem distintas das transições de energia de campo cristalino. Troca-se o conceito de mudanças de níveis de energia, localizado no átomo isolado, pelo conceito de mudanças de níveis de energia moleculares, porque nos complexos os orbitais atômicos se combinam para formar orbitais moleculares. Os processos de transição eletrônica de transferência de carga envolvem a movimentação de elétrons no complexo cristalino, que se manifestam em sistemas moleculares. As transições de carga, portanto, são fundamentalmente transições orbitais moleculares no complexo metálico. Como o próprio nome indica, há uma distribuição de carga no complexo, e por isso esses processos de transição devem ser relacionados a processos de potencial de redução e de oxidação do metal, denominados *oxiredox*. Cabe recordar que a oxidação ocorre quando o elemento perde elétrons e seu número de oxidação aumenta (Fe^{+2} → Fe^{+3}), enquanto a redução se dá quando o elemento ganha elétrons e seu número de oxidação diminui. Tal como o átomo, pelo princípio de exclusão de Pauli, cada orbital molecular pode ser ocupado por dois elétrons e seus *spins* devem ser invertidos (↑↓).

Os livros acadêmicos de Química Geral e, mais especificamente, sobre a teoria de orbitais moleculares (Shriver; Atkins, 1999; Mahan; Myers, 2003) descrevem os orbitais moleculares como uma combinação linear de orbitais atômicos que se espalham por toda a molécula. Normalmente, são classificados em orbitais ligantes, antiligantes e não ligantes. Um orbital é do tipo ligante π quando os elétrons têm maior probabilidade de permanecer entre os núcleos do que em outros lugares. Ele tende a manter os núcleos interligados e contribui para a estabilidade da molécula. Considerando que os elétrons podem ser descritos como ondas, se os orbitais dos dois átomos estão em fase (sinais + e + ou – e –), tem-se o orbital ligante. Por sua vez, se os elétrons tendem a ficar em um orbital em posições fora da região internuclear, o orbital funcionará como antiligante π^*. Eles não estarão em fase (sinais + e – ou – e +) e haverá uma repulsão dos elétrons que enfraquecerá a ligação. O orbital antiligante é, dessa forma, o oposto do orbital ligante. Já em orbitais não ligantes, os elétrons tendem a ficar em orbitais profundos, próximos do núcleo, e não afetam significativamente a força da ligação. Assim, nas moléculas dos complexos metálicos cristalinos (minerais), é de importância o tipo de orbital molecular ligante. Para exemplificar esse processo, na Fig. 2.12 é mostrada uma representação gráfica da combinação linear de dois orbitais *p* para a formação de orbitais moleculares ligantes π e antiligantes π^*.

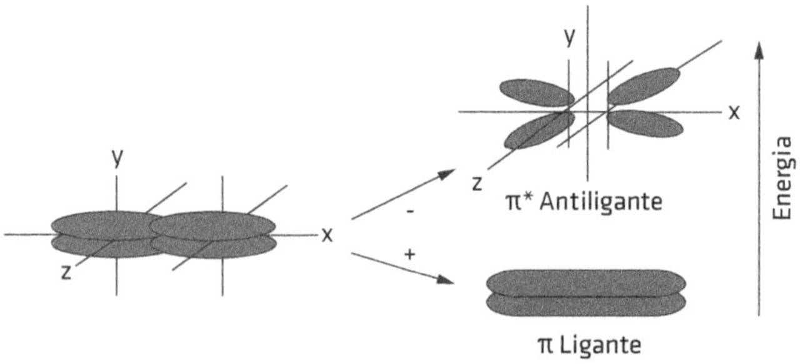

Fig. 2.12 *A combinação linear de dois orbitais p ($2p_y$ e $2p_z$) resulta na formação de um orbital molecular ligante e um orbital molecular antiligante. Os núcleos dos átomos estão na intersecção dos eixos*
Fonte: modificado de Shriver e Atkins (1999).

No processo de transferência de carga, os elétrons podem se movimentar de três diferentes modos entre os orbitais moleculares de um complexo:

- *transferência de carga do ligante para o metal (TCLM)*, o que é feito pela transferência de um elétron de um ligante para os orbitais *d* do átomo central;
- *transferência de carga do metal para o ligante (TCML)*, o que é feito pela transferência de um elétron do metal para o ligante;
- *transferência de carga de um metal para outro metal (TCMM)*, o que ocorre quando os metais apresentam diferentes estados de valência, e, por isso, é chamado de transferência de carga intervalência.

Nesses três processos de transição de transferência de carga, há pelo menos dois fatores que determinam a forte intensidade das absorções que eles originam:

- o elétron movimenta-se por grandes distâncias;
- o momento de dipolo elétrico, o qual mede a polaridade de uma ligação química dentro de uma molécula, ocorre sempre que houver uma separação de cargas positivas e negativas e deve ser grande.

No espectro de reflectância, as bandas de absorção acontecem, preferencialmente, nas regiões do ultravioleta e na região dos comprimentos de onda do visível. Sem exceção, as absorções espectrais resultantes desses processos são centenas de vezes mais intensas que as devidas aos efeitos de campo cristalino. Quando essas absorções estão presentes na região do visível, encobrem totalmente as transições $d \rightarrow d$ e tornam-se responsáveis pelas cores muito intensas de vários minerais. As bandas de transferência de carga são permitidas pelas regras de seleção de Laporte e de *spin*.

Transferência de carga ligante-metal (TCLM) e metal-ligante (TCML)

A Fig. 2.13 dá uma simples ideia da transição de níveis energéticos dos elétrons dos orbitais moleculares, segundo os princípios de transferência de carga dos orbitais moleculares do ligante aos do metal e vice-versa. Observar que essa representação é a mesma usada anteriormente para os níveis de energia do átomo isolado ou em ligação eletrostática de campo cristalino. A simbologia π é empregada para identificar o orbital molecular ligante, $d\pi$ simboliza o orbital de nível *d* do metal de transição e π^* é o orbital antiligante, com energia superior à do orbital ligante.

A TCLM é mais comum e ocorre para os complexos metálicos com estado de oxidação elevado e com ligante que contém elétrons não ligantes. A energia de transição está relacionada com a facilidade de redução do metal. Quanto maior for o poder redutor do ligante e o poder oxidante do metal, mais elevada será a probabilidade de a transição ocorrer (maior será a probabilidade de absorção). O elétron migra de um orbital basicamente confinado no nível 2*p* do átomo do oxigênio dos ligantes para um orbital confinado no nível 3*d* do metal. Essas transições, por requererem mais energia que a necessária para as transições de campo cristalino, apresentam feições de absorção centradas preferencialmente na região do ultravioleta e no início do visível. Ferro e manganês são íons que se envolvem muito nesse tipo de transição. Na ligação Mn-O, ocorre absorção muito ampla

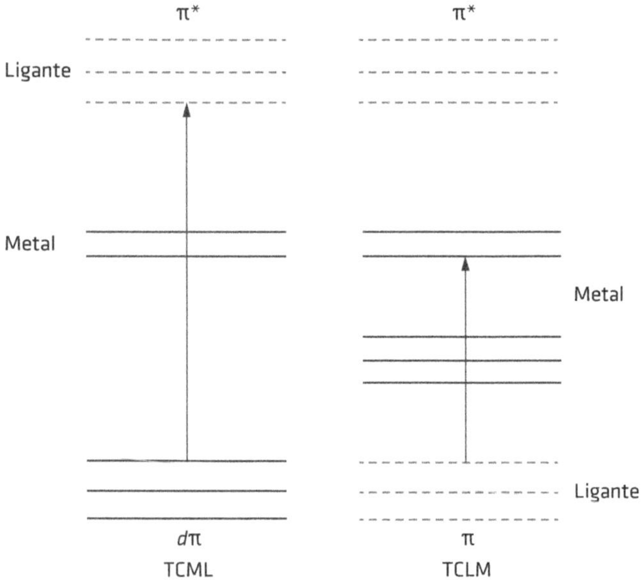

Fig. 2.13 *Representação dos processos de transferência de carga. Em linhas contínuas, são mostrados os níveis de energia do metal e, em linhas tracejadas, os níveis de energia do ligante*
Fonte: modificado de Xavier (2018).

entre os comprimentos de onda 420 nm e 700 nm. Na ligação Fe-O, há certa dúvida em precisar se a feição de absorção observada no visível realmente representa uma banda de transferência de carga. Essa absorção, que é centrada próxima a 350 nm, foi interpretada por Singer (1981) como devida à transferência de carga entre o íon Fe^{+3} de um orbital *p* e o íon O^{-2} de um orbital *s*, enquanto Sherman e Waite (1985) atribuíram-na a efeitos de campo cristalino; segundo esses autores, transições envolvendo TCLM ocorrem somente para comprimentos de onda menores que 270 nm.

Por sua vez, a TCML provoca a oxidação do metal, que acontece quando as ligações têm orbitais π^* antiligantes de baixa energia. A transferência de elétron se faz de um orbital *d* do metal para os orbitais π do ligante (Fig. 2.13). Quanto maior for o poder oxidante do ligante e o poder redutor do metal, mais elevada será a probabilidade de a transferência ocorrer. A TCML é observada em complexos de metais de baixo estado de oxidação e ligantes com orbitais vazios e de baixa energia. O exemplo mais importante dessa transferência de carga está nas ligações moleculares do ferro, comuns nos materiais oxidados. Isso justifica, parcialmente, a forte intensidade de absorção mostrada nos espectros de rochas e solos oxidados, a qual é caracterizada por uma abrupta queda da reflectância do visível em direção ao ultravioleta, feição essa conhecida como *wing*. Quando essas transferências envolvem cátions com alto estado de oxidação, como Fe^{+3} e Cr^{+4}, o *wing* da banda de absorção desloca-se em direção ao visível.

Transferência de carga intervalência (TCMM)

Também conhecido como transferência de carga entre metais (Fig. 2.14), esse tipo de transição compreende o deslocamento de elétrons entre íons adjacentes com diferentes números de valência (também chamados de íons de valência mista). Os metais de valência mista são aqueles que contêm, em uma mesma unidade molecular, íons em mais de um estado de oxidação. Os exemplos de metais de transição de valência mista mais comuns nas constituições de minerais são $Cr^{+2\,+3}$, $Mn^{+2\,+3\,+4}$, $Fe^{+2\,+3}$, $Ni^{+2\,+3}$, $Ti^{+3\,+4}$, $Cu^{+1\,+2}$, $V^{+3\,+4\,+5}$ e $Co^{+2\,+3}$, responsáveis pela coloração de vários minerais e gemas, como a safira azul (rubi incolor). A transferência de carga intervalência também explica por que o controle dos estados de oxidação do ferro, nas formas de seus óxidos FeO, Fe_2O_3 e Fe_3O_4, é responsável pelas cores vermelha, amarela e preta de pigmentos terrosos usados na Antiguidade para a pintura de artefatos cerâmicos.

Uma transição de intervalência é um processo induzido por luz que normalmente pode ser monitorado por meio de uma banda de absorção de baixa energia na região do infravermelho próximo (Rocha; Toma, 2002), constituindo um processo de oxidorredução fotoquímica, isto é, a oxidação é provocada pela energia eletromagnética da luz visível, e não por uma reação puramente química. Também as substituições isomórficas, nas quais, por exemplo, Fe^{+2} ou Mg^{+2} são substituídos por Fe^{+3} ou Al^{+3}, causam desbalanceamento de carga e facilitam as transições intervalência (Hunt, 1979). Por isso, quando um elétron é transferido de um sítio doador (menor estado de oxidação; redutor) para outro aceitador (maior estado de oxidação; oxidante), diz-se que houve uma transição com mudança "entre valências", daí o termo *intervalência* (Rocha; Toma, 2002).

Na literatura científica, um dos exemplos mais recorrentes para ilustrar o processo de transferência de carga intervalência utiliza-se das propriedades da cor do mineral safira azul ($Fe^{+2}Ti^{+4}Al_2O_3$), um óxido de alumínio (rubi incolor) que contém mínimas impurezas de Fe^{+2} e Ti^{+4}, que substituem átomos de alumínio na molécula de Al_2O_3. Se ambos estão presentes, a interação entre eles é possível se estiverem localizados em sítios de Al adjacentes. Nesse arranjo, a distância entre os íons Fe e Ti é suficiente para combinar os orbitais d_{z^2}, possibilitando o salto de um elétron de um íon para o outro. Ao perder um elétron, o Fe^{+2} se converte em Fe^{+3}, e, ganhando esse elétron, o Ti^{+4} se converte em Ti^{+3} ($Fe^{+2} + Ti^{+4} \rightarrow Fe^{+3} + Ti^{+3}$). Disso resulta a cor azul da safira.

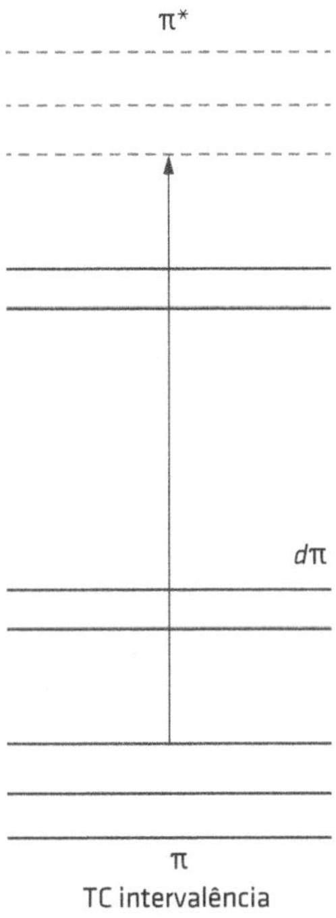

Fig. 2.14 *Representação do processo de transferência de carga intervalência. Em linhas contínuas, são mostrados os níveis de energia do metal e, em linhas tracejadas, os níveis de energia do ligante*

2.3.3 Centros de cor

Os complexos ou sólidos cristalinos, cujos exemplos são os minerais de rocha, caracterizam-se por exibir uma estrutura cristalina periódica perfeita por longas distâncias. Uma estrutura periódica é aquela em que as posições dos átomos ou moléculas ocorrem repetidamente em distâncias fixas, num arranjo geométrico bem definido (hexagonal, tetraedral, octaédrico etc.) imposto pelos átomos envolvidos, pelo tipo de ligação atômica e pela compacidade dos átomos. Deles dependem as propriedades dos materiais sólidos cristalinos. Explicar por que um grupo de átomos se cristaliza em uma estrutura em vez de em outra não é tarefa fácil, devido à complexidade das ligações atômicas. Entretanto, o arranjo de átomos ou moléculas, na maior parte dos materiais cristalinos, não é totalmente perfeito. Os padrões são interrompidos por defeitos cristalográficos pontuais. Defeitos pontuais são aqueles que ocorrem somente em um único ponto do retículo cristalino ou no entorno de um ponto do retículo, envolvendo, assim, um átomo ou apenas alguns átomos. Muitas vezes, o defeito cristalino inclui apenas a ausência de átomos, constituindo um vazio na rede cristalina. Essas vacâncias são chamadas de *centros*, e uma delas, reconhecida em complexos metálicos, é denominada centro de cor. Elas se limitam a um espaço bastante confinado do complexo. Defeitos maiores em uma estrutura ordenada são geralmente considerados deslocamentos, como antes mostrado na Fig. 2.10.

O defeito da rede cristalina provoca a divisão dos orbitais em níveis adicionais discretos de energia, e esses vários níveis de energia causam a absorção de diferentes comprimentos de onda da luz. Isso constitui o fenômeno eletrônico *centro de cor*. Elétrons são capturados nesses defeitos do retículo cristalino e a eles se ligam, e, quando irradiados pela luz visível, a cor do mineral surge (Fig. 2.15). O elétron não está ligado ao local da rede por um núcleo central, mas por um campo elétrico dos íons circundantes (campo cristalino). Existe um número limitado de materiais, em especial os haletos, que possuem essa propriedade. Um dos minerais que têm variedade de cores em razão desse processo é a fluorita (CaF_2), encontrada nas cores violeta, azul, roxa, verde, amarela, rosa e vermelha. A zirconita é outro exemplo que apresenta defeitos pontuais, incluindo vacância de Zr, Si e O, exibindo, com isso, as cores azul, verde, vermelha, dourada e incolor. A ruptura da rede cristalina destes dois minerais pode ser causada por átomos radioativos de U e Th.

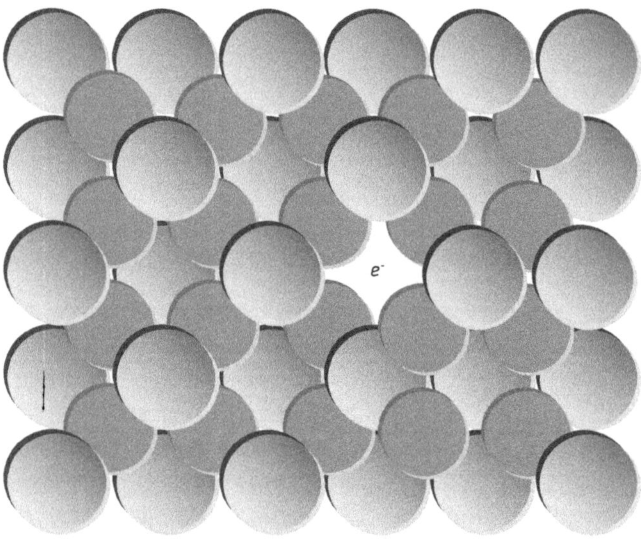

Fig. 2.15 *Captura de elétron no vazio do retículo cristalino pela remoção de átomo, gerando uma transição eletrônica centro de cor*

2.3.4 Bandas de condução e valência

Na Física Quântica, a teoria de bandas é usada para definir as propriedades de condução da energia quântica da matéria sólida de condutores, semicondutores e isolantes. Esse conceito de banda está representado na Fig. 2.16, cuja análise é recomendada a fim de facilitar a compreensão dos processos de transição eletrônica de banda de condução e de valência abordados a seguir.

Nos sólidos (isto é, minerais) de algumas redes cristalinas periódicas, se houver a aproximação entre si de muitos átomos, ocorrerá um grande número de níveis de energia próximos uns dos outros, formando uma banda de energia quase contínua no lugar dos níveis de energia discretos que os átomos teriam individualmente. Essas bandas nas quais os elétrons dos átomos podem existir são divididas em bandas de alta energia, denominadas *bandas de condução*, e em bandas de mais baixa energia, denominadas *bandas de valência* (Hunt, 1977).

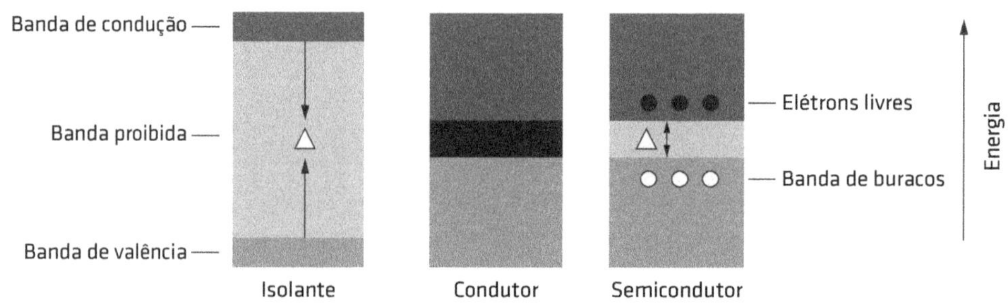

Fig. 2.16 *A probabilidade de um elétron da banda de valência saltar para uma banda de condução de nível de energia mais alto é proporcional à largura da banda proibida, ausente nos condutores*

Os elétrons que parcialmente preenchem a banda de condução têm uma energia tão alta que não ficam presos a nenhum átomo, permanecendo livres para mover-se, e são compartilhados e ficam dispersos entre os íons do cristal. Esse compartilhamento de elétrons livres resulta em um tipo de ligação covalente chamada de ligação metálica, que ocorre em poucos minerais, entre eles o cobre metálico e alguns sulfetos. O contrário acontece para os elétrons nas bandas de valência completamente ocupadas pelos elétrons, que permanecem associados ou presos a um único íon.

Entre as bandas de valência e de condução, há uma zona ou intervalo de energia, chamada de banda proibida ou intervalo proibido (*vazio* de energia), em que os elétrons não podem permanecer. Sua largura é função dos íons que predominam no retículo. Normalmente, esse intervalo de energia é muito pequeno ou inexistente em metais, e, assim, nesses materiais as bandas de condução e de valência se tocam. Os sólidos que possuem essa propriedade recebem o nome de condutores, e, nesse caso, os elétrons com energias mais altas se comportam aproximadamente como partículas livres. Em materiais isolantes, ao contrário, as bandas proibidas são muito amplas, de modo que os elétrons não podem saltar, pois os níveis de energia imediatamente superiores são proibidos e nesses complexos não ocorre absorção.

Já nos sólidos com propriedades semicondutoras, o intervalo da banda proibida é de valor intermediário em relação ao dos condutores e dos isolantes. Nesse caso, certo número de elétrons pode deixar a banda de valência para ocupar estados de energia imediatamente superiores desocupados. Ou seja, o cristal possui elétrons de condução, porém em número restrito. Esse processo é responsável, nos espectros de reflectância, por uma extraordinária queda da reflectância do infravermelho para o visível.

As impurezas que ocorrem em proporções muito pequenas nas redes cristalinas de alguns minerais desempenham um papel muito importante: quebram a regularidade da rede cristalina, afetando os níveis de energia e favorecendo o salto de elétrons da banda de valência para a banda de condução, agindo o mineral como um semicondutor. As bandas de absorção devidas a essas transições eletrônicas de bandas de valência e de condução acontecem quando a energia do intervalo proibido é inferior à energia da radiação incidente (ultravioleta, azul). Portanto, o intervalo proibido deve ser pequeno e, assim, semicondutor. Minerais que contêm enxofre em sua composição, tais como o cinábrio (HgS), mostram, nos menores comprimentos de onda (maior energia), intensa absorção de banda de condução próxima a 520 nm, evidenciada por uma queda praticamente vertical da reflectância (Fig. 2.17). A cor amarela do enxofre é causada pelo intervalo proibido. No mineral arsenopirita (FeAsS), essas bandas

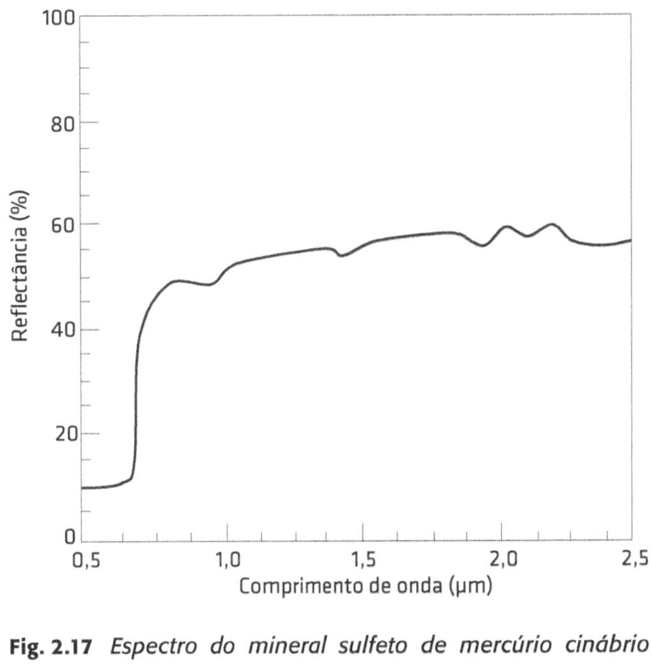

Fig. 2.17 *Espectro do mineral sulfeto de mercúrio cinábrio (HgS), com a intensa queda da reflectância evidenciando uma forte absorção em 520 nm devida à banda de condução*
Fonte: Hunt e Salisbury (1971).

de condução estendem-se até o infravermelho próximo. Ou seja, os minerais do grupo dos sulfetos são os que mais apresentam as transições de bandas de condução.

2.4 Transições moleculares vibracionais

Outro processo quântico de medição das transições de energia de uma molécula é por meio das vibrações caóticas que as ligações moleculares possam apresentar. Os átomos em uma molécula nunca estão imóveis, e sim em contínuas oscilações em torno de uma posição de equilíbrio. A amplitude das oscilações é muito pequena, da ordem de 10^{-11} m a 10^{-12} m. O ponto de partida para o estudo das oscilações ou vibrações de uma molécula é o clássico modelo que representa os átomos ligantes da molécula como massas pontuais ligadas por molas que exercem forças para distender ou comprimir as ligações (Fig. 2.18).

Esses movimentos de distensão e compressão constituem os níveis energéticos dos estados fundamentais e estacionários vibracionais da molécula, tais como são os níveis energéticos do átomo. Um modo normal de vibração é aquele em que cada núcleo realiza uma oscilação harmônica simples, em torno de sua posição de equilíbrio, todos os núcleos se movem em fase com a mesma frequência, e o centro de gravidade da molécula permanece inalterado. Na Fig. 2.18, a constante k está relacionada à força de ligação da molécula, conhecida também como constante de força de ligação química, que determina quão forte ou fraca é a ligação, ou seja, quão intensa é a vibração molecular. A frequência vibracional é, assim, tanto mais elevada quanto mais forte é a ligação. Dessa forma, modos normais que correspondam à oscilação de núcleos pesados ou a movimentos "fáceis" (deformações angulares, ou distensão-compressão de ligações fracas) têm frequências vibracionais relativamente baixas, enquanto modos envolvendo núcleos leves ou movimentos "difíceis" (distensão-compressão de ligações fortes) têm frequências vibracionais relativamente elevadas. Portanto, a frequência da vibração da molécula depende das massas m_1 e m_2 dos átomos que a compõem, assim como da magnitude k da força de ligação química. Ou seja, os níveis de energia dos estados fundamentais e estacionários dependem dessa relação entre a mola (k) e as massas (m) dos átomos ligantes e determinam um número restrito de simples movimentos do aparente movimento aleatório de qualquer sistema vibracional. Para uma molécula diatômica, só é possível o tipo de vibração na direção da linha que une os dois átomos. Entretanto, para moléculas com maior número de átomos, são possíveis outros tipos de vibração simultânea.

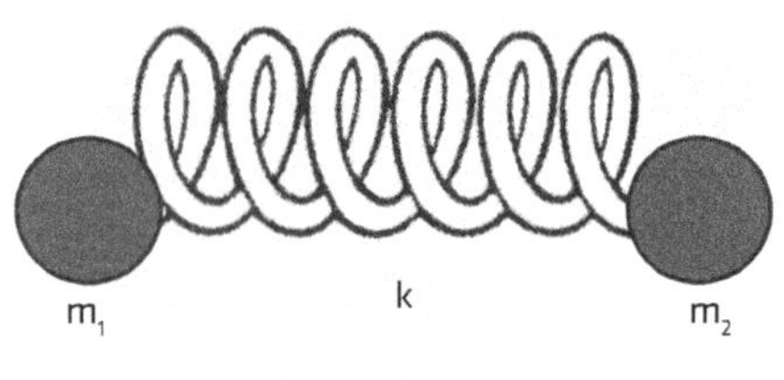

Fig. 2.18 *Dois átomos ligantes de uma molécula de massa m_1 e m_2 que se comprimem e distendem (vibram) sob o efeito de uma mola (ligação química)*

Santos (2012) descreve que esses movimentos vibracionais dos núcleos, aparentemente desordenados e aperiódicos, podem ser descritos matematicamente como uma sobreposição de movimentos periódicos, cada qual com sua frequência de vibração, os ditos modos fundamentais de vibração. Cada modo fundamental envolve, em princípio, todos os núcleos, mas acontece com frequência de só certos núcleos contribuírem significativamente para o modo fundamental de vibração, podendo supor-se que os outros nem sequer oscilam. O número e o tipo de vibrações que podem ocorrer variam de material para material, pois dependem do número de átomos existentes, de sua geometria espacial e da força de ligação entre si. A partir disso, é possível definir os chamados graus de liberdade moleculares, que determinam a qualidade e a quantidade de movimentos que podem ser efetuados pelos átomos que compõem a molécula em questão.

Esse problema é assim considerado: se, em um sistema, houver *N* átomos não combinados, livres para se movimentarem em três dimensões definidas por pontos nos eixos *x*, *y* e *z*, o sistema possuirá 3*N* graus de liberdade. Se esses átomos estiverem combinados, formando uma molécula, ainda continuarão existindo 3*N* graus de liberdade, sendo três graus para a translação do centro de massa da molécula, e para uma molécula não linear haverá mais três graus de liberdade para sua rotação em torno dos três eixos perpendiculares *x*, *y* e *z*. Logo, restariam (3*N* – 6) graus de liberdade para as vibrações. Contudo, para moléculas lineares não há rotação em torno do eixo internuclear e, em consequência, restariam (3*N* – 5) graus de liberdade para as vibrações. Esses graus de liberdade correspondem aos diferentes modos normais de vibração em uma molécula.

Imagine-se, por exemplo, uma molécula linear com apenas dois átomos (ângulos de ligação de 180°). Haverá um total de (3*N* – 5) modos vibracionais, o que permite dizer que moléculas desse tipo apresentam apenas um modo vibracional possível (3 × 2 – 5 = 1), relativo à variação da distância de ligação entre os dois átomos, durante a vibração. Se a molécula for não linear (por exemplo, tetraédrica ou octaédrica), haverá apenas três modos vibracionais possíveis (3 × 3 – 6 = 3). A molécula de benzeno C_6H_6, por exemplo, apresentaria (3 × 12 – 6 = 30) modos normais de vibração, e a molécula da água angular com ângulos de ligação de 104,45° apresentaria (3 × 3 – 6 = 3) modos vibracionais.

Tal como para o modelo de transições eletrônicas atômicas, os níveis energéticos moleculares vibracionais são também quânticos. Assim, pode-se empregar o método usual de representar esquematicamente as energias quânticas dos átomos, para os estados de vibração molecular, por meio de um diagrama de níveis ordenados segundo valores crescentes de energia, como mostrado na Fig. 2.19. Observe que nessa figura o espaçamento entre o estado de energia vibracional fundamental (*n*0) e o primeiro estado vibracional excitado (*n*1) e os seguintes é bem menor do que o espaçamento entre os estados eletrônicos e por isso necessita de menor energia externa para saltar de um nível para o outro. Assim, somente será absorvida a radiação eletromagnética com frequência exatamente igual à necessária para excitar o nível energético da ligação de uma molécula.

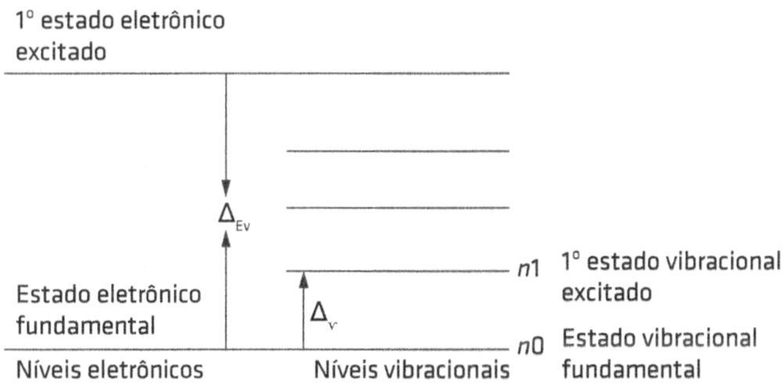

Fig. 2.19 *O espaçamento energético dos níveis vibracionais é menor do que aquele dos níveis eletrônicos. Notar que o espaçamento dos níveis energéticos vibracionais é constante*

Os modos vibracionais fundamentais moleculares ocorrem nos comprimentos de onda maiores que 2.600 nm. Por exemplo, na molécula triatômica da água líquida, como mostrado no diagrama da Fig. 2.20, os três modos vibracionais fundamentais (3*N* – 6 = 3) ocorrem nos comprimentos de onda de 2,66 μm (ν_1), 2,74 μm (ν_3) e 6,47 μm (ν_2).

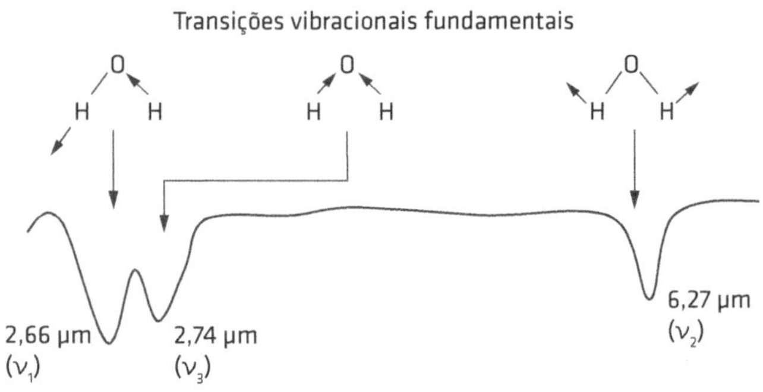

Fig. 2.20 *Diagrama dos níveis de energia vibracionais fundamentais da molécula de água. As absorções representam transições do estado fundamental para o primeiro estado excitado*

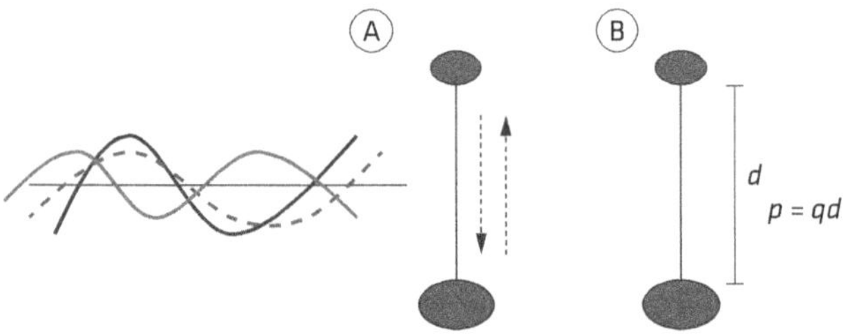

Fig. 2.21 *(A) Representação do movimento vibracional da molécula que absorve a radiação de um dos três comprimentos de onda que coincide com sua frequência de vibração; (B) variação do momento dipolo da molécula*

Cada vibração tem um número quântico n (0, 1, 2, 3, ...) e uma frequência de vibração ν associada que, como antes demonstrado, depende da massa dos átomos, das forças interativas entre os átomos e do retículo cristalino como um todo. Ela então pode ser descrita como um oscilador harmônico linear (movimento de vaivém que não é forçado nem amortecido), e sua energia é dada pela equação de Planck:

$$Ev = (n + 1/2)h\nu \tag{2.3}$$

em que:

Ev = energia vibracional do modo fundamental;
n = número quântico vibracional (0, 1, 2, ...);
ν = frequência de oscilação;
h = constante de Planck.

Para ilustrar esse processo de excitação vibracional de uma molécula quando a ela é adicionada uma energia pela radiação eletromagnética, pode-se voltar à analogia dos movimentos vibracionais como sendo exercidos por molas. Na Fig. 2.21A, espera-se que a molécula absorva um *quantum* de energia eletromagnética, para fazer uma transição vibracional, se uma das três frequências (ou comprimentos de onda) da radiação eletromagnética coincidir com a frequência do modo fundamental de vibração da molécula. Na Fig. 2.21B, que representa a variação do momento dipolo da molécula, o campo elétrico da luz vai interagir com as cargas da molécula. Quando o dipolo oscilante da molécula se encontra em fase com o campo elétrico da luz, ocorre a transferência de energia da radiação eletromagnética para a molécula, resultando em uma transição, e haverá atividade no infravermelho de ondas curtas (absorção). Isso é o que acontece para um grande número de moléculas. A intensidade da vibração deve variar de acordo com o momento dipolo d da molécula de carga q. A equação $p = qd$ é o momento de dipolo elétrico do dipolo da carga q.

Na Fig. 2.21A, o movimento vibracional pode ser visto como um movimento de distenção e compressão dos átomos da molécula em uma direção vertical (indicada pelas setas com sentidos inversos). Conforme as direções e os sentidos dessa distenção e compressão periódica da ligação química dos átomos da molécula, é possível classificar as vibrações moleculares em dois tipos básicos: vibrações deformacionais axiais (de estiramento, *stretching*) e vibrações deformacionais angulares de flexão e torção (de dobramento, *bending*), ambas representadas na Fig. 2.22 para a molécula CH_2. As deformações axiais são deslocamentos radiais de distância entre os núcleos. Já as deformações angulares causam dobramento do ângulo da ligação da molécula e são de mais baixa energia que as de estiramento, pois as forças de dobramento são mais fracas que as de estiramento molecular.

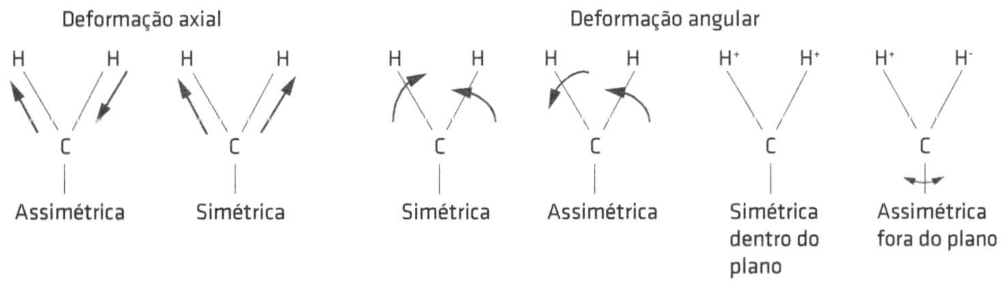

Fig. 2.22 *Tipos básicos de movimento vibracional de uma molécula. Os símbolos + e – significam, respectivamente, para dentro e para fora do plano do desenho*

A teoria quântica indica que as únicas transições vibracionais permitidas são aquelas em que o número quântico *n* muda de uma unidade ($\Delta_v = 1$), que é a lei *regra de seleção* para vibrações moleculares. Devido a essa regra de seleção, uma molécula só poderá absorver energia igual a um múltiplo de $h\nu$, como mostra a Eq. 2.3 antes apresentada. No entanto, como o movimento molecular comporta-se como um oscilador harmônico, a regra de seleção só poderá ser aplicada à região harmônica. Mas, uma vez que essas vibrações fundamentais não são permanentemente harmônicas durante todo o período de tempo considerado, surgem transições em que $\Delta_v \geq 2$, de menores intensidades, que resultam em outras bandas de absorção acompanhando as bandas de vibração fundamentais, e que são muito mais intensas.

Essas bandas adicionais são denominadas *overtones* (bandas sobretons) e *combination bands* (bandas combinação). No caso da molécula de água, uma *combination band* ocorre no comprimento de onda de 1.900 nm, independentemente do tipo de material - solo, vegetação ou mineral. *Overtones* e *combination bands* são bandas de grande interesse geológico para o sensoriamento remoto, porque ocorrem na maioria dos minerais de rocha. Um *overtone* acontece quando, a partir do estado fundamental, ocorre uma transição para um nível energético superior de número quântico $0 \rightarrow n$ ($n > 1$) ou de algum múltiplo integral do valor de uma frequência fundamental ($2\nu_i$, $3\nu_i$, $4\nu_i$ etc.). Quando $\nu = 0 \rightarrow \nu = 2$, tem-se o primeiro *overtone*, $\nu = 0 \rightarrow \nu = 3$ o segundo *overtone* e assim sucessivamente (*overtone* significa estar acima do nível fundamental). A Fig. 2.23 é um diagrama ilustrativo dessas transições. *Combination bands* são observadas quando duas ou mais vibrações fundamentais são excitadas simultaneamente com um único fóton. Elas são a somatória de duas ou mais vibrações fundamentais ou múltiplos inteiros delas. Assim, uma *combination band* ocorre quando duas ou mais diferentes vibrações fundamentais ou *overtones* se juntam em um mesmo local (ou próximo), promovendo o somatório dessas vibrações ($\nu_2 + \nu_3$; $2\nu_1 + \nu_3$ etc.). Feições devidas às vibrações *overtone* e *combination bands* são típicas nos comprimentos de onda de 1.200 nm a 5.000 nm.

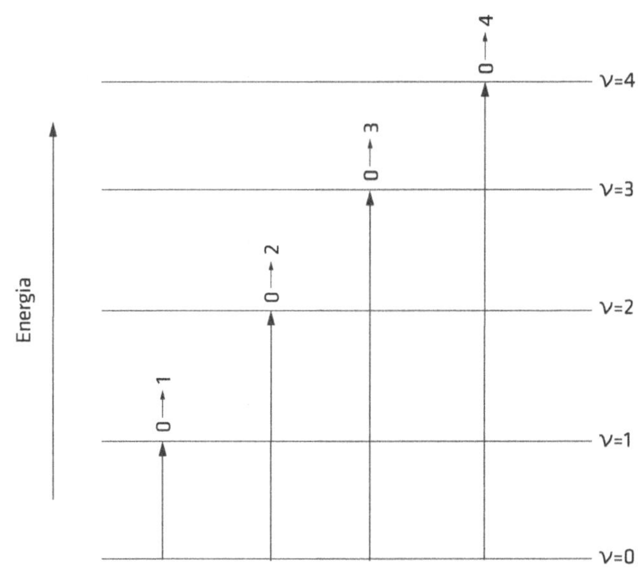

Fig. 2.23 *Diagrama dos níveis energéticos vibracionais fundamentais e das transições* overtones

Na prática espectrorradiométrica, o que se observa são *overtones* e *combination bands* envolvendo principalmente os grupos CO_3^{-2}, BO_3^{-3}, PO_4^{-3}, OH^- e H_2O. Entre esses, a ocorrência mais frequente das absorções encontradas deve-se à molécula OH e à molécula de água. A maior importância espectral dessas moléculas decorre tanto da presença quase constante de água nos materiais como da alta polaridade da ligação H-O, que torna as absorções no infravermelho muito mais eficientes (Rossman, 1988). As moléculas de água são encontradas em diferentes formas nos sólidos inorgânicos de minerais de rocha ou de solos: (a) como pequenas inclusões; (b) associadas de maneira essencial ao retículo cristalino ou a posições específicas do cristal, sem, no entanto, afetar a estrutura, como é o caso das zeólitas; (c) como moléculas adsorvidas na superfície; e (d) associadas a grupos OH^- nas argilas. Nos vegetais, encontram-se nas camadas interfaciais das folhas.

Independentemente da forma de ocorrência, sempre que presente em qualquer tipo de material, a água líquida apresenta três modos fundamentais de vibração, como mostrado na Fig. 2.20, e, quando presente nos materiais (mineral, solo e vegetação), exibe cinco modos vibracionais excitados, que ocorrem no infravermelho de ondas curtas (Tab. 2.2).

Tab. 2.2 Modos vibracionais da molécula de água (ν é o número quântico vibracional)

Frequência	**Modo vibracional fundamental**	**Posição das bandas (nm)**
ν_1 ou ν_{OH}	Estiramento simétrico OH	2.734
ν_2	Dobramento H-O-H	6.270
ν_3	Estiramento assimétrico OH	2.662
Combination bands	**Modo vibracional excitado**	**Posição das bandas (nm)**
$\nu_2 + \nu_3$	Dobramento H-O-H + estiramento assimétrico OH	~1.875
$2\nu_1 + \nu_3$	Estiramento simétrico OH + estiramento assimétrico OH	~1.454
$\nu_1 + \nu_3$	Estiramento simétrico OH + estiramento assimétrico OH	~1.380
$\nu_1 + \nu_2 + \nu_3$	Estiramento simétrico OH + H-O-H + estiramento assimétrico OH	~1.345
$2\nu_1 + \nu_3$	Estiramento simétrico OH + estiramento assimétrico OH	~942

Segundo Clark et al. (1990), para o grupo OH^- há apenas uma vibração do modo fundamental ativa à radiação infravermelho de ondas curtas, e essa vibração é do tipo estiramento, produzindo uma absorção próxima a 2.780 nm. A posição exata dessa absorção depende de onde a hidroxila está localizada no material e, principalmente, da força de ligação do hidrogênio. Por exemplo, nos silicatos acamadados o intervalo da vibração de estiramento OH^- ocorre entre 2.670 nm e 2.940 nm. Em geral, frequências de vibração envolvendo o grupo OH^- são inversamente proporcionais às forças de ligação com outro íon. Outras absorções próximas a 2.800 nm geralmente aparecem em função de diferentes agrupamentos, tais como $Mg_2Fe(OH)$, $MgFe_2(OH)$ e $Al_2(OH)$. Como na hidroxila não há o dobramento H-O-H que ocorre na molécula de água, não existe a absorção em 1.900 nm.

No intervalo abrangido pelo infravermelho de ondas curtas, a principal feição de absorção observada para o grupo OH^- é o primeiro *overtone* de estiramento em 1.400 nm. A ocorrência conjunta das bandas de absorção em 1.400 nm e 1.900 nm é diagnóstica da presença de água. Se aparecer somente a banda em 1.400 nm, haverá a presença apenas da hidroxila.

Outras bandas de absorção entre 2.200 nm e 2.400 nm devem-se a *combination bands* entre o modo fundamental de estiramento do grupo OH^- e o modo fundamental de dobramento da ligação *M*-OH, em que *M* geralmente é Al ou Mg. Para a ligação Al-OH, as feições observadas situam-se em 2.200 nm, ao passo que, para a ligação Mg-OH, as feições ocorrem próximas de 2.300 nm a 2.400 nm (Tab. 2.3).

Tab. 2.3 Posição das principais bandas de absorção vibracionais da molécula OH^-

Comprimento de onda (nm)	Espécie	Movimentos
2.900	O-H	Estiramento modo fundamental
2.800	O-H	Estiramento modo fundamental
2.200	Al-OH	*Combination bands* + dobramento + estiramento OH
2.300-2.400	Mg-OH	*Combination bands*
1.400	O-H	1º *overtone* (estiramento)

Fonte: modificado de Rossman (1988).

O grupo CO_3^{-2}, de simetria trigonal plana, quando aparece isolado em carbonatos de fórmula geral MCO_3 (onde *M* = Ca, Mg, Fe, Mn, Sr, Ba), apresenta seis modos de vibração fundamental (McMillan; Hess, 1988). Em razão de dois modos serem duplamente degenerados, apenas quatro modos fundamentais são considerados (Tab. 2.4).

Tab. 2.4 Modos vibracionais fundamentais do do grupo CO_3^{-2}

Frequência	Modo vibracional	Posição da banda fundamental (nm)
ν_1	Estiramento C-O	Inativa no infravermelho de 9.230 nm
ν_2	Dobramento C-O	11.376 nm
ν_3	Estiramento assimétrico C-O	Próxima a 7.000 nm
ν_4	Dobramento no plano	Próxima a 14.000 nm

No intervalo do infravermelho de ondas curtas, os carbonatos apresentam cinco bandas de absorção devidas a *overtones* e *combination bands* (Tab. 2.5). Os intervalos de valores da coluna referente à posição observada indicam que cada banda pode variar sua posição no espectro dentro de um certo intervalo de comprimento de onda.

Tab. 2.5 Principais feições observadas para o grupo CO_3^{-2} (ν é o número quântico vibracional)

Combination bands/ overtones	Posição geral (nm)	Posição observada (nm)	Posição calculada (nm)
$\nu_1 + 2\nu_3$	2.550	2.500-2.550	2.530
$3\nu_3$	2.350	2.300-2.350	2.330
$\nu_1 + 2\nu_3 + \nu_4$ $3\nu_1 + 2\nu_4$	2.160	2.100-2.160	2.130-2.140
$2\nu_1 + 2\nu_3$	2.000	1.970-2.000	1.980
$\nu_1 + 3\nu_3$	1.850	1.850-1.870	

Fonte: Hunt e Salisbury (1971).

As vibrações fundamentais para o grupo BO_3^{-2} são bastante similares àquelas encontradas para o grupo CO_3^{-2}, com a ocorrência de dois *overtones* situados próximos a 2.100 nm e 2.200 nm.

O grupo PO_4^{-3}, apesar de não apresentar *overtones* e *combination bands* com intensidade suficiente para serem detectadas no infravermelho de ondas curtas, possui duas absorções próximas a 2.200 nm e 2.900 nm, devidas a movimentos envolvendo o grupo P-OH.

Referências bibliográficas

ATKINS, P. W.; SHRIVER, D. F. *Inorganic Chemistry*. 3. Ed. Oxford: Oxford University Press, 1999. 763 p.

CLARK, R. N.; KING, T. Y. Y.; KLEJWA, M.; SWAVZE, G. A. Highspectral resolution reflectance spectroscopy of minerals. *Journal of Geophysical Research*, Washington, DC., v. 95, n. B8, p. 12653-12680, 1990.

DANOSO, J. P. *Espectroscopia eletrônica*: moléculas. Disponível em: <http://www.iffc.usp.br/danoso/espectroscopia/eletronica_moleculas.pdf>. Acesso em: 23 julho 2016.

HUNT, G. R. Spectral signatures of particulate minerals in the visible and near infrared. *Geophysics*, v. 42, n. 3, p. 501-513, 1977.

HUNT, G. R. Near-infrared (1.3-2.4 micrometers) spectra of alteration of minerals: potential for use in remote sensing. *Geophysics*, v. 44, p. 974-986, 1979.

HUNT, G. R.; SALISBURY, J. W. Visible and near infrared spectra of minerals and rocks: II. carbonates. *Modern Geology*, Amsterdam, v. 2, p. 23-30, 1971.

LEE, J. D. *Química inorgânica não tão concisa*. 5. Ed. São Paulo: Edgard Blucher, 2000. 527p.

MAHAN, B. M.; MYERS, R. J. *Química*: um curso universitário. 4. ed. São Paulo: Edgard Blücher, 2003. 604p.

MCMILLAN, P. F.; HESS, A. G. Simmetry, group theory and quantum mechanics. *Reviews in mineralogy and geochemistry*, 18(1), p. 11-61, 1988.

NASSAU, K. L. The origins of colors in minerals. *American Mineralogist*, v. 63, p. 219-229, 1978.

NASSAU, K. L. Las causas del color. *Scientific American*, ed. espanhola, v. 5, p. 756-72, 1980.

ROCHA, W. X. *Química 2000*, 1999. Disponível em: <http://www.oocities.org/vienna/choir/9201/indice2_quimica_organica.htm>. Acesso em: 15 julho 2016.

ROCHA, C. R.; TOMA, H. E. Transferência de elétrons em sistemas inorgânicos de valência mista. *Química Nova*, São Carlos, v. 25, n. 4, p. 624-638, 2002.

ROSSMAN, G. R. Optical spectroscopy. In: HAWTHORNE, F. C. (Ed.) *Reviews in mineralogy*: spectroscopic methods in mineralogy and geology. Michigan: Bookcraftters, 1988. p. 207-257. 69 p. Disponível em: <http//nebm.ist.utl.pt/repositório>.

SANTOS, N. N. B. *Espectroscopia* (princípios de química física). Instituto Superior Técnico, 2012. 69 p. Disponível em: <http//nebm.ist.utl.pt/repositório>.

SHERMAN, D. M.; WAITE, T. D. Eletronic spectra of Fe^{+3} oxides and oxide hydroxides in the near IR to near UV. *American Mineralogist*, Washington, DC., v. 70, p. 1262-1269, 1985.

SHRIVER, D. F.; ATKINS, P. W. *Química Inorgânica*. Trad. Maria Aparecida Gomes. Ed. Eletrônica: Hser – Hoilse, 1999. 316 p.

SINGER, R. B. Near infrared spectral reflectance of mineral mistures: systematic combination of pyroxenes, olivine and iron oxides. *Journal of Geophysical Research*, Washington, DC., v. 86, n. B9, p. 7967-7982, 1981.

XAVIER, F. R. *Teoria do campo cristalino (TCC)*. 2018. Disponível em: < http://www.joinville.udesc.br/portal/professores/frxavier/materiais/Aula_3___Teoria_do_Campo_Cristalino___TCC.pdf>.

Paulo Roberto Meneses
Tati de Almeida

3 Reflectância dos minerais

Os minerais de rochas representam os materiais terrestres que reúnem a maior variedade de combinações de átomos e moléculas, compondo complexos sólidos homogêneos que apresentam uma distribuição periódica cristalina, com ordem tridimensional ordenada. São os materiais que exibem as mais diferentes intensidades de forças de ligações moleculares, tamanhos de átomos, raios iônicos, simetrias de rede (cúbica, ortorrômbica etc.) e números de coordenação, propriedades essas que definem a forma cristalográfica, que é única de cada mineral. Por isso, são os melhores materiais para estudar os efeitos das propriedades da matéria na reflectância, com a vantagem de que, tendo sua origem controlada pelo rigor dos processos geológicos, um espectro de um mineral é o exemplo da mais precisa assinatura espectral dos materiais.

O número e a variedade de espectros de minerais são muito grandes, havendo um espectro distinto para cada mineral. Atualmente, há mais de quatro mil espécies minerais catalogadas, e novas descobertas não cessam. Devido a isso, nenhuma biblioteca espectral de minerais é uma referência definitiva de todos os minerais, representando apenas seleções de grupos de minerais, escolhidos pela importância que possam ter na formação de minérios ou pela presença frequente em diversos tipos de rocha. Na prática, constata-se que o espectro de um mineral nem sempre é único. Embora cada mineral tenha fórmula química e composição química pré-definidas, com um específico arranjo cristalino, variações, principalmente de temperatura, podem impor a um mineral algumas modificações ou deformações na simetria das moléculas e no número de coordenação dos íons centrais, suficientes para provocar mudanças no espectro.

Por exemplo, o mineral goethita, apesar de ter em sua composição íons de hidroxila, não apresenta em seu espectro a típica banda da hidroxila em 1.400 nm, que aparece nos demais minerais hidroxilados. No entanto, algumas goethitas podem ser caracterizadas como hidratadas, e nesse caso as bandas de absorção da hidroxila e da água estarão presentes. Outros exemplos são vistos nos minerais formados em ambientes hidrotermais. Muscovita, illita e caulinita têm variações de cristalinidade que podem ser detectadas espectralmente e permitir a delineação da temperatura e do zoneamento químico do sistema de alteração. Nos espectros, isso se refletirá em deslocamentos dos comprimentos de onda das posições centrais das bandas de absorção e em mudanças na morfologia e na intensidade das absorções. Independentemente dos propósitos da criação de uma biblioteca espectral de minerais, é preciso confirmar a pureza dos espectros, sendo aconselhável que a espectrorradiometria seja acompanhada de análises que incluam raios X (XDR ou XRF) ou descrições petrográficas de lâminas delgadas.

Mas, de fato, qual é a importância prática de uma biblioteca espectral de minerais? Seu uso atual mais comum está relacionado à utilização do espectro como o principal dado de entrada para o processamento de imagens hiperespectrais. Nesse caso, os algoritmos de processamento comparam os espectros de reflectância da biblioteca com os *pixels* da imagem hiperespectral, a fim de comprovar a existência desse mineral na área em estudo. Detalhes desses procedimentos são apresentados no Cap. 8. Seu outro uso é auxiliar a interpretação de espectros de rochas. Considerando que os processos geológicos dão origem a complexas misturas minerais de rochas, a utilização de uma biblioteca espectral de minerais tem a função de ajudar na identificação dos agrupamentos moleculares que os espectros de rochas mostram por meio de suas principais bandas de absorção e, dessa forma, permitir ao analista correlacioná-los aos espectros dos minerais da biblioteca, descobrindo, assim, quais são os minerais que compõem a rocha. Em síntese, utiliza-se a biblioteca espectral de minerais para interpretar os espectros das bibliotecas de rochas, as quais normalmente são criadas para caracterizar o comportamento espectral de ambientes geológicos específicos ou de qualquer área geológica em estudo. Isso será discutido no Cap. 4, referente à reflectância das rochas.

3.1 Relações entre as propriedades minerais e espectrais

As rochas a que se tem acesso constituem a crosta terrestre continental, que é formada, essencialmente, de silicatos aluminosos e alguns óxidos de metais alcalinos, cujas porcentagens em peso são apresentadas na Tab. 3.1.

A maioria dos minerais de rochas tem essas substâncias em sua composição, as quais se combinam principalmente com cátions de metais, dando origem a uma infinidade de minerais e tipos litológicos. Contudo, são relativamente poucos os ânions, cátions e grupos moleculares que interagem de forma intensa, nos complexos sólidos minerais, com a radiação eletromagnética para produzir bandas de absorção diagnósticas de suas composições. Por isso, de certa forma, quando se observam os espectros dos minerais e das rochas, nota-se que suas diferenças se sobressaem muito mais pelas formas das curvas de reflectância do que pelo número de bandas de absorção ao longo do espectro. Isso ocorre porque esses poucos tipos de íons e moléculas, quando presentes em diferentes estruturas cristalinas dos minerais, têm diferentes arranjos de níveis de energia. Como consequência, as absorções se apresentam com diferentes intensidades e larguras, produzindo a variação das formas dos espectros de reflectância.

Tab. 3.1 Composição da crosta continental

Porcentagem em peso	
SiO_2	59,1
Al_2O_3	15,8
Fe total	6,6
CaO	6,4
MgO	4,4
Na_2O	3,1
K_2O	1,18
TiO_2	0,7
MnO	0,1
P_2O_5	0,2

Fonte: Rudnick e Fountain (1995).

Descrever os espectros de minerais torna-se uma tarefa às vezes muito repetitiva. Surge então um impasse: como apresentar os espectros dos minerais e das rochas, que com facilidade ultrapassam alguns milhares? A opção de descrever o espectro de cada tipo de mineral tornaria o trabalho quase infindável. Essa seria uma forma de apresentação mais adequada, se o propósito fosse gerar uma biblioteca de curvas espectrais, contudo essa não é a intenção deste livro. A opção dos autores foi a de apresentar exemplos representativos de espectros, por classes minerais, segundo o agrupamento aniônico predominante. Essa é uma das classificações mais usadas em mineralogia por ser útil na determinação de um mineral, na medida em que dois minerais exibem mais semelhanças em suas propriedades físicas, hábitos e modos de ocorrência quando têm o mesmo radical aniônico do que quando possuem o mesmo cátion. Segundo essa classificação, são 12 as classes, mas serão exemplificadas apenas as mais comuns e de maior importância geológica.

- *Óxidos*: óxidos simples e múltiplos, e hidróxidos.
- *Sulfetos*: contêm enxofre, selênio e telúrio como ânion.
- *Silicatos*: possuem como ânion tetraedros SiO_4 em diversas formas de polimerização.
- *Carbonatos*: contêm o radical CO_3.
- *Fosfatos*: contêm o radical PO_4.
- *Boratos*: contêm o radical BO_3.
- *Sulfatos e cromatos*: contêm os radicais SO_4 e CrO_4.

Os minerais cristalizam-se quando se solidificam, dando origem às redes cristalinas, um modelo ordenado repetitivo por longas distâncias atômicas e que se origina da ordenação dos átomos, no interior da matéria, por meio de ligações de natureza iônica e covalente. Esse modelo define o parâmetro cristalino (ou cristalinidade) de cada classe mineral, o qual é dividido nos seguintes tipos: cúbico, tetragonal, ortorrômbico, monoclínico, triclínico, hexagonal e romboédrico. Como resultado dessa distinção, materiais com a mesma composição química podem constituir minerais totalmente diversos por meras diferenças estruturais na forma como seus átomos ou moléculas se arranjam espacialmente – por exemplo, a grafita e o diamante.

E, uma vez que as espécies minerais são formadas a partir de sistemas de composição química muito complexa, existe sempre a possibilidade de um íon ser substituído por outro no momento da formação de uma determinada espécie mineral, gerando variações em suas composições químicas. Por exemplo, as olivinas mostram grande variação nos teores de Fe e Mg, conhecendo-se olivinas com composição variando desde Mg_2SiO_4 até Fe_2SiO_4. Esses cátions, aparentemente estranhos à composição química do mineral, não são considerados impurezas localizadas em interstícios da rede cristalina, mas fazem parte da estrutura do mineral, ocupando o lugar de outro cátion. Na olivina, Mg e Fe ocupam posições equivalentes nos centros de octaedros de coordenação. O fenômeno é chamado de substituição iônica, porém, ao contrário do que a palavra *substituição* sugere, não se trata da saída de um íon do retículo cristalino e da entrada de outro em seu lugar.

Essas propriedades das estruturas cristalinas determinam de forma preponderante as propriedades físicas de um mineral e, por isso, o espectro mineral depende primariamente de sua composição e de fatores que se relacionam diretamente com suas estruturas cristalinas, tais como: número de coordenação (número de ligações com os átomos vizinhos); relação entre o raio atômico e o parâmetro da rede; direções ópticas e cristalográficas; densidade de empacotamento atômico; número de valência do íon; e presença conjunta, na constituição molecular de um mineral, de átomos de raios atômicos grandes (por exemplo, K = 243 pm) ou pequenos (por exemplo, Al = 118 pm) (pm = picômetro = 10^{-12} m).

Portanto, o que define as propriedades espectrais de cada espécie mineral é a composição das moléculas ou dos íons inseridos nos diferentes tipos de estruturas cristalinas. Para demonstrar essas observações, na Fig. 3.1 são exibidos exemplos de espectros de minerais da classe dos silicatos, do grupo dos piroxênios (anidros). É um grupo de mineral bastante importante, que ocorre em quase todos os tipos de rochas ígneas e metamórficas de temperatura média a alta, e que se subdivide em três variedades ou subgrupos: uma cristalizada no sistema ortorrômbico, designada ortopiroxênio; outra no sistema monoclínico, denominada clinopiroxênio; e a terceira no sistema triclínico, que recebe o nome de piroxenoide. A Fig. 3.1A apresenta os espectros do ortopiroxênio enstatita ($MgFe(Si_2O_6)$), de estrutura cristalina ortorrômbica; do clinopiroxênio hedenbergita ($CaFeSi_2O_6$), de estrutura cristalina monoclínica; e do piroxenoide rodonita ($MnCaFe(SiO_3)$), de estrutura cristalina triclínica. Já a Fig. 3.2B exibe os espectros dos minerais clinopiroxênios cromodiopsídio ($CaMg(Si_2O_6)$), augita ($(CaMgAl)_2(SiAl)_2O_6$) e hedenbergita, todos com a mesma estrutura cristalina monoclínica. Nessas figuras, constata-se que diferenças nas estruturas cristalinas dos minerais impõem diferenças mais notáveis nas formas dos espectros, nas intensidades das bandas de absorção e de suas posições no espectro, enquanto, comparativamente, os espectros dos minerais com a mesma estrutura cristalina monoclínica exibem maiores semelhanças entre si. Esse comportamento sugere que essa regra parece ser válida se os minerais pertencem a um mesmo grupo de minerais da mesma classe cristalina. Isso se aproxima de uma regra geológica de que minerais com os mesmos ânions têm propriedades marcadamente semelhantes e tendem a ocorrer no mesmo ambiente geológico.

De maneira geral, as características da reflectância dos minerais apresentadas a seguir destacam-se pelos padrões diferentes mostrados pelas curvas espectrais nas regiões do visível e do infravermelho próximo em relação à região do infravermelho de ondas curtas. Do visível ao infravermelho próximo, a reflectância é praticamente dominada pelas transições eletrônicas de transferência de carga e de campo cristalino dos metais de

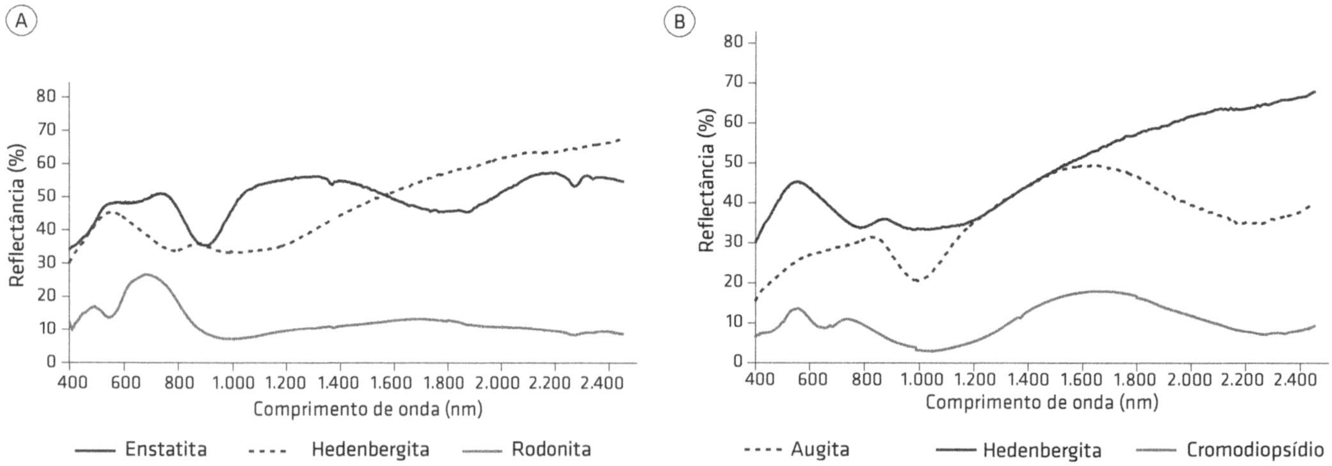

Fig. 3.1 *Padrões de reflectância dos minerais do grupo dos piroxênios em função de suas estruturas cristalinas: (A) minerais com diferentes estruturas cristalinas exibindo maior diferença dos espectros e (B) minerais com a mesma estrutura cristalina exibindo menor diferença dos espectros*
Fonte: bibliotecas espectrais minerais USGS e IG/UnB.

transição Sc, Ti, V, Cr, Mn, Fe, Co, Ni, Cu e Zn, com a formação frequente de bandas de absorção largas, ombros e inflexões, considerados de intensidades fracas (transições permitidas) e muito fracas (transições proibidas). Em sua maioria, essas bandas são assimétricas. A assimetria é devida à distorção ou desvio da geometria de alguns complexos octaédricos e tetraédricos, que corresponde a uma distensão dos orbitais ao longo do eixo z e a uma compressão nos eixos x e y, denominadas *efeito Jahn-Teller* (Atkins; Jones, 2001). Os minerais da classe dos óxidos e uma parte da classe dos silicatos mostram essa característica espectral. No intervalo do infravermelho de ondas curtas, as bandas de absorção vibracionais moleculares são muito mais numerosas, estreitas e de fortes intensidades, representando verdadeiras assinaturas espectrais geológicas, às quais pertencem os minerais das classes dos carbonatos, sulfetos, sulfatos, boratos, nitratos e fosfatos.

As informações espectrais referentes aos minerais mais comuns foram sumariadas por Hunt (1977) na forma do diagrama da Fig. 3.2, que mostra a localização das absorções (barras pretas) normalmente encontradas como resultado dos processos eletrônicos e vibracionais. Os processos eletrônicos que produzem os efeitos de campo cristalino são mais observados nos íons de ferro ferroso, assim como nos íons de níquel, cobre, ferro

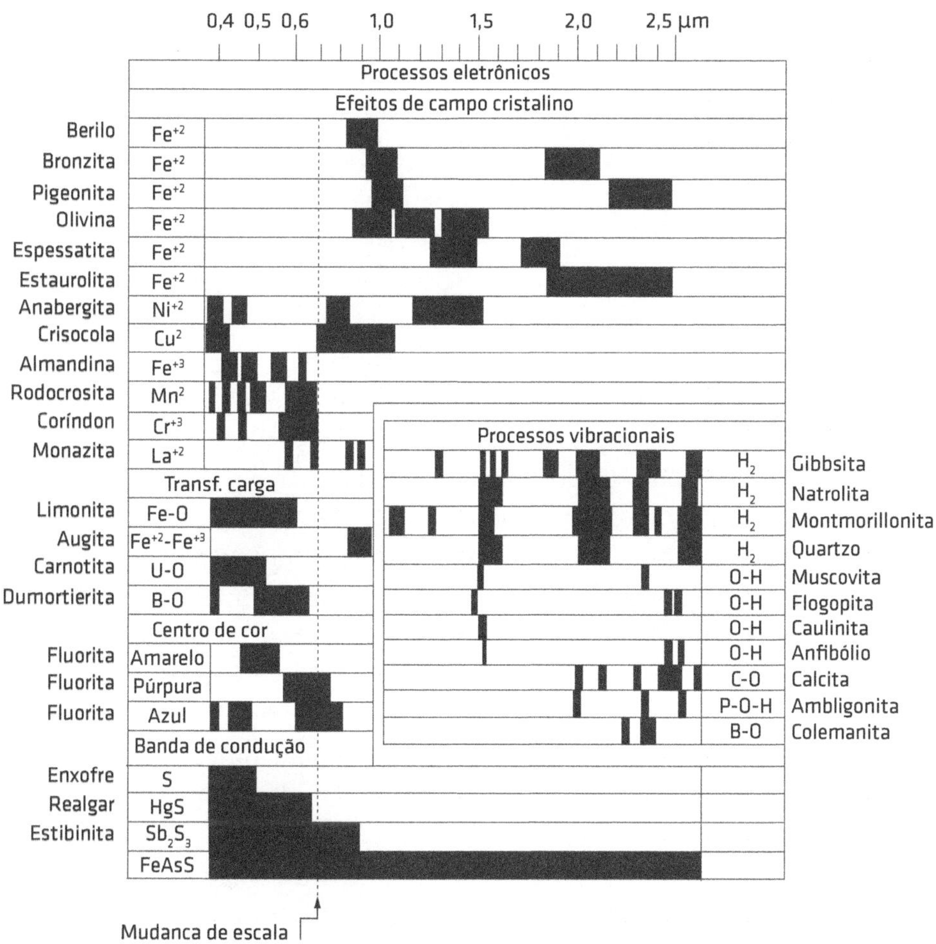

Fig. 3.2 *Sumário das posições das feições de absorção comumente encontradas no visível e no infravermelho dos principais minerais*
Fonte: Hunt (1977).

férrico, manganês, cromo e alguns íons de elementos de terras-raras (ETR), e tipicamente produzem fracas absorções. Feições de absorção por transferência de carga são muito mais intensas, e o rápido aumento da absorção em direção aos menores comprimentos de onda do azul, que se manifesta por uma acentuada declividade da reflectância do infravermelho próximo ao visível, é primariamente devido à transferência entre Fe e O, mas contribuições também são feitas por campo cristalino em íons ferrosos na estrutura de silicatos.

Da Fig. 3.2, é possível depreender que, na prática, a análise e a interpretação dos espectros de reflectância dos minerais resumem-se numa tentativa de identificar parte de suas composições moleculares e iônicas, além de algumas evidências de suas estruturas cristalográficas. Para isso, alguns parâmetros devem ser observados para realizar a análise dos espectros, entre os quais se destacam:

- o padrão geral da forma gráfica do espectro é a primeira evidência da composição dos minerais;
- a posição do comprimento de onda de uma banda de absorção é sempre uma informação sobre qual íon ou agrupamento molecular está presente no mineral;
- a região espectral em que as absorções predominam – visível-infravermelho próximo ou infravermelho de ondas curtas – diferencia algumas classes minerais;
- diferenças de profundidade das bandas de absorção, principalmente quando localizadas no mesmo comprimento de onda, podem indicar diferenças da concentração molecular da substância (maior profundidade, maior concentração) ou diferenças do grau de cristalinidade do mineral;
- bandas de absorção fortes acompanhadas de bandas de absorção fracas no mesmo intervalo espectral podem acontecer em minerais que contêm íons de coordenação 6 (por exemplo, Ca, Na, Mn, Fe, Ti com geometria octaédrica) junto com íons de coordenação 4 (por exemplo, Al, Si com geometria tetraédrica);
- mudanças na largura da absorção ou da assimetria da banda indicam distorção da geometria dos complexos;
- deslocamento da absorção é dependente de o íon estar em um ambiente octaédrico ou em um ambiente tetraédrico ou com número de coordenação diferente, ou ocorre como consequência das variações de sua localização na estrutura do mineral;
- a presença de inflexões e ombros sugere transições eletrônicas muito fracas (proibidas), ou vibracionais muito fracas, porque o íon pode estar localizado em mais de um dos possíveis sítios octaédricos ou tetraédricos existentes no mineral;
- *doublets* ou bandas duplas (muito próximas e de intensidade mais ou menos igual) indicam que há mínima diferença no local onde o agrupamento molecular está alocado, como no caso da OH.

Normalmente, os espectros de reflectância dos minerais mostram poucas absorções fortes e muitas absorções fracas. As fracas são, às vezes, difíceis de ser identificadas e suas posições em comprimento de onda são incertas. Mas isso não perturba o processo de análise comparativa dos padrões de reflectância, os quais possibilitam diferenciar, espectralmente, um mineral de outro. No entanto, não é incomum os minerais de rocha formarem algum tipo de mistura (por exemplo, clorita + sericita), alteração química ou uma diferença de cristalinidade. Dessa forma, é importante o reconhecimento de todas as bandas, e isso inclui aquelas de fracas intensidades.

Análises espectrais focadas nas características das bandas de absorção são realizadas convertendo, por meio de uma simples função matemática, o espectro de reflectância normal em outra forma de espectro, processo esse denominado remoção do *continuum*. O *continuum* é uma linha que tangencia a maior parte de pontos possíveis da curva de reflectância, desenhando uma superfície envoltória (ver a linha pontilhada sobre a curva espectral na Fig. 3.3). Segundo Clark et al. (1993), o método da remoção do *continuum* é um meio de normalizar espectros de reflectância, para que seja possível fazer a comparação de feições de absorção individuais a partir de um valor de base comum. Isso permite identificar, por exemplo, qual banda é forte, qual banda é muito fraca ou se é o caso apenas de inflexão ou ombro. Trata-se, portanto, de um método de análise espectral focado apenas nas absorções. Para sua realização, os valores de reflectância são normalizados em 1,0, de modo que os pontos dos espectros resultantes são ajustados entre o *continuum* e os espectros menores que 1,0, que constituem os locais onde ocorrem as feições de absorção.

Matematicamente, essa é uma função de diferença, daí ser denominada diferença *hull* (Cd), que é escrita na forma *hull* Cd = 100 – (A – B). Programas comerciais de processamento de imagens normalmente dispõem dessa função, cuja operação é facilmente realizada pelo analista, com apenas um clique nas opções do menu de exposição dos espectros. O espectro *hull* é muito útil para visualizar as absorções de mínimas intensidades e localizar com maior precisão o centro do comprimento de onda em que a absorção ocorre. Quando se realiza esse processo, a posição em comprimento de onda das absorções frequentemente se deslocará um pouco entre o espectro não corrigido, que é o espectro de reflectância, e o espectro *hull*, sendo esse deslocamento mais notável quando a declividade da linha *hull* é aguda e as feições de absorção são largas e rasas. A Fig. 3.3 mostra essa situação: por exemplo, a absorção situada na parte mais inclinada da linha *hull* no final do espectro, localizada em 2.453 nm no espectro de reflectância, desloca-se para 2.448 nm no espectro corrigido *hull*.

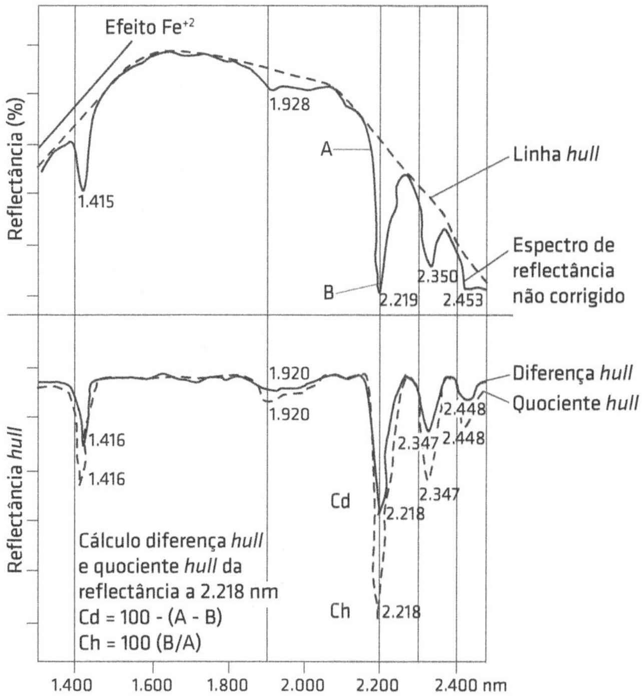

Fig. 3.3 *Processo de remoção do* continuum *pela correção diferença* hull *(Cd) e quociente* hull *(Ch)*
Fonte: Pontual, Merry e Gamson (1997).

Para todos os espectros de minerais apresentados neste capítulo, utilizou-se a função diferença *hull* apenas com o propósito de ter uma melhor precisão dos comprimentos de onda das absorções, o que é sempre um procedimento recomendável no processo de análise e interpretação de espectros. Porém, como este livro não é exclusivamente focado nas características das absorções, os espectros são apresentados na forma simples de reflectância aparente. De fato, para qualquer análise comparativa entre espectros de materiais que busque encontrar diferenças de comportamento espectral, tais como diferenças de padrão morfológico da curva de reflectância, é necessário sempre observar o espectro de reflectância aparente.

Outro processo para normalizar os espectros envolve a profundidade da absorção e é denominado quociente *hull* (Ch), escrito na forma Ch = 100 (B / A), que também pode ser visto na Fig. 3.3. A razão da profundidade da feição em 2.218 nm e da feição em 2.448 nm para os espectros quociente *hull* e diferença *hull* fornece os valores de 4,98 e 5,39, respectivamente. Isso representa uma discrepância de cerca de 8% e demonstra a importância de manter uma consistência na análise do conjunto de dados, pelo uso de somente um tipo de conversão – utiliza-se ou a diferença *hull*, ou o quociente *hull*. Pontual, Merry e Gamson (1997) consideram o processo quociente *hull* mais adequado do que a diferença *hull* para a maioria das aplicações.

3.2 Espectros de reflectância dos óxidos de minerais – minérios de metais de transição

O oxigênio forma compostos binários com todos os elementos da tabela periódica, salvo alguns gases inertes. Mas, na espectrorradiometria dos minerais, interessam as ligações que possuem cátions de um ou mais metais em combinação com o oxigênio, os quais, por propriedades químicas, formam os óxidos iônicos com os metais de transição do primeiro grupo. Essa classe de minerais corresponde a quase 4% do volume da crosta terrestre e forma as principais jazidas de minério de ferro (hematita, magnetita e goethita), cromo (cromita), manganês (pirolusita, psilomelano, mangamita, criptomelano), estanho (cassiterita), alumínio (bauxita), cobre (cuprita) e titânio (anatásio, ilmenita, rutilo). Os óxidos dos metais de transição de terras-raras também merecem destaque na espectrorradiometria.

Os espectros dos minerais da classe dos óxidos de metais de transição têm uma característica básica, que é a quase total ausência de bandas de absorção no intervalo de comprimento de onda do infravermelho de ondas curtas, com exceção apenas dos hidróxidos e dos hidratados, que apresentam a absorção da hidroxila e da água em torno de 1.400 nm e 1.900 nm, respectivamente. Isso porque, nos óxidos, as absorções são comandadas por mudanças de níveis de energia localizadas no átomo isolado ou por mudanças de níveis de energia dos orbitais moleculares. Transições de energia por vibrações moleculares são ausentes nos óxidos. Outra característica bem típica dos materiais com comportamento transopaco e ricos em óxidos de ferro é uma forte e abrupta queda da reflectância próxima a 550 nm, em direção aos pequenos comprimentos de onda da luz azul, indicando que uma forte banda de absorção ocorre abaixo de 400 nm. Essa típica queda da reflectância pode ser considerada uma assinatura espectral de materiais oxidados, aparecendo com muita frequência nos solos tropicais brasileiros e em rochas alteradas.

Os óxidos subdividem-se em óxidos simples (por exemplo, cuprita Cu_2O e hematita Fe_2O_3) e óxidos múltiplos (por exemplo, cromita $FeCr_2O_4$), sendo possível incluir na classe dos óxidos os hidróxidos com cátions de metais (por exemplo, goethita FeO(OH)). As bandas de absorção mais características dos óxidos ocorrem, de preferência, nas regiões espectrais do visível e do infravermelho próximo, originadas basicamente das transições eletrônicas de transferência de carga ligante-metal (TCLM; o elétron é excitado de um orbital com caráter basicamente 2*p* do oxigênio para um orbital com caráter 3*d* do metal) e dos desdobramentos de níveis de energia de campo cristalino de íons metálicos do primeiro grupo dos metais de transição (Sc, Ti, V, Cr, Mn, Fe, Co, Ni, Cu, Zn) e do grupo outros metais.

Os espectros de alguns minerais representativos da classe dos óxidos são discutidos e apresentados a seguir de acordo com o tipo de cátion metálico contido na estrutura cristalina do mineral, uma vez que o comportamento espectral desses minerais é definido principalmente por esse elemento. Esses espectros de minerais foram tomados das seguintes bibliotecas espectrais:

- Biblioteca espectral IG/UnB – medidas obtidas pelos autores com o espectrorradiômetro FieldSpec de amostras de minerais em forma natural pertencentes ao Museu de Geologia do Instituto de Geociências da Universidade de Brasília.
- Biblioteca espectral USGS (Clark et al., 1993) – United States Geological Survey: medidas de reflectância hemisférica obtidas com o espectrofotômetro Beckman UV5240 de amostras pulverizadas (Baldridge et al., 2009) e que foram acessadas no programa de processamento de imagens Envi.

3.2.1 Ferro férrico (Fe^{+3})

No intervalo de 400 nm a 1.300 nm, no qual ocorrem as transições eletrônicas de íons e de orbitais moleculares, muitas das mais notáveis feições de absorção observadas originam-se da presença do ferro na forma férrica. A predominância do ferro sobre os demais elementos de transição que têm absorções nesse mesmo intervalo espectral deve-se tanto à sua abundância (quarto em peso na crosta terrestre) quanto à sua mobilidade, o que o faz presente na maioria das rochas existentes.

Sua forma mais comum é o óxido anídrico hematita (ferro oxidado Fe^{+3} na fórmula química Fe_2O_3), com os íons de ferro ocupando dois terços das posições octaedrais romboédricas. A hematita atua como um potente pigmento que se destaca por dar a tonalidade vermelho-escura às superfícies das rochas intemperizadas e dos solos. Cada Fe^{+3} é rodeado por seis oxigênios (número de coordenação 6), e cada oxigênio é compartilhado por quatro íons Fe^{+3}. É um óxido que também pode ser obtido pela reação de oxidorredução $4Fe + 3O \rightarrow 2Fe_2O_3$.

Seguem, em importância, as formas hidratadas goethita (FeO(OH)) e lepidocrosita (dimorfo da goethita), com os átomos de Fe^{+3} em posições octaedrais e arranjados em fitas duplas de octaedros ortorrômbicos. Solos que apresentam coloração amarelada indicam a ausência de hematita e uma maior ocorrência de ferro oxidado hidroxilado goethita. Limonita ($Fe(OH)_3.nH_2O$) e ferridrita ($Fe_5HO_8.4H_2O$) são os óxidos de ferro férrico com formas amorfas e elevado grau de desordem estrutural. A maioria dos óxidos de ferro é neoformação típica da pedogênese, e sua formação depende das condições de intemperismo-lixiviação; ou seja, as condições ambientais influenciam a geração das formas de oxidação (Fe^{+2} e Fe^{+3}) dos diferentes minerais de ferro presentes nos solos e nas superfícies oxidadas das rochas. Conhecer os espectros desses óxidos de ferro é importante na Geologia, pois permite diferenciar rochas alteradas por oxidação de rochas não alteradas.

Os espectros desses óxidos férricos possuem uma característica comum, que é a abrupta queda de reflectância em direção à região dos menores comprimentos de onda,

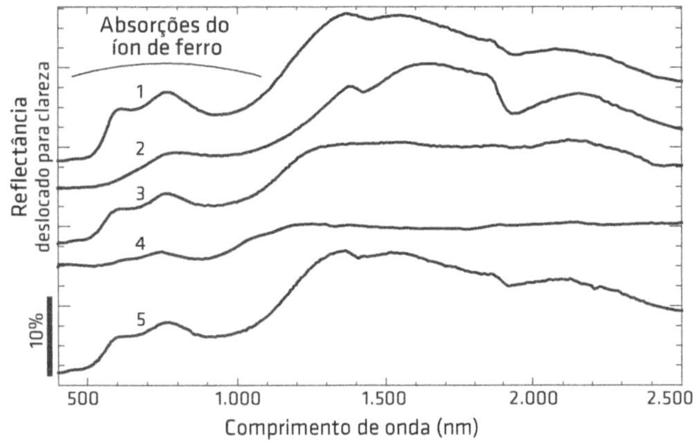

Fig. 3.4 *Espectros de reflectância de minerais óxidos de ferro: (1) lepidocrosita; (2) ferridrita; (3) goethita; (4) hematita; (5) limonita*
Fonte: biblioteca espectral mineral USGS.

devida, primeiramente, à transferência de um elétron entre Fe^{+3} e O^{-2} e, secundariamente, às fortes absorções que ocorrem abaixo de 400 nm (violeta-ultravioleta). Essa queda acontece porque a absorção no UV devida à transição de transferência de carga oxigênio → metal (Fe^{+3}) é muito mais intensa que as transições $d \rightarrow d$ de campo cristalino do íon Fe^{+3} no visível, as quais são transições de *spin* proibidas. Os espectros desses óxidos, apresentados na Fig. 3.4, ilustram esse comportamento, com destaque para a presença comum de uma forte e ampla banda de absorção em torno de 850 nm a 1.000 nm.

As formas amorfas limonita e ferridrita, esta um mineraloide precursor da hematita, apresentam a banda de absorção do infravermelho próximo, mais ampla e mais suavizada, como a única feição espectral de destaque, sendo as demais de intensidade muito menor que as encontradas para outros óxidos com estrutura cristalina ordenada. O valor central da banda de absorção férrica para cada um dos minerais citados está anotado na Tab. 3.2. As bandas centradas em 1.430 nm e 1.945 nm são devidas à hidroxila e à água, não sendo diagnósticas de minerais da classe dos óxidos. Observar que a hematita, por ser um óxido anídrico, não apresenta essas duas bandas de absorção. Contudo, notar que a goethita, a despeito de sua tradicional fórmula FeO(OH), também não exibe essas bandas hidratadas.

Entre os óxidos de ferro, dois minerais absorvem praticamente toda a radiação eletromagnética e, por isso, são denominados opacos. São exemplos a magnetita, um mineral magnético formado por um íon de Fe^{+2} e dois íons de Fe^{+3}, com fórmula $Fe_2^{+3}Fe^{+2}O_4$, e a ilmenita, um óxido de ferro-titânio com fórmula $Fe^{+2}TiO_2$. Esses cristais opacos possuem altos coeficientes de absorção (*k*) e altos índices de refração (*n*), o que lhes confere esplêndido brilho metálico. Ambos apresentam características espectrais bastante peculiares, definidas por espectros planos contínuos de baixíssima reflectância ao longo de todo o espectro (Fig. 3.5). O comportamento espectral opaco é explicado pelos processos de transferência de carga entre metais, ou transferência de carga intervalência, que compreende a alta taxa de deslocamento de elétrons entre íons adjacentes com diferentes números de valência – Fe^{+2} e Fe^{+3} na magnetita e Fe^{+2} e Ti^{+3} na ilmenita – ou, o que é o mesmo, íons de valência mista.

Tab. 3.2 Centro das bandas de absorção dos minerais óxidos de ferro férrico da Fig. 3.4

Mineral	Fórmula química	Centro de absorção (nm)
Lepidocrosita	$Fe^{+3}O(OH)$	490, 670, 970
Ferridrita	$Fe_5HO_8.4H_2O$	510, 1.010
Goethita	$Fe^{+3}O(OH)$	495, 690, 1.000
Hematita	$Fe_2^{+3}O_3$	505, 940
Limonita	$Fe(OH)_3.nH_2O$	520, 685, 1.000

Os espectros desses dois minerais, mostrados na Fig. 3.5, apresentam tênues evidências de bandas de absorção que consistem, na magnetita, em um longo e suave mínimo de reflectância que se inicia em torno de 660 nm e caminha para os maiores comprimentos de onda, e, na ilmenita, em uma absorção muita fraca em torno de 520 nm, que provoca a suave inclinação de seu espectro de reflectância em direção aos menores comprimentos de onda. Essas inclinações divergentes provocam o aparecimento de um ponto de tangenciamento dos espectros em torno de 660 nm. A mistura de qualquer um desses dois minerais opacos com outros minerais sempre é efetiva em reduzir a reflectância do espectro e o contraste das bandas de absorção.

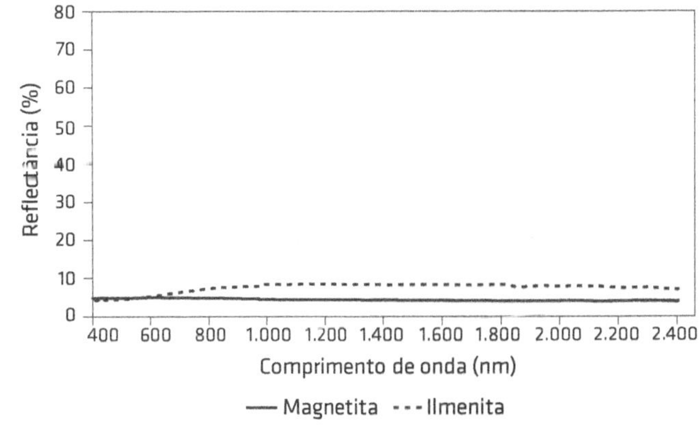

Fig. 3.5 *Reflectâncias dos minerais opacos ilmenita e magnetita, que se caracterizam pelas tênues bandas de absorção*

Fonte: biblioteca espectral mineral IG/UnB.

3.2.2 Ferro ferroso (Fe^{+2})

O íon de ferro ferroso não é comum em óxidos. Porém, sua presença é frequente nos minerais da classe dos silicatos. Nesse caso, o ferro em geral ocupa posições centrais no complexo metálico, formando ligações com ânions normalmente de oxigênio. Os espectros de alguns desses minerais silicatados contendo ferro ferroso são mostrados na Fig. 3.6, em que se pode observar as bandas de absorção do íon Fe^{+2} nas regiões do visível e do infravermelho próximo, em posições muito próximas dos minerais óxidos férricos anteriormente apresentados.

No mineral berilo ($Be_3Al_2(SiO_3)_6$) com impurezas de ferro (berilo rosa), a banda de absorção está centrada em 830 nm e é devida a uma transição do estado estacionário de um único *spin* permitido do íon Fe^{+2} com número de coordenação 6 e posicionado em um único sítio octaédrico perfeito. Nos minerais ortopiroxênio bronzita ($MgSiO_3$) e olivina ($(Mg,Fe^{+2})_2SiO_4$), íons de Mg podem ser substituídos por ferro ferroso, o que provoca o deslocamento do centro da banda de absorção do ferro para 914 nm e 1.050 nm, respectivamente, para esses dois minerais. Nesses silicatos, as bandas ferrosas de absorção são mais bem definidas e um pouco mais intensas do que nos óxidos, por causa das diferentes posições cristalográficas do ferro nos silicatos. Elas surgem de transições permitidas do Fe^{+2} localizado em mais de um dos possíveis sítios octaédricos existentes no mineral, o que pode também originar bandas adicionais.

Por exemplo, a olivina apresenta dois distintos sítios octaédricos de coordenação 6 que produzem uma ampla banda próxima a 1.050 nm, que conjuga, pelo menos, duas ou mais inflexões e uma fraca banda (ombro) em 640 nm. O mesmo ocorre para o ortopiroxênio bronzita, com forte absorção em 910 nm e uma larga banda adicional centrada em torno de 1.850 nm. Na granada espessatita ($Mn_3Al_2(SiO_4)_3$), com o Mn^{+2} em parte substituído por íons de Fe^{+2} e com uma estrutura mais complexa, com vários sítios, as duas bandas de absorção em 1.265 nm e 1.700 nm são devidas a sítios distorcidos de coordenação 8, mais distantes das bandas do ferro, em sítios de coordenação 6. Quando o sítio octaédrico é distorcido, o campo ao qual o íon está sujeito pode ter alguns de seus níveis rompidos (orbitais *d*), de modo que transições permitidas adicionais podem ocorrer, gerando bandas de absorção adicionais. No mineral piroxênio ferroaugita, a banda de absorção é em 1.000 nm. No intervalo do visível, o íon ferroso produz bandas de absorção em 485 nm (bronzita), 650 nm (ferroaugita) e 515 nm e 705 nm (espessatita). No caso dos silicatos, a queda da reflectância, à semelhança do observado para os óxidos férricos, é devida às transições de campo cristalino do íon ferroso.

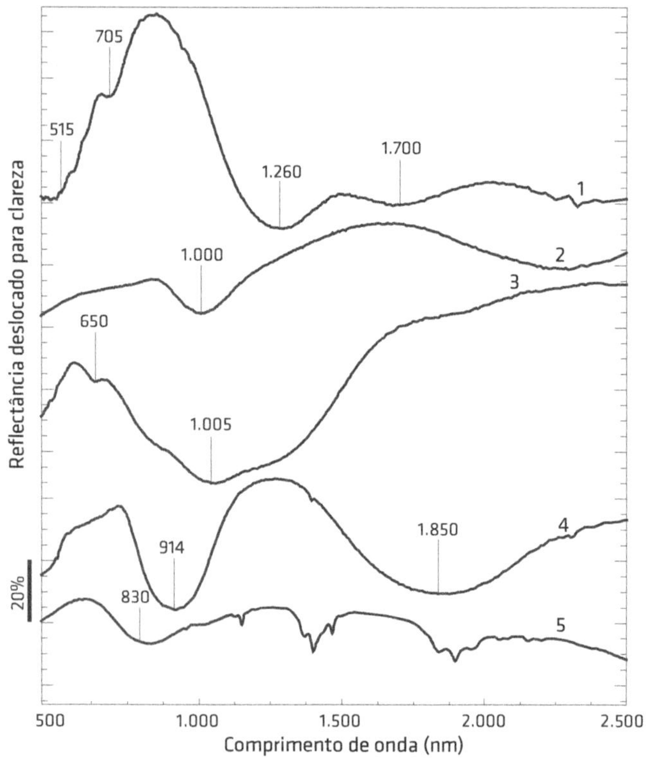

Fig. 3.6 *Bandas de absorção do íon ferro ferroso em minerais silicatados: (1) espessatita; (2) ferroaugita; (3) olivina; (4) bronzita; (5) berilo*
Fonte: (1 a 4) biblioteca espectral mineral USGS e (5) biblioteca espectral mineral IG/UnB.

3.2.3 Manganês (Mn^{+2})

O manganês está em abundância nos perfis de alteração supergênica de vários tipos de rocha (e também nos solos), com frequência constituindo depósitos economicamente exploráveis. Pelo fato de as transições do íon Mn^{+2} serem todas de *spins* proibidos, as bandas de absorção dos minerais de manganês que ocorrem na região do visível aparecem muito fracas e frequentemente são ofuscadas pela presença de qualquer outro íon presente no mineral, sobretudo se o íon for ferro. O minério de manganês mais comum é a pirolusita (MnO_2), de natureza supergênica e cor preta, que mostra espectros de forte opacidade. O mesmo ocorre com outro mineral de manganês, o psilomelano, um óxido de manganês e bário hidratado ($BaMn^{+2}Mn^{+4}O_{16}OH_4$). Neste caso, os espectros de forte opacidade podem ser creditados às transições eletrônicas de transferência de carga intervalência (Mn^{+2}-Mn^{+4}) que se estendem por todo o intervalo espectral. Como é comum óxidos de ferro agregarem-se aos minerais de manganês, a pirolusita estaria sujeita ao mesmo processo de transferência de carga intervalência. Consequentemente, o albedo desses minerais tem uma reflectância próxima a 10%. Nos espectros da Fig. 3.7, percebe-se em ambos os minerais uma suave e contínua queda da reflectância do infravermelho de ondas curtas para o visível.

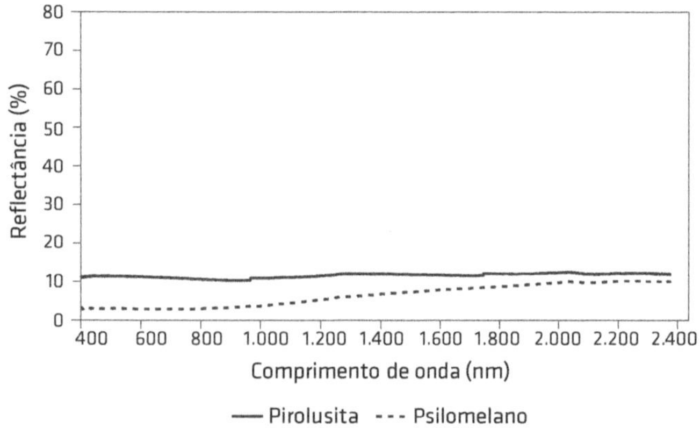

Fig. 3.7 *Espectros de reflectância dos minerais de manganês pirolusita e psilomelano*
Fonte: biblioteca espectral mineral IG/UnB.

3.2.4 Titânio (Ti^{+3})

A forma mais comum de ocorrência de titânio trivalente é em sua forma de dióxido TiO_2 do mineral rutilo, que se cristaliza no sistema tetragonal, muitas vezes, deformado. Ocorre em pequenos grãos presentes em muitas rochas metamórficas e ígneas, nunca sendo, porém, um mineral importante na formação de rochas. As feições devidas ao titânio são limitadas, e quase nenhuma ocorre no infravermelho próximo. No espectro da Fig. 3.8, a feição mais notável é uma forte absorção no comprimento de onda do azul/verde, em torno de 545 nm, interpretada por Hunt, Salisbury e Lenhoff (1971) como uma banda de excitação eletrônica devida à transferência de carga de um elétron do oxigênio para o titânio. Essa absorção, que resulta na abrupta queda da reflectância, explica as cores marrom-avermelhadas comuns ao rutilo, e a origem dessa queda deve-se à ação combinada da absorção pelo íon férrico presente no rutilo como impureza (o rutilo pode conter até 10% de ferro) e do declínio da borda da banda de absorção, por causa de defeitos ou imperfeições do sítio do mineral. Por isso, essa feição da queda da reflectância é, em sua aparência, muito semelhante àquelas observadas para os óxidos de ferro na Fig. 3.4.

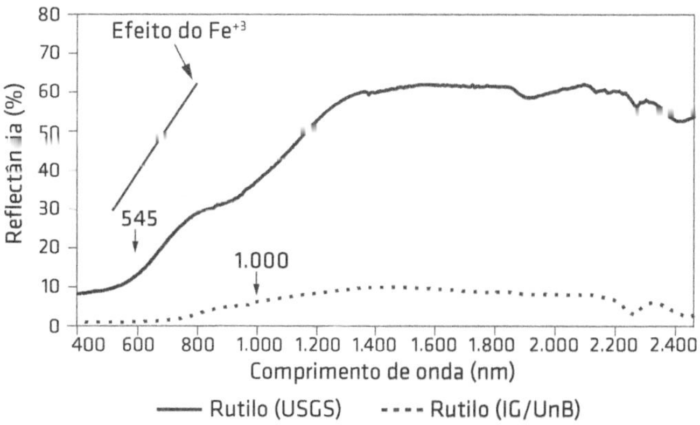

Fig. 3.8 *Espectros de reflectância do mineral rutilo (TiO_2)*
Fonte: bibliotecas espectrais minerais USGS e IG/UnB.

Uma consequência imediata de uma maior distorção cristalina do rutilo é o aparecimento de novas transições permitidas de campo cristalino para o íon Fe^{+3} em posição tetraédrica não centrossimétrica, para a qual há maior probabilidade de absorção de luz do que para posições octaédricas centrossimétricas. Dependendo da localização do ferro férrico no cristal, surge uma absorção suave em ± 940 nm, vista no espectro do rutilo (biblioteca USGS). No outro espectro desse mesmo elemento (biblioteca IG/UnB), o efeito de queda da reflectância devido às impurezas de ferro é menos evidenciado, sendo mostrado por um declínio mais suave da reflectância em direção ao azul, enquanto se registra uma suave banda de ferro em torno de 1.000 nm.

3.2.5 Níquel (Ni^{+2})

O níquel é um metal branco prateado que não constitui minerais na forma primária de óxidos simples ou compostos. Em sua forma divalente (seu estado de oxidação mais comum), o íon de níquel nos minerais com estruturas complexas octaédricas promove transições eletrônicas que, por serem de *spins* permitidos, produzem pronunciadas bandas de absorção no infravermelho próximo e no visível. Ele está presente em dois tipos de minerais: lateríticos, responsáveis por 70% das reservas mundiais de níquel, e sulfetados (pentlandita, $(Fe,Ni)_9S_8$). O minério laterítico é formado pelo mineral terroso/argiloso garnierita, um hidróxido silicatado de níquel e magnésio, também conhecido como oxidado, de fórmula geral $(Mg,Ni)_6Si_4O_{10}(OH)_8$ de composição variável. Com base nos raios iônicos e cargas, é esperado que o Ni^{+2} possa ser prontamente substituído por Mg^{+2} octaedricamente coordenado a átomos de oxigênio (coordenação 6).

O espectro mostrado na Fig. 3.9 é de uma amostra de níquel laterítico derivado da alteração de rochas serpentiníticas, concentrado por processos de intemperismo nas

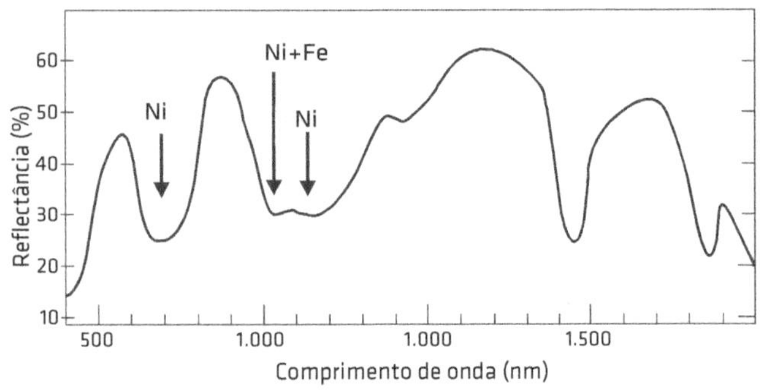

Fig. 3.9 *Espectros de reflectância do mineral de níquel garnierita*
Fonte: Meneses e Porto (1995).

partes alteradas, onde forma veios e bolsões de cores esverdeadas. Todas as absorções são muito proeminentes. As bandas de absorção diagnósticas do níquel estão centradas nos comprimentos de onda de 660 nm e 1.100 nm. Ambas parcialmente sobrepõem as absorções de $Fe^{+2,+3}$, mas suas formas e intensidades são distintamente diferentes das absorções dos óxidos de ferro (*vide* Fig. 3.4), o que é marcado pelo alto pico de reflectância centrado em 870 nm que se interpõe entre as bandas niquelíferas. Essas duas bandas do níquel são originadas de transições de cisão de campo cristalino do estado estacionário para dois estados de energia mais superiores. Como o Ni^{+2} e o Fe^{+2} têm raios iônicos comparáveis, favorece-se a substituição do níquel por ferro, o que propicia a ocorrência conjunta das bandas do Fe^{+2} com as de Ni^{+2} em torno de 1.000 nm. O espectro mostra com iguais intensidades as absorções da hidroxila e da água.

3.2.6 Cromo (Cr^{+3}) e vanádio (V^{+3})

A mais importante fonte de cromo trivalente (o mais estável) é encontrada no mineral cromita, um óxido de cromo e ferro de fórmula $(Fe,Mg)(Cr,Al)_2O_4$, com estrutura octaedral coordenada com o oxigênio, e que ocorre como mineral primário acessório em rochas básicas e ultrabásicas. O cromo tem uma configuração irregular entre os metais de transição, pois deixa os dois últimos orbitais incompletos ($3d^5 4s^1$). O íon de cromo está sujeito a três transições de campo cristalino de *spin* permitido, as quais produzem absorções no ultravioleta e no visível, embora a do UV seja obscurecida por uma intensa feição de transferência de carga. Por isso, no espectro mostrado na Fig. 3.10 não se observa a queda acentuada da reflectância no início dos menores comprimentos de onda. Nessa figura, os espectros da cromita apresentam um padrão de comportamento com um leve máximo de reflectância no comprimento de onda de 1.350 nm, e, simetricamente, um caimento gradual e suave da reflectância em direção aos menores e maiores comprimentos de onda.

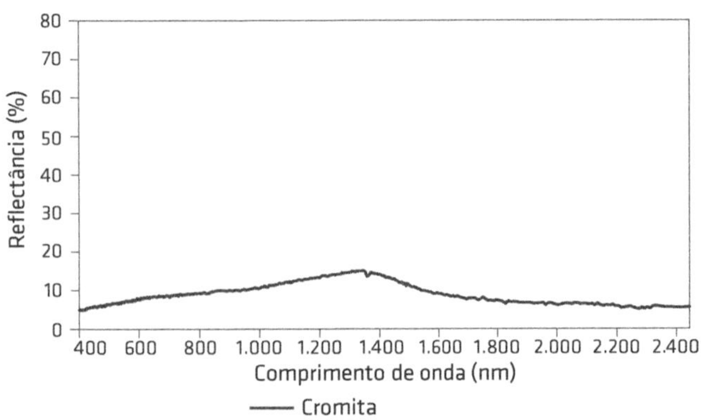

Fig. 3.10 *Espectro de reflectância do mineral de cromo (Cr^{+3}) cromita*
Fonte: biblioteca espectral mineral USGS.

O caimento da reflectância para os menores comprimentos de onda é atribuído às generalizadas absorções do íon férrico, com contribuição do íon de cromo, enquanto o caimento para os maiores comprimentos de onda é atribuído às transições do íon ferroso, do magnésio e do alumínio, que sempre substituem íons de cromo no mineral. A concavidade um pouco mais forte nessa parte do espectro deve-se à maior intensidade das absorções. Hunt e Wynn (1979) reportaram a presença de bandas de absorção no visível que variam entre 400 nm e 550 nm para os materiais cromíferos avermelhados (cloritas cromíferas), as quais mudam de posição para 460 nm e 650 nm nos materiais cromíferos esverdeados (olivinas cromíferas).

Os íons de vanádio V^{+3} têm um comportamento muito semelhante aos de Cr^{+3}, e, quando presentes nos minerais, suas bandas de absorção são muito próximas as do cromo no mesmo sítio. Por esse motivo, a cor do mineral é a mesma, independentemente da presença de cromo ou vanádio. A cor esverdeada da gema esmeralda pode ser originada tanto pelo cromo como pelo vanádio.

O vanádio não é encontrado na natureza na forma de óxido e forma muito poucos minerais pelo fato de o íon V^{+3} ser geoquimicamente semelhante ao íon Fe^{+3}, que é abundante e constituinte de muitos minerais. Assim, o íon V^{+3} em geral é substituído pelo íon Fe^{+3} nos minerais, notavelmente nas magnetitas titanoferrosas, em lugar de formar seus próprios minerais.

3.2.7 Cobre (Cu^{+2})

É o único metal que ocorre abundantemente na forma nativa em grandes massas de minério. A química do cobre no estado de oxidação 2^+ cúprica, que é seu principal estado de oxidação, é similar à química dos outros íons 2^+ dos metais de transição. No entanto, o cobre apresenta uma irregularidade. Ele preenche totalmente o orbital *d* da 3ª camada sem completar o orbital s da 4ª camada ($3d_{10}4s_1$), fugindo à regra como metal de transição. Na forma de um óxido simples do mineral cuprita CuO_2 (espectro 1 da Fig. 3.11), ele tem uma configuração espectral sem qualquer absorção no infravermelho próximo e no de ondas curtas, limitando-se apenas a uma acentuada queda da reflectância a partir de 870 nm, reflexo de uma forte absorção em torno de 640 nm (bem mostrada na forma *continuum*).

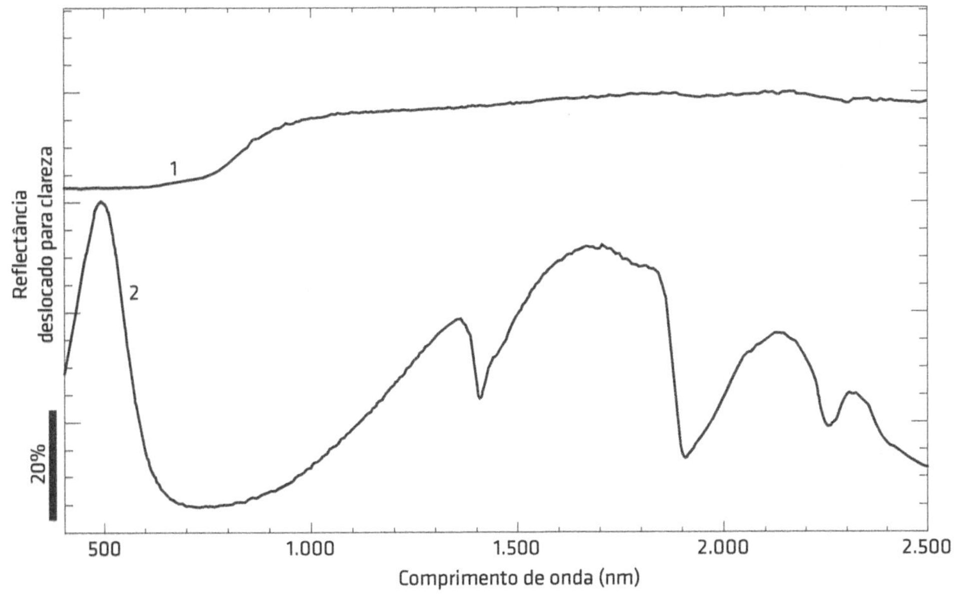

Fig. 3.11 *Espectros de reflectância dos minerais de cobre: (1) cuprita (óxido de cobre Cu^{+2}) e (2) silicato de cobre hidratado crisocola*

Fonte: biblioteca espectral mineral USGS.

O íon cúprico é colorido e reage com vários doadores de elétrons, formando íons complexos (Mahan; Myers, 2003), como no mineral hidróxido silicatado crisocola $Cu_2H_2Si_2O_5(OH)_4$. É interessante mencionar nesse momento, a título de exemplo, que minerais secundários como o silicato crisocola às vezes podem exibir absorções muito intensas do íon de transição. Nesse mineral, os íons de cobre permanecem estabilizados em sítios octaedrais deformados, dando origem a uma das mais intensas e amplas bandas de absorção entre os metais de transição, como mostrado no espectro 2 da Fig. 3.11. Essa ampla banda assimétrica, que identifica a presença do cobre nos minerais ou nas rochas, com largura de comprimento de onda de 550 nm a 850 nm, é devida à transição eletrônica de *spin* permitido, que pode ser decomposta em três desdobramentos dos níveis de energia $d \rightarrow d$ dos orbitais d_{xy} e d_{z^2} e do par d_{yz} e d_{xz} para o orbital semipreenchido $d_{x^2-y^2}$. O pico agudo de reflectância em 490 nm evidencia a cor azul-esverdeada do mineral crisocola, sendo esse pico seguido por um forte caimento da reflectância em razão da forte absorção no ultravioleta.

3.2.8 Zinco (Zn^{+2})

O elemento zinco, com configuração eletrônica $3d^{10}4s^2$, não é visto como um metal de transição de acordo com a definição usualmente dada, que é aquela que apresenta os orbitais *d* preenchidos de forma incompleta. Como o zinco possui todos os elétrons emparelhados nos subníveis s e *d*, o único estado de oxidação que é favorecido (fixo) é 2^+, utilizando somente os elétrons s para formar ligações. Mas, como óxido, seu espectro acompanha em aparência os espectros dos verdadeiros metais de transição, que sempre são ausentes de bandas de absorção no infravermelho de ondas curtas. O espectro do mineral zincita (ZnMn)O, um óxido de zinco (92%) e manganês (8%) com cristalinidade hexagonal, é mostrado na Fig. 3.12. Ele exibe uma banda de absorção por transferência de carga ligante-metal relativamente forte, centrada em 550 nm (coincidente em forma e posição com a banda férrica da hematita), e uma segunda banda diagnóstica do zinco centrada em torno de 1.315 nm, larga e de forma assimétrica, que não se vê presente em outros óxidos minerais.

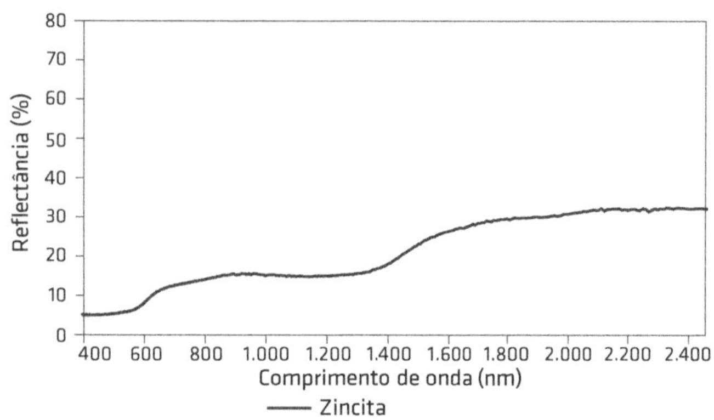

Fig. 3.12 *Espectro de reflectância do mineral óxido de zinco zincita*
Fonte: biblioteca espectral mineral USGS.

3.2.9 Cobalto (Co^{+3}) e escândio (Sc^{+3})

Os metais de transição cobalto e escândio têm pouca importância ou interesse na espectrorradiometria, por serem elementos raramente encontrados como minerais de rochas. O mineral de cobalto mais importante não é um óxido, sendo encontrado na forma de sulfeto, de nome cobaltita (sulfoarsenieto de cobalto, CoAsS). No entanto, frequentemente o cobalto é encontrado associado com outros minerais, principalmente de níquel, cobre e chumbo, dos quais pode ser obtido como subproduto.

A cobaltita pode conter até 10% de ferro e quantidades variáveis de níquel. Sua presença é detectada em meteoritos. A Fig. 3.13 exibe o espectro deste mineral, de estrutura cristalina tetraédrica, que mostra um baixo nível de reflectância típico de minerais opacos, sendo muito similar ao espectro do mineral sulfetado arsenopirita (FeAsS), visto que esses minerais se assemelham estruturalmente. Essa semelhança da cobaltita com a estrutura dos sulfetos pode explicar seu comportamento espectral por transição eletrônica de banda de condução.

O escândio é ainda mais raro como mineral, sendo quimicamente classificado, com frequência, entre os lantanídeos, devido às características similares às deles. É encontrado em alguns minerais que fazem parte do grupo das terras-raras (descrito na seção 3.5), sendo a euxenita considerada o principal mineral de terras-raras contendo escândio.

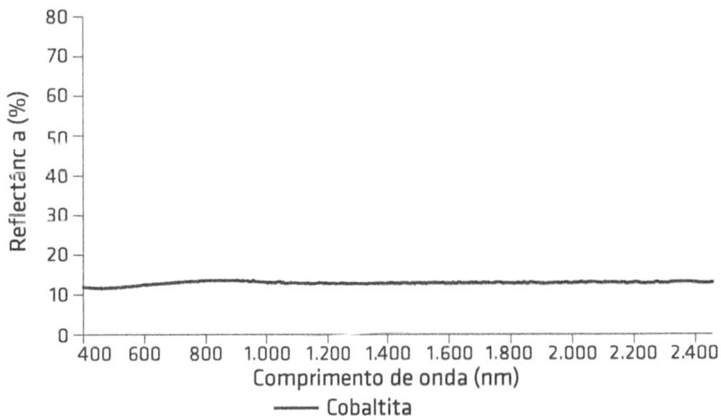

Fig. 3.13 *Espectro de reflectância do mineral cobaltita (sulfoarsenieto de cobalto)*
Fonte: biblioteca espectral mineral USGS.

3.3 Espectros de reflectância dos óxidos de alumínio e estanho

Na classe dos óxidos, figuram outros importantes minerais metálicos fora do grupo dos metais de transição, denominados outros metais, com destaque aos óxidos de alumínio e estanho. O alumínio, com configuração eletrônica $3s^2 3p^1$, e o estanho, com configuração $4d^{10} 5s^2 5p^2$, classificam-se como elementos regulares do grupo outros metais, isto é, possuem elétrons mais energéticos nos subníveis s ou *p*.

3.3.1 Alumínio (Al^{+3})

O trióxido de alumínio puro é o mineral coríndon, incolor, de espectro linear de alta reflectância no visível. No entanto, os íons de cromo substituem com facilidade os de Al^{+3}, sem nenhuma discrepância de carga, resultando numa variedade de cores dos minerais que depende da posição ocupada pelos íons de cromo no retículo cristalino (Cr^{+2}: Al_2O_3). As transições são do tipo campo cristalino e respondem pelas cores dos minerais. Isso acontece com o mineral coríndon e também com o berilo ($Be_3Al_2Si_6O_{18}$). Quando alguns poucos íons de cromo substituem os de alumínio no coríndon (ordem de 0,01% de cromo), acompanhados de uma distorção da configuração octaedral em direção à configuração romboédrica, a excitação eletrônica provoca alta reflectância da luz vermelha, originando a variedade de gema rubi. Esse fenômeno gera no espectro uma linha abrupta e bastante incomum, em torno de 700 nm, conhecida como linha *laser* do rubi, que é acompanhada de duas bandas de absorção no visível, próximas a 450 nm e 550 nm. No mineral clorita, normalmente o cromo é identificado por uma banda centrada em 610 nm, acompanhada de uma banda em 450 nm, cujas intensidades e larguras são proporcionais ao conteúdo de cromo.

Quando a substituição do alumínio no coríndon é por ferro (Fe^{+2} ou Fe^{+3}) ou titânio (Ti^{+4}), dá-se origem à cor azul da gema safira. Donoso (s.d.) explica esse processo de substituição da seguinte maneira: se ambos, Fe^{+2} e Ti^{+4}, estão presentes, a interação entre eles é possível se estiverem localizados em sítios de Al adjacentes; uma distância entre os íons de 2,65 Å é suficiente para sobrepor os orbitais d_{z^2}, possibilitando o salto de um elétron

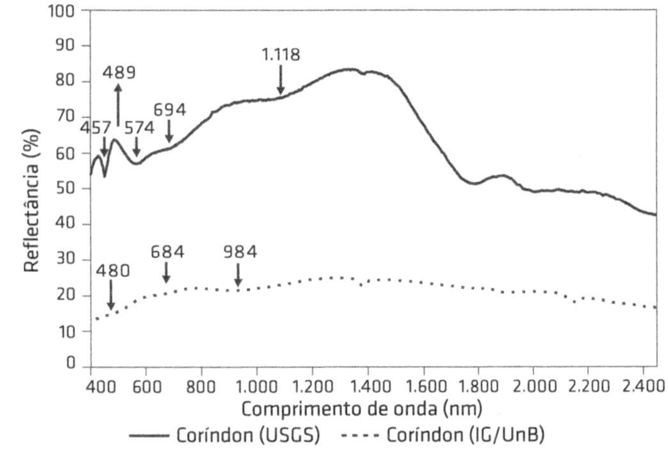

Fig. 3.14 *Espectros de reflectância do mineral óxido de alumínio coríndon*

Fonte: bibliotecas espectrais minerais USGS e IG/UnB.

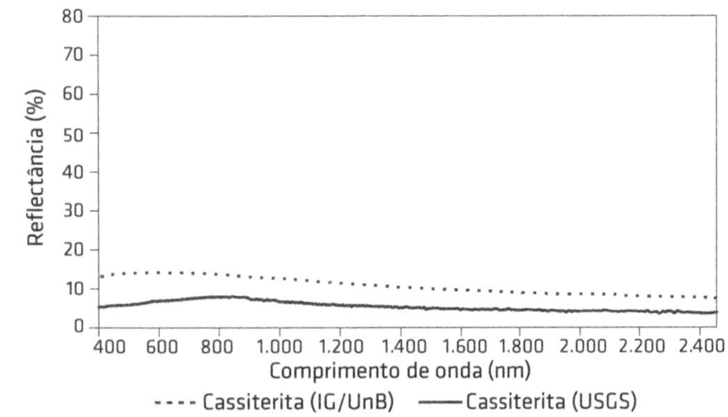

Fig. 3.15 *Espectros de reflectância do mineral de estanho (Sn^{+2}) cassiterita*

Fonte: bibliotecas espectrais minerais IG/UnB e USGS.

de um íon para o outro. Ao perder um elétron, o Fe^{+2} se converte em Fe^{+3}, e, ganhando esse elétron, o Ti^{+4} se converte em Ti^{+3} ($Fe^{+2} + Ti^{+4} \rightarrow Fe^{+3} + Ti^{+3}$). Esse processo explica as bandas de absorção de transferência de carga que o espectro da Fig. 3.14 mostra na posição superior, situadas em 457 nm, 574 nm e 694 nm, permitindo que seja transmitida a maior parte da luz no comprimento de 489 nm do azul, cor presente nessa amostra. O espectro na posição inferior é também do mineral coríndon na forma natural, e suas bandas de absorção igualmente retratam a substituição iônica por ferro ou titânio, que aparece em posições ligeiramente deslocadas em comparação ao espectro anterior.

3.3.2 Estanho (Sn^{+2})

O mineral mais comum na formação das jazidas de estanho é a cassiterita (SnO_2), um mineral de minério frequentemente encontrado como veios ou massas hidrotermalizadas em rochas graníticas. Os espectros da cassiterita mostrados na Fig. 3.15 se caracterizam por uma baixa reflexão (11% no espectro IG/UnB e 6% no espectro USGS), com uma banda de absorção em ±500 nm. A cassiterita tem sistema cristalográfico tetragonal, e, como visto no Cap. 2, sistemas tetraédricos possuem um menor desdobramento dos níveis de energia *eg* e t_{2g}. Como normalmente o mineral cassiterita contém impurezas de ferro ou tântalo, são essas impurezas e sobretudo as de ferro férrico que promovem o aparecimento dessa fraca banda de absorção no visível, em 510 nm. Segundo Hunt, Salisbury e Lenhoff (1971), essa banda de absorção é devida à banda de condução dos íons de ferro férrico, mas as bandas de ferro que deveriam aparecer no infravermelho estão ausentes porque o ferro não se encontra em um sítio octaedral. A suave inflexão descendente do espectro USGS entre 970 nm e 2.500 nm e a contínua queda do espectro IG/UnB são uma extensão ao infravermelho da banda de condução.

3.4 Espectros de reflectância dos minerais de sulfetos

O enxofre mostra a tendência de formação de cadeias de átomos ligadas entre si (cadeias em anéis) em grau maior do que qualquer outro elemento, exceto carbono (Mahan; Myer, 2003). Ele ocorre na natureza, no estado nativo, formando sulfeto (S^{-2}), uma vez que a configuração eletrônica $3s^2 3p^4$ permite ao enxofre receber dois elétrons para preencher as duas vacâncias da camada eletrônica exterior. O enxofre S^{-2} combina-se diretamente com os elementos metálicos para formar minerais de sulfetos, e todos são minerais-minérios, constituindo o grupo de minerais-minérios de uso mais importante na metalurgia. Eles originam-se da cristalização dos magmas com H_2S na fase fluida, gerando uma diversidade de minerais combinados com cátions metálicos, sendo os mais conhecidos: Fe (pirita, arsenopirita, pirrotita, marcassita), Cu (calcosita, calcopirita, covellita); Ni (millerita, nicolita); Pb (galena); Mo (molibdenita); Bi (bismutita); Hg (cinábrio); Zn (esfalerita); As (realgar); e Sb (estibinita).

Esses minerais de sulfetos são conhecidos como materiais semicondutores, e as absorções que exibem são devidas a um processo de transição eletrônica que produz uma queda extremamente aguda da reflectância no visível ou no infravermelho próximo ou uma absorção contínua ao longo de todo o espectro. Essa queda da reflectância no visível ou no infravermelho próximo não está relacionada ao processo de transferência de carga, ao contrário do que acontece para os óxidos e os hidróxidos de ferro. O processo é de banda de condução (ver Cap. 2), o que explica o comportamento opaco desses minerais, com baixíssimos níveis de reflectância, como mostram os espectros da Fig. 3.16. Nessa figura, os espectros 3, 4, 5 e 6, respectivamente dos minerais galena (PbS), arsenopirita (FeAsS), pirita (FeS_2) e covellita (CuS), são os que mais claramente evidenciam essa banda de condução, que caracteriza espectros sem absorções ao longo de todo o intervalo espectral. A opacidade é decorrente das presenças de enxofre e arsênio.

A esfalerita (ZnS), apresentada no espectro 1, exibe uma curva espectral um pouco distinta, pela presença de uma muito forte borda de absorção no infravermelho de ondas curtas, que é marcada pela repentina queda da reflectância a partir de ±1.985 nm, e que, observada no espectro modo *continuum*, evidencia uma forte absorção em 2.305 nm. Porque a esfalerita admite a substituição do Zn por íons de Fe ferroso (Fe^{+2}), gera-se a absorção

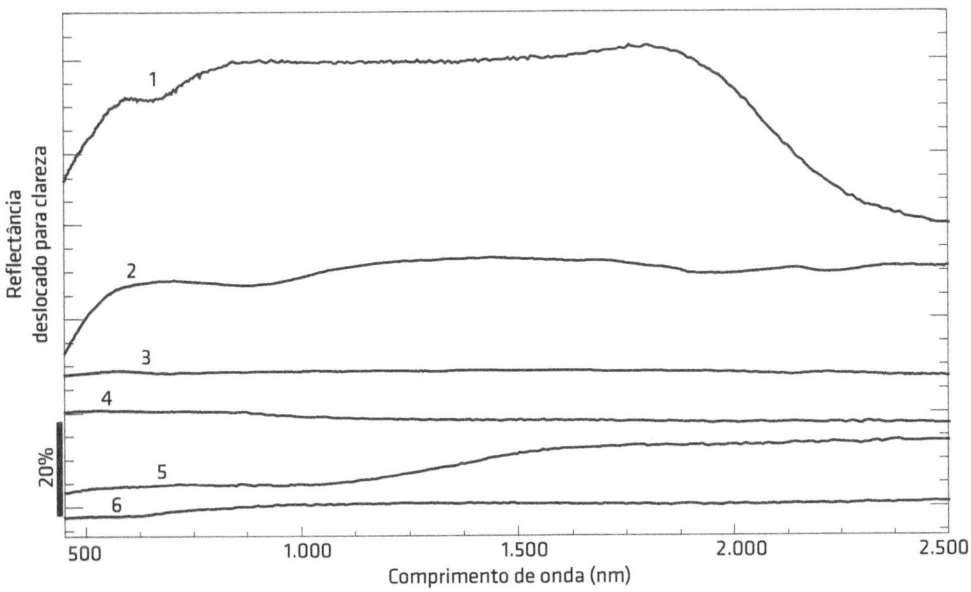

Fig. 3.16 *Espectros de reflectância de minerais de sulfetos: (1) esfalerita; (2) calcopirita; (3) galena; (4) arsenopirita; (5) pirita; (6) covellita*

Fonte: (1, 4, 5 e 6) biblioteca espectral mineral USGS e (2 e 3) biblioteca espectral IG/UnB.

em 670 nm e a borda de uma banda de condução reconhecida no espectro pela banda de absorção no visível (queda da reflectância).

Essa borda da banda de condução é também mostrada no espectro 2, da calcopirita ($CuFeS_2$). A fraca e larga banda de absorção que ocorre em torno de 870 nm é devida à presença do ferro trivalente, com o cobre também contribuindo para essa absorção.

3.5 Espectros de reflectância de minerais de terras-raras

Os elementos de terras-raras (ETR), da série dos lantanídeos, compõem um grupo de metais de transição interna que possuem, em comum, o fato de ter o elétron mais energético num subnível eletrônico *f* incompleto, que na prática forma somente íons trivalentes. Na formação de minerais-minérios, os primeiros elementos da série de lantanídeos – La^{+3}, Ce^{+3}, Pr^{+3}, Nd^{+3} e Sm^{+3} – são exclusivamente os mais importantes. Os minérios mais comuns que apresentam esses elementos são a monazita (uma argila iônica fosfatada de cério, lantânio, praseodímio e neodímio, com óxido de tório) e bastnasita (fluorcarbonato de metais de terras-raras). Esses dois minerais-minérios estão contidos nas rochas carbonatíticas (intrusões alcalinas), que, por causa da grande variedade de constituintes mineralógicos que possuem, mostram espectros com uma notável presença de várias feições de absorção, desde os comprimentos de onda do visível até o do infravermelho de ondas curtas, que são causadas pelos íons trivalentes dos ETR, pelos íons de $Fe^{+2,+3}$ e pelos agrupamentos moleculares CO_3^{-2}, OH^-, H_2O, PO_4^{-2} e SO_4^{-2}. Essas várias feições de absorção podem ser vistas no espectro do mineral monazita, apresentado na Fig. 3.17. As bandas centradas em 525 nm (f), 575 nm (F), 748 nm (mmF), 801 nm (mmF) e 871 nm (mF) são bem próximas das bandas identificadas por Rowan, Kingston e Crowley (1986) para os ETR, adiante apresentadas (*f* = fraca; *m* = muito; *F* = forte).

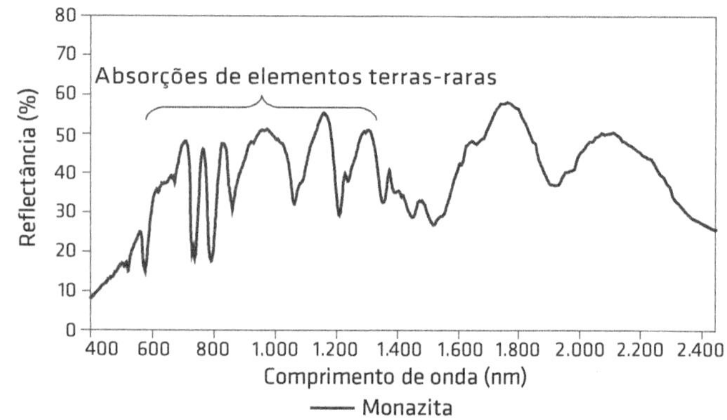

Fig. 3.17 *Espectro de reflectância do mineral de terras-raras monazita*
Fonte: biblioteca espectral mineral USGS.

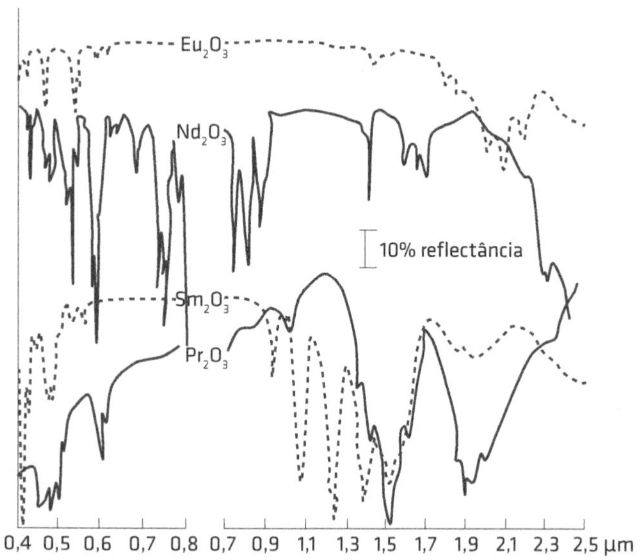

Fig. 3.18 *Espectros de reflectância de padrões de óxidos de terras-raras produzidos em laboratório*
Fonte: Rowan, Kingston e Crowley (1986).

Para identificar e caracterizar essas notáveis feições, Rowan, Kingston e Crowley (1986) fizeram uma comparação entre os espectros de padrões de óxidos de terras-raras preparados em laboratório (Fig. 3.18) e os espectros de rochas carbonatíticas contendo terras-raras. Os espectros dos padrões dos óxidos de Eu_2O_3, Nd_2O_3, Sm_2O_3 e Pr_2O_3 mostram a presença de várias bandas estreitas e com fortes intensidades de absorção, com frequente ocorrência de ombros, causadas por transições eletrônicas dos íons trivalentes de európio, neodímio, samário e praseodímio. Comparadas com os espectros de rochas carbonatíticas da Fig. 3.19, contendo os materiais carbonáticos calcíticos sovita e raughito, praticamente todas as bandas de absorção entre 400 nm e 900 nm para essas rochas podem ser atribuídas à presença de terras-raras. Nos carbonatitos, são várias as bandas coincidentes, principalmente, com os espectros dos padrões de neodímio e samário, as quais se situam em torno de 525 nm, 580 nm, 740 nm, 800 nm e 870 nm. Rowan, Kingston e Crowley (1986) determinaram que porcentagens tão baixas quanto 300 ppm de neodímio (o mais abundante dos ETR) podem produzir as feições de absorção vistas nos espectros das Figs. 3.18 e 3.19. As bandas em torno de 2.300 nm nos espectros de rochas da Fig. 3.19 correspondem à mica flogopita e aos carbonatos calcita e dolomita, e a banda da água relaciona-se a minerais secundários do grupo da montmorillonita, como produto da alteração (intemperização) das rochas ultramáficas dos complexos carbonatíticos.

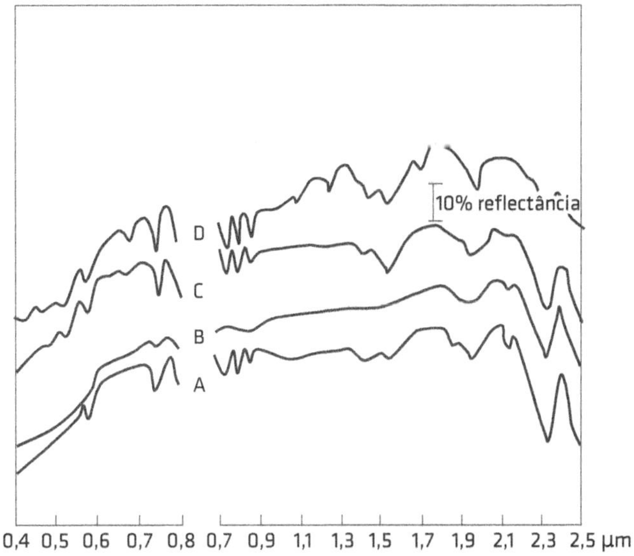

Fig. 3.19 *Espectros de carbonatito calcítico ricos em ETR: (A) sovito claro; (B) sovito rosa-amarelo; (C) sovito cinza-amarelo; (D) raughito amarelo-pálido*
Fonte: Rowan, Kingston e Crowley (1986).

3.6 Absorções nos minerais hidroxilados

3.6.1 Água nos minerais

As moléculas que possuem ligações covalentes são caracterizadas pelo compartilhamento de elétrons, o que, na molécula de água, se faz entre os átomos de hidrogênio e oxigênio. A molécula da água é angular, isto é, os dois átomos de hidrogênio se ligam ao átomo de oxigênio formando sempre o mesmo ângulo, que é de 104,45°. A alta polaridade da ligação H-O-H torna as absorções no infravermelho de ondas curtas muito mais eficientes do que no infravermelho próximo e no visível (Rossman, 1988), constituindo as mais proeminentes absorções vibracionais intermoleculares.

Quando a água está presente nos minerais, duas bandas de absorção se destacam: em 1.900 nm e em 1.400 nm. A presença conjunta dessas duas absorções pode sempre ser usada como diagnóstica da presença de água. Porém, a presença da banda em 1.400 nm e a ausência da banda em 1.900 nm indicam que somente a hidroxila está presente. A absorção em 1.400 nm é devida ao modo fundamental vibracional $2\nu_2$ (estiramento assimétrico OH), enquanto a absorção em 1.900 nm é devida ao modo fundamental vibracional $\nu_2 + \nu_3$ (*combination bands* da absorção H-O-H com o estiramento assimétrico OH).

Quando as formas das duas absorções aparecem bem definidas e agudas, as moléculas da água estão em sítios bem ordenados. Já quando as formas das feições são amplas e muito assimétricas, essas moléculas estão desordenadas ou ocupam mais de um sítio. Por isso, dependendo das propriedades estruturais dos minerais, as posições dessas duas absorções nos espectros de algum modo podem sofrer pequenas variações, como consequência das variações de localização na estrutura do mineral. A rigor, a molécula de

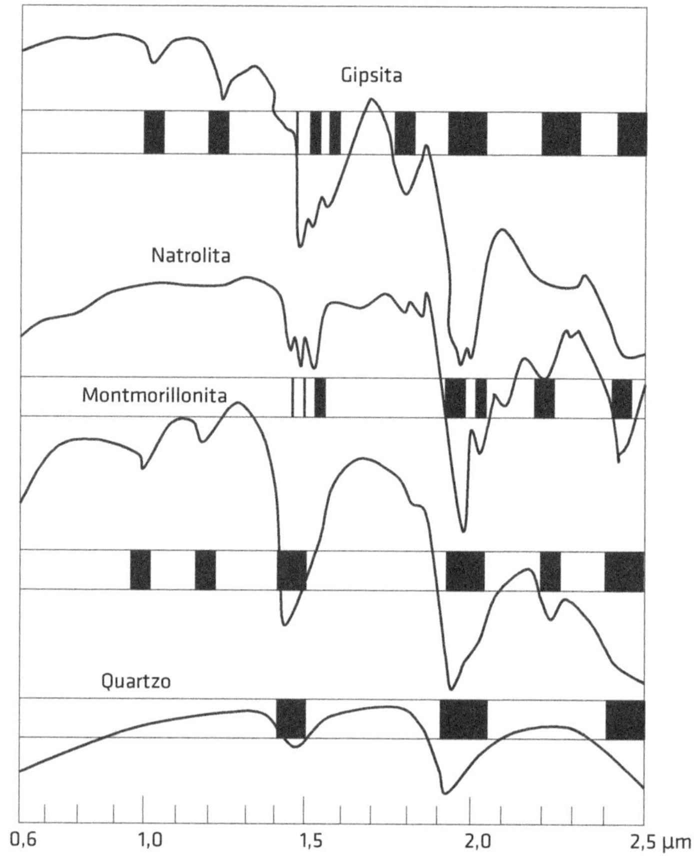

Fig. 3.20 *Bandas vibracionais de absorção da molécula de água em minerais. Os retângulos pretos medem a largura da banda de absorção*
Fonte: Hunt (1977).

água líquida pode conter até cinco bandas de absorção dos modos *combination bands* e *overtones*, centradas aproximadamente em 1.900 nm (ou 1.875 nm), 1.400 nm (ou 1.454 nm), 1.380 nm, 1.345 nm e 942 nm.

Nas classes de minerais que são apresentadas adiante, como nos silicatos, boratos (por exemplo, bórax, colemanita) e sulfatos (por exemplo, gipso ou gipsita, calcantita), entre outros, muitos dos minerais contêm em suas estruturas hidroxilas e moléculas de água, razão pela qual se vê com frequência a presença dessas duas bandas.

Os espectros da Fig. 3.20, obtidos por Hunt (1977), mostram as bandas de absorção das moléculas de água presentes em diferentes minerais. Não é incomum ocorrerem, junto à banda de absorção principal, pequenos ombros gerados por vibrações moleculares restritas. No mais comum mineral de sulfato, a gipsita ($CaSO_4.2H_2O$), frequentemente associado com halitas e anidritas em evaporitos ou presente em camadas interestratificadas em calcários, folhelhos e argilas, a água é parte essencial da estrutura e ocupa uma posição específica na estrutura cristalina do mineral. No mineral zeólita natrolita ($Na_2Al_2Si_3O_{10}.10H_2O$), ela está em localizações específicas, porém não essenciais à estrutura cristalina. Na argila montmorillonita $(Na,Ca)_{0,3}(Al,Mg)_2Si_4O_{10}(OH)_2.nH_2O$, mineral derivado da alteração de minerais ferromagnesianos, feldspatos cálcicos e vidro vulcânico, as duas camadas de tetraedros para uma de octaedros são ligadas entre si por moléculas de água e cátions. Já nos cristais de quartzo, a água aparece como gotas microscópicas de inclusão no cristal. Observar que, por ser o quartzo um mineral com comportamento transparente, seu espectro aparece limpo das outras feições de absorção que são vistas nos outros espectros de minerais.

3.6.2 Hidroxila nos minerais

Mais frequentes do que as moléculas de água são as moléculas de hidroxila. O ânion hidroxila é responsável pela maioria das absorções diagnósticas dos minerais na região do espectro do infravermelho, porque suas posições cristalográficas variam entre a maioria dos minerais (Pontual; Merry; Gamson, 1997). No intervalo abrangido pelo infravermelho de ondas curtas, a principal feição de absorção observada para o grupo OH^-, como consequência da vibração fundamental em 2.780 nm, é o primeiro *overtone* de estiramento em 1.400 nm, que é a mais comum de todas as feições de absorção existentes nessa porção do infravermelho. Também há absorções em 1.550 nm e 1.750-1.850 nm em alguns minerais. Um segundo *overtone* ocorre próximo a 940-959 nm, mas o de 1.400 nm é centenas de vezes mais intenso.

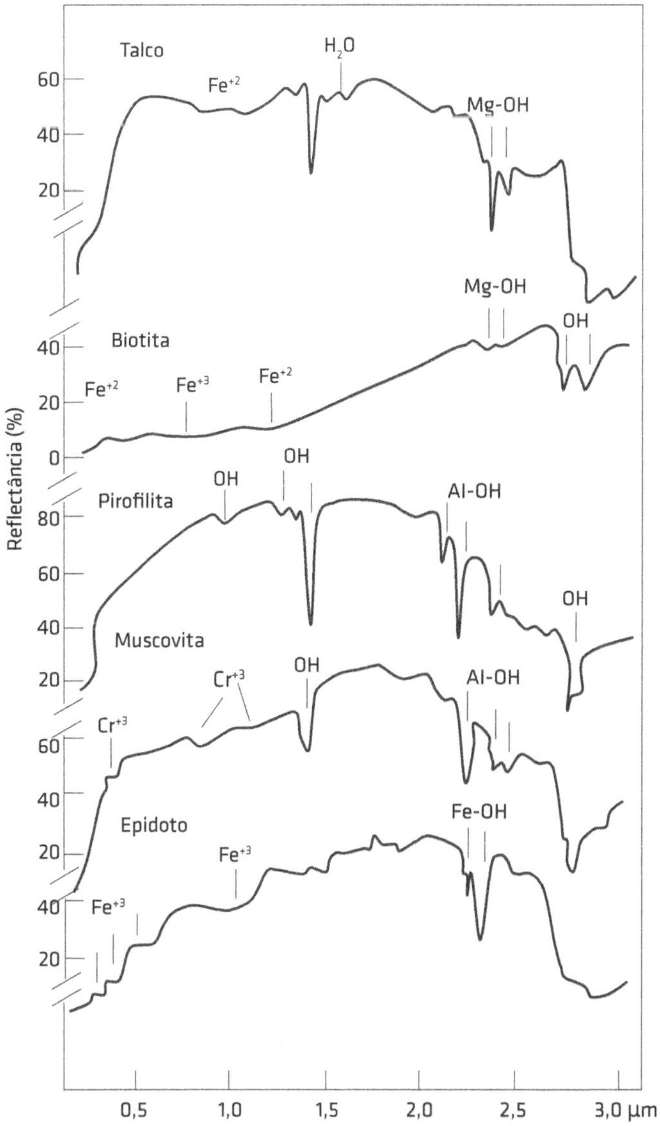

Fig. 3.21 *Bandas de absorção das moléculas hidroxila e metal-hidroxila*

Fonte: Clark et al. (1990).

Especificamente entre os comprimentos de onda de 2.000 nm a 2.500 nm, região que é considerada a banda geológica, uma grande parte dos minerais, sobretudo os formados por processos hidrotermais, exibe feições de absorções vibracionais associadas com dobramento e estiramento no íon hidroxila (OH^-). Essas vibrações OH combinam-se com as vibrações da rede cristalina que se repetem continuamente no cristal, para gerar feições com OH e Al ou Fe. São conhecidas como absorções devidas a *combination bands* M-OH, em que M (metal) geralmente é Al ou Fe, ou também Mg. Essas formas de vibração são chamadas de *lattice vibrations* (oscilação de átomos em um sólido em torno de suas posições de equilíbrio). Em geral, conforme ilustram os espectros da Fig. 3.21, aceita-se que, se a banda de absorção ocorrer mais próxima a 2.200 nm, será decorrente de Al-OH. Caso ocorra mais próxima a 2.300 nm, será devida à ligação Mg-OH. E, se estiver próxima a 2.335 nm (ombro em 2.265 nm), será causada por Fe-OH.

Entretanto, essas posições não podem ser usadas isoladamente para diagnosticar a presença de Al, Mg ou Fe nos minerais. Um bom exemplo dessa limitação foi apresentado por Clark et al. (1990) para o mineral gibbsita ($Al_2O_3.3H_2O$), principal constituinte do minério de alumínio bauxita. Nesse mineral, a absorção *combination bands* desloca-se para 2.265 nm em vez de ocorrer em 2.200 nm. Isso se dá em consequência do deslocamento das bandas de absorção de um dos dois modos fundamentais da gibbsita. O primeiro desses modos fundamentais é uma forte vibração de estiramento fundamental OH^- em 2.840 nm (com três bandas mais fracas em 2.917 nm, 2.959 nm e 2.765 nm), e o segundo é um forte dobramento fundamental Al-OH em 9.800 nm.

3.7 Espectros de reflectância dos minerais silicatados

Na discussão anterior sobre a classe de minerais de óxidos metálicos, foi dada especial ênfase às transições eletrônicas nos metais de transição e, portanto, à porção do espectro eletromagnético do visível ao infravermelho próximo. Nas demais classes de minerais que serão vistas a seguir, iniciando-se com a classe dos silicatos, as mais importantes feições de absorção se fazem por transições vibracionais moleculares, resultando em um grande número de bandas de absorção na região espectral do infravermelho de ondas curtas, muitas preferencialmente situadas no intervalo de 2.000 nm a 2.500 nm.

Os silicatos são a mais importante classe mineral e são compostos principalmente de silício e oxigênio, com a adição de cátions como magnésio, ferro, potássio e cálcio. Constituem cerca de 97% do volume da crosta terrestre, dos quais cerca de 58% são representados por feldspatos, 13% por anfibólios e piroxênios, 11% por quartzo, 10% por micas e argilominerais, 3% por olivinas e 2% por epidoto e granada. Todos os minerais silicatados têm, em sua estrutura cristalina, tetraedos de silício com coordenação 4: cada cátion Si^{+4} liga-se de forma covalente e iônica, por compartilhamento de elétrons, a quatro ânions O^{-2} situados nos vértices de um tetraedro. Esses tetraedros de silício são capazes de se ligar entre si, o que leva à formação de diferentes arranjos de cadeias silicatadas Si:O, com propriedade de se polimerizar (repetição de uma pequena unidade molecular para formar uma macromolécula).

As cadeias se classificam em: inossilicatos de cadeias simples de arranjo tetraédrico 1:3; tectossilicatos de cadeias de arranjo 1:2; cadeias de sorossilicatos duplos de arranjo 2:7; ciclossilicatos em anéis de arranjo 1:3; nesossilicatos isolados de arranjo 1:4; e filossilicatos em folhas de arranjo 2:5. Esses arranjos contribuem para marcantes ou, às vezes, sutis diferenças espectrais entre os minerais silicatados e, em muitos minerais, são responsáveis por um número grande de bandas de absorção, em virtude de suas ligações com diferentes tipos de cátion. Nos espectros apresentados como exemplo de cada uma dessas classes de minerais silicatados, é possível notar que os padrões de reflectância mostram características que podem ser reconhecidas para cada classe de arranjo das cadeias tetraédricas de silício. As propriedades espectrais que conduzem a essas características são dependentes principalmente das seguintes propriedades óptico-cristalográficas e iônicas:

- A disposição dos arranjos tetraédricos de silício pode facilitar o aprisionamento de uma ampla variedade de íons, átomos neutros e moléculas. Por exemplo, no berilo, o arranjo dos tetraedros em anéis dispostos uns sobre os outros forma uma morfologia com orifícios centrais na qual pode alojar-se a hidroxila, o flúor, o hélio atômico, a água e os íons de Li, Rb, Ce e Na.
- Espectralmente, variações composicionais dentro do mesmo grupo mineral são representadas por deslocamentos dos comprimentos de onda das posições das bandas de absorção diagnósticas e por variações na forma das feições espectrais, porém se mantêm inalteradas as demais características espectrais.

- A estrutura de alguns minerais silicatados pode tornar-se complicada pela presença de grupos, tais como triângulos independentes de BO_3, flúor e os grupos OH^-, como no mineral turmalina.
- Muitos minerais podem ter as unidades estruturais unidas por ligações iônicas por meio de cátions de dois tipos: do tipo X (Na e Ca) e do tipo Y (Mg, Fe^{+3}, Al, Fe^{+2}, Mn^{+2} e Li).
- Os cátions presentes num mineral podem assumir diferentes números de coordenação (4, 5, 6 e 8) em estruturas cristalinas octaédricas ou tetraédricas, resultando numa variedade de bandas de absorção com diferentes intensidades.
- No infravermelho de ondas curtas, a frequência de vibração molecular de estiramento relaciona-se a dois fatores: varia diretamente com a força das ligações e inversamente com as massas atômicas envolvidas. Nas ligações moleculares simples, o estiramento vibracional é maior, enquanto nas ligações duplas e triplas os estiramentos são menores, mas ocorrem mais vezes, gerando um maior número de absorções.
- Súbitos deslocamentos no comprimento de onda ou pequenas mudanças da forma das bandas de absorção que ocorrem em alguns espectros de minerais podem relacionar-se a variações no grau de cristalinidade, composição e orientações dos eixos ópticos cristalográficos.
- Os grupos iônicos moleculares hidroxila e água, por ocuparem diferentes posições cristalográficas entre os minerais, produzem bandas de absorção diagnósticas no infravermelho de ondas curtas, exercendo forte influência na forma dos espectros.

Nos espectros dos minerais silicatados que serão vistos a seguir, a maioria das feições de absorção no infravermelho de ondas curtas são atribuídas aos movimentos vibracionais moleculares de estiramento e dobramento molecular dos modos *combination bands* e *overtones* principalmente das seguintes moléculas (Pontual; Merry; Gamson, 1997):

- OH ~ 1.400 nm (em alguns minerais, também em ~1.550 nm e 1.750-1.850 nm).
- H_2O ~ 1.400 nm e 1.900 nm.
- Al-OH ~ 2.160-2.220 nm.
- Fe-OH ~ 2.230-2.295 nm.
- Mg-OH ~ 2.300-2.360 nm.

Os espectros dos silicatos são apresentados de acordo com as classes dos arranjos de suas cadeias tetraédricas (inossilicatos, tectossilicatos, sorossilicatos, ciclossilicatos, nesossilicatos e filossilicatos). A análise dos espectros é acompanhada de uma tabela contendo as localizações em comprimento de onda de todas as bandas de absorção identificadas e algumas informações das principais características mineralógicas de cada mineral, sua fórmula química e sua principal forma de ocorrência, as quais foram em boa parte extraídas de Machado et al. (2002).

As intensidades das bandas de absorção são descritas com os seguintes códigos: *mm* (muito muito); *m* (muito); F (forte); *f* (fraco); *md* (médio); *om* (ombro); *sec* (secundárias); e *inf* (inflexão). Bandas de absorção isoladas são separadas por ponto e vírgula (;), e o traço (-) é usado quando a banda isolada principal está associada com ombros ou inflexões. Negrito assinala as bandas que mais se destacam por suas intensidades. As bandas ano-

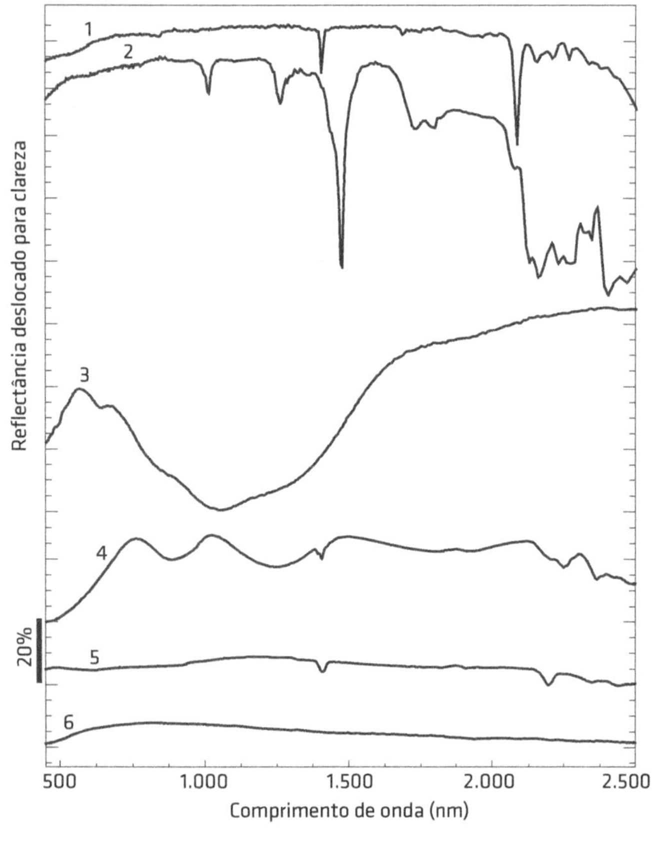

Fig. 3.22 *Espectros de reflectância de minerais da classe dos silicatos, grupo dos nesossilicatos: (1) topázio; (2) datolita; (3) olivina; (4) almandina; (5) cianita; (6) estaurolita*

Fonte: (1, 2 e 3) biblioteca espectral mineral USGS e (4, 5 e 6) biblioteca espectral mineral IG/UnB.

tadas de intensidade fraca só serão observáveis se o espectro for modificado para a forma do *continuum*.

3.7.1 Nesossilicatos

São constituídos por tetraedros não polimerizados que se arranjam na forma de ilhas, com cátions intersticiais (exceto o Si) unindo os tetraedros isolados. Quando o cátion é suficientemente pequeno, somente é permitida coordenação 4 com os oxigênios dos vértices do tetraedro fundamental, e, quando os cátions são maiores, como os de Mg^{+2} e Fe^{+2}, resultam em coordenação 6 (octaédrica). Desse modo, a estrutura é constituída pela combinação de tetraedros e octaedros, ocasionando, na maioria dos casos, simetrias ortorrômbicas. Espectros dessa classe de minerais são mostrados na Fig. 3.22, e seus respectivos dados, na Tab. 3.3.

Os minerais topázio e datolita possuem estruturas complicadas pela presença de hidroxila, flúor e/ou boro, razão pela qual exibem padrões de espectros bem distintos dos demais minerais apresentados na Fig. 3.22. O espectro 1 é de um topázio sem cor e, por isso, na região do visível é destituído de absorções e o espectro aparece com forma linear horizontal. A banda de absorção da hidroxila em 1.403 nm é aguda e fina, e a absorção mais típica e

Tab. 3.3 Dados dos minerais dos espectros apresentados na Fig. 3.22 e respectivas bandas de absorção

Mineral	Fórmula química	Ocorrência	Bandas de absorção (nm) (bandas diagnósticas em negrito)
Topázio	$Al_2SiO_4(OH,F)_4$	Em granitos, riólitos, gnaisses e xistos como resultado de cristalização pneumatolítica residual de magmas	**1.403F**; **2.085mmF**; 2.155-2.205-2.265-2.375sec; 2.418mf
Datolita	$CaB(SiO_4)(OH)$	Em veios de rocha hipoabissal vulcânica; em skarnitos e serpentinitos	**1.012F**; **1.263F**; **1.473mmF**; 1.724-1.778md; 2.075om-2.125inf-**2.155F**; 2.225-2.265-2.315-2.345mf; **2.400mF**-2.466om
Olivina	$(MgFe)_2SiO_4$	Em rochas ígneas subsilicáticas, como basaltos, gabros, peridotitos e dunitos	457mmf; 501mmf; 641mf; 860inf; **1.000mmF**; 1.330inf
Almandina	$Fe_3Al_2(SiO_4)_3$	Em rochas metamórficas como mineral secundário	433f; 469mmf; **917F**; **1.219mF**; 1.391om; 1.404md; 1.918md; 2.202inf; 2.247-2.260f dupla; 2.362md; 2.382om; 2.424-2.469mmf
Cianita	Al_2SiO_5	Formada pelo metamorfismo regional de pressão média a alta em rochas pelíticas	630mf; **1.408F**; 1.910mf; 2.114mmf; **2.194F**; 2.342f; 2.430f
Estaurolita	$(FeMg)2Al_9O_6(SiO_4)_4(O,OH)_2$	Em rochas metamórficas ricas em Al (xistos, gnaisses, quartzitos)	Posições indefinidas das fracas absorções no visível e no infravermelho

diagnóstica tem uma feição extraordinariamente fina e muito forte centrada em 2.085 nm, rara entre os minerais. Provavelmente essa absorção é causada pela coordenação do flúor por dois íons de Al^{+3}. Ela é seguida por um conjunto de múltiplas bandas secundárias de fracas intensidades entre 2.155 nm e 2.100 nm e uma queda da reflectância no final do espectro, causadas por harmônicos com frequências múltiplas da vibração fundamental Al-OH e vibrações combinadas de grupos OH^-, as quais não estão relacionadas com a coloração dos cristais.

O espectro 2, do mineral datolita, um flúor-boro silicato, distingue-se dos demais por apresentar uma multiplicidade de bandas com intensidades maiores do que nos outros nesossilicatos, com a banda principal da hidroxila deslocada para 1.473 nm. As absorções bem definidas em 1.012 nm e 1.263 nm e a dupla banda situada em 1.724-1.778 nm podem representar diferentes modos vibracionais de estiramento da hidroxila, considerando que a absorção da molécula de água em 1.900 nm está ausente. Duas fortes absorções acontecem em 2.155 nm e 2.400 nm, entre as quais pelo menos quatro feições secundárias de baixas profundidades ocorrem como ombros e inflexões. Além do boro, nos modos de estiramento da ligação B-O, provavelmente contribuem para essa diversidade de absorções as numerosas impurezas de ferro e magnésio, muito comuns nesse mineral. A inflexão ou ombro em 2.466 nm é devida a impurezas de Mg.

As olivinas são minerais constituídos por silicatos de magnésio e ferro, formando uma solução sólida em que a razão Fe/Mg varia entre as duas espécies, forsterita (Mg) e faialita (Fe). A faialita pode conter até 79% de FeO e, por isso, destaca-se entre os minerais silicáticos por apresentar, como se vê no espectro 3, a mais ampla banda de absorção de Fe^{+2}, com forma tipicamente côncava, extensão de 680 nm a 1.700 nm e centro da absorção próximo a 1.000 nm, e que inclui duas inflexões em 860 nm e 1.330 nm. Essa é uma banda de absorção de campo cristalino diagnóstica da olivina, que normalmente ocorre em coordenação 6. Fracas absorções em torno de 457 nm e 501 nm são devidas ao Fe^{+2}, enquanto duas outras fracas absorções em 641 nm e em 860 nm são devidas ao Fe^{+3}. Sua típica cor verde é identificada pelo pico de reflectância em 569 nm.

No grupo das granadas, os tetraedros isolados são unidos por ligações oxigênio-cátion-oxigênio por meio de dois tipos de cátion estruturalmente distintos, com duas posições de coordenação diferentes, originando a fórmula geral $B_2C_3(SiO_4)_3$, na qual B representa os grandes íons divalentes (cálcio, magnésio, ferro ferroso e manganês) e C representa os pequenos íons trivalentes (alumínio, ferro férrico, titânio e cromo). O espectro 4 é de uma granada almandina, em que os íons de ferro são responsáveis pelas absorções diagnósticas que ocorrem no infravermelho próximo, situadas em 917 nm (Fe^{+3}) e 1.219 nm (Fe^{+2}). Essa última banda de absorção está um pouco distante da absorção do ferro ferroso, normalmente situada no máximo em 1.000 nm (como nas olivinas), isso porque nas granadas o número de coordenação é 8, em estado desordenado. Ferro ferroso e ferro férrico são também responsáveis pela rápida queda da reflectância no visível. As várias bandas de absorção que ocorrem na porção final do infravermelho de ondas curtas são devidas a impurezas no mineral.

A cianita e seus polimorfos Al_2SiO_5 (andaluzita e sillimanita) possuem estruturas em cadeias semelhantes a fibras, e em todas elas um dos íons de Al coordena, solidamente, a seis oxigênios. Na cianita, os dois Al têm coordenação 6, enquanto na sillimanita o Al está na coordenação 4, e na andaluzita o segundo Al tem coordenação 5 com o oxigênio. Esses polimorfos podem apresentar quantidades mais significativas de Al^{+3} ou mesmo Fe^{+3} nas posições tetraédricas, em razão de serem menos exigentes quanto ao preenchimento catiônico. Os padrões de reflectância desses minerais são basicamente linear-horizontal, com alto nível de reflectância, e apenas se modificam caso cátions de ferro estejam presentes, o que dará origem a uma forte banda de absorção em torno de 500 nm (não é o caso do exemplo mostrado pelo espectro 5). Somente duas absorções vibracionais são vistas no espectro 5 da cianita, posicionadas em 1.400 nm (OH) e 2.185 nm (Al-OH), em virtude da incipiente alteração para minerais micáceos. A fraca absorção posicionada em 630 nm indica alguma pequena substituição de íons de Al^{+3} por Fe^{+3}.

A estaurolita, com sua complexa estrutura, apresenta um espectro com um aparente máximo de reflectância em torno de 810 nm, em função de generalizadas absorções de ferro férrico e ferroso nos comprimentos de onda do visível e do infravermelho próximo, e também de generalizadas absorções de hidroxila e água nos comprimentos de onda do infravermelho de ondas curtas. Em sua composição, a estaurolita pode conter até cerca de 3% de H_2O sem, contudo, ser capaz de produzir bandas de absorção em 1.400 nm e 1.900 nm, como mostra o espectro 6. Esses processos resultam num espectro sem aparentes bandas de absorção, o que combina com sua cor opaca.

3.7.2 Sorossilicatos

Nos sorossilicatos, as unidades tetraédricas são ligadas aos pares, entre si, nas quais dois tetraedros são unidos por um oxigênio comum a ambos. Os pares se ligam a outros pares por meio de metais. Os minerais mais importantes são do grupo do epidoto. As principais variações composicionais desse grupo são substituições de Al^{+3} por Fe^{+3} e de Ca^{+2} e Fe^{+3} por ETR^{+3} e Fe^{+2}. A estrutura consiste em cadeias de octaedros de AlO_6 e $AlO_4(OH)_2$ unidos por grupos SiO_4 e Si_2O_7 isolados, resultando em uma estrutura complexa, com os cátions que interligam os agrupamentos silicáticos em duas posições estruturais diferentes: uma ocupada por cátion de carga fraca, como Ca, Ce, La, Y e Th, e outra de cargas mais elevadas, incluindo Al^{+3}, Fe^{+3}, Mn^{+3} e, mais raramente, Mn^{+2} em coordenação 6.

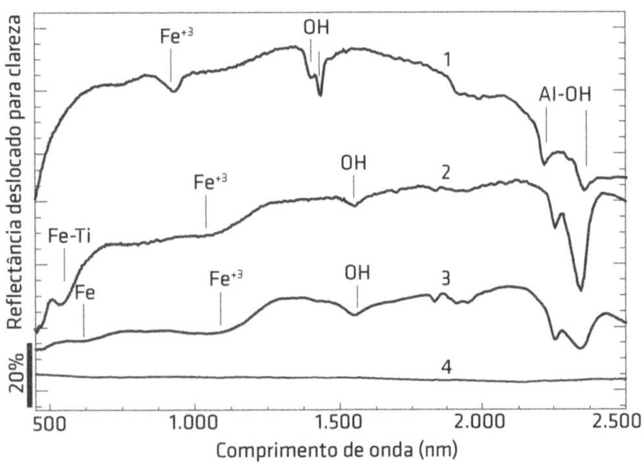

Fig. 3.23 *Espectros de reflectância de minerais da classe dos silicatos, grupo dos sorossilicatos: (1) vesuvianita; (2) clinozoisita; (3) epidoto; (4) allanita*

Fonte: (1 e 2) biblioteca espectral mineral USGS e (3 e 4) biblioteca espectral mineral IG/UnB.

Os espectros dessa classe de minerais (Tab. 3.4) são mostrados na Fig. 3.23. À exceção da allanita, as absorções mais diagnósticas ocorrem em torno de 2.200 nm e 2.345 nm pelas vibrações Al-OH e muito se assemelham às absorções da clorita. Nos três primeiros espectros, a hidroxila mostra tendências distintas, aparecendo no espectro da vesuvianita com forma assimétrica e mais profunda em 1.433 nm, acompanhada de uma pequena inflexão em 1.403 nm, enquanto na clinozoisita e no epidoto surge como uma

Tab. 3.4 Dados dos minerais dos espectros apresentados na Fig. 3.23 e respectivas bandas de absorção

Mineral	Fórmula química	Ocorrência	Bandas de absorção (nm) (bandas diagnósticas em negrito)
Vesuvianita	$Ca_{10}(MgFe)_2Al_4(Si_2O_7)_2(SiO_2)(OHF)_4$	Em metamorfismo de contato e regional em calcários	933md; **1.403inf-1.433F**; 1.915-2.025f; **2.215F**; **2.355F**
Clinozoisita	$Ca_2Al.AlO.Si_3O_{11}(OH)$	Mineral tipicamente metamórfico e hidrotermal, ocorrendo em gnaisses, micaxistos, anfibolitos, serpentinitos	457mf; 475mf; 551f; 1.055f; 1.552f; 2.255inf; **2.345mmF**
Epidoto	$Ca_2(Al,Fe)_3(OH)(SiO_4)_3$	Tipicamente hidrotermal, ocorrendo em gnaisses, xistos, serpentinitos, anfibolitos e rochas metamórficas ricas em quartzo	455inf; 474f; 623md; 929md; **1.067F**; 1.419mf; 1.551f; 1.830f; 1.910-1.950f dupla; 2.225f; **2.335mF**
Allanita	$(CaFeLaYNa)_2(AlMgMnFe)_3Si_3O_{12}OH$	Acessório em várias rochas, como granito, sienito, diorito, gnaisse e anfibolito	1.205mmf; 1.457mmf; 1.908mmf; 2.203mmf; 2.395mmf

fraca absorção em 1.552 nm. Isso ocorre por causa de suas diferentes posições cristalográficas nesses minerais. As feições de absorção no infravermelho próximo devidas ao ferro ocorrem com intensidades e posições diferentes nos espectros da vesuvianita, da clinozoisita e do epidoto. Na vesuvianita, a absorção aparece em 933 nm, com intensidade média e forma bem definida, ao passo que na clinozoisita e no epidoto aparece em torno de 1.050 nm, com forma suave e larga, sendo muito forte na clinozoisita e forte no epidoto. Os espectros desses três minerais mostram uma abrupta queda da reflectância no visível, característica da oxidação do ferro. Na clinozoisita, ocorre a presença de bandas nítidas, porém fracas, em torno de 551 nm, 475 nm e 457 nm, desde que esse mineral leva com frequência impurezas de Ti, Fe e Mn, sendo que no epidoto ocorrem bandas em 623 nm, 474 nm e 455 nm, devidas apenas ao Fe. Na vesuvianita, essas bandas não aparecem, porque são mascaradas pela intensa absorção do Fe no ultravioleta, que faz com que a queda da reflectância seja muito mais intensa do que na clinozoisita e no epidoto.

A allanita é um membro do grupo do epidoto com composição de ETR e propriedade radioativa fraca, havendo em parte substituição do Fe^{+3} por Fe^{+2} e Mn^{+2}. É tipicamente um mineral muito escuro e, em geral, é encontrado em seu estado metamítico, com destruição total de sua estrutura cristalina como resultado de sua autoirradiação. Seu espectro plano, uniforme e de baixa reflectância pode ser devido ao alto conteúdo de terras-raras e ferro, mas sua aparência de reflectância também pode ser reduzida por contribuição de diminutos cristais de hematita-magnetita, comumente incluídos nesse mineral.

3.7.3 Ciclossilicatos

Nos ciclossilicatos, as unidades estruturais se ligam formando grupos de cadeias fechadas (cíclicas) na forma de anéis polimerizados com três, quatro ou seis tetraedros, cada um compartilhando dois oxigênios. O conteúdo em metais alcalinos é o principal fator que afeta as propriedades ópticas dos ciclossilicatos, grupo com espectros de reflectância notavelmente distintos dos outros grupos de silicatos. No berilo, os seis tetraedros no plano do anel são fortemente ligados por Be em coordenação tetraédrica e por Al em coordenação octaédrica. Os anéis estão dispostos uns sobre os outros, de tal forma que os orifícios centrais se correspondem, formando canais nos quais pode ficar presa uma variedade ampla de íons, átomos neutros e moléculas. Dessa maneira, alojam-se nos canais estruturais do berilo a hidroxila, o flúor, o hélio atômico, a água e os íons de Li, Rb, Ce e Na, que influenciam o espectro do mineral.

As cores das variedades de berilo são devidas às incorporações de elementos químicos ou íons (Cr^{+3}, Fe^{+2}, Fe^{+3}, Mn^{+2}, Mn^{+3}, V^{+5}) normalmente localizados nesses ambientes substitucionais, intersticiais ou em sítios estruturais vazios que se localizam nos canais e vacâncias, como no caso da água-marinha. A esmeralda verde é um berilo cuja cor se deve a impurezas de cromo. Na estrutura das turmalinas (schorlita e rubelita), existem triângulos BO_3 independentes e grupos OH^-, e todas as unidades estruturais estão unidas por ligações iônicas por meio de cátions dos tipos X e Y, onde os íons X podem ser Na e Ca, e os Y, Mg, Fe^{+3}, Al, Fe^{+2}, Mn^{+2} e Li. Nesse caso, as variedades são determinadas pelas proporções relativas desses cátions. As diferentes cores dos berilos e turmalinas dependem da presença desses elementos-traço em sua estrutura.

Os espectros dessa classe de minerais (Tab. 3.5) são mostrados na Fig. 3.24. Essas complexas estruturas e composições químicas e as fortes forças de ligação dos íons com os tetraedros resultam em espectros de reflectância com amplas e intensas bandas de absorção situadas preferencialmente no visível e no infravermelho próximo e num grande número de bandas mais estreitas no infravermelho de ondas curtas, muitas das quais acompanhadas de pequenas inflexões simples e duplas, como as da hidroxila e da água, em torno de 1.400 nm e 1.900 nm. Os altos picos de reflectância no visível dos espectros de turmalina, berilo e esmeralda relacionam-se com suas cores verde e azul-esverdeadas, e as fortes absorções bem definidas entre 700 nm e 900 nm denunciam a riqueza em Fe^{+2}-Fe^{+3}. A cor na água-marinha, que é a variedade azul ou azul-esverdeada do berilo, é causada por íons Fe^{+2} associados ou não a Fe^{+3} como substituição de íons de Al, ou como resultado da transferência de carga entre íons Fe^{+2}-Fe^{+3} adjacentes. Blak, Isotani e Watanabe (1982) mostraram, através de estudos de ressonância paramagnética de elétrons, que em berilo azul (água-marinha) o Fe^{+3} substitui o Al e, em esmeralda, o Fe^{+3} está localizado nos canais estruturais, entre os anéis de silício.

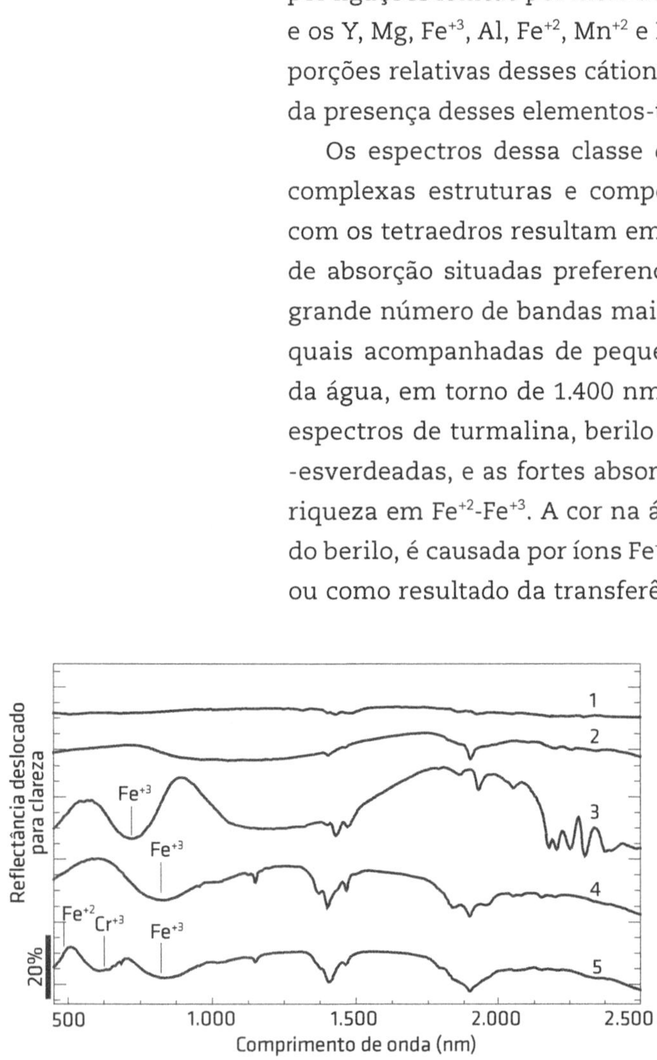

Fig. 3.24 *Espectros de reflectância de minerais da classe dos silicatos, grupo dos ciclossilicatos: (1) rubelita; (2) cordierita; (3) turmalina verde; (4) berilo verde; (5) esmeralda*

Fonte: biblioteca espectral mineral IG/UnB.

Os espectros desses três minerais guardam alguma semelhança, no entanto, em comparação ao berilo e à esmeralda, a turmalina exibe no infravermelho de ondas curtas múltiplas bandas mais intensas e deslocadas para maiores comprimentos de onda. A esmeralda e o berilo, com espectros mais semelhantes, exibem bandas de absorção de Fe em torno de 830 nm, mas particularmente se diferenciam pela presença adicional, na esmeralda, de uma forte absorção em 610 nm, associada às impurezas de Cr^{+3} que esse mineral tem, substituindo íons de Fe^{+3} e Al^{+3} nos canais de estrutura. A diferença de quantidades

Tab. 3.5 Dados dos minerais dos espectros apresentados na Fig. 3.24 e respectivas bandas de absorção

Mineral	Fórmula química	Ocorrência	Bandas de absorção (nm) (bandas diagnósticas em negrito)
Rubelita	$Na(LiAlMg)_3Al_6B_3SiO_6O_{27}(OHF)_4$	Encontrada em pegmatitos litíferos	517f; 710f; 956mf; 1.314f; 1.401inf-1.429md-1.482inf; 1.785inf; 1.857md; 1.924md; 2.033om-2.050mf; 2.173-2.204mf dupla; 2.302mf
Cordierita	$Al_2(MgFe)_2Si_5O_{18}$	Formada por metamorfismo de contato e regional de baixa-média pressão; típico mineral metamórfico, ocorrendo em gnaisses e xistos	**1.102F**; 1.404md; 1.493om; **1.900F**; 2.195mmf; 2.255mmf; 2.338mmf
Turmalina	$Na(FeMn)_3Al_6B_3SiO_6O_{27}(OHF)_4$	Em pegmatitos e rochas metamórficas, como xistos e hornfels	444f; **726mF**; **1.200Fm**; 1.402inf-1.429md-1.470om; 1.860f; 1.928md; 2.053f; 2.175-2.202-2.251-2.303md; 2.376f-2.397om
Berilo	$Be_3Al_2(SiO_3)_6$	Em cavidades de granitos e granitos pegmatíticos	**832mF**; 957om; 1.149f; 1.371inf-1.400md-1.465inf; 1.836inf-1.895md-1.953inf; 2.051-2.081-2.151-2.200sec; 2.335-2.367mmf dupla
Esmeralda	$Be_3Al_2(SiO_3)_6$	Em pegmatitos e rochas metamórficas, como xistos	438f; **610F**; 684inf; **836F**; 1.150f; **1.408mF**; 1.463inf; 1.792om-**1.898mF**; 2.059inf; 2.149-2.201-2.236f

de bandas dos espectros da rubelita e da cordierita, em relação à turmalina, ao berilo e à esmeralda, deve-se proporcionalmente à menor quantidade e diversidade de íons presentes.

Apesar da também complexa estrutura da rubelita e da cordierita, ambos os minerais mostram espectros bem mais simples, com a maioria das absorções de muito fracas intensidades. A cordierita tem uma estrutura semelhante à do berilo, mas forma cristais ortorrômbicos pseudo-hexagonais em que parte do alumínio ocupa as posições do silício, coordenado tetraedricamente nos anéis, e parte fica em coordenação octaédrica. Nesse mineral, a ampla absorção que ocorre em 1.102 nm é devida à sua composição, enquanto as bandas hidratadas em 1.404 nm (fraca) e 1.900 nm (forte), em conjunto com as bandas na porção final do espectro, são devidas a minerais secundários de alteração, principalmente sericita.

3.7.4 Inossilicatos

Constitui um dos grupos mais importantes dos silicatos. Sua estrutura resulta da polimerização dos tetraedros de SiO_4, agrupados em cadeias aniônicas simples, do grupo dos piroxênios, com razão de Si:O de 1:3, ou unidos lado a lado, em cadeias duplas, do grupo dos anfibólios, com razão de Si:O de 4:11. Ambos os grupos contêm minerais que se cristalizam no sistema monoclínico e outros, menos frequentes, no sistema ortorrômbico. Os cátions presentes são os mesmos. Além das diferenças estruturais, nos anfibólios há a presença de hidroxila em sua estrutura. Nos piroxênios e anfibólios, os cátions Mg, Fe^{+2}, Fe^{+3}, Al, Mn, Ti, Li, Mn^{+3}, Cr etc. estão em coordenação 6 (octaédrica) com o oxigênio, e os cátions grandes de Ca e Na, em coordenação 8 (cúbica). Pode ocorrer substituição completa entre o Na e o Ca, e entre o Mg, o Fe e o Mn^{+2}. Acontece também substituição limitada entre o Fe^{+3} e o Al e substituição parcial do Si por Al. Essas substituições dão origem a uma grande variedade de composições químicas, entre as quais a hornblenda é o melhor exemplo. Os espectros dos inossilicatos anfibólios e piroxênios (Tabs. 3.6 e 3.7) são mostrados, respectivamente, nas Figs. 3.25 e 3.26.

Tab. 3.6 Dados dos minerais dos espectros apresentados na Fig. 3.25 e respectivas bandas de absorção

Mineral	Fórmula química	Ocorrência	Bandas de absorção (nm) (bandas diagnósticas em negrito)
Hornblenda	$Ca_2Na(Mg,Fe)_4(AlFeTi)$, $AlSi_8AlO_{22}(OH,O)_2$	Comum em rochas ígneas, mas pode ocorrer em gnaisses, xistos e anfibolitos	**716F**; **1.023mF**; 1.393f; **2.315F**; **2.386F**
Crocidolita (asbesto azul)	$Na_2(FeMg)_5Si_8O_{22}(OH)_2$	Encontrada em rochas metamórficas	442f; 713-880inf; 1.093mf; 1.410md; **1.908F**; 2.179-2.223sec; **2.326mF**; **2.406F**
Tremolita	$Ca_2Mg_5Si_8O_{22}(OH)_2$	Em calcários e dolomitos por ocasião do metamorfismo, e em talcoxistos	**1.033mF**; 1.375-1.387f dupla; **2.305mF**; **2.375F**
Actinolita	$Ca_2(MgFe)_5(OH)_2(Si_4O_{11})_2$	Em zonas de contatos metamórficos, nos xistos, gnaisses e calcários metamorfizados	456f; 742md; 912md; 1.120f; **1.395F**; 1.914inf-**1.975F**; 2.105md-2.134inf; **2.323mmF**; 2.383f; 2.421f

Tab. 3.7 Dados dos minerais dos espectros apresentados na Fig. 3.26 e respectivas bandas de absorção

Mineral	Fórmula química	Ocorrência	Bandas de absorção (nm) (bandas diagnósticas em negrito)
Hiperstênio	$(Mg,Fe)SiO_3$	Comum em rochas ígneas, especialmente em charnockitos, noritos, hiperstênio-gabro e andesitos	509mf; 549mf; **914mmF**; **1.865mmF**; 2.305mf; 2.386mf
Enstatita	$(MgSiO_3)$	Rochas ígneas básicas-ultrabásicas; encontrada em amostras de meteoritos	650f; **914mF**; 1.393f; **1.855F**; 2.315f; 2.386mf
Cromodiopsídio	$CrCa(Mg,Fe)(SiO_3)_2$	Encontrado especialmente em contatos metamórficos e em gnaisses, xistos e algumas rochas ígneas	468f; **661F**-689inf; **1.061mF**; 1.393mmf; 2.300f
Augita	$Ca(Mg,Fe)(SiO_3)_2(Al,Fe)_2O_3$	Mineral comum em rochas ígneas básicas-ultrabásicas, como gabros, basaltos, olivinagabros, lamburgitos e peridotitos	**670F**; **1.028F**; 2.300f
Rodonita	$(MnCaFe)SiO_3$	Gerada por metamorfismo de contato, ocorre em muitos depósitos de manganês	**552mF**; **1.038mF**; 1.413inf; 1.925f

Os anfibólios, grupo de importância similar ao dos piroxênios e que ocorre em diversos tipos de rochas ígneas e, principalmente, nas metamórficas de temperatura média a alta, apresentam na Fig. 3.25 espectros com formas bem distintas daquelas exibidas pelos espectros dos piroxênios. A característica espectral peculiar dos anfibólios é a notável ascendência da reflectância a partir do início do visível ao final do infravermelho próximo e a convexidade incomum da curva espectral na região das bandas hidratadas, como a separar as bandas de absorções ferríferas das bandas magnesianas. A hidroxila é a banda de absorção diagnóstica dos anfibólios, assim como são diagnósticas as bandas de absorção entre 2.300 nm e 2.386 nm, devidas a *combination bands* do modo vibracional hidroxila-magnésio. Os exemplos são todos da série de clinoanfibólios com estrutura cristalina monoclínica, o que contribui bastante para a semelhança dos espectros.

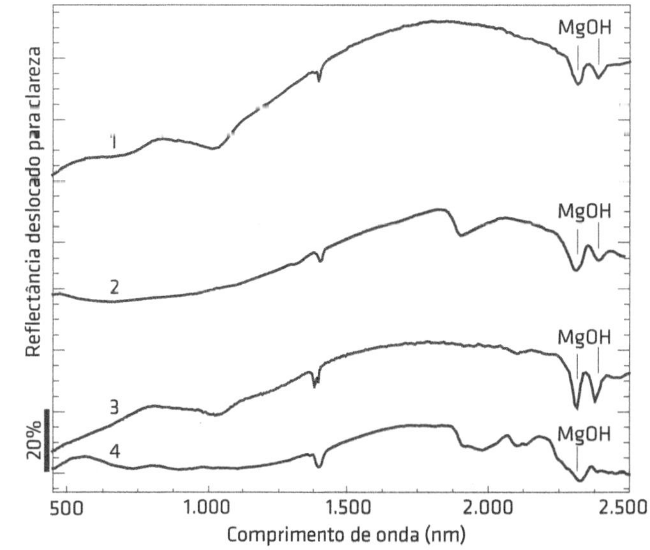

Fig. 3.25 *Espectros de reflectância de minerais da classe dos silicatos, grupo dos inossilicatos, série dos clinoanfibólios: (1) hornblenda; (2) amianto crocidolita; (3) tremolita; (4) actinolita*
Fonte: (1 e 3) biblioteca espectral mineral USGS e (2 e 4) biblioteca espectral mineral IG/UnB.

O espectro 1, da hornblenda, é o exemplo mais típico desse padrão de curva espectral, exibindo uma dupla banda de absorção de ferro férrico e ferro ferroso, respectivamente, posicionada em 716 nm e 1.023 nm. Das bandas hidratadas, apenas a banda da hidroxila em 1.393 nm está presente, com fraca intensidade. As bandas magnesianas aparecem em duas absorções vizinhas, de fortes intensidades e iguais profundidades, centradas em 2.315 nm e 2.386 nm, que são diagnósticas da hornblenda. Os demais espectros mostram essas duas bandas com muita semelhança, mas em comprimentos de onda um pouco diferentes.

O espectro 2, do amianto crocidolita, exibe uma forma côncava na porção do visível e do infravermelho próximo do espectro devida à presença abundante de ferro férrico e ferro ferroso. As bandas hidratadas da hidroxila e da água, em 1.410 nm e 1.908 nm, não são absorções agudas, mas um pouco abertas e assimétricas, indicando a água como impureza nesse mineral. As bandas magnesianas aparecem um pouco deslocadas para 2.326 nm e 2.406 nm e são diferentes em profundidade.

O espectro 3, da tremolita, exibe uma proeminente absorção em torno de 1.033 nm devida a ferro ferroso, e a banda da hidroxila é uma feição dupla conjugada (1.375-

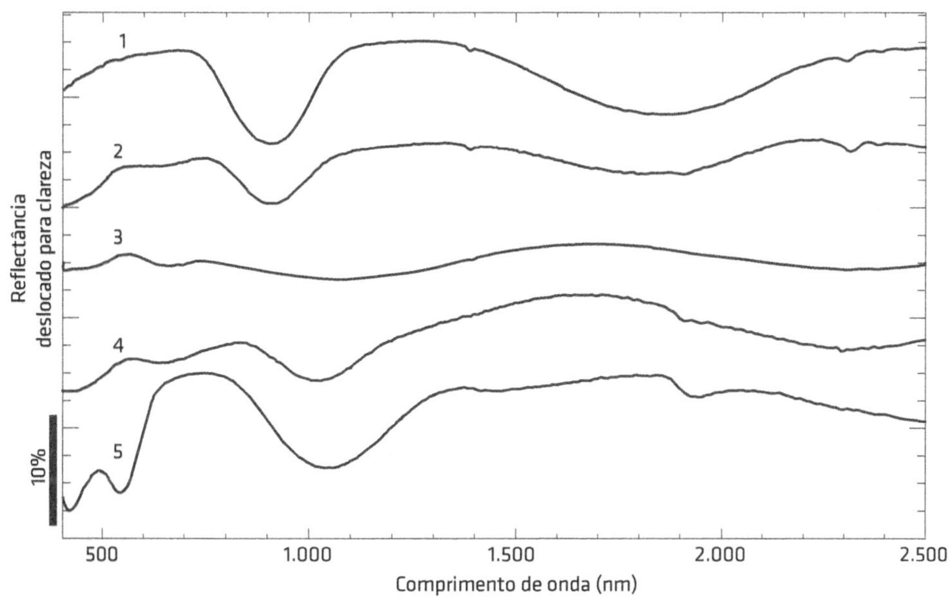

Fig. 3.26 *Espectros de reflectância de minerais da classe dos silicatos, grupo dos inossilicatos, série dos piroxênios: (1) hiperstênio; (2) enstatita; (3) cromodiopsídio; (4) augita; (5) rodonita*
Fonte: (1, 2, 4 e 5) biblioteca espectral mineral USGS e (3) biblioteca espectral mineral IG/UnB.

-1.387 nm), indicando algum desordenamento estrutural. As absorções magnesianas são bem definidas e agudas, situadas em 2.305 nm e 2.375 nm.

O espectro 4, da actinolita, membro final rico em ferro da série da tremolita, possui quatro bandas ferríferas centradas em 456 nm, 742 nm, 912 nm e 1.120 nm. Elas aparecem com intensidades fracas em virtude de a amostra conter minerais opacos. Seu espectro é bastante similar, mas a presença adicional de uma absorção com forma mal definida em 1.914 nm e de uma forte absorção em 1.975 nm parece indicar a inclusão de água na amostra em sítios desordenados. Comparativamente aos três espectros anteriores, as duas absorções vibracionais Mg-OH ocorrem com intensidades bastante diferentes, a primeira forte em 2.323 nm e a segunda fraca em 2.383 nm, mas mal definidas, perdendo a característica típica das duas absorções magnesianas que os espectros anteriores mostravam. Isso muito provavelmente se deve a impurezas no mineral, o que se confirma pela presença da absorção de intensidade moderada em 2.105 nm com inflexão em 2.134 nm.

Nos espectros dos piroxênios apresentados na Fig. 3.26, intensas absorções por íons de ferro influenciam decisivamente a morfologia dos espectros. O ferro pode substituir em todas as proporções o magnésio, cujas absorções não são típicas dos piroxênios. À exceção da rodonita, mostrada no espectro 5, os demais espectros exibem a típica queda da reflectância para os menores comprimentos de onda, o que prenuncia uma muito forte absorção abaixo dos comprimentos de onda que o espectro amostra (ultravioleta).

No espectro 1, do mineral hiperstênio, grupo dos ortopiroxênios cristalizados no sistema ortorrômbico, as fortes absorções em 914 nm e, aproximadamente, em 1.865 nm combinam uma ampla largura e profundidade que são únicas entre os espectros de silicatos em geral. A absorção em 914 nm é devida a ferro ferroso em coordenação 6, e a absorção em 1.856 nm é devida a ferro ferroso em um sítio octaédrico deformado. Outras muito fracas absorções que o espectro mostra não são significativas na sua conformação.

As bandas de absorção ferrosas do hiperstênio se sobrepõem às absorções do mineral enstatita (espectro 2), as quais se situam em 914 nm e 1.855 nm. Estas são bem menos intensas, porém suficientes para configurar uma forma de espectro com aparente semelhança à do hiperstênio. A enstatita tem configuração ortorrômbica, como o hiperstênio. Adicionalmente, uma absorção de intensidade moderada por íon férrico ocorre em 650 nm, a qual não está presente no espectro do hiperstênio. A enstatita corresponde ao termo magnesiano da série isomórfica enstatita-ferrosilita (Fe), com composição de pelo menos 40% de MgO, responsável pelas absorções em 2.315 nm e 2.386 nm.

O espectro 3, do mineral cromodiopsídio, o qual se cristaliza no sistema monoclínico, exibe em torno de 560 nm um nítido pico de reflectância da cor verde típica desse mineral, que se atribui aos íons de cromo. Duas fortes absorções com formas suaves e largas aparecem em 661 nm e 1.061 nm e são devidas ao ferro férrico e ao ferro ferroso. A ausência de bandas hidratadas dá uma forma de aparência convexa a essa parte do espectro, o que contribui para simplificar sua morfologia. Absorções individuais no final do intervalo do infravermelho de ondas curtas não são detectadas, mas suas presenças são sugeridas pela suave concavidade que a curva espectral apresenta em torno do centro de comprimento de onda de 2.300 nm, semelhante ao que se vê no espectro da augita.

A augita, mineral ferromagnesiano particularmente comum em rochas básicas, exibe um espectro relativamente simples, com poucas absorções. Duas amplas absorções estão centradas em 670 nm e 1.028 nm, esta bem mais profunda que a primeira. A absorção em 670 nm indica a presença de ferro férrico, e a absorção em 1.028 nm é devida a ferro ferroso em coordenação 6. No final do espectro, entre 2.000 nm e 2.500 nm, a curva espectral assume a forma de uma ampla e suave absorção cujo centro está aproximadamente em 2.300 nm, que também tem sua origem nos modos vibracionais *combination bands* Mg-OH.

A rodonita, um silicato de manganês com cálcio e ferro, exibe um espectro que se caracteriza na região do visível por uma forte absorção no comprimento de onda de 552 nm, que é o diagnóstico mais preciso da transição Mn^{+2} entre os minerais, e por um largo pico de alta reflectância em torno de 720 nm, que condiz com a magnífica cor rósea desse mineral. A larga e forte absorção em torno de 1.038 nm é devida ao Fe^{+2} em coordenação 6. Fracas absorções das bandas hidratadas ocorrem um pouco deslocadas, posicionando-se em 1.413 nm e 1.925 nm por serem inclusões não estruturais no mineral.

3.7.5 Filossilicatos

São constituídos por tetraedros de silício compartilhados em duas dimensões, formando uma folha, na qual três dos quatro oxigênios dos tetraedros SiO_4 são compartilhados com os tetraedros vizinhos, levando a uma relação Si:O 2:5, que é denominada folha tetraédrica. Os filossilicatos representam um grupo de minerais com grande importância para a geologia e a pedologia. São constituintes essenciais de muitas rochas metamórficas, magmáticas e sedimentares, além de constituintes dos solos. Subdividem-se nos seguintes grupos: argilas (por exemplo, caulinita, montmorillonita, vermiculita), micas (por exemplo, pirofilita, fuchsita, lepidolita, biotita, muscovita), clorita (por exemplo, clorita, talco) e serpentina (por exemplo, antigorita).

Entre os minerais de argila, o importante grupo das montmorillonitas ou esmectitas pode ser derivado da estrutura da pirofilita, mediante a inserção de folhas de água molecular contendo cátions livres. Tanto a montmorillonita como a vermiculita, por terem folha com duas camadas de tetraedros por uma de octaedro, são denominadas 2 para 1 (2:1). A caulinita tem a estrutura das folhas 1:1. Existem membros transicionais entre os minerais do grupo da montmorillonita e das micas verdadeiras, devido à substituição fortuita do Si pelo Al nas posições tetraédricas das folhas de pirofilita. Dessa forma, posições ocasionais de cátions podem estar ocupadas, originando propriedades intermediárias entre as das argilas e as das micas. As cloritas também têm estruturas em sanduíche 2:1 semelhantes às das micas, e, ao contrário de outros minerais argilosos, o espaço entre as camadas é ocupado por Mg^{+2}, Fe^{+3} e $(OH)_6$. As cloritas são aluminossilicatos constituídos principalmente de Mg, Fe^{+2} e Al e em parte de Ni, Fe^{+3} e Cr^{+3}, compondo uma grande variedade composicional. Os minerais filossilicatos, por serem gerados por diversos processos geológicos, magmáticos, hidrotermais, metamórficos e pneumatolíticos, ou mesmo por alteração supergênica, apresentam espectros que podem variar suas formas e mostrar deslocamento das absorções.

Espectros de minerais filossilicatos são apresentados nas Figs. 3.27 e 3.28, e os dados correspondentes, nas Tabs. 3.8 e 3.9. A maioria dos filossilicatos exibe a banda da hidroxila

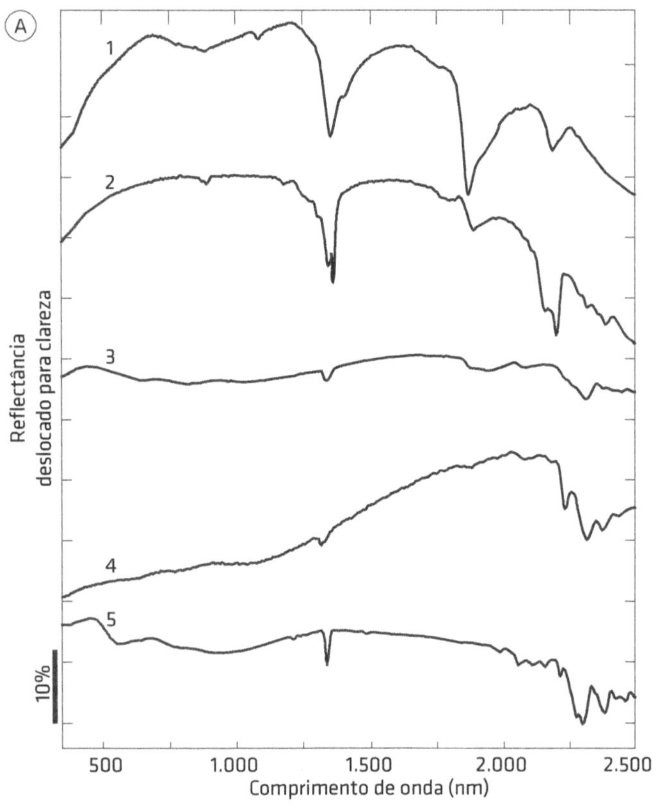

Fig. 3.27 *Espectros de reflectância de minerais da classe dos filossilicatos: (1) montmorillonita e (2) caulinita (grupo da argila); (3) antigorita (grupo da serpentina); (4) clorita e (5) talco verde (grupo da clorita)*
Fonte: (1, 2 e 5) biblioteca espectral mineral USGS e (3 e 4) biblioteca espectral mineral IG/UnB.

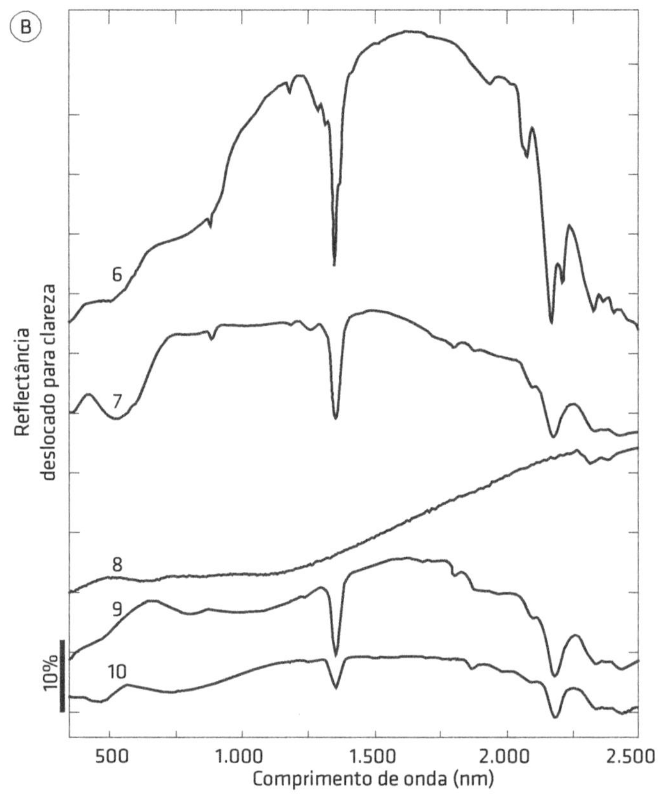

Fig. 3.28 *Espectros de reflectância de minerais da classe dos filossilicatos, grupo das micas: (6) pirofilita; (7) fuchsita; (8) biotita; (9) muscovita; (10) lepidolita*
Fonte: biblioteca espectral mineral IG/UnB.

Tab. 3.8 Dados dos minerais dos espectros apresentados na Fig. 3.27 e respectivas bandas de absorção

Mineral	Fórmula química	Ocorrência	Bandas de absorção (nm) (bandas diagnósticas em negrito)
Montmorillonita	$(MgCa)O.Al_2O_3Si_5O_{10}nH_2O$	Produto de alteração de rochas ígneas, metamórficas e sedimentares em ambiente mal drenado	645mf; **1.414F**-1.467om; **1.910mmF**; 1.945inf; **2.205F**
Caulinita	$Al_2Si_2O_5(OH)_4$	Formada pela alteração de feldspatos e outros silicatos durante intemperismo químico ou hidrotermal	970f; **1.403-1.413F** dupla; 1.810md; 1.915f; **2.169inf-2.205F**; 2.311f; 2.355f; 2.381f
Antigorita	$(MgFe)_3(Si_2O_5)(OH)_4$	Gerada por processos secundários, hidrotermais ou metamórficos	464mf; 734f; 904ml; 1.116ml; **1.396F**; **1.915-1.970F** dupla; 2.102f; **2.325mF**; 2.382-2.425-2.452sec
Clorita	$(Mg,Al,Fe)_{12}(Si,Al)_8O_{20}(OH)_{16}$	Formada por processos metamórficos e hidrotermais	720f; 933inf; 1.135f; 1.393f; 1.985md; 2.245inf-2.295inf; **2.325F**; 2.466mf;
Talco verde	$Mg_6(Si_8O_{20})(OH)_4$	Formado por processos hidrotermais de minerais magnesianos e por metamorfismo de contato sobre calcários e rochas ultrabásicas	646md; 949md; **1.392mF**; 2.012f; 2.078md; 2.129-2.174sec; 2.230md; **2.311mF**; 2.357om-**-2.389F**; 2.426-2.465sec

Tab. 3.9 Dados dos minerais dos espectros apresentados na Fig. 3.28 e respectivas bandas de absorção

Mineral	Fórmula química	Ocorrência	Bandas de absorção (nm) (bandas diagnósticas em negrito)
Pirofilita	$(Si_4O_{10})Al_2(OH)_2$	Metamorfismo de baixo grau em sedimentos aluminosos e em ambientes hidrotermais	520md; 750md; 962f; 1.334-1.362inf; **1.394mmF**; 1.413inf; 1.929md; 2.065om--2.080md; **2.166mF**-2.208f; 2.289om-2.319md; 2.349-2.338sec
Fuchsita	$K(AlCr)_2Si_3AlO_{10}(OHF)_2$	Formada por processos metamórficos, pneumatolíticos e hidrotermais	**630F**-686om; 962f; 1.247mf; 1.320f; **1.409mmF**; 1.771inf; 1.835mf; 1.910mf; 2.120inf; **2.196mF**; 2.344md; 2.429f
Biotita	$K_2(Mg,Fe)_2(OH)_2(AlSi_3O_{10})$	Formada por processos metamórficos e hidrotermais; amplamente distribuída, ocorre praticamente em todas as rochas ígneas e também em xistos, gnaisses e rochas de metamorfismo de contato	740f; 2.325md; 2.387md
Muscovita	$KAl_2(AlSiO_{10})(OH)_2$	Formada por processos metamórficos, pneumatolíticos e hidrotermais e na cristalização de rochas magmáticas ácidas	474mf; 573mf; 900f; 963mf; 1.139md; 1.246mmf; 1.298mmf; **1.410mF**; 1.725mmf; 1.764mf; 1.837mf; 1.912f; 2.119f; **2.205mF**; 2.346f; 2.435f
Lepidolita	$K_2(LiAl)_5Si_6Al_2O_{20}(OHF)_{16}$	Formada por processos pneumatolíticos e hidrotermais	463inf-563f; 946md; 1.321mf; **1.410mF**; 1.903md; 2.011f; 2.116f; **2.205mF**; 2.353f; 2.386-2.437sec

com aparência fina e lisa e sempre muito forte (uma exceção é a montmorillonita, que apresenta também a banda da água). Quando a banda da água existe, normalmente é mais fraca que a banda da hidroxila, e sua forma é assimétrica. A característica principal dessa classe mineral é a grande diversidade de bandas de absorção na região situada entre os comprimentos de onda de 2.000 nm e 2.500 nm. No entanto, muitas das bandas diagnósticas dos filossilicatos podem se sobrepor nesse intervalo espectral, e isso às vezes dificulta a identificação individual de cada mineral, o que é comum de acontecer nas rochas de alteração hidrotermal, que frequentemente formam misturas minerais de filossilicatos. De maneira geral, as absorções aluminosas (Al) ocorrem entre os comprimentos de onda de 2.160 nm e 2.230 nm, as absorções de Fe entre 2.230 nm e 2.300 nm, e as absorções de Mg entre 2.300 nm e 2.360 nm.

O espectro d na Fig. 3.27, da montmorillonita, é típico de um mineral rico em água, com a característica espectral de as bandas hidratadas serem ambas muito intensas e com assimetria de forma para o lado direito da absorção. Diferentemente dos outros filossilicatos, a montmorillonita possui apenas uma banda de absorção aluminosa, bem definida, que está centrada em 2.205 nm (a mesma da muscovita). Outra característica espectral desse mineral é que normalmente as bandas hidratadas são bem mais intensas que a banda aluminosa.

O espectro 2, da caulinita, é um dos mais característicos dos filossilicatos, por apresentar diversas bandas de absorção diagnósticas. Inicia-se pela feição dupla de absorção da hidroxila, com um pico de absorção em 1.413 nm e outro em 1.403 nm, ambos na mesma profundidade e separados por um pico mínimo de reflectância, o que confere um aspecto retangular à absorção. Segue-se com a forte absorção em 2.205 nm, que sempre é acompanhada de uma inflexão à esquerda em 2.169 nm, e que é reconhecida como a absorção mais diagnóstica da caulinita pobremente cristalinizada. Três fracas absorções entre 2.300 nm e 2.400 nm (2.311 nm, 2.355 nm e 2.381 nm) são também características da caulinita. A fraca absorção em 970 nm e a queda do espectro no visível devem-se a íons férricos.

O espectro 3 é do mineral antigorita, de hábito lamelar, que se origina por alteração metamórfica com hidratação ou hidrotermal de olivina e que é o principal mineral dos serpentinitos, tem as mais fortes absorções situadas em 1.396 nm (OH), 1.915-1.970 nm (H_2O) e em 2.325 nm (Mg-OH). Esta última absorção coincide em comprimento de onda com a absorção da clorita. A antigorita chega a conter uma quantidade de água em sua estrutura ao redor de 13% em peso. No entanto, neste espectro a água não mostra uma absorção aguda, indicando que há desordenação estrutural molecular. Várias bandas férricas e ferrososas de fracas intensidades são identificadas no espectro (464 nm, 734 nm, 904 nm e 1.116 nm). No infravermelho de ondas curtas, as absorções identificadas após a forte absorção em 2.325 nm (2.382 nm, 2.425 nm e 2.452 nm) são também muito fracas e provavelmente indicam Fe-Mg.

A clorita, apresentada no espectro 4, é formada por uma diversidade de representantes que, em sua maioria, contêm íons de ferro e magnésio. A forma do espectro da clorita é notavelmente ascendente, do início do visível até o comprimento de onda de 2.000 nm, efeito condicionado pela ausência das bandas hidratadas e pelas absorções de ferro férrico em 720 nm e 933 nm e de ferro ferroso em 1.135 nm, aproximadamente. No entanto, as absorções diagnósticas da clorita ocorrem em 2.325 nm, que é associada ao modo vibracional da ligação Mg-OH, e em 2.245 nm, que é associada ao modo vibracional da ligação Fe-OH.

Ainda no grupo das cloritas, o mineral talco, formado por alteração hidrotermal de rochas ultrabásicas e que está representado no espectro 5, exibe absorções de ferro moderadas a fortes em 646 nm e 949 nm, apesar da pouca quantidade de ferro que apresenta. A absorção da hidroxila em 1.392 nm é uma banda diagnóstica com feição aguda e profunda. As mais características feições de absorção do talco, associadas a Mg-OH, aparecem como múltiplas bandas situadas no intervalo de 2.000 nm a 2.500 nm, em torno das duas mais fortes absorções magnesianas, em 2.311 nm e 2.389 nm.

A Fig. 3.28 é a continuação dos espectros dos filossilicatos, grupo das micas (pirofilita, fuchsita, biotita, muscovita e lepidolita). Uma característica comum das micas amostradas, à exceção da muscovita, é a quase igual profundidade das bandas de absorção da hidroxila e do alumínio. Nenhuma delas exibe a banda da água, a qual pode ser uma feição espectral distintiva para a comparação com outros filossilicatos.

O espectro 6, da pirofilita, tem a banda de absorção da hidroxila como uma feição forte, aguda e profunda, com o pico em 1.394 nm, e ladeada por inflexões à esquerda em 1.334-1.362 nm e à direita em 1.413 nm, indicando que boa parte das moléculas OH é bem ordenada na estrutura cristalográfica, mas algumas moléculas não o são. De igual intensidade é a absorção em 2.166 nm, de composição aluminosa. Ambas as absorções são as bandas diagnósticas da pirofilita. Substituições de Al por Fe, que são comuns em muitos dos minerais silicáticos, apresentam absorções em 520 nm e 750 nm e também são responsáveis pela inclinação e queda da reflectância para o azul. A incomum absorção em 962 nm (também presente na fuchsita), por suas características, muito provavelmente retrata a absorção da água que ocorre em 942 nm, e que nesse caso mostra estar deslocada no espectro. A típica absorção da água em 1.900 nm também aparece no espectro deslocada para 1.929 nm e com fraca intensidade.

A mica verde fuchsita, mostrada no espectro 7, tem o espectro na região do visível caracterizado por duas fortes absorções do íon Cr^{+3} em aproximadamente 630 nm e 430 nm, que possibilitam que a cor verde do mineral seja a exibida pelo pico de reflectância interposto entre essas duas absorções. A hidroxila é a banda de absorção mais intensa, aguda e bem desenvolvida, superior em profundidade à banda aluminosa em 2.196 nm. No entanto, apresenta uma banda de absorção mais aberta do que a do espectro da pirofilita.

A biotita, exibida no espectro 8, tem um padrão de reflectância bem distinto do das outras micas, influenciado pela absorção dos íons de ferro ferroso e ferro férrico, que causam ampla banda de absorção que se estende desde o início do infravermelho próximo até 2.000 nm. O primeiro *overtone* da hidroxila, em 1.400 nm, está ausente no espectro, o que, segundo Hunt e Salisbury (1970), pode ter razões diversas: os grupos OH^- são normalmente orientados, de modo que o ângulo de observação pode impedir suas observações no espectro; a banda OH de estiramento fundamental é normalmente mais ampla do que em outras micas; a concentração OH na amostra pode ser baixa. Uma vez que a absorção que as outras micas apresentam em torno de ± 2.205 nm está ausente, o espectro nessa porção final do infravermelho de ondas curtas é de aparência mais simples, exibindo somente as bandas aluminosas em 2.325 nm e em 2.387 nm, que são de intensidades fracas a moderadas e têm a mesma profundidade.

A muscovita e a lepidolita (mica de lítio) apresentam espectros (9 e 10) com padrões semelhantes aos da mica verde fuchsita, caso não se considerem as absorções pelo íon cromífero, e, entre si, muscovita e lepidolita têm espectros que praticamente se sobrepõem, ambas exibindo a diagnóstica absorção em 2.205 nm, que se iguala em profundidade à absorção da hidroxila em 1.410 nm. A diferença espectral entre elas é a maior disponibilidade da lepidolita de apresentar absorções de ferro mais notáveis e mais frequentes do que a muscovita, que quando pura não exibe absorções de ferro.

3.7.6 Tectossilicatos

Os minerais da classe dos tectossilicatos são os mais importantes volumetricamente entre os denominados minerais formadores de rocha. Mais de 60% em volume das rochas que constituem a crosta terrestre são formadas por minerais dessa classe. A estrutura cristalina dos minerais tectossilicatos é composta de tetraedros de SiO_4 (em proporção constante Si:O 1:2) ligados tridimensionalmente. Excetuando as variedades polimórficas de SiO_2, os tectossilicatos originam-se pelo aparecimento do Al com coordenação 4 formando tetraedros com o oxigênio (AlO_4), quase idênticos, em tamanho e configuração, aos tetraedros constituídos por SiO_4. Os tetraedros AlO_4 unem-se aos tetraedros SiO_4 compartilhando íons de oxigênio, de maneira a formar estrutura tridimensional. Todavia, a porcentagem de entrada do Al com coordenação 4 varia de uma espécie mineral para outra, e nunca pode substituir todo o Si. Fazem parte dos tectossilicatos os grupos ou famílias da sílica, dos feldspatos, dos feldspatoides, da escapolita e da zeólita. Os feldspatos constituem o grupo de minerais mais abundantes das rochas ígneas e metamórficas. São aluminossilicatos de K, Na, Ca e mais raramente Ba. Os feldspatos alcalinos ($(K,Na)AlSi_3O_8$) podem ser monoclínicos (ortoclásio e sanidina) ou triclínicos (microclina e anortoclásio). Os feldspatos calcossódicos ou plagioclásios ($NaAlSi_3O_8$ – $CaAl_2Si_2O_8$) são todos triclínicos. Os feldspatoides são um grupo de aluminossilicatos de sódio e potássio quimicamente semelhantes aos feldspatos, que se formam no lugar destes quando um magma rico em álcalis é deficiente em sílica.

Os espectros dessa classe de minerais (Tab. 3.10) são mostrados na Fig. 3.29. O quartzo puro (espectro 1) exibe um espectro uniforme, com alto nível de reflectância e sem absorção. Por sua propriedade de material isolante, não condutor, ele tem uma banda de valência cheia, e o vazio entre a banda de valência e a de condução é largo. Como resultado, os elétrons não podem adquirir energia facilmente de um campo elétrico e, portanto, não ocorre absorção. Bandas de absorção só aparecem caso haja impurezas de metais ou inclusão fluida de água.

Os feldspatoides formam um grupo de minerais com estruturas bem espaçosas em cujos interstícios estão os cátions, e vários espécimes hospedam ânions simples ou complexos. Assim, na sodalita o Cl é um constituinte essencial, e na lazurita são os SO_4, S e Na. Os espectros 2 e 3, respectivamente da sodalita e da lazurita, apresentam formas de absorção e padrões de reflectância bem semelhantes, e ambos os minerais destacam forte absorção no visível, aproximadamente em 613-622 nm. O enxofre está presente na composição da lazurita e, como esse elemento tem a propriedade de se combinar facilmente com elementos metálicos, principalmente o ferro, isso poderia explicar a forte

Tab. 3.10 Dados dos minerais dos espectros apresentados na Fig. 3.29 e respectivas bandas de absorção

Mineral	Fórmula química	Ocorrência	Bandas de absorção (nm) (bandas diagnósticas em negrito)
Quartzo	SiO_2	O mais abundante mineral da crosta, como mineral secundário ou primário, podendo ser encontrado em arenitos, arcósios, granitos, riolitos, gnaisses e quartzitos	Sem absorções
Sodalita	$Na_4(SiAl,O_4)_3Cl$	Mineral típico de rochas alcalinas, como sienitos nefelíticos	**400F**; **622F**; 1.075f; 1.165mmf; 1.413-1.430md dupla; 1.474f; 1.749f; **1.919mmF**; 2.195m; 2.340f; 2.431f
Lazurita	$(NaCa)_8(AlSi)_{12}O_{24}(S,SO_4)$	Ocorre em calcários submetidos a metamorfismo de contato	**400F**; **613mF**; 1.217mf; 1.432md; **1.928F**; 2.197mf
Albita	$Na_2OAl_2O_3.6SiO_2$	Mineral tipicamente de rochas magmáticas alcalinas e ácidas: sienitos, traquitos, granitos, riolitos etc.	480mmf; 958mmf; **1.410F**; **1.909F**; 2.107mf; **2.196F**; 2.348mf; 2.437mf
Microclínio	$K_2OAl_2O.6SiO_2$	Ocorre em alguns granitos, sienitos e gnaisses. É o principal feldspato de granitos pegmatitos. Também é comum em arenitos e arcósios	426mmf; 494mmf; 663mf; 900md; 1.314mmf; 1.415md-1.458inf; 1.787mf; **1.920F**; 2.097inf; 2.208f
Ortoclásio	$K_2O.Al_2O_3.6SiO_2$	Encontrado em uma variedade grande de rochas, especialmente de origem plutônica	425mmf; 524mf; 1.318mmf; 1.413mf; **1.920F**; 2.207f

absorção em torno de 400 nm, a qual, combinada com a absorção em 613-622 nm, cria o forte pico de reflectância em 467 nm, correspondente à intensa cor azul desse mineral. No mineral sodalita, a cor azul não tem correspondência com sua composição química, devendo ser produzida de um modo diferente. O mais provável é que, devido à estrutura espaçosa dos feldspatoides, a cor azul desse mineral seja efeito da transição eletrônica centro de cor (átomos preenchendo vazios na rede cristalina deformada).

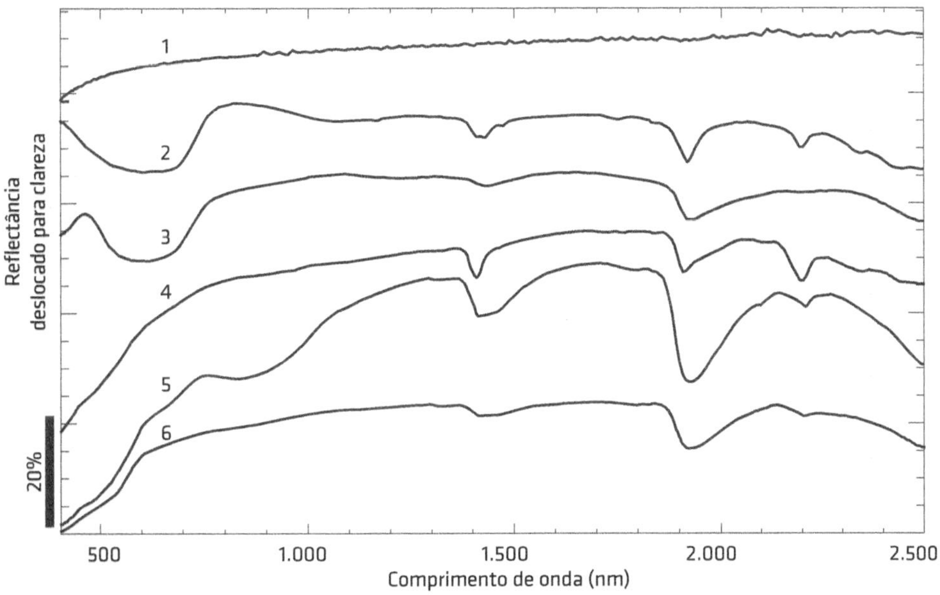

Fig. 3.29 *Espectros de reflectância de minerais da classe dos silicatos, grupo dos tectossilicatos: (1) quartzo; (2) sodalita; (3) lazurita; (4) albita; (5) microclínio; (6) ortoclásio*
Fonte: biblioteca espectral mineral IG/UnB.

Os feldspatos são de extrema importância em suas classificações. Infelizmente, apresentam espectros sem absorções ou sem qualquer banda diagnóstica que permita que sejam diferenciados espectralmente. No entanto, os espectros da albita, do microclínio e do ortoclásio, mostrados na Fig. 3.29, fogem a essa regra por eles não serem minerais puros. As bandas de absorção da hidroxila, da água e do alumínio estão presentes, e, pelo conhecimento da composição desses minerais, essas absorções não pertencem a eles, o que permite afirmar que são resultado de alterações devidas a alterações hidrotermais, por intemperismo ou por inclusões microscópicas de água, e, portanto, não podem ser consideradas diagnósticas desses feldspatos.

3.8 Espectros de reflectância dos minerais carbonáticos

O grupo aniônico fundamental CO_3^{-2}, de simetria trigonal plana, quando aparece isolado em minerais carbonáticos de fórmula geral MCO_3, em que M pode ser cátions de Ca, Mg, Fe, Mn, Sr ou Ba, apresenta seis modos fundamentais de vibração, conforme diagnosticado por McMillan e Hess (1988). Em razão de haver dois modos duplamente degenerados, apenas quatro modos de excitação fundamental são registrados:

- vibração de estiramento (C-O) simétrica (ν_1), inativa ao infravermelho, porém com uma feição Raman que ocorre próxima a 1.063 cm^{-1} (± 9,407 μm);

- vibração de dobramento fora do plano (ν_2), próxima a 879 cm^{-1} (± 11,376 μm);
- vibração de estiramento (C-O) antissimétrica duplamente degenerada (ν_3), próxima a 1.415 cm^{-1} (± 7,067 μm);
- vibração de dobramento no plano duplamente degenerada (ν_4), próxima a 680 cm^{-1} (± 14,7 μm).

Esses modos fundamentais vibracionais desdobram-se em transições *overtones* e *combination bands* das vibrações do radical CO_3^{-2}, ou dele com as vibrações da rede, dando origem às bandas de absorção no intervalo do infravermelho de ondas curtas, entre os comprimentos de onda de 1.600 nm e 2.500 nm. Os minerais de composição carbonática, como calcita (Ca) e dolomita (Mg), e todos os outros carbonatos apresentam até cinco feições de absorção, originadas em função desses modos fundamentais vibracionais. Duas dessas absorções ocorrem em comprimentos de onda maiores, entre 2.500 nm e 2.550 nm e entre 2.300 nm e 2.350 nm. Elas são nitidamente bem desenvolvidas e podem chegar a exibir uma feição dupla, que é explicada por Clark et al. (1990) em termos do aumento da degeneração da estrutura mineral ou do sítio do ânion. As outras três bandas de absorção são mais fracas, situando-se em torno de 2.160 nm, 2.000 nm e 1.850-1.875 nm (ver Tab. 2.4), e têm como característica a presença de incipientes saliências ou ombros no lado da banda voltada para os menores comprimentos de onda.

Um detalhado estudo espectrorradiométrico realizado por Gaffey (1987) em mais de cem amostras de minerais carbonáticos determinou as variações das posições das absorções vibracionais em função das variações de composição dos carbonatos. Até sete bandas de absorção foram detectadas nos espectros dos vários minerais analisados, cinco das quais se mostraram coincidentes com as bandas determinadas pelos trabalhos prévios de outros autores, sobretudo Hunt e Salisbury (1971). Na Tab. 3.11, tem-se um resumo dos valores das bandas determinadas pelo trabalho de Gaffey (1987) para alguns minerais carbonáticos. Para o mineral rodocrosita, a banda 1 não aparece, pois está centrada fora dos comprimentos de onda em que foram feitas as medidas espectrorradiométricas. Para o mineral siderita, a banda 7 também não aparece, pois é uma banda fraca que ocorre no *wing* da intensa banda de absorção do íon Fe^{+2}, não podendo ser isolada dessa banda ferrosa. É interessante observar as pequenas diferenças das posições das bandas de absorção dos minerais calcita e aragonita, que possuem a mesma composição química ($CaCO_3$). Essa diferença acontece porque na calcita o radical CO_3^{-2} se combina com os íons bivalentes em coordenação 6 e resulta na estrutura romboédrica, enquanto na aragonita, por se formar dentro de uma estreita faixa de condições físico-químicas de alta temperatura e perto da presença de íons grandes, resulta na estrutura ortorrômbica.

A Fig. 3.30 reproduz os espectros desses minerais carbonáticos amostrados por Gaffey (1987). Todos eles apresentam as bandas carbonáticas 2, 3, 4, 5 e 6 da Tab. 3.11, mas os carbonatos siderita, magnesita, esmitsonita e rodocrosita exibem intensa e larga banda de absorção no infravermelho próximo, em torno de 1.000 nm. Essa banda é natural no carbonato siderita, que se forma primariamente como um carbonato de composição química $FeCO_3$. Nos minerais magnesita, esmitsonita e rodocrosita, ela surge por causa da facilidade com que os íons de Fe^{+2} podem substituir os íons de Mg, Zn e Mn, respectivamente.

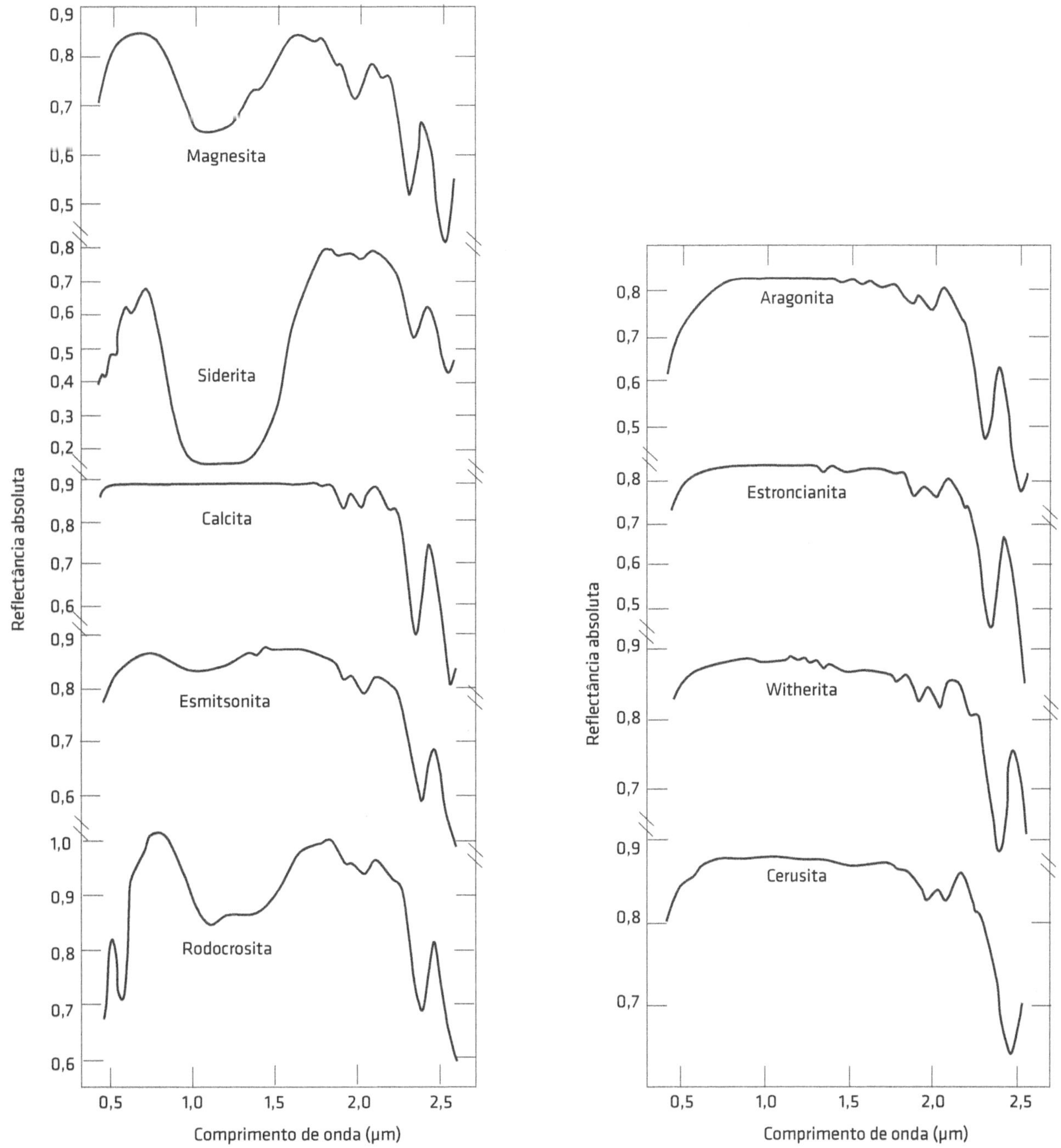

Fig. 3.30 *Espectros de reflectância de minerais carbonáticos*
Fonte: Gaffey (1987).

É uma das absorções mais intensas e largas entre todos os minerais de rocha, e para sua ocorrência é suficiente que exista na amostra menos de 1% de ferro em peso. Absorções mais localizadas, aproximadamente em 870 nm, 700 nm e 400 nm, são tidas como possíveis transições eletrônicas de cisão de campo cristalino de ferro no estado férrico. Outro destaque que se pode observar nos espectros da Fig. 3.30 é protagonizado pela rodocrosita. Nos comprimentos de onda de 450 nm e 550 nm estão as absorções mais bem resolvidas

Tab. 3.11 Posições das bandas de absorção de minerais carbonáticos (anídricos) (nm)

Mineral	Banda 1	Banda 2	Banda 3	Banda 4	Banda 5	Banda 6	Banda 7
Calcita	2.535	2.333	2.261	2.167	1.991	1.876	1.763
Aragonita	2.535	2.331	2.257	2.195	1.992	1.877	1.748
Dolomita	2.516	2.319	2.244	2.165	1.979	1.862	1.740
Rodocrosita		2.367	2.300	2.219	2.007	1.900	1.748
Siderita	2.528	2.329	2.252	2.183	1.990	1.887	
Magnesita	2.500	2.300	2.223	2.134	1.963	1.848	1.776
Cerusita		2.469	2.362	2.272	2.091	1.969	1.820

Carbonatos de estrutura romboédrica: calcita ($CaCO_3$), dolomita ($CaMgCO_3$), rodocrosita ($MnCO_3$), siderita ($FeCO_3$) e magnesita ($MgCO_3$); carbonatos de estrutura ortorrômbica: aragonita ($CaCO_3$) e cerusita ($PbCO_3$).

Fonte: Gaffey (1987).

no espectro do visível de minerais e rochas, originadas de transição eletrônica de campo cristalino do íon Mn^{+2} presente nesse mineral.

Entre todos os minerais carbonáticos, a calcita e a dolomita são os minerais formadores de rochas sedimentares carbonáticas, respectivamente calcários e dolomitos. Os espectros desses dois minerais são apresentados na Fig. 3.31. Para diferenciá-los espectralmente, usa-se o comprimento de onda da absorção diagnóstica do radical CO_3^{-2}, que na calcita está centrada em 2.335 nm e na dolomita, em 2.315 nm. Outras quatro absorções de intensidades mais fracas ocorrem em ambos os minerais. Na calcita, elas se posicionam nos comprimentos de onda de 1.875 nm, 1.995 nm, 2.155 nm e 2.528 nm, enquanto na dolomita se posicionam pelo menos cerca de 10 nm antes, em 1.865 nm, 1.975 nm, 2.145 nm e 2.495 nm. A calcita, usualmente de cor branca, tem um nível de reflectância em torno de 96%, ao passo que a dolomita, usualmente de cor castanha, tem um nível de reflectância em torno de 68%. Muitos cátions divalentes, tais como Fe^{+2}, Mn^{+2}, Sr^{+2}, Ba^{+2}, Co^{+2} e Zn^{+2}, podem

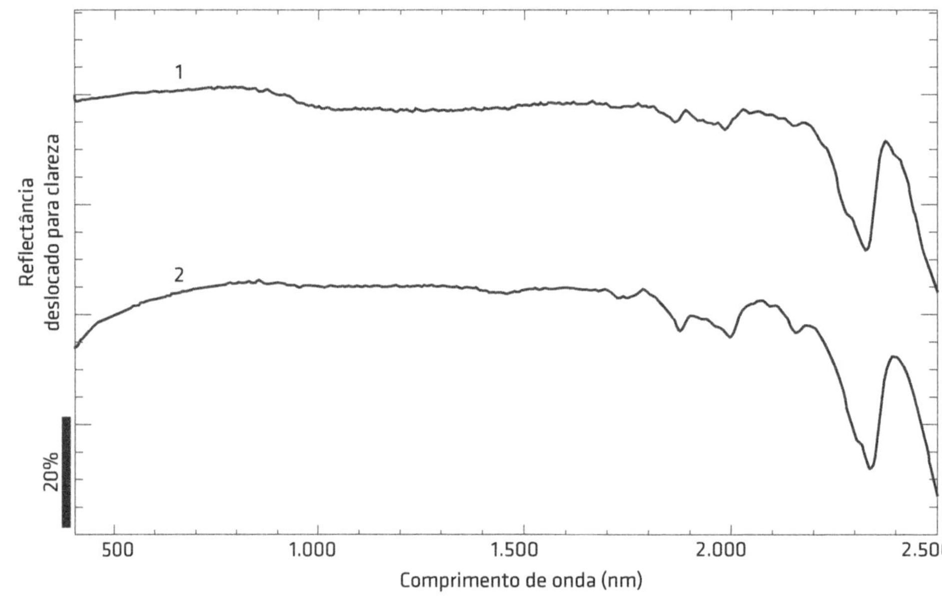

Fig. 3.31 *Espectros de reflectância dos minerais carbonáticos: (1) calcita e (2) dolomita*
Fonte: biblioteca espectral mineral IG/UnB.

substituir íons de Ca^{+2} na calcita ou na dolomita. Na dolomita, é muito comum encontrar substituições de Mg^{+2} por Fe^{+2}.

Outros dois importantes minerais carbonáticos são a malaquita ($CuCO_3OH$) e a azurita ($Cu(CO_3)_2(OH)_2$), minerais supérgenos de minérios de cobre que também se encontram associados a vários sulfetos de cobre e de ferro. Ambos contêm o ânion OH^-, que, junto com os cátions de cobre, configuram espectros não típicos dos carbonatos. Seus espectros, mostrados na Fig. 3.32, possuem níveis de reflectância bem mais baixos que os encontrados para outros minerais carbonáticos, e no visível destacam-se agudos picos de reflectância próximos a 500 nm e 440 nm devidos às cores verde-brilhante da malaquita e azul-celeste da azurita, respectivamente. As bandas carbonáticas posicionam-se no mineral malaquita em 2.285 nm (um pouco mais intensa) e em 2.355 nm, e no mineral azurita em 2.275 nm e em 2.355 nm, com iguais intensidades. Os íons de Cu^{+2} coordenados octaedricamente geram as largas bandas de absorção em torno de 820 nm, devido às transições eletrônicas de *spin* permitido. Elas lembram a banda do mineral silicatado crisocola, um mineral de cobre hidratado que foi apresentado na Fig. 3.11. A intensa banda de absorção da hidroxila no espectro do mineral azurita, localizada em 1.503 nm, corresponde à absorção da hidroxila em 1.400 nm nos silicatos.

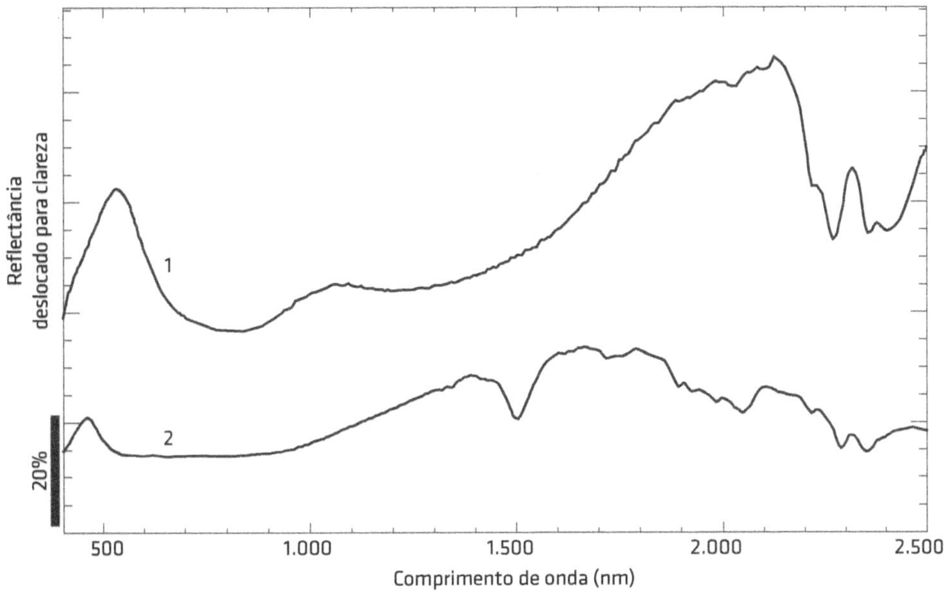

Fig. 3.32 *Espectros de reflectância de minerais carbonáticos cupríferos: (1) malaquita e (2) azurita*
Fonte: biblioteca espectral mineral USGS.

3.9 Espectros de reflectância dos minerais fosfatados

O fósforo é o décimo segundo elemento mais abundante na natureza e é encontrado com maior frequência na forma de fosfatos, como $Ca_3(PO_4)_2.H_2O$. O tratamento deste fosfato produz fósforo elementar. No Brasil, cerca de 80% das jazidas de fosfatos naturais são, em geral, de origem ígnea, com presença acentuada de rocha carbonatítica e minerais micáceos com baixo teor de P_2O_5. O fósforo se inclui em diversos minerais de composição variada com estrutura tetraedral. A apatita é o mineral de fosfato mais comum, que de fato é uma mistura de minerais de fosfato usualmente referidos como hidroxiapatita, fluorapatita e cloroapatita, respectivamente com alta concentração de íons de OH, F e Cl. A fórmula química dessa mistura é escrita como $Ca_{10}(PO_4)_6(OH,F,Cl)_2$. O cálcio pode ser substituído por Mn, Sr, Pb, Cu, Zn, La e outros ETR, o que resulta em relações químicas e estruturais complexas.

Os espectros dos minerais fosfáticos ambligonita e apatita (Tab. 3.12) são apresentados na Fig. 3.33. A ambligonita é um flúor-fosfato de alumínio, lítio e sódio hidratado, espectralmente sem absorções no visível, mas com múltiplas absorções além do comprimento de onda de 1.500 nm. Hunt, Salisbury e Lenhoff (1972) constataram que o estiramento simétrico da transição fundamental do ânion fosfato PO_4^{-3} em 965 cm^{-1} (± 10,36 µm) não produz *overtones* e *combination bands* com intensidades suficientes para serem detectadas no infravermelho de ondas curtas. No entanto, o envolvimento das vibrações fundamentais da hidroxila em 1.630 cm^{-1} (± 6,135 µm) é responsável pela absorção que aparece

Tab. 3.12 Dados dos minerais dos espectros apresentados na Fig. 3.33 e respectivas bandas de absorção

Mineral	Fórmula química	Ocorrência	Bandas de absorção (nm) (bandas diagnósticas em negrito)
Ambligonita	$(Li,Na)AlPO_4(F,OH)$	Mineral relativamente raro, encontrado em pegmatitos de granito	1.289mmf; 1.355mf; 1.393-1.413f dupla; 1.477inf-**1.535mF**; 1.572-1.610inf; 1.731-1.765f dupla; **1.849f**; 1.913md; **1.997F**; 2.077mf; **2.170mmF**; 2.188-2.275-2.309inf; **2.373mmF**
Apatita verde	$Ca_5(PO_4)_3(F,OH,Cl)$	Ocorre principalmente em rochas magmáticas, metamórficas e hidrotermais como mineral acessório. Forma depósitos de fósforo em rochas carbonatíticas	529mf; 588-687inf; 750md; 803md; 871mmf; 1.081mmf; 1.184f; 1.235f; 1.442f; 1.573f; 1.581f; 1.946inf; **1.998F**; 2.156md; 2.313-2.337inf; 2.358md
Apatita azul	$Ca_5(PO_4)_3(F,OH,Cl)$		677mf; 739-806-1.080inf; 1.189mf; 1.238mf; 1.309mf; **1.434F**; 1.948inf; **1.997mF**; 2.151md; 2.310f; 2.358md

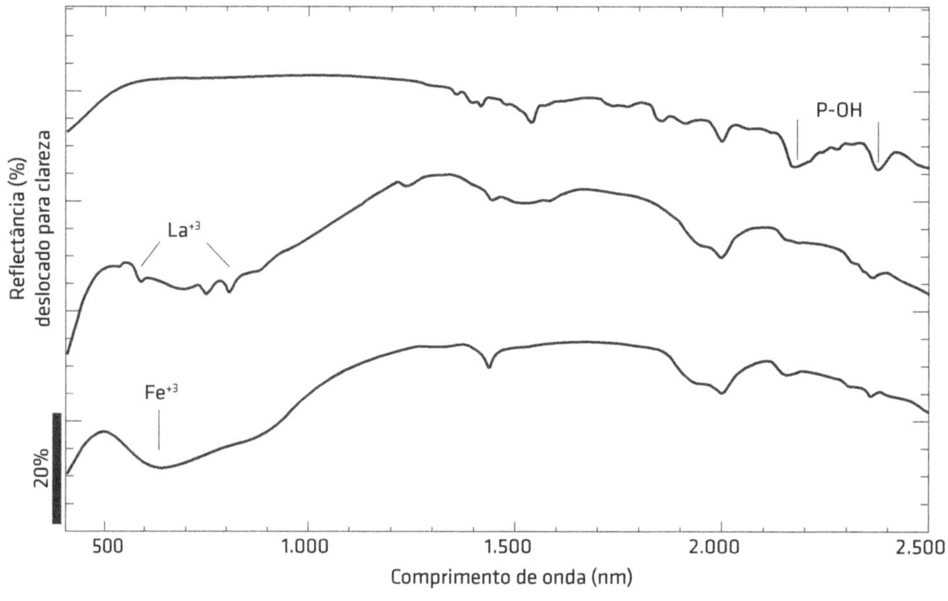

Fig. 3.33 *Espectros de reflectância de minerais de fosfato: (1) ambligonita; (2) apatita verde; (3) apatita azul*
Fonte: biblioteca espectral mineral IG/UnB.

no espectro da Fig. 3.33 em 1.535 nm, assinalada como o primeiro *overtone* do modo de estiramento OH, e a absorção em 1.997 nm é uma continuação do estiramento OH da vibração fundamental em 3.370 cm^{-1} (± 2,367 µm). As outras absorções em 1.849 nm, 2.170 nm e 2.373 nm são devidas a *combination bands* das vibrações P-O-H.

Esses mesmos modos vibracionais também originam as absorções no infravermelho mostradas pelos espectros 2 e 3 do mineral apatita. O espectro 2, de uma apatita verde, exibe uma incomum série de pequenas absorções no visível e no início do infravermelho próximo, em torno de 529 nm, 588 nm, 687 nm, 750 nm, 803 nm, 871 nm e 1.081 nm, que pouco tem a ver com sua composição química primária. Contudo, como os íons de cálcio na apatita podem facilmente ser substituídos por ETR, como o lantânio, todas essas bandas podem ter suas origens como impurezas de La^{+2} que podem existir na amostra. Outra possibilidade é a amostra dessa apatita verde ter impurezas de monazita, a qual frequentemente se associa à apatita gerada nos complexos carbonatíticos ultrabásicos. Na monazita, o lantânio é responsável pelas fortes absorções que ocorrem em 520 nm, 580 nm, 680 nm, 750 nm, 801 nm e 870 nm, que são as mesmas absorções detectadas no espectro 2. A forma como o espectro 2 se apresenta no trecho de 450 nm a 750 nm indica que há a participação de Fe^{+2}-Fe^{+3} nessas absorções. O efeito dessa absorção pelos íons de ferro torna-se bem mais evidente no espectro 3, da apatita azul, com intensidade suficiente para suprimir as absorções de ETR.

Boratos e sulfatos constituem grupos aniônicos com comportamentos espectrais que se assemelham ao do ânion CO_3^{-2}, mas são minerais muito pouco comuns na composição de rochas. A maior parte dos minerais dos grupos dos boratos e sulfatos são de formação residual por evaporação de água (evaporitos), podendo também ser formados por hidrotermalismo. Devido à sua pouca importância como minerais formadores de rochas, a literatura tem poucos exemplos de espectros de minerais constituídos por esses grupos aniônicos. O mais completo trabalho foi realizado por Crowley (1991), que mediu a reflectância de 35 minerais salinos (evaporitos), embora nesses minerais as bandas de água sejam feições que superam, muitas vezes, as intensidades das bandas dos boratos e dos sulfatos.

3.10 Espectros de reflectância dos minerais de boro – boratos

O elemento não metal boro não é encontrado livre, mas em minérios associados de boratos de cálcio e sódio hidratados, como a colemanita ($Ca_2B_6O_{11}.5H_2O$), a ulexita ($CaNaB_5O_9.8H_2O$), a kernita ($Na_2B_4O_7.4H_2O$) e o bórax ($Na_2B_4O_7.10H_2O$), as principais fontes mundiais de boro. Esses boratos têm uma estrutura de folhas formadas por triângulos de BO_3 nas quais um único oxigênio está ligado a dois íons de boro, unindo, assim, os triângulos da unidade fundamental dos boratos. As folhas são separadas por camadas de moléculas de água e unidas por íons não metais de Ca ou Na. Os boratos podem conter íons de Al^{+3}, Mn^{+3} e Fe^{+3}.

As vibrações fundamentais para o íon BO_3^{-2} são bastante similares àquelas encontradas para o íon CO_3^{-2}, embora menos intensas. Hunt, Salisbury e Lenhoff (1972) consideraram, por analogia aos carbonatos, que a combinação do segundo *overtone* do estiramento B-O degenerado, o qual ocorre próximo a 1.300 cm^{-1}, com o estiramento B-O que ocorre próximo a 850 cm^{-1} seria responsável pela absorção em 2.150 nm no mineral bórax. Nos espectros dos minerais colemanita e ulexita (Tab. 3.13), mostrados na Fig. 3.34, a absorção que mais

Tab. 3.13 Dados dos minerais dos espectros apresentados na Fig. 3.34 e respectivas bandas de absorção

Mineral	Fórmula química	Ocorrência	Bandas de absorção (nm) (bandas diagnósticas em negrito)
Colemanita	$CaB_3O_4(OH)_3.H_2O$	Presente em rochas evaporíticas marinhas	976f; 1.178f; **1.423F**; 1.552f; 1.661f; 1.955md; **2.105F**; 2.195md; 2.418f
Ulexita	$CaNaB_5O_{98}.H_2O$	Normalmente associada com bórax na forma de crosta em regiões áridas	**982F**; 1.208mf; **1.428F**-1.468om; **1.955F**; 2.125-2.165sec; 2.246md

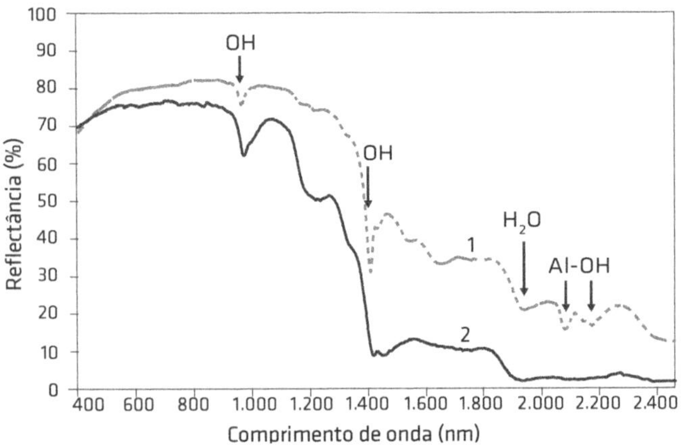

Fig. 3.34 *Espectros de reflectância de minerais boratos hidratados: (1) colemanita e (2) ulexita*
Fonte: biblioteca espectral mineral USGS.

provavelmente pode ser correlacionada a essa combinação de estiramento B-O se situa em 2.105 nm, a qual foi também identificada pelos referidos autores. As absorções em 976 nm, 1.178 nm, 1.423 nm e 1.955 nm são devidas a *overtones* e *combination bands* de moléculas de água, que aparecem mais intensas na colemanita, exceto a absorção em 976 nm. Os dois espectros mostram padrão morfológico muito similar e praticamente o mesmo número de bandas posicionadas em comprimentos de onda muito próximos, quase se sobrepondo. As pequenas variações se dão em virtude das diferenças estruturais da colemanita e da ulexita, respectivamente de estrutura monoclínica e triclínica.

3.11 Espectros de reflectância dos minerais de enxofre – sulfatos

O enxofre ocorre na natureza como ânions sulfatos SO_4^{-2} (S^{+6}), uma vez que o S ($3s^2 3p^4$) pode perder seis elétrons. Os minerais de sulfatos formam-se, principalmente, em ambientes evaporíticos, nos quais águas de alta salinidade são lentamente evaporadas, permitindo a formação de sulfatos e de haloides na interface entre a água e o sedimento. Também ocorrem em sistemas de veios hidrotermais sob a forma de minerais constituintes da ganga, associada a minérios de sulfetos. Os minerais de sulfatos dividem-se nos tipos sulfatos simples e com ânions, e sulfatos hidratados. Do primeiro tipo, os mais comuns e importantes são do subgrupo anidro dos metais alcalinoterrosos bário (barita, $BaSO_4$) e cálcio (anidrita, $CaSO_4$), ambos com estrutura relativamente simples e simetria ortorrômbica, em estrutura tetraédrica. Esse grupo também inclui os minerais alunita e jarosita. O mineral mais comum do grupo dos sulfatos hidratados é a gipsita ($CaSO_4.2H_2O$), que tem estrutura em folhas constituídas por camadas de íons de Ca e sulfato, separadas por moléculas de água.

Os quatro primeiros espectros da Fig. 3.35 são de minerais de sulfatos simples (barita e anidrita) e com ânions de hidroxilas (jarosita e alunita), enquanto o quinto espectro é da gipsita. Suas bandas de absorção são apresentadas na Tab. 3.14. O espectro 1, do sulfato hidroxilado de ferro e potássio jarosita, mineral secundário encontrado como crosta sobre minerais ferruginosos, exibe bandas de absorção de ferro bastante semelhantes às dos óxidos goethita e limonita, localizadas em 442 nm, 630 nm e 933 nm. A jarosita é um

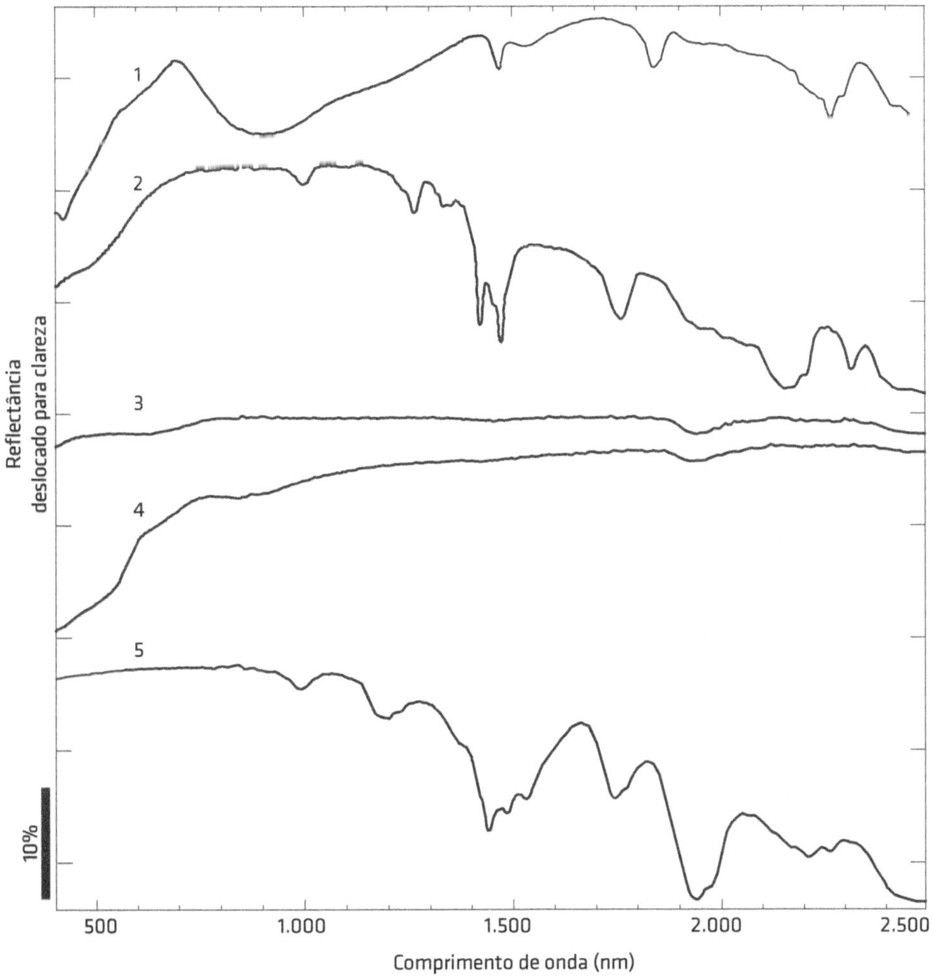

Fig. 3.35 *Espectros de reflectância de minerais sulfatos: (1) jarosita; (2) alunita; (3) anidrita; (4) barita; (5) gipsita*

Fonte: (1, 2 e 3) biblioteca espectral mineral USGS e (4 e 5) biblioteca espectral mineral IG/UnB.

Tab. 3.14 Dados dos minerais dos espectros apresentados na Fig. 3.35 e respectivas bandas de absorção

Mineral	Fórmula química	Ocorrência	Bandas de absorção (nm) (bandas diagnósticas em negrito)
Jarosita	$K_2Fe_6(OH)_{12}(SO_4)_4$	Supérgeno, da oxidação de sulfetos de ferro, e presente em áreas hidrotermais	442mf; 630f; **933mF**; **1.483F**; 1.540mf; **1.855F**; 1.945-2.075sec; **2.265mF**; 2.418-2.466mf
Alunita	$K_2Al_3(OH)_6(SO_4)_2$	Em rochas vulcânicas ácidas, formada na presença de vapores e fumarolas	501mf; 1.000mf; 1.263f; 1.343mf; **1.433-1.478mF** dupla; **1.764F**; **2.175mF**; 2.325md; 2.444md
Anidrita	$CaSO_4$	Em evaporitos marinhos e frequentemente em calcários, constituindo camadas de sal	650mf; 1.945f
Barita	$BaSO_4$	Em geral associada aos depósitos de chumbo, zinco, cobre e outros, e em rochas calcárias e arenitos	530md; 883mmf; 1.945f
Gipsita	$CaSO_{42}H_2O$	Forma-se em evaporitos e áreas hidrotermais	998mf; 1.193f; **1.448F**-1.493-1.534om; **1.756F**; **1.945mF**; 2.215f-2.176-2.265om; 2.444md

mineral que se assemelha à limonita. A banda da hidroxila em 1.483 nm é relativamente aguda, e a forte absorção em 1.855 nm pode não ser a banda da água, mas uma extensão vibracional da hidroxila. As vibrações moleculares envolvendo Al-O-H gera a forte e diagnóstica absorção em 2.265 nm.

O espectro 2, da alunita, mineral sulfatado de alumínio e potássio hidratado, contém cinco bandas de absorção diagnósticas no infravermelho. No visível, o espectro mostra haver alguma pequena quantidade de ferro substituindo alumínio, por causa da queda da reflectância em direção ao comprimento de onda do azul, mas nenhuma banda férrica é vista no infravermelho próximo, já que o ferro não está presente em sua composição. As várias absorções que ocorrem até 1.900 nm são devidas a *overtones* e *combination bands* do modo estiramento da hidroxila. São elas bandas diagnósticas da alunita, com a banda hidroxila exibindo uma feição de absorção dupla muito intensa em 1.433 nm e 1.478 nm, seguida por uma atípica absorção em 1.764 nm, também da hidroxila, demonstrando desordem estrutural. As bandas diagnósticas devidas ao modo de dobramento Al-O-H estão centradas nos comprimentos de onda de 2.175 nm e 2.325 nm.

A similaridade estrutural dos minerais anidrita e barita (espectros 3 e 4), ambos com estrutura ortorrômbica, reflete-se em espectros muito semelhantes. De 600 nm aos comprimentos de onda maiores, bandas proibidas são evidenciadas pela alta reflectância desses dois minerais, à exceção da fraca banda da água em 1.945 nm devida à inclusão fluida de água molecular. A barita mostra evidente queda da reflectância a partir de 600 nm, centralizando forte absorção em torno de 530 nm, em virtude de Fe^{+3} por contaminação de hematita.

A notável diferença de padrão de reflectância do espectro 5, do sulfato hidratado gipsita, é explicada pela estrutura desse mineral em folhas constituídas por camadas de íons de Ca e sulfato, separadas por moléculas de água. Todas as bandas de absorção vistas no espectro da gipsita são prontamente relacionadas à molécula de água, em termos de vibrações do modo de dobramento H-O-H e de estiramento OH. Atipicamente, a forte absorção em 1.756 nm, que não é vista em nenhum outro mineral hidratado, foi considerada por Hunt, Salisbury e Lenhoff (1971) uma combinação dos modos fundamentais vibracionais a 450 cm^{-1} e 580 cm^{-1} (modo vibracional de deformação angular da molécula OH) com os modos *combination bands* que produzem a absorção da água em 1.900 nm.

Referências bibliográficas

ATKINS, P.; JONES, L. *Princípios de Química*: questionando a vida moderna e o meio ambiente. Porto Alegre: Bookman, 2001.

BALDRIDGE, A. M.; HOOK, S. J.; GROVE C.I.; RIVERA, G. The ASTER spectral library version 2.0. *Remote Sensing of Environment*, v. 113, p. 711-715, 2009.

BLAK, A. R.; ISOTANI, S.; WATANABE, S. Optical absorption and electron spin resonance in blue and green natural beryl. *Phys. Chem. Minerals*, v. 8, p. 161-166, 1982.

CLARK, R. N.; KING, T. V. V.; KLEJWA, M.; SWAVZE, G. A. High spectral resolution reflectance spectroscopy of minerals. *Journal of Geophysical Research*, Washington, DC., v. 95, n. B8, p. 12653-12680, 1990.

CLARK, R. N.; SWAYZE, G. A.; GALLAGHER, A. J.; KING, T. V. V.; CALVIN, W. M. The U. S. Geological Survey, Digital Spectral Library: Version 1: 0.2 to 3.0 microns. *U.S. Geological Survey Open File Report*, p. 93-592, 1340 p., 1993.

CROWLEY, J. K. Visible and near-infrared (0.4-2.5 mm) reflectance spectra of playa evaporite mineral. *Journal of Geophysical Research*, Washington, DC., v. 96, n. B10, p. 16231-16240, 1991

DONOSO, J. P. *Espectroscopia Física Espectroscopia Eletrônica*: complexos de metais de transição. Universidade de São Paulo – Instituto de Física de São Carlos, [s./d.]. Disponível em: <http://www.ifsc.usp.br/~donoso/espectroscopia/eletronica_metais_transicao.pdf>.

GAFFEY, S. J. Spectral reflectance of carbonate minerals in the visible and near infrared (0.3--2.55 µm): anhydrous carbonatic minerals. *Journal of Geophysical Research*, Washington, DC., v. 92, p. 1429-1440, 1987.

HUNT, G. R. Spectral signatures of particulate minerals in the visible and near infrared. *Geophysics*, v. 42, n. 3, p. 501-513, 1977.

HUNT, G. R.; SALISBURY, J. W. Visible and near infrared spectra of minerals and rocks: I. silicate minerals. *Modern Geology*, Amsterdam, v. 1, p. 283-300, 1970.

HUNT, G. R.; SALISBURY, J. W. Visible and near infrared spectra of minerals and rocks: II. carbonates. *Modern Geology*, Amsterdam, v. 2, p. 23-30, 1971.

HUNT, G. R.; WYNN, J. C. Visible and near infrared spectra of rocks from chromium rich areas. *Geophysics*, Tulsa, OK, v. 44, p. 820-825, 1979.

HUNT, G. R.; SALISBURY, J. W.; LENHOFF, C. J. Visible and near infrared spectra of minerals and rocks: III. oxides and hydroxides. *Modern Geology*, Amsterdam, v. 2, p. 195-205, 1971.

HUNT, G. R.; SALISBURY, J. W.; LENHOFF, C. J. Visible and near infrared spectra of minerals and rocks: V. Halides, phosphates, arsenates, vanadates and borates. *Modern Geology*, Amsterdam, v. 3, p. 121-132, 1972.

MACHADO, F. B.; MOREIRA, C. A.; ZANARDO, A.; ANDRE, A. C.; GODOY, A. M.; FERREIRA, J. A.; GALEMBECK, T.; NARDY, A. J. R.; ARTUR, A. C.; OLIVEIRA, M. A. F. *Enciclopédia multimídia de minerais*. IGCE/Unesp/Rio Claro, 2002. Acesso em: jun. 2016.

MAHAN, B. M.; MYERS, R. J. *Química*: um curso universitário. 4. ed. São Paulo: Edgard Blücher, 2003. 604 p.

MCMILLAN, P. F.; HESS, A. G. Simmetry group theory and quantum mechanics. In: HAWTHORNE, P. C. (Ed.). *Reviews in mineralogy*: spectroscopy methods in mineralogy and geology. Michigan: Bookcrafters, 1988. p. 11-60.

MENESES, P. R.; PORTO, S. G. Spectral reflectance of lateritic nickel ore of the mafic-ultra mafic Barro Alto Complex. In: COLOQUIO INTERNACIONAL – PROPRIEDADES ESPECTRALES Y TELEDETECCION DE LOS SUELOS Y ROCAS DEL VISIBLE AL INFRARROJO MEDIO, 1995, La Serena, Chile. *Anais*... Paris: ORSTOM, 1995.

PONTUAL, S.; MERRY, N.; GAMSON, P. *Spectral interpretation field manual*. G-Mex, v. 1. Melbourne: Ausspec International Pty.Ltd, 1997.

ROSSMAN, G. R. Optical spectroscopy. In: HAWTHORNE, E. C. (Ed.). *Reviews in mineralogy*: spectroscopic methods in mineralogy and geology. Michigan: Bookcraftters, 1988. p. 207-257.

ROWAN, L. C.; KINGSTON, M. J.; CROWLEY, J. K. Spectral reflectance of carbonatites and related alkalic igneous rocks: selected samples from four North American localities. *Economic Geology*, v. 81, p. 857-871, 1986.

RUDNICK, R. L.; FOUNTAIN, D. M. Nature and composition of continental crust: a lower crustal perspective. *Reviews of Geophysic*, v. 33, n. 3:, p. 267-309, 1995.

Paulo Roberto Meneses
Tati de Almeida

4 Reflectância das Rochas

Neste capítulo, apresenta-se uma ideia geral sobre o comportamento espectral das rochas, a partir de espectros de reflectância agrupados de acordo com a divisão genérica adotada na geologia para a classificação de rochas: sedimentares, metamórficas e ígneas. Essa forma de apresentação, por classes genéricas de rochas, segue um esquema semelhante ao apresentado nos trabalhos de Hunt, Salisbury e Lenhoff (1971, 1973a, 1973b, 1974) e Hunt e Salisbury (1970, 1976) e que se comprovou bastante efetivo para demonstrar que cada uma dessas três classes de rochas tem características espectrais distintas.

Mais do que nos minerais, as variações dos tipos litológicos são extensas e complexas, uma vez que qualquer pequena mudança na composição ou variação percentual dos minerais presentes na rocha é o bastante para diferenciar uma rocha de outra, dentro de uma mesma classe. Normalmente, por causa dessas mínimas variações mineralógicas, o geólogo costuma identificar uma rocha dando-lhe o nome dos principais minerais constituintes (paragênese), os quais precedem o nome propriamente dito da rocha (por exemplo, quartzo-muscovitaxisto, hornblenda-biotitagranito). É esperado que a paragênese mineral dominante na composição da rocha responda pelo padrão de comportamento espectral, muito embora minerais constituintes secundários possam, algumas vezes, ter forte influência na reflectância da rocha. Nesse sentido, a análise de um espectro de rocha por um especialista exige o esforço de encontrar no espectro a forma e a posição das bandas de absorção que possam ser dominadas por um mineral ou por misturas minerais, o que exige, no mínimo, uma prévia descrição macroscópica petrográfica da amostra. Mesmo nos espectros que identificam misturas minerais é possível encontrar a herança das bandas diagnósticas dos minerais componentes da mistura. Portanto, não se deve esperar que os espectros de rocha exibam feições espectrais tão bem definidas como as de seus constituintes isolados, os minerais.

A composição mineral e química da rocha é expressa pelo conjunto de minerais, que, por evidências petrográficas e outras, mostram ter evoluído associadamente em equilíbrio geoquímico e termodinâmico. Isso é válido principalmente para as rochas ígneas e metamórficas, uma vez que a associação mineral das rochas sedimentares não implica a formação simultânea de todos os minerais. Mas, de modo isolado, a composição mineral não explica totalmente o comportamento da reflectância de uma rocha. A textura é também um importante fator. A textura refere-se ao grau de cristalização dos minerais, ao tamanho do grânulo ou granulação e às relações de contato entre os minerais, tendo forte implicação no índice de cor da rocha. Ao mesmo tempo que se esperam distintas diferenças na textura e na composição entre as rochas ígneas, metamórficas e sedimentares, espera-se também uma distinção espectral que possibilite reconhecer, pelo espectro, características determinantes de cada uma dessas três classes de rocha.

Com rápida prática, pode-se reconhecer, no mínimo, se um espectro é de uma rocha sedimentar, ígnea ou metamórfica, ou mesmo de alteração hidrotermal. Por exemplo: as rochas ígneas ácidas são, ordinariamente, mais ricas em álcalis e mais pobres em cal, ferro e magnésio do que as básicas e, por conseguinte, mais claras na cor, em consequência de um menor conteúdo de minerais ferromagnesianos, e por isso frequentemente têm um espectro de albedo mais alto. As rochas metamórficas, usualmente constituídas de diversas espécies de minerais, contendo íons de metais de transição e com diferentes agrupamentos moleculares, tendem a apresentar espectros com um número muito maior de bandas de absorção e significativas variações de intensidade de níveis de reflectância entre os comprimentos de onda do visível e do infravermelho de ondas curtas (SWIR – *short-wave infrared*). As rochas sedimentares, se clásticas, mostram espectros com formas dominadas pelas bandas da água e da hidroxila e, se químicas, tendem a concentrar as feições de absorção no infravermelho. Por fim, as rochas de alteração hidrotermal concentram as bandas de absorção diagnósticas de suas fácies no intervalo de 2.000 nm a 2.500 nm.

No campo, o espectro é um bom recurso para diagnosticar variações composicionais de uma litologia, principalmente se a granulometria é fina, de difícil identificação dos minerais a olho nu. Em laboratório, para estudos espectrais mais detalhados, é recomendável ter em mãos uma descrição petrográfica da rocha ou dados de análise química. É essencial um bom conhecimento de petrografia. Mas é importante frisar que a análise de espectros de rochas é um processo totalmente interpretativo com base nas evidências das feições espectrais. Quando ocorrer de essas feições não serem muito claras ou evidentes e, por que não dizer, convincentes de uma certeza absoluta, é normal que pequenos enganos ou erros possam ser cometidos na interpretação dos espectros de rocha. Esses erros podem ser minimizados tomando-se várias medições de diferentes locais da amostra ou, melhor ainda, em várias amostras da rocha que está sendo analisada.

4.1 Considerações sobre o uso das bibliotecas espectrais de rochas

O sensoriamento remoto geológico a partir de imagens é extremamente dependente da informação espectrorradiométrica, devido às particularidades que cada processo e evolução geológica impõem na formação e na constituição mineralógica das rochas. Dessa forma, a análise dos dados geológicos de uma área requer o uso de bibliotecas espectrais de rochas com referências mais específicas, ou seja, de ambientes geológicos únicos. Por exemplo, se o propósito é mapeamento, é interessante montar bibliotecas de rochas de acordo com as particularidades de cada ambiente geológico, como de rochas de *greenstones*, de áreas carbonatadas ou vulcanossedimentares, visto que são inúmeras as condições geológicas que impõem diferenças a uma rocha, tais como o grau de metamorfismo, a intensidade da deformação e as pequenas variações composicionais. Se a área se insere num ambiente hidrotermal, a biblioteca deve ser de minerais agrupados de acordo com a faciologia dos halos de alteração. Por isso, não se deve ver o espectro de reflectância apenas como uma informação isolada, mas analisá-lo no contexto do ambiente geológico no qual as litologias se apresentam. Analisadas sob esse ponto de vista, as bibliotecas espectrais são uma eficiente ferramenta geológica para a prospecção mineral. Elas cumprem, também, a função de servir como uma ferramenta para o processamento de imagens hiperespectrais, cujas aplicações na geologia são direcionadas principalmente à pesquisa mineral.

Embora se possa obter com relativa facilidade espectros puros ou de misturas dos materiais geológicos, ter em mãos uma biblioteca espectral não significa que se tem a solução final para a interpretação geológica das imagens de sensoriamento remoto. Isso porque a informação espectral contida nas bandas das imagens de um sensor raramente é apenas do material geológico. Vários obstáculos podem se antepor entre a rocha e o sensor. Muitos deles, quase incontornáveis, decorrem da interferência de parâmetros ambientais, considerados aqui o conjunto de elementos que constituem ou caracterizam o meio biofísico no qual se encontra um determinado alvo de interesse. No caso específico dos materiais geológicos, esses elementos incluem a cobertura vegetal, a cobertura das camadas geológicas por solos, o intemperismo das superfícies das rochas, o sombreamento do relevo e a interferência da atmosfera. Há, também, obstáculos que são decorrentes de limitações técnicas dos sensores e outros que são limitações intrínsecas à própria informação espectral. É apresentada a seguir uma breve discussão sobre cada uma dessas limitações no uso das bibliotecas espectrais.

Considerando que a informação registrada por um sensor imageador é apenas da superfície do objeto, visto que a radiação eletromagnética não tem a capacidade de penetrar materiais sólidos, a presença da cobertura vegetal constitui a primeira barreira intransponível à observação direta de litologias e jazimentos minerais. Soluções desse problema só podem ser bem-sucedidas se for descoberta alguma dependência biótica da vegetação com a rocha subjacente. Com esse objetivo, alguns estudos de natureza geobotânica têm procurado relacionar variações de crescimento ou pigmentação ou ainda mudanças no ciclo fenológico das plantas a anomalias geoquímicas das rochas que levam a alterações na disponibilidade de nutrientes nos solos. Em termos espectrais, essas alterações, também conhecidas como estresse geoquímico, têm como influência mais notável na reflectância da vegetação um pequeno deslocamento para a esquerda, em direção ao azul (*blue shift*), da linha reta ascendente da reflectância situada entre os comprimentos de onda de 680 nm e 760 nm. Apesar de haver na literatura exemplos relacionando a ocorrência de *blue shifts* na reflectância de folhas com a concentração de sulfetos de chumbo e cobre nos solos, a possibilidade de identificação desses deslocamentos espectrais requer o uso de imageadores aerotransportados com alta resolução espacial e refinada resolução espectral (Collins et al., 1983).

Quanto à possibilidade de utilizar a informação espectral do horizonte A superficial do solo para identificar a litologia e ocorrências minerais, existe, em primeiro lugar, a dificuldade de reconhecer se determinado solo é residual e, portanto, diretamente relacionado com a composição da rocha subjacente, ou se é transportado e nada tem a ver com o substrato litológico local. Em solos fortemente intemperizados, há ainda a dificuldade de correlacionar os minerais residuais presentes no solo com a mineralogia primária da rocha-mãe. Invariavelmente, quase todos os minerais são completamente modificados ou destruídos, restando muito pouco para estabelecer uma correlação segura com a rocha original. Deve-se também considerar o fato de os espectros dos horizontes superficiais dos solos serem altamente influenciados pelas variações do teor de matéria orgânica. Galvão e Vitorello (1998) determinaram que uma presença maior que 1,7% de matéria orgânica no solo é capaz de mascarar as feições espectrais dos oxiferros e induzir uma redução superior a 40% na correlação (negativa) entre o conteúdo de ferro total (Fe_2O_3) e a reflectância.

Em muitas situações, a topografia do relevo gera sombreamentos, que, combinados com as variações dos ângulos de elevação e azimutal de incidência da radiação eletromagnética, ocasionam alterações dos valores de reflectância dos materiais geológicos, fazendo com que as medidas espectrais de reflectância obtidas no campo não se correlacionem perfeitamente com os valores de reflectância observados nas imagens. Quanto à atmosfera, esta absorve parcelas da radiação eletromagnética devido principalmente à presença de vapor d'água. A água na atmosfera absorve, em níveis próximos a 100%, a radiação eletromagnética nos comprimentos de onda de 1.400 nm e 1.900 nm, impedindo a aquisição de imagens nesses comprimentos de onda. Isso torna impossível qualquer detecção da presença de moléculas de água residentes nas estruturas cristalinas dos minerais de rocha, nos solos e nos argilominerais. Também contribuem para a degradação da informação espectral os efeitos das ações do intemperismo da superfície das rochas e a cobertura da superfície por micro-organismos (liquens). Qualquer película revestindo a superfície das rochas, por mais fina que seja, impedirá a observação espectral dos minerais constituintes.

Com relação aos sistemas sensores imageadores, os obstáculos ao uso das bibliotecas espectrais para a interpretação das imagens devem-se ao número e à largura das bandas. Muitos materiais geológicos somente podem ser detectados ou diferenciados entre si caso a largura das bandas espectrais dos sensores imageadores seja suficientemente estreita, da ordem de 10 nm, que é mais ou menos a largura média das bandas de absorção da maioria dos minerais. Esse é o caso dos argilominerais de alteração hidrotermal e dos minerais carbonáticos, aluminosos ou magnesianos, que possuem bandas de absorção muito estreitas e bem próximas entre si, concentradas no intervalo espectral de 2.000-2.500 nm. Um sensor multiespectral com apenas uma banda de 2.080 nm a 2.350 nm nessa faixa espectral, portanto, com largura de banda de 270 nm, tal como o Operational Land Imager (OLI)/Landsat-8, mostra-se deficiente para discriminar essas classes de minerais. No entanto, a compensação para uma boa parte dessas limitações pode ser alcançada com os sensores imageadores hiperespectrais, os quais possuem de dezenas a centenas de bandas com larguras espectrais de poucos nanômetros. As imagens obtidas desses sensores dão uma informação espectral comparável à informação obtida com os espectrorradiômetros, o que lhes confere alto potencial para a discriminação de rochas, minérios ou qualquer outro tipo de material da superfície terrestre. São exemplos desses sensores hiperespectrais o Airborne Visible/Infrared Imaging Spectrometer (Aviris), com 224 bandas (373 nm a 2.503 nm); o Geophysical and Environmental Research Imaging Spectrometer (Geris), com 63 bandas (410 nm a 2.500 nm); o Geologic Scanner (Geoscan), com 24 bandas do visível ao SWIR; o Hyperspectral Digital Imagery Collection Experiment (Hydice), com 210 bandas do visível ao SWIR; e o sensor Hyperion, com 242 bandas (355 nm a 2.577 nm). Na Fig. 4.1 demonstra-se a capacidade que um desses tipos de sensor pode ter para detectar, no intervalo de 2.000 nm a 2.400 nm, as absorções diagnósticas de alguns tipos de minerais em rochas com alteração hidrotermal. Para isso, é necessário que o

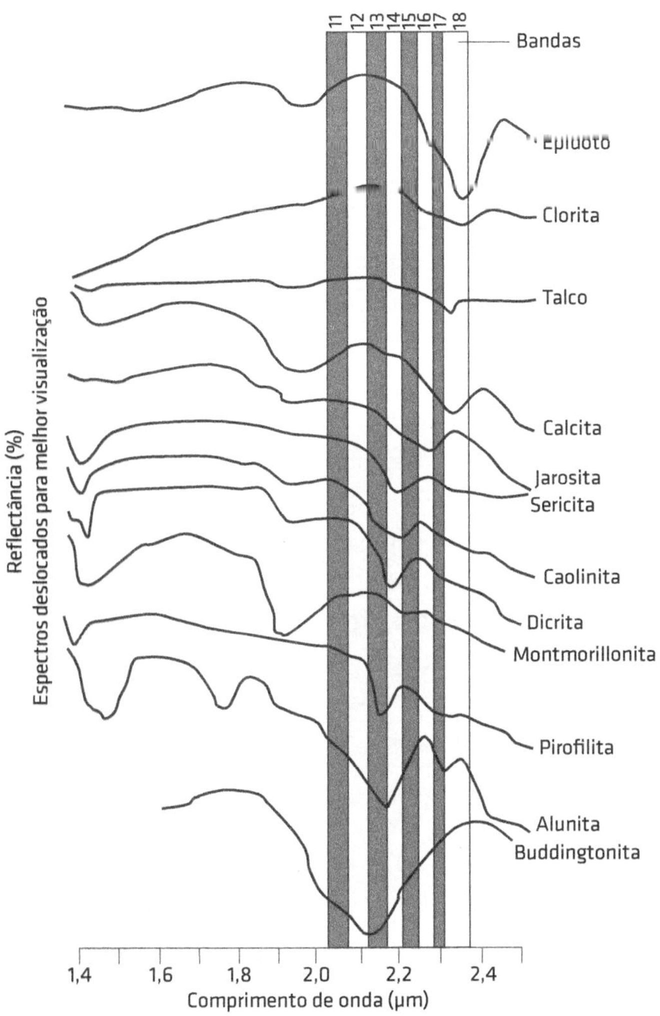

Fig. 4.1 *Posições das bandas do sensor aerotransportado Geoscan, selecionadas para a detecção de minerais de alteração hidrotermal*

Fonte: Hook et al. (1991).

sensor tenha suas bandas coincidentemente posicionadas nos comprimentos de onda das bandas de absorção diagnósticas desses minerais.

Quanto às limitações intrínsecas da própria informação espectral, fisicamente se sabe que a radiação eletromagnética não tem a capacidade de penetrar nos minerais da rocha, limitando sua interação aos primeiros 50 µm. Dessa forma, a informação espectral registrada por um sensor, ou mesmo por um espectrorradiômetro, é dos minerais vistos na superfície da rocha, o que pode não representar integralmente a composição mineralógica total. E, mais ainda, na espectrorradiometria, o pequeno campo de visada do espectrorradiômetro impossibilita, em rochas de granulação grossa, que uma única medida de reflectância englobe todos os minerais presentes. Para contornar esse problema, uma média dos espectros tomados de vários locais da superfície da amostra deve ser feita, para aproximar a espectrorradiometria à radiometria das imagens.

No que diz respeito à espectrorradiometria de campo, atualmente ela tem sido bastante utilizada como um recurso técnico de campo para o mapeamento local de unidades litológicas de interesse prospectivo, em frentes de lavras de minas, para mapear veios de minerais-minérios ou zoneamentos de alterações hidrotermais, ou mesmo para correlações estratigráficas, com base em medidas de amostras de testemunhos de sondagens.

A razão disso está no fato de a espectrorradiometria ser muito sensível a variações da composição das rochas, minerais e minérios. Enquanto essas diferenças na composição dos materiais são prontamente identificadas nos espectros de reflectância, às vezes são mais difíceis ou mais trabalhosas de identificar por outras técnicas de análise. Citando alguns entre vários exemplos conhecidos, é possível diferenciar tipos ou classes de rochas calcárias que tenham diferenças mínimas de conteúdo de matéria orgânica até da ordem de 0,04% (Meneses, 1986), identificar fácies minerais de halos hidrotermais em tempo real, possibilitando estabelecer relações entre anomalias geoquímicas ou mineralizações (Binotto et al., 2015; Carrino et al., 2014; Ducart et al., 2006), ou como feito, com relativo sucesso, por Galvão e Vitorello (1994), usar medidas espectrais de amostras de testemunhos de unidades estratigráficas de rochas terrígenas (Bacia Sedimentar Parnaíba – MA), a fim de estabelecer um método de litoestratigrafia espectral como suporte aos métodos de correlações estratigráficas.

Todos os espectros de rocha apresentados a seguir foram obtidos pelos autores, em medições de laboratório de superfícies naturais não alteradas ou de superfícies cortadas para laminação, utilizando o espectrorradiômetro FieldSpec. Em cada amostra, foram feitas dez medidas em três a cinco diferentes áreas usando a sonda óptica do equipamento, que tem fonte de luz interna. Nas figuras, a escala de valores de reflectância dos espectros foi deslocada a fim de destacar as formas das curvas espectrais e das bandas de absorção, mas mantendo suas magnitudes.

4.2 Espectros de rochas ígneas

Em termos de classificação das rochas ígneas, existe uma tendência geral de que, quanto maior for o índice de cor (mais escura), menor será o teor de SiO_2. De acordo com o teor de SiO_2, as rochas ígneas são classificadas quimicamente em: ultrabásicas ($SiO_2 < 45\%$), básicas ($45\% < SiO_2 < 52\%$), intermediárias ($52\% < SiO_2 < 66\%$) e ácidas ($SiO_2 > 66\%$). Essa classificação por teor de sílica é válida apenas para as rochas ígneas da série Ca-alcalina (a outra série é a toleítica, de caráter não alcalino). Nesse sentido, basalto é uma rocha máfica e básica, e granito é uma rocha félsica e ácida. *Grosso modo*, as rochas ultrabásicas, básicas, intermediárias e ácidas correspondem, respectivamente, às seguintes categorias de índices de cor (M): ultramáficas têm índice $70 < M < 100$; máficas, $40 < M < 70$; intermediárias, $20 < M < 40$; e félsicas, $0 < M < 20$. Os minerais de cores claras têm composição principal de SiO_2, Al_2O_3, Na_2O e K_2O e baixos teores de MgO e FeO – por exemplo, quartzo, feldspato alcalino, plagioclásio e feldspatoides. Os minerais escuros são silicatos compostos principalmente de altos teores de MgO, FeO e Fe_2O_3 – por exemplo, olivina, ortopiroxênio, clinopiroxênio, hornblenda e biotita. Os minerais muito escuros, opacos, quimicamente são óxidos, sulfetos, e hidróxidos de metais pesados – magnetita, ilmenita e pirita são os exemplos mais comuns.

Espectralmente, as reflectâncias das rochas ígneas em geral se ajustam a essas formas de classificação. Como mostra a Fig. 4.2, as rochas ígneas ácidas, intermediárias, básicas e ultrabásicas diferenciam-se relativamente bem entre si por meio de seus albedos, o que é em boa parte consequência da variação de seus índices de cor. As rochas de composição ácida mais claras apresentam albedo mais alto e espectros com frequentes absorções de

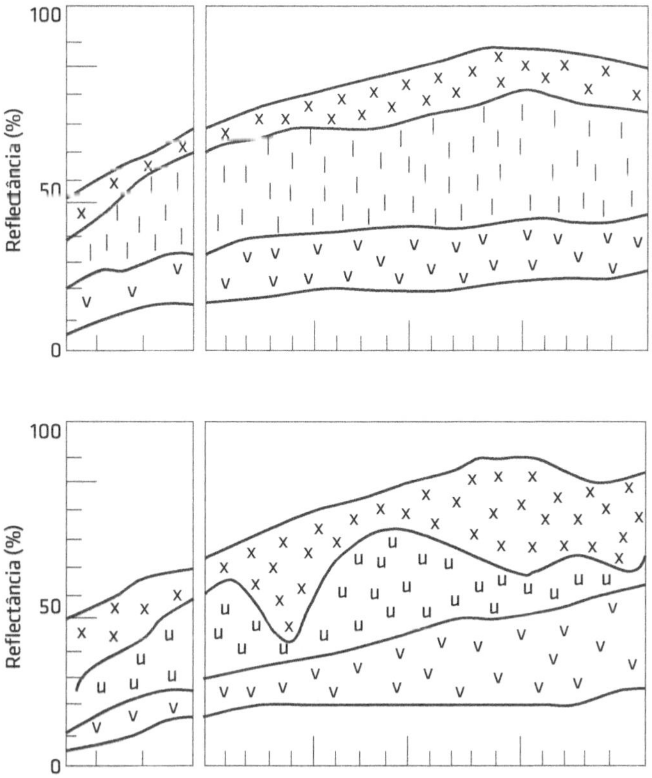

Fig. 4.2 *Diferenças entre os níveis médios de reflectância das rochas ígneas ácidas (x), intermediárias (|), ultrabásicas (u) e básicas (v)*
Fonte: Hunt, Salisbury e Lenhoff (1973a).

hidroxila e de água em 1.400 nm e 1.900 nm. As rochas intermediárias e ultrabásicas têm albedo de nível médio de reflectância; as intermediárias possuem feições de absorção muito pouco intensas e por isso mais difíceis de detectar, e as ultrabásicas típicas mostram larga absorção em torno de 1.000 nm. A ausência de bandas de água nas básicas, juntamente com o aumento de minerais opacos (magnetita), causa o mais baixo albedo dessas rochas.

4.2.1 Rochas ácidas

Os grupos do granito, do granodiorito e do adamelito (granulação grossa), junto com os respectivos grupos de granulação fina, os riólitos, dacitos e riodacitos, compõem as rochas ígneas ácidas, todos com teores de sílica suficientes para cristalizar o quartzo, além de em todos eles o feldspato alcalino constituir, pelo menos, um oitavo do conteúdo de feldspato total. Nos granitos e riólitos, o feldspato alcalino é superior a dois terços do feldspato total. Como se viu no Cap. 3, feldspatos alcalinos, plagioclásios e quartzos puros possuem comportamento espectral predominantemente transparente (sem absorções) no intervalo de 400 nm a 2.500 nm, razão pela qual as rochas ácidas exibem alta reflectância. Portanto, as feições de absorção que surgem nos espectros das rochas ígneas não são devidas a esses minerais, que normalmente ultrapassam a porcentagem de 50% da mineralogia total. Elas devem-se preferencialmente às presenças muito comuns de micas, clorita e hornblenda, e aos constituintes acessórios, como óxidos de ferro e titanita. As rochas ácidas graníticas invariavelmente apresentam absorções da hidroxila em 1.400 nm e da água em 1.900 nm, que são devidas às comuns inclusões microscópicas de água fluida no quartzo. Também contribui para essas absorções hidratadas o fácil intemperismo químico (hidrólise) dos

K-feldspatos e plagioclásios sódicos, dando formação a argilominerais como a caulinita (absorção OH em 1.400 nm) e a montmorillonita (absorção H_2O em 1.900 nm). As alterações hidrotermais a que essas rochas estão sempre sujeitas contribuem para a formação de cloritas, esmectitas e sericitas, responsáveis pelo aparecimento de várias bandas de absorção aluminosas entre 2.200 nm e 2.500 nm. Muitas vezes, a mistura mineral desses argilominerais gera sobreposição das absorções nesse intervalo espectral, dificultando a análise mineralógica dos espectros. Se a quantidade de minerais cristalinos de ferro ou soluções de óxidos de ferro permeando os grãos ou preenchendo as fraturas dos minerais for suficiente, absorções aparecem no infravermelho próximo (850-1.100 nm) e no visível (450-650 nm), por transferências de carga entre a ligação de Fe^{+2} e Fe^{+3} e por efeitos de campo cristalino.

Granitos

As rochas graníticas cujos espectros são mostrados na Fig. 4.3 são de variedades composicionais altamente silicosas, de constituição peraluminosa ou hiperaluminosa, isto é, que contêm alumina, a qual, do ponto de vista molecular, excede a quantidade de potassa e cal; a alumina em excesso entra principalmente nas micas muscovita e biotita (Willians; Turner; Gilbert, 1970). Assim, são classificadas como micagranitos. Granitos são rochas normalmente de cores claras com níveis médios de reflectância acima do patamar de 30%. Quase sempre estão presentes as bandas de absorção do ferro no infravermelho próximo, que se estendem até o visível, com uma marcante queda da reflectância em direção ao comprimento de onda do azul. No SWIR, as absorções são variadas, mais frequentemente associadas a Al-OH e Fe-OH e menos a Mg-OH. Seus principais minerais, quartzo e feldspatos, são de comportamento transparente e, dessa forma, a maioria das absorções resultam de minerais micáceos primários, sobretudo a muscovita, ou de minerais oriundos de alterações por processos hidrotermais, como turmalina, epidoto e abundante variedade de argilominerais. Os espectros dos granitos mostram morfologias de curvas muito semelhantes, e as variações que surgem são em grande parte produzidas pelas diferenças de intensidade das absorções entre os tipos composicionais.

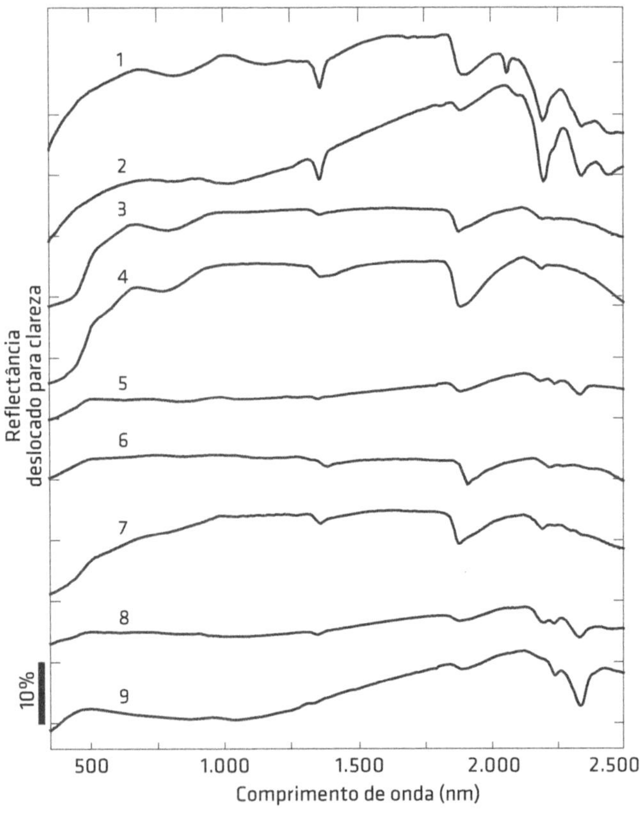

Fig. 4.3 *Espectros de rochas graníticas ácidas: (1) granito leucocrático evoluído; (2) biotita-muscovita-sienogranito; (3) granito com pórfiros de KF avermelhados; (4) granito com pórfiros de KF róseos; (5) granito calcoalcalino; (6) hornblendagranito; (7) biotita-granito de cor escura; (8) biotita-sericitagranito; (9) aplito granítico equigranular*

Fonte: biblioteca espectral IG/UnB.

Os espectros de números 1 a 4 são típicos exemplos de granitos alcalinos com textura porfirítica formada por fenocristais de feldspatos potássicos (microclínios pertíticos) e com a presença das micas muscovita e biotita com granulação grossa, imersas numa matriz inequigranular composta de quartzo, feldspatos e muscovita fina de alteração. O plagiocásio é de composição albita-oligoclásio e ocorre em pequena porcentagem.

Os espectros 1 e 2, respectivamente de um granito leucocrático evoluído e de um sienogranito, apresentam fracas bandas de absorção de Fe^{+3} entre 900 nm e 1.000 nm e as bandas hidratadas em 1.409 nm (OH) e em 1.917 nm (H_2O), esta última muito forte. As bandas aluminosas em 2.205 nm (forte), 2.345 nm e 2.434 nm (fracas) são as típicas bandas da muscovita. A biotita, em porcentagem inferior à muscovita, não contribui significativamente nos dois espectros e quase sempre não é detectável. Ela aparece um pouco alterada, com manchas ferríferas nas fraturas, que podem ter dado origem às feições de absorção de ferro. A presença da banda de absorção da água em 1.917 nm, com forma acentuadamente assimétrica e aberta, a qual não ocorre no mineral muscovita, indica a presença de argilas illita-esmectita (montmorillonita), da alteração da muscovita e dos feldspatos, ou a presença de inclusão fluida microscópica de água líquida nos cristais de quartzo.

Os espectros 3 e 4, também de granitos alcalinos de cores avermelhadas, mostram curvas com aparência morfológica um pouco diferente em relação aos espectros anteriores. São granitos nos quais, macroscopicamente, há um domínio quase completo de grandes pórfiros róseos de microclínio-ortoclásio, com a presença de esparsos cristais de biotita. Pelo fato de o campo de medida espectral ser ocupado em boa parte pelo K-feldspato, nos dois espectros destacam-se as absorções em 870-900 nm e 490 nm, as quais são devidas ao ferro férrico no microclínio-ortoclásio. A cor rósea desses feldspatos é atribuída a substituições de Al^{+3} por Fe^{+3}. Exsoluções de óxido férrico preenchendo planos de fraturas do feldspato ou permeando entre os grãos são a razão da abrupta queda da reflectância com início no infravermelho próximo. Uma única banda aluminosa de fraca intensidade aparece em 2.205 nm, provável presença do argilomineral esmectita, da alteração incipiente do plagioclásio. A esmectita tem uma diagnóstica banda de absorção entre os comprimentos de onda de 2.200 nm e 2.212 nm e, tipicamente, é dominada pelas absorções da água em 1.400 nm e 1.900 nm, que normalmente são muito mais profundas que a banda Al-OH, como mostram esses espectros.

Em seguida aos micagranitos, em ordem de abundância de ocorrência, estão os granitos metaluminosos (calcoalcalinos), com a biotita acompanhada pelo anfibólio hornblenda. Os espectros 5, 6, 7 e 8 representam esses granitos, que exibem níveis de reflectância mais baixos do que os dos granitos alcalinos, devido à presença dos minerais máficos e da magnetita como mineral acessório comum. A hornblenda aparece facilmente identificada em amostra de mão, especialmente na amostra do espectro 6, sob a forma de prismas subédricos grossos. Contudo, as bandas de absorção aluminosas desse hornblendagranito ocorrem em 2.205 nm, 2.255 nm e 2.345 nm (sericita potássica?), que não são as bandas diagnósticas da hornblenda (2.316-2.383 nm). As bandas da hornblenda parecem estar perdidas no meio dessas bandas sericíticas. Essas mesmas bandas sericíticas aparecem nos outros espectros (5, 7 e 8) e dominam o padrão de reflectância nessa faixa do SWIR, acarretando aos espectros uma morfologia semelhante. Apesar de a biotita parda estar sempre presente nesses granitos calcoalcalinos, nenhum dos espectros foi capaz de detectá-la. Por ser um mineral que exibe apenas duas absorções muito fracas e muito próximas entre si, em torno de 2.335 nm e 2.486 nm (MgFe-OH), as absorções aluminosas dos outros minerais de alteração tendem normalmente a mascará-las.

O espectro 9 é de um aplito granítico, uma rocha que se desenvolve a partir de soluções residuais dos magmas, com a formação de abundantes minerais acessórios. A ausência de minerais hidratados simplifica o espectro, o qual exibe apenas a presença da forte absorção em 2.347 nm acompanhada de inflexão em 2.254 nm, características essas do mineral epidoto, que deve existir na rocha como constituinte primário. No mineral epidoto, o óxido de ferro (Fe_2O_3) existe em proporções químicas de cerca de 34%, equivalente às da sílica (SiO_2), o que pode explicar a ampla concavidade espectral da reflectância entre os comprimentos de onda de 600 nm e 1.800 nm, aproximadamente.

Granodioritos

São rochas ígneas de granulação grossa que basicamente se diferenciam dos granitos por conterem mais plagioclásio do que feldspato alcalino. Em muitos granodioritos, a biotita é aproximadamente tão abundante quanto a hornblenda, conferindo à rocha uma textura típica "sal e pimenta", que dá aos granodioritos uma cor mais escura que a dos granitos. Por isso, seus espectros normalmente exibem uma reflectância um pouco mais baixa que os dos granitos. No entanto, seus padrões de espectros são bastante semelhantes aos dos granitos, particularmente aos dos granitos normais ou calcoalcalinos (biotita-hornblenda). Por essas circunstâncias, é difícil para o analista reconhecer, com base no espectro, se ele pertence ao clã granítico ou ao clã granodiorítico.

Na Fig. 4.4, o espectro 1 é de um granodiorito com textura lepidoblástica contendo 13% de muscovita e fenocristais de plagioclásio bastante alterados e sericitizados, ocorrendo aglomerados de cristais de granada que mostram uma clara associação com os processos de muscovitização e descalcificação dos plagioclásios. Contudo, a granada não é espectralmente identificada. Destacam-se no espectro as bandas da muscovita com absorção de forte intensidade centrada em 2.210 nm, seguidas de bandas mais fracas em 2.347 nm e 2.444 nm. Nos granodioritos, a sericita, ou mica hidratada, frequentemente está associada a reações de alteração de hidrotermalização com aumento de hidratação, que no espectro são responsáveis pelas bandas de absorção muito fortes da hidroxila e da água, em 1.409 nm e 1.927 nm, que superam em intensidade as bandas aluminosas.

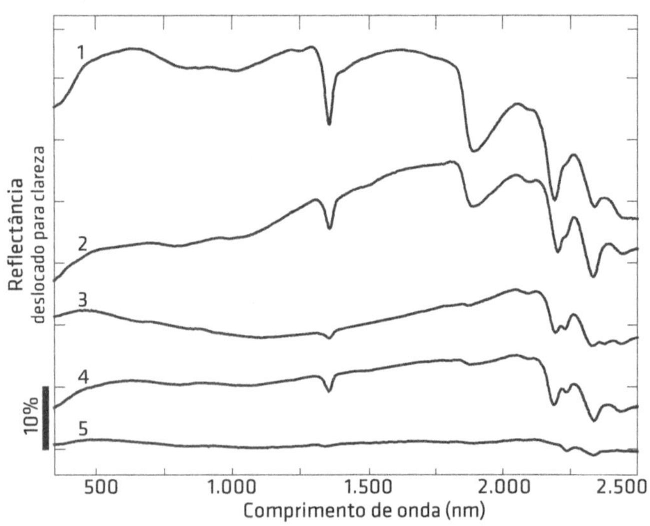

Fig. 4.4 *Espectros de granodioritos: (1) granodiorito muscovítico sericitizado; (2) dacito pórfiro; (3) granodiorito cisalhado; (4) biotita-sericitagranodiorito fácies potássica; (5) grandiorito hidrotermalizado com formação de epidoto*

Fonte: biblioteca espectral IG/UnB.

O espectro 2 é de um dacito, rocha considerada aproximadamente o equivalente de granulação fina dos granodioritos. Nesse contexto, seu espectro mostra uma grande similaridade com o espectro do granodiorito, indicando a sericitização da rocha. A tendência de inclinação descendente do espectro em direção aos menores comprimentos de onda, a partir da banda da hidroxila, é a única distinção em relação ao espectro do granodiorito. Pode contribuir para isso a presença de alguma pequena quantidade de óxido férrico na rocha, ou pode-se considerar que, sendo a augita diopsídica e o hiperstênio os minerais máficos que podem estar na composição dos dacitos, eles possam ser também a razão do comportamento espectral observado no espectro desse dacito. Esses dois minerais máficos têm fortes e largas absorções mais ou menos centradas em 920 nm e 1.000 nm devido ao ferro férrico em sua composição química. No final do SWIR raramente eles exibem absorções.

O espectro 3, de um granodiorito de zona de cisalhamento contendo 15% de biotita, 3% de clorita e 8% de carbonatos primários decorrentes de alteração hidrotermal, mostra um comportamento de reflectância que também identifica a presença adicional de alguma sericita + clorita, indicando uma tendência na composição da sericita indo da zona da clorita para a zona do carbonato. A sericita é responsável pela absorção em 2.010 nm. Como no espectro a mistura sericita + clorita produz forte absorção em torno de 2.341 nm, conjugada com outras absorções fracas, ela domina a absorção do carbonato, cuja absorção diagnóstica é em 2.340 nm, com uma forma bem definida e isolada de outras absorções. No entanto, o espectro não mostra essa absorção diagnóstica bem definida e isolada. Para isso acontecer, o carbonato teria que existir em proporção superior a cerca de 20%. A presença do carbonato no máximo poderia ser indicada pela influência que teria na ampla forma de embaciamento do espectro, a qual está associada à absorção de Fe^{+2} em torno de 1.000 nm. O carbonato seria, dessa forma, de composição ferrosa. A biotita também poderia estar contribuindo com essa forma embaciada da reflectância. A fraca percepção da existência de uma banda da água pode ser atribuída a essa mistura de composição química anídrica de carbonato e clorita.

O espectro 4 é de um granodiorito acinzentado contendo 19% de biotita de granulação fina a média, cujos cristais estão orientados entre os demais agrupamentos de minerais, formando faixas que bordejam as segregações quartzosas (textura lepidoblástica). Os plagioclásios muito alterados mostram processos de sericitização e saussuritização. O espectro desse granodiorito evidencia duas fortes bandas de iguais profundidades, uma próxima a 2.208 nm (sericita), acompanhada de um ombro em 2.255 nm, e a outra em 2.351 nm (Mg-OH biotita), acompanhada de uma inflexão em 2.437 nm. Essas absorções parecem ser resultado de um processo de alteração sericítico em uma zona hidrotermal de fácies potássica.

O granodiorito representado no espectro 5, com 12% de biotita e de cor levemente azulada (talvez pela presença de epidoto), teve sua mineralogia afetada por alteração hidrotermal regional, com os feldspatos saussuritizados levando à formação de epidoto (8%) e de clorita + sericita de granulação fina, que se espalham pela lâmina petrográfica. No entanto, essa mistura mineral exibe fracas bandas de absorção que, se expostas no modo *continuum*, possibilitam identificar suas aproximações aos comprimentos de onda do espectro do epidoto com absorções diagnósticas próximas a 2.348 nm e 2.254 nm e fraca banda em 1.540 nm. Dessa forma, nesse granodiorito, o mineral epidoto é quem define o comportamento espectral.

4.2.2 Rochas intermediárias

O grupo de rochas intermediárias é formado pelos sienitos, monzonitos e dioritos, termos de granulação grossa, e pelos equivalentes de granulação fina, traquitos, traquiandesitos e andesitos. Alguns contêm quartzo em abundância, muitos estão desprovidos de quartzo e alguns contêm feldspatoides em lugar de quartzo (fonólitos). Em geral, possuem menos quartzo e K-feldspato que as ígneas ácidas, porém mais que as básicas. Apresentando índices de cor mais escuros, invariavelmente inferiores a 40, seus espectros têm níveis de reflectância entre os espectros das rochas félsicas e máficas. A menor reflectância dissimula ou reduz a intensidade das bandas de absorção, e as bandas de água e de hidroxila, quando estão presentes, dependem do grau de intemperismo das rochas, e não essencialmente da mineralogia primária.

Dioritos, andesitos e sienitos

Dioritos típicos são rochas de granulação média a grossa nas quais o oligoclásio e a andesina são os feldspatos principais, e a hornblenda e a biotita, em menor proporção, são os minerais máficos principais. Alguns são extremamente ricos em quartzo, contendo mais de um quarto em volume (quartzodioritos). São rochas com facilidade de alteração dos minerais máficos para o mineral clorita.

Na Fig. 4.5, os espectros 1 e 2 são de variedades de diorito. No espectro 1, de um diorito de coloração cinza e granulação média com 8% de biotita vermelha, a hornblenda está presente na rocha com uma porcentagem alta de 25%, e seria esperado que ela dominasse o padrão de reflectância do espectro. No entanto, as feições de absorção diagnósticas da hornblenda no SWIR (±2.315 nm e 2.385 nm) estão ausentes. A explicação mais plausível é que nesses dioritos os cristais de hornblenda contêm alongadas inclusões de epidoto que podem ter descaracterizado as bandas de absorção da hornblenda. O que se vê nesse espectro são duas fracas bandas de absorção em torno de 2.205 nm e 2.255 nm (ombro ou inflexão), seguidas de uma forte absorção em 2.345 nm. Essa combinação de bandas sugere uma mistura mineral formada por epidoto + clorita, cujas absorções em 2.345 nm e 2.255 nm diretamente se sobrepõem no SWIR. A banda em 2.205 nm pode ser relacionada à alteração dos plagioclásios (montmorillonita), que também explicaria a existência das fortes bandas da hidroxila (1.408 nm) e da água (1.908 nm). No espectro, a existência da clorita é particularmente indicada pela posição da banda de ferro em 1.148 nm, mais compatível com a clorita do que com a hornblenda, cuja banda de ferro situa-se mais próxima a 1.000 nm.

O espectro de número 2, de um quartzodiorito, apresenta absorções no SWIR distintas do espectro anterior. A feição de absorção principal próxima ao comprimento de onda de 2.343 nm pode ser considerada uma absorção Mg-OH, que segundo Pontual, Merry e Gamson (1997) indicaria, por estar situada intermediariamente à absorção Mg-OH da clorita em 2.338 nm e à absorção Mg-OH da biotita em 2.348 nm, a presença conjunta desses dois minerais na amostra desse quartzodiorito. Nos quartzodioritos, quando o conteúdo em quartzo aumenta, a biotita tende a tornar-se mais abundante à custa da hornblenda, a qual pode até ser rara ou não existir nos dioritos com mais de 10% de quartzo, o que estaria de acordo com o que mostra o espectro.

Andesitos são rochas que, de acordo com o máfico dominante, dividem-se em olivina-andesitos, hiperstênio-andesitos, augita-andesitos, hornblenda-andesitos e biotita-andesitos (Willians; Turner; Gilbert, 1970). O espectro 3 é de um hornblenda-biotita-andesito, o termo correspondente de granulação fina dos dioritos, vulcânico, com grau de cristalinidade hipovítrea a hipocristalina. O padrão da curva de reflectância desse andesito segue próximo ao do espectro 2 do quartzodiorito, com bandas de absorção muito fracas no intervalo de 2.200 nm a 2.150 nm dos minerais máficos, que parecem mostrar uma combinação de bandas de absorção da clorita e da hornblenda, esta exibida apenas em 2.315 nm, pouco menos evidente que a da clorita. Nos hornblenda-andesitos e nos biotita-andesitos, é comum a oxi-hornblenda e a biotita avermelhada pela oxidação serem parcial ou completamente substituídas por misturas granulares de augita e magnetita, o que poderia também explicar a presença das absorções muito fracas. A forte absorção da água e a fraca absorção da hidroxila são de alteração dos plagioclásios para montmorillonita.

Os sienitos formam várias espécies, dividindo-se nos grupos de sienitos alcalinos (K-feldspatos) (espectro 5), sienitos calcoalcalinos ou ortossienitos (plagioclásio--oligoclásio) (espectro 6) e os que são portadores de feldspatoides (insaturados em sílica e ricos em álcalis) (espectro 4), mostrados na Fig. 4.5. O quartzo nunca excede 10% em volume. O índice de cor raramente é superior a 40.

Os espectros 5 e 4 do sienito alcalino e do sienito com feldspatoides (composição também alcalina) têm padrões de formas mais semelhantes entre si, com curvas mais retilíneas, não havendo respostas de feições espectrais dos minerais máficos, como hornblenda, biotita e augita. Em ambos, destacam-se as absorções da hidroxila e da água em 1.424 nm e 1.919 nm, indicativas da alteração dos feldspatos por processos hidrotermais. Sienitos alcalinos estão usualmente associados com granitos alcalinos, e por isso também são frequentemente sujeitos a hidrotermalismo. As bandas de absorção aluminosas são de intensidades fracas, e ambos os sienitos apresentam as mesmas bandas em 2.205 nm e 2.436 nm. A diferença da forma do espectro desses sienitos se destaca nessa região do SWIR, pelo fato de o sienito portador do feldspatoide nefelina (foiaíto) ter duas fracas bandas intermediárias adicionais, situadas em 2.248 nm e 2.315 nm. A absorção situada em 2.315 nm é a principal banda de absorção do mineral nefelina e é quase imperceptível no espectro da rocha, não aparecendo como uma banda diagnóstica da presença desse feldspatoide.

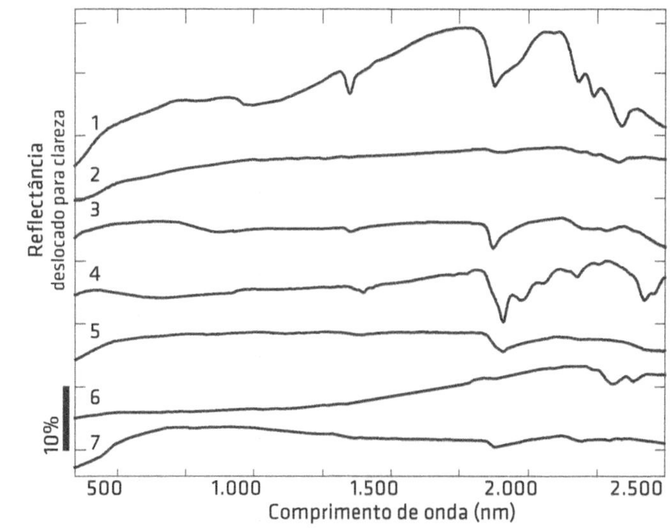

Fig. 4.5 *Espectros de rochas intermediárias: (1) diorito; (2) quartzodiorito; (3) andesito; (4) sienito portador do feldspatoide nefelina (foiaíto); (5) sienito alcalino; (6) quartzossienito calcoalcalino; (7) traquito*
Fonte: biblioteca espectral IG/UnB.

Em contraposição, sienitos de composição calcoalcalina, que têm como minerais máficos característicos a hornblenda verde e a biotita parda, exibem padrões de reflectância bem distintos daqueles dos sienitos alcalinos. O espectro 6 é de um sienito de composição calcoalcalina portador de quartzo. O padrão de reflectância é uma combinação dos padrões de reflectância da hornblenda e da biotita, configurado por uma curva embaciada com centro em torno de 1.240 nm (influência da biotita) e com bandas de absorção de intensidade média situadas mais na extremidade do SWIR, em 2.315 nm e 2.394 nm, devido à hornblenda.

Traquitos são os equivalentes de granulação fina, vulcânicos e hipabissais, dos sienitos. Como se pode observar no espectro 7, o traquito apresenta características espectrais semelhantes às do sienito alcalino do espectro 5. A banda Al-OH mais evidente situa-se no comprimento de onda de 2.205 nm, que, vista em muitos dos espectros das rochas ígneas ácidas, é diagnóstica da esmectita (montmorillonita), apresentando-se menos intensa que a banda da água, a qual por sua vez sempre aparece com forma assimétrica, como assim mostra o espectro desse traquito.

4.2.3 Rochas ultrabásicas

As rochas ultrabásicas contêm menos de 45% de sílica. Grande parte dessas rochas são também ultramáficas, porém, convém destacar que nem toda rocha ultramáfica é ultrabásica e vice-versa. Os principais exemplos são os dunitos, os peridotitos, os piroxenitos, os kimberlitos e os serpentinitos. São rochas compostas principalmente de olivinas magnesianas (forsterita) e piroxênios, têm índices de cor superiores a 70, e em todas é típica a escassez ou a ausência do feldspato. Em comparação às rochas básicas, apresentam espectros com níveis de reflectância um pouco mais elevados e bandas de absorção mais bem desenvolvidas. No entanto, a presença significativa e bastante comum de opacos nessas rochas, como cromita e magnetita, contribui para a redução expressiva da reflectância. A característica espectral mais marcante de todas as rochas ultramáficas é a constante presença da banda de absorção do ferro em torno de 1.000 nm.

Os espectros das rochas ultrabásicas (ultrabásica-ultramáfica) estão reunidos nas Figs. 4.6 e 4.7. O espectro 1 da Fig. 4.6 é de um hornblendapiroxenito, e seu comportamento espectral, com as principais absorções situadas em 1.000 nm, 1.947 nm, 2.315 nm e 2.394 nm, é praticamente igual ao do espectro da hornblenda. Nos outros três espectros, referentes às rochas peridotito portador de piroxênio (espectro 2), olivina-piroxênio-hornblendito (espectro 3) e dunito (espectro 4), as bandas de absorção ferrosas dos ortopiroxênios e da olivina se posicionam entre 1.028 nm e 1.044 nm e entre 1.940 nm e 1.955 nm, e as bandas magnesianas se posicionam em 2.320 nm e 2.384 nm. Essas absorções somente são detectadas se os espectros forem observados em escala de reflectância ampliada ou no modo *continuum*, porque são todas bandas de fracas intensidades, atenuadas pela presença dos minerais opacos. Por essa razão, os três espectros exibem padrões bastante semelhantes entre si e com níveis de reflectância em torno de 10%.

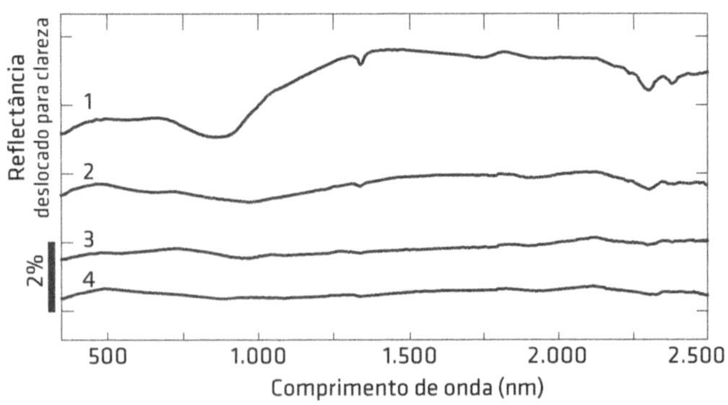

Fig. 4.6 *Espectros de rochas ultrabásicas-ultramáficas: (1) hornblendapiroxenito; (2) lherzolito (peridotito portador de piroxênio); (3) olivina-piroxênio-hornblendito; (4) dunito*

Fonte: biblioteca espectral IG/UnB.

Os dois espectros da Fig. 4.7 são de serpentinitos, rochas cujos minerais do grupo da serpentina são atribuídos à alteração hidrotermal tardia ou pós-magmática de minerais máficos preexistentes, principalmente olivina e piroxênio, de rochas dunito e peridotito. O espectro 1 exibe bandas de absorção intensas originadas pela presença dominante dos minerais antigorita (90%) e talco (10%), com textura em malha serpentinítica. O espectro descreve uma forma de curva espectral semelhante à do mineral antigorita, com bandas de absorção características tanto da antigorita quanto do talco, minerais de composição muito semelhante, respectivamente $(MgFe)_3(SiO_5)(OH)_4$ e $Mg_6(Si_8O_{20})(OH)_4$. As feições espectrais de absorção situam-se em 1.396 nm (OH; muito forte) e em 1.982 nm (ferro), esta última seguida por uma típica absorção em forma de sela entre 2.106 nm e 2.125 nm e uma intensa absorção em 2.320 nm. O ferro presente na antigorita é também a causa das absorções em 730 nm, 914 nm e 1.110 nm. O pico de reflectância que se vê no espectro desse serpentinito está no comprimento de onda da luz verde. A cor verde da serpentina é determinada principalmente pelo conteúdo em ferro dos minerais máficos originais, tornando-se mais intensa à medida que o ferro aumenta.

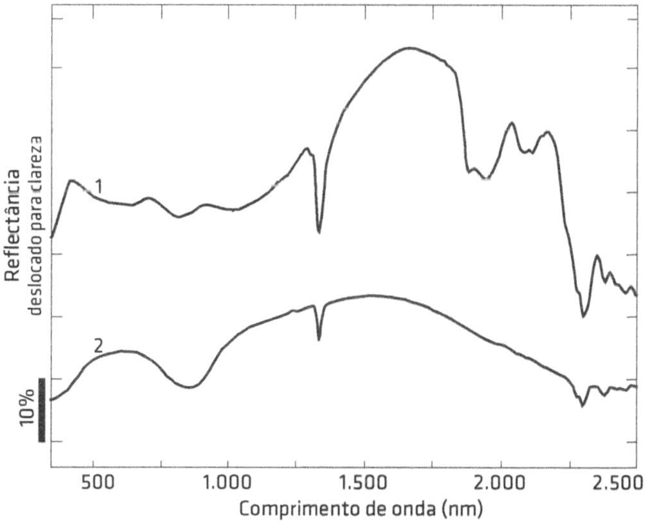

Fig. 4.7 *Espectros de serpentinitos: (1) antigorita-talcosserpentinito; (2) actinolitasserpentinito*
Fonte: biblioteca espectral IG/UnB.

O espectro 2 do serpentinito assume um padrão de curva espectral convexa semelhante à da actinolita, mineral que nesse serpentinito apresenta, em concordância a seu padrão de reflectância, uma única e nítida banda de absorção do ferro em torno de 1.000 nm (notar a ausência da banda de ferro da antigorita em 1.982 nm) e duas bandas magnesianas no infravermelho, em 2.320 nm (esta se sobrepõe à banda da antigorita) e em 2.385 nm. A banda magnesiana em 2.320 nm é mais intensa na antigorita, porque nesse mineral a proporção de MgO é maior do que na actinolita. Talco não está presente na amostra.

4.2.4 Rochas básicas

As principais rochas ígneas básicas são os gabros plutônicos, os diabásios hipabissais e os basaltos vulcânicos, quase todos tendo índices de cor superiores a 40. São compostas principalmente de plagioclásio mais cálcico e dos minerais máficos ortopiroxênios ferromagnesianos (hiperstênio), clinopiroxênios ricos em cálcio (augita) e olivinas ricas em ferro (faialita). Por causa da grande quantidade de minerais máficos e opacos, especialmente magnetita, essas rochas apresentam normalmente os espectros de mais baixa reflectância entre todos os tipos de rocha, e invariavelmente apenas as absorções devidas ao ferro se destacam (Hunt; Salisbury; Lenhoff, 1974). A própria mineralogia dessas rochas (plagioclásio labradorita, augita e hiperstênio) contribui para a ausência de bandas no infravermelho entre 2.000 nm e 2.500 nm, visto que esses minerais raramente possuem absorções nesse intervalo espectral.

Os níveis de reflectância das rochas básicas quase sempre se situam abaixo de 10%. Esse comportamento pode ser notado nos espectros 1 e 2 da Fig. 4.8, de diabásio e de basalto de composição toleítica (ausência de olivina), que ostentam padrões de reflectância similares. No espectro do diabásio, e mais sutilmente no espectro do basalto, ainda se nota uma fraca e suave banda de absorção de ferro, que, acompanhada da absorção da água, demonstra o fácil intemperismo meteórico dessas rochas. Esse intemperismo pode levar à formação de nontronita amarela (absorções são variadas no SWIR) ou ao desenvolvimento de novos

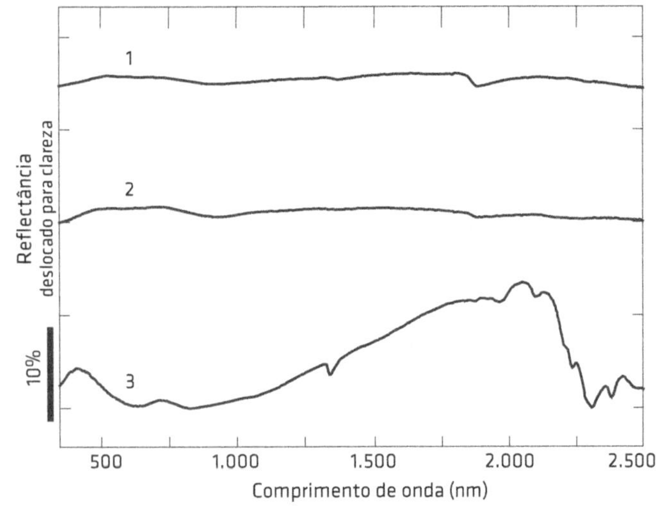

Fig. 4.8 *Espectros de rochas básicas: (1) diabásio; (2) basalto; (3) gabronorito*
Fonte: biblioteca espectral IG/UnB.

minerais, como a clorita e a calcita. Por essa razão, quando observados no modo *continuum*, os espectros exibem a presença de pequenas e difusas absorções entre 2.200 nm e 2.305 nm.

O espectro 3 é de um gabronorito, rocha que raramente contém hornblenda e biotita, máficos característicos dos dioritos. O constituinte máfico em abundância nesse gabronorito é a olivina, espectralmente reconhecida pela ampla absorção do ferro centrada em torno de 1.000 nm. As absorções que aparecem no final do infravermelho, em 2.254 nm (inflexão), 2.319 nm e 2.392 nm, são de cloritas de composição ferromagnesiana de alteração da olivina.

4.3 Espectros de rochas sedimentares

As rochas sedimentares podem ser divididas em três grandes grupos: as clásticas ou detríticas, como conglomerados, arenitos, siltitos e argilitos; as de natureza química, como calcários e evaporitos; e as de origem orgânica, carbonosas. Seus espectros normalmente exibem alto albedo e feições de absorção bem definidas, salvo quando há a presença de material opaco carbonoso, mesmo em reduzida quantidade. A variação de seus espectros é controlada, em sua origem, por um número reduzido de feições espectrais da água, da hidroxila, do carbonato e dos óxidos. Como a presença da água e da hidroxila é bastante comum nos minerais das rochas sedimentares, as absorções em 1.400 nm e em 1.900 nm aparecem como as mais marcantes. Além disso, por ser comum a existência de óxidos ferrosos, os espectros marcam a presença de absorções em torno de 1.000 nm, e, quando a oxidação ferruginosa intempérica das rochas é visível, com o ferro revestindo as superfícies dos grãos, os espectros das rochas sedimentares produzem a típica queda da reflectância do infravermelho próximo em direção aos menores comprimentos de onda do visível. No intervalo de 2.000 nm a 2.500 nm, as bandas mais comuns são devidas à presença de carbonatos e de óxido de alumínio nos minerais de argila secundários (por exemplo, caulinita) e nos minerais filossilicáticos (por exemplo, clorita e sericita). No caso de conglomerados, as feições mais comuns devem-se à presença de argila na matriz e às películas superficiais de oxidação. A composição dos seixos e a proporção de matriz podem resultar em novas e variadas bandas de absorção e influenciar o albedo do espectro. Conglomerados são, portanto, rochas que não apresentam padrões típicos de curvas de reflectância. Muitos de seus espectros podem se assemelhar aos espectros de arenitos ou de siltitos.

4.3.1 Sedimentos clásticos

Nas rochas sedimentares clásticas, os principais constituintes são quartzo, micas e argilas diversas, podendo ainda ocorrer quantidades menores de matéria orgânica, óxidos de ferro, carbonatos e fragmentos de rochas siliciclásticas. Os espectros da Fig. 4.9 são de rochas sedimentares clásticas areníticas (psamíticas). Os três primeiros espectros (1, 2, e 3) são de arenitos quartzosos de granulação grossa, com fração detrítica dominantemente composta de quartzo e feldspatos bastante caulinizados. Por ser o quartzo um mineral de comportamento espectral transparente à reflectância, as características espectrais do arenito branco, representado pelo espectro 1, são totalmente controladas no SWIR pela caulinita, resultante de total alteração química por hidrólise dos feldspatos. A caulinita é identificada pelas bandas diagnósticas de absorção fortes e duplas da hidroxila em 1.401 nm e 1.412 nm e da alumina em 2.166 nm e 2.205 nm. A absorção em 2.166 nm é uma suave inflexão da absorção em 2.205 nm, mas é importante para determinar a cristalinidade da caulinita. Caso se situe mais próxima ao comprimento de onda de 2.160 nm, a cristalinidade é maior, e, caso se desloque para 2.180 nm, é menor. Também é possível usar a profundidade da dupla absorção (2.166-2.205 nm). Nesse sentido, o espectro 1 contém caulinita com maior grau de cristalinidade (maior profundidade da absorção), que decresce para o espectro 2.

O espectro 2 é de um arenito microconglomerático com matriz silicosa grossa, e seu espectro com formas de absorção no SWIR idênticas às do espectro 1 indica que ele é também caulinítico. As absorções em 910 nm e 530 nm resultam de oxidação de ferro por processos de intemperismo secundários.

O espectro 3, embora mostre semelhanças com o espectro 2, é típico de arenitos vermelhos, em que os óxidos de ferro, disseminados por toda a parte da camada, indicam condições fortemente oxidantes no local e no tempo da deposição primitiva. O que esses arenitos vermelhos diagnosticamente identificam são as absorções de ferro nos comprimentos de onda de 930 nm, 480 nm e 390 nm com fortes intensidades, as quais não provocam no espectro modificações das bandas de absorção no SWIR. Dificilmente o analista conseguirá identificar apenas pelos espectros a origem primária ou secundária dessas feições espectrais ferruginosas.

Os típicos siltitos vermelhos dos espectros 4 e 5 também indicam condições fortemente oxidantes no tempo da deposição, mas seus padrões de curvas espectrais são bem distintos daqueles dos arenitos vermelhos. A reflectância tende a se inclinar suavemente em direção ao SWIR onde ocorrem absorções pouco pronunciadas, e é muito fraca a intensidade das absorções da hidroxila e da água. A ação dos minerais ferríferos (hematita) também é menos acentuada que aquela vista nos arenitos vermelhos. Nos espectros, observar que as absorções de ferro não são muito intensas, como era de se esperar em uma rocha em que óxidos de ferro ultrapassam 15%. Pode-se especular duas razões para esse comportamento: a primeira razão é que algumas hematitas muito finas podem apresentar espectros de reflectância muito baixos, com comportamento tipicamente transopaco, que contribuem para a redução da reflectância desses siltitos vermelhos e, em consequência, minimizam a intensidade das absorções (isso também é visto nos folhelhos, Fig. 4.10); a outra razão é a fina estrutura laminar fortemente compactada em camadas que separa o quartzo dos minerais argilosos, compondo uma textura granolepidoblástica. As fracas bandas de absorção em 1.917 nm, 2.205 nm e 2.440 nm e a quase indetectável absorção em 2.335 nm são produzidas pela sericita (25%) que contorna os cristais de quartzo. Siltitos são rochas que apresentam usualmente variações de cores rítmicas, muitas vezes em um mesmo afloramento – cores esbranquiçadas, cinzentas, esverdeadas e avermelhadas, as quais são originadas por suas respectivas composições

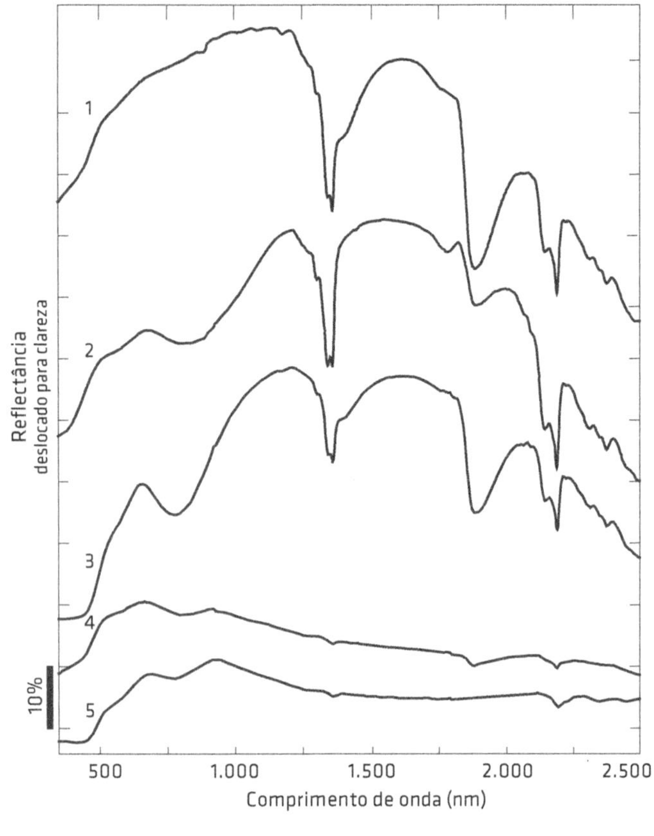

Fig. 4.9 *Espectros de rochas sedimentares areníticas: (1) arenito branco caulinítico; (2) arenito conglomerático; (3) arenito vermelho; (4) siltito vermelho; (5) siltito vermelho*
Fonte: biblioteca espectral IG/UnB.

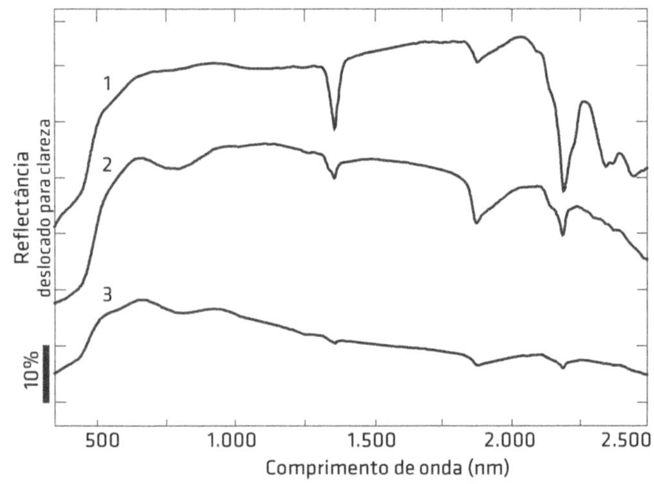

Fig. 4.10 *Espectros de rochas sedimentares argilosas: (1) argilito branco; (2) argilito róseo; (3) folhelho roxo argiloso*
Fonte: biblioteca espectral IG/UnB.

caulínica, de matéria orgânica carbonosa, de cloritas e de óxidos de ferro. Apesar disso, os espectros dessas rochas não exibem padrões muito distintos, e as diferenças basicamente se limitam às posições das bandas de absorção no SWIR.

Os sedimentos clásticos de granulação fina (psefíticos), representados por argilitos e folhelhos, têm seus espectros mostrados na Fig. 4.10. O espectro 1, de argilito branco, exibe com muita nitidez as características espectrais controladas pela illita (illita-sericita), mineral que, em relação à caulinita presente nos arenitos, apresenta as feições da hidroxila com forma simples e fina, porém mais intensas que a feição da água. Na illita, a absorção Al-OH centrada em 2.205 nm é a mais forte, tal como mostra o espectro 1, e é acompanhada das fracas absorções em 2.355 nm e 2.440 nm.

A cor levemente avermelhada da amostra do argilito róseo do espectro 2 parece não alterar significativamente o padrão espectral anteriormente visto, mas detalhes mostram que se acentuam as absorções do ferro hematítico (±890 nm e 540 nm). Outro detalhe é a igual profundidade das bandas da água (1.910 nm) e de Al-OH (2.212 nm), as quais são seguidas de fraquíssimas absorções com comprimentos de onda difíceis de determinar, que nesse caso indicam uma mistura dos argilominerais illita e montmorillonita.

O espectro 3 é de um folhelho roxo argiloso, rocha na qual as lâminas dos minerais argilosos tendem a jazer quase paralelas ao plano de acamamento, produzindo uma típica estrutura laminar. Daí suas semelhanças de padrão de espectro com os siltitos, se guardada a mesma composição mineralógica. Observar que o decaimento da curva da reflectância para o SWIR tem a mesma aparência daquele que ocorre nos espectros dos siltitos vermelhos da Fig. 4.9, fazendo-os quase indistintos. As bandas de absorção muito fracas no SWIR parecem ser da illita.

4.3.2 Calcários e dolomitos

A espectrorradiometria no SWIR é altamente eficiente na detecção e na diferenciação dos carbonatos. As rochas carbonáticas de origem detrítica ou química apresentam espectros com bandas de absorção diagnósticas do íon CO_3^{-2} em torno de 2.325 nm, se dolomíticas, e em torno de 2.335 nm, se de composição calcária. Em rochas, normalmente aparecem apenas essas duas bandas. Essa é uma forma precisa de diferenciar essas duas rochas carbonáticas. Independentemente de a estrutura da rocha dolomítica ou calcária ser do tipo suportada pelos grãos, com granulometria de calci ou dolorrudito (> 2 mm) e calci ou doloarenito (2,0-0,062 mm), ou do tipo suportada pela matriz, com granulometria de calci ou dolossiltito (0,062-0,004 mm) e calci ou dololutito (< 0,004 mm), ou mesmo do tipo oolítica, oncolítica ou bioclástica, muito pouco deslocamento ocorrerá na posição central dessas duas bandas carbonáticas. Apenas se nota um maior aprofundamento das bandas de absorção dos calcarenitos e doloarenitos em relação às bandas de absorção dos calcilutitos e dololutitos. Abaixo do comprimento de onda de 2.000 nm, os espectros dos calcários e dolomitos são bastante semelhantes, planos e sem absorções.

Os minerais calcita e dolomita são carbonatos desidratados, o que tende a simplificar os espectros. Por isso, qualquer indício da presença de bandas de absorção em 1.400 nm ou em 1.900 nm aponta, no mínimo, a existência de impurezas, como argilas que podem se intercalar em finíssimas lâminas nas camadas carbonáticas. Os espectros mostrados na Fig. 4.11 confirmam essas observações. Eventualmente, os calcários e dolomitos podem apresentar alguma absorção próxima a 1.000 nm pela presença do íon ferroso que substitui íons de Ca^{+2} ou Mg^{+2}. Para isso, quantidades mínimas são necessárias, da ordem de < 0,09%. Os calcários argilosos, ou margas (espectro 1), naturalmente mostram espectros bem distintos dos apresentados pelos carbonatos puros, devido à alta porcentagem de argilas (35% a 60%). A oxidação de calcários argilosos é comum, daí a queda da reflectância para os menores comprimentos de onda e a presença das bandas da hidroxila e da água. A banda carbonática é preservada e aparece muito profunda em virtude do alto desnível de reflectância entre as regiões espectrais do visível e do infravermelho. Os espectros de 2 a 7 são de calcários e dolomitos puros, o que é confirmado por seus espectros retilíneos ou planos sem absorções, a não ser as absorções carbonáticas em 2.325 nm e 2.335 nm. A diminuição gradativa que se observa na intensidade dessas bandas carbonáticas é devida ao aumento de matéria orgânica.

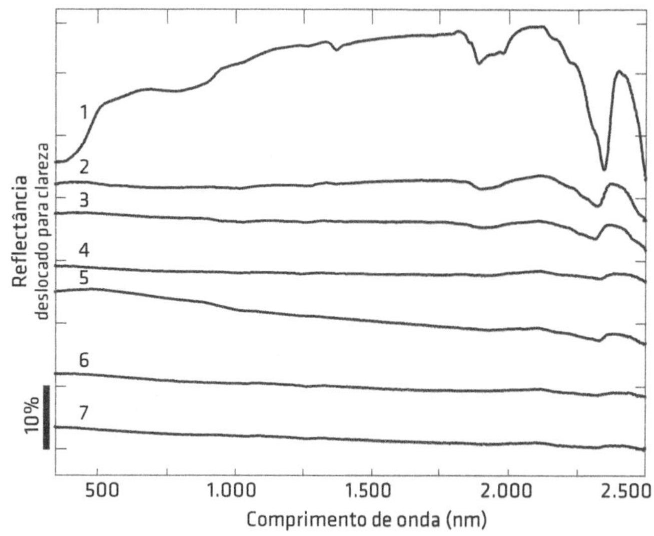

Fig. 4.11 *Espectros de rochas carbonáticas: (1) calcário argiloso; (2) doloarenito; (3) dololutito; (4) calciesparito; (5) calcilutito; (6) calcarenito; (7) calcarenito*
Fonte: biblioteca espectral IG/UnB.

Por curiosidade, na Fig. 4.12 são mostrados alguns espectros tomados da face exposta de rochas carbonáticas, que sempre mostram, pelo leve intemperismo das águas das chuvas, uma coloração superficial cinza-claro uniforme e que disfarça aos olhos a cor real dos calcários e dolomitos. Os espectros são de algumas das amostras apresentadas na Fig. 4.11. Espectralmente, o efeito intempérico é caracterizado pela acentuada queda da reflectância na região do visível, tal como se observa em vários

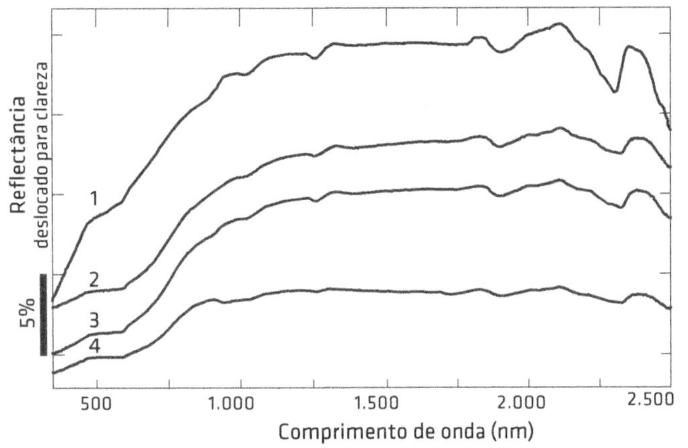

Fig. 4.12 *Espectros de rochas carbonáticas da face exposta ao intemperismo, que se caracteriza pela queda da reflectância na região do visível: (1) dololutito; (2) calciesparito; (3) calcilutito; (4) calcarenito*
Fonte: biblioteca espectral IG/UnB.

tipos de rochas afetadas pelos processos de oxidação ferruginosa, além do surgimento de fracas bandas de água. Nessa situação, as duas bandas carbonáticas que diferenciam carbonatos calcíticos de carbonatos dolomíticos continuam a ser detectadas.

4.4 Espectros de rochas metamórficas

As transformações que se processam nas rochas preexistentes por mudanças mineralógicas, químicas e estruturais, essencialmente no estado sólido, em resposta a marcantes mudanças na temperatura e na pressão, resultam em rochas com crescimento de cristais de diversas espécies de minerais características de diferentes graus de metamorfismo. A natureza de uma associação de minerais metamórficos é determinada por dois fatores: a composição química da rocha metamórfica, que depende em primeiro lugar da composição da rocha-matriz, e as condições físicas do metamorfismo, especialmente temperatura e pressão. Assembleias minerais típicas identificam o grau metamórfico das rochas e são as bases para estabelecer uma classificação de nomenclatura dos tipos litológicos por suas fácies metamórficas, isto é, as rochas metamorfizadas situam-se dentro de certos limites amplos de temperatura e pressão.

Determinar qual é o grau metamórfico das rochas com base na análise dos espectros não é tarefa fácil, mas também não é impossível. Isso dependerá de os minerais-índices da fácies metamórfica exercerem domínio no comportamento espectral da rocha, sobressaindo-se espectralmente dos demais minerais envolvidos na constituição. Mas a maior dificuldade na obtenção dos espectros de rochas metamórficas se deve às condições físico-estruturais que determinam superfícies planares seletivas dos minerais, tais como a xistosidade e o bandamento mineral. Gnaisses bandados são o exemplo mais típico. Outro fator que contribui para aumentar a dificuldade de identificar espectralmente a composição de uma rocha metamórfica é o fácil intemperismo químico que os minerais dessas rochas apresentam, o que descaracteriza os espectros originais, aproximando-os de um padrão comum. Uma exceção são as boas características espectrais de minerais do grupo dos filossilicatos, indicadores de metamorfismo de baixo grau. Por exemplo, a clorita aluminomagnesiana proeminente em ferro e a biotita mostram espectros com largas feições de absorção entre 900 nm e 1.100 nm em razão da presença de ferro, e muito fraca é a absorção da hidroxila. Por outro lado, os demais minerais filossilicáticos apresentam ausência da banda ferrífera e, em contraposição, destacam fortemente a banda da hidroxila. Isso constitui importante fator de discriminação entre as rochas de baixo grau metamórfico com minerais filossilicáticos e as rochas de grau metamórfico mais alto.

Os espectros das rochas metamórficas apresentam, em geral, bandas de absorção bem definidas. Por constituírem o mais variado grupo de tipos composicionais de rochas, são as que exibem as mais variadas formas de espectro e as mais variadas bandas espectrais de absorção, tanto em intensidade quanto nas posições que assumem no espectro. Na região do visível e do infravermelho próximo, as feições de absorção estão associadas à presença de Fe^{+3} e Fe^{+2} e a outros metais de transição, enquanto no SWIR as feições de absorção estão principalmente relacionadas aos grupos OH^- e CO_3^{-2} e às ligações M-OH. A presença de concentrações significativas de substâncias opacas, como grafita pulverulenta, magnetita e material carbonoso, produz tanto a redução generalizada da reflectância quanto o mascaramento de bandas de absorção.

Os espectros das rochas metamórficas apresentadas nas figuras seguintes agrupam exemplos de rochas segundo o grau metamórfico que possuem. Inicia-se com as rochas de grau metamórfico regional baixo, cujos exemplos mais comuns incluem ardósias, quartzitos, xistos verdes e mármores, e finaliza-se com os granulitos, rochas de alto grau metamórfico.

4.4.1 Ardósias e metassiltitos

Na classe metamórfica de rochas argilosas (ardósias, metassiltitos) ricas em micas finas e cloritas, o que lhes confere um brilho característico, os espectros são marcados por absorções associadas à presença de minerais do grupo das micas, hidroxila e água, carbonatos e matéria orgânica.

Na Fig. 4.13, o espectro 1, de um metassiltito de cor avermelhada pela alteração ferruginosa, mostra, no intervalo espectral do visível-infravermelho próximo, absorções devidas ao ferro situadas em comprimentos de onda iguais aos do espectro 2, que também é de cor avermelhada. As diferenças morfológicas das curvas espectrais da ardósia e desse metassiltito são efeitos da presença das bandas de absorção de minerais hidratados e das bandas aluminosas. No SWIR, as principais feições de absorção do metassiltito são da caulinita, que se caracteriza por absorções com feições duplas: as absorções da hidroxila, que ocorrem em 1.414 nm com forte intensidade e em 1.400 nm como uma inflexão, e as absorções Al-OH, que também ocorrem em 2.209 nm com forte intensidade e em 2.166 nm como uma inflexão. As duas secundárias absorções Al-OH que ocorrem em 2.317 nm e 2.385 nm são também diagnósticas da caulinita. Como nas rochas metamórficas de baixo grau é bastante comum ocorrerem illitas, cujas absorções se deslocam com facilidade e podem se sobrepor às absorções da caulinita, para distinguir a caulinita da illita, devem-se observar as diferenças de largura e intensidade das bandas de absorção, que são mais estreitas e agudas na caulinita, conforme mostra o espectro.

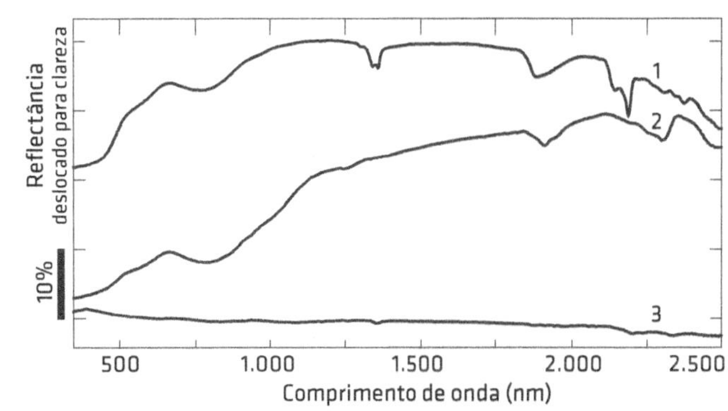

Fig. 4.13 *Espectros de rochas metamórficas argilosas de baixo grau (fácies xisto verde): (1) metassiltito avermelhado; (2) ardósia avermelhada; (3) ardósia cinza-escuro*
Fonte: biblioteca espectral IG/UnB.

Os espectros 2 e 3 das ardósias têm padrões contrastantes, cujas primeiras evidências são reconhecidas pelas diferenças de suas cores avermelhada e cinza-escuro, respectivamente. A ardósia mostrada no espectro 2 tem a cor avermelhada pelo intenso intemperismo ferruginoso (±5% óxido de ferro), o qual promove a forte declividade da reflectância que se estende de forma descendente do limite da banda da hidroxila em direção aos menores comprimentos de onda do visível. Esse tipo de alteração oxidante é responsável por todas as absorções que aparecem no intervalo do visível-infravermelho próximo, as quais ocorrem pelos íons de ferro oxidado Fe^{+3} em 530 nm, 660 nm, 910 nm e 1.319 nm (esta última muito fraca). Duas bandas com absorções bem definidas, limpas e de iguais intensidades em 1.941 nm e 2.313 nm muito provavelmente são devidas à clorita. Esses comprimentos de onda mostram um pequeno deslocamento das bandas típicas das cloritas, situadas em 2.325 nm e 1.955 nm. Clorita é um grupo de minerais com diversos representantes, e o deslocamento visto no espectro parece representar uma variação de clorita de composição mais ferrífera.

Em contraste, o espectro 3, da ardósia cinza-escuro, com finas micas no plano da foliação, apresenta um baixo nível de reflectância, cuja cor é devida à grafita opaca poeirenta. As duas suaves bandas de absorção que aparecem no final do espectro estão situadas próximas a 2.205 nm e 2.345 nm, o que espectralmente corresponde às absorções da muscovita. Por isso, somente a tênue banda da hidroxila está presente, ausentando-se a banda de absorção da água. Na muscovita, a banda em 2.205 nm é sempre mais intensa que a banda em 2.345 nm, mas, no espectro dessa ardósia cinza, as duas bandas aparecem com iguais intensidades, por causa da redução da reflectância pela grafita.

4.4.2 Quartzitos

São rochas metamórficas formadas por grãos de quartzo recristalizados, com textura granoblástica a granolepidoblástica, contendo como constituintes menores muscovita, sericita, feldspatos, argilas recristalizadas para clorita e óxidos de ferro. A alta porosidade dos quartzitos facilita a permeação de soluções férricas e, por isso, é comum os espectros exibirem uma queda da reflectância do infravermelho próximo para o visível, como mostra a Fig. 4.14. Como o quartzo é um mineral transparente ao longo de todos os comprimentos de onda da faixa óptica, são as impurezas minerais que respondem pelas bandas de absorção que os quartzitos possam apresentar. Isso é o que se observa no espectro 1, de um quartzito praticamente puro, que exibe uma reflectância uniforme, mas, como os grãos de quartzo estão levemente impregnados de óxido de ferro, o espectro assume uma suave concavidade na região do infravermelho próximo. A isolada banda da água deve-se a inclusões de água nos grãos de quartzo.

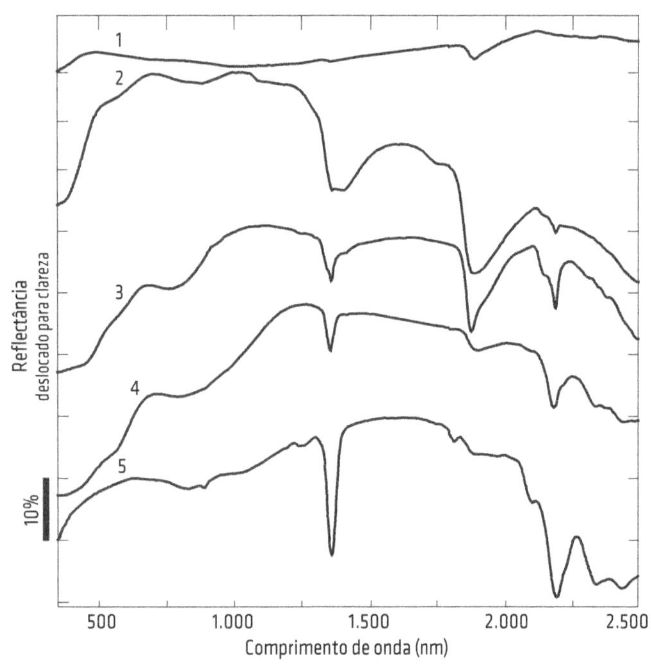

Fig. 4.14 *Espectros de rochas quartzíticas: (1) quartzito puro; (2) quartzito oxidado; (3) quartzito com laminações ferríferas; (4) muscovitaquartzito; (5) turmalinaquartzito*
Fonte: biblioteca espectral IG/UnB.

O espectro 2 é de um quartzito impuro, de cor amarelo-bege, que mostra claramente as bandas de absorção de ferro em 410 nm, 480 nm, 660 nm e 960 nm, indicando a existência do hidróxido de ferro goethita. As bandas largas e assimétricas da hidroxila e da água em 1.420 nm e em 1.917 nm, além da presença de uma isolada e única banda aluminosa em 2.210 nm, são controladas unicamente pela esmectita.

O espectro 3, de um quartzito intercalado de bandas ferruginosas, tem comportamento espectral que se assemelha ao do quartzito amarelado do espectro 2. Sutis diferenças são dadas pelas bandas férricas, que destacam fortes absorções em 545 nm e 900 nm, interpostas por uma suave inflexão em 550 nm, características típicas do óxido de ferro hematita. As bandas de absorção da hidroxila e da água são mais profundas e a banda aluminosa mostra com clareza a forte absorção em 2.207 nm, acompanhada à sua esquerda de uma inflexão aproximadamente em 2.170 nm, que são características diagnósticas da combinação caulinita/esmectita.

O espectro 4 é de um muscovitaquartzito laminado bem típico do metamorfismo regional, com micas lamelares grandes dispostas no plano da foliação. Nesse sentido, esse espectro é uma fiel reprodução do espectro da muscovita, com a forte banda de absorção diagnóstica em 2.205 nm e suas secundárias em 2.345 nm e 2.440 nm. A presença da forte absorção da hidroxila em 1.409 nm e a ausência da banda da água são também diagnósticas da muscovita.

O quartzito do espectro 5 é composto de 35% de muscovita, 15% de turmalina e 5% de óxido de ferro, o qual gera duas fortes absorções em 503 nm e 970 nm. Sua mineralogia o classifica como um muscovita-turmalinaquartzito. Porém, a identificação espectral da turmalina nesse quartzito não é possível pelas seguintes razões: o mineral turmalina exibe um espectro que, no intervalo de 1.500 nm a 2.500 nm, não difere muito do espectro das muscovitas; e suas finas e fracas absorções aluminosas, situadas em 2.205 nm e 2.245 nm, são sobrepostas nesse quartzito pela banda da muscovita em 2.205 nm, se observadas à meia altura dessa banda relativamente larga, e o mesmo ocorre com a banda da turmalina em 2.355 nm, parcialmente sobreposta pela banda da muscovita em 2.345 nm. Ou seja, espectralmente a muscovita mascara a turmalina e domina o espectro. Observar a semelhança no infravermelho desse turmalina-quartzito com o muscovitaquartzito (espectro 4).

4.4.3 Mármores

Na faixa de temperatura da fácies xisto verde, os mármores formam-se da recristalização da calcita ou da dolomita e, por isso, à semelhança dos calcários e dolomitos, são caracterizados por fortes absorções associadas ao ânion CO_3^{-2}. As absorções dos mármores puros diferem das dos calcários e dolomitos por serem, em geral, bem mais desenvolvidas e em maior número. Em metamorfismo de temperaturas mais altas, formando mármores impuros, as associações minerais estáveis são calcita-dolomita-tremolita, calcita-tremolita-epidoto e calcita-grossulária-epidoto-quartzo, não contempladas nos espectros da Fig. 4.15.

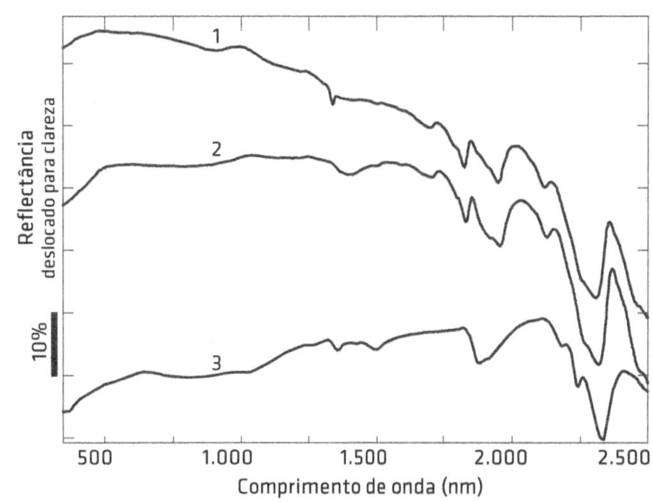

Fig. 4.15 *Espectros de (1) mármore branco puro dolomítico, (2) mármore calcítico de cor bege contaminado por óxido de ferro e (3) rocha calcissilicática*
Fonte: biblioteca espectral IG/UnB.

Na Fig. 4.15 é apresentado o espectro de dois mármores, um dolomítico e outro calcítico, que somente podem ser distinguidos pelas pequenas diferenças na posição espectral das absorções do radical CO_3^{-2}. O espectro 1 é de um mármore branco de composição dolomítica formado por grânulos equidimensionais. A absorção diagnóstica da dolomita recristalizada ocorre em 2.314 nm, e as demais bandas carbonáticas, em 2.214 nm (muito fraca), 1.980 nm (intensidade média), 1.852 nm e 1.730 nm (mais fracas). O espectro 2 é de um mármore calcítico maclado de tons levemente marrons a beges. O íon CO_3^{-2} na estrutura da calcita resulta nas absorções em 2.147 nm (fraca), 2.335 nm (forte e diagnóstica da calcita) e 2.454 nm (fraca). A presença de uma suave banda em torno de 980 nm e de outra intensa no início do espectro, em 410 nm, além da repentina e abrupta queda da reflectância a partir de 1.000 nm, marca a presença do óxido de ferro goethita, que empresta a cor bege a esse mármore. Ainda nessa mesma figura é mostrado o espectro 3, de uma rocha calcissilicática bandada (skarnito) portadora de epidoto, com associação mineral de granadas pardacentas e calcita mais quartzo. O espectro é dominado pelas bandas de absorção do epidoto, a principal e mais forte centrada em 2.335 nm, que mascara as bandas carbonáticas. Essa banda é acompanhada de uma inflexão em 2.255 nm e de uma suave absorção em 1.548 nm, também típica do epidoto.

4.4.4 Xistos

A xistificação é uma fina laminação ou foliação formada pelo paralelismo dos minerais como resultado da ação de um metamorfismo dinâmico. Esse processo resulta em rochas de composição e grau de metamorfismo muito variados e que são encontradas em vários tipos de terreno geológico. Os exemplos mostrados na Fig. 4.16 são de xistos de baixo grau metamórfico, que são os mais comuns, mesmo porque rochas metamorfizadas a grau mais alto podem apresentar retrometamorfismo. As diferenças dos padrões espectrais das curvas devem-se, principalmente, à origem dos protolitos.

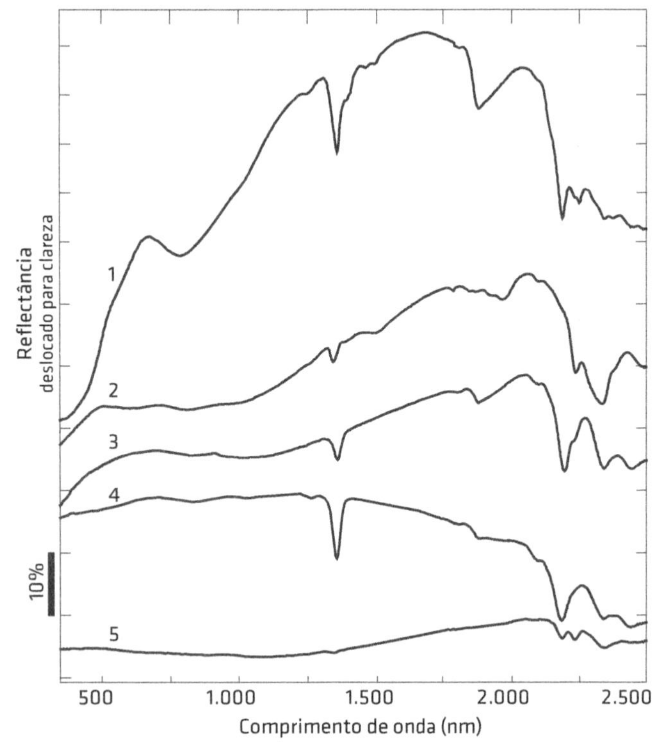

Fig. 4.16 *Espectros de xistos de baixo grau metamórfico: (1) mica--cloritaxisto; (2) quartzo-muscovitaxisto; (3) xisto verde; (4) xisto verde de protolito basalto; (5) turmalinaxisto*
Fonte: biblioteca espectral IG/UnB.

O espectro 1 é de um micaxisto pelítico com a associação mineral de quartzo (45%), muscovita (25%), clorita (15%), biotita (10%) e plagioclásio e hematita (5%). As fortes absorções em 491 nm e 920 nm e a fraca absorção em 1.319 nm devem-se ao óxido de ferro hematita, que exerce forte controle na forma do espectro. As demais bandas de absorção no SWIR, situadas em 2.210 nm (forte intensidade) e em 2.348 nm e 2.440 nm (fracas intensidades), expõem formas e posições no espectro que indicam a presença de muscovita. Tipicamente, esse espectro é um exemplo do problema do domínio espectral de um mineral (muscovita) a ocultar as feições espectrais de outros minerais (clorita e biotita), mesmo que ocorram em proporções próximas. Isso depende muito de como os minerais se distribuem na rocha, o que é função de suas texturas (lepidoblástica, nematoblástica ou granoblástica). As texturas lepidoblástica e nematoblástica (orientações de minerais prismáticos, como micas, ou alongados, como anfibólios) são as mais problemáticas, e os espectros tomados de rochas com essas texturas podem mostrar algumas pequenas diferenças dependendo da área selecionada na amostra para a medição espectrorradiométrica.

O espectro 2 é de um quartzo-muscovitaxisto com 66% de quartzo, 25% de muscovita e 5% de plagioclásio, que representa um estado intermediário do processo de hidrotermalização de protolito tonalito. Nesse caso, as posições das bandas de absorção e suas características espectrais são praticamente as feições de absorção do mineral muscovita. A principal banda é uma forte absorção em 2.203 nm com uma inflexão à esquerda em 2.119 nm, que é uma das feições diagnósticas da banda de absorção do mineral muscovita, como também é a fina e intensa banda de absorção da hidroxila em 1.407 nm.

O espectro 3 é de um xisto verde produto do metamorfismo regional de rochas ígneas básicas, e sua cor verde é determinada pela abundância dos minerais verdes actinolita (82%) e clorita (15%). A concavidade do espectro na região do infravermelho próximo é a mesma vista nos minerais actinolita e clorita, com o centro da absorção em torno de 1.140 nm. As absorções situadas no SWIR têm as mesmas formas das absorções da actinolita, mas a principal delas, centrada em 2.217 nm, está relativamente deslocada da principal banda da actinolita, que é em 2.315 nm. Como esse efeito não é explicado pelas misturas minerais que ocorrem nessa rocha, resta supor que a estrutura milonítica que gerou contatos interpenetrados entre os cristais de actinolita possa ser a razão desse deslocamento por deformação da estrutura cristalográfica.

O espectro 4 também é de um xisto verde de protolito basalto. Os minerais verdes são a actinolita, com 39%, a clorita, com 18%, e o epidoto, com 7%. Apesar de o epidoto ter a menor porcentagem, é ele que origina a absorção no SWIR, que se caracteriza por uma bem definida absorção centrada em 2.345 nm acompanhada de uma fraca banda ou inflexão em 2.255 nm. É também característica do epidoto a banda de hidroxila em 1.548 nm, que no espectro aparece como uma leve inflexão. A forte concavidade do espectro na região do infravermelho próximo, com a presença das bandas de ferro em 1.080 nm, 910 nm e 730 nm, deve-se ao mineral actinolita.

O espectro da amostra 5 é de um micaxisto com cristais de turmalina originados de processos hidrotermais. Na região do infravermelho próximo, o espectro tem a forma definida pelo mineral clorita de espécie rica em Fe^{+2} e Fe^{+3} (chamosita?), que se caracteriza pela reflectância descendente do final do SWIR para o visível, configurando uma leve concavidade à forma do espectro. No SWIR, as finas absorções em

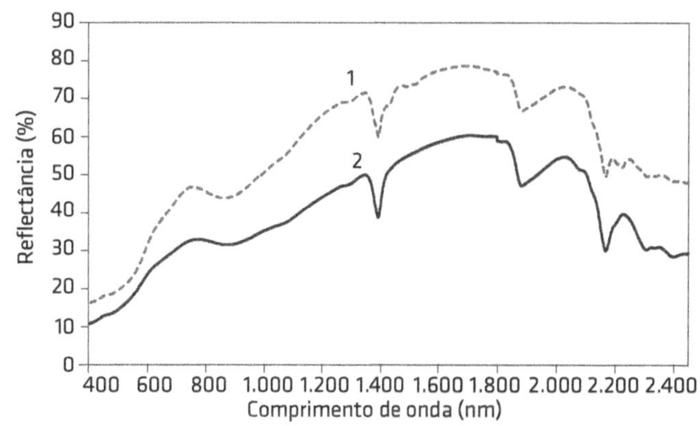

Fig. 4.17 *Diferenças das absorções posicionadas além de 2.200 nm em função do local da medição espectrorradiométrica, tomadas no plano da xistosidade (espectro 1) e transversalmente à xistosidade (espectro 2) de um micaxisto*
Fonte: biblioteca espectral IG/UnB.

2.210 nm e 2.251 nm seguidas pela absorção mais forte em 2.356 nm são típicas bandas da turmalina hidrotermal.

Como foi antes comentado, a xistosidade é um tipo de foliação que às vezes dificulta a medida espectrorradiométrica, podendo resultar em espectros que mostram pequenas variações nas absorções conforme o local da medição. A Fig. 4.17 exemplifica essa situação, ilustrando a amostra do micaxisto mostrada pelo espectro 1 da Fig. 4.16. Na Fig. 4.17, o espectro 1 foi tomado na superfície do plano de xistosidade, e o espectro 2, transversalmente à xistosidade. Observar que no espectro 1 as absorções situam-se em 2.210 nm, com forte intensidade, e em 2.348 nm e 2.440 nm, com fracas intensidades, e indicam a presença da muscovita, enquanto no espectro 2, novas posições de absorções são registradas nos comprimentos de onda de 2.265 nm e 2.356 nm, que poderiam ser interpretadas como bandas aluminosas da mistura muscovita + clorita. No entanto, o padrão morfológico dos espectros é mantido.

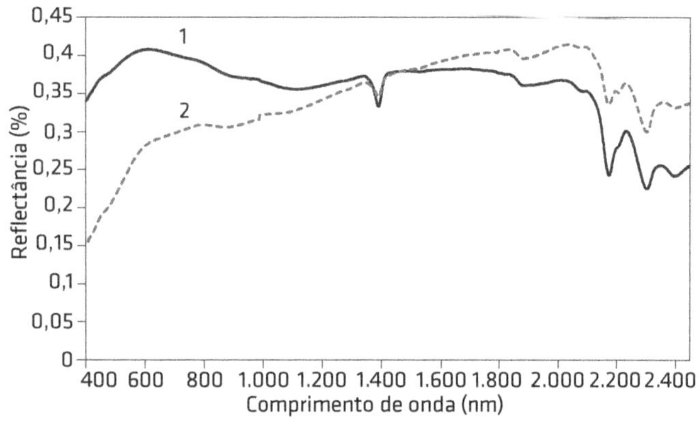

Fig. 4.18 *Diferenças espectrais entre as bandas claras (espectro 1) e escuras (espectro 2) de gnaisses bandados de filiação tonalítica*
Fonte: biblioteca espectral IG/UnB.

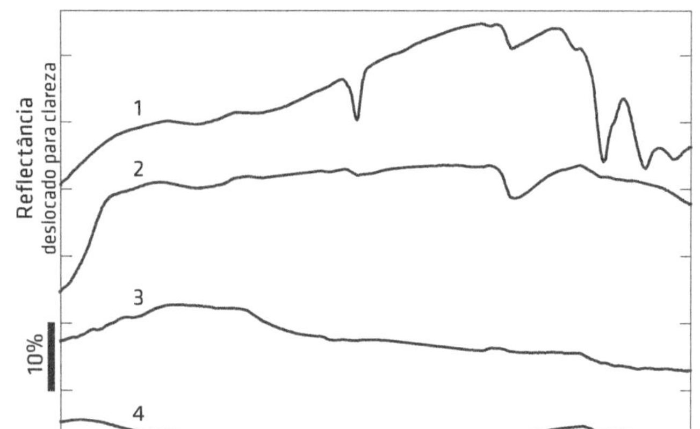

Fig. 4.19 *Espectros de reflectância de rochas gnáissicas: (1) gnaisse tonalítico; (2) gnaisse bandado intemperizado; (3) gnaisse kinzigito; (4) gnaisse bandado cinza-esverdeado*
Fonte: biblioteca espectral IG/UnB.

4.4.5 Gnaisses

Os gnaisses são rochas metamórficas derivadas da deformação/transformação de granitos-tonalitos ou de sedimentos arcoseanos. Os gnaisses mais típicos são caracterizados por um bandamento mineral milimétrico a centimétrico bem pronunciado, composto de bandas irregulares de minerais félsicos bem cristalizados (quartzo e feldspato) alternadas com bandas escuras de filossilicatos ferromagnesianos (em geral, biotita) ou bandas muscovíticas. Dependendo da largura e das proporções relativas dessas bandas, os espectros podem ser similares tanto àqueles obtidos para as rochas graníticas félsicas quanto àqueles de xistos pelíticos ferromagnesianos. É possível ver essa diferença espectral no exemplo mostrado na Fig. 4.18, de um gnaisse com bandamento centimétrico de composição tonalítica com cerca de 10% a 15% de biotita e muscovita. Observar a mudança do padrão das curvas espectrais entre as medições feitas nas bandas gnáissicas claras kf + qz + muscovita (espectro 1) e nas bandas gnáissicas escuras biotita + muscovita (espectro 2), e o cruzamento dos espectros próximo à banda da hidroxila. Em ambos os espectros, as absorções no SWIR são igualmente controladas pelas bandas de absorção da muscovita, que se posicionam entre 2.215 nm e 2.225 nm (a banda diagnóstica do mineral muscovita varia de 2.205 nm a 2.225 nm) e entre 2.355 nm e 2.440 nm (bandas fracas), as quais dominam por ser bem mais intensas do que as da biotita. Em contrapartida, nos comprimentos de onda abaixo da banda da hidroxila, as formas dos espectros mudam pela influência de óxidos de ferro de alteração dos minerais máficos da banda gnáissica escura.

Na Fig. 4.19, o espectro 1 representa um gnaisse tonalítico de cor cinza-claro com fino bandamento contendo mais muscovita do que biotita. As feições de absorção que ocorrem no final do SWIR são indicativas da sericitização da muscovita. A absorção diagnóstica da sericita ocorre entre 2.180 nm e 2.228 nm e é acompanhada por outras duas menores absorções em torno de 2.344 nm e 2.440 nm. Isso é o que ocorre no espectro desse gnaisse tonalítico, que apresenta uma bem definida absorção em 2.217 nm seguida de fracas absorções em 2.348 nm e 2.444 nm. A fraca absorção da água e a forte absorção da hidroxila são também indicações da sericita. Óxidos de ferro mostram influência mais pela queda da reflectância no visível do que pelas absorções no infravermelho próximo, indicando estarem presentes, principalmente, na forma de exsolução permeando os grãos ou as fraturas, e não como minerais cristalinos.

O espectro 2 é de um gnaisse bandado alterado, de cor ocre-marrom originada de uma forte oxidação ferruginosa que impregna todos os grãos de quartzo e feldspatos e infiltra-se pela foliação. Como consequência desse maior conteúdo de óxido de ferro nessa amostra, em comparação ao espectro anterior, tornam-se bem mais marcantes a abrupta queda da reflectância no visível e a ausência das típicas absorções de ferro férrico do mineral hematita em forma cristalina. Mas a absorção da água e a suave inclinação descendente da reflectância no extremo final do espectro, sem feições de absorção, indicam que alguma goethita cristalina pode estar presente na amostra.

Bem distinto e característico é o padrão da curva de reflectância do gnaisse granatífero (kinzigito) do espectro 3. A grande presença de cristais de granada grossulária faz com que o espectro desse gnaisse seja igual ao da granada grossulária, caracterizado por um largo e plano pico de reflectância com extensão de 700 nm a 1.000 nm e no qual se interpõe uma suave absorção em torno de 880 nm, feição esta ladeada à esquerda por uma forte e declivosa queda da reflectância e à direita por uma forte e ampla absorção em 1.270 nm.

O espectro 4 representa um gnaisse de cor cinza-esverdeado com fino bandamento, que resulta, no intervalo do SWIR, nas bandas de absorção nos comprimentos de onda 2.341 nm (muito forte), 2.202 nm e 2.258 nm (de iguais intensidades e mais fracas), a indicar a mistura dos minerais clorita + sericita. Pelas características dessas bandas, segundo Pontual, Merry e Gamson (1997), se as absorções da clorita são mais fortes do que as da sericita (~2.360 nm), então o comprimento de onda da absorção identificada no espectro próxima a 2.341 nm é bastante influenciado pela absorção Mg-OH da clorita e, portanto, deve refletir a composição da clorita. A ampla concavidade do espectro que se estende de 550 nm a 1.850 nm é uma combinação das fortes absorções pelos óxidos de ferro e íons de ferro do piroxênio presente nesse gnaisse.

4.4.6 Anfibolitos

Os anfibolitos são rochas metamórficas foliadas compostas essencialmente de hornblenda colorida intensamente verde-azulada e plagioclásio. Eles dão o diagnóstico da fácies anfibolito e estão entre as rochas mais comuns formadas pelo metamorfismo regional de grau

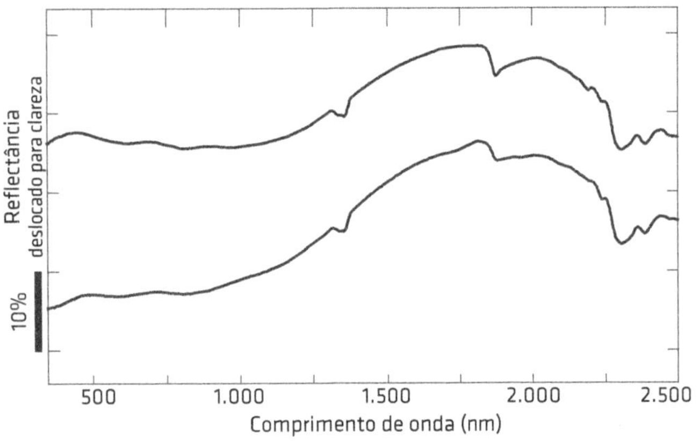

Fig. 4.20 *Espectros de rochas metamórficas anfibolitos ígneos*
Fonte: biblioteca espectral IG/UnB.

moderado a alto. São formados, em especial, pelas rochas ígneas básicas ou pelos calcários e dolomitos impuros. Granada, epidoto e biotita podem estar presentes, mas em geral exercem pouca influência no espectro, que é dominado pela hornblenda. Dois espectros de anfibolitos são mostrados na Fig. 4.20. Há algumas pequenas diferenças mineralógicas entre esses exemplos, mas que não são significativas para alterar o padrão de comportamento da reflectância. A porcentagem de hornblenda está entre 40% e 80%, exibindo nos espectros suas bandas diagnósticas em torno de 2.321 nm e 2.396 nm. As formas iguais dos espectros dividem-se em duas porções distintas, uma com forma convexa indo da suave banda da hidroxila até ±2.300 nm e outra com forma côncava no intervalo do infravermelho próximo, formas típicas do espectro da hornblenda. A absorção da hidroxila em 1.412 nm é quase uma inflexão assimétrica à esquerda, e a banda da água, quando aparece, é por alteração do plagioclásio.

4.4.7 Granulitos

São rochas de granulação grossa, cores escuras, com ortopiroxênio hiperstênio e clinopiroxênio dipsídio. Via de regra, faltam os minerais micáceos e os minerais hidratados. São também conhecidos como leptinitos e gnaisses charnockíticos. Muitos granulitos exibem textura magmática.

Na Fig. 4.21 são mostrados espectros de hiperstênio-granulitos e de diopsídio-granulitos. Os valores de reflectância dessas rochas são baixos e a diferença entre o máximo e o mínimo de reflectância não ultrapassa mais do que 10%. Para destacar as absorções, o intervalo da reflectância deslocada foi fixado em 5% nessa figura. Em geral, as absorções magnesianas dos minerais diopsídio ($CaMg(Si_2O_6)$) e hiperstênio ($(FeMg)_2Si_2O_6$) são fracas. O espectro 1 é de um diopsídio-granulito com a banda de absorção magnesiana com forma ampla e muito suave situada em torno de 2.315 nm. A suave banda de absorção de ferro em torno de 1.000 nm, não diagnóstica do diopsídio, ocorre devido a substituições parciais de íons de Mg^{+2} por Fe^{+2}. Na região espectral entre essas duas bandas de absorção, o mineral diopsídio forma uma suave convexidade mais ou menos centrada em 1.850 nm. Essa característica pode ser usada para diferenciá-lo do mineral hiperstênio, que, inversamente, centraliza uma concavidade nessa mesma região, devido a uma forte e larga absorção em torno de 1.947 nm, como mostram os espectros 2 e 3, de granulitos com hiperstênio. Sendo o hiperstênio um silicato ferromagnesiano, as absorções em 940-950 nm são muito fortes e distintas da fraca

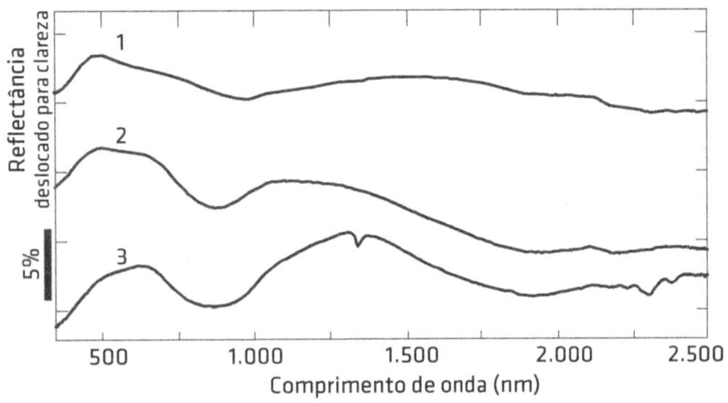

Fig. 4.21 *Espectros de rochas metamórficas de alto grau, granulitos: (1) diopsídio-granulito; (2) hiperstênio-granulito; (3) hiperstênio-clinopiroxênio-granulito*
Fonte: biblioteca espectral IG/UnB.

absorção do diopsídio em 1.000 nm, no espectro 1. O granulito do espectro 3 é composto de 35% de hiperstênio, com bordas alteradas para anfibólio, e contém 5% de clinopiroxênio. Tem um padrão espectral semelhante ao do hiperstênio-granulito do espectro 2, mas, adicionalmente, exibe uma fraca absorção da hidroxila em 1.400 nm e duas pequenas absorções, uma mais forte em 2.315 nm e outra de fraca intensidade em 2.392 nm. Essas três absorções, com segurança, podem ser consideradas indicativas do clinopiroxênio diopsídio ou do anfibólio hornblenda, minerais que apresentam essas mesmas absorções nesses mesmos comprimentos de onda, sobrepostas.

4.5 Espectros de rochas de alteração hidrotermal

As alterações de minerais por reações de soluções voláteis hidrotermais, com fases sólidas preexistentes (rochas), dão origem a um considerável grupo de minerais de alteração hidrotermal. Normalmente, esse processo de alteração sobre as rochas existentes em uma área leva à formação de um zoneamento ou halos de minerais de alteração, os quais são importantes do ponto de vista mineral prospectivo. Nesse sentido, a espectrorradiometria das rochas hidrotermalizadas é de fato uma espectrorradiometria mineral, o que muito auxilia o geólogo em campo na difícil tarefa de identificar a fácies mineral hidrotermal presente na área. Muitas são as áreas de alteração hidrotermal que encerram depósitos de grande valor econômico, sobretudo de metais nobres, como o ouro. Os halos de alteração hidrotermal são identificados por uma característica assembleia de minerais, destacando-se a notável presença de minerais filossilicatos dioctaédricos, sulfatos, óxidos de alumínio e óxidos de ferro. Muitas vezes, principalmente nos terrenos fortemente intemperizados de climas tropicais, as ferramentas tradicionais de mapeamento podem não ser capazes de identificar nos halos hidrotermais os minerais de alteração de granulação fina ou de detectar importantes variações composicionais da alteração hidrotermal. A partir do início da década de 1970, investigações com imagens multiespectrais (Rowan; Goetz; Ashley, 1977; Collins, 1978; Rowan; Kahle, 1982; Podwysocki; Segal; Abrams, 1983) e, posteriormente, com imageadores espectrométricos (Kruse, 1988; Kruse; Kierein; Boardman, 1990; Rubin, 1993) e espectrorradiometria de campo (Ferreira Junior; Meneses; Martins, 1993; Ferreira Junior; Meneses, 1994; Ducart et al., 2006; Carrino et al., 2014; Binotto et al., 2015) mostraram a capacidade dessas técnicas para o mapeamento de rochas alteradas hidrotermalmente.

Identificar e classificar as assembleias minerais de qualquer área de alteração hidrotermal, como é exemplo a proposta de Thompson, Hauff e Robitaill (1999) apresentada no Quadro 4.1, envolve atenciosas observações de campo, e, nesse caso, a espectroscopia de SWIR mostra-se uma ferramenta auxiliar bastante eficiente, visto terem os minerais de alteração excelentes assinaturas espectrais nessa região do infravermelho. O uso de espectrorradiômetro no campo oferece a possibilidade de identificação de minerais e de variações dos halos hidrotermais em tempo real, permitindo estabelecer relações entre anomalias geoquímicas ou mineralizações e, juntamente com outros dados, criar modelos ou guias regionais prospectivos, incluindo até mesmo a orientação de sondagens.

Todos esses minerais de alteração hidrotermal apresentam espectros com abundantes feições de absorção, em sua maioria situadas entre 2.000 nm e 2.500 nm, e são as feições

Quadro 4.1 Classificação de halos hidrotermais com os minerais formadores

Ambiente de formação relacionado com	Terminologia padrão	Grupos de minerais ativos no SWIR (minerais-chave em negrito)
Intrusões	Potássico (rico em biotita), K-silicato, biotítico	**Biotita (flogopita)**, **actinolita**, **sericita**, **clorita**, epidoto, muscovita, anidrita
	Sódico, sódico-cálcico	**Actinolita**, clinopiroxênio (diopsídio), clorita, epidoto, escapolita
	Fílico, sericítico	**Sericita** (muscovita-illita), clorita, anidrita
	Argílico intermediário, argila-sericita-clorita, argílico	**Sericita** (illita-esmectita), **clorita**, **caulinita** (dickita), **montmorillonita**, **calcita**, epidoto
	Argílico avançado	**Pirofilita**, **sericita**, **diásporo**, **alunita**, **topázio**, **turmalina**, dumortierita, zuniita
	Greisen	**Topázio**, **muscovita**, **turmalina**
	Propilítico	**Clorita**, **epidoto**, **calcita**, **actinolita**, **sericita**, **argila**
Alta sulfatação epitermal	Argílico ácido-sulfato avançado	**Caulinita**, **dickita**, **alunita**, **diásporo**, **pirofilita**, **zuniita**
	Argílico, argílico intermediário	**Caulinita**, **dickita**, **montmorillonita**, **illita-esmectita**
	Propilítico	**Calcita**, **clorita**, **epidoto**, **sericita**, argila
Baixa sulfatação epitermal	Adulária-sericita, sericítico argílico	**Sericita**, **illita-esmectita**, caulinita, calcedônia, opala, montmorillonita, calcita, dolomita
	Argílico avançado ácido-sulfatato	**Caulinita**, **alunita**, **cristobalita** (opala, calcedônia), jarosita
	Propilítico, zeolítico	**Calcita**, **epidoto**, **wairakita**, clorita, illita-esmectita, montmorillonita
Mesotermal	Carbonato	**Calcita**, **ankerita**, dolomita, muscovita (rico em Cr-V), clorita
	Clorítico	**Clorita**, muscovita, actinolita
	Biotítico	**Biotita**, clorita
Sedimento hospedeiro em ouro	Argílico	Caulinita, **dickita**, illita
Sulfatação massiva vulcanogênica	Sericítico	**Sericita**, clorita, cloritoide
	Clorítico	**Clorita**, muscovita, actinolita
	Carbonato	**Dolomita**, **siderita**, **ankerita**, **calcita**, **sericita**, **clorita**
Sedimento hospedeiro: sulfatação massiva	Turmalinito	**Turmalina**, muscovita
	Carbonato	**Ankerita**, **siderita**, **calcita**, muscovita
	Sericítico	**Sericita**, **clorita**
	Albítico	**Clorita**, muscovita, biotita

Fonte: Thompson, Hauff e Robitaill (1999).

dessas absorções que dão uma notável distinção para os espectros desses minerais. De fato, o que distingue os espectros dos minerais de alteração hidrotermal é a presença conjunta de muitas bandas de absorção de larguras estreitas, com variadas intensidades, as diagnósticas de cada mineral sendo muito fortes. Por isso, quando se olha para os espectros de minerais de alteração hidrotermal, eles parecem mostrar uma aparente semelhança. O melhor procedimento para se atentar às diferenças espectrais existentes entre esses minerais é definir as bandas de absorção diagnósticas para cada mineral, que normalmente são as mais fortes absorções.

Em todos os espectros de minerais de alteração hidrotermal, as feições de absorção que aparecem nos comprimentos de onda menores que 1.300 nm são devidas a transições eletrônicas de intervalência de cargas e de campo cristalino envolvendo, principalmente, íons de ferro presentes nas fases óxidos. No caso específico dos óxidos goethita e hematita, pode-se afirmar haver distinções espectrais relacionadas à origem desses minerais, que pode ser hidrotermal ou não. Buckingham e Sommer (1983) verificaram que a transição de campo cristalino $^6A_1 \rightarrow {}^4T_{1g}$ relacionada ao íon Fe^{+3} ocorre sistematicamente em menores comprimentos de onda para os óxidos de origem hidrotermal, o que pode ser atribuído à menor substituição de Fe por Al em óxidos originados de sulfetos. Inversamente, concentrações de alumínio na hematita e na goethita não hidrotermais causam distorções nos retículos desses minerais, deslocando a transição $^6A_1 \rightarrow {}^4T_{1g}$ para maiores comprimentos

Tab. 4.1 Bandas de transição de campo cristalino $^6A_1 \rightarrow {}^4T_{1g}$ em óxidos de origem hidrotermal comparadas às de amostras não alteradas

Amostras alteradas	Absorções (nm)	Al (%)	Amostras não alteradas	Absorções (nm)	Al (%)
			Amostras de hematita		
CP5	861	3	G4	872	15
G2R	860	2	RH2	873	15
G6B	860	2	CB21	867	10
			Amostras de goethita		
EX6	885	0	Cand2A	911	3
8-2-78D3	908	3	Cand3-80	895	0
G8	897	0	Conroe-21	934	27

Fonte: Buckingham e Sommer (1983).

de onda. As absorções relacionadas a esses efeitos são mostradas na Tab. 4.1.

Hunt e Wynn (1979), em um trabalho pioneiro que objetivou avaliar o potencial da espectrorradiometria para o mapeamento da alteração hidrotermal, identificaram nos espectros de vários minerais de alteração hidrotermal uma grande variedade de bandas de absorção, que, para fins práticos ao sensoriamento remoto, foram classificadas segundo suas intensidades em: muito fracas (*vw*), fracas (*w*), médias (*m*), fortes (s), muito fortes (*vs*), muito muito fortes (*vvs*), largas (*b*), largas e fracas (*wb*), largas e médias (*mb*), largas e fortes (*vb*) e ombros (*sh*). Posteriormente, Fraser et al. (1987) obtiveram espectros muito semelhantes aos obtidos por Hunt e Wynn (1979) e com uma boa proximidade das posições das bandas de absorção. Na Tab. 4.2 estão listadas as posições das bandas de absorção identificadas por Hunt e Wynn (1979) e as classes de suas intensidades.

Esse tipo de classificação das intensidades das absorções, tal como foi adotado no Cap. 3, é bem eficiente para padronizar um sistema numérico descritivo das bandas de absorção dos diferentes espectros medidos e ajuda o analista a identificar eventuais deslocamentos de comprimentos de onda das absorções dos minerais identificados numa área de pesquisa, ou ainda mudanças na profundidade das bandas de absorção. Quando se constrói uma tabela desse tipo, para minerais puros, é preciso considerar que os átomos moleculares estão ligados aos átomos vizinhos e que as vibrações dos átomos vizinhos das redes cristalinas não são independentes umas das outras. A natureza das vibrações dependerá, portanto, da simetria do cristal, do número de átomos na célula unitária da rede, do tipo

Tab. 4.2 Bandas de absorção de minerais de alteração hidrotermal

Mineral e fórmula química	Classe mineral	Bandas de absorção (nm) (bandas de maior intensidade em negrito)
Pirofilita $Si_4O_{10}Al_2(OH)_2$	Filossilicato grupo das micas	1.332 (w); 1.345 (vw); 1.361 (w); **1.392** (vvs); 1.420 (m); 1.920 (vb); 2.062 (m); 2.080 (m); **2.166** (vvs); 2.205 (sh); 2.319 (s); 2.346 (w); 2.390 (w)
Caulinita $Al_2O_32SiO_2.2H_2O$	Filossilicato grupo das argilas	1.330 (sh); 1.375 (m); **1.394** (vvs); 1.403 (m); **1.413** (vvs); 1.820 (w); 1.840 (w); 1.914 (vb); 2.090 (sh); 2.120 (sh); **2.162** (vs); 2.194 (sh); **2.209** (vvs); 2.322 (s); 2.357 (w); 2.382 (ms)
Alunita $KAl_3(SiO_4)_2(OH)_6$	Sulfato simples e com ânion	1.317 (w); 1.335 (w); 1.355 (w); 1.375 (sh); **1.424** (vvs); 1.430 (sh); 1.458 (sh); **1.476** (vs); 1.682 (sh); **1.762** (vs); 1.930 (sh); 1.960 (w); **2.010** (vs); 2.060 (w); 2.152 (sh); 2.165 (sh); 2.178 (s); **2.208** (vvs); **2.317** (vs)
Muscovita $KAl_2(OH)_2(AlSiO_{10})$	Filossilicato grupo das micas	**1.412** (vs); 1.842 (w); 1.912 (mb); 2.120 (sh); **2.208** (vvs); 2.240 (sh); 2.348 (s); 2.376 (sh)
Montmorillonita $(MgCa)O,Al_2O_3Si_5O_{10}.nH_2O$	Filossilicato grupo das argilas	1.408 (sh); **1.475** (vvs); 1.899 (vvs,b); 1.940 (b,sh); 2.070 (vw,b); 2.090 (w,vb); **2.205** (vvs); 2.232 (sh)
Jarosita $K_2Fe_6(OH)_{12}(SO)_4$	Sulfato simples e com ânion	1.468 (sh); **1.475** (vvs); **1.849** (vs); **1.862** (vs); 2.230 (b,sh); **2.264** (vvs)
Gipso ou gipsita $CaSO_4.2H_2O$	Sulfato hidratado	1.375 (sh); **1.443** (vvs); **1.468** (vs); 1.533 (s); **1.745** (vs); 1.772 (sh); **2.075** (vs); 2.125 (w,sh); 2.176 (sh); 2.215 (m); 2.265 (w)
Calcita $CaCO_3$	Carbonato de cálcio	1.770 (vb); 1.875 (ms); 1.993 (w); 2.153 (w); 2.305 (sh); **2.337** (vvs)

Fonte: Hunt e Wynn (1979).

de ligação e do tipo e concentração dos defeitos do cristal ou variações de cristalinidade. Como consequência desses fatores, a posição das bandas de absorção diagnósticas para uma mesma molécula pode apresentar pequenos deslocamentos entre os minerais, assim como as bandas secundárias. Por isso, dependendo do tipo de hidrotermalismo, um mesmo mineral pode apresentar esses pequenos deslocamentos de absorção. Mas há outro fator mais comum. A mineralogia de áreas de alteração hidrotermal comumente é constituída de pequenas misturas mineralógicas, como clorita + carbonato, pirofilita + alunita + caulinita ou clorita + epidoto, que também ocasionam pequenos deslocamentos e alterações de forma das bandas de absorção. Particularmente quanto às misturas de minerais e às diferenças espectrais que elas apresentam em relação a seus minerais puros individuais, Pontual, Merry e Gamson (1997) realizaram o mais completo trabalho, até então, de espectrorradiometria de misturas minerais, com o propósito de criar um guia de análises espectrais para a exploração mineral. Os resultados dessa pesquisa foram reunidos pelos referidos autores em um guia, intitulado G-MEX, consistindo numa valiosa fonte para os geocientistas que desejam entender as aplicações das análises espectrorradiométricas em específicos ambientes geológicos ou para a exploração e a mineralização em geral.

Esse problema de mistura espectral será exemplificado a partir de alguns exemplos transcritos do guia G-MEX, com a descrição da interpretação espectral que foi dada por esses autores. A título de exemplo, foram selecionadas dessa obra as misturas minerais comumente encontradas nos sistemas de alteração do tipo pórfiro das fácies propilítica, argílica e potássica.

4.5.1 Fácies propilítica

É caracterizada pela presença dos minerais clorita, epidoto, actinolita e dolomita, cujos espectros puros e de suas misturas são mostrados na Fig. 4.22. Os espectros das amostras da fácies propilítica são dominados pela clorita, cujas bandas de absorção diagnósticas ocorrem entre 2.235 nm e 2.255 nm, associadas com Fe-OH, e entre 2.320 nm e 2.360 nm, associadas com Mg-OH. Um dos problemas que se pode identificar nos espectros é que os minerais epidoto e actinolita têm absorções que se sobrepõem diretamente às bandas de absorção da clorita. A solução desse problema é olhar para outras partes do espectro que possibilitem que eles sejam identificados ou como discretos minerais, ou como misturas com clorita. Por exemplo, o epidoto (espectro 4) tem uma distinta e diagnóstica absorção OH próxima a 1.540 nm que também pode ser identificada na mistura com clorita (espectro 3). Outro problema: algumas variedades de clorita ricas em Mg também possuem a absorção em 1.540 nm, e, nesse caso, a solução encontrada é ver se ela não dispõe da absorção secundária em 1.835 nm, a qual está presente quando há epidoto na amostra. Se o epidoto está em proporções pequenas quando misturado com clorita, essas bandas podem não se desenvolver e o epidoto pode não ser detectado. A actinolita tem um espectro distinto do epidoto e da clorita (espectro 6), e problemas quanto à sua interpretação somente aparecem quando ela ocorre em misturas com clorita rica em Mg e/ou epidoto (espectro 5) (Pontual; Merry; Gamson, 1997).

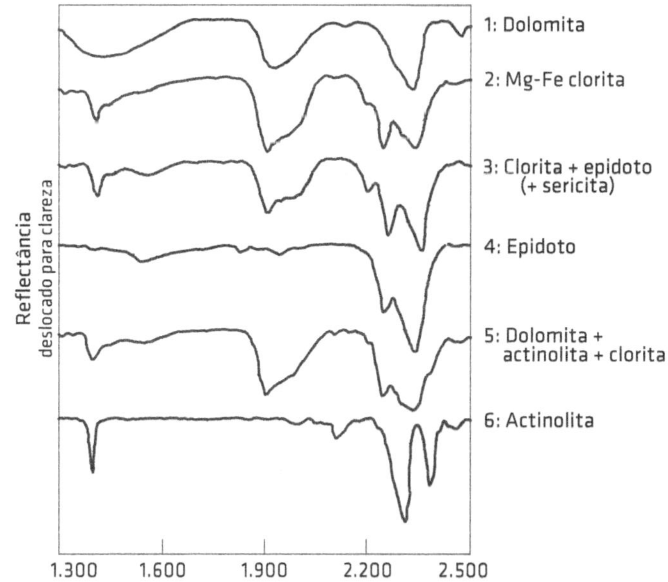

Fig. 4.22 *Exemplos de espectros na faixa do SWIR de minerais de alteração propilítica em sistema de alteração do tipo pórfiro, corrigidos pelo quociente* hull *e suavizados*
Fonte: Pontual, Merry e Gamson (1997).

Carbonatos também podem estar presentes na fácies propilítica (espectro 1), com as absorções diagnósticas em torno de 2.325 nm para a dolomita e em torno de 2.340 nm para a calcita, as quais podem também se sobrepor à principal absorção da clorita (espectro 2), e, assim, a clorita mascara a banda do carbonato. A solução é ver que no espectro da mistura a banda de absorção dominada pela clorita se torna muito mais profunda quando o carbonato se mistura à amostra com conteúdo maior que 20%. Se o conteúdo de carbonato for inferior a 20%, o problema de detecção se torna mais difícil (Pontual; Merry; Gamson, 1997).

4.5.2 Fácies argílica

É caracterizada pela presença dos minerais argilosos illita, esmectita, esmectita-illita, caulinita, clorita e carbonato, cujos espectros puros e de misturas são mostrados na Fig. 4.23. Como esses minerais argilosos contêm Al-OH, todos têm bandas de absorção diagnósticas Al-OH entre 2.160 nm e 2.228 nm. As bandas diagnósticas da esmectita-illita e da illita (espectros 2 e 3) ocorrem entre 2.180 nm e 2.228 nm e próximas a 2.344 nm, 2.340 nm e 1.900 nm. As argilas illíticas distinguem-se da muscovita, espectralmente similar, pela presença da absorção em 1.900 nm. Variações de cristalinidade da illita e

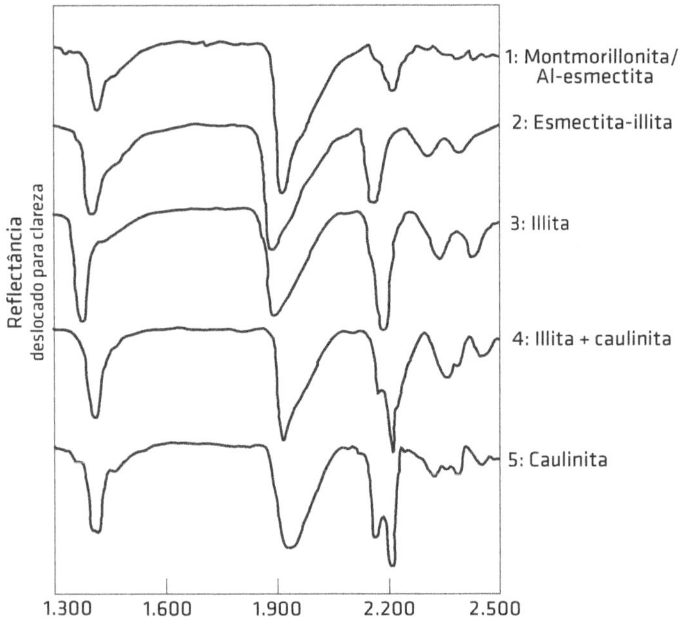

Fig. 4.23 *Exemplos de espectros na faixa do SWIR de minerais de alteração argílica em sistema de alteração do tipo pórfiro, corrigidos pelo quociente* hull *e suavizados*
Fonte: Pontual, Merry e Gamson (1997).

da esmectita-illita podem ser investigadas pela profundidade da banda da água. Por exemplo, se pobremente cristalinizadas, a profundidade da banda da água é menor e se iguala às profundidades das bandas Al-OH (espectro 3) (Pontual; Merry; Gamson, 1997).

Tipicamente, a esmectita (montmorillonita) tem a banda da água significamente mais profunda que a absorção Al-OH (espectro 1) e não possui as duas absorções próximas a 2.344 nm e 2.440 nm. A caulinita é caracterizada pela feição dupla de inflexão próxima a 2.166 nm e pela banda de absorção em 2.206 nm (espectro 5). Um problema é reconhecer misturas de illita e caulinita (espectro 4). Espectralmente, se há proporções maiores de caulinita na amostra, as duas fracas inflexões próximas a 2.160 nm e 2.380 nm são facilmente identificadas e, mesmo com alta porcentagem de caulinita, as duas absorções da illita próximas a 2.344 nm e 2.440 nm persistem. Mas o maior problema nos sistemas de alteração do tipo pórfiro é encontrar o limite entre o que representa illita argílica e o que representa illita fílica. Quase sempre é necessário realizar pesquisas específicas para cada sistema do tipo pórfiro, e não generalizar, a fim de tentar definir características espectrais particulares daquele sistema de alteração (Pontual; Merry; Gamson, 1997).

4.5.3 Fácies potássica

É caracterizada pela presença do mineral biotita (Fe-biotita e Mg-biotita), que espectralmente domina a fácies potássica. O ortoclásio presente não possui absorções nessa parte do espectro, mas pode ter bandas de água não diagnósticas e/ou bandas secundárias de produtos de alteração, como caulinita ou sericita. Os espectros das variações composicionais das biotitas mostrados na Fig. 4.24 exibem duas bandas diagnósticas da biotita que ocorrem entre 2.225 nm e 2.235 nm, associadas com Fe-OH, e entre 2.320 nm e 2.360 nm, associadas com Mg-OH. A maioria das biotitas magnesianas (flogopitas) possui uma absorção adicional em 2.380 nm (espectros 7 e 8). Tal como nas cloritas, os comprimentos de onda dessas absorções variam com a composição. Biotita e clorita são similares na parte do espectro entre 2.230 nm e 2.400 nm, por serem ambas minerais ferromagnesianos. A solução desse problema é observar as seguintes feições na Fig. 4.25: (1) a forma das absorções de Fe-OH e Mg-OH; e (2) a magnitude do pico entre essas duas absorções. Na biotita, essas duas absorções aparecem acentuadas e o pico entre elas é bem alto, enquanto na clorita as absorções são menos acentuadas e o pico intermediário é mais baixo. Outra distinção é que, dentro de um sistema de alteração, as biotitas podem ser significativamente mais magnesianas que as cloritas, e em tais casos os

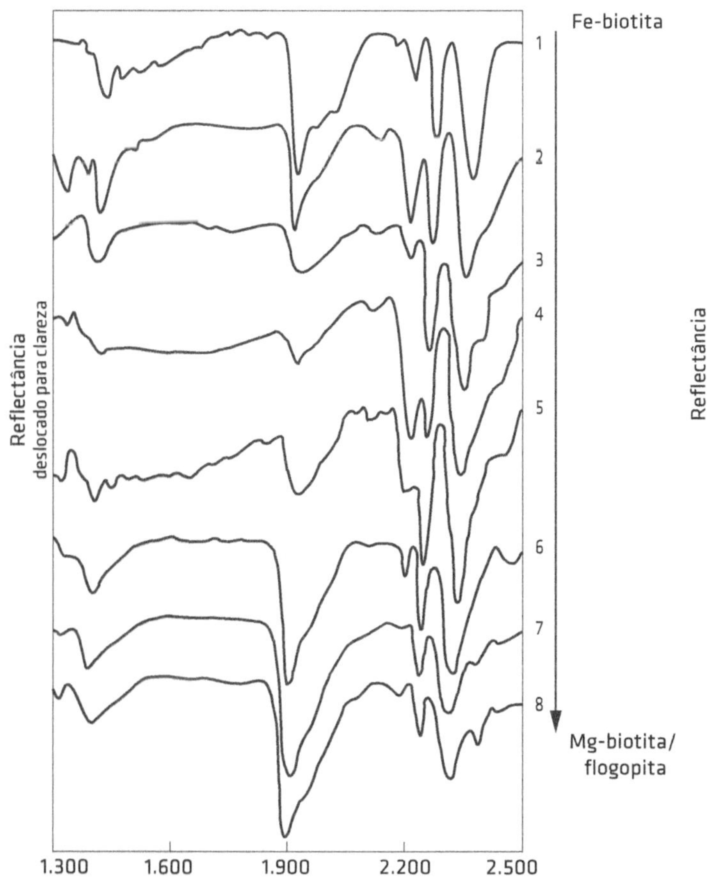

Fig. 4.24 *Exemplos de espectros na faixa do SWIR de minerais de alteração potássica em sistema de alteração do tipo pórfiro, corrigidos pelo quociente* hull *e suavizados*
Fonte: Pontual, Merry e Gamson (1997).

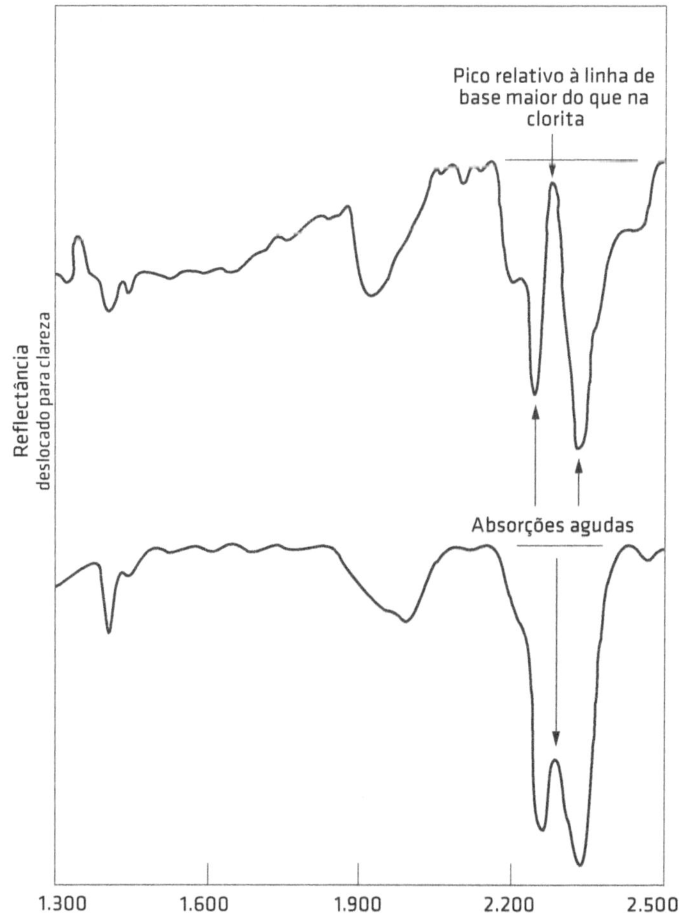

Fig. 4.25 *Comparação das absorções da biotita e da clorita*
Fonte: Pontual, Merry e Gamson (1997).

comprimentos de onda da absorção Mg-OH serão diferentes para cada mineral (Pontual; Merry; Gamson, 1997).

Nas páginas seguintes são apresentados alguns resultados práticos de pesquisas espectrorradiométricas de algumas rochas de minérios, com o objetivo de ilustrar as potencialidades da espectrorradiometria mineral como base para as classificações espectrais de imagens de sensores imageadores hiperespectrais. Por serem exemplos de jazimentos com rochas expostas em ambiente tropical, portanto, sujeitos a fortes alterações por intemperismo químico, é mostrado, quando for o caso, o efeito que o intemperismo pode provocar no comportamento espectral da rocha de minério. Um exemplo também é dado para os efeitos da matéria orgânica disseminada em rochas carbonáticas e filitos.

4.6 Espectros de rochas fosfáticas

Os fosfatos destacam-se por terem importância econômica como material rochoso sedimentar (fosforitos), ou ígneo de misturas de material primário ou secundário (foscoritos) para fertilizante. Os foscoritos, ou carbonatitos foscoritos, são definidos como rochas ígneas ultrabásicas contendo uma alta porcentagem de carbonatos de Ca, Mg e/ou Fe e de minerais como feldspatoide, olivina, flogopita, apatita, magnetita, piroxênio e biotita. Por isso, são rochas leucocráticas, uma exceção entre a cor das rochas ultrabásicas. Sua mineralogia principal é formada por calcita, dolomita e ankerita, e os minerais secundários são olivina, apatita, nefelina, piroxênio, biotita, granada, magnetita e sulfetos. Por causa dessa grande variedade de constituintes mineralógicos, os carbonatitos exibem espectros com a presença de feições espectrais que aparecem desde os comprimentos de onda do visível até o SWIR, e que são causadas pela presença de íons de Fe^{+2}, Fe^{+3}, CO_3^{-2}, OH^-, H_2O, PO_4^{-2}, SO_4^{-2} e ETR, conforme demonstraram estudos realizados por Rowan, Kingston e Crowley (1986). Carbonatitos são também importantes fontes de metais de terras-raras, tais como samário, lantânio, európio, neodímio e praseodímio, bem como importantes fontes de tório, urânio, fosfatos, cobre, bário e outros minerais.

Espectros de rochas carbonatíticas são mostrados na Fig. 4.26, obtidos da região central do maciço alcalino de Catalão 1 (GO), que geologicamente se caracteriza pela predominância de flogopititos e carbonatitos originados de um intenso metassomatismo potássico sobre as rochas ultramáficas primárias. As absorções registradas podem ser relacionadas às associações minerais do fosfato de terras-raras monazita, do fosfato de cálcio e flúor/cloro apatita, da mica flogopita e do carbonato dolomita. Nos espectros 1, 2 e 3, as múltiplas feições de absorção situadas aproximadamente nos comprimentos de onda do visível, em 450 nm, 550 nm, 580 nm, 630 nm, 680 nm e 755 nm, e do infravermelho próximo, em 800 nm e 1.100 nm, sendo a maioria de intensidades fracas, são devidas às associações iônicas de ETR e à razão Fe^{+2}/Fe^{+3}. As absorções em 2.325 nm (forte) e 2.387 nm (fraca), por serem típicas do mineral flogopita, espectralmente aproximam os carbonatitos desse mineral. O carbonatito do espectro 4 não mostra as bandas de absorção devidas às associações de ETR e do mineral flogopita. Sua principal característica é a forte absorção do carbonato dolomita, em 2.319 nm, e a absorção de intensidade fraca, em 2.458 nm, que provavelmente é reflexo do deslocamento da banda de absorção da dolomita em 2.496 nm. Portanto, classifica-se espectralmente como um típico carbonatito. As absorções suaves e abertas que mostram os espectros 1, 3 e 4, em torno de 1.930-1.935 nm, podem ser associadas à presença da hidroxilapatita. A banda da hidroxila está sempre presente nos carbonatitos.

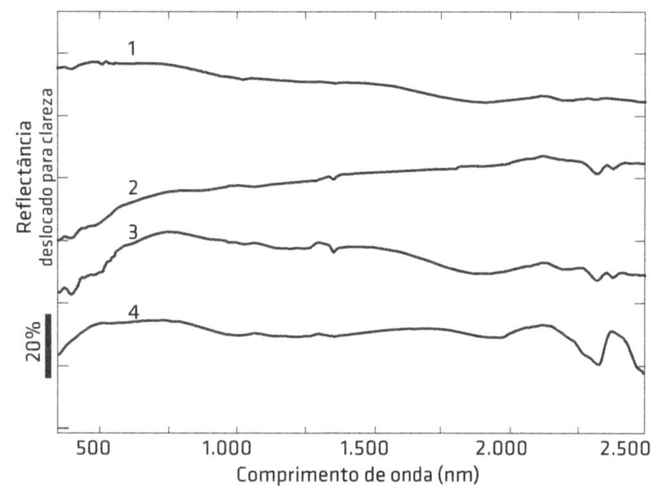

Fig. 4.26 *Espectros de rochas carbonatíticas do maciço alcalino de Catalão 1: (1) foscorito esverdeado com minerais de flogopita; (2) flogopitito intercalado com foscorito; (3) flogopitito; (4) carbonatito*
Fonte: biblioteca espectral IG/UnB.

Na Fig. 4.27 é apresentado o espectro do minério de fosfato do tipo apatítico classificado como oxidado, constituído por dolomita + hidroxilapatita + calcita, o qual foi obtido por Cruz et al. (2011) em pesquisa realizada sobre a caracterização espectral do depósito de fosfato apatítico do Complexo Alcalino do Barreiro, em Araxá (MG). A amostra desse minério de fosfato apresenta bandas de absorção muito desenvolvidas, centradas principalmente em 1.085 nm, 1.307 nm, 1.427 nm (OH), 1.926 nm (H_2O) e 2.326 nm (CO_3). A hidroxilapatita possui composição $Ca_5(PO_4)_3(OH)$ e seu espectro tem como feição espectral apenas uma discreta absorção em torno de 1.935 nm, enquanto o mineral apatita, de composição $Ca_5(PO_4)_3(F,OH,Cl)$, mostra absorções características do íon PO_4 em torno de 2.156 nm e 2.358 nm. Os referidos autores concluíram que essas duas absorções não aparecem no espectro do minério apatítico pelo fato de sua proporção na amostra ser espectralmente dominada pela forte absorção do carbonato em 2.330 nm (Cruz et al., 2011; Hernandez; Souza Filho, 2013).

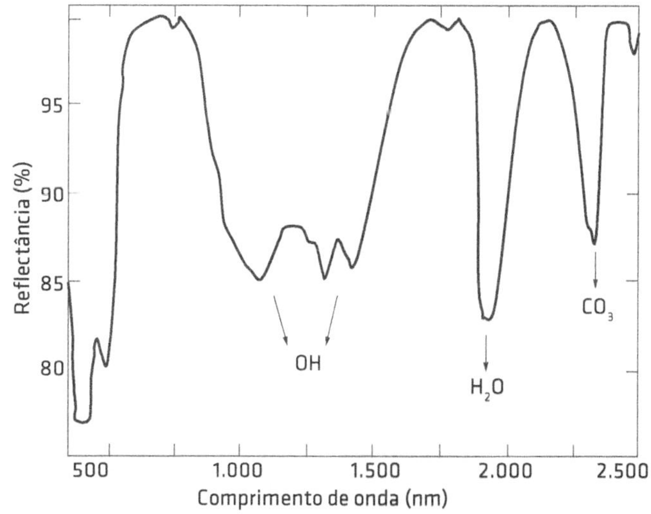

Fig. 4.27 *Espectro de reflectância do minério de fosfato carbonatítico dolomita + hidroxilapatita + calcita da mina de Araxá (MG)*

Fonte: Cruz et al. (2011).

Os espectros de fosforitos sedimentares apresentados na Fig. 4.28 foram obtidos na área da mina de fosfato São Bento, no município de Arraias (TO), estratigraficamente posicionados nas camadas de siltitos da porção basal da Formação Sete Lagoas, Grupo Bambuí, de idade neoproterozoica. Monteiro (2009) pressupôs que, nesse depósito de fosfato sedimentar, a francolita foi a apatita primária, transformada por processos intempéricos que atingiram composição próxima à fluorapatita. Espectralmente, foram amostrados os grupos de fosforitos brechados retrabalhados em ambiente de sedimentação e os fosforitos lateríticos. Os fosforitos brechados são formados por fragmentos líticos de fosforitos, siltitos fosfatados, siltitos amarelados, quartzo e silexito, imersos em matriz colofanítica de cores roxo a bege, a depender dos teores de Fe^{+3}. A média dos teores de P_2O_5 é alta, em torno de 32%. Os fosforitos lateríticos possuem hábito botrioidal, teores mais baixos de P_2O_5, da ordem de 27%, e teores altos de Fe, Al e SiO_2. Ambos os difratogramas dos fosforitos brechados e lateríticos apresentam picos intensos associados à fluorapatita e ao quartzo.

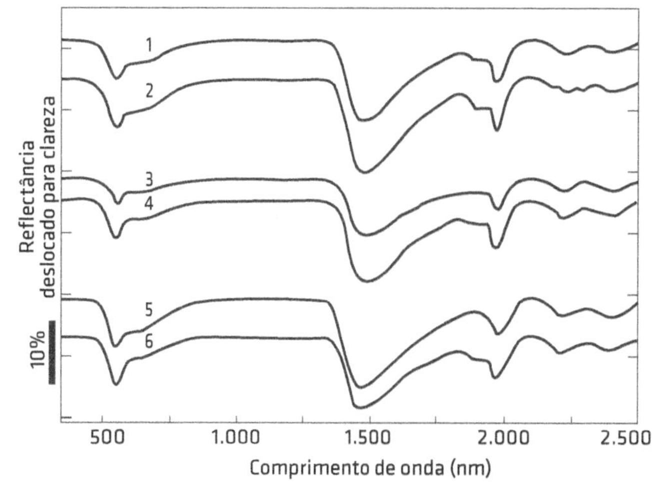

Fig. 4.28 *Espectros de fosforitos sedimentares da mina São Bento, no município de Arraias (TO): (1) fosforito laterítico; (2) fosforito brechado; (3) fosforito; (4) fosforito laterítico; (5) fosforito brechado; (6) fosforito brechado*

Fonte: Monteiro (2009).

Os vários espectros dos fosforitos expostos na Fig. 4.28 exibem padrões de reflectância bem similares, tanto na morfologia espectral quanto no posicionamento e na forma das absorções. A morfologia espectral das curvas de reflectância dos fosforitos é, caracteristicamente, a de espectros com um nível uniforme de reflectância, sem quedas abruptas, exceto quando provocadas pelas bandas de absorção. As fortes bandas de absorção são sempre assimétricas, o que sugere deformações na estrutura cristalográfica dos minerais. No visível, ocorre um forte pico de absorção situado em torno de 540 nm, que se estende suavemente a 680 nm, de fato compondo uma única banda de absorção. A banda da hidroxila é bastante intensa, assimétrica e ampla, um pouco deslocada em direção ao comprimento de onda de 1.454 nm, enquanto a banda da água está em 1.954 nm. As características espectrais dessas absorções refletem uma mistura mineral de fluorapatita e hematita limonitizada hidrolisada. No SWIR, há uma absorção fraca em 2.215 nm e duas absorções mais consistentes em 2.210 nm e 2.452 nm, as quais sugerem absorções de mistura mineral de apatita + illita.

4.7 Espectros do minério de rocha bauxita

Os depósitos de bauxita se formam pela ação do intemperismo sobre rochas aluminossilicatadas, em três principais tipos de clima: tropical (57%), mediterrâneo (33%) e subtropical (10%). Sua gênese é variada, desde protolitos anortositos e sedimentos siliciclásticos até rochas alcalinas e sienitos nefelíticos. Algumas bauxitas têm composição que se aproxima à do mineral gibbsita, todavia, em sua maioria, elas formam uma mistura contendo impurezas de sílica, óxido de ferro, titânio e outros elementos. Como resultado, a bauxita não é considerada uma espécie mineral e, numa classificação rígida, o nome *bauxita* deve ser usado em alusão à rocha. Os principais constituintes dessa rocha são a gibbsita $Al(OH)_3$, a boehmita AlO(OH) e o diásparo $HAlO_2$, cujas principais características são relativas à gênese dos depósitos.

Rocha e Souza Filho (2013) realizaram estudos de caracterização espectro-mineralógica dos depósitos bauxíticos de Poços de Caldas (MG), Barro Alto (GO), Paragominas (PA) e Itamarati (MG), cujos espectros são mostrados na Fig. 4.29. Segundo esses autores, a principal banda de absorção espectral que caracteriza a mineralogia essencial de uma bauxita localiza-se na região do SWIR, centrada em 2.270 nm, diagnóstica da absorção do mineral gibbsita. Os espectros também revelam a presença de ferro, que está inserido na estrutura mineralógica tanto da goethita (FeO(OH)) quanto da hematita (Fe_2O_3): o íon férrico (Fe^{+3}) produz a feição próxima a 900 nm e a feição abaixo de 500 nm nas amostras de Poços de Caldas, Paragominas e Itamarati. Na bauxita de Barro Alto, o íon férrico é responsável por duas absorções, localizadas próximas a 550 nm e 950 nm, devidas principalmente à presença de hematita. As transições do estado estacionário do íon férrico podem também produzir bandas de absorção poucos intensas, perceptíveis especialmente nos depósitos de Paragominas e Itamarati. Tipicamente, as bauxitas mostram também dois *doublets* de bandas da hidroxila nas proximidades de 1.450 nm e de 1.550 nm, distintas entre os minerais de argila (Rocha; Souza Filho, 2013).

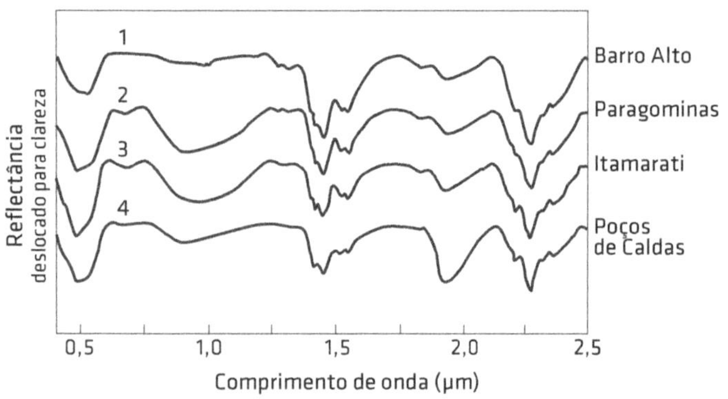

Fig. 4.29 *Espectros de reflectância do minério de alumínio bauxita*
Fonte: Rocha e Souza Filho (2013).

4.8 Espectros do minério de níquel laterítico

O níquel está presente em dois tipos de minerais: lateríticos, responsáveis por 70% das reservas mundiais de níquel, e sulfetados. O principal mineral de níquel sulfetado é a pentlandita ($FeNi_9S_8$), que se apresenta associada a outros sulfetos metálicos em rochas básicas, frequentemente acompanhada de cobre e cobalto. O mineral laterítico de níquel é a garnierita, ou silicato hidratado de níquel e magnésio, que se encontra associada às rochas básicas (peridotitos), concentrando-se por processos de intemperismo nas partes alteradas, onde forma veios e bolsões de cores verde-claras.

Um dos principais depósitos brasileiros de níquel laterítico situa-se nos complexos de Niquelândia (GO) e de Barro Alto (GO), originados do intemperismo de rochas ultramáficas serpentiníticas. Os espectros das amostras do minério laterítico do depósito de Barro Alto são mostrados na Fig. 4.30, obtidos por espectrorradiometria de campo (Meneses; Porto, 1995). As amostras são de um material terroso/argiloso oxidado, com composição do mineral garnierita, um hidróxido silicatado de fórmula $(Mg,Ni)_6Si_4O_{10}(OH)_8$, o qual é um dos minérios de níquel mais importantes. O espectro 3, que representa o minério mais rico em níquel, se caracteriza por duas profundas bandas de absorção diagnósticas do níquel localizadas nos comprimentos de onda de 660 nm e 1.100 nm. Tipicamente, essas bandas, que se aproximam das localizações das bandas ferríferas, distinguem-se pelos altos picos de reflectância interpostos entre elas, em função das fortes profundidades das duas absorções. Os espectros 1 e 2 são do material garnierítico de uma intensa fase de oxidação da rocha, que reprecipita o níquel junto com o ferro como fase amorfa nos espaços vazios da malha serpentinítica. Como o Ni^{+2} e o Fe^{+2} têm raios iônicos comparáveis, favorece-se a substituição do níquel por ferro gerada pela oxidação da rocha, o que propicia a ocorrência conjunta das bandas de Fe^{+2} com as de Ni^{+2}. Nesse caso, segundo experiências de Maquet, Cervelle e Gouet (1981) com amostras de goethita e misturas de garnierita, os espectros dessa mistura mineral mostram a influência da goethita sobre as bandas de absorção do níquel, por meio de uma atenuação e um alargamento da absorção centrada em 660 nm e um achatamento da banda centrada em 1.100 nm, esta última deslocada para 1.000 nm no espectro do meio e para 950 nm no espectro superior, pela influência do ferro. A banda em 480 nm da goethita não foi afetada. As bandas em 1.400 nm e 1.910 nm são da hidroxila e da água, respectivamente. A absorção Mg-OH da rocha serpentínica é vista com forte intensidade em 2.360 nm, aproximadamente.

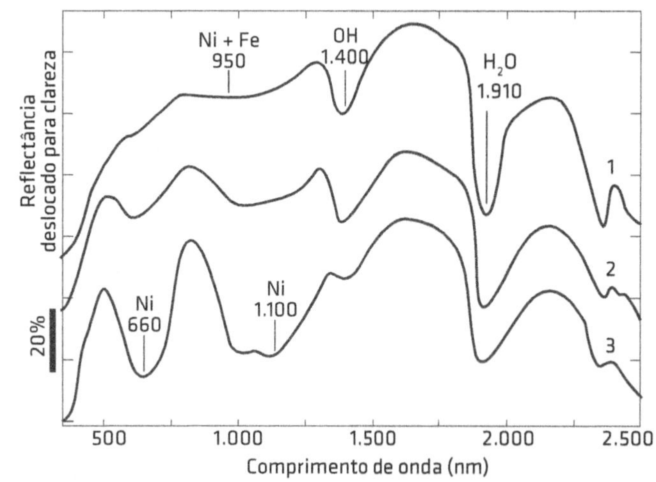

Fig. 4.30 *Espectros de reflectância de minério laterítico de níquel*
Fonte: Meneses e Porto (1995).

4.9 Efeito espectral da matéria carbonosa em rochas

A presença de matéria carbonosa, principalmente em rochas de baixo grau metamórfico ou sedimentares, em geral constitui para a geologia um importante guia prospectivo mineral, porque define níveis estratigráficos e indica ambientes redutores propícios à concentração de fases de minério. Sua ocorrência é comum nas rochas carbonáticas, principalmente em calcários, identificando-se pelo forte enegrecimento de todo o volume da rocha. As rochas calcárias compõem grandes áreas de ocorrência na crosta terrestre, em escala mundial, e são um dos poucos tipos de rocha que por si só constituem uma fonte de aproveitamento econômico mineral em larga escala. Isso porque são a matéria-prima para a fabricação de cimento, bem como hospedeiras importantes de ocorrências de metais básicos, como o chumbo e o zinco, fosfatos e não metais, como a fluorita. A matéria carbonosa pode também estar presente em metassedimentos de baixo grau metamórfico, geralmente em filitos, os quais podem ocorrer em diferentes ambientes geológicos, tipo *greenstone belts* ou faixas de dobramentos, compondo unidades mapeadas por dezenas de quilômetros. Muitas ocorrências de grandes jazidas de ouro são encontradas nesses metassedimentos carbonosos, que, por isso, são alvo de grande interesse prospectivo.

A ação mais notável da matéria orgânica no comportamento espectral das rochas é que quantidades muito pequenas, menores que 0,1%, são responsáveis por uma considerável redução na reflectância total do espectro e por uma acentuada atenuação ou mesmo um total mascaramento das bandas de absorção causadas por outros grupos iônicos e aniônicos, como a banda carbonática em 2.335 nm ou a banda Al-OH entre 2.160 nm e 2.228 nm das argilas. A influência dessa mínima quantidade de matéria orgânica resulta em espectros destituídos de feições, exibindo um padrão bem distinto daquele apresentado pelos espectros de qualquer tipo de rocha não carbonosa. Sua ação tão marcante no comportamento dos espectros deve-se ao fato de a matéria orgânica estar muito finamente disseminada na rocha como um todo. Essa matéria orgânica contida nos materiais rochosos é de natureza insolúvel (querogênio) e é sabido que sua opacidade aumenta em resposta às alterações termais que a rocha venha a sofrer, alterações essas que podem ser medidas pela razão atômica querogênica de hidrogênio/carbono (H/C). Uma baixa razão H/C indica uma considerável variação térmica, reduzindo a opacidade do material.

Os espectros de rochas carbonáticas mostrados na Fig. 4.31, obtidos por Crowley (1986), ilustram essas características da presença de matéria orgânica. O espectro da amostra c-100 é livre de matéria orgânica, enquanto os espectros 17 e 38 mostram redução da reflectância geral em razão do aumento da porcentagem de matéria orgânica. O espectro 17, com 0,05% de matéria orgânica – apenas 0,01% maior que a do espectro 38, que contém 0,04% de matéria orgânica –, apresenta um albedo muito mais reduzido e com as feições de absorção dos íons carbonatos totalmente mascaradas. Isso evidencia que a quantidade de matéria orgânica necessária para produzir uma drástica redução da reflectância é da ordem de centésimos da porcentagem do peso.

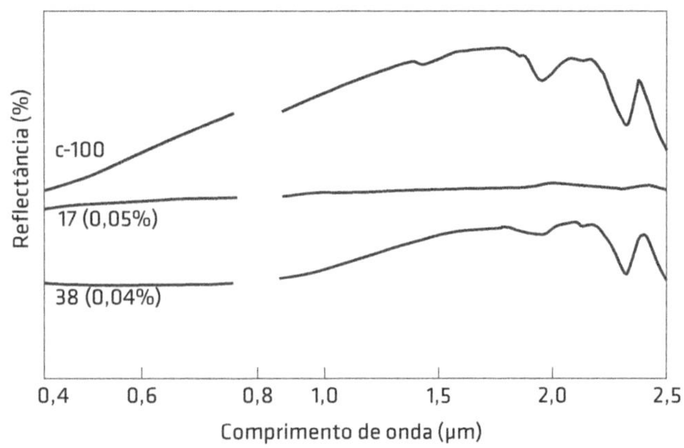

Fig. 4.31 *Efeito da matéria orgânica na redução da reflectância de calcários*
Fonte: Crowley (1986).

Comportamento idêntico também foi observado por Meneses (1986) e Pedrosa, Meneses e Carmelo (2010) nos carbonatos do Grupo Bambuí expostos na Serra do Ramalho (BA). Os espectros mostrados na Fig. 4.32 confirmam que a porcentagem de matéria orgânica em níveis pouco superiores a 0,1% é suficiente para reduzir drasticamente a reflectância e as fortes bandas de absorção presentes nos carbonatos puros (Tab. 4.3).

As rochas metassedimentares também se comportam assim em relação à matéria orgânica.

Tab. 4.3 Conteúdo de matéria orgânica em rochas carbonáticas, cujos espectros são mostrados na Fig. 4.32

Amostra	Matéria orgânica (%)	Rocha
S94	0,76	Calcilutito cinza-escuro, granulação fina
S113	0,14	Calcilutito cinza-escuro com vênulas de calcita recristalizada
S89a	0,03	Calcário argiloso cinza-esverdeado
S114	0,02	Dolarenito cinza-claro

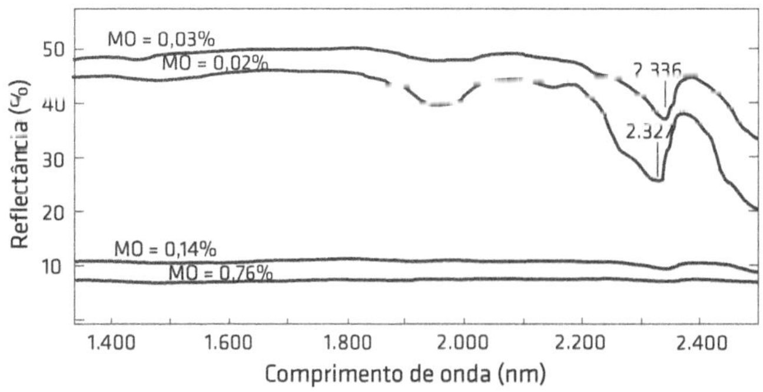

Fig. 4.32 *Efeito da variação do conteúdo de matéria orgânica na reflectância de rochas carbonáticas*
Fonte: Pedrosa, Meneses e Carmelo (2010).

O exemplo apresentado na Fig. 4.33 é de filitos de baixo grau metamórfico da Formação Vazante, Grupo Bambuí, coletados na mina de ouro Morro do Ouro, em Paracatu (MG) (Pontara, 1998; Meneses; Freitas-Silva; Ferreira Junior, 1993). Expostos na superfície, esses filitos sofrem intenso intemperismo, que altera as propriedades da matéria orgânica e introduz óxidos de ferro pela oxidação dos sulfetos. Há uma consequente modificação espectral, como se pode ver nos espectros, os quais representam um perfil de alteração com filitos carbonosos puros na base e filitos carbonosos oxidados em direção ao topo do perfil. A Tab. 4.4 resume a descrição das amostras.

Esses filitos carbonosos, representados pelas amostras MO-1, MO-2A, MO-2B e MO-3 (Fig. 4.33), correspondem a uma sucessão estratigráfica intempérica dos níveis estratigráficos superiores dos filitos mineralizados. Para a amostra MO-1, sem intemperismo e composta essencialmente de mica branca (muscovita) e maior porcentagem de material carbonoso, o espectro é caracterizado por baixo albedo e ausência de bandas de absorção. A presença de matéria carbonosa bem preservada mascara por completo todas as feições espectrais do filito. Com o aumento do grau intempérico, há contínua oxidação da matéria carbonosa e aumento proporcional de óxidos férricos. Essa evolução intempérica é acompanhada por um aumento progressivo de albedo, pelo aparecimento de um *wing* de absorção na região do visível e também por um contínuo aumento na intensidade das bandas de absorção de origem vibracional em 2.200 nm e 1.400 nm, ambas relacionadas à presença de mica branca, e das absorções de origem eletrônica próximas a 900 nm, relacionadas à presença de goethita. Para a amostra MO-3, que apre-

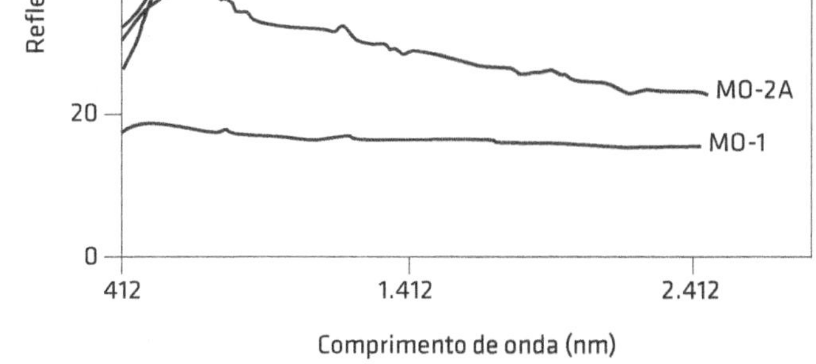

Fig. 4.33 *Espectros de reflectância de filitos carbonosos da mina Morro do Ouro, em Paracatu (MG): o espectro MO-1 é de um filito carbonoso típico, enquanto os espectros MO-2A, MO-2B e MO-3 representam o crescente estágio de intemperismo do filito carbonoso MO-1, com a destruição da matéria orgânica*
Fonte: Meneses, Freitas-Silva e Ferreira Junior (1993).

Tab. 4.4 Descrição petrográfica dos filitos carbonosos da mina de ouro Morro do Ouro, em Paracatu (MG)

Amostra	Petrografia	Carbono total (%)
MO-1	Filito negro com níveis milimétricos de matarenito, contendo sericita (30-60%), quartzo (35-50%), clorita (< 5%) e minerais opacos	0,63
MO-2A	Filito cinza com mineralogia semelhante à da amostra MO-1	0,26
MO-2B	Filito cinza levemente oxidado, com mineralogia semelhante à da amostra MO-1	0,26
MO-3	Sericitafilito marrom avermelhado fortemente oxidado, com mistura de opacos (goethita/lepidocrocita/maghemita)	0,014

Fonte: Meneses, Freitas-Silva e Ferreira Junior (1993).

senta avançado estágio de oxidação da matéria orgânica (maior grau de intemperismo), o espectro assemelha-se bastante àqueles esperados para sericitafilitos ou micaxistos não carbonosos, que são dominados pelas bandas ferríferas e aluminosas.

Referências bibliográficas

BINOTTO, R. B.; PERROTA, M. M.; SALDANHA, D. L.; DIAS, A. R. A. Identificação dos padrões espectrais da alteração hidrotermal da Mina Uruguai, Caçapava do Sul (RS), utilizando espectros de reflectância experimental. *Pesquisas em Geociências*, UFRGS – Porto Alegre, v. 42, n. 1, p. 89-101, jan./abr. 2015.

BUCKINGHAM, W. F.; SOMMER, S. E. Mineralogical characterization of rock surfaces formed by hydrothermal alteration and weathering: application to remote sensing. *Economic Geology*, v. 78, p. 664-674, 1983.

CARRINO, T. A.; CRÓSTA, A. P.; TOLEDO, C. L. B.; SILVA, A. M.; SILVA, J. L. Geology and hydrothermal alteration of the Chapi Chiara Prospect and nearby targets, southern Peru, using ASTER data and reflectance spectroscopy. *Economic Geology and the Bulletin of the Society of Economic Geologists*, v. 110, p. 73-90, 2014.

COLLINS, W. Analysis of airbone spectroradiometric data and the use of LANDSAT data for mapping hydrothermal alteration. *Geophysics*, Tulsa, OK, v. 43, p. 967-987, 1978.

COLLINS, W.; CHANG, S. H.; RAINES, G.; CANNEY, F.; ASHLEY, R. Airbone biogeochemical mapping of hidden mineral deposits. *Economic Geology*, v. 78, p. 737-749, 1983.

CRUZ, J. R.; SOUZA FILHO, C. R.; ABRAM, M. B.; MARCON, R. Caracterização espectral do depósito de fosfato de Araxá (MG). In: SIMPÓSIO BRASILEIRO DE SENSORIAMENTO REMOTO. 15., Curitiba/PR. *Anais*... p. 3530-3537, 2011.

CROWLEY, J. K. Visible and near-infrared spectra of carbonate rocks: reflectance variations related to petrographic texture and impurities. *Journal of Geophysical Research*, Washington/DC, v. 91, n. B5, p. 5001-5012, 1986.

DUCART, D. F.; CRÓSTA, A. P.; SOUZA FILHO, C. R. ; CONIGLIO, J. Alteration mineralogy at the Cerro La Mina Epithermal Prospect, Patagonia, Argentina: Field mapping, short-wave infrared spectroscopy, and ASTER images. *Economic Geology and the Bulletin of the Society of Economic Geologists*, v. 101, p. 1010-1025, 2006.

FERREIRA JUNIOR, L. G.; MENESES, P. R. Discrimination of hydrothermally altered zones through visible near infrared spectrometry and multispectral imaging processing. In: THEMATIC

CONFERENCE ON GEOLOGIC REMOTE SENSING, 10., 1994, Texas, USA. *Proceedings*... ERlM. p. 1127-1137, 1994.

FERREIRA JUNIOR, L. G.; MENESES, P.R.; MARTINS, E.S. 1993. Efeitos do intemperismo sobre o comportamento espectral de produtos de alteração hidrotermal. In: SIMPÓSIO BRASILEIRO DE SENSORIAMENTO REMOTO, 7., 1993, Curitiba. *Anais*... p. 28-35.

FRASER, S. J.; GABELL, A. R.; GREEN, A. A.; HUNTINGTON, J. F. Targeting epithermal alteration and gossans in weathered and vegetated terrains using aircraft scanners: successful Australian case histories. In: THEMATIC CONFERENCE ON REMOTE SENSING FOR EXPLORATION GEOLOGY, 5., 1987, Reno, NV.

GALVÃO, L. S.; VITORELLO, I. Spectral reflectance lithostratigraphy of terrigenous rocks of the Parnaiba Basin, Brazil: chemical composition relationships. *Revista Brasileira de Geociências*, São Paulo, v. 24, n. l, p. 22-31, 1994.

GALVÃO, L. S.; VITORELLO, I. Role of organic matter in obliterating the effects of iron on spectral reflectance and colour of Brazilian tropical soils. *International Journal of Remote Sensing, London*, v. 19, n. 10, p. 1969-1979, 1998.

HERNANDEZ, E. A.; SOUZA FILHO, C. R. Spectral reflectance and emissivity features of PO_4-bearing carbonatitic rocks from the Catalão I and Tapira complexes: New constraints for detection of igneous phosphates with remote sensing data. In: SIMPÓSIO BRASILEIRO DE SENSORIAMENTO REMOTO, 16., 2103, Foz do Iguaçu/PR, *Anais*... p. 3595-3602, 2013.

HOOK, S. J.; ELVIDGE, C. D.; RAST. M.; WATANABE, H. An evaluation of shortwave-infrared (SWIR) data from the AVIRIS and GEOSCAN instruments for mineralogic mapping at Cuprite, Nevada. *Geophysics*, Tulsa, OK, v. 56, n. 9, p. 1412-1440, 1991.

HUNT, G. R.; SALISBURY, J. W. Visible and near-infrared spectra of minerals and rocks: XI. Sedimentary rocks. *Modern Geology*, Amsterdam, v. 5, p. 211-217, 1970.

HUNT, G. R.; SALISBURY, J. W. Visible and near infrared spectra of minerals and rocks: XII. Metamorphic rocks. *Modern Geology*, Amsterdam, v. 5, p. 219-228, 1976. HUNT, G. R.; WYNN, J. C. Visible and near-infrared spectra of rocks from chromium rich areas. *Geophysics*, Tulsa, OK, v. 44, n. 4 p. 820-825, 1979.

HUNT, G. R.; SALISBURY, J. W.; LENHOFF, C. J. Visible and near infrared spectra of minerals and rocks: III. Oxides and hydroxides. *Modern Geology*, Amsterdam, v. 2, p. 195-205, 1971.

HUNT, G. R.; SALISBURY, J. W.; LENHOFF, C. J. Visible and near-infrared spectra of minerals and rocks: VII. Acid igneous rocks. *Modern Geology*, Amsterdam, v. 4, p. 217-224, 1973a.

HUNT, G. R.; SALISBURY, J. W; LENHOFF, C. J. Visible and near infrared spectra of minerals and rocks: IX. Intermediate igneous rocks. *Modern Geology*, Amsterdam, v. 4, p. 237-244, 1973b.

HUNT, G. R.; SALISBURY, J. W; LENHOFF, C. J. Visible and near-infrared spectra of minerals and rocks: IX Basic and ultrabasic igneous rocks. *Modern Geology*, Amsterdam, v. 5, p. 15-22, 1974.

KRUSE, F. A. Use of airbone imaging spectrometer data to map minerals associated with hydrotermally altered rocks in the northem Grapevine Mountains, Nevada and Califomia. *Remote Sensing of Environnent*, New York, v. 24, n. 1, p. 31-55, 1988.

KRUSE, F. A.; KIEREIN, Y. K. S.; BOARDMAN, J. W. Mineral mapping at Cuprite, Nevada with a 63-channel imaging spectrometer. *Photogrammetric Engineering and Remote Sensing*, Bethesda, v. 56, n. 1, p. 83-92, 1990.

MAQUET, M.; CERVELLE, B. D.; GOUET, G. Signatures of Ni^+ and Fe^+ in the optical spectra of limonitic ore in New Caledonia: Application to the determination of the nickel content. *Mineralium deposita*, Berlin, v. 16, p. 357-373, 1981.

MENESES, P. R. *Avaliação e seleção de bandas do sensor "Thematic Mapper" do LANDSAT 5 para a discriminação de rochas carbonáticas do Grupo Bambuí como subsídio ao mapeamento de semidetalhe*. 1986. 256 f. Tese (Doutorado) – IG/USP, São Paulo, 1986.

MENESES, P. R.; PORTO, S. G. Spectral reflectance of lateritic nickel ore of the mafic-ultra mafic Barro Alto Complex. In: COLOQUIO INTERNACIONAL SOBRE PROPRIEDADES ESPECTRALES Y TELEDETECCION DE LOS SUELOS Y ROCAS DEL VISIBLE AL INFRARROJO MEDIO, La Serena, Chile. *Anales*... ORSTOM, 1995.

MENESES, P. R.; FREITAS-SILVA, E. H.; FERREIRA JUNIOR, L. G. O comportamento espectral e radiométrico dos filitos carbonosos portadores de mineralizações auríferas na Faixa Brasília. In: SIMPÓSIO BRASILEIRO DE SENSORIAMENTO REMOTO, 7., 1993, Curitiba/PR. *Anais*... p. 266-274, 1993.

MONTEIRO, C. F. *Fosforitos do Grupo Bambuí na região de Campos Belos (GO)/Arraias (TO) na borda oeste do craton de São Francisco*. Dissertação de mestrado. IG/UnB. 2009.

PEDROSA, S. A.; MENESES, P. R.; CARMELO, A. C. Espectrorradiometria de reflectância de rochas carbonáticas na região do infravermelho de ondas curtas. *Revista Geociências*, v. 40, n. 4, p. 593-599, 2010.

PODWYSOCKI, M. H.; SEGAL, D. B.; ABRAMS, M. Use of multispectral scanner images for assessment of hydrothermal alteration in the Marysvale, Utah, mining area. *Economic Geology*, v. 78, p. 675-687, 1983.

PONTARA, R. C. P. Análise do comportamento espectral dos filitos carbonosos para interpretação de imagens. Dissertação (Mestrado) – Instituto de Geociências, UnB. Brasília, 1998.

PONTUAL, S.; MERRY, N.; GAMSON, P. *Spectral Interpretation Field Manual*. G-Mex, v. 1, Melbourne: Ausspec International Pty. Ltd, 1997.

ROCHA, B. M.; SOUZA FILHO, C. A. Geração de bibliotecas espectrais de depósitos de bauxita brasileiros e exemplos de uso para a prospecção de minérios de alumínio por sensoriamento remoto orbital. In: SIMPÓSIO BRASILEIRO DE SENSORIAMENTO REMOTO, 16., 2013, Foz do Iguaçu/PR. *Anais*... p. 3509-3516, 2013.

ROWAN, L. C.; KAHLE, E. A. B. Evaluation of 0.46-2.36 mm multispectral scanner images of the East Tintic mining, Utah, for mapping hydrothermally altered rocks. *Economic Geology*, v. 77, p. 441-452, 1982.

ROWAN, L. C.; GOETZ, A. F. H.; ASHLEY, R. P. Discrimination of hydrothernally altered and unaltered rocks in visible and near-infrared multispectral images. *Geophysics*, Tulsa, OK, v. 42, n. 3, p. 522-535, 1977.

ROWAN, L. C.; KINGSTON, M. J.; CROWLEY, J. K. Spectral reflectance of carbonatites and related alkalic igneous rocks: selected samples from four North American localities. *Economic Geology*, v. 81, p. 857-871, 1986.

RUBIN, T. D. Spectral mapping with imaging spectrometers. *Photogrammetric Engineering and Remote Sensing*, Bethesda, v. 56, n. 1, p. 83-92, 1993.

THOMPSON, A. J. B.; HAUFF, P. L.; ROBITAILL, E. A. J. Alteration Mapping in Exploration: application of Short-Wave Infrared (SWIR) Spectroscopy. *Society of Economic Geologists*, n. 39, p. 15-27, Oct. 1999.

WILLIANS, H.; TURNER, F. J.; GILBERT, C. M. *Petrografia*: uma introdução ao estudo das rochas em seções delgadas. Trad. Ruy Ribeiro Franco. São Paulo: Polígono/Edusp, 1970. 424 p.

Gustavo Macedo de Mello Baptista

José da Silva Madeira Netto

Deorgia Iayane Mendes de Souza

5 REFLECTÂNCIA DOS SOLOS

As demandas atuais das intervenções relativas à exploração agrícola ou ao meio ambiente, como a agricultura de precisão, requerem alta densidade de informações pedológicas produzidas em tempos menores e a baixos custos. Essas demandas são pouco compatíveis com os métodos convencionais de estudo da cobertura pedológica, que, além de demorados e caros, demandam análises laboratoriais igualmente dispendiosas em tempo e dinheiro.

Nos métodos correntes de estudo dos solos, os pedólogos utilizam recursos sensoriais e/ou determinações físicas e químicas realizadas em laboratórios, que, por serem caras e demandarem tempo de realização mais ou menos longo, têm seu emprego limitado à obtenção das informações necessárias a seus estudos. Exemplos de recursos sensoriais são a cor e a textura, e de métodos laboratoriais, o pH, a mineralogia e os teores de nutrientes, entre outros. Por outro lado, os resultados obtidos nem sempre são facilmente reprodutíveis, sobretudo quando são empregados recursos sensoriais.

Mais recentemente, tem sido demonstrada a utilidade dos dados obtidos pela técnica da espectrorradiometria de reflectância no estudo dos solos. Embora os primeiros relatos de estudos sobre o tema datem do primeiro quarto do século XX – por exemplo, o trabalho de Ångström (1925) –, a maior parte da literatura sobre o assunto foi publicada apenas a partir da década de 1960. Desde então, muito se acrescentou ao conhecimento das propriedades de reflectância dos solos, e sínteses da literatura sobre o tema foram publicadas por Baumgardner e Stoner (1982), Baumgardner et al. (1985), Myers (1983), Mulders (1987), Irons, Weissmiller e Petersen (1989), Ben-Dor, Irons e Epema (1999) e Ben-Dor (2002).

A rápida evolução dos instrumentos usados nos estudos espectrorradiométricos de reflectância ocorrida a partir de 1980, e sua disseminação em laboratórios em muitos países, a partir dos anos 1990, estimularam o aprofundamento dos conhecimentos sobre o emprego dessa técnica na identificação dos componentes presentes nos diferentes tipos de solo, assim como em suas quantificações. Desde cedo, a comunidade de pedólogos brasileiros demonstrou interesse nessa técnica e contribuiu significativamente para lançar o tema *espectrorradiometria de solos*.

Atualmente há projetos de pesquisa em andamento para a construção de bibliotecas espectrais de solos brasileiros e pesquisas visando métodos de mapeamento digital de solos (Alves; Demattê; Barros, 2015; Lacerda et al., 2016; Rizzo et al., 2016; Romero et al., 2018; Demattê et al., 2019).

As características da reflectância dos solos decorrem da interação da energia eletromagnética com os componentes presentes nas camadas superficiais do solo. Além da composição orgânica e mineral, outros fatores, como o tamanho de partículas e sua organização, são fundamentais nas propriedades de reflectância de solos; por isso, a forma de seus espectros de reflectância, assim como os índices deles derivados, permite inferir informações valiosas sobre algumas de suas características físicas, químicas e mineralógicas.

O trabalho de Bowers e Hanks (1965), há pouco mais de 50 anos, mostrou que a umidade do solo é altamente correlacionada com seus espectros e chamou a atenção de muitos estudiosos, que entenderam existir nos espectros informações quantitativas relevantes sobre os constituintes dos solos. O avanço da tecnologia de espectrorradiômetros e a consequente diminuição no custo desses aparelhos permitiram à comunidade científica a aquisição de detalhados espectros de reflectância de solos em diferentes pontos do planeta. Atualmente já estão implementadas diferentes técnicas de análises espectroscópicas da faixa óptica do espectro eletromagnético que possibilitam a extração de informação quantitativa.

Com o desenvolvimento de sistemas sensores hiperespectrais, ou de espectroscopia de imageamento, tornou-se possível medir do espaço a energia radiante refletida em diversos intervalos de comprimentos de onda, com precisão, alta resolução espectral e de forma contínua, para grandes áreas sobre a superfície terrestre. Isso aumentou o interesse pelo estudo das propriedades de reflectância dos solos e de suas relações com a composição e as propriedades estruturais e texturais (Baptista, 2001). Os fundamentos para a interpretação dessas imagens de sensores hiperespectrais, objetivando a discriminação de variações de características de solo, baseiam-se fundamentalmente nos diversos estudos espectrorradiométricos realizados em laboratório ou em dados de campo. A integração das imagens hiperespectrais com outros recursos de geoprocessamento deu surgimento à proposta de execução de cartografia pedológica digital/espectral como uma alternativa à tradicional metodologia de mapeamento de solos (Demattê; Rizzo; Botteon, 2015).

A proposta deste capítulo é, sobretudo, enfatizar as propriedades de reflectância dos solos de ocorrência mais frequente no Brasil, resgatando estudos que documentam as relações entre a composição de solos e seus dados de espectrorradiometria.

5.1 Padrões gerais de espectros de reflectância dos solos

A obtenção e a análise de um grande número de espectros de reflectância de solos nos anos 1960 possibilitaram a determinação de alguns padrões de curvas espectrais, que normalmente se relacionaram mais com os constituintes dos solos do que com os tipos ou classes. De início, foram percebidos três padrões de espectros para a região entre 400 nm e 800 nm (Obukhov; Orlov, 1964; Condit, 1970, 1972). Posteriormente, esses padrões foram ampliados para cinco, por meio da análise de 485 espectros de amostras de solos, para o intervalo espectral de 520 nm a 2.320 nm (Fig. 5.1) (Stoner; Baumgardner, 1981). Os padrões estipulados, e que são definidos por cinco curvas espectrais, são explicados pelos constituintes do solo que controlam seu comportamento de reflectância:

- O espectro *A* é típico de solos com elevado teor de matéria orgânica e textura argilosa. Como o formato dos espectros é influenciado sobretudo pela matéria orgânica, o albedo é baixo e a forma é convexa no visível e no infravermelho próximo (VNIR), de 500 nm a 1.300 nm. Geralmente, ainda se pode identificar em todos os espectros uma a duas bandas de absorção centradas por volta de 2.200 nm devido à ocorrência de minerais de fração argila com a presença de hidroxilas, o que tende a inclinar o espectro de 1.500 nm a 2.320 nm.

- O espectro *B* é característico de solos com baixos teores de matéria orgânica e de óxidos de ferro, o que gera espectros com albedos elevados e formato côncavo de 500 nm a 1.300 nm.
- O espectro *C* representa solos com baixos teores de matéria orgânica e conteúdos médios de óxido de ferro. A forma dos espectros é influenciada pela presença dos óxidos de ferro, que apresentam absorções espectrais centradas em torno de 500 nm, 700 nm e 900 nm.
- O espectro *D* caracteriza solos com elevado teor de matéria orgânica e textura arenosa. Os espectros apresentam concavidade típica da presença de matéria orgânica entre 500 nm e 750 nm e convexidade de 750 nm a 1.300 nm. Além disso, o espectro é mais plano na porção do infravermelho de ondas curtas (SWIR) de 1.300 nm a 2.320 nm, característica comum a solos arenosos.
- O espectro *E* representa o grupo de solos com elevado teor de óxidos de ferro e textura argilosa. Esses espectros apresentam feições decorrentes da presença dos óxidos de ferro, gerando as ombreiras verificadas também no espectro *C*, centradas em 500 nm, 700 nm e 900 nm. Porém, esse grupo apresenta uma particularidade, que é ter albedo muito baixo, com tendência a diminuição a partir de 750 nm em direção ao SWIR. As absorções espectrais no SWIR são tão intensas que as bandas de água presentes em todos os outros espectros em 1.400 nm e 1.900 nm são praticamente obliteradas. Madeira Netto (1993) salientou que esse tipo de curva espectral ocorre quando há no solo a presença de minerais considerados opacos, tais como a magnetita (Fe_3O_4) e a ilmenita ($FeTiO_3$), que tendem a aplainar os espectros. É esse efeito dos opacos o fator determinante da forma do espectro, e não os altos teores em óxido de ferro, como se supunha.

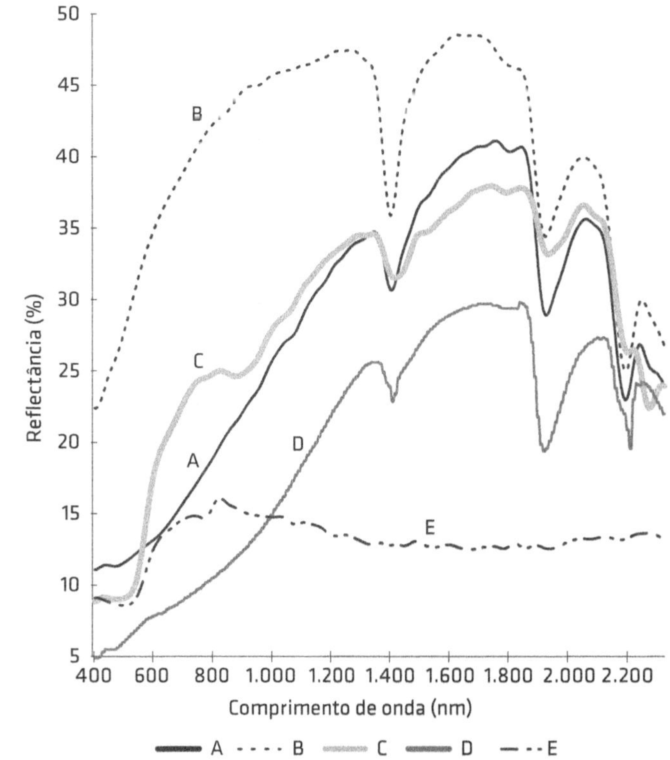

Fig. 5.1 *Padrões espectrais representativos de horizonte superficial de solos: (A) espectro cuja forma é dominada pela matéria orgânica em textura argilosa; (B) forma minimamente alterada; (C) forma afetada pelo ferro; (D) forma afetada pela matéria orgânica em textura arenosa; (E) forma dominada pelos minerais opacos*

Fonte: adaptado de Stoner e Baumgardner (1981).

Os estudos de espectrorradiometria no Brasil, tanto de campo como de laboratório, têm contribuído para caracterizar as nuances do comportamento espectral dos solos tropicais. Entre esses estudos, destaca-se o de Epiphânio et al. (1992), que obteve em laboratório 111 espectros e dados físico-químicos de amostras de 53 perfis de 14 classes de solos do Estado de São Paulo, contendo diversas variações de Latossolos, Argissolos, Neossolos, Cambissolos e Gleissolos.

Valeriano et al. (1995), com base nos padrões de reflectância de Stoner e Baumgardner (1981), utilizaram atributos como a forma, o albedo, as bandas de absorção e a presença

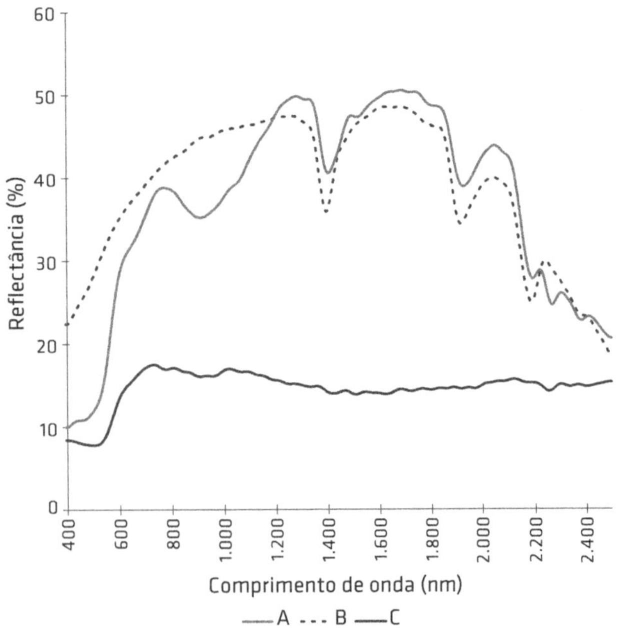

Fig. 5.2 *Espectros de reflectância de três amostras de solos representativos dos três tipos principais de composição mineralógica definidos por Madeira Netto (1993): (A) praticamente sem óxidos de ferro; (B) teores elevados de óxidos de ferro e praticamente sem minerais opacos; (C) teores elevados de óxidos de ferro e presença de minerais opacos*

de inflexões na região do visível para chegar a quatro classes gerais. Eles constataram que não ocorria uma relação biunívoca entre as classes de solo e os tipos de espectro de reflectância, ou seja, para cada um dos tipos de espectro relacionam-se diferentes classes de solo, e solos pertencentes a uma mesma classe podem apresentar diferentes tipos de espectro.

Em sua tese de doutorado, Madeira Netto (1993) realizou medidas espectrorradiométricas em 56 amostras de Latossolos (Latossolo Vermelho-Amarelo, Latossolo Vermelho, Latossolo Vermelho Distroférrico, Latossolo Amarelo e Latossolo Bruno) e solos hidromórficos (Gleissolo Háplico e Plintossolo Háplico) e conseguiu agrupar esses solos em três classes gerais de espectros, conforme ilustra a Fig. 5.2, sendo que a cada classe foram associados determinados minerais responsáveis por suas feições espectrais características.

Analisando a Fig. 5.2, observa-se que o espectro da classe A representa os solos que não apresentam bandas de absorção dos óxidos de ferro, o que gera uma forma convexa no intervalo de 400 nm a 1.300 nm. O espectro da classe B representa os solos ricos em óxidos de ferro e que apresentam as absorções características desses minerais, sendo uma banda intensa e larga centrada em 950 nm, uma centrada em 650 nm e outra entre 450 nm e 530 nm. Nos espectros das classes A e B, verifica-se no SWIR a presença da absorção característica da caulinita, centrada em 2.205 nm, e no espectro da classe B ainda é possível verificar a banda de absorção da gibbsita, centrada em 2.265 nm. Em 1.400 nm e 1.900 nm, observa-se a ocorrência de absorções mais intensas resultantes da presença de moléculas de água, que, no caso dos solos, pode decorrer da água livre, da água adsorvida aos minerais ou da água presente no cristalino.

O espectro da classe C é característico de solos ricos em minerais opacos, como a magnetita e a ilmenita. Sua característica principal é, após a presença das absorções decorrentes dos óxidos de ferro, apresentar forma aplainada além do comprimento de onda de 750 nm e baixo albedo. Embora as amostras com essas características apresentem altos teores de óxido de ferro (hematita e goethita), as feições desses minerais são atenuadas pelas absorções da magnetita. Porém, Baptista (2001) e Baptista, Vivaldi e Meneses (2016) confirmaram que a presença de minerais opacos não impede a quantificação das relações mineralógicas, principalmente no SWIR, como a da caulinita com a gibbsita.

É importante salientar que os trabalhos de Madeira Netto (1993) e de Baptista (2001) focaram os solos da faixa intertropical, mais especificamente em áreas nas quais predomina o intemperismo químico sobre o físico, o que determina a ausência de minerais primários. Basicamente, na fração areia e silte encontra-se quartzo, que não apresenta feições características no VNIR e no SWIR; na fração argila encontram-se, no VNIR, as feições dos óxidos de ferro (goethita e hematita) e, no SWIR, as feições da caulinita e da gibbsita. Eventualmente, como nos solos da classe C da Fig. 5.2, encontram-se minerais opacos, predominantemente na fração areia. Mas, na faixa intertropical, encontram-se também solos em que o intemperismo físico predomina sobre o químico e as absorções espectrais decorrem da presença de minerais primários, como no caso de Vertissolos, Planossolos e Luvissolos, localizados principalmente no semiárido brasileiro (Fig. 5.3). Nesses solos, a composição mineral inclui, além da caulinita, óxidos metálicos e quartzo, argilas 2:1 (sobretudo montmorillonita e illita) e minerais primários.

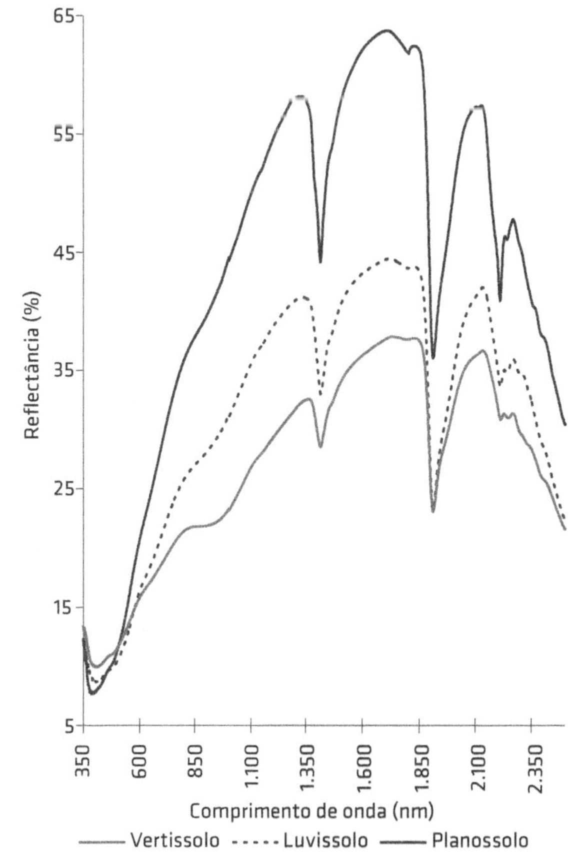

Fig. 5.3 *Espectros de reflectância de perfis de Vertissolo, Luvissolo e Planossolo, de ocorrência frequente no semiárido brasileiro*

Os espectros representados na Fig. 5.3 são os espectros médios dos horizontes A, B e C. Ao analisar esses espectros, nota-se que as absorções características dos óxidos de ferro na faixa do VNIR são mais perceptíveis no Vertissolo que nos demais espectros. Neles, apenas a inflexão a 950 nm é bem nítida. Outra característica verificada de forma geral é que, em todos os espectros, a banda de absorção em 1.400 nm – que sempre tem, além da presença de água, a interferência de minerais de argila – é menos intensa que a de 1.900 nm, cujas características revelam a abundância de montmorillonita.

A determinação de classes ou de padrões representativos do comportamento espectral dos solos pode ser realizada pela aplicação de técnicas de análise de dados que visem reduzir a dimensão dos dados espectrais. Essas técnicas consistem basicamente em definir um número mínimo de faixas espectrais que, combinadas com curvas-chave determinadas por análise multivariada, reproduzem o espectro inteiro. Resultados dessa prática foram obtidos por Price (1990), que demonstrou que apenas quatro bandas (630 nm a 740 nm; 930 nm a 1.130 nm; 1.610 nm a 1.800 nm; e 2.030 nm a 2.310 nm) e quatro curvas-chave explicariam mais de 99% da variabilidade dos dados de reflectância de 564 amostras de solos no intervalo espectral de 550 nm a 2.320 nm.

Huete e Scadafal (1991) também mostraram ser possível reproduzir os valores efetivamente medidos, com erro inferior a 0,17, utilizando os valores de reflectância de quatro comprimentos de onda: 410 nm, 540 nm, 610 nm e 900 nm. Os componentes que determinaram as curvas-chave foram a matéria orgânica e os teores de hematita e de goethita.

Tomando os espectros obtidos de amostras de solos brasileiros, Epiphânio et al. (1992) e Vitorello et al. (1995) usaram a técnica de redução de dimensionalidade por análise de componentes principais visando identificar as características espectrais responsáveis por sua variabilidade e determinar as contribuições dos componentes do solo, tais como os óxidos de ferro, a matéria orgânica e as condições de umidade. Eles determinaram que as variações de albedo e as declividades das curvas de reflectância podem ser medidas nos dois primeiros componentes. Da análise do primeiro componente, os Argissolos Vermelhos e os Latossolos Vermelhos Distroférricos apresentaram grande similaridade espectral em razão da presença dos minerais opacos, que determinaram espectros aplainados sem absorções bem definidas, enquanto os Cambissolos e os Nitossolos Háplicos apresentaram espectros com albedo elevado e absorções bem explicitadas centradas em 1.400 nm, 1.900 nm e 2.200 nm.

5.2 Detecção de componentes dos solos

A reflectância dos solos no VNIR e no SWIR é função de sua composição – matéria orgânica, minerais de argila, minerais primários, óxidos, hidróxidos, umidade etc.

De forma sintética, pode-se dizer que as absorções são devidas às transições eletrônicas dos átomos e às vibrações de alongamento e de dobramento de grupos de átomos que formam moléculas e cristais, assunto discutido no Cap. 2 deste livro.

As absorções eletrônicas estão associadas com os minerais do solo que contêm elementos de transição. O ferro é o elemento de transição mais frequente e ocorre nos óxidos e hidróxidos de ferro (hematita, goethita e magnetita, por exemplo) e de ferro e titânio (ilmenita). As transições eletrônicas ocorrem nos comprimentos de onda do VNIR.

As vibrações fundamentais da maior parte dos componentes dos solos podem ser encontradas na região do SWIR, com harmônicas e combinações na região do NIR. Assim, por exemplo, as feições fundamentais relacionadas a muitos dos compostos da matéria orgânica dos solos geralmente ocorrem no SWIR ou no termal, mas suas harmônicas ocorrem no NIR. Minerais dos solos, como diferentes tipos de minerais de argila, têm assinaturas espectrais muito distintas na região do SWIR devido às fortes absorções das harmônicas de SO_4, CO_3 e OH e às combinações das feições fundamentais de, por exemplo, H_2O e CO_2.

Recomenda-se consultar o Cap. 3 para se esclarecer qualquer dúvida sobre o comportamento espectral da reflectância de minerais.

5.3 Métodos de identificação dos componentes

Os espectros de reflectância de solos podem ser fontes importantes de informação qualitativa sobre a composição das amostras, e técnicas têm sido desenvolvidas para a extração dessas informações. Os atributos de muitas absorções, como posição e intensidade das absorções que ocorrem no VNIR e no SWIR, podem ser claramente identificados e atribuídos a certos grupos funcionais que sabidamente pertencem a componentes mineralógicos. As bibliotecas espectrais de minerais, como a disponibilizada pelo USGS (Clark et al., 2007), são de grande utilidade para esse propósito. Em casos nos quais a composição das amostras tem maior complexidade, procedimentos de classificação podem ser tentados, com o uso de métodos supervisionados ou não supervisionados. No método supervisionado, cada espectro de referência, ou *endmember*, do conjunto de espectros utilizado para treinar o algoritmo de identificação/classificação é atribuído a uma dada classe. No método não supervisionado, nenhum pressuposto é feito sobre o número de classes contidas no conjunto de amostras.

Também podem ser empregadas derivadas do espectro para fins de perfeita caracterização das bandas de absorção e identificação mais precisa dos componentes minerais.

Técnicas de análise dos espectros têm sido desenvolvidas para obter informações quantitativas dos componentes dos solos. Algumas dessas técnicas são mais adaptadas a porções específicas do espectro, como a utilização de índices colorimétricos para explorar as transições eletrônicas que ocorrem no visível. Outras são mais adaptadas à exploração das absorções bem definidas do VNIR e exploram atributos como profundidade da banda de absorção, dissimetria etc.

A análise quantitativa se baseia no pressuposto de que existe uma relação estreita entre as concentrações de um dado constituinte e a medida de uma determinada propriedade do espectro. A relação matemática estabelecida entre esses dois fatores – concentração do constituinte e propriedade espectral – denomina-se equação de calibração. Essa equação resulta do relacionamento de concentrações conhecidas de amostras, obtidas por métodos padrão, com as propriedades do espectro selecionadas e é utilizada na estimativa da concentração de outras amostras a partir de espectros obtidos por aparelhos semelhantes e de maneira idêntica. Em função do número de propriedades do espectro utilizadas nos modelos de predição de concentração do constituinte, a análise é chamada de univariada (uma única propriedade do espectro) ou multivariada (mais de uma propriedade).

Alguns métodos de análise multivariada têm sido utilizados na quantificação de componentes dos solos. Entre eles, destacam-se a regressão linear múltipla (MLR), a regressão por componentes principais (PCR) e a regressão dos mínimos quadrados parciais (PLS). Todos pressupõem uma relação linear entre os dados espectrais e as concentrações ou outro valor a ser determinado (Neves, 2001; Pasquini, 2003).

A quimiometria, entendida como o campo da Química que utiliza ferramentas estatísticas e matemáticas para, entre outras coisas, extrair informação relevante de dados químicos multivariados, tem se servido dos dados de espectroscopia de reflectância para determinar a composição de amostras de diferentes naturezas, inclusive dos solos. Uma abundante bibliografia tem sido produzida mostrando as possibilidades de utilização de dados de reflectância de solos para estimativas de matéria orgânica, CTC, pH, fósforo, argila e areia, entre outros (Viscarra Rossel et al., 2006). Por sua vez, Brown et al. (2006) analisaram mais de quatro mil amostras de solos de todos os continentes na tentativa de encontrar equações de calibração que fossem válidas para todos os solos do mundo. Seus resultados mostraram ser possível estimar quantitativamente alguns componentes, como argila, matéria orgânica, Fe, CTC, montmorillonita e caulinita.

Como visto na seção anterior, a análise dos espectros de solo permite a identificação de alguns de seus componentes e de algumas de suas características físicas. Os espectros de solo não podem ser diretamente relacionados a classes de solo de acordo com os sistemas atuais de classificação. Entretanto, informações extremamente importantes nos estudos pedológicos relativas à ocorrência e à abundância de minerais podem ser obtidas por meio dos espectros de reflectância.

Por ser uma técnica não destrutiva e rápida e admitindo-se a possibilidade de obtenção dos espectros à distância, como no caso de dados hiperespectrais, a espectroscopia de reflectância representa um grande potencial para a Pedologia. Além disso, com dados de imagens e sua correlação com elementos formadores da paisagem, as possibilidades de compreensão das coberturas pedológicas se ampliam de forma considerável nos estudos de gênese e de manejo dos solos.

Entre os materiais componentes dos solos que possuem influência nos espectros de reflectância, encontram-se os argilominerais, como a caulinita e a montmorillonita, os óxidos de alumínio e de ferro, os carbonatos, a matéria orgânica e a água, que serão mais bem discutidos nas seções a seguir.

5.4 Identificação espectral dos componentes mineralógicos

5.4.1 Argilominerais

Em função da complexidade composicional dos solos, pode ocorrer mistura de minerais, na qual suas bandas de absorção apresentam-se muito próximas, ou mesmo sobreposições parciais ou totais, e, para diferenciar um mineral do outro, é necessário observar a dissimetria da curva, a profundidade das bandas de absorção e a presença de absorções secundárias (Fig. 5.4). Normalmente, a profundidade da absorção é obtida nos espectros após a remoção do *continuum*. Essa remoção consiste num processo de normalização dos espectros de reflectância a partir de uma linha de base comum. A subtração dos valores do espectro dessa linha de base realça as absorções espectrais, além de remover o caráter parabólico dos espectros de solos na faixa do espectro óptico refletido.

Os argilominerais mais comumente encontrados nos solos tropicais são a caulinita ($Al_2Si_2O_5(OH)_4$), a montmorillonita ($(Na,Ca)_{0,33}(Al,Mg)_2Si_4O_{10}(OH)_2.nH_2O$) e a illita ($(K,H_3O)(Al,Mg,Fe)_2(Si,Al)_4O_{10}((OH)_2,H_2O)$), que apresentam absorções bem definidas na porção SWIR do espectro e coincidentes quanto aos comprimentos de onda em que ocorrem (Fig. 5.5). Essas absorções são devidas às hidroxilas ligadas diretamente ao alumínio da rede cristalina e/ou às moléculas de água inseridas na estrutura cristalina do mineral. Em 1.400 nm, as feições decorrem das ligações (OH-Al) e (OH-H); em 1.900 nm, das ligações (OH-H); e em 2.200 nm, das ligações (OH--Al). Em função das quantidades em que ocorrem esses grupos OH^-, e se ocupam posição bem definida ou não no retículo cristalino, essas feições podem ser mais ou menos intensas e mais agudas ou mais largas. O Quadro 5.1 indica as ocorrências dessas feições e suas características para cada um dos três minerais.

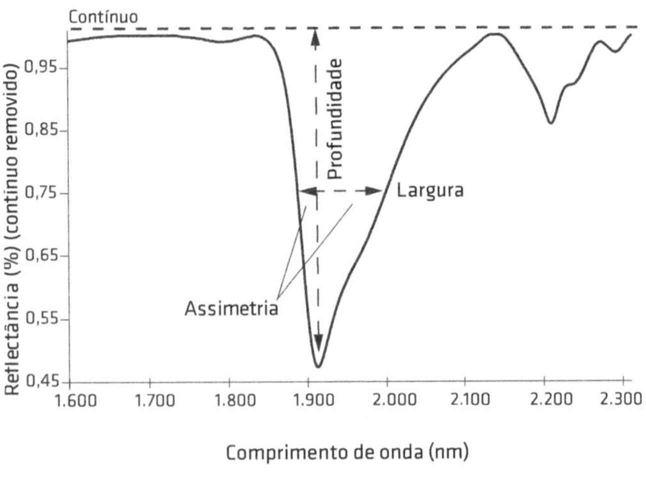

Fig. 5.4 *Espectro de reflectância destacando características importantes para a diferenciação de feições, tais como o contínuo espectral, a profundidade, a largura (à meia altura) e a dissimetria*
Fonte: Clark et al. (2007).

Quando a caulinita e a montmorillonita estão presentes num mesmo solo, pode ser possível a distinção dos teores de cada mineral pela análise da absorção espectral centrada em 2.200 nm, conforme propuseram Hauff, Kruse e Thiry (1990), Kruse, Thiry e Hauff (1991) e Madeira Netto et al. (1995). O método por eles utilizado correlaciona o teor de caulinita com uma medida do grau da dissimetria daquela absorção, que resulta da sobreposição das absorções dos dois minerais. Bandas de absorção perfeitamente simétricas em relação ao centro têm valor de dissimetria igual a 1. Aquelas que são assimétricas na direção dos menores comprimentos de onda (maior proporção da banda para o lado esquerdo do centro) têm dissimetria inferior a 1, enquanto as que são assimétricas na direção dos maiores comprimentos de onda (maior parte da banda situada à direita do centro) têm dissimetrias maiores que 1. A feição da caulinita apresenta dissimetria de ≈ 0,25, muito superior à da montmorillonita, de ≈ 1,0, e as misturas desses minerais têm valores de dissimetria intermediários entre esses dois valores e diretamente proporcionais a seus teores (Fig. 5.6).

Técnicas de análise multivariada também têm sido empregadas para estimar a composição mineralógica de amostras de solo. Usando a técnica de *boosted regression trees* e analisando mais de quatro mil amostras de solo provenientes de todos os continentes, Brown et al. (2006) foram capazes de estimar níveis de montmorillonita e de caulinita com precisão de 88% e 96%, respectivamente, em comparação com determinações feitas por raio X.

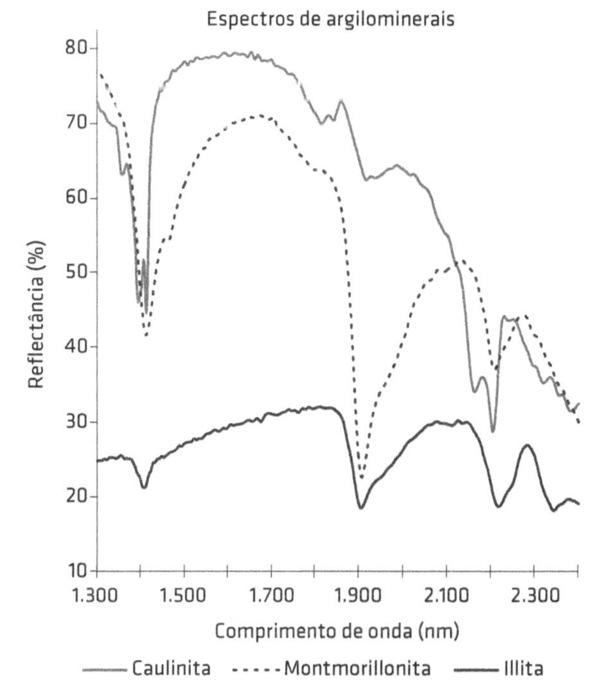

Fig. 5.5 *Espectros da caulinita, da montmorillonita e da ilita*
Fonte: biblioteca espectral mineral USGS (Clark et al., 2007).

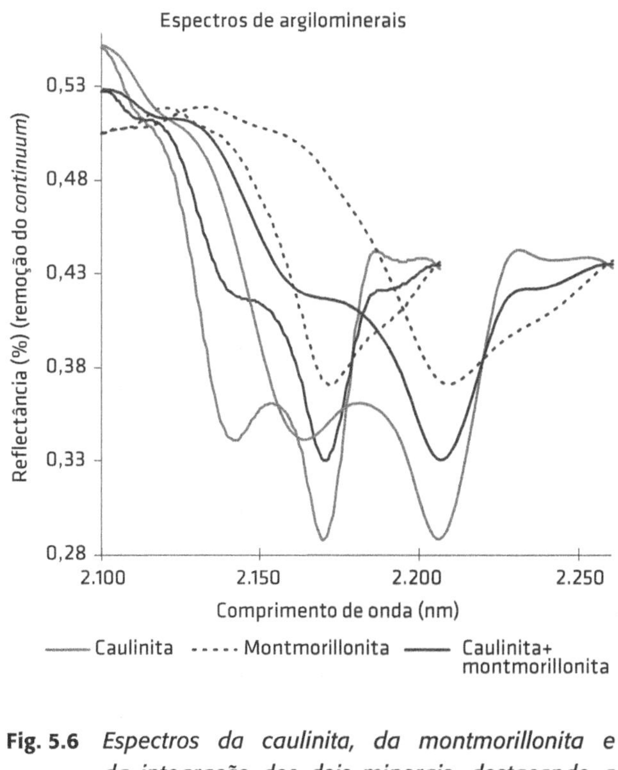

Fig. 5.6 *Espectros da caulinita, da montmorillonita e da integração dos dois minerais, destacando a diferença de dissimetria no intervalo de 2.100 nm a 2.250 nm*

5.4.2 Óxidos de alumínio, de ferro e de titânio

Solos resultantes de um forte processo de intemperismo químico, como os Latossolos, sobretudo os que se localizam em superfícies antigas de erosão, normalmente apresentam em sua composição uma grande quantidade de gibbsita ($Al_2O_3.3H_2O$), que é um hidróxido de alumínio. Dependendo do grau de intemperismo, ela pode ser o mineral dominante da fração argila.

Quadro 5.1 Características das três principais feições de caulinita, montmorillonita e illita

Mineral	1.400 nm	1.900 nm	2.200 nm
Caulinita	Intensa, aguda e dupla	Inexistente a fraca, larga e simples	Intensa, aguda e dupla
Montmorillonita	Intensa, aguda e simples	Intensa, aguda e simples	Intensa, aguda e simples
Illita	Pouco intensa e simples	Pouco intensa e simples	Pouco intensa e simples

As feições espectrais da gibbsita são devidas às vibrações moleculares do grupo OH^-. Frederickson (1954) determinou a posição exata das feições atribuídas às absorções dos modos de estiramento e de dobramento. No NIR e no SWIR, estão localizadas a harmônica de estiramento (2*s* em 1.550 nm) e a combinação dos modos de dobramento e estiramento (*d* + *s* em 2.260 nm).

A separação espectral dos argilominerais e da gibbsita necessita de pelo menos 50 nm, resolução espectral não encontrada nos sistemas sensores multiespectrais, porém disponível nos sensores imageadores hiperespectrais, como no caso do Aviris, da ordem de 10 nm.

Nos solos tropicais muito intemperizados, normalmente coexistem a caulinita e a gibbsita. A proporção em que esses minerais ocorrem nos solos é indicador importante de seu grau de intemperismo, o qual muitas vezes é utilizado como forma de distinção de suas classes. Baptista et al. (2011) mostraram ser possível espacializar e quantificar a relação caulinita/(caulinita + gibbsita) (RCGb), considerada por eles proporcional ao valor Ki dos solos, que permite avaliar a relação molecular SiO_2/Al_2O_3 (Fig. 5.7). Isso porque, nos Latossolos, a caulinita contém SiO_2 e Al_2O_3 e a gibbsita contém apenas Al_2O_3. Essa relação pode ser obtida tanto nos espectros como nos dados de sensores hiperespectrais.

Os espectros apresentados na Fig. 5.8 são de Latossolos Vermelhos do município de São João d'Aliança, em Goiás, e representam solos predominantemente cauliníticos, ou seja, com valor Ki superior a 0,5. O espectro A sugere um solo com teores semelhantes de caulinita e de gibbsita, o B apresenta mais caulinita que gibbsita e o C praticamente não exibe gibbsita. Como nesses espectros o contínuo foi removido, as profundidades das feições estão normalizadas e são proporcionais aos teores dos minerais. Na Fig. 5.7 nota-se que os solos de São João d'Aliança são todos cauliníticos, enquanto em Niquelândia, também em Goiás, oscilam de gibbsíticos a cauliníticos. Esse mapeamento mineralógico foi obtido a partir do modelo RCGb (relação caulinita/(caulinita + gibbsita)) desenvolvido por Baptista (2001) e ajustado aos dados coletados em campo e quantificados por meio de análise termogravimétrica.

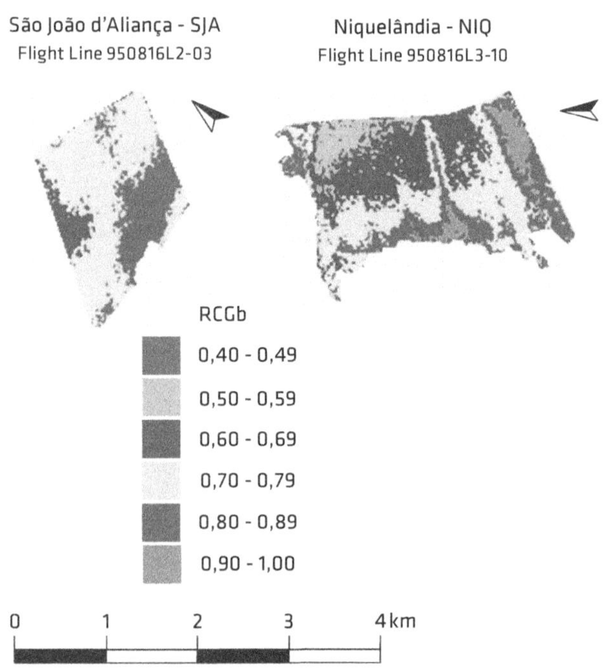

Fig. 5.7 *Mapeamento quantitativo da razão caulinita/(caulinita + gibbsita) em imagens Aviris*
Fonte: adaptado de Baptista et al. (2011).

A goethita (FeOOH) e a hematita (Fe_2O_3) são os óxidos de ferro mais comumente encontrados nos perfis de solos tropicais. No processo de formação do solo, resultam da oxidação do ferro presente nos minerais primários como Fe^{+2}. A predominância de um ou de outro mineral normalmente se relaciona com fatores pedo-hídricos, e a hematita predomina em ambientes mais secos. A compreensão tanto da ocorrência como da proporção desses dois minerais é bastante importante nos estudos de solos. Diferentes práticas de manejo podem ser inferidas de informações relativas à predominância da goethita ou da hematita, como sua influência diferenciada na adsorção de fósforo.

Esses óxidos de ferro apresentam diferentes absorções espectrais nas regiões do ultravioleta e do VNIR e algumas delas são responsáveis pelas cores que apresentam, mais especificamente o vermelho para a hematita e o bruno-amarelo para a goethita. A posição precisa e a intensidade relativa das feições de absorção foram determinadas por Sherman e Waite (1985). Esses autores destacam que uma dessas transições eletrônicas ($2(^6A_1) \rightarrow 2(^4T_{1g})$) está centrada em 480 nm para a goethita e em 530 nm para a hematita. Essa diferente posição é responsável pelas cores desses óxidos (Kosmas et al., 1984; Sherman; Waite, 1985). Torrent et al. (1983), Madeira Netto (1993) e Madeira Netto et al. (1993) mostraram ser possível utilizar índices colorimétricos calculados com os dados de reflectância do visível para estimar os teores de hematita em solos.

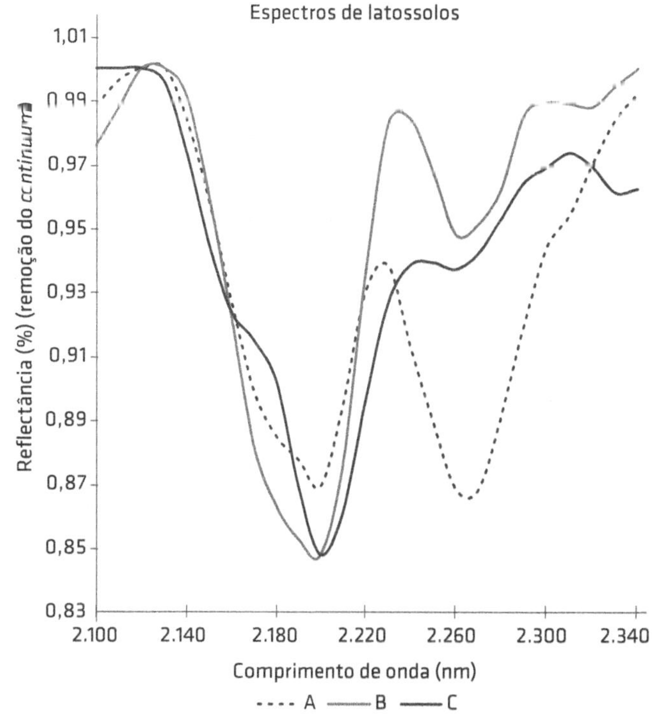

Fig. 5.8 *Espectros de Latossolos Vermelhos destacando a relação dos conteúdos de caulinita (2.200 nm) e de gibbsita (2.260 nm)*

Fonte: adaptado de Baptista (2001).

Usando o cálculo da segunda derivada dos dados de reflectância espectral, pode-se definir com exatidão a posição da banda de absorção dessa transição ($2(^6A_1) \rightarrow 2(^4T_{1g})$) em misturas de hematita e goethita. Isso foi comprovado por Kosmas et al. (1984), que encontraram boas correlações entre a posição dessa banda e a proporção relativa dos dois minerais. Da mesma maneira, Brasset, Kaloga e Cervelle (1995) perceberam a conveniência de utilizar os espectros da segunda derivada de reflectância difusa para mostrar as variações nos teores de goethita e hematita em topossequências que apresentam transições de solos vermelhos a bruno-amarelos. Neves (2001) empregou o modelo de regressão dos quadrados mínimos parciais (PLS) para quantificar hematita, goethita, lepidocrocita, maghemita e ferridrita em misturas sintéticas e em solos. Com exceção da ferridrita, o modelo usado foi eficiente na estimativa dos teores dos demais óxidos de ferro.

Solos desenvolvidos a partir de rochas máficas normalmente apresentam elevados conteúdos de minerais opacos, como a magnetita (Fe_3O_4) e a ilmenita ($FeTiO_3$), que são herdados dos materiais de origem, e não produtos da alteração pedogenética. Por esse motivo, identificá-los auxilia muito no mapeamento da cobertura pedológica. Seus espectros de reflectância não apresentam absorções claramente definidas e têm albedos normalmente muito baixos (inferiores a 5%) no visível e no infravermelho. Quando incorporados aos solos tropicais, os espectros exibem o aplainamento típico da presença de minerais opacos, porém no visível percebe-se a presença de feições típicas dos sesquióxidos de ferro (Fig. 5.2, curva C).

As transições eletrônicas responsáveis por esse comportamento de opacidade foram descritas por Strens e Wood (1979) e são atribuídas às transferências de carga entre os íons $Fe^{+2} \rightarrow Fe^{+3}$, $Fe^{+3} \rightarrow O$, $Fe^{+2} \rightarrow O$, $Ti^{+4} \rightarrow O$ e $Fe^{+2} \rightarrow Ti^{+4}$ e às transições intraiônicas nos

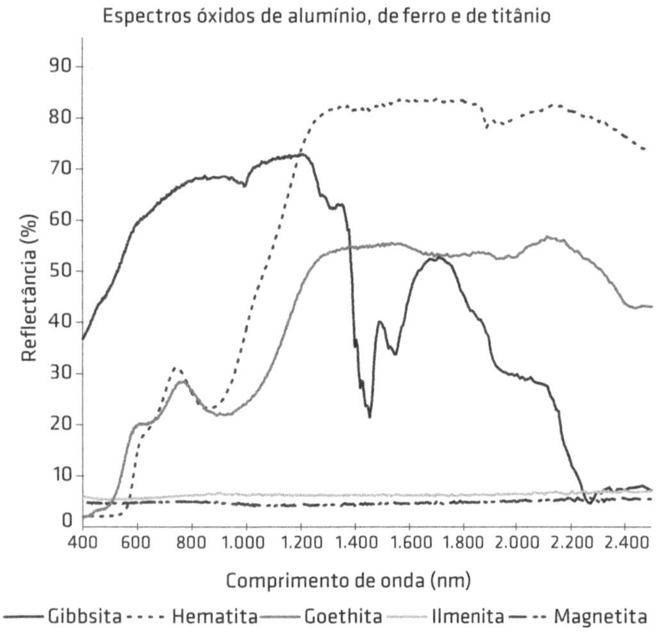

Fig. 5.9 *Espectros de reflectância dos óxidos de alumínio (gibbsita), de ferro (hematita, magnetita e goethita) e de ferro e titânio (ilmenita)*

Fonte: biblioteca espectral mineral USGS (Clark et al., 2007).

íons Fe^{+2} e Fe^{+3}. Os efeitos de todas essas absorções são ainda intensificados pelas bandas de absorção metálicas que se estendem do ultravioleta ao visível. Os efeitos da presença desses minerais nos espectros de reflectância dos solos podem ser observados tanto na curva E da Fig. 5.1 (padrões globais) quanto na curva C da Fig. 5.2 (padrões tropicais).

A Fig. 5.9 apresenta os espectros dos óxidos de alumínio, com suas absorções decorrentes das vibrações moleculares no SWIR, e dos óxidos de ferro, com transições eletrônicas no VNIR. Além disso, são mostrados os espectros dos minerais opacos representados pela magnetita (Fe_3O_4) e pela ilmenita ($FeTiO_3$).

5.4.3 Carbonatos

Carbonatos, principalmente calcita e dolomita, são encontrados em solos que têm como material de origem rochas carbonatadas ou então em ambientes geoquímicos que permitem a deposição desses minerais. O intenso intemperismo químico a que os solos estão (ou estiveram) sujeitos em algumas regiões, como os Cerrados ou a Amazônia, por exemplo, faz com que existam poucos indícios de carbonatos mesmo em solos derivados de rochas calcárias. Por outro lado, nas regiões áridas e semiáridas e em zonas temperadas, os solos que se originaram de materiais ricos em carbonatos guardam esses minerais em sua composição em teores variáveis. No primeiro caso, são correntes situações de deficiência de cálcio como nutriente para as plantas ou como fator de regulação do pH. No segundo, são comuns situações de fixação de ferro pelo carbonato, provocando a clorose em muitas plantas cultivadas.

Os teores de carbonato são determinados em laboratório, geralmente pelo método do EDTA (método complexométrico baseado no uso do ácido etilenodiaminotetracético). No campo, estimativas da abundância dos carbonatos são feitas por avaliações do grau de efervescência após a colocação de HCl sobre uma porção de terra. Essas avaliações permitem categorizar a presença de $CaCO_3$ em níveis discretos, mas suficientes para orientar sua classificação. Os resultados assim obtidos são subjetivos e variam substancialmente de um avaliador para outro.

As feições dos carbonatos atribuídas às ligações C-O do CO_3^- foram apresentadas nos Caps. 3 e 4. Entretanto, é importante discutir suas ocorrências em solos, as associações com outros minerais e as possibilidades de identificação da ocorrência e até mesmo de estimativas de teores em solos a partir de espectros de reflectância e de imagens hiperespectrais. Os carbonatos dos elementos alcalinoterrosos apresentam feições de absorção bem definidas na porção do NIR, que, segundo Gaffey (1987), estão localizadas de acordo com as intensidades em 2.510-2.540 nm, 2.310-2.330 nm, 2.230-2.270 nm, 2.15-

-0-2.200 nm, 1.970-1.990 nm, 1.860-1.880 nm e 1.730-1.770 nm. As variações são devidas às características mineralógicas e químicas dos carbonatos.

Num estudo pioneiro, Ben-Dor e Banin (1995) aplicaram técnicas de regressão multivariada em dados de reflectância transformados em absortância e posteriormente derivados em amostras de solos desérticos de Israel e obtiveram excelentes resultados na estimativa da concentração de carbonatos com um modelo que usou três bandas espectrais relacionadas às feições de absorção dos carbonatos (1.800 nm, 2.350 nm e 2.360 nm).

No sul da França, Madeira Netto, Robbez-Masson e Martins (2006) e Lagacherie et al. (2008) estudaram solos desenvolvidos a partir de sedimentos marinhos e lacustres do Mioceno (calcários, margas e arenitos calcários) recobertos por sucessivos depósitos aluviais do Plioceno e do Holoceno que deram origem a solos como Cambissolos Calcários, Êutricos e Crômicos e Luvissolos Crômicos e Êutricos. Os minerais presentes na fração argila são predominantemente esmectitas, caulinita e illita, enquanto calcita, quartzo e feldspatos dominam o restante da terra fina. Os teores de carbonatos que ocorrem principalmente como calcita e eventualmente como dolomita são bastante variáveis (de próximo a 0% a mais de 50%) e muitas vezes determinantes para a classificação dos solos e para seu uso e manejo. Nos espectros de reflectância obtidos em laboratório de amostras de terra fina após secagem ao ar, a absorção dos carbonatos a 2.340 nm é claramente individualizada, enquanto as dos demais minerais de argila concentram-se especialmente a 2.260 nm. Nesse estudo, é relatada a existência de forte correlação positiva entre as intensidades da absorção a 2.340 nm e os teores de carbonato. Numa imagem HyMap da área estudada, os resultados obtidos em laboratório foram reproduzidos, o que tornou possível a detecção de zonas com cinco diferentes níveis de carbonato no solo (Fig. 5.10).

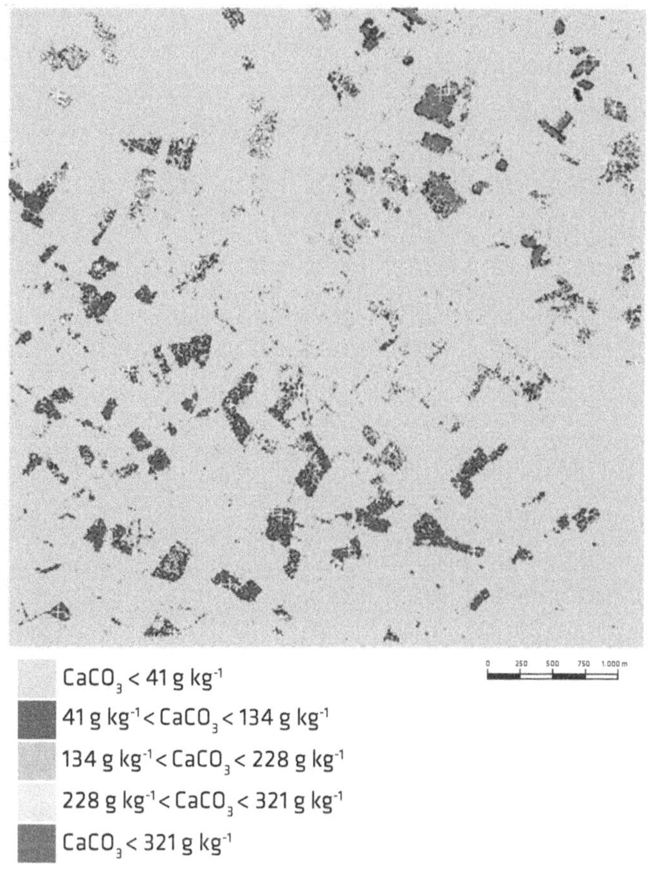

Fig. 5.10 *Classes de conteúdo estimado de $CaCO_3$. Os pontos destacados apresentam as localidades nas quais as observações de campo foram realizadas*

Fonte: adaptado de Madeira Netto, Robbez-Masson e Martins (2006).

5.4.4 Outros minerais

Em ambientes nos quais predomina o intemperismo físico em relação ao químico, que no Brasil ocorrem sobretudo no semiárido, aparecem não só minerais secundários, como os descritos nas seções anteriores, mas também minerais primários herdados do material de origem e que não foram alterados. Um exemplo desse tipo de diversidade mineral pode ser visualizado no trabalho de Souza, Baptista e Franca Rocha (2017), que descreve um perfil de Luvissolo na região de Juazeiro, na Bahia, destacando a presença dos minerais primários e secundários por meio das absorções espectrais na região do SWIR (Fig. 5.11).

Em todos os espectros dos perfis, ocorrem as mesmas absorções espectrais, havendo variação de profundidade, de largura e de assimetria na forma das feições. No horizonte A, tanto a banda de absorção centrada em 1.413 nm, que representa a adsorção de OH^- (caulinita), como a de 1.915 nm, na qual a absorções é devida à presença de H_2O e do argilomineral montmorillonita, geram uma assimetria na feição com maior largura em direção aos maiores comprimentos de onda. Em 2.204 nm, a forma da absorção e sua profundidade decorrem da presença dos minerais caulinita e montmorillonita, no entanto ocorre uma inflexão suave característica da caulinita, configurando pouca presença do mineral na amostra.

Ainda em 2.204 nm, no horizonte B, a absorção exibe características de argilominerais tanto do grupo das micas (muscovita) como do grupo das esmectitas (montmorillonita). Contudo, o que prevalece nesse horizonte é a presença da montmorillonita. As absorções localizadas nas bandas centradas em 2.346 nm e em 2.440 nm representam o grupo das micas (muscovita) e se encontram mais intensas tanto no horizonte B como no horizonte C.

No horizonte C, ocorrem absorções mais intensas em 2.204 nm, 2.346 nm e 2.440 nm, e essas bandas exibem feições da montmorillonita, da illita e da muscovita. Segundo Clark (1999), para diferenciar o grupo das micas (muscovita) deve-se observar também a banda de absorção centrada em 1.900 nm, pois, quanto menor sua profundidade, mais o espectro apresenta muscovita, e, quanto maior a profundidade e a simetria, maior a presença de illita.

Nesse perfil, é possível afirmar que o espectro apresenta a feição da muscovita, e isso decorre das bandas de absorção centradas em 2.204 nm, 2.346 nm e 2.440 nm, que são absorções diagnósticas da muscovita; já as bandas centradas em 1.413 nm, 1.915 nm e 2.204 nm são referentes tanto à montmorillonita como à caulinita. As análises de difratometria de raio X confirmaram as feições apresentadas e discutidas.

5.5 Identificação espectral da matéria orgânica

A matéria orgânica dos solos (MOS) é uma denominação geral para misturas complexas de compostos de carbono que apresentam características físico-químicas variáveis. Originam-se de resíduos vegetais e animais em diferentes estágios de decomposição, o que exclui as formas vegetais vivas, como as raízes, que se encontram associadas ao solo. Nessa definição, incluem-se fragmentos de carvão e biomassa encontrados no solo e normalmente associados ao material mineral. Segundo o Sistema Brasileiro de Classificação de Solos, o material do solo é considerado orgânico se o teor de carbono orgânico é igual ou superior a 80 g kg^{-1} na terra fina seca ao ar (TFSA).

Normalmente, a matéria orgânica do solo é avaliada sob a forma de substâncias e ácidos húmicos e é classificada, de acordo com sua solubilidade em face dos diferentes valores de pH, como ácidos húmicos (AH – solúveis em meio alcalino e insolúveis em meio ácido diluído), ácidos fúlvicos (AF – solúveis em qualquer valor de pH) e humina (HUM – insolúvel e que permanece ligada à porção mineral do solo) (Stevenson, 1982). Suas proporções variam muito devido aos fatores de formação, como condições climáticas, organismos que originaram a matéria orgânica e composição da porção inorgânica.

Dados espectrais de laboratório mostram que as características de reflectância dos ácidos húmicos e dos ácidos fúlvicos são muito diferentes, não sendo ainda bem compreendida a natureza das relações entre a composição da matéria orgânica e a reflectância dos solos.

Obukhov e Orlov (1964) investigaram a relação das frações da matéria orgânica com dados do visível (400 nm a 700 nm). Nessa faixa do espectro, os ácidos húmicos apresentaram reflectância muito baixa (inferior a 2%) em todo o espectro em virtude do grande número de constituintes moleculares que absorvem no visível, como os compostos fenólicos e seus produtos de oxidação, os aminoácidos, entre outros. A reflectância dos ácidos fúlvicos atingiu valores de até 20% em 750 nm, isso porque os ácidos fúlvicos apresentam coloração amarelo-parda, e os ácidos húmicos, coloração castanho-escura, possuindo, portanto, menor albedo que os fúlvicos.

Com base nesse estudo, muitos autores consideraram que as diferenças de reflectância entre solos que apresentam teores semelhantes de matéria orgânica são devidas às diferenças de suas composições. Entretanto, essa hipótese não foi ainda experimentalmente verificada, embora algumas tentativas tenham sido realizadas.

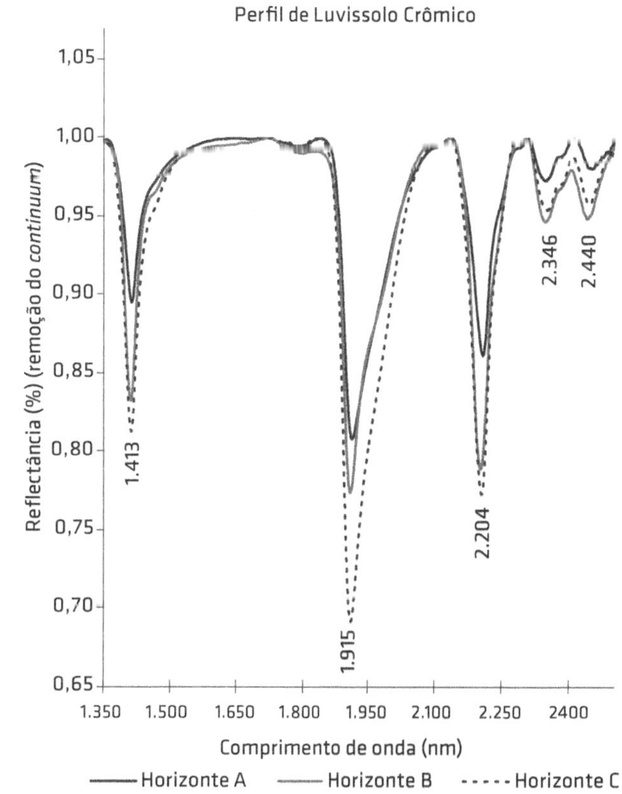

Fig. 5.11 *Espectros de reflectância de um perfil de Luvissolo Crômico destacando a presença de absorções espectrais no SWIR*

Fonte: adaptado de Souza, Baptista e Franca Rocha (2017).

Henderson et al. (1992) fracionaram a matéria orgânica de quatro diferentes solos e as reflectâncias obtidas desses compostos foram analisadas. Porém, os resultados obtidos não permitiram conclusões definitivas quanto aos efeitos na reflectância das diferentes categorias de compostos orgânicos, apesar de mostrarem a diferença, ao longo de todo o espectro óptico refletido, dos ácidos húmicos e dos ácidos fúlvicos. Os ácidos húmicos apresentam baixo albedo, inferior a 10% ao longo de todo o espectro, enquanto os ácidos fúlvicos iniciam abaixo de 10%, aumentam seu albedo para cerca de 80% no NIR e depois caem para aproximadamente 40% no SWIR.

Além dessas incertezas, existem divergências nos resultados obtidos no que se refere às tentativas de relacionar o conteúdo da MOS com dados de reflectância. Independentemente dessas incertezas, a presença da matéria orgânica é um importante fator na caracterização espectral das curvas de reflectância dos solos. Henderson et al. (1989) investigaram as relações entre o teor da matéria orgânica e a reflectância nos diferentes intervalos espectrais e determinaram que a reflectância no intervalo de 425 nm a 695 nm é a que apresenta uma melhor correlação (r = 0,991) quando os solos são provenientes do mesmo material de origem. Isso pode ser observado na análise de dois espectros de um mesmo perfil (A5) de Latossolo Vermelho, apresentados na Fig. 5.12. No espectro da camada de 0 a 10 cm, percebe-se um formato côncavo na faixa do VNIR, e, no SWIR, a presença da matéria orgânica reduz a profundidade da feição da caulinita centrada em 2.205 nm. No perfil da camada de 90 cm a 100 cm, verifica-se a presença das feições dos óxidos de ferro no VNIR. A absorção da caulinita apresenta-se bem mais profunda, quando comparada à do espectro com a camada de solo mais superficial.

Considerando também uma área pequena, equivalente à mesma unidade de paisagem onde o material de origem não é muito variável, Fernandez et al. (1988) encontraram alta correlação entre o valor da notação de Munsell calculado com base nos dados de reflectância e os teores de carbono. Viscarra Rossel et al. (2006) mostraram ser possível, com o auxílio de uma câmera digital, obter os valores RGB e, por meio de regressão fatorial completa, obter modelos de predição de carbono orgânico tão bons quanto os modelos obtidos por regressão parcial dos quadrados mínimos. Curran et al. (1990) mostraram que, para teores de MOS superiores a 3%, índices baseados nos coeficientes cromáticos (X, Y, Z) se correlacionam muito bem, independentemente da composição da fração mineral dos solos. Entretanto, se os teores de MOS forem inferiores a 3%, as correlações são reduzidas e a composição da fração mineral assume papel importante na explicação da dispersão dos valores encontrados. Correlações mais baixas entre o teor de carbono orgânico e a reflectância espectral, para áreas de solos mais extensas, podem ser atribuídas aos efeitos de outros fatores, como textura, umidade e mineralogia. No trabalho já referido de Brown et al. (2006), os autores reportam dificuldades em predizer os teores de MOS com a precisão requerida pela maior parte das aplicações, mesmo com a utilização de modelos obtidos com a técnica de *boosted regression tree*. Outras técnicas de análise multifatorial têm sido amplamente empregadas na estimativa da matéria orgânica dos solos e estão bem documentadas na literatura, e, sob certas condições, modelos capazes de estimar com boa precisão a matéria orgânica dos solos têm sido reportados (Chang; Laird, 2002; Dalal; Henry, 1986; Fidêncio; Poppi; Andrade, 2002; Masserschmidt et al., 1999; Shonk et al., 1991).

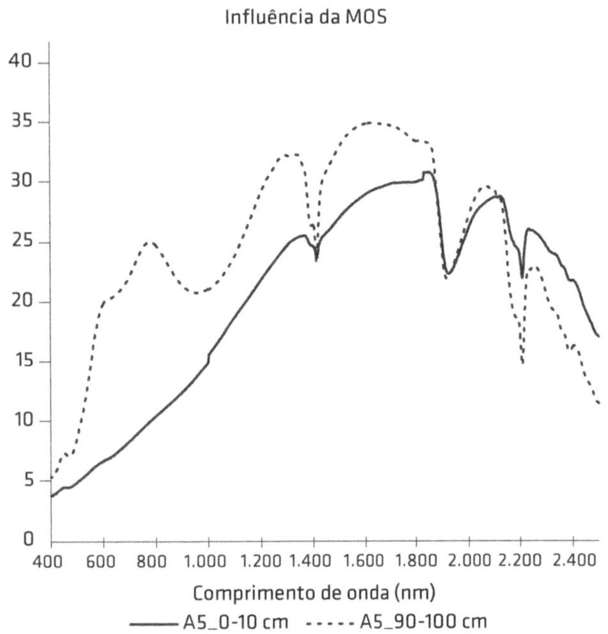

Fig. 5.12 *Espectros de reflectância de Latossolo Vermelho apresentando o efeito da MOS em pontos distintos de um mesmo perfil*

Para entender a influência da MOS em alguns solos, Madeira Netto (1993) obteve os espectros de reflectância de três amostras com percentagens diferentes de conteúdo orgânico, além de diferentes conteúdos de óxidos de ferro, e depois obteve os espectros após a remoção da matéria orgânica. Nos espectros caracterizados por apresentar teores de ferro livre muito baixos e conteúdo de carbono orgânico CO = 2,05%, a eliminação da matéria orgânica resultou no aumento generalizado do albedo ao longo de todo o espectro. Para solos com teores elevados de ferro livre e sem minerais opacos e com CO = 1,84%, a eliminação da matéria orgânica resultou em albedo menor dos comprimentos de onda iniciais até 600 nm, e, depois desse comprimento de onda, ocorre a inversão no comportamento do albedo. Já para os espectros com alto teor de ferro e presença de minerais opacos e com CO = 2,32%, a eliminação da matéria orgânica não acarretou o aumento de albedo, em razão do forte efeito da absorção em todos os comprimentos de onda pelos minerais opacos, porém percebe-se uma redução de albedo nos comprimentos de onda até 1.000 nm.

5.6 Identificação espectral da água

A presença de água nos espectros de reflectância do solo causa bandas de absorção centradas em 760 nm, 970 nm, 1.190 nm, 1.450 nm e 1.940 nm e provoca decréscimo geral do albedo em todas as regiões do espectro eletromagnético. Essas bandas de absorção são identificadas como *overtones* e *combination bands* das três vibrações fundamentais da molécula de água.

Ångström (1925) mostrou que os filmes de água que envolvem as partículas sólidas do solo (água de adsorção) provocam o aumento das reflexões internas, fazendo com que uma porção maior da energia permaneça no solo.

O efeito da umidade na reflectância do solo tem sido objeto de muitos trabalhos de pesquisa, que constataram diminuições de reflectância em todo o espectro proporcionais ao aumento da umidade do solo. Entretanto, para solos que apresentam fortes bandas de absorção no visível, como os Latossolos, Bedidi et al. (1992) mostraram que os efeitos da umidade dependem do comprimento de onda e da posição e intensidade das feições espectrais da fase sólida dos solos.

É possível estimar o conteúdo de umidade de solos medindo a intensidade das bandas de absorção da água. Para isso, a feição centrada em 1.450 nm é a mais sensível, pois apresenta relação linear entre sua intensidade e o teor de água no solo, ou seja, quanto mais profunda é essa feição, maior é o teor de água presente. Isso pode ser verificado na Fig. 5.13, na qual são exibidos dois espectros de reflectância de um Latossolo Vermelho, sendo o primeiro de terra seca ao ar livre e o segundo da mesma amostra, só que úmida.

Ao longo de todo o espectro de reflectância, nota-se a redução do albedo na amostra úmida quando comparada à seca, mas essas diferenças não ocorrem de forma linear. Na porção inicial do espectro até o NIR, percebe-se que as diferenças decorrentes da presença de água associadas às feições espectrais do ferro resultam em mudança de albedo, mas sem alterações da forma das feições. No SWIR, mais especificamente na absorção em 1.920 nm, ocorre o aprofundamento e o decorrente aumento na largura da banda, e, a partir daí até o fim do espectro, o comportamento é o mesmo verificado em seu início, ou seja, de redução de albedo.

Porém, a partir da modelagem de integração percentual dos dois espectros da Fig. 5.13, do NIR em direção ao SWIR, nota-se, para essa amostra, que a absorção centrada em 1.400 nm, que integra as absorções espectrais da caulinita e da água, como visto anteriormente neste capítulo, fica mais dissimétrica e mais larga. Com isso, a separação da absorção da caulinita, que apresenta seu mínimo em 1.390 nm, é praticamente obliterada a partir de 70% de umidade (espectro 30% seco na Fig. 5.14A).

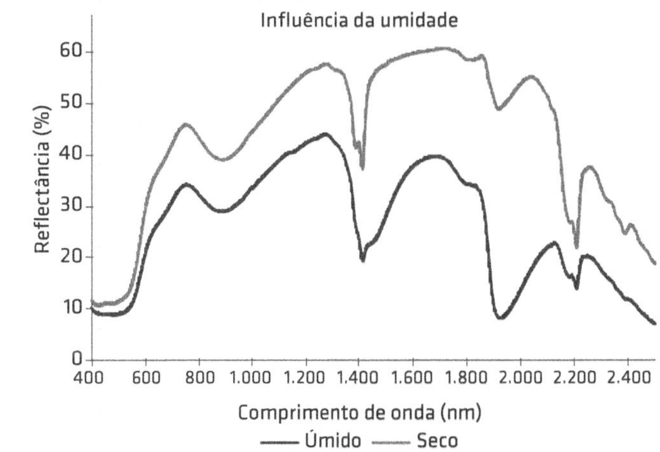

Fig. 5.13 *Espectro de Latossolo Vermelho, horizonte Bw, mostrando os efeitos da umidade nos espectros de amostra seca ao ar livre (linha cinza) e úmida (linha preta)*

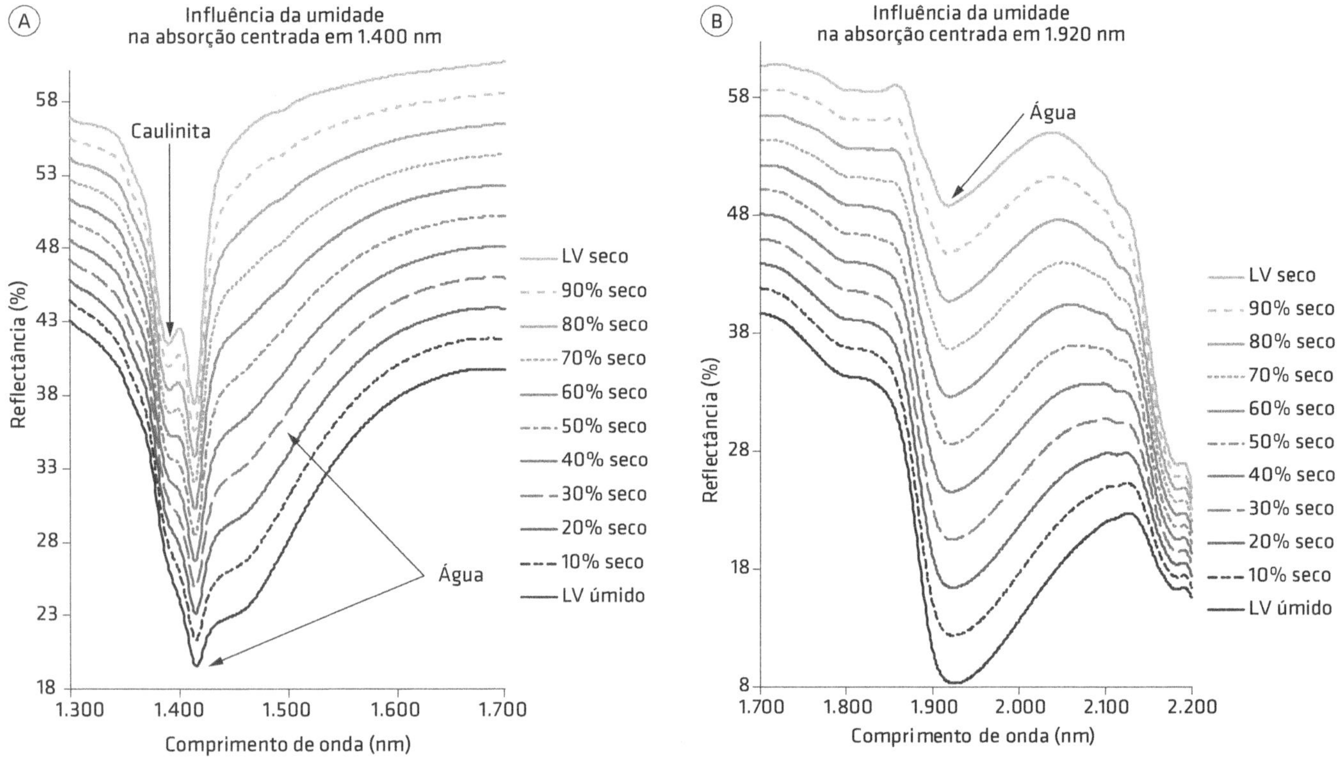

Fig. 5.14 *Modelagem espectral para destacar as alterações observadas nas absorções espectrais centradas em (A) 1.400 nm e (B) 1.920 nm decorrentes do aumento de umidade na amostra de Latossolo Vermelho*

Percebe-se também que nesse mesmo percentual de umidade ocorreu uma maior intensificação da absorção da água em 1.450 nm. Como resultado, com o aumento de umidade, o que se observou para essa amostra foi que, de certa forma, as absorções da caulinita e da água foram mais integradas, dificultando sua separação a partir de 70% de umidade. Diferentemente do que salienta Bowers e Smith (1972), não houve apenas o aprofundamento da feição de absorção, mas também a mudança em sua forma, e as relações nessa faixa do espectro não são lineares e podem comprometer a identificação das absorções espectrais integradas. Além disso, esse experimento mostrou que a absorção de 1.920 nm também é bastante sensível à presença de água, mas de forma mais linear (Fig. 5.14B).

De maneira geral, pode-se afirmar que, em decorrência do aumento da umidade dos solos, há uma redução da reflectância no domínio óptico, um aumento da profundidade e da amplitude dos picos de absorção das hidroxilas (OH^-) ligadas à água localizadas a 1.400 nm e 1.900 nm e uma diminuição dos picos de absorção dos minerais.

Alguns trabalhos mostram que é possível estimar o conteúdo de água por meio de relações não lineares. Baseando-se nos dados de reflectância (*R*) do SWIR (1.100 nm a 2.500 nm), Dalal e Henry (1986) utilizaram a absorção (log(1/*R*)) para predizer, por meio de regressão múltipla, a umidade do solo. Eles observaram que os três melhores comprimentos de onda para esse fim são 1.926 nm, 1.954 nm e 2.150 nm. O erro-padrão das estimativas foi de apenas 0,58% para diferentes tipos de solo.

Já para a região do VNIR, Yamamoto, Honjo e Wakayama (1991) encontraram relações exponenciais nas quais 95% da reflectância são explicados pelo teor de água (vol. %).

Entretanto, os comprimentos de onda com os melhores coeficientes de determinação dependeram do tipo de solo.

Embora esses enfoques empíricos sejam eficientes para estimar a umidade da superfície dos solos sob condições próximas daquelas encontradas na fase de calibração dos modelos, as dificuldades surgem quando as equações são aplicadas em condições diferentes. Isso tem sido atribuído às características espectrais dos solos, que dependem das propriedades espectrais dos componentes individuais (umidade, matéria orgânica, óxidos de ferro e minerais de argila), seus teores e sua distribuição na matriz do solo. Além disso, o comprimento de onda que confere o melhor coeficiente de determinação parece depender do tipo de solo.

5.7 Efeitos espectrais da granulometria

O efeito do tamanho das partículas (granulometria) na reflectância espectral dos solos também tem sido avaliado. Alguns autores, como Bowers e Hanks (1965) e Orlov (1966), demonstraram, por meio de equações, que existe uma relação inversa entre o tamanho das partículas e a reflectância, sendo que, quanto menor for o tamanho das partículas, maior será o albedo dos solos. Isso se dá pelo fato de grãos maiores gerarem sombra e retroespalhamento interno da luz, enquanto grãos menores geram superfícies mais uniformes.

A Fig. 5.15 apresenta o horizonte A de um Vertissolo cujos espectros foram obtidos com amostras peneiradas com malha de 125 μm e 500 μm. A variação de albedo ocorre em todo o espectro, com maior intensidade no SWIR, o que corrobora os estudos dos autores citados anteriormente.

Vários trabalhos experimentais confirmaram essa teoria. Medidas de reflectância de caulinitas e bentonitas realizadas por Bowers e Hanks (1965) e medidas em agregados de solo realizadas por Orlov (1966) chegaram a resultados similares quanto ao comportamento da granulometria na reflectância espectral. Esses autores encontraram relações exponenciais entre o tamanho das partículas e a reflectância para partículas de tamanho inferior a 2 mm de diâmetro. Para partículas maiores, o modelo não conseguiu explicar as variações de reflectância. Orlov (1966) propôs a equação a seguir para explicar seus resultados:

$$R = k \cdot 10^{-nd} + R_0 \tag{5.1}$$

em que:
R = reflectância;
d = diâmetro dos agregados;
R_0 = reflectância para os agregados de tamanho superior àquele para o qual não há mais efeito do tamanho da partícula;
k e n = constantes que dependem do tipo de solo.

No campo, a reflectância de solos não perturbados tende a mostrar resultados inversos aos obtidos em laboratório, isto é, a reflectância dos solos argilosos é normalmente inferior à dos solos arenosos. Isso ocorre, sobretudo, em razão de as argilas e a alumina formarem agregados de maior tamanho que a areia. Esse efeito de a estrutura do solo sobrepor-se à

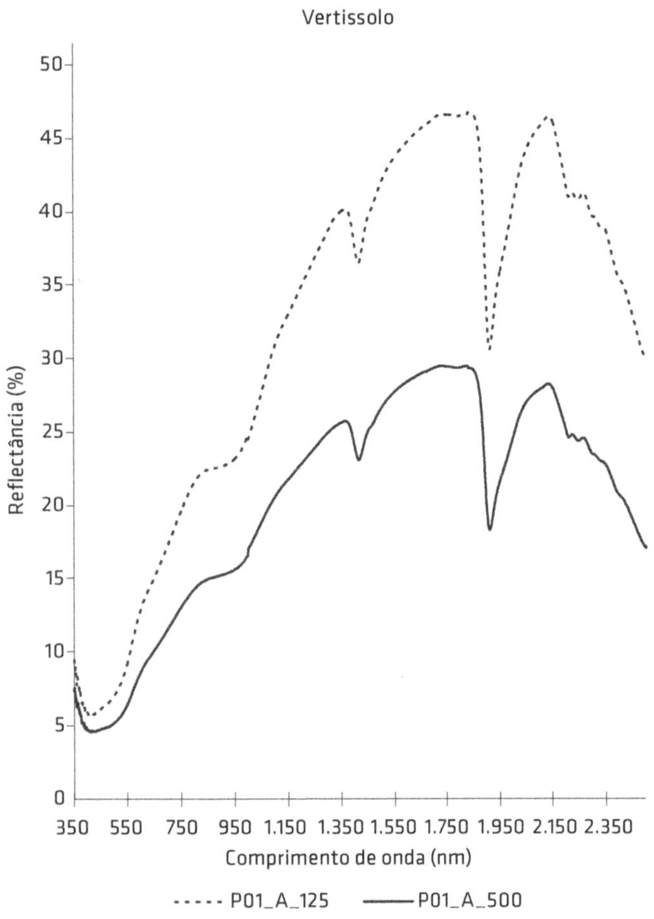

Fig. 5.15 *Espectros de amostras do horizonte A de um Vertissolo obtidas por meio de peneiramento com malha de 125 μm e 500 μm*

textura, causando mudança na reflectância esperada, foi confirmado por Orlov (1966) com medidas feitas em amostras de Espodossolos.

Para a superfície de solos perturbados pelo preparo, a rugosidade reduz a reflectância devido ao efeito de sombreamento dos torrões. Nesse caso, a reflectância obtida depende da geometria de iluminação da fonte da radiação e da visada do sensor, e não apenas das características dos torrões.

A dependência da reflectância em relação à granulometria nem sempre segue o mesmo modelamento. Leu (1977) observou que a intensidade da reflectância nas faixas espectrais de 430 nm a 470 nm e 510 nm a 530 nm se relaciona de forma linear com o tamanho dos grãos de areia de praia. Já Gerberman e Neher (1979) determinaram uma relação logarítmica entre a intensidade de reflectância e a quantidade de areia para misturas de argila e areia na faixa espectral de 460 nm a 860 nm.

Madeira Netto (1993) utilizou outro enfoque para modelar a textura de Latossolos. Como os principais minerais da fração argila são a caulinita e a gibbsita e apresentam suas feições espectrais na faixa do SWIR, correspondendo à banda 7 do sensor TM do Landsat-5, e como na banda 5 não existem feições relacionadas aos minerais que ocorrem nos Latossolos, Madeira Netto (1993) propôs um índice (Eq. 5.2) baseado na diferença normalizada dessas duas bandas do TM como um bom estimador do teor das partículas da fração argila:

$$IT \cdot (STM) = \frac{(TM5 - TM7)}{(TM5 + TM7)} \quad \textbf{(5.2)}$$

em que:

IT . (STM) = índice de textura obtido por meio de bandas do TM/Landsat simuladas a partir de espectros de reflectância;

$TM5$ = banda 5;

$TM7$ = banda 7.

Baptista (2001) propôs um índice, *IText*, baseado na relação entre o somatório das absorções desses dois minerais e o ponto de máxima reflectância em 1.658 nm tanto para sistemas multiespectrais (Aster) como para sistemas hiperespectrais, espectros de reflectância ou mesmo sistemas como o Aviris (Eq. 5.3), com elevados coeficientes de correlação $r = 0{,}92$ e percentuais de argila.

$$IText = \frac{(B_2 + B_3) - B_1}{B_1} \tag{5.3}$$

em que:

$IText$ = índice proporcional aos teores de argila dos solos;

B_1 = ponto de máxima reflectância na porção do SWIR que não apresenta absorções decorrentes de minerais da fração argila;

B_2 = absorção da caulinita centrada em 2.205 nm;

B_3 = absorção da gibbsita centrada em 2.265 nm.

Enfoque semelhante foi utilizado por Madeira Netto, Robbez-Masson e Martins (2006) e Lagacherie et al. (2008), porém em ambiente pedoclimático diverso do descrito anteriormente e apresentado na seção 5.4.3. Nesse caso, a absorção centrada em 2.200 nm para os solos estudados contempla a sobreposição das intensas absorções de illita, montmorillonita e caulinita (minerais que predominam na fração argila) e da fraca absorção dos carbonatos situada no intervalo 2.150-2.200 nm, nos solos analisados. Nessas condições, a intensidade da absorção centrada em 2.200 nm correlacionou-se positivamente com os teores de partículas da fração argila para os solos sem materiais opacos. Esses solos são facilmente identificáveis por apresentarem atração magnética.

No trabalho já mencionado de Brown et al. (2006), foi estudada a possibilidade de estimar os teores de argila e areia para o conjunto das mais de quatro mil amostras de solo de todos os continentes por meio dos dados de reflectância na porção 400-2.500 nm do espectro, utilizando o método *boosted regression tree*. Os modelos assim definidos explicaram 73% da variabilidade de argila e 57% da variabilidade de areia. Incluindo nesse modelo o teor de areia como variável preditora (além da reflectância espectral), a previsão do modelo para argila foi realizada com um coeficiente de determinação de 91%.

É possível compreender, de tudo que foi discutido sobre o tema *espectrorradiometria de solos*, que as relações entre as características espectrais e algum componente do solo são geralmente válidas para um conjunto de situações que precisam ser experimentalmente definidas.

No intervalo espectral do espectro óptico refletido, ou seja, do visível ao SWIR, os dados radiométricos dizem respeito à interação da energia com uma camada muito fina dos solos, de apenas alguns micrômetros de profundidade. Os pedólogos que utilizam as medidas da luz refletida, principalmente de dados de satélite, precisam saber como as propriedades dessa delgada camada se relacionam com a cobertura pedológica inteira para ser possível obter informações relevantes sobre os solos, baseadas em dados radiométricos.

Finalmente, muita pesquisa é ainda necessária e deve ser incentivada para estudar os efeitos interativos entre os diferentes componentes do solo sobre a reflectância.

Referências bibliográficas

ALVES, M. R.; DEMATTÊ, J. A. M.; BARROS, P. P. S. Múltiplas ferramentas tecnológicas no mapeamento digital em solos tropicais. *Revista Brasileira de Ciência do Solo*, v. 39, n. 5, p. 1261-1274, 2015. Disponível em: <http://dx.doi.org/10.1590/01000683rbcs20140410>.

ÅNGSTRÖM, A. The albedo of various surfaces of ground. *Geografiska Annaler*, Series A, Oxford, UK, v. 7, n. 323, 1925.

BAPTISTA, G. M. M. *Mapeamento e quantificação da relação caulinita/(caulinita + gibbsita) de solos tropicais, por meio dos dados do sensor AVIRIS (JPL/NASA)*. 2001. 278 f. Tese (Doutorado) – Instituto de Geociências Aplicadas, Universidade de Brasília, 2001.

BAPTISTA, G. M. M.; VIVALDI, D. D.; MENESES, P. R. Correção atmosférica e de "crosstalk" em dados ASTER para mapeamento da relação mineralógica de solos. *Pesquisa Agropecuária Brasileira* (On-line), v. 51, p. 1272-1282, 2016. Disponível em: <http://dx.doi.org/10.1590/S0100-204X2016000900027>.

BAPTISTA, G. M. M.; CORREA, R. S.; SANTOS, P. F.; MADEIRA NETTO, J. S.; MENESES, P. R. Use of imaging spectroscopy for mapping and quantifying the weathering degree of tropical soils in central Brazil. *Appliedand Environmental Soil Science*, v. 2011, article ID 641328, p. 1-7, 2011.

BAUMGARDNER, M. F.; STONER, E. R. Soil mineralogical studies by remote sensing. In: INTERNATIONAL CONGRESS OF SOIL SCIENCE, 12., 1982, New Delhi, India. Transactions. p. 419-441.

BAUMGARDNER, M. E; SILVA LEROY, F.; BIEHL, L.; STONER, E. R. Reflectance properties of soils. *Advances in Agronomy*, San Diego, v. 38, p. 1-43, 1985.

BEDIDI, A.; CERVELLE, B.; MADEIRA NETTO, J. S.; POUGET M. Moisture effects on visible characteristics of lateritic soils. *Soil Science*, Baltimore, v. 153, p. 129-141, 1992.

BEN-DOR, E. Quantitative remote sensing of soil properties. *Advances in Agronomy*, v. 75, p. 173--243, 2002.

BEN-DOR, E.; BANIN, A. Near-infrared analysis as a rapid method to simultaneously evaluate several soil properties. *Soil Science Society of America Journal*, 59., p. 364-372, 1995.

BEN-DOR, E.; IRONS, J. R.; EPEMA, G. F. Soil reflectance. In: RENCZ, N. (Ed.). *Remote sensing for the Earth sciences*: manual of remote sensing. New York: John Wiley & Sons, 1999. p. 111-188.

BOWERS, S. A.; HANKS, R. J. Reflectance of radiant energy from soils. *Soil Science*, Baltimore, v. 100, p. 130-138, 1965.

BOWERS, S. A.; SMITH, S. J. Spectrophotometric determination of soil water content. *Soil Science Society of America Proceedings*, Madison, v. 36, p. 978-980, 1972.

BROWN, D. J.; SHEPHERD, K. D.; WALSHB, M. G.; MAYS, M. D.; REINSCH, T. G. Global soil characterization with VNIR diffuse reflectance spectroscopy. *Geoderma*, v. 132, p. 273-290, 2006.

CHANG, C. W.; LAIRD, D. A. Near-infrared reflectance spectroscopic analysis of soil C and N. *Soil Science*, v. 167, n. 2, p. 110-116, 2002.

CLARK, R. N. Spectroscopy of rocks and minerals, and principles of spectroscopy. In: RENCZ, A. (Ed.). *Manual of remote sensing*: remote sensing for the Earth sciences. 3. ed., v. 3. New York: John Wiley and Sons, 1999.

CLARK, R. N.; SWAYZE, G. A.; WISE, R.; LIVO, E.; HOEFEN, T.; KOKALY, R.; SUTLEY, S. J. USGS digital spectral library splib06a. *US geological survey, digital data series*, 231., 2007. Disponível em: <http://speclab.cr.usgs.gov/spectral.lib06/>. Acesso em: 23 nov. 2016.

CONDIT, H. R. The spectral reflectance of American soils. *Photogrammetric Engineering*, v. 36, p. 955-966, 1970.

CONDIT, H. R. Application of characteristic vector analysis to the spectral energy distribution of daylight and the spectral reflectance of American soils. *Applied Optics*, Washington (DC), v. 11, n. 1, p. 74-86, 1972.

CURRAN, R. J.; FOODY, G. M.; KONDRATYEY, K. Y.; KOZODEROV, U. V; FEDCHENKO, E. E. *Remote sensing of soils and vegetation in the USSR*. London: Taylor and Francis, 1990, 203 p.

DALAL, R. C.; HENRY, R. J. Simultaneous determination of moisture, organic carbon and total nitrogen by infrared reflectance spectrometry. *Soil Science Society of America Journal*, Madison, v. 50, p. 120-123, 1986.

DEMATTÊ, J. A. M.; RIZZO, R.; BOTTEON, V. W. Pedological mapping through integration of digital terrain models spectral sensing and photopedology. R. Ci. *Agron.*, v. 46, p. 669-678, 2015.

DEMATTÊ, J. A. M.; DOTTO, A. C.; BEDIN, L. G.; SAYÃO, V. M.; SOUZA, A. B. E. Soil analytical quality control by traditional and spectroscopy techniques: constructing the future of a hybrid laboratory for low environmental impact. *Geoderma*, v. 337, p. 111-121, 2019.

EPIPHÂNIO, J. C. N.; VITORELLO, I. Interrelationships between view angles (azimuth) and surface moisture and roughness conditions in field measured radiometer reflectance of an Oxisol. In: INTERNATIONAL COLLOQUIUM ON SPECTRAL SIGNATURES OF OBJECTS IN REMOTE SENSING, 3., 1985, Les Ares, France. *Proceedings*... Paris: Inra, 1985. p. 185-192.

EPIPHÂNIO, J. C. N.; FORMAGGIO, A. R.; VALERIANO, M. M.; OLIVEIRA, J. B. *Comportamento espectral de solos do Estado de São Paulo*. São José dos Campos: Inpe, 1992. 132 p. 5424 PRP/172 (São José dos Campos, SP: Inpe).

FERNANDEZ, R. N.; SCHULZE, D. G.; COFFIN, D. L.; VAN SCOYOC, G. E. Color, organic matter, and pesticide adsorption relationships in a soil landscape. *Soil Science Society of America Journal*, Madison, v. 52, p. 1023-1026, 1988.

FIDÊNCIO, P. H.; POPPI, R. J.; ANDRADE, J. C. de. Determination of organic matter in soils using radial basis function network and near infrared spectroscopy. *Analytica Chimica Acta*, v. 453, p. 125-134, 2002.

FREDERICKSON, L. D. Characterization of hydrated aluminas by infrared spectroscopy: application to study of bauxite ores. *Analytical Chemistry*, Washington, v. 26, n. 12, p. 1883-1885, 1954.

GAFFEY, S. J. Spectral reflectance of carbonate minerals in the visible and near infrared (0.3-2.55 μm): anhydrous carbonatic minerals. *Journal of Geophysical Research*. Washington, DC, v. 92, p. 1429-1440, 1987.

GERBERMAN, A. H.; NEHER; D. D. Reflectance of varying mixtures of a clay soil and sand. *Photogrammetric Engineering and Remote Sensing*, Bethesda, v. 45, p. 1145-1151, 1979.

HAUFF, P. L.; KRUSE, F. A.; THIRY, M. Spectral identification and characterization of kaolinite/smectite clays in weathering environments. In: AUSTRALASIAN REMOTE SENSING CONFERENCE, 5., 1990, Perth, Australia. *Proceedings*... 1990. p. 898-905.

HENDERSON, T. L.; BAUMGARDNER, M. F.; FRANZMEIER, D. R; SCOTT, D. E.; COSTER, D. C. High dimensional reflectance analysis of soil organic matter. *Soil Science Society of America Journal*, Madison, v. 56, p. 865-872, 1992.

HENDERSON, T. L.; SZILAGYI, A.; BAUMGARDNER, M. F.; CHEN, C. C. T.; LANDGREBE, D. L. Spectral band selection for classification of soil organic matter content. *Soil Science Society of America Journal*, Madison, v. 53, p. 1778-1784, 1989.

HUETE, A. R; SCADAFAL, R. Assessment of biophysical soil properties through spectral decomposition techniques. *Remote Sensing of Environment*, New York, v. 35, p. 149-159, 1991.

IRONS, J. R.; WEISSMILLER, R. A.; PETERSEN, G. W. Soil reflectance. In: ASRAR, G. (Ed.). *Theory and Application of Optical Remote Sensing*. New York: Wiley Interscience, 1989. p. 66-106.

KOSMAS, C. S.; CURY, N.; BRYANT, R. B.; FRANZMEIER, D. R. Characterization of iron oxide minerals by second-derivative visible spectroscopy. *Soil Science Society of America Journal*, Madison, v. 48, p. 401-405, 1984.

KRUSE, F. A.; THIRY, M.; HAUFF, E. L. Spectral identification (1,2-2,5 /xm) and characterization of Paris Basin kaolinite/smectite clays using a field spectrometer. In: INTERNATIONAL COLLOQUIUM – PHYSICAL MEASUREMENTS AND SIGNATURES IN REMOTE SENSIN, 5., 1991, Courchevel, France. *Proceedings*... Paris: Inra, 1991. p. 181-184.

LACERDA, M.; DEMATTÊ, J.; SATO, M.; FONGARO, C.; GALLO, B.; SOUZA, A. Tropical texture determination by proximal sensing using a regional spectral library and its relationship with soil classification. *Remote Sensing*, v. 8, p. 701, 2016.

LAGACHERIE, P.; BARET, F.; FERET, J-B.; MADEIRA NETTO, J.; ROBBEZ-MASSON, J. M. Estimation of soil clay and calcium carbonate using laboratory, field and airborne hyperspectral measurements. *Remote Sensing of Environment*, v. 112, p. 825-835, 2008.

LEU, D. J. Visible and near infrared reflectance of beach sands: a study on the spectral reflectance/grain size relationship. *Remote Sensing of Environment*, New York, v. 6, p. 169--182, 1977.

MADEIRA NETTO, J. S. *Etude quantitative des relations constituants minéralogiques – réflectance diffuse des Iatosols brésiliens*: application à l'utilisation pédologique des donnés satellitaires TM (région de Brasilia). Paris: Orstom, 1993. 236 p.

MADEIRA NETTO, J. S.; ROBBEZ-MASSON, J. M.; MARTINS, E. S. Visible-NIR hyperspectral imagery for discriminating soil types in the La Peyne watershed (France). In: LAGACHERIE, P.; MCBRATNEY, A. B.; VOLTZ, M. (Eds.). *Digital Soil Mapping*: an introductory perspective. Netherlands: Elsevier, 2006.

MADEIRA NETTO, J. S.; BEDIDI, A.; CERVELLE, B.; POUGET, M. Détermination de la teneur en kaolinite et gibbsite des sols latéritiques par spectroscopie de reflectance diffuse. *Comptes Rendues de L'Academie des Sciences - Sciences de la Terre*, v. 321, n. 2, p. 119-127, 1995.

MADEIRA NETTO, J. S.; POUGET, M.; BEDIDI, A.; CERVELLE, B. *Relations entre les constituants minéraux d'oxisols brésiliens et leurs signatures spectrales du visible a l'infra-rouge moyen: application a des données satellitaires (LandsatTM)*. I. Les oxydes de fer. II. La kaolinite et la gibbsite, implications sur la texture. Paris, France: Orstom, 1991. p. 21-25.

MADEIRA NETTO, J. S.; POUGET, M.; BEDIDI, A.; CERVELLE, B. Informações quantitativas sobre a mineralogia dos latossolos a partir da reflectância espectral no visível e infravermelho próximo e médio. In: SIMPÓSIO BRASILEIRO DE SENSORIAMENTO REMOTO, 7., Curitiba, 1993. *Anais*... São José dos Campos: CNPq/Instituto de Pesquisas Espaciais, 1993. p. 919-928.

MASSERSCHMIDT, I.; CUELBAS, C. J.; POPPI, R. J.; DE ANDRADE, J. C.; DE ABREU, C. A.; DAVANZO, C. U. Determination of organic matter in soils by FTIR/diffuse reflectance and multivariate calibration. *Journal of Chemometrics*, v. 13, p. 265-273, 1999.

MULDERS, M. A. *Remote sensing in soil Science*. Netherlands: Elsevier, 1987. 379 p.

MYERS, V. I. Remote sensing applications in agriculture. In: COLWELL, R. N. (Ed.). *Manual of remote sensing*, 2. ed. Virginia: American Society of Photogrametry, 1983. v. 2, p. 2111-2228.

NEVES, A. A. *Quantificação dos óxidos de ferro em solos por espectroscopia de reflectância difusa*. 2001. 127 f. Tese (Doutorado) - Universidade Federal de Viçosa, 2001.

OBUKHOV, A. I.; ORLOV, D. S. Spectral reflectivity of the major soil groups and possibility of using diffuse reflection in soil investigations. *Soviet Soil Science*, v. 1, p. 174-184, 1964.

ORLOV, D. S. Quantitative patterns of light reflection by soils. I. Influence of particle (aggregate) size on reflectivity. *Science Papers of High School Biology*, v. 4, p. 206-210, 1966.

PASQUINI, C. Near infrared spectroscopy: fundamentals, practical aspects and analytical applications. *J. Braz. Chem. Soc.*, v. 14, n. 2, p. 198-219, 2003.

PRICE, J. C. On the information content of soil reflectance spectra. *Remote Sensing Environment*, New York, v. 33, p. 113-421, 1990.

RIZZO, R.; DEMATTÊ, J. A. M.; LEPSCH, I. F.; GALLO, B. C.; FONGARO, C. T. Digital soil mapping at local scale using a multi-depth Vis-NIR spectral library and terrain attributes. *Geoderma*, v. 274, p. 18-27, 2016.

ROMERO, D. J.; BEN-DOR, E.; DEMATTÊ, J. A. M.; SOUZA, A. B. F.; VICENTE, L. E.; TAVARES, T. R.; MARTELLO, M.; STRABELI, T. F.; DA SILVA BARROS, P. P.; FIORIO, P. R.; GALLO, B. C.; SATO, M. V.; EITELWEIN, M. T. Internal soil standard method for the Brazilian soil spectral library: performance and proximate analysis. *Geoderma*, v. 312, p. 95-103, 2018.

SHERMAN, D. M.; WAITE, T. D. Electronic spectra of Fe^{3+} oxides and oxide hydroxides in the near IR to near UV. *American Mineralogist*, Washington, DC, v. 70, p. 1262-1269, 1985.

SHONK, G. A.; GAULTNEY, L. D.; SCHULZE, D. G.; VAN SCOYOC, G. E. Spectroscopic sensing of soil organic matter content. *Trans ASAE*, v. 34, n. 5, p. 1978-1984, 1991.

SOUZA, D. T. M.; BAPTISTA, G. M. M.; FRANCA ROCHA, W. J. S. Discretização espectral aplicado à identificação mineralógica de um Luvissolo Crômico em Juazeiro-BA. In: SIMPÓSIO BRASILEIRO DE SENSORIAMENTO REMOTO, 18., 2017. *Anais*... São José dos Campos: Instituto Nacional de Pesquisas Espaciais, 2017 (submetido).

STONER, E. R.; BAUMGARDNER, M. F. Characteristics variations in reflectance of surface soils. *Soil Science Society of America Journal*, Madison, v. 45, p. 1161-1165, 1981.

STRENS, R. G. J.; WOOD, B. J. Diffuse reflectance spectra and optical properties of some iron and titanium oxides and oxihydroxides. *Mineralogical Magazine*, London, v. 43, p. 347-354, 1979.

VALERIANO, M. M.; EPIPHÂNIO, J. C. N.; FORMAGGIO, A. R.; OLIVEIRA, J. B. Bi-directional reflectance factor of 14 soil classes from Brazil. *International Journal of Remote Sensing*, London, v. 16, p. 113-128, 1995.

VISCARRA ROSSEL, R. A.; WALVOORT, T.; MCBRATNEY, D. J. J.; JANIKC, A. B.; SKJEMSTADC, J. O. Visible, near infrared, mid infrared or combined diffuse reflectance spectroscopy for simultaneous assessment of various soil properties. *Geoderma*, v. 131, p. 59-75, 2006.

VITORELLO, I.; GALVÃO, L. S.; EPIPHÂNIO, J. C. N.; FORMAGIO, A. R.; VALERIANO, M. M. Principal components analysis of reflectance spectra of soils from Southeaster Brazil. In: COLOQUIO INTERNACIONAL SOBRE PROPRIEDADES ESPECTRALES Y TELEDETECCION DE LOS SUELOS Y ROCAS DEL VISIBLE AL INFRARROJO MEDIO, 1995, La Serena, Chile. *Anales*... Paris: Orstom, 1995. p. 95-99.

YAMAMOTO, H.; HONJO, H.; WAKAYAMA, Y. Estimation of surface soil water content in Kyushu by spectral characteristics. *Journal of Agricultural Meteorology*, v. 46, p. 223-227, 1991. (Text in Japanese, abstract in English).

Edson Eyji Sano
Flávio Jorge Ponzoni
Paulo Roberto Meneses
Gustavo Macedo de Mello Baptista
Alana Carla Toniol
Lênio Soares Galvão
Washington de Jesus Sant'Anna Franca Rocha

6 Reflectância da Vegetação

A era moderna do sensoriamento remoto iniciou-se no começo dos anos 1970, com os programas de imageamento por satélites de cobertura global, os quais começaram a utilizar sensores multiespectrais configurados fundamentalmente para atender a dois propósitos básicos: avaliar recursos florestais e agricultura. Nos estudos florestais, o objetivo principal do sensoriamento remoto orbital era o inventário florestal em uma escala mundial, com fins de mapeamento da distribuição e da localização de florestas e, quando possível, obtenção de dados sobre densidade, volume e tamanho das árvores, estado fitossanitário (doenças ou estresse hídrico), taxas de crescimento e detecção de áreas queimadas. O sucesso imediato alcançado nos estudos florestais incentivou o aprimoramento de sensores nos domínios espectral, espacial, temporal e radiométrico, com a consequente ampliação do espectro de aplicações de sensoriamento remoto tal como é conhecido atualmente.

Em sensoriamento remoto, a extração de informações sobre a vegetação corresponde basicamente ao registro da reflectância de folhas isoladas, a qual, espectralmente, é controlada pela fotossíntese quando se trata da região espectral do visível. A fotossíntese refere-se ao processo que resulta no armazenamento de energia na planta, iniciando-se quando a radiação eletromagnética (REM) solar atinge os cloroplastos, uma organela presente nas células das folhas e que contém uma substância pigmentosa verde conhecida como clorofila. Nesse processo, a REM referente à região do visível é absorvida em alguns comprimentos de onda e em intensidades que dependem da quantidade e da qualidade do pigmento fotossintético.

Os conhecimentos da interação entre luz e matéria na região da luz visível estenderam-se primeiramente à região do infravermelho, por meio de experimentos espectrorradiométricos de campo e de laboratório e, em seguida, por meio de sensores imageadores que operam em toda a faixa óptica do espectro eletromagnético solar. Os estudos nesse campo são identificados como *comportamento espectral da vegetação*, expressão frequentemente utilizada para representar as propriedades e as características de reflectância, absortância e transmitância da REM por folhas, plantas individuais e conjunto de plantas. Por imposição da dinâmica temporal das propriedades fitofisionômicas e fitobiológicas e pelas diferenças estruturais de dosséis da vegetação, muitos experimentos foram realizados para gerar modelos matemáticos destinados à previsão de fenômenos e à estimativa de parâmetros biofísicos mediante o uso de dados orbitais. Abordagens quantitativas exigem maior intimidade com os fenômenos intrínsecos ao processo de interação entre a REM e a matéria por parte de usuários, uma vez que o estabelecimento de relações empíricas ou físicas entre variáveis biofísicas da vegetação e dados espectrorradiométricos extraídos de imagens orbitais ou aerotransportadas depende da caracterização espectral da vegetação, que pode ser realizada em campo ou em laboratório, incluindo folhas isoladas, plantas ou dosséis. Nesse contexto, os estudos da vegetação pelo sensoriamento remoto podem seguir alguns critérios: (a) fisionômicos, quando são explorados o porte e/ou a estrutura espacial (horizontal e vertical) de comunidades vegetais; (b) florísticos, quando são individualizadas as diferentes espécies que compõem essas comunidades; e (c) fitoecológicos, quando são associados parâmetros ambientais à distribuição espacial das comunidades vegetais.

Antes de iniciar alguma discussão sobre o processo de interação entre a vegetação e a REM, é importante compreender o que pode ser considerado *vegetação* sob o ponto de vista de aplicação das técnicas de sensoriamento remoto: ela pode ser uma folha isolada extraída de sua planta-mãe ou um conjunto de plantas, costumeiramente denominado *dossel*. Quando se pensa em folhas isoladas, frequentemente se está tratando da aplicação do sensoriamento remoto em uma escala muito detalhada. Nesse caso, os dados de reflectância são obtidos em laboratório com o uso de espectrorradiômetros posicionados a poucos centímetros de distância da folha ou até mesmo em contato com ela. Dependendo das possibilidades, é possível empregar dispositivos acoplados a esses equipamentos, como esferas integradoras ou os modernos *leaf clips*, que permitem coletar dados radiométricos das folhas, minimizando os efeitos da geometria de coleta de dados sobre as medidas realizadas. A Fig. 6.1 apresenta uma ilustração do *leaf clip*.

Fig. 6.1 *Exemplo de* leaf clip *utilizado na medição espectral de folhas isoladas*

Por meio do emprego desses dispositivos, é possível caracterizar, espectralmente, folhas individuais vivas ou mortas. Essa caracterização pode ser feita em termos de conceitos radiométricos de reflectância e de transmitância de ambas as faces de uma folha, dorsal (face inferior) e ventral (face superior). Como resultado, podem ser gerados dados como os apresentados na Fig. 6.2, referentes aos valores de reflectância e de transmitância das duas faces de uma folha verde sadia, os quais podem ser correlacionados com dados químicos como quantidade de água, de clorofila e demais pigmentos fotossintetizantes, bem como com dados relacionados à estrutura interna da folha.

Bem mais complexa do que a caracterização espectral de folhas individuais é a caracterização espectral de dosséis. Goel (1988) talvez tenha sido um dos autores que mais procurou explicar didaticamente tanto as bases conceituais da interação da REM com dosséis quanto os modelos matemáticos que tentam descrevê-la. Para esse autor, a radiação solar incidente sobre um dossel é espalhada e refletida de maneira bastante complexa, alterando as direções dos raios refletidos e a composição espectral da reflectância. Essas alterações são causadas tanto por parâmetros inerentes ao próprio dossel quanto por fatores ambientais e fatores geométricos relacionados à iluminação e ao posicionamento do sensor, os quais compõem um sistema constituído por uma função que integra os seguintes subsistemas:

$$R_i = f(a_i, b_i, c_i, d_i, e_i) \quad (6.1)$$

em que:

R_i = radiação recebida pelo sensor, que pode ser um espectrorradiômetro posicionado a poucos metros acima do dossel ou ainda sensores imageadores acoplados a plataformas aéreas (aviões) ou orbitais (satélites);

a_i = fonte de radiação solar, que é dimensionada pelos valores de irradiância espectral E_λ e pelos ângulos zenital solar (θ_S) e azimutal solar (ϕ_S);

b_i = atmosfera, composta de gases seletivos à absorção e ao espalhamento da radiação;

c_i = dossel, que inclui parâmetros estruturais de forma e distribuição espacial das árvores;

d_i = solo, definido por suas propriedades físicas e sua composição orgânico-mineral;

e_i = detector de radiação, que define a sensibilidade espectral do sensor nas medições de reflectância.

Neste capítulo, primeiramente serão abordados os aspectos relacionados à interação da REM com folhas isoladas mediante o emprego de espectrorradiômetros em laboratório e em campo. Em seguida, serão tratados os aspectos relativos à reflectância de dosséis utilizando dados orbitais. A reflectância de áreas de queimadas também será discutida.

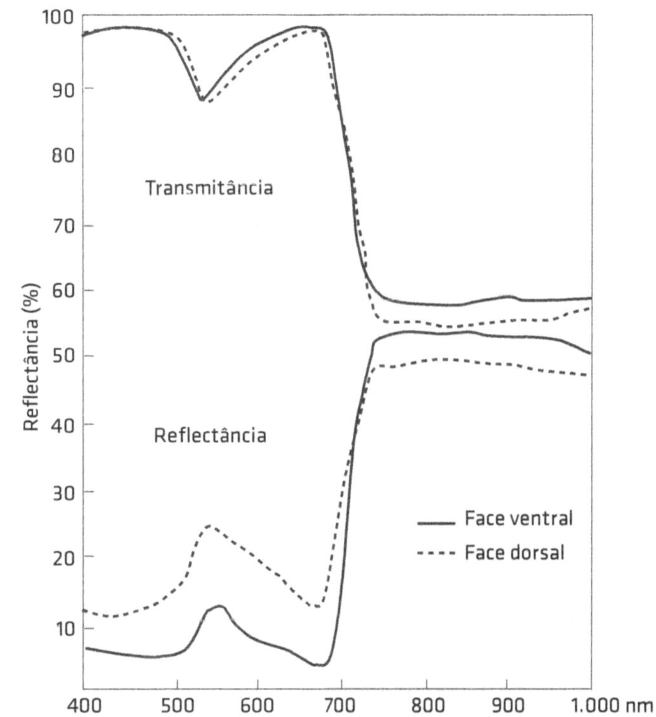

Fig. 6.2 *Espectros de reflectância das faces de uma folha isolada medidos com uma esfera integradora*
Fonte: National Research Council (1970).

6.1 Reflectância de folhas isoladas

A folha constitui o principal elemento quando se considera o processo de interação da REM com a vegetação. Na literatura, existem muitos trabalhos relacionados à determinação das propriedades espectrais de folhas, destacando-se os de Gates et al. (1965), Gausman et al. (1969, 1971), Sinclair, Schreiber e Hoffer (1973), Kumar (1974), Gausman (1974), Fukshansky (1981) e Lilleasaeter (1982). Salienta-se ainda a extensa revisão sobre processos de reflexão e emissão da REM por parte de folhas e dosséis conduzida por Kumar (1974).

Uma folha sadia apresenta os três componentes da interação da REM incidente com diferentes objetos: reflectância, absorção e transmitância. Curvas espectrais típicas dessa interação são mostradas nas Figs. 6.3 e 6.4. Os espectros dos dois tipos de folha apresentados nessas figuras são muito semelhantes. A curva da absortância é a que menos se modifica, visto ser ela resposta direta da composição química celular, ou seja, pigmentos clorofíticos e água, constituintes comuns em todas as folhas. Por conterem muitos espaços intercelulares vazios, todas as folhas permitem que boa parte da radiação incidente as atravesse com alta intensidade em algumas regiões espectrais, como no infravermelho próximo (NIR, *near infrared*). Assim, as folhas são virtualmente semitransparentes nessa

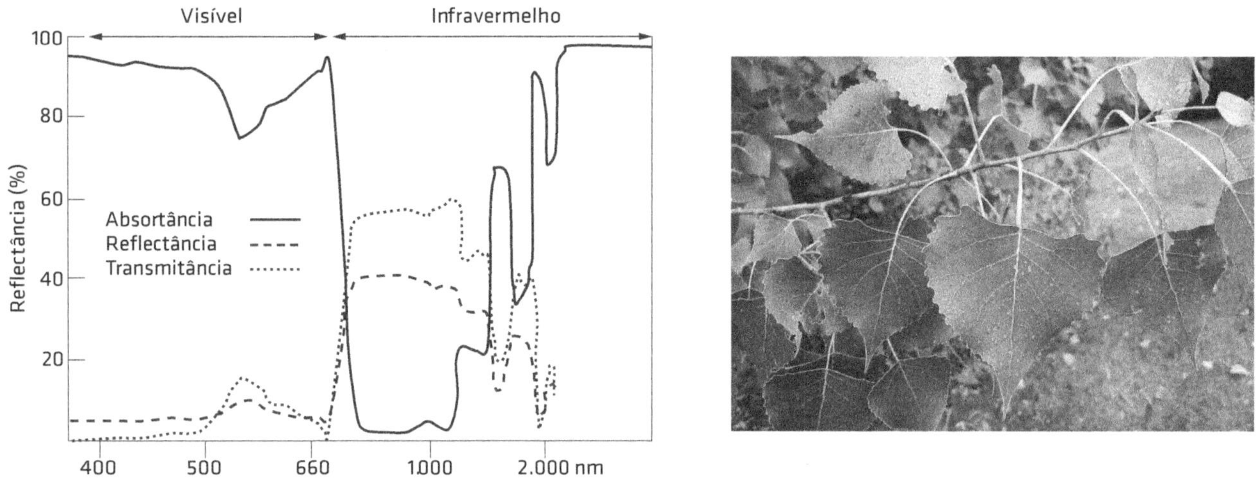

Fig. 6.3 *Espectros de reflectância, absortância e transmitância das folhas de* Populus deltoides *(algodão americano)*
Fonte: National Research Council (1970).

Fig. 6.4 *Espectros de reflectância, absortância e transmitância das folhas de* Nerium oleander *(arbusto loendro), de cor verde-escura e origem mediterrânea*
Fonte: National Research Council (1970).

faixa espectral. A curva de transmitância espectral apresenta uma forma praticamente "espelhada" de sua curva de reflectância. Geralmente, a transmitância em folhas finas e de cor verde-clara, como as do algodão americano, é substancialmente maior que a reflectância. Para folhas mais escuras e espessas, como as do arbusto loendro, a transmitância é menor que a reflectância. As feições espectrais que se destacam em ambas as espécies são a alta absortância nas regiões do ultravioleta e do azul, as reduzidas reflectância e transmitância na região do visível, a abrupta elevação da reflectância no início da região do infravermelho e as fortes absorções na região do infravermelho de ondas curtas (SWIR, *short-wave infrared*). Em geral, esse é o comportamento espectral típico de folhas verdes sadias.

A folha tem uma estrutura celular interna que se divide em várias camadas constituídas por diversos tipos de célula, os quais, dependendo da espécie e das condições ambientais, são responsáveis pelas diferenças da reflectância. A Fig. 6.5 mostra a estrutura celular interna de uma folha, que é formada por três tecidos básicos: epiderme, mesófilo fotossintético e tecido vascular. A superfície externa superior é geralmente formada por camadas de células protetoras epidérmicas revestidas de material translúcido que reflete pouca REM, deixando que esta penetre em direção ao interior da folha. Esse primeiro tecido protetor frequentemente apresenta estruturas como pelos e cera. Abaixo da epiderme, encontra-se o mesófilo fotossintético, o qual é frequentemente subdividido em uma ou mais camadas com dois tipos de células: paliçádicas, alongadas na porção superior e arranjadas perpendicularmente à superfície, e isodiamétricas, localizadas na porção mais inferior. Essas células formam o tecido vegetal denominado parênquima. Segundo Clements (1904), as células do parênquima contêm cloroplastos com diâmetro de 5 μm a 8 μm e espessura de 1 μm, e dentro deles se alojam filamentos longos e finos que contêm a clorofila (0,5 μm de espessura por 0,05 μm de diâmetro). Um número maior de cloroplastos ocorre na face ventral (superior) da folha, voltada para o Sol, e é por isso que a cor verde mais escura é verificada nessa face, quando comparada com a face dorsal (inferior), normalmente voltada para o solo.

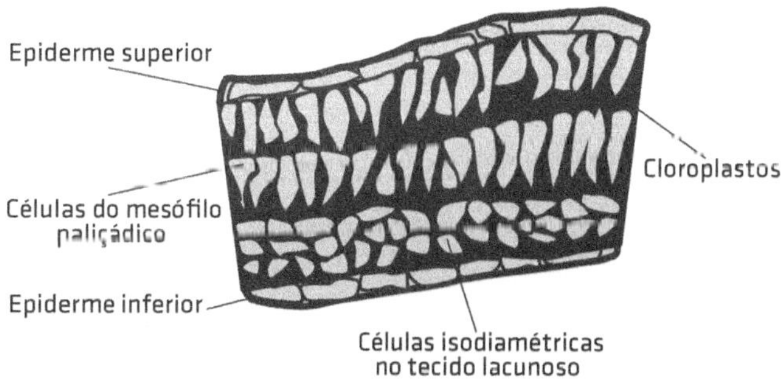

Fig. 6.5 *Seção transversal de uma folha, mostrando sua estrutura interna*

Dispersos através do mesófilo estão os espaços intercelulares cheios de gases oriundos da respiração e da transpiração da folha (áreas escuras na Fig. 6.5), os quais se abrem para o meio externo por meio dos estômatos. Essa rede de passagens de ar constitui a via de acesso pela qual o CO_2 alcança as células fotossintéticas e o O_2 liberado na fotossíntese retorna à atmosfera. A rede de tecidos do sistema vascular não serve somente para suprir a folha com água e nutrientes do solo, mas também representa a passagem por onde os produtos da fotossíntese produzidos na folha fluem para as demais partes da planta.

As células das folhas possuem dimensões grandes quando comparadas com os comprimentos de onda da REM. Esse fato tem relevância quando consideramos a interação da radiação eletromagnética com as folhas, uma vez que essa interação depende da relação entre essas dimensões e as dos comprimentos de onda.

É no interior da folha que ocorre todo o processo espectral de absorção e transmitância, bem como parte da reflectância, a qual também ocorre na superfície. Em outras palavras, os processos de interação da REM com a matéria se realizam nos átomos e moléculas. Para compreender como isso acontece, é necessário, antes de tudo, saber como os átomos se arranjam para formar a estrutura da molécula dos pigmentos fotossintetizantes. Considere-se, por exemplo, a molécula de clorofila mostrada na Fig. 6.6, que curiosamente tem uma "cauda" formada por cadeias hidrofóbicas. Em cada molécula de clorofila existe um íon de magnésio (Mg^{+2}), localizado no centro de uma estrutura em anel (anel porfirínico), o qual é coordenado por quatro átomos de nitrogênio. Esses anéis porfirínicos têm em sua composição, além do magnésio e do nitrogênio, moléculas de carbono e de hidrogênio (CH_2 e CH_3). De maneira dominante, a clorofila apresenta-se na cor verde, porém pequenas mudanças em sua estrutura química podem originar outros tipos de clorofila.

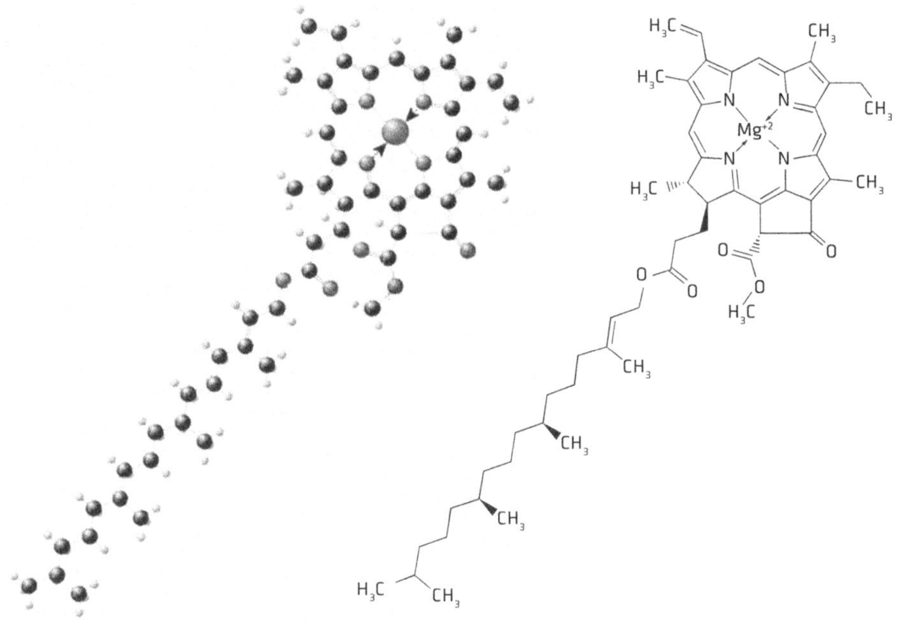

Fig. 6.6 *Estrutura em anéis porfirínicos da molécula da clorofila, com o íon central de Mg^{+2} coordenado por quatro íons de nitrogênio e a estrutura em cauda*
Fonte: Santos (s.d).

Por exemplo, a clorofila *a* possui o radical CH_3 no lugar do CHO presente na clorofila *b*, e a clorofila *c* é reconhecida como um pigmento amarelo-alaranjado (caroteno). Esses diferentes tipos de clorofila apresentam variações nas estruturas dos anéis laterais, e isso faz com que o espectro de absorção da luz seja um pouco diferente quando as clorofilas são comparadas umas com as outras. A fórmula química da clorofila *a* é $C_{55}H_{72}O_5N_4Mg$ e a da clorofila *b* é $C_{55}H_{70}O_6N_4Mg$.

Devido à relativa transparência das folhas, os feixes de REM, quando incidentes sobre elas, seguem uma trajetória aleatória por sua estrutura interna até colidirem com as células. Willstatter e Stoll (1918) desenvolveram uma teoria sobre a trajetória da REM dentro de folhas válida até hoje, e que é baseada na estrutura interna das folhas e na reflectância potencial de suas superfícies. Segundo esses autores, a trajetória da REM se dá ao longo de vários meios compostos de água, oxigênio, membranas celulares e espaços vazios intercelulares. Um feixe de radiação pode atravessar, por exemplo, uma molécula de água, que possui um índice de refração de 1,33, e, em seguida, atravessar um espaço preenchido com ar, que possui um índice de refração igual a 1. Isso causa uma mudança na trajetória do raio de luz. Além dessa variação nos índices de refração dos diversos meios a serem atravessados, foi considerado que as células dos tecidos foliares, principalmente do mesófilo lacunoso (ou esponjoso), possuem uma estrutura irregular, sendo orientada espacialmente em diversos ângulos. Em razão disso, esses autores imaginaram as possíveis trajetórias da REM dentro de uma folha como mostrado na Fig. 6.7. Uma pequena quantidade de raios de luz é refletida das células da camada epidérmica superior, mas a maior parte é transmitida para os mesófilos paliçádico e lacunoso, onde os raios incidem frequentemente em suas paredes celulares, sendo refletidos se os ângulos de incidência forem suficientemente grandes. Essa reflexão múltipla é essencialmente um processo aleatório, no qual os raios mudam de direção dentro da folha. Dado o grande número de paredes celulares presentes na folha, alguns raios são refletidos de volta para a superfície, ocorrendo então o fenômeno da reflectância, enquanto outros são transmitidos através da folha ou absorvidos. Portanto, a espessura da folha é um fator importante na trajetória da REM em seu interior, já que geralmente a transmitância é maior que a reflectância para folhas finas, acontecendo o inverso para folhas com espessura mais grossa.

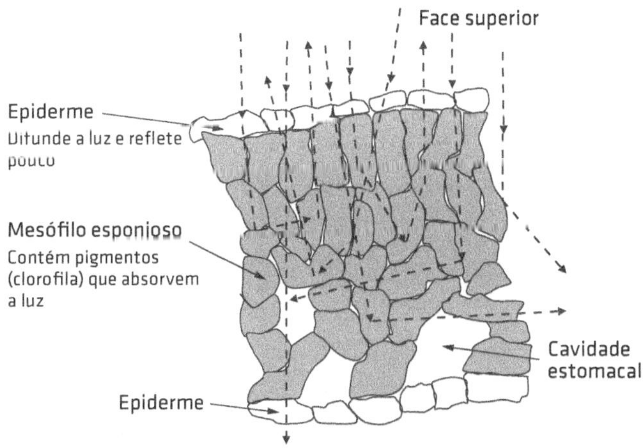

Fig. 6.7 *Seção transversal de uma folha e as possíveis trajetórias dos raios de luz que a penetram*
Fonte: modificado de National Research Council (1970).

A teoria descrita por Willstatter e Stoll (1918) também pode ser aplicada para explicar por que a reflectância das faces dorsal e ventral das folhas é diferente, como demonstrado nos espectros da Fig. 6.8. A face ventral (superior) da maioria das folhas contém maior presença de células paliçádicas, que, por possuírem altas concentrações de clorofila, absorvem com maior intensidade a radiação da parte visível do espectro. Na parte inferior da folha, o mesófilo esponjoso usualmente possui menos clorofila e apresenta maior número de interfaces entre ar e água ou entre ar e celulose, pois essas células têm menos contatos entre si do que as células paliçádicas. Por isso, a radiação é espalhada com maior intensidade e absorvida com menor intensidade. Essa distinção é mais evidente na região do visível, já que, na região do NIR, a reflectância e a transmitância da maioria das folhas podem variar, e a distinção entre a reflectância das faces dorsal e ventral pode não ter uma regra única. Na região do SWIR (1.300 nm a 2.500 nm), as intensas absorções pelas moléculas de água fazem com que a reflectância da face ventral seja menor que a da face dorsal.

Muito foi debatido sobre as reais confirmações da teoria de Willstatter e Stoll (1918), não havendo consenso de que ela se aplique a todas as espécies de folha. Revendo vários estudos sobre esse assunto, Gates et al. (1965) apresentaram alguns resultados que ajudaram a confirmar essa teoria. Esses autores afirmaram que é provável que a reflectância na região do NIR seja função da forma e do tamanho das células e da quantidade de espaços intercelulares. O mesófilo de folhas jovens é composto de células do parênquima esponjoso com uma quantidade considerável de espaços preenchidos com ar, facilitando o mecanismo de reflexão interna. Com o amadurecimento da folha, as células aumentam de tamanho, ficando mais próximas umas das outras, reduzindo os espaços intercelulares preenchidos com ar e, consequentemente, diminuindo a reflectância. Ao final do processo de amadurecimento, a relação entre a estrutura celular e os espaços de ar torna-se favorável

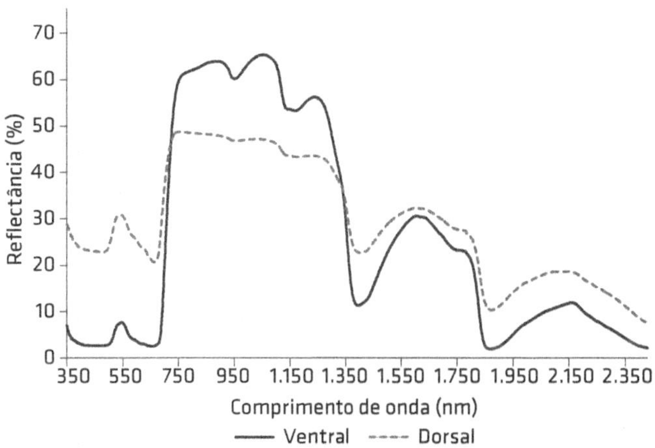

Fig. 6.8 *Diferença de reflectância entre as faces ventral e dorsal de uma folha verde*
Fonte: biblioteca espectral IG/UnB.

para o aumento da reflectância. Todavia, uma crítica que se opunha a esse processo foi dada por Sinclair (1968), ao afirmar que, segundo a literatura específica, esse processo não se verifica na realidade para a maioria das folhas dicotiledôneas. Vários autores, como Esaú (1965), descreveram o desenvolvimento da estrutura das folhas como uma estrutura compacta alterando-se para uma estrutura lacunosa, em que o mesófilo esponjoso não se desenvolve continuamente até o final do processo de amadurecimento da folha. Isso vai contra a hipótese de Gates et al. (1965), que imaginaram que tal desenvolvimento se daria no sentido de uma estrutura lacunosa alterando-se para outra mais compacta, e que o aumento da reflectância em folhas maduras ocorreria pela relação entre a estrutura e os espaços intercelulares. Esses autores concluíram que experimentos adicionais deveriam ser conduzidos para melhor conhecer essa relação.

Apesar dessas controvérsias teóricas, muitas informações concretas e de uso prático são facilmente obtidas com medidas espectrorradiométricas de campo e de laboratório, fornecendo importantes parâmetros de avaliação do comportamento espectral da vegetação para a interpretação de imagens de sensoriamento remoto. As medidas espectrorradiométricas confirmam que boa parte da REM espalhada internamente na folha é absorvida. Os constituintes da folha que são considerados os mais importantes na absorção da REM são as celuloses, encontradas nas paredes celulares, os solutos (íons, moléculas) e os pigmentos existentes dentro dos cloroplastos. Dessa forma, o comportamento espectral de uma folha é função de sua composição, morfologia e estrutura interna. Uma vez que as características da folha são geneticamente controladas, há algumas pequenas diferenças no comportamento espectral entre grupos distintos de vegetação, mas elas não são suficientes para mudar substancialmente o conhecido padrão de reflectância de uma folha verde.

Em qualquer matéria, a absorção é o processo mais importante para definir a dinâmica espectral da reflectância. Até mesmo a intensidade da transmitância depende da intensidade com que a REM é absorvida. Observar que, nas Figs. 6.3 e 6.4, a transmitância é menor onde a absorção é maior e vice-versa. Nos capítulos iniciais, demonstrou-se que a absorção ocorre como um complexo processo de trocas de energia dos fótons com os níveis energéticos quânticos dos átomos e moléculas contidos na matéria, o qual possibilita que quantidades específicas de luz sejam absorvidas em comprimentos de onda específicos. Da absorção, indiretamente resulta a dinâmica espectral da reflectância e, por isso, os especialistas em sensoriamento remoto devem fazer a análise do espectro observando, para cada comprimento de onda, os valores percentuais das relações entre reflectância e absortância.

A seguir, será feita a análise do comportamento espectral de uma folha a partir do espectro de reflectância de uma folha de *Mangifera indica* (mangueira) (Fig. 6.9) obtido em laboratório com um espectrorradiômetro de alta resolução espectral. Na escala em que essa análise é abordada, qualquer outra folha verde sadia serviria. A curva espectral de uma folha pode ser analisada destacando intervalos espectrais posicionados na região do visível, da borda vermelha (*red-edge*), do NIR e do SWIR.

A faixa de comprimento de onda do visível (400 nm a 760 nm) corresponde à região espectral com os valores mais baixos de reflectância da folha, devido à ação de fortes absorções pelos pigmentos encontrados nos cloroplastos, os quais geralmente são a clorofila (65%), as xantofilas (29%) e os carotenos (6%).

Nas folhas verdes, há dois tipos de clorofila, denominados clorofila *a* (a mais efetiva na fotossíntese) e clorofila *b*, que são responsáveis pela absorção da REM referente à região do visível (Fig. 6.10). A cor verde intensa da clorofila revela-se por um pico de reflectância no comprimento de onda da região do verde em 550 nm, que, de fato, é causado pelas intensas absorções da REM (mais especificamente, 96% de absorção) nos comprimentos de onda do azul em 410 nm (clorofila *a*) e 430 nm (clorofila *b*) e do vermelho em 662 nm (clorofila *a*) e 640 nm (clorofila *b*). Conforme descrito anteriormente, a clorofila é uma porfirina com uma estrutura de anéis que tem, em sua cauda, nove ligações simples e duplas que se alternam, em um sistema que dispõe de muitos elétrons que podem tomar parte na absorção da REM. Essa absorção promove a excitação dos elétrons de seu nível de base de energia para um nível de energia excitado. Os elétrons excitados simplesmente voltam a seu estado inicial de energia, e a energia absorvida é convertida em calor. As clorofilas funcionam, dessa maneira, como antenas que capturam a energia luminosa necessária à fotossíntese.

As absorções pelos carotenos e xantofilas ocorrem na faixa espectral do azul, em torno de 450 nm, mas geralmente são mascaradas pelas absorções da clorofila. Na fotossíntese, os carotenoides nos cloroplastos ajudam a absorver o excesso de energia luminosa e a dissipá-lo como calor. Eles podem aparecer com o desaparecimento da clorofila, quando a folha atinge a fase de senescência ou se ocorrer algum tipo de estresse.

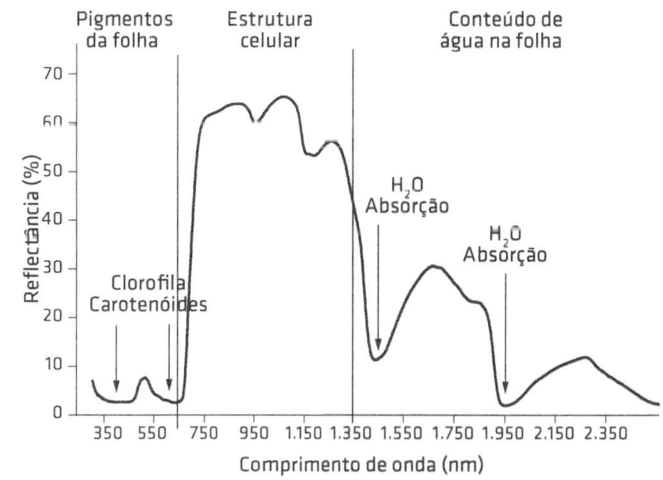

Fig. 6.9 *Espectro típico de reflectância de uma folha verde sadia e os respectivos processos que controlam a interação da REM com a folha*
Fonte: biblioteca espectral IG/UnB.

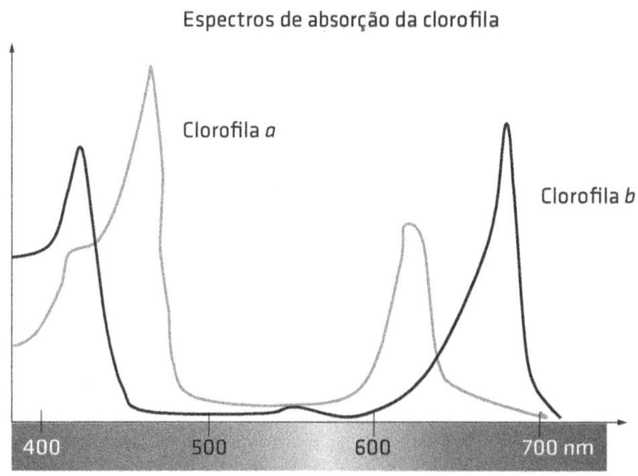

Fig. 6.10 *Picos de absorção da REM pela clorofila*

No intervalo espectral do NIR (760 nm a 1.300 nm), as múltiplas reflectâncias de REM pelas paredes celulares das células paliçádicas e do mesófilo esponjoso, situado na porção inferior da folha, direcionam uma alta porcentagem de REM para a superfície externa da folha, aumentando, de forma repentina, a reflectância. De maneira geral, quanto mais lacunosa a estrutura interna foliar, maior o espalhamento interno da radiação incidente e, consequentemente, maior também a reflectância. No espectro, essa mudança no comportamento espectral do visível para o NIR ocorre entre o estreito intervalo de comprimento de onda de 690 nm a 760 nm (borda vermelha), caracterizado por um rápido aumento da reflectância com o comprimento de onda. Após essa faixa, a reflectância se mantém alta e uniforme em todo o intervalo de 760 nm a 1.300 nm, nos níveis de 40-60%, como reflexo de um fenômeno físico e biótico desenvolvido para impedir o aumento da temperatura da folha e evitar danos a seus constituintes (proteínas e açúcares). A reflectância no NIR é, nesse sentido, um processo controlado pela morfologia e pela estrutura interna das folhas. Duas bandas de absorção não muito intensas, relacionadas com a água foliar, ocorrem em torno de 980 nm a 1.200 nm, resultado do processo de fotólise que se dá na mesma etapa da fase fotoquímica das clorofilas. Durante essa fase, ocorrem reações de oxidorredução de quebra da molécula de água – as moléculas de água são oxidadas e os elétrons liberados repõem a deficiência de elétrons das moléculas de clorofila excitadas pela luz, como mostra a reação a seguir:

$$2H_2O \xrightarrow[Clorofila]{Luz} 4H^+ + 4e^- + O_2$$

No SWIR (1.300 nm a 2.500 nm), a água líquida presente nas folhas exerce total controle do padrão de reflectância. As vibrações moleculares da água são excitadas por intensa absorção da energia contida na REM dos comprimentos de onda em torno de 1.440 nm a 1.453 nm e de 1.925 nm a 1.935 nm, gerando, nesses comprimentos de onda, duas bandas de absorção muito fortes, as quais, respectivamente, exibem morfologias simétrica e assimétrica. Entre elas, ocorre uma absorção fraca, situada entre 1.770 nm e 1.796 nm, devida à hidroxila. Nessa região espectral, a reflectância é explicada pelo espalhamento em locais onde os índices de refração mudam a depender do tamanho das células. Folhas que possuem células maiores têm menos mudanças na direção dos feixes de REM, e o inverso ocorre para folhas com células de tamanhos pequenos, para uma dada quantidade de água. Isso também ajuda a explicar as diferenças de reflectância entre espécies de plantas nesse intervalo de 1.300 nm a 2.500 nm. As absorções diminuem bastante de intensidade com a gradativa perda de água, quando a folha entra em processo de seca. Essa região espectral do infravermelho poderia ser usada para diagnosticar as condições hídricas da vegetação, não fosse a absorção pelo vapor de água da atmosfera nesses mesmos comprimentos de onda.

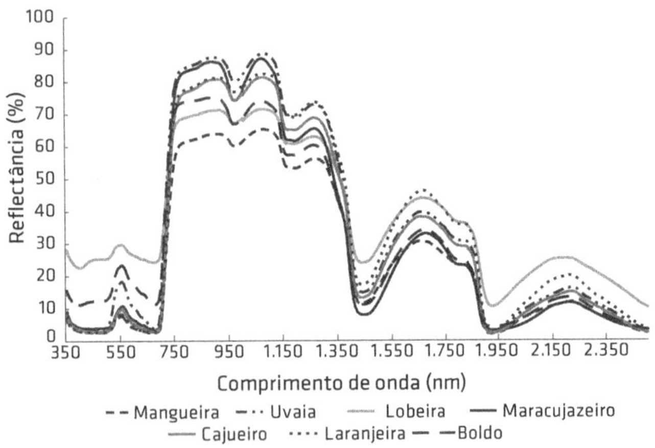

Fig. 6.11 *Espectros de reflectância de sete espécies de vegetação com pigmentos de clorofila dominantes:* Mangifera indica *(mangueira),* Eugenia pyriformis *(uvaia),* Solanum lycocarpum *(lobeira do cerrado),* Passiflora edulis *(maracujazeiro),* Anacardium occidentale *(cajueiro),* Citrus sinensis *(laranjeira) e* Peumus boldus *(boldo)*
Fonte: biblioteca espectral IG/UnB.

Os espectros mostrados na Fig. 6.11 são de uma única folha de diversos tipos de vegetação contendo clorofila como pigmento dominante e comprovam que o padrão de reflectância varia muito pouco ao longo dos diferentes comprimentos de onda do espectro eletromagnético da REM solar incidente. As mudanças mais significativas ocorrem na região do visível e devem-se às variações dos tipos de pigmentos predominantes. Vários autores, como Gates e Tantrapporn (1952), verificaram que a reflectância de uma folha diminui com a idade na região do visível. Esse fato pode ser atribuído ao desenvolvimento da clorofila, cujo conteúdo aumenta rapidamente nos estágios iniciais do desenvolvimento da folha e mais lentamente nos estágios subsequentes, até que a coloração verde característica da espécie seja atingida.

Outro tipo de pigmento muito conhecido são os carotenoides, que se dividem nos grupos denominados carotenos e xantofilas. Os carotenos atribuem cores alaranjadas aos vegetais e possuem composição pura de hidrocarbonetos, contendo 40 átomos de carbono e sem nenhum oxigênio, enquanto as xantofilas podem atribuir cores que variam de amarelo a marrom-avermelhado e contêm em suas moléculas, além de carbono e hidrogênio, grupos com a presença de oxigênio, como as hidroxilas. A cadeia carbônica do caroteno (Fig. 6.12) pode ter de três a 15 ligações duplas conjugadas, sendo que o comprimento do cromóforo determina o espectro de absorção e a cor da molécula. No mínimo, sete ligações conjugadas são necessárias para a cor alaranjada aparecer. Aumentando o número dessas ligações, as absorções se tornam mais fortes em comprimentos de onda maiores, gerando as cores mais avermelhadas das folhas. Por sua vez, a antocianina, pigmento que pertence ao grupo dos flavonoides, é responsável pela maioria das cores vermelha, rosa, roxa e azul observadas nos vegetais. Ela se acumula nas camadas epidérmicas das folhas e caules e absorve intensamente a luz na região do ultravioleta B (280 nm a 320 nm) para proteger as folhas desses raios de alta energia, enquanto permite a passagem contínua dos comprimentos de luz visível. Espectros de reflectância de folhas com pigmento do tipo caroteno são apresentados na Fig. 6.13.

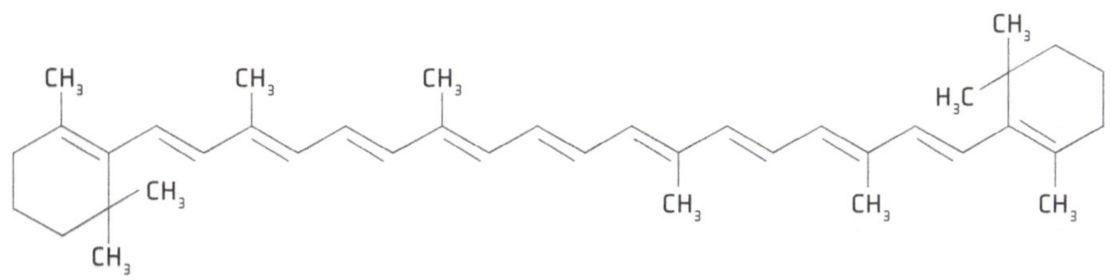

Fig. 6.12 *Estrutura da molécula de caroteno, formada por ligações de carbono e hidrogênio duplamente conjugadas*

6.2 Efeitos do estresse e da deficiência de nutrientes na reflectância das folhas

Como mencionado anteriormente, a ação da REM solar incidente na vegetação referente aos comprimentos de onda da região do visível forma os carboidratos por meio de reações químicas conhecidas como fotossíntese, que se processam nos cloroplastos. A fotossíntese é facilmente vulnerável quando uma planta sofre a ação de um fator de estresse e, em resposta, apresenta sintomas de alteração nos aspectos morfológicos (crescimento, forma) e fisiológicos (efeitos da funcionalidade da vegetação). O estresse pode ser causado por diversos fatores, como ataque de insetos, doenças, problemas fisiológicos, condições ambientais adversas

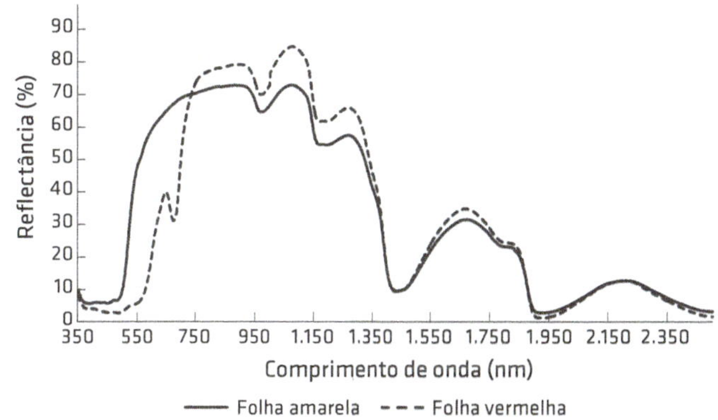

Fig. 6.13 *Espectros de reflectância de uma folha amarela contendo o pigmento caroteno e de uma folha vermelha contendo o pigmento antocianina*
Fonte: biblioteca espectral IG/UnB.

e deficiências de nutrientes, os quais alteram a reflectância espectral das folhas sem, contudo, modificar drasticamente o padrão da forma do espectro da folha verde sadia. Os efeitos do estresse têm sido pouco estudados, apesar de constituir matéria promissora para estudos florestais e agrícolas, em razão da atual disponibilidade de sensores imageadores de alta resolução espacial capazes de identificar espécies e unidades vegetais individuais.

Guyot (1995) investigou os efeitos de ataques de parasitas na reflectância das folhas. Quando infectadas por fungos, elas exibiram reflectância maior do que as folhas sadias na região do visível, provavelmente pela perda da clorofila e pela consequente diminuição da atividade fotossintética. Essa atividade foi menor na região do infravermelho (acima de 1.080 nm), o que pode ser atribuído à invasão de hifas nos espaços intercelulares, tendendo a compactar a estrutura interna das folhas. Diversos outros resultados de pesquisas mostraram que esses efeitos são essencialmente os mesmos provocados por outros fatores ambientais, tipos de solo ou anomalias geoquímicas. As mudanças que se destacam são:

- alteração no conteúdo de pigmentos fotossintetizantes, com modificação associada da reflectância na região do visível, sendo que as regiões espectrais mais sensíveis ao estresse localizam-se nos intervalos de 535 nm a 640 nm e de 685 nm a 700 nm;
- necroses, afetando direta e progressivamente a reflectância espectral na região do NIR;
- introdução de substâncias, que pode acarretar aumento ou diminuição da reflectância em diversas regiões espectrais, dependendo da natureza das substâncias introduzidas no metabolismo foliar (Baldy et al., 1996);
- alteração do equilíbrio hídrico foliar, com consequências observadas principalmente na região do NIR.

Um exemplo do espectro de reflectância de uma folha afetada por fungos é mostrado na Fig. 6.14, ao lado do espectro de uma folha sadia para efeitos de comparação.

Em termos de nutrientes, sabe-se que o nitrogênio é importante na saúde da vegetação e sua deficiência impede o bom desenvolvimento da clorofila, o que tende a deixar a folha com uma cor verde pálida. A forma do espectro de reflectância de folhas com deficiência de nitrogênio é similar àquela dos espectros de folhas saudáveis, como se pode ver na Fig. 6.15. No entanto, a deficiência de nitrogênio afeta a porcentagem da reflectância na região visível do espectro, a qual cresce com o aumento da deficiência de nitrogênio. Isso está diretamente associado com a diminuição parcial da concentração da clorofila. Essa concentração pode ser estimada da medida do valor da reflectância em 540 nm (pico de reflectância da clorofila). Em uma folha saudável, esse pico se situa em valores de cerca de 10%, enquanto nas folhas com deficiência em nitrogênio os valores podem superar 30%.

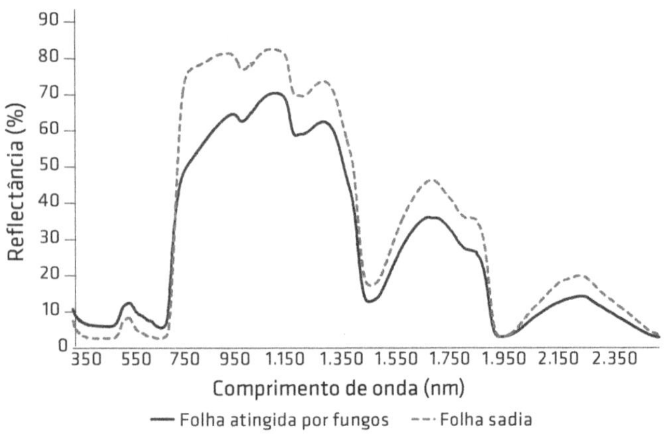

Fig. 6.14 *Alterações da reflectância de uma folha sadia devido à presença de fungos*
Fonte: biblioteca espectral IG/UnB.

De forma similar, experimentos realizados por Ponzoni e Gonçalves (1997) sobre sintomas de deficiências de nitrogênio, fósforo e potássio em folhas extraídas de *Eucalyptus saligna* mostraram diferenças significativas nos valores de reflectância na região do visível em folhas que apresentavam sintomas de deficiência em potássio.

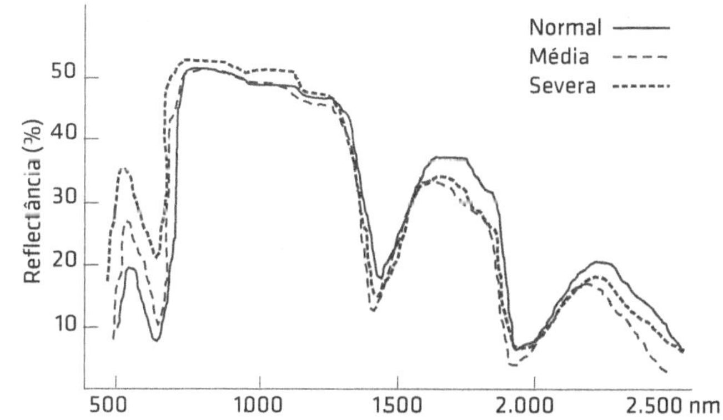

Fig. 6.15 *Efeito da deficiência em nitrogênio na reflectância de uma folha*
Fonte: National Research Council (1970).

O conteúdo de água nas folhas afeta mais severamente o padrão de reflectância do que a deficiência de nitrogênio. Como a água exerce influência na reflectância, principalmente no intervalo de 1.300 nm a 2.500 nm devido às fortes absorções próximas a 1.430 nm a 1.950 nm, a gradativa perda de água reduz a profundidade dessas duas bandas de absorção, como mostra a Fig. 6.16, com o consequente aumento da reflectância. Na região do NIR, a reflectância também aumenta porque a menor umidade da folha impõe alterações na sua estrutura e diminui a transmitância. Ademais, a perda de umidade leva a folha a secar e mudar de cor, geralmente para tons esbranquiçados. Com isso, deixa de ocorrer a forte absorção da clorofila no comprimento de onda da luz vermelha, a qual é fortemente refletida. A reflectância no comprimento de onda do vermelho, combinada com a reflectância no comprimento de onda do verde, produz a cor amarela da folha.

Atualmente é bastante conhecida a capacidade que muitas plantas possuem de acumular metais pesados em seus tecidos. Isso é favorecido por fatores geológicos, que, combinados com processos de forte intemperização das rochas, podem resultar na concentração localizada de alguns tipos de metal em determinadas áreas, que os geólogos definem como geoquimicamente anômalas. Os solos dessas áreas podem causar toxidez na planta pela absorção excessiva de íons, os quais podem se acumular nos vacúolos das células foliares e nas raízes. Esses íons podem agir na estrutura genética, resultando em novas formas, variedades e/ou espécies que normalmente apresentam modificações estruturais e funcionais, caracterizando-se em indicadores de jazidas (bioprospecção mineral) e, em muitos casos, indicando o substrato em que estão assentados.

Silva (1992) realizou pesquisas em áreas da jazida de ferro da Serra dos Carajás, analisando tecidos de cinco espécies de vegetação arbórea e semiarbustiva, com o objetivo de detectar a acumulação de metais pesados (Fe, Mn, Ni, Cu, Cr e Pb) em tecidos vegetais. Foram detectadas anormalidades no conteúdo de ferro nas raízes das vegetações arbustivas e de Ni e Cr nas raízes e folhas de todas as cinco espécies de vegetação. Os teores de Mn, Cu e Pb apresentaram normalidade nos tecidos examinados. Visualmente, a folha da planta com metais acumulados não apresenta qualquer anormalidade que possa identificar essa forma de estresse.

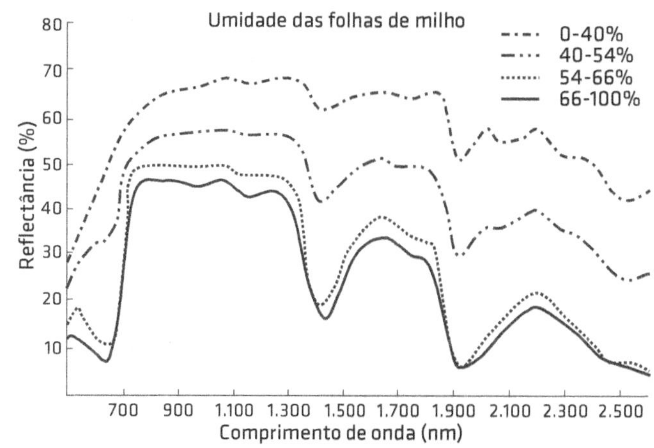

Fig. 6.16 *Influência do conteúdo de umidade na reflectância de folhas de milho*
Fonte: Kumar (1974).

As tentativas de detectar esse tipo de estresse iniciaram-se com o sensoriamento remoto por espectrorradiometria, a fim de verificar possíveis alterações que pudessem ocorrer no comportamento espectral das vegetações afetadas. O que se conseguiu observar foi a mudança espectral na faixa da borda vermelha (690-760 nm), definida anteriormente. A variação da inclinação dessa feição ou seu deslocamento tem sido relacionado à diferença de concentração de clorofila nas folhas, pelo efeito da toxidez tolerada pelas plantas, a qual inibe a competição entre pares de íons de cálcio ou de magnésio e íons metálicos. À medida que o teor de clorofila diminui, ocorre um deslocamento para os menores comprimentos de onda, fenômeno denominado *blue shift*. Essa mudança sutil de comportamento da reflectância é de difícil detecção por imagens, mas pode ser observada com medidas espectrorradiométricas, como apresentado na Fig. 6.17.

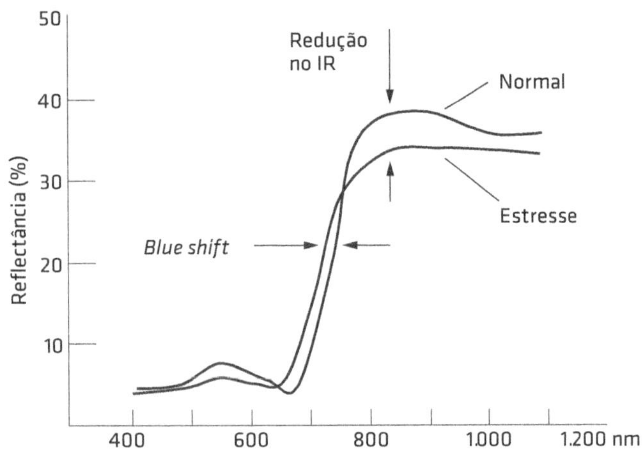

Fig. 6.17 *Efeito do deslocamento da reflectância da borda vermelha da vegetação em direção ao comprimento de onda do azul (*blue shift*)*

6.3 Interação da REM com os dosséis vegetais

Até esse momento, discutiram-se as propriedades espectrais de folhas isoladas. Mas esses conhecimentos seriam suficientes para compreender o processo de interação entre a REM e os diversos tipos fisionômicos de dosséis (florestas, culturas agrícolas, formações de porte herbáceo etc.) observados nas imagens de sensoriamento remoto?

Uma vez que a folha é o principal elemento da vegetação sob o ponto de vista do processo de interação com a REM, quando se comparam as curvas de reflectância de uma folha verde sadia com as medidas espectrais de dosséis, não é de estranhar que elas apresentem formas muito semelhantes. Contudo, medir a reflectância de dosséis com espectrorradiômetro é tarefa complicada, exigindo o uso de braços mecânicos tipo *munkel* montados em veículos. Em laboratório, a reflectância de um hipotético dossel pode ser estimada pela sobreposição de um certo número de folhas individuais. Procede-se dessa maneira porque cada folha do dossel reflete 40% a 60% da radiação do NIR, sendo o restante transmitido através da folha e em seguida refletido pela folha situada abaixo. Esse procedimento pode ser entendido com apenas duas folhas, uma abaixo da outra.

Imagine-se que um feixe de luz, quando atinge a superfície de uma folha, é 50% refletido e 50% transmitido, sendo que essa segunda parcela atinge a superfície de uma segunda folha logo abaixo. A segunda folha repete o processo, permitindo que 50% do feixe (25% do fluxo original) seja transmitido e 50% (25% do fluxo original) seja refletido para a superfície inferior da primeira folha, que deixa transmitir metade desse fluxo para cima, o qual é refletido para o espaço. Essa parcela, portanto, equivale a 12,5% do fluxo original incidente. A soma dessa parcela com aquela referente aos 50% inicialmente refletidos pela superfície superior da primeira folha totaliza 62,5% de reflectância do fluxo total. Os espectros apresentados na Fig. 6.18 mostram essa simulação na prática, para várias folhas sobrepostas, o que corresponde a uma simulação indireta da influência da variação do índice de área foliar (IAF) sobre a reflectância de dosséis ou copas de árvore.

O uso prático de medidas de dosséis é valioso para o mapeamento de florestas e a detecção de distúrbios ou outras características, e tais medidas podem ser feitas por meio de imagens de sensoriamento remoto. As imagens aéreas ou orbitais permitem que os padrões de reflectância apresentados pelos dosséis vegetais possam ser minimamente previstos. Por exemplo, em imagens da região do visível, a reflectância de dosséis se mostra baixa (tons de cinza escuros) em virtude da absorção de REM ocasionada pelos pigmentos fotossintetizantes; em imagens da região do NIR, esses mesmos dosséis apresentam alta reflectância (tons de cinza claros); e, em imagens do SWIR, a reflectância é intermediária (tons de cinza médios).

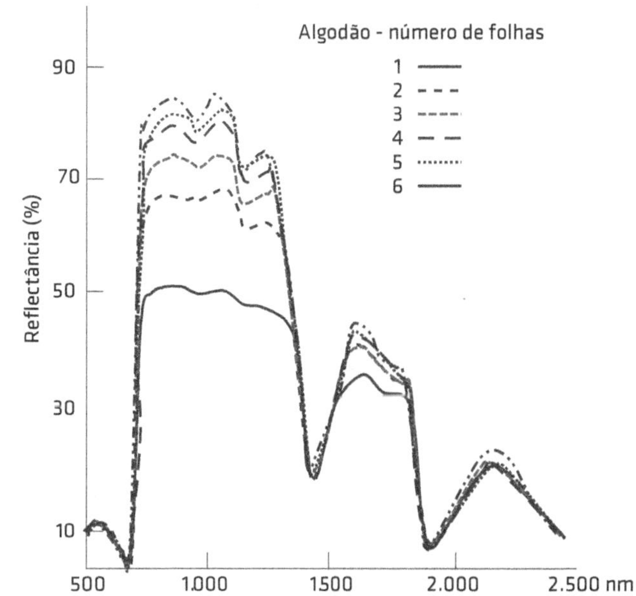

Fig. 6.18 *Efeitos da variação das medidas de reflectância de até seis folhas sobrepostas*
Fonte: National Research Council (1970).

As variáveis que afetam a reflectância dos dosséis, as quais nem sempre são facilmente mensuráveis, podem ser classificadas de acordo com os seguintes fatores:

- *iluminação*: ângulos azimutal e de elevação da luz solar;
- *sensor*: resoluções espacial, espectral, radiométrica e temporal; visada a nadir e fora do nadir;
- *vegetação*: tipos de vegetação e formas do dossel; índice de área foliar e de distribuição angular foliar;
- *solo*: classes de solo e umidade;
- *topografia*: formas de relevo.

A combinação dessas variáveis altera a dinâmica da reflectância de dosséis de forma bastante complexa, exigindo, para sua completa compreensão, a aplicação de modelos matemáticos. Há uma vasta literatura disponível para consultas mais detalhadas (Jackson et al., 1979; Ranson et al., 1981; Ponzoni et al., 2014). Aqui, é feita apenas uma breve análise dos parâmetros que fundamentam esses modelos.

Uma folha no interior do dossel recebe dois tipos de radiação, aquela que diretamente incide sobre ela e aquela que é espalhada pelos troncos e galhos. Assim, o sensor recebe vários tipos de fluxo: o fluxo espalhado somente uma vez, o fluxo espalhado várias vezes e o fluxo não interceptado por nenhum elemento da vegetação e que é refletido pelo solo, quando o dossel é esparso.

A distribuição espacial dos elementos da vegetação, bem como sua densidade e orientação, define a arquitetura da vegetação. Nos casos de reflorestamento ou cultivar, a distribuição espacial depende de como foram arranjados os plantios, e, no caso de vegetações naturais, a topografia do relevo pode exercer diversos tipos de controle que afetam o dossel (sombreamento e altura dos dosséis, por exemplo).

Em vários modelos de reflectância da vegetação, considera-se que um dossel é composto de vários subdosséis arranjados regularmente no solo (plantios em fileira, por exemplo) ou arranjados aleatoriamente, segundo uma distribuição específica. Para um dossel ou subdossel homogêneo, assume-se que a densidade dos elementos da vegetação é uniforme, o que é caracterizado pelo IAF, que representa a razão entre a área do elemento e a área no terreno. O IAF é um dos principais parâmetros da vegetação e é requerido em modelos de crescimento vegetal e de evapotranspiração, sendo ainda relacionado à biomassa aérea. Assim que ele atinge um determinado valor, compreendido aproximadamente entre 2 e 3, muito da radiação incidente é interceptada e absorvida pelas folhas, e um permanente aumento desse índice não influencia a reflectância da vegetação. Por conseguinte, a reflectância na região do visível decresce quase que exponencialmente com o aumento do IAF, quando este assume valores entre 2 e 3. Na região do NIR, uma vez que a absorção é mínima, o aumento do IAF implica o aumento do espalhamento e, consequentemente, da reflectância da vegetação, até que esse índice atinja valores compreendidos entre 6 e 8.

A distribuição angular foliar (DAF) classifica os dosséis, em função da inclinação e do azimute da folha, em um dos seis tipos de distribuição a seguir: planófila, erectófila, plagiófila, extremófila, uniforme e esférica. A DAF varia consideravelmente entre os tipos de vegetação e também influi na probabilidade de falhas através do dossel em função dos ângulos zenital solar e de visada, que determinam se os fluxos incidentes serão ou não interceptados pela vegetação. Um efeito da DAF sobre a função de distribuição da reflectância bidirecional (FDRB) foi apresentado por Norman, Welles e Walter (1985), por meio de um exemplo muito simples de duas folhas planas dispostas num plano principal, como apresentado na Fig. 6.19. A folha 2, que está posicionada perpendicularmente à iluminação solar, é dita *bem iluminada*, enquanto a folha 1, que se encontra posicionada quase que paralelamente aos raios luminosos, é dita *mal iluminada*. O observador A, que tem o Sol às suas costas, verá o brilho da cena sendo influenciado pela reflectância da parte dorsal da folha 1 e da parte ventral da folha 2. O observador B verá melhor a folha *mal iluminada* (folha 1). Para ele, a cena parecerá mais escura do que aquela vista pelo observador A. O brilho da cena, nesse caso, é determinado pela transmitância T da folha 1 e pela reflectância ρ da folha 2. A reflectância especular de ambas as folhas não é observada em nenhuma das posições assumidas pelos observadores A e B.

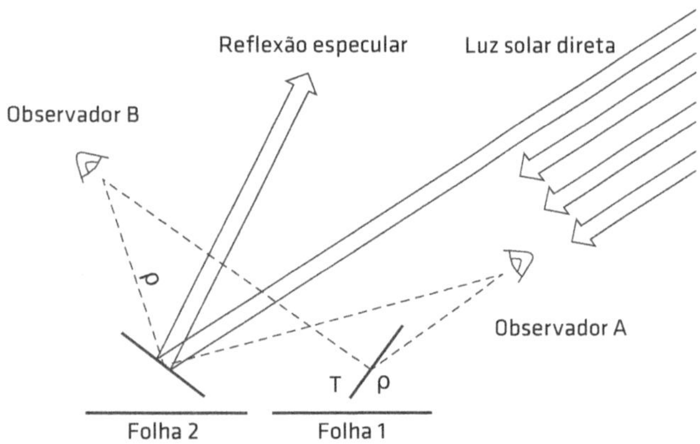

Fig. 6.19 *Geometria do dossel e sua influência sobre a observação da função de distribuição da reflectância bidirecional (FDRB)*
Fonte: Norman, Welles e Walter (1985).

Uma excelente discussão sobre a relação entre DAF e FDRB foi apresentada por Kimes (1984). Dosséis compostos de folhas dispostas mais horizontalmente exibem menor variabilidade na reflectância em função dos ângulos zenital solar e de visada e apresentam as reflectâncias mais altas para todas as distribuições. Para dosséis compostos de folhas dispostas de forma ereta, a reflectância decresce com o aumento do ângulo zenital solar na região do visível, enquanto aumenta na região do NIR, uma vez que o sensor passa a "ver" mais o espalhamento causado pelos elementos do dossel localizados nas camadas superiores, "vendo" menos os componentes das camadas inferiores, que espalham menos a REM.

Quanto às variações da reflectância espectral de dosséis densos e esparsos de soja, Ranson et al. (1981) verificaram que, quando o sensor "observa" o dossel no plano de iluminação, a reflectância do dossel aumenta na direção de retroespalhamento e diminui na direção oposta, em ambas as regiões espectrais (visível e infravermelho). Também constataram que, com o aumento do ângulo zenital de visada (θ_V), a reflectância do dossel diminui quando a iluminação se dá em um plano perpendicular ao plano de visada. Eles consideraram ainda que os altos valores da diferença normalizada para medidas realizadas em visadas oblíquas geralmente se devem ao fato de que o sensor "vê" mais as copas das árvores do que a camada inferior do dossel. Quando a visada ocorre de frente para o Sol, uma grande proporção da cena observada é sombreada, e a diferença normalizada torna-se mais alta. Os autores ressaltaram que, quando o ângulo zenital solar (θ_S) é maior, a diferença normalizada diminui. A causa mais provável para esse resultado é o aumento na proporção da irradiância, na região do vermelho, na distribuição espectral da REM incidente em situações nas quais θ_S torna-se muito grande. Na direção do retroespalhamento (*hotspot*), a proporção de sombras é reduzida e o sensor "vê" principalmente as folhas e os ramos diretamente iluminados, além da camada inferior. Nessa condição, há uma diminuição da diferença normalizada.

6.4 Influência do solo

Em dosséis não completamente fechados (esparsos), parte do fluxo de radiação incidente pode atravessá-los sem ser interceptada e atingir o solo. A reflectância que retorna do solo se soma à do dossel, alterando os valores de reflectância da vegetação. A cor do solo é fundamental na reflectância do dossel. Huete e Jackson (1987) avaliaram as variações de reflectância da cobertura vegetal que se desenvolvia em três diferentes tipos de solo, em função das variações de biomassa. A Fig. 6.20 ilustra alguns dos resultados alcançados por esses autores, a partir dos quais foi possível verificar os seguintes fenômenos:

- para a região do visível do azul ao vermelho, os solos mais claros exercem maior influência na reflectância espectral com a variação da biomassa;
- para a região do NIR, com o aumento da biomassa, verificou-se um aumento mais evidente da reflectância nas áreas ocupadas pelos solos mais escuros. Nos solos mais claros, houve diminuição da reflectância.

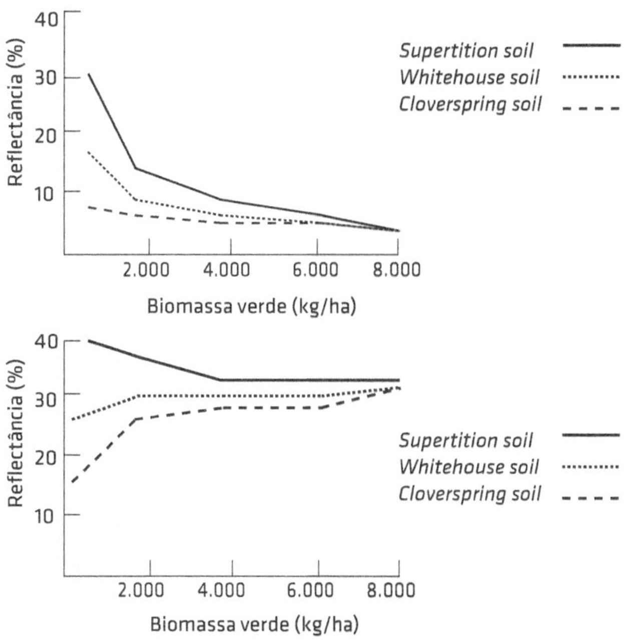

Fig. 6.20 *Relações entre as reflectâncias do vermelho e do NIR e a biomassa verde de uma cobertura vegetal desenvolvida em três diferentes tipos de solo*
Fonte: Huete e Jackson (1987).

Fundamentados nesses resultados, Baret e Guyot (1991) realizaram simulações com o modelo *scattering by arbitrarily inclined leaves* (Sail) para ilustrar o efeito dos solos sobre a reflectância de uma cobertura vegetal, o qual é mostrado na Fig. 6.21, relacionando os valores de reflectância do comprimento de onda do vermelho

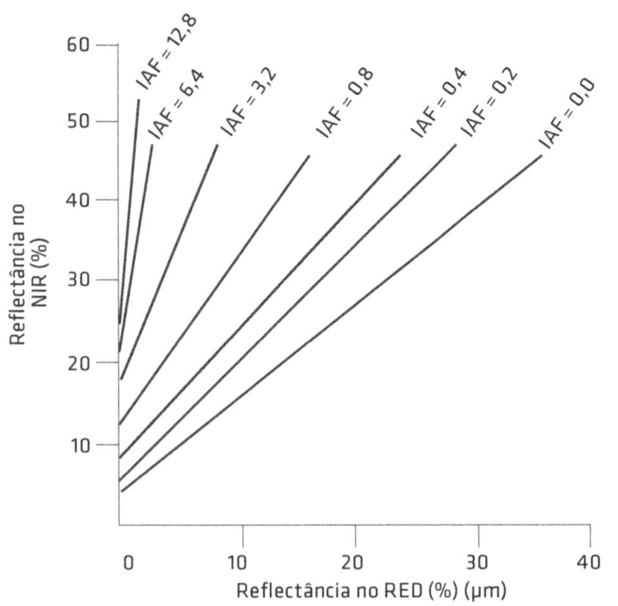

Fig. 6.21 *Efeito da reflectância do solo sobre a reflectância de um dossel com diferentes índices de área foliar*
Fonte: Baret e Guyot (1991).

com aqueles do NIR. Nessa figura, a linha de reflectância do solo desprovido de cobertura vegetal é a de valor IAF = 0,0 (*leaf area index*). Pela análise da figura, pode-se verificar que, com a diminuição dos valores de IAF, o efeito da reflectância do solo aumenta, tendendo a tornar a reflectância do dossel cada vez mais próxima à reflectância do solo.

6.5 Propriedades espectrais de dosséis vegetais

Por causa da heterogeneidade espacial e da altura relativamente elevada, há grande dificuldade em obter medidas espectrorradiométricas de campo de dosséis vegetais, principalmente quando se trata de formações florestais ou savânicas naturais. Mesmo para monoculturas agrícolas que apresentam homogeneidade espacial, a dificuldade na aquisição dessas medidas ainda persiste em razão da altura relativamente elevada que certos plantios – como milho, cana-de-açúcar e reflorestamentos com eucalipto ou pínus e seringueiras – atingem em suas fases de crescimento pleno. Para alturas superiores a 1 m, a logística de aquisição de dados começa a ficar bastante complicada, pois os espectrorradiômetros precisam ser levantados por meio de escadas ou mesmo guindastes.

Uma alternativa mais viável é o uso de sensores hiperespectrais a bordo de aeronaves ou espaçonaves. No final da década de 1980, o Laboratório de Propulsão a Jato (Jet Propulsion Laboratory, JPL) da Agência Espacial dos Estados Unidos (National Aeronautics and Space Administration, Nasa) operou uma aeronave cuja missão era obter uma série de dados hiperespectrais de diferentes alvos em diversos países por meio de um sensor hiperespectral denominado Airbone Visible/Infrared Imaging Spectrometer (Aviris), o qual operava com 224 bandas no intervalo espectral de 400 nm a 2.500 nm, com largura média das bandas de 10 nm e resolução espacial de 20 m. O grande potencial demonstrado pelos dados hiperespectrais do Aviris para discriminar diferentes tipos de alvo incentivou a Nasa a lançar o primeiro sensor hiperespectral orbital, o Hyperion, a bordo da plataforma Earth Observing-1 (EO-1). O Hyperion, lançado em 21 de novembro de 2000 e descontinuado em setembro de 2016, operou com 242 bandas espectrais na faixa de 400 nm a 2.500 nm, com resolução espacial de 30 m, largura das bandas de 10 nm e faixa de imageamento de 7,5 km de largura (Tab. 6.1) (Thenkabail; Lyon; Huete, 2012). Das 242 bandas, 196 eram calibradas radiometricamente no intervalo de 426 nm a 2.395 nm (Galvão et al., 2009). Entre as missões planejadas para os próximos anos, destacam-se os satélites Environmental Mapping and Analysis (EnMAP) e Hyperspectral Infrared Imager (HyspIRI), com melhor relação sinal/ruído em relação ao Hyperion.

O Brasil demandou a aquisição de um conjunto restrito de imagens Hyperion de determinadas localidades no período de 2000 a 2016, entre elas, o Parque Nacional de Brasília (PNB),

Tab. 6.1 Características de imageamento do sensor Hyperion, a bordo da plataforma Earth Observing-1 (EO-1)

Parâmetro de imageamento	Especificação
Órbita	Polar, descendente
Horário de passagem no equador	10h
Resolução espectral	242 bandas na faixa de 400 nm a 2.500 nm (bandas 1-70 na faixa do visível e do NIR; bandas 71-242 na faixa do SWIR) 196 bandas efetivamente calibradas no visível e no NIR (bandas 8-57) e no SWIR (bandas 79-224)
Largura das bandas	10 nm
Resolução espacial	30 m
Resolução radiométrica	16 *bits*
Periodicidade	16 dias

localizado na porção noroeste do Distrito Federal. Nesse parque, são encontradas fitofisionomias campestres, savânicas e florestais representativas do bioma Cerrado, as quais apresentam elevado nível de dificuldade para serem discriminadas principalmente em imagens multiespectrais devido à elevada biodiversidade de espécies arbustivas e arbóreas, alta variabilidade espacial na ocorrência dessas espécies, contato gradacional entre as fitofisionomias e forte influência da sazonalidade climática.

A Fig. 6.22 mostra a localização de uma cena Hyperion no PNB obtida em 24 de junho de 2015 (período seco) e o correspondente mapa de vegetação, elaborado por Ferreira et al. (2007). Na área coberta pela imagem Hyperion, ocorrem predominantemente as fitofisionomias cerrado sentido restrito, campo limpo e campo cerrado. Destacam-se ainda o campo sujo,

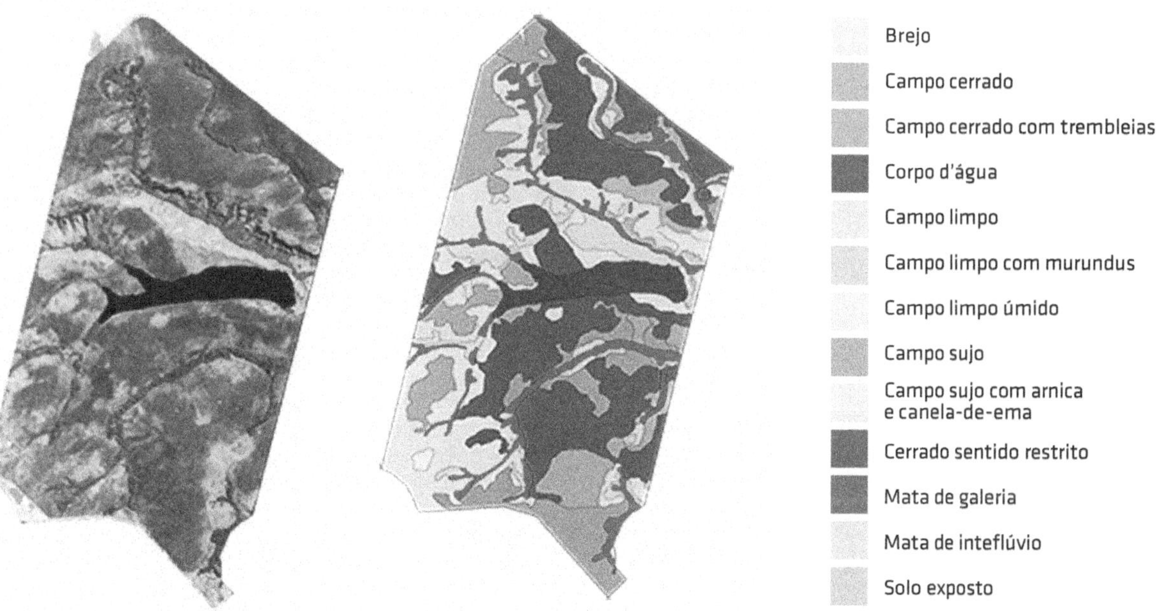

Fig. 6.22 *Recorte de uma cena Hyperion (R823 G660 B1.527 nm) obtida em 24 de junho de 2015 sobre o Parque Nacional de Brasília e o correspondente mapa de vegetação, elaborado por Ferreira et al. (2007). No centro da imagem, destaca-se a represa de Santa Maria, que abastece parte da população urbana do Distrito Federal*

o campo limpo com murundus e a mata de galeria, além daquelas com presença de espécies invasoras, como é o caso do campo cerrado com *Trembleya parviflora* (trembleia). O campo limpo úmido, o campo sujo com presença de *Lychnophora ericoides* (arnica) e *Vellozia squamata* (canela-de-ema) e a mata de interflúvio ocorrem de forma menos expressiva na área imageada.

Pela Fig. 6.23, observa-se que os maiores valores de reflectância média na faixa espectral do visível ocorrem para a formação campestre, representada pela fitofisionomia campo sujo. Esse comportamento deve-se à maior sensibilidade da vegetação campestre em relação à deficiência hídrica, o que torna a perda de pigmentos fotossintetizantes mais acentuada em relação às fitofisionomias mais densas. A perda de pigmentos fotossintetizantes resulta na diminuição da absorção da REM nessa região espectral, provocando o aumento da reflectância para esse tipo de vegetação. Ainda na região espectral

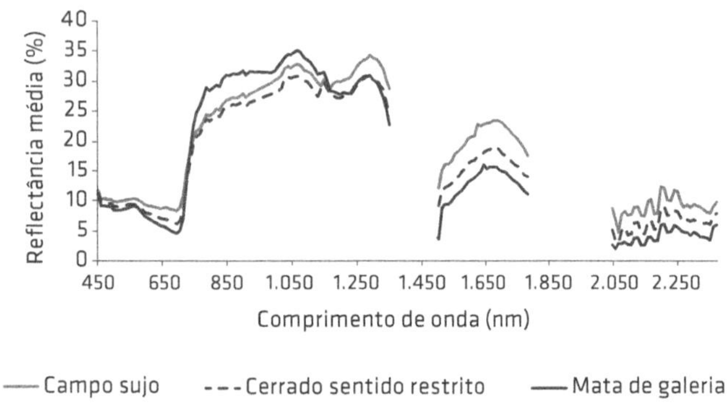

Campo sujo

Cerrado sentido restrito

Mata de galeria

Fig. 6.23 *Respostas espectrais representativas (época seca) de campo sujo (formação campestre), cerrado sentido restrito (formação savânica) e mata de galeria (formação florestal), encontrados no Parque Nacional de Brasília*

Fotos: E. E. Sano.

do visível, nota-se que as formações savânica e florestal, representadas pelas fitofisionomias cerrado sentido restrito e mata de galeria, respectivamente, apresentam menores valores de reflectância devido à maior absorção da energia incidente por parte dos pigmentos fotossintetizantes. Em virtude da maior densidade da vegetação e da constante presença de água nas folhas, a manutenção dos pigmentos permite, portanto, que tais fitofisionomias realizem atividade fotossintética durante o período seco.

Na região espectral do NIR, ocorrem os maiores valores de reflectância, sobretudo para as vegetações mais densas. Esse comportamento espectral deve-se ao maior espalhamento dos fótons nos espaços intracelulares do mesófilo esponjoso, dependendo das características morfológicas da vegetação (espessura da parede celular, espaços de ar e ceras na cutícula). Deve-se destacar ainda que, no nível de dossel, a arquitetura tridimensional do arranjo foliar e dos componentes não fotossintéticos também exerce influência sobre o espalhamento volumétrico dos fótons e a atenuação dentro do dossel (Clark et al., 2005). Os menores valores de reflectância na região espectral do SWIR decorrem da presença de água nas folhas, principalmente em relação às fitofisionomias mais densas, como é o caso do cerrado sentido restrito e da mata de galeria. Nessa região espectral, ocorrem ainda bandas de absorção características da presença de elementos bioquímicos, como lignina e celulose, que são mais bem discriminadas quando os tecidos das plantas se encontram secos.

Na Fig. 6.24, são expressas algumas feições espectrais das fitofisionomias campo sujo, cerrado sentido restrito e mata de galeria em relação aos efeitos da sazonalidade

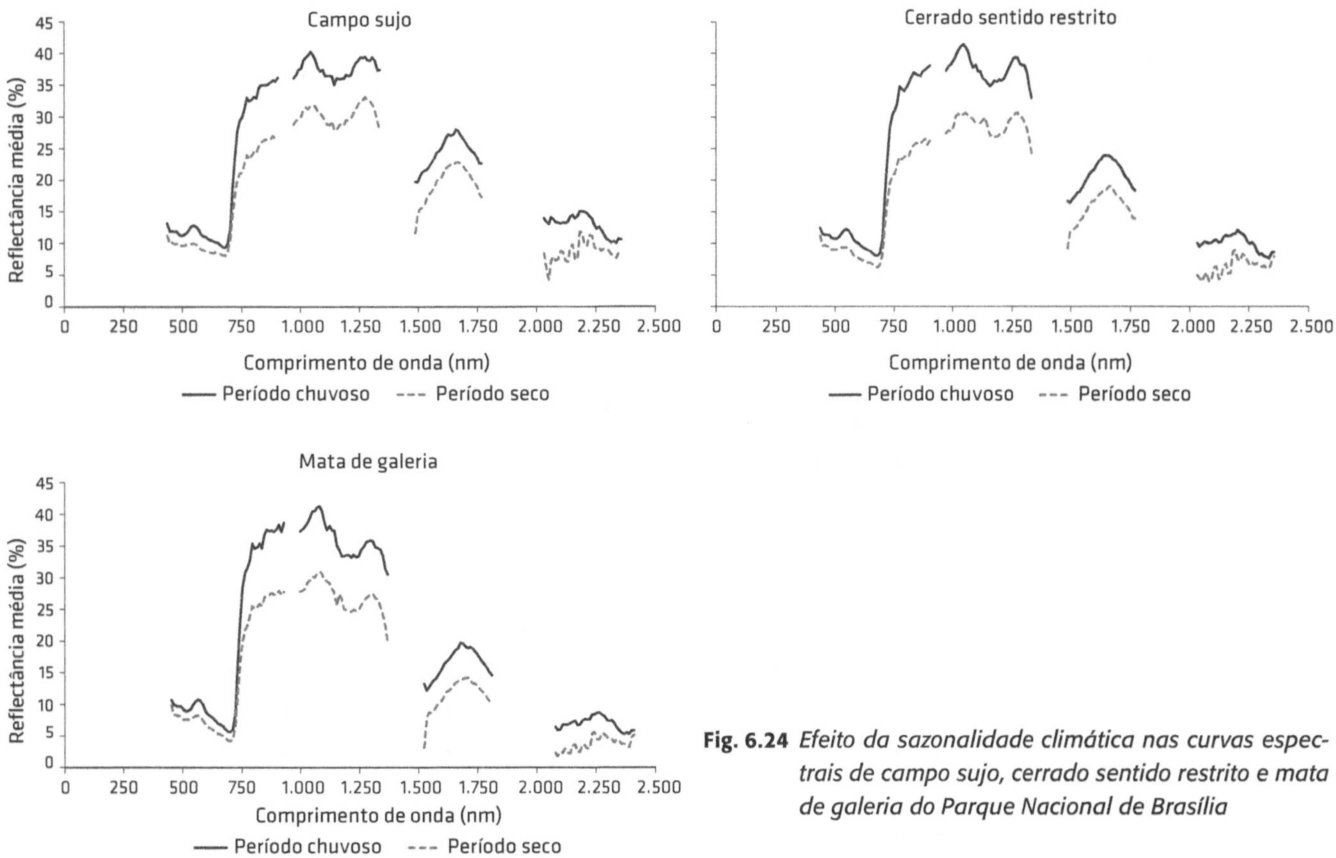

Fig. 6.24 *Efeito da sazonalidade climática nas curvas espectrais de campo sujo, cerrado sentido restrito e mata de galeria do Parque Nacional de Brasília*

do ambiente cerrado. Comparando-se essas feições espectrais, nota-se que, do período chuvoso para o período seco, há um decréscimo no pico de reflectância na região do verde devido à deficiência hídrica e à perda de pigmentos fotossintetizantes, que exercem a absorção da energia eletromagnética nas regiões do azul e do vermelho. Observa-se ainda que as maiores profundidades de bandas de absorção de clorofila (450 nm a 680 nm) e de água (980 nm a 1.400 nm) ocorrem para as fitofisionomias mais densas, em virtude da manutenção da atividade fotossintética, especialmente no período chuvoso. Discussões adicionais, incluindo a análise de diferentes classificadores e a simulação estocástica com essas e outras imagens Hyperion do parque, podem ser encontradas em Toniol (2017).

6.6 Caracterização espectral de dosséis por meio de índices de vegetação

Outro modo de obter uma análise do comportamento espectral da reflectância de dosséis é utilizar a técnica de processamento de imagens conhecida como *índice de vegetação*. O objetivo desses índices não é realçar o contraste das cenas como um todo, como é o caso de outras técnicas de realce bastante conhecidas, como a ampliação linear de contraste ou os componentes principais. Os referidos índices têm sido desenvolvidos para realçar partes das cenas que apresentam densidades variadas de cobertura vegetal. Eles são geralmente obtidos dividindo-se duas bandas espectrais com altos e baixos valores de reflectância, respectivamente. As faixas espectrais do vermelho (600-700 nm) e do NIR (700-900 nm) são as mais utilizadas por apresentarem, respectivamente, baixos valores de reflectância devidos à absorção da REM pela clorofila e altos valores de reflectância devidos à estrutura interna das folhas verdes, conforme visto nas partes iniciais deste capítulo.

Índices de vegetação correspondem a medidas espectrais que são frequentemente utilizadas como protocolos na análise de diferentes variáveis biofísicas e bioquímicas, tais como conteúdo de clorofila, IAF, biomassa, produtividade primária bruta e fração da radiação fotossinteticamente ativa (fAPAR). Sua vantagem é apresentar compreensão e implementação simples e possibilidade de redução das interferências da topografia, dos solos e da atmosfera e, ao mesmo tempo, manter sensibilidade às variações de parâmetros da vegetação. A razão simples (*simple ratio*, SR), proposta por Jordan (1969), foi um dos primeiros índices de vegetação que surgiu na literatura. Trata-se de uma divisão simples entre a reflectância na faixa do NIR (ρ_{NIR}) e a reflectância na faixa espectral do vermelho (ρ_R):

$$SR = \frac{\rho_{NIR}}{\rho_{VM}} \tag{6.2}$$

Na Fig. 6.25A, é mostrado um recorte de composição colorida RGB das bandas 4 (780-900 nm, faixa espectral do NIR), 5 (1.550-1.750 nm, faixa espectral do SWIR) e 3 (630-690 nm, faixa espectral do vermelho) do Enhanced Thematic Mapper Plus (ETM+)/ Landsat-7 da porção norte do PNB. Nessa composição colorida, áreas com cobertura vegetal densa, como as matas de galeria, aparecem com coloração vermelha intensa. Por sua vez, áreas com cobertura vegetal esparsa, como o campo limpo e o campo sujo, aparecem com coloração esverdeada ou verde-avermelhada. Essas áreas com cobertura vegetal verde e densa aparecem com tonalidades de cinza bastante claras em imagens convertidas para SR (Fig. 6.25B), enquanto as áreas com cobertura vegetal esparsa ou sem vegetação aparecem com tonalidades de cinza mais escuras. Apesar de os resultados de índices de vegetação serem representações em preto e branco, percebe-se que as bordas entre a mata de galeria e os alvos adjacentes apresentam melhor contraste na imagem SR do que na imagem composição colorida RGB.

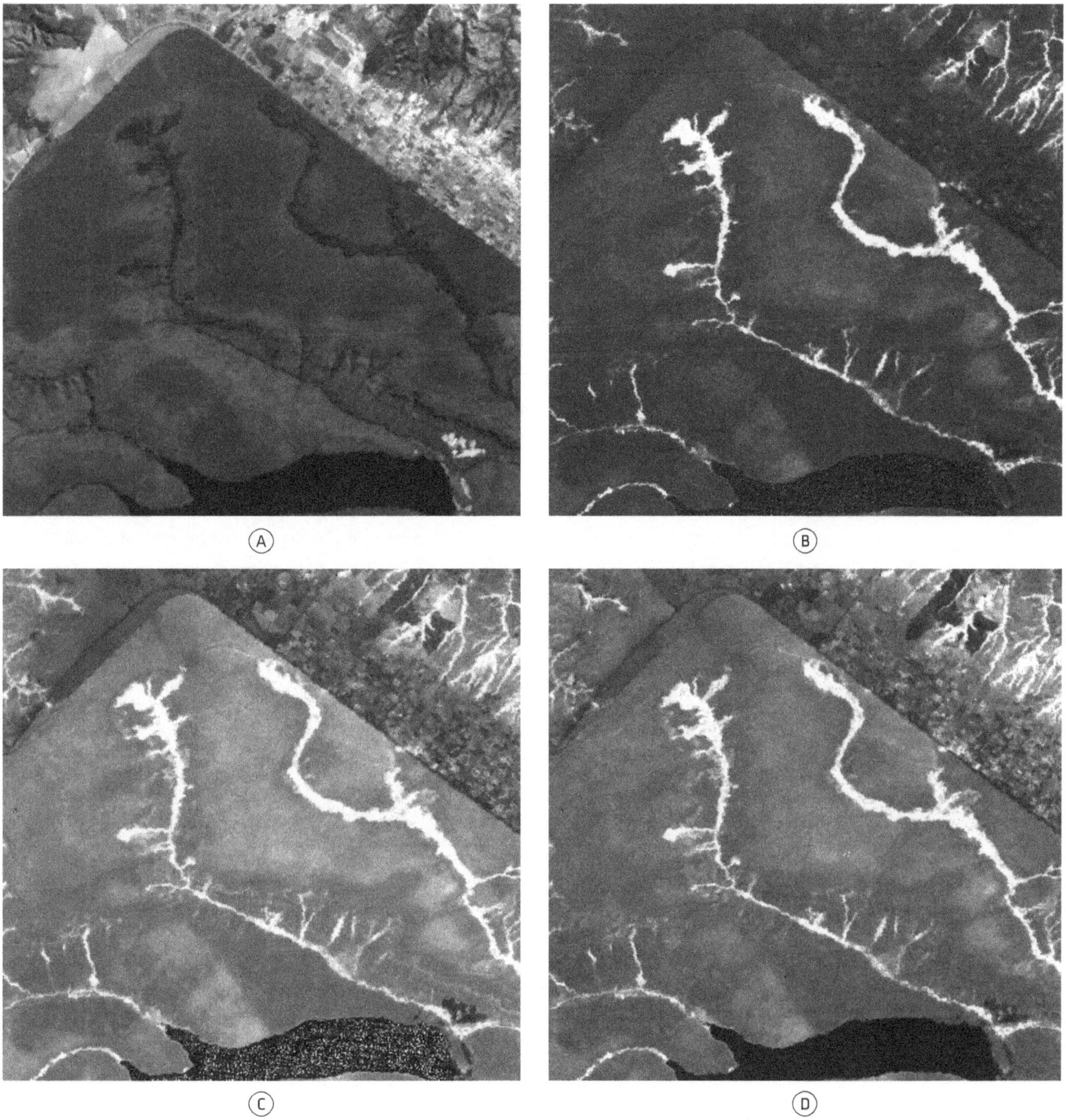

Fig. 6.25 *Recorte de imagens do satélite ETM+/Landsat-7 da porção norte do Parque Nacional de Brasília, processadas pelas técnicas de realce por composição colorida RGB das bandas 4, 5 e 3 (A), razão simples (SR) (B), índice de vegetação por diferença normalizada (NDVI) (C) e índice de vegetação realçado (EVI) (D)*

Uma das desvantagens do índice SR é o fato de os resultados não serem normalizados, o que dificulta a análise quantitativa de padrões de cobertura vegetal de regiões ou épocas distintas. Rouse et al. (1974) propuseram então a normalização da SR, resultando em um novo índice denominado índice de vegetação por diferença normalizada (*normalized difference vegetation index*, NDVI), dado por:

$$\text{NDVI} = \frac{\rho_{NIR} - \rho_R}{\rho_{NIR} + \rho_R} \tag{6.3}$$

Valores de NDVI variam de –1 a +1, sendo que valores negativos correspondem a alvos sem cobertura vegetal e valores próximos de +1 correspondem a alvos com cobertura vegetal verde e densa, como florestas tropicais, matas de galeria ou culturas agrícolas irrigadas em pico de crescimento vegetativo. O NDVI é sensível a variações na biomassa verde, conteúdo de clorofila e estresse hídrico das folhas, possuindo alta correlação com a banda espectral do vermelho, porém sofre influência das diferentes condições de tipo de solo e seus conteúdos de água (umidade de solos), notadamente para coberturas vegetais esparsas.

Mais de uma década depois, o pesquisador Alfredo R. Huete propôs o *soil-adjusted vegetation index* (Savi), um índice de vegetação ajustado para efeitos de solo (Huete, 1988). Esse ajuste nos valores do NDVI é feito adicionando-se uma constante L na equação do NDVI. Tipicamente, o valor de L corresponde a 0,5 para vegetação esparsa. Obviamente, quando a influência do solo é mínima, em regiões com coberturas vegetais densas, o valor de L é zero ou próximo de zero. Subsequentemente, várias modificações do Savi foram propostas, incluindo-se o Savi transformado (TSAVI), o Savi modificado (MSAVI) e o Savi otimizado (Osavi). E, uma vez que o NDVI também é sensível à atenuação e ao espalhamento da radiação pela atmosfera, índices de vegetação que atenuam essa interferência da atmosfera foram propostos, tais como o *atmospherically resistant vegetation index* (Arvi). Essa atenuação é realizada considerando-se a diferença entre as bandas espectrais no vermelho e no azul ou substituindo-se a banda espectral do vermelho por outra na faixa do SWIR. No entanto, apesar dessas interferências de solo e da atmosfera, o NDVI continua sendo o índice de vegetação mais utilizado, talvez por causa de sua simplicidade na formulação matemática.

Uma década e meia depois da proposta do Savi, Alfredo Huete e colaboradores, atendendo a uma demanda da Nasa para desenvolver um novo índice para fazer parte de um dos produtos *ready-to-use* (prontos para serem utilizados) do sensor Moderate Resolution Imaging Spectroradiometer (Modis), a bordo das plataformas Terra e Aqua, propuseram o índice de vegetação realçado (*enhanced vegetation index*, EVI) (Huete et al., 2002). O EVI propõe reduzir simultaneamente os efeitos do solo e da atmosfera por meio da incorporação da constante L e de uma banda na faixa espectral do azul, respectivamente. Sua formulação simplificada é dada por:

$$\text{EVI} = 2{,}5 \times \frac{\rho_{NIR} - \rho_R}{\rho_{NIR} + (C_1 \cdot \rho_R - C_2 \cdot \rho_B) + L} \tag{6.4}$$

em que ρ_B é a reflectância na faixa espectral do azul e C_1 e C_2 são coeficientes usados para correção do espalhamento de aerossóis.

O EVI é mais sensível às variações na estrutura da vegetação, ou seja, possui alta correlação com os valores de reflectância na faixa do NIR, e não apresenta saturação em florestas tropicais úmidas, ao contrário do que tem sido relatado para o NDVI por diversos autores. Por ser muito dependente do NIR e por não ser um índice normalizado, ele é muito sensível aos efeitos bidirecionais ou à geometria de aquisição de dados do Modis (Galvão et al., 2011).

Na Fig. 6.26, é mostrada a relação entre valores de NDVI e EVI de alvos representativos do Distrito Federal com densidades variadas de cobertura vegetal verde: cicatriz de queimada, área urbana consolidada, área urbana em consolidação e solo exposto/palhada seca (ausência de vegetação); pastagem cultivada, campo limpo/campo sujo (densidade de cobertura vegetal baixa); cerrado típico (densidade de cobertura vegetal média); e mata de galeria e cultura agrícola irrigada em pleno ciclo de crescimento vegetativo (densidade de cobertura vegetal alta). Os valores de índice de vegetação foram obtidos de uma cena ETM+/Landsat-7 (órbita: 221; ponto: 71) de 23 de setembro de 2001, convertida para reflectância de superfície pelo método de correção atmosférica denominado *atmospheric correction now* (Acorn).

Nessa figura, percebe-se a separação de três grupos de classes temáticas: queimadas, áreas urbanas consolidadas e em consolidação, solo exposto e pastagens cultivadas; cerrado típico; e mata de galeria e cerrado denso. O gráfico confirma a dificuldade em discriminar certas classes de cobertura vegetal representativas do bioma cerrado somente com base em imagens multiespectrais de uma única data de passagem. Valores de NDVI são nitidamente superiores aos correspondentes valores de EVI, isto é, enquanto o intervalo de valores de NDVI varia aproximadamente de 0,1 a 0,9, o intervalo para EVI varia de aproximadamente zero a 0,5. Esse fato corrobora a afirmação de Huete e colaboradores de que há um problema de saturação no NDVI para regiões com vegetação densa, por exemplo, a floresta tropical da Amazônia. De acordo com Carlson e Ripley (1997), a relação entre NDVI e IAF começa a se tornar fraca quando o IAF atinge um limiar que se situa entre 2 e 3.

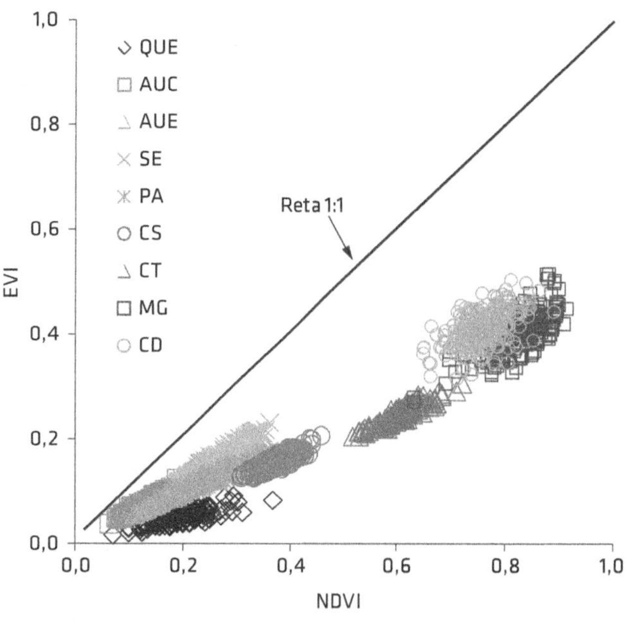

Fig. 6.26 *Diagrama de dispersão entre amostras de valores de NDVI e EVI obtidas de uma cena ETM+/Landsat-7 do Distrito Federal (órbita: 221; ponto: 71), convertida para reflectância de superfície utilizando-se o método de correção atmosférica denominado* atmospheric correction now *(Acorn). Data de passagem do satélite: 23 de setembro de 2001. QUE = cicatriz de queimada; AUC = área urbana consolidada; AUE = área urbana em consolidação; SE = solo exposto; PA = pastagem cultivada; CS = campo limpo/campo sujo; CT = cerrado típico; MG = mata de galeria; e CD = cerrado denso*

Para sensores como o Advanced Spaceborne Thermal Emission and Reflection Radiometer (Aster), em que não há a aquisição de imagens na banda espectral do azul, Jiang et al. (2008) propuseram o índice denominado EVI2, similar ao EVI, porém sem a necessidade de utilizar a banda espectral do azul para corrigir efeitos da atmosfera (Eq. 6.5). De fato, conforme ilustrado na Fig. 6.27, tanto o EVI como o EVI2

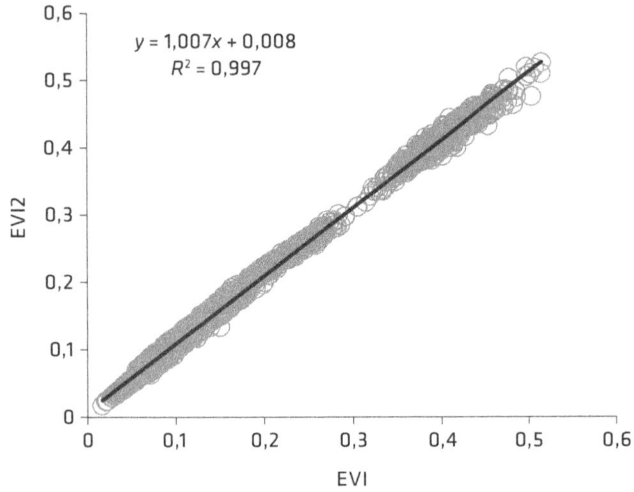

Fig. 6.27 *Diagrama de dispersão entre amostras de valores de EVI e EVI2 obtidas de uma cena ETM+/Landsat-7 do Distrito Federal (órbita: 221; ponto: 71), convertida para reflectância de superfície utilizando-se o método de correção atmosférica denominado* atmospheric correction now *(Acorn). Data de passagem do satélite: 23 de setembro de 2001. Esse gráfico demonstra que ambos os índices são similares. A principal vantagem do EVI2 é a possibilidade de utilização para imagens obtidas por sensores que não operam na faixa espectral do azul*

apresentam coeficiente de correlação bastante elevado (R^2 = 0,997), podendo-se considerar ambos equivalentes. Isso ocorre porque a banda do azul tem pouca influência no cálculo do EVI original.

$$EVI2 = 2{,}5 \times \frac{\rho_{NIR} - \rho_R}{\rho_{NIR} + 2{,}4 \cdot \rho_R + 1} \quad \textbf{(6.5)}$$

Os índices descritos têm sido utilizados para discriminar diferentes classes de cobertura vegetal ou como protocolos para estimar parâmetros da vegetação, baseados em imagens adquiridas por sensores multiespectrais, como os do Landsat ou do Modis. Quando os dados espectrais são obtidos por meio de espectrorradiômetros com centenas de bandas espectrais estreitas, a possibilidade de obter outros índices de vegetação aumenta substancialmente, pois os dados espectrorradiométricos contêm feições estreitas de absorção da REM que são capturadas somente com sensores hiperespectrais. É o caso, por exemplo, das bandas de absorção na faixa espectral do SWIR (1.500 nm a 1.800 nm e 2.000 nm a 2.350 nm), relacionadas com lignina e celulose, presentes na parede celular das folhas e que conferem rigidez, impermeabilidade e resistência contra ataques biológicos aos tecidos vegetais. Outra possibilidade é a geração de índices de vegetação na faixa espectral denominada *red-edge*, que é uma faixa espectral de transição entre o vermelho e o NIR, conforme já mencionado.

Os principais índices de vegetação hiperespectrais propostos na literatura, com suas formulações matemáticas e citações-chave, podem ser encontrados em Roberts, Roth e Perroy (2012). Os índices foram agrupados segundo sua capacidade de discriminar classes de cobertura vegetal considerando a estrutura, a bioquímica e a fisiologia. Os parâmetros estruturais incluem porcentagem de cobertura verde, biomassa verde e seca, IAF e fAPAR. Já as propriedades bioquímicas incluem água, pigmentos (clorofila, carotenoides e antocianinas) e lignina e celulose, enquanto as propriedades fisiológicas incluem estresses relacionados com deficiência de água e nutrientes. De acordo com Roberts, Roth e Perroy (2012), índices de vegetação relacionados com bioquímica e fisiologia/estresse são estritamente hiperespectrais. Na Tab. 6.2 são mostradas as formulações matemáticas e as citações básicas dos principais índices tipicamente hiperespectrais.

6.7 Riscos e severidade de queimadas

Com o desenvolvimento de diversos índices espectrais, como os apresentados anteriormente, que avaliam diferentes aspectos da vegetação, o interesse pela compreensão dos eventos de queimada se ampliou consideravelmente. Esse aumento de interesse ocorreu não apenas pela necessidade de monitorar os focos de incêndio, mas também de inves-

Tab. 6.2 Alguns dos principais índices de vegetação tipicamente hiperespectrais propostos na literatura

Índice	Denominação	Equação	Referência
Estrutura (índice de área foliar, biomassa verde, fração da radiação fotossinteticamente ativa)			
WI	*Water index*	R_{900}/R_{970}	Peñuelas et al. (1997)
NDWI	*Normalized difference water index*	$(R_{860} - R_{124})/(R_{860} + R_{124})$	Gao (1996)
Bioquímica (pigmentos, clorofila, antocianina, carotenoides, água, lignina e celulose, nitrogênio)			
Sipi[a]	*Structure insensitive pigment index*	$(R_{800} - R_{445})/(R_{800} + R_{680})$	Peñuelas, Filella e Gamon (1995)
PSSR	*Pigment-specific single ratio*	R_{800}/R_{675}; R_{800}/R_{650}	Blackburn (1998a)
PSND	*Pigment-specific normalized difference*	$(R_{800} - R_{675})/(R_{800} + R_{675})$; $(R_{800} - R_{650})/(R_{800} + R_{650})$	Blackburn (1998b)
PSRI	*Plant senescense reflectance index*	$(R_{680} - R_{500})/R_{750}$	Merzlyak et al. (1999)
Cari	*Chlorophyll absorption in reflectance index*	$(R_{700} - R_{670}) - 0{,}2(R_{700} - R_{550})$	Kim (1994)
MCARI	*Modified chlorophyll absorption reflectance index*	$(R_{700} - R_{670}) - 0{,}2(R_{700} - R_{550})$ (R_{700}/R_{670})	Daughtry et al. (2000)
$Cl_{red\text{-}edge}$	*Red-edge chlorophyll index*	$R_{NIR}/R_{red\text{-}edge} - 1$	Gitelson, Keydan e Merzlyak (2006)
ARI	*Anthocyanin reflectance index*	$1/R_{green} - 1/R_{red\text{-}edge}$	Gitelson, Merzlyak e Chivkunova (2001)
mARI	*Modified anthocyanin reflectance index*	$(1/R_{green} - 1/R_{red\text{-}edge})R_{NIR}$	Gitelson, Keydan e Merzlyak (2006)
RGRI[a]	*Red green ratio index*	R_{red}/R_{green}	Gamon e Surfus (1999)
ACI	*Anthocyanin content index*	R_{green}/R_{NIR}	Van den Berg e Perkins (2005)
CRI1	*Carotenoid reflectance index-1*	$1/R_{510} - 1/R_{550}$	Gitelson et al. (2002)
CRI2	*Carotenoid reflectance index-2*	$1/R_{510} - 1/R_{700}$	Gitelson et al. (2002)
CAI	*Cellulose absorption index*	$100[0{,}5(R_{2031} + R_{2211}) - R_{2101}]$	Daughtry (2001)
NDLI	*Normalized difference lignin index*	$[\log(1/R_{1754}) - \log(1/R_{1680})]/[\log(1/R_{1754}) + \log(1/R_{1680})]$	Serrano, Peñuelas e Ustin (2002)
NDNI	*Normalized difference nitrogen index*	$[\log(1/R_{1510}) - \log(1/R_{1680})]/[\log(1/R_{1510}) + \log(1/R_{1680})]$	Serrano, Peñuelas e Ustin (2002)
Fisiologia			
PRI	*Photochemical reflectance index*	$(R_{531} - R_{570})/(R_{531} + R_{570})$	Gamon, Serrano e Surfus (1997)
RVSI	*Red-edge vegetation stress index*	$(R_{714} + R_{752})/2 - R_{733}$	Merton e Huntington (1999)

[a] Índice com propósitos múltiplos.

Fonte: adaptado de Roberts, Roth e Perroy (2012).

tigar as disponibilidades de biomassa para queimar antes dos eventos, ou ainda de avaliar a severidade do fogo e a rebrota. Para compreender a susceptibilidade e a vulnerabilidade de uma área sujeita a queimadas, normalmente se busca avaliar o verdor dos indivíduos, sua umidade e sua senescência. O verdor da vegetação indica o estado de sanidade dos indivíduos vegetais e pode ser investigado por uma série de índices espectrais, tais como NDVI, Savi, Arvi, EVI e tantos outros já citados. Como exemplo no caso do NDVI, utilizou-se o espectro apresentado na Fig. 6.28. Nele, pode-se notar que o índice evidencia a profundidade da feição de absorção da clorofila na região do vermelho, em torno de 650 nm, em relação ao pico de reflectância no NIR, por volta de 800 nm. No espectro de vegetação verde, a profundidade da feição de absorção é bem mais intensa, e, quando a vegetação seca, essa profundidade diminui e o valor de NDVI tende a zero.

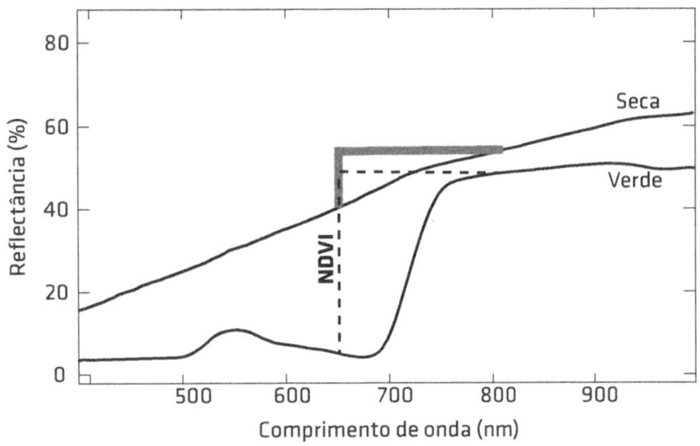

Fig. 6.28 *Espectros de vegetação verde e seca, destacando o NDVI*

A umidade dos vegetais pode ser investigada por meio de duas regiões no espectro óptico refletido, no NIR e no SWIR, como destacado anteriormente por meio do espectro apresentado na Fig. 6.9. Na região do NIR, as feições de absorção decorrem da água contida na estrutura celular, enquanto a do SWIR trata do conteúdo de água livre nas folhas em 1.400 nm e 1.900 nm. Como essas duas últimas absorções ocorrem também em espectros de solos e no vapor d'água atmosférico, o mais comum é investigar o conteúdo de umidade na região do NIR.

Entre os diversos índices espectrais, o *normalized difference water index* (NDWI) foi desenvolvido por Gao (1996) visando avaliar a intensidade da maior feição de absorção na região do NIR, centrada em 1.240 nm, em relação a uma região na qual não ocorrem as absorções, em 860 nm. A escolha da feição em 1.240 nm levou em consideração o fato de essa feição ser bem menos afetada pela absorção da celulose do que aquela centrada em 1.200 nm. Portanto, haveria menos interferência de outros processos biofísicos, de forma a manter apenas a investigação do conteúdo de água celular. Por isso, a feição é deslocada para 1.240 nm. A Fig. 6.29 destaca a variação das feições de absorção centradas em 950 nm e 1.240 nm à medida que secam. A variação entre um espectro e outro é de 25% de adição do espectro da vegetação seca em relação ao da vegetação úmida.

Já para avaliar a senescência, diversos índices de vegetação podem ser citados, porém os mais usuais são o *plant senescence reflectance index* (PSRI) e o *cellulose absorption index* (CAI), que atuam, respectivamente, nas regiões do visível e do NIR do espectro, ambos descritos na Tab. 6.2. O PSRI se baseia na diferença da transformação da clorofila e dos carotenoides ao longo do processo de senescência. Segundo Merzlyak et al. (1999), a reflectância no comprimento de onda de 500 nm é controlada pela absorção combinada de clorofila *a*, clorofila *b* e carotenoides, ao passo que, no comprimento de onda de 680 nm, a reflectância é controlada principalmente pela absorção de clorofila *a* (Fig. 6.10). O aumento da diferença entre os valores de reflectância nesses dois comprimentos de onda é decorrente de um decréscimo do conteúdo de clorofila e de um aumento da proporção entre clorofila e carotenoides. Assim, a vegetação verde-escura, com alto conteúdo de clorofila, apresenta valores negativos de PSRI, enquanto um leve aumento nos valores do PSRI já se torna capaz de indicar os estágios iniciais de senescência (Merzlyak et al., 1999).

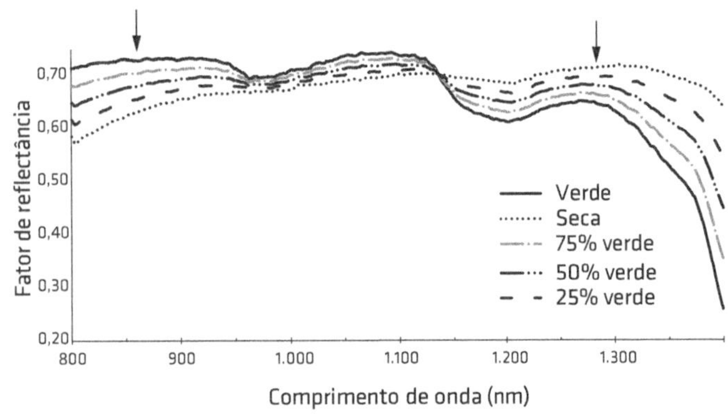

Fig. 6.29 *Variação de umidade dos espectros de vegetação, destacando as bandas do NIR utilizadas por Gao (1996) para o desenvolvimento do NDWI*

Por sua vez, o CAI objetiva separar o *background* (solo) de resíduos de vegetação, em diferentes estágios de decomposição, devido à presença de celulose, hemicelulose, lignina e outros componentes estruturais da vegetação, já que os componentes não estruturais (açúcares e amidos) são prontamente degradados por micro-organismos. Esse índice descreve a profundidade da feição de absorção de celulose (centrada em 2.100 nm) na região do SWIR, no qual valores positivos indicam a presença desse constituinte (Nagler; Daughtry; Goward, 2000). Na Fig. 6.30, Paiva, Salmona e Baptista (2017) ressaltaram as feições espectrais utilizadas pelos índices PSRI e CAI e destacaram a diferença entre as curvas espectrais de um cerrado ralo numa cena Aviris, em função dos métodos de correção atmosférica adotados (QUAC, FLAASH e Green), especialmente na feição centrada em 2.017 nm.

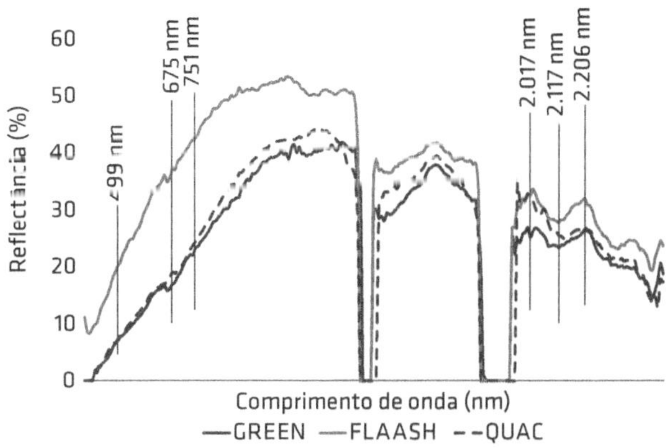

Fig. 6.30 *Curva espectral de uma amostra de cerrado ralo extraída da imagem Aviris, indicando os comprimentos de onda no espectro do visível, utilizados no índice PSRI (675 nm, 499 nm e 751 nm), e os comprimentos de onda no NIR, usados no índice CAI (2.017 nm, 2.206 nm e 2.117 nm)*

Fonte: Paiva, Salmona e Baptista (2017).

Da integração dos resultados dos índices espectrais de verdor, de umidade e de senescência é possível determinar a disponibilidade de material combustível na cena. Essa disponibilidade permite investigar a susceptibilidade à queimada de uma área. A investigação de áreas sendo queimadas torna-se possível por meio da detecção de focos de incêndio. O Instituto Nacional de Pesquisas Espaciais (Inpe) investiga esses focos por meio das bandas termais do Modis (banda 20, 3.660-3.840 nm) e do National Oceanic and Atmospheric Administration (NOAA) (banda 3.550-3.930 nm). Leite et al. (2017) identificaram os focos de calor no ano de 2015 no Parque Nacional da Chapada Diamantina (PNCD), plotados sobre uma imagem convertida em índice de razão de queimada normalizada (*normalized burn ratio*, NBR) (Fig. 6.31).

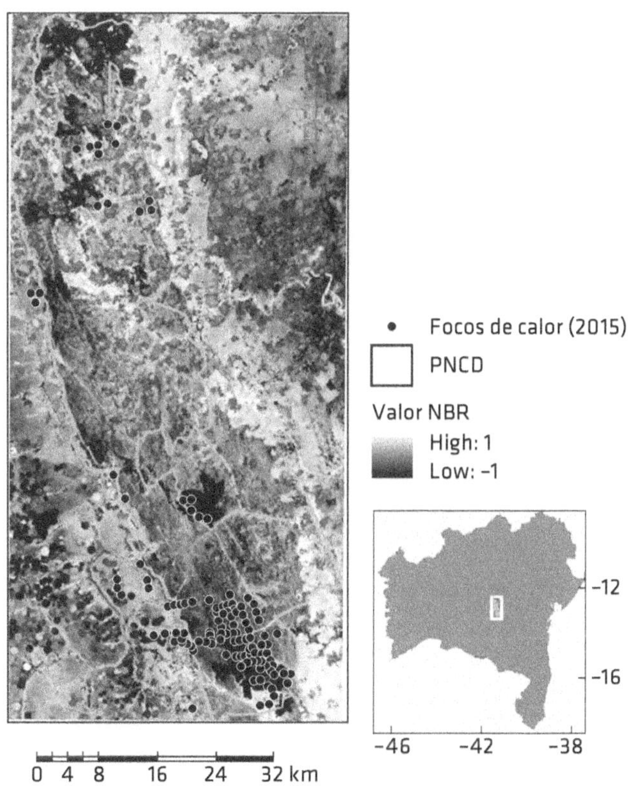

Fig. 6.31 *Imagem NBR do Landsat-5 com os focos de calor identificados pelos satélites NOAA no ano de 2015*

Fonte: adaptado de Leite et al. (2017).

A partir dos focos de calor, é possível determinar sua densidade por meio de mapas de Kernel, como propôs Santos et al. (2017), para os anos de 2007 a 2016 (Fig. 6.32). Esses mapas evidenciam os resultados da interpolação dos focos de calor, considerando que melhoram a análise no que se refere à sua distribuição em comparação com a análise de focos isolados, como apresentado por Leite et al. (2017). Assim, os dados apurados demonstram que, para o período estudado, as regiões norte e sul do PNCD e seu entorno apresentam densidade muito alta de ocorrência de focos de calor.

Para avaliar o risco de queimada, é necessário verificar o uso e a ocupação que a área apresenta e se há

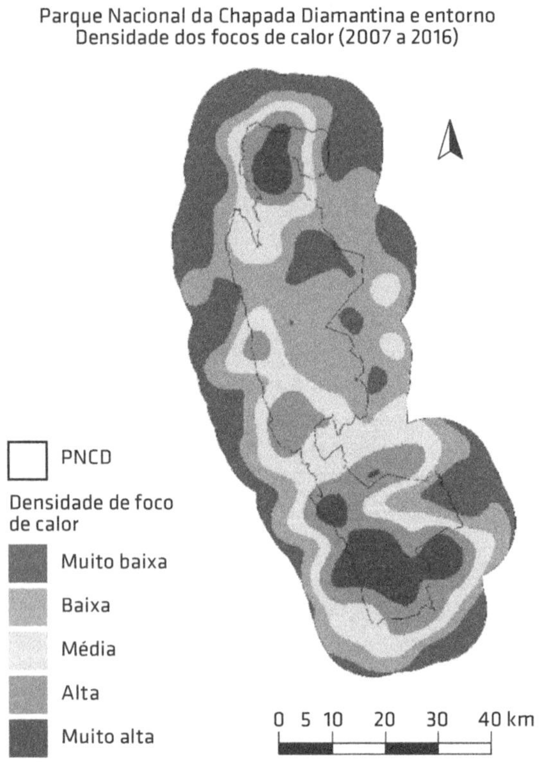

Fig. 6.32 *Mapa gerado pelo estimador de densidade Kernel indicando a densidade de focos de calor no Parque Nacional da Chapada Diamantina e seu entorno, detectados pelos sensores dos satélites NOAA e Modis/Terra-Aqua para os anos de 2007 a 2016*
Fonte: adaptado de Santos et al. (2017).

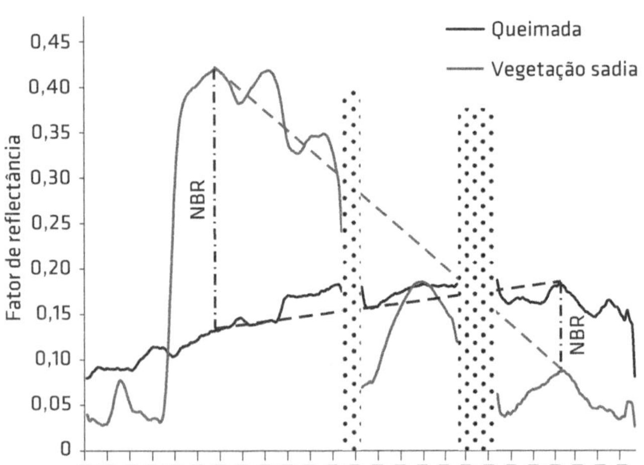

Fig. 6.33 *Comportamento espectral da vegetação sadia e de uma área queimada a partir de dados do sensor Aviris, destacando o índice espectral NBR*
Fonte: Pessoa et al. (2015).

susceptibilidade a queimadas. Mas, quando o evento já aconteceu, pode-se investigar tanto a área queimada quanto a severidade do fogo. Nem sempre uma extensa área queimada teve uma severidade alta, como pode ser visto no trabalho de Baptista e Bento-Gonçalves (2016), que visaram avaliar, de forma rápida, entre outros aspectos, os diversos graus de severidade do incêndio ocorrido em 2013 em Picões (Bragança, Portugal) por meio de modelagem espectral de dados do Operational Land Imager (OLI)/Landsat-8.

A modelagem espectral adotada para a quantificação da área queimada foi o modelo NBR (*normalized burn ration*), de Key e Benson (1999), que consiste de uma razão normalizada entre as bandas do NIR e do SWIR, mais especificamente as bandas 5 e 7 do sensor OLI, conforme apresentado na Eq. 6.6. Esse modelo mede a inclinação do espectro de vegetação do NIR para o SWIR. Quando se analisa o espectro de uma vegetação fotossinteticamente ativa, ele apresenta um pico de reflexão na região do NIR e tende a diminuir em direção ao SWIR. Porém, nas áreas queimadas, esse pico é reduzido e o espectro da área queimada tende a se aplainar em direção ao SWIR (Fig. 6.33).

$$\mathrm{NBR} = \frac{(\rho_{NIR} - \rho_{SWIR})}{(\rho_{NIR} - \rho_{SWIR})} \cdot 1.000 \qquad \textbf{(6.6)}$$

em que ρ_{NIR} é a reflectância no topo da atmosfera na banda do NIR e ρ_{SWIR} é a reflectância no topo da atmosfera na banda do SWIR.

Para a determinação de severidade de queimada, como no caso de Picões, utiliza-se o índice diferenciado de queimadas por razão normalizada do evento pré-fogo e pós-fogo (dNBR, *differenced normalized burn ratio*; Roy; Boschetti; Trigg, 2006), expresso por:

$$\mathrm{dNBR} = \mathrm{NBR}_{pré\_fogo} - \mathrm{NBR}_{pós\_fogo} \qquad \textbf{(6.7)}$$

O evento de Picões foi considerado um megaincêndio por alguns autores, por causa da extensão da área queimada, oficialmente dimensionada em 14.943 ha (Mamaot, 2013 apud Ferreira-Leite et al., 2013). No entanto, com a aplicação do índice NBR foi identificada a existência de 1.806 ha de áreas não queimadas dentro do polígono oficial, o que possibilitou redimensionar a área em 13.656 ha, uma diferença de 12%.

Da área queimada, 59% eram constituídos por pastagem e matos e 22% por florestas. O índice dNBR, que avaliou o grau de severidade desse incêndio, classificou 26% da área queimada como de severidade moderada a baixa e 61% como de baixa severidade. O valor considerado de baixa severidade aproxima-se quantitativamente das áreas constituídas por pastagem (59%). Esses valores mostram-se contrários aos esperados quando ocorre uma queimada porque a vegetação herbácea é a mais devastada, a não ser que a biomassa não esteja totalmente seca. Esse fato foi observado na área que no referido ano esteve sujeita a temperaturas mais frias e precipitações acima da média. Assim, os autores concluem que a análise do grau de severidade de incêndio não deve considerar somente a área, mas também outros aspectos ambientais.

Referências bibliográficas

BALDY, R.; DEBENEDICTIS, J.; JOHNSON, L.; WEBER, E.; BALDY, M.; OSBORN, B.; BURLEIGH, J. *Leaf color and vine size are related to yield in a phylloxera-infested vineyard.* Vitis Geilweilerhof, 35, 1996. p. 201-206.

BAPTISTA, G. M. M.; BENTO-GONÇALVES, A. J. Avaliação da severidade do incêndio de Picões (Bragança, Portugal) e sua relação com o sequestro florestal de carbono. In: IX SEMINÁRIO LATINO-AMERICANO e V SEMINÁRIO IBERO-AMERICANO DE GEOGRAFIA FÍSICA, 2016, Guimarães. A Geografia Física e a Gestão de Territórios Resilientes e Sustentáveis. *Anais*... Guimarães: Universidade do Minho - UMDGEO - Departamento de Geografia, 2016. v. 1, p. 1327-1334.

BARET, F.; GUYOT, G. Potentials and limits of vegetation indices for LAI and APAR assessment. *Remote Sensing of Environment*, v. 35, p. 161-173, 1991.

BLACKBURN, G. A. Spectral indices for estimating photosynthetic pigment concentrations: a test using senescent tree leaves. *International Journal of Remote Sensing*, v. 19, p. 657-675, 1998a.

BLACKBURN, G. A. Quantifying chlorophylls and carotenoids from leaf to canopy scale: an evaluation of some hyperspectral approaches. *Remote Sensing of Environment*, v. 66, p. 273--285, 1998b.

CARLSON, T. N.; RIPLEY, D. A. On the relation between NDVI, fractional vegetation cover, and leaf area index. *Remote Sensing of Environment*, v. 62, p. 241-252, 1997.

CLARK, M. L.; ROBERTS, D. A.; CLARK, D. B. Hyperspectral discrimination of tropical rain forest tree species at leaf to crown scales. *Remote sensing of environment*, 96(3-4), 2005. p. 375-398.

CLEMENTS, E. S. The relation of leaf structure to physical factors. *Transactions of the American Microscopical Society*, v. 26, p. 19-102, 1904.

DAUGHTRY, C. S. T. Discriminating crop residues from soil by shortwave infrared reflectance. *Agronomy Journal*, v. 93, p. 125-131, 2001.

DAUGHTRY, C. S. T.; WALTHALL, C. L.; KIM, M. S.; COLSTOUN, E. B.; MCMURTREY, J. E. Estimating corn leaf chlorophyll concentration from leaf and canopy reflectance. *Remote Sensing of Environment*, v. 74, p. 229-239, 2000.

FERREIRA, M. E.; FERREIRA, L. G.; SANO, E. E.; SHIMABUKURO, Y. E. Spectral linear mixture modelling approaches for land cover mapping of tropical savanna areas in Brazil. *International Journal of Remote Sensing*, v. 28, n. 2, p. 413-429, 2007.

FERREIRA-LEITE, F.; BENTO-GONÇALVES, A. J.; LOURENÇO, L.; ÚBEDA, X.; VIEIRA, A. Mega-incêndios em Portugal Continental (?) – o caso do incêndio de Picões (Bragança). In: BENTO-GONÇALVES, A. J.; VIEIRA, A. (Eds.). *Grandes incêndios florestais, erosão, degradação e medidas de recuperação dos solos*. Minho: Núcleo de Investigação em Geografia e Planejamento (NIGP), 2013. p. 19-36.

FUKSHANSKY, L. Optical properties of plants. In: SMITH, H. (Ed.). *Plants and the dayligth spectrum*. Londres: Academic London, 1981. p. 21-40.

GALVÃO, L. S.; ROBERTS, D. A.; FORMAGGIO, A. R.; NUMATA, I.; BREUNIG, F. M. View angle effects on the discrimination of soybean varieties and on the relationships between vegetation indices and yield using off-nadir Hyperion data. *Remote Sensing of Environment*, v. 113, n. 4, p. 846-856, 2009.

GALVÃO, L. S.; SANTOS, J. R.; ROBERTS, D. A.; BREUNIG, F. M.; TOOMEY, M.; MOURA, Y. M. On intra-annual EVI variability in the dry season of tropical forest: a case study with MODIS and hyperspectral data. *Remote Sensing of Environment*, v. 115, p. 2350-2359, 2011.

GAMON, J. A.; SURFUS, J. S. Assessing leaf pigment content and activity with a reflectometer. *New Phytologist*, v. 143, p. 105-117, 1999.

GAMON, J. A.; SERRANO, L.; SURFUS, J. S. The photochemical reflectance index: an optical indicator of photosynthetic radiation-use efficiency across species, functional types, and nutrient levels. *Oecologia*, v. 112, p. 492-501, 1997.

GAO, B. C. NDWI: a normalized difference water index for remote sensing of vegetation liquid water from space. *Remote Sensing of Environment*, v. 58, p. 257-266, 1996.

GATES, D. M.; TANTRAPPORN, W. The reflectivity of deciduous trees and herbaceous plants in the infrared to 25 microns. *Science*, v. 115, p. 613-616, 1952.

GATES, D. M.; KEEGAN, H. J.; SCHLETER, J. C.; WEIDNER, V. R. Spectral properties of plants. *Applied Optics*, v. 4, n. 1, p. 11-20, 1965.

GAUSMAN, H. W. Leaf reflectance of near-infrared. *Photogrammetric Engineering*, v. 40, n. 2, p. 57-62, 1974.

GAUSMAN, H. W.; ALLEN, W. A.; MYERS, V. I.; CARDENAS, R. Reflectance and internal structure of cotton leaves, *Gossypium hirsutum* L. *Agronomy Journal*, v. 61, p. 374-376, 1969.

GAUSMAN, H. W.; ALLEN, W. A.; WIEGAND, C. L.; ESCOBAR, D. E. *The leaf mesophylls of twenty crops, their light spectra and optical and geometrical parameters*. Velasco, Texas: Dept. de Agricultura, Relatório Anual, 1971. 59 p.

GITELSON, A. A.; KEYDAN, G. P.; MERZLYAK, M. N. Three band model for non invasive estimation of chlorophyll, carotenoids, and anthocyanin contents in higher plant leaves. *Geophysical Research Letters*, v. 33, n. L11402, 2006.

GITELSON, A. A.; MERZLYAK, M. N.; CHIVKUNOVA, O. B. Optical properties and non-destructive estimation of anthocyanin content in plant leaves. *Photochemistry and Photobiology*, v. 74, n. 1, p. 38-45, 2001.

GITELSON, A. A.; ZUR, Y.; CHIVKUNOVA, O. B.; MERZLYAK, M. N. Assessing carotenoid content in plant leaves with reflectance spectroscopy. *Photochemistry and Photobiology*, v. 75, n. 3, p. 272-281, 2002.

GOEL, N. S. Models of vegetation canopy reflectance and their use in estimation of biophysical parameters from reflectance data. *Remote Sensing Reviews*, v. 4, p. 1-21, 1988.

GUYOT, G. Synthése sur les propriétés optiques des couverts végétaux dans le spectre solaire. In: SPECTEL COLOQUIO INTERNACIONAL – PROPRIEDADES ESPECTRALES Y TELEDETECCION DE LOS SUELOS Y ROCAS DEL VISIBLE AL INFRARROJO MEDIO. La Serena, 24-27 abril, 1995, p. 27-70.

HUETE, A. R. A soil-adjusted vegetation index (SAVI). *Remote Sensing of Environment*, v. 25, p. 295-309, 1988.

HUETE, A. R.; JACKSON, R. D. Suitability of spectral indices for evaluating vegetation characteristics on arid rangelands. *Remote Sensing of Environment*, v. 23, n. 2, p. 213-232, 1987.

HUETE, A. R.; DIDAN, K.; MIURA, T.; RODRIGUEZ, E. P.; GAO, X.; FERREIRA, L. G. Overview of the radiometric and biophysical performance of the MODIS vegetation indices. *Remote Sensing of Environment*, v. 83, p. 195-213, 2002.

JACKSON, R. D.; PINTER, J. R.; IDSO, S. B.; REGINATO, R. J. Wheat spectral reflectance: interactions between configuration, sun elevation and azimuth angle. *Applied Optics*, v. 18, p. 3730--3732, 1979.

JIANG, Z.; HUETE, A. R.; DIDAN, K.; MIURA, T. Development of a two-band enhanced vegetation index without a blue band. *Remote Sensing of Environment*, v. 112, p. 3833-3845, 2008.

JORDAN, C. F. Leaf-area index from quality of light on the forest floor. *Ecology*, v. 50, n. 4, p. 663--666, 1969.

KEY, C. H., BENSON, N. C. *The Normalized Burn Ratio: a Landsat TM radiometric index for burn severity*, 1999. Disponível em: http://nrmsc.usgs.gov/research/nbr.htm. [Acesso em: 20 maio 2016].

KIM, M. S. *The use of narrow spectral bands for improving remote sensing estimation of fractionally absorbed photosynthetically active radiation (fAPAR)*. Thesis (Masters), Department of Geography, University of Maryland, College Park, MD, 1994.

KIMES, D. S. Modeling the directional reflectance from complete homogenous vegetation canopies with various leaf orientation distributions. *Journal of American Optical Society*, v. A1, p. 725-737, 1984.

KUMAR, R. *Radiation from plants-reflection and emission:* a review. Lafayette: Purdue Research Foundation (Research Project n. 5543), 1974. 88 p.

LEITE, C. C. S. S.; SANTOS, S. M. B.; FRANCA ROCHA, W. J. S.; SILVA, A. B.; BAPTISTA, G. M. M. Análise de dois episódios de incêndios no Parque Nacional da Chapada Diamantina (2008 e 2015): uma abordagem por sensoriamento remoto. *Revista Brasileira de Cartografia*, 2017 (submetido).

LILLEASAETER, O. Spectral reflectance of partly transmitting leaves: laboratory measurements and mathematical modeling. *Remote Sensing of Environment*, v. 12, p. 247-254, 1982.

MERTON, R.; HUNTINGTON, J. *Early simulation results of the ARIES-1 satellite sensor for multi--temporal vegetation research derived from AVIRIS*. NASA Jet Propulsion Laboratory, Pasadena, CA, 1999. Disponível em: <ftp://popo.jpl.nasa.gov/pub/docs/workshops/99_docs/41.pdf>.

MERZLYAK, M. N.; GITELSON, A. A.; CHIVKUNOVA, O. B.; RAKITIN, Y. Non-destructive optical detection of pigment changes during leaf senescence and fruit ripening. *Physiologia Plantarum*, v. 105, p. 135-141, 1999.

NATIONAL RESEARCH COUNCIL. *Remote sensing with special reference to agriculture and forestry.* National Academies, 1970.

NAGLER, P. L.; DAUGHTRY, C. S. T.; GOWARD, S. N. Plant litter and soil reflectance. *Remote Sensing of Environment*, v. 71, n. 2, p. 207-215, 2000.

NORMAN, J. M.; WELLES, J. M.; WALTER, E. A. Contrasts among bidirectional reflectances of leaves, canopies and solis. *IEEE Transsections of Geoscience and Remote Sensing*, v. 23, p. 659-668, 1985.

PAIVA, Y. R. Y.; SALMONA, Y. B.; BAPTISTA, G. M. M. Verificação da equivalência de métodos para correção atmosférica por meio da aplicação de índices espectrais de vegetação em dados do sensor AVIRIS. In: SIMPÓSIO BRASILEIRO DE SENSORIAMENTO REMOTO, 18., 2017, Santos. *Anais*... São José dos Campos: INPE, 2017, v. 1. 8 p.

PEÑUELAS, J.; FILELLA, I.; GAMON, J. A. Assessment of photosynthetic radiation-use efficiency with spectral reflectance. *New Phytologist*, v. 131, p. 291-296, 1995.

PEÑUELAS, J.; PINOL, J.; OGAYA, R.; LILELLA, I. Estimation of plant water content by the reflectance water index WI (R900/R970). *International Journal of Remote Sensing*, v. 18, p. 2869-2875, 1997.

PESSOA, O. A. A.; BAPTISTA, G. M. M.; ALMEIDA, T.; MENESES, P. R. Monitoramento da reflectância espectral após extinção do fogo e uma proposta para a detecção de áreas queimadas em vegetação campestre de Cerrado. *Revista Brasileira de Cartografia*, v. 67, n. 6, p. 1131-1143, 2015.

PONZONI, F. J.; GONÇALVES, J. L. M. *Caracterização espectral de sintomas relacionados às deficiências de nitrogênio (N), fósforo (P) e de potássio (K) em mudas de Eucalyptus saligna.* São José dos Campos: INPE (INPE-6136-PRP/199), 1997.

PONZONI, F. J.; SILVA, C. B.; SANTOS, S. B.; MONTANHER, O. C.; SANTOS, T. B. Local illumination influence on vegetation indices and plant area index (PAI) relationships. *Remote Sensing*, v. 6, p. 6266-6282, 2014.

RANSON, K. J.; VANDERBILT, V. C.; BIEHL, L. L.; ROBINSON, B. F.; BAUER, M. E. Soybean canopy reflectance as a function of view and illumination geometry. In: INTERNATIONAL SYMPOSIUM OF REMOTE SENSING OF ENVIRONMENT, 15., 1981. *Proceedings*... University of Michigan, Ann. Arbor, Michigan, USA, 1981, p. 853-865.

ROBERTS, D. A.; ROTH, K. L.; PERROY, R. L. Hyperspectral vegetation indices. In: THENKABAIL, P. S.; LYON, J. G.; HUETE, A. *Hyperspectral remote sensing of vegetation.* Boca Raton: CRC Press, 2012. p. 309-328.

ROUSE, J. W.; HAAS, R. H.; SCHELL, J. A.; DEERING, D. W. Monitoring vegetation systems in the Great Plains with ERTS. In: ERTS-1 SYMPOSIUM, 3. *Proceedings*... ASA Goddard, NASA SP--351, p. 309-317, 1974.

ROY, D. P.; BOSCHETTI, L.; TRIGG, S. N. Remote sensing of fire severity: assessing the performance of the normalized burn ratio. *IEEE Geoscience and Remote Sensing Letters*, v. 3, p. 112-116, 2006.

SANTOS, V. S. *Tipos de clorofila.* Disponível em: <https://mundoeducacao.bol.uol.com.br/biologia/tipos-clorofila.htm>. Acesso em: 1° jun. 2018.

SANTOS, S. M. B.; FRANCA ROCHA, W. J. S.; BENTO-GONÇALVES, A. J.; BAPTISTA, G. M. M. Quantificação e avaliação dos focos de calor no Parque Nacional da Chapada Diamantina e entorno no período de 2007 a 2016. *Revista Brasileira de Cartografia*, 2017 (submetido).

SERRANO, L.; PEÑUELAS, J.; USTIN, S. L. Remote sensing of nitrogen and lignin in Mediterranean vegetation from AVIRIS data: decomposing biochemical from structural signals. *Remote Sensing of Environment*, v. 81, p. 355-364, 2002.

SILVA, M. F. F. Distribuição de metais pesados na vegetação metalófila de Carajás. *Acta Botanica Brasilica*, v. 6, n. 1, p. 107-122, 1992.

SINCLAIR, T. R. *Pathway of solar radiation trough leaves*. M.S. Thesis, Purdue University, Lafayette, Indiana, 1968.

SINCLAIR, T. R.; SCHREIBER, M. M.; HOFFER, R. M. Diffuse reflectance hypothesis for the pathway of solar radiation through leaves. *Agronomy Journal*, v. 65, p. 276-283, 1973.

THENKABAIL, P. S.; LYON, J. G.; HUETE, A. Advances in hyperspectral remote sensing of vegetation and agricultural croplands. In: THENKABAIL, P. S.; LYON, J. G.; HUETE, A. (Eds.). *Hyperspectral remote sensing of vegetation*, Boca Raton: CRC Press, 2012. p. 3-35.

TONIOL, A. C. *Uso de diferentes classificadores e de simulação estocástica para discriminação de fitofisionomias do Cerrado usando atributos hiperespectrais do sensor Hyperion/EO-1*. Dissertação (Mestrado em Sensoriamento Remoto) – São José dos Campos: INPE, 2017, 129 p.

VAN DEN BERG, A. K.; PERKINS, T. D. Non-destructive estimation of anthocyanin content in autumn augar maple leaves. *Horticultural Science*, v. 40, n. 3, p. 685-685, 2005.

WILLSTATTER, R.; STOLL, A. *Untersuchungen uber die assimilation der kohlensaure*. Berlin: Springer, 1918.

Evlyn Márcia Leão de Moraes Novo

Claudio Clemente Farias Barbosa

Felipe de Lucia Lobo

7 Comportamento espectral dos ambientes aquáticos

Uma das questões fundamentais para a interpretação das imagens de satélite é a de atribuir significado às diferentes "cores" com as quais os objetos da superfície são registrados. Geralmente, de posse de uma imagem colorida, procura-se identificar propriedades do objeto (alvo) imageado a partir de sua cor. Para isso, é preciso conhecer o que explica tais variações de cor entre objetos e, a partir desse conhecimento, inferir suas propriedades. Para a maioria dos alvos naturais, a interpretação do significado físico das cores não é simples, por duas razões: (a) nem sempre é fácil encontrar uma correspondência biunívoca entre uma dada propriedade física de um objeto e seu comportamento espectral; e (b) a interação da radiação eletromagnética (REM) com o alvo, que resulta em diferentes intensidades de energia da onda refletida e que na região do visível dá origem à sua cor, é afetada por inúmeros fatores externos a ele (como a geometria de aquisição, por exemplo) e por fatores inerentes a ele (como o teor de umidade, por exemplo, no caso dos solos e da vegetação, ou o estado da superfície, como é o caso dos sistemas aquáticos).

A interpretação do significado da variação das cores da água em imagens de satélite é ainda mais complexa do que para os demais alvos naturais. Há pelo menos cinco razões para isso:

- a região de maior penetração de luz na água (400 nm a 500 nm) e de maior interação entre a REM e os componentes da coluna d'água é profundamente afetada pela atmosfera. Existem dados (Kirk, 2011; Mobley, 1994) indicando que até 90% da energia detectada sobre um corpo d'água por um sensor a bordo de um satélite pode ser atribuída à interferência atmosférica;
- a transmitância da água é muito alta e espectralmente variável, o que faz com que a energia emergente do volume d'água integre informações relativas a diferentes profundidades para um mesmo corpo d'água;
- os componentes opticamente ativos (aqueles que interagem com a REM) da água apresentam espectros de absorção semelhantes, o que muitas vezes torna difícil sua discriminação quando ocorrem simultaneamente no ambiente;
- a reflectância da água é muito pequena, em média 4%, o que faz com que os sensores disponíveis sejam muitas vezes insensíveis às mudanças sutis de suas cores;
- a reflectância da superfície da água é mais elevada que a reflectância emergente do volume e afetada por fatores como o vento e a geometria de aquisição.

Apesar de todas essas dificuldades, muitas informações úteis sobre os corpos d'água podem ser obtidas a partir da análise dos espectros de reflectância de sensoriamento remoto (R_{rs}) derivados de imagens orbitais. O objetivo deste capítulo é fornecer algumas informações sobre o comportamento espectral dos sistemas aquáticos como suporte à interpretação de imagens.

7.1 Propriedades dos sistemas aquáticos

Com o avanço do conhecimento sobre a interação da REM com os corpos d'água, concluiu-se que as cores da água dependem não apenas de sua composição em termos de concentração de componentes opticamente ativos (COA), mas também da proporção existente entre eles, da estrutura térmica da coluna d'água e de fatores hidrodinâmicos que regulam a distribuição vertical de tais componentes, que dependem das dimensões do corpo d'água e das características geográficas da região em que se encontra inserido.

A cor da água depende das propriedades ópticas inerentes do meio aquoso, mas a reflectância de sensoriamento remoto (R_{rs}), que descreve o comportamento espectral dos alvos, depende de vários fatores que variam de um sistema aquático para outro e das condições ambientais no instante de aquisição dos dados (vento, ondas, transmitância da atmosfera, posição do Sol). Tais fatores precisam ser compreendidos e levados em conta na análise do espectro refletido pelo volume de água.

A molécula de água compõe-se de dois átomos de hidrogênio e um átomo de oxigênio (H_2O). A água pura é insípida e inodora, e em espessuras superiores a 2 m apresenta coloração azul (Kirk, 2011). A estrutura molecular da água faz com que ela tenha propriedades que contribuem para que raramente ocorra em seu estado puro na natureza, pois atua como solvente e reagente nas transformações químicas. Ao solubilizar os reagentes, ela acelera as reações químicas entre compostos sólidos e gasosos. Além disso, devido à sua elevada constante dielétrica, é um excelente solvente de compostos iônicos, resultando em soluções aquosas de alta condutividade. A água também tem propriedades que favorecem a hidrólise, dando origem a soluções ácidas ou básicas, as quais contribuem para realçar as propriedades oxidantes de outras substâncias. Em função dessas propriedades físicas e químicas, as águas naturais apresentam capacidade variável de manutenção da vida, controlada pela disponibilidade de luz e de nutrientes na coluna d'água.

As propriedades físicas, químicas e biológicas dos sistemas aquáticos variam amplamente no tempo e no espaço em função de fatores climáticos, geologia da bacia de captação, tamanho e profundidade do corpo d'água, entre outros. Entre suas propriedades físicas, destaca-se a cor, que varia amplamente em função de sua composição. A cor da água é um atributo tão importante para a vida humana que é usada empiricamente como indicador do potencial pesqueiro de um dado sistema aquático. Aliada a seu odor, a cor da água é também usada por animais e pelo homem como indicador de sua qualidade. Essa propriedade é uma importante variável na avaliação do potencial cênico e estético de um sistema aquático. Na década de 1970, por exemplo, a Praia Azul, que fica na Represa de Salto Grande, na cidade de Americana (SP), era um local de veraneio e prática de esportes aquáticos. A degradação da água ao longo do tempo, resultante da falta de saneamento básico, da poluição industrial e da poluição difusa pela atividade agrícola, tornou esse ambiente impróprio para uso recreativo.

A Fig. 7.1 permite observar a diversidade de cores que ocorrem na natureza, as quais são determinadas pela interação da REM com os diversos componentes da água. Essas diferenças de cores podem, teoricamente, ser usadas para extrair informações sobre as propriedades ópticas e biogeoquímicas dos sistemas aquáticos.

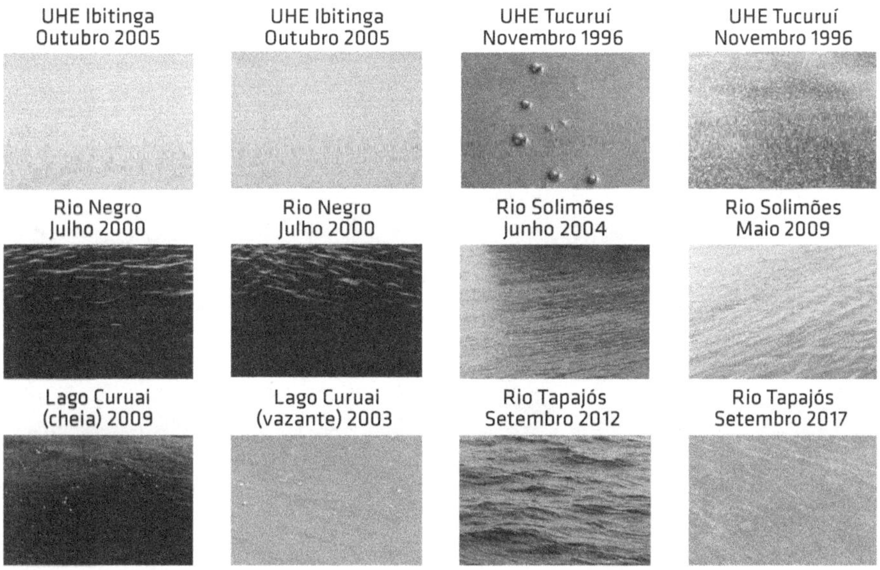

Fig. 7.1 *Variedade de cores de diferentes sistemas aquáticos*

Cada variação de cor pode ser representada pela razão entre a radiância ascendente (L_u) e a irradiância descendente (E_d^-) medidas imediatamente abaixo da superfície da água, ou seja, (L_u/E_d^-). Esse espectro depende da composição do sistema aquático, do campo de radiação incidente (E_d) e das condições meteorológicas no momento da aquisição. Ao atravessar a interface água/ar, essa componente do sinal é adicionada à reflexão da REM na superfície da água. Esses efeitos externos à composição da água podem ser observados pelas diferenças de intensidade (brilho) de cada cor (Fig. 7.1), que pode ser maior ou menor em função da ação do vento, por exemplo.

A composição do sistema aquático depende das características da região em que ele se encontra inserido. Portanto, conhecer o comportamento espectral dos sistemas aquáticos permite realizar inferências não apenas sobre suas propriedades, mas também sobre sua bacia de captação. Por exemplo, os sistemas aquáticos caracterizados por cores mais próximas ao marrom são rapidamente associados a bacias de drenagem produtoras de elevada carga de sedimentos em suspensão. Um exemplo notável disso é o da confluência entre o rio Negro e o rio Solimões, próximo a Manaus, onde ocorre o encontro das águas. O rio Solimões, proveniente dos Andes, tem uma concentração de sedimentos elevada (> 50 mg × L^{-1}) em relação ao rio Negro, cuja composição é dominada por matéria orgânica dissolvida com elevada capacidade de absorção da radiação visível. A ausência de elevada carga de sedimentos em suspensão no rio Negro é associada ao fato de que essa bacia drena uma região formada predominantemente por rochas antigas do Escudo das Guianas (Sioli, 1984). A Fig. 7.2 mostra essas diferenças de cor *in situ* e registradas em imagem orbital.

Os componentes que afetam a cor da água são chamados de componentes opticamente ativos, ou seja, capazes de interagir de modo detectável com a REM. No atual nível de conhecimento, os componentes opticamente ativos do sistema aquático são a própria água, algumas substâncias dissolvidas, partículas em suspensão e organismos vivos (Fig. 7.3), com destaque para os pigmentos fitoplanctônicos.

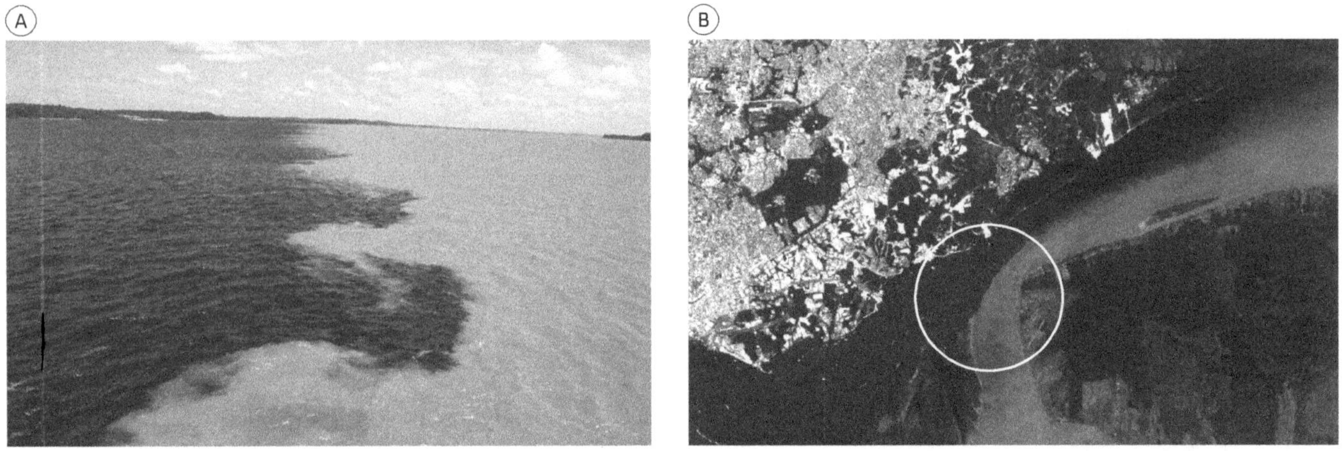

Fig. 7.2 *Diferenças de cor da água observadas (A)* in situ *e (B) em composição colorida normal de sensor TM5, bandas 1(B), 2(G) e 3(R) na região de confluência dos rios Negro e Solimões*

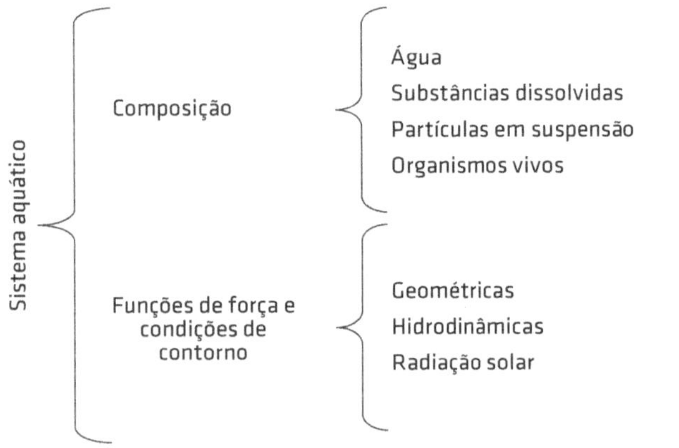

Fig. 7.3 *Propriedades do sistema aquático que afetam a cor da água*

De modo amplo, as águas naturais organizam-se em dois tipos de ambiente aquático: sistemas aquáticos marinhos e sistemas aquáticos continentais. Os ambientes marinhos se caracterizam por apresentar grandes amplitudes térmicas, com temperaturas que variam desde −2 °C, a grandes profundidades, até mais de 40 °C, na superfície. As águas marinhas também apresentam grande variação de salinidade, com índices próximos a zero nas regiões estuarinas e que alcançam 40‰ em regiões sujeitas a elevadas taxas de evaporação.

A profundidade dos sistemas aquáticos marinhos também é muito variável, atingindo cerca de 10.000 m nas fossas abissais e apenas centímetros nas regiões estuarinas e nos arcos praiais. O grande volume de água dos oceanos faz com que ocorram grandes massas com propriedades uniformes. A salinidade das águas superficiais dos oceanos, por exemplo, varia pouco (33‰ a 37‰), e a das águas profundas varia ainda menos (34‰ a 35‰). Os ambientes oceânicos também se caracterizam pelo movimento constante das águas, pelo efeito de ondas e correntes, o que permite a troca de nutrientes entre as camadas mais profundas e aquelas superficiais.

Os sistemas aquáticos continentais podem ser divididos em ambientes lacustres ou lênticos e ambientes fluviais ou lóticos. Os lagos típicos são definidos como massas de água que se acumulam em depressões do terreno e com pequena ou nenhuma conexão com outros corpos d'água. Essa definição não permite que se inclua um grande número de lagos de planícies de inundação, que transitam entre sistemas lóticos e lênticos em função do pulso de inundação (Junk; Bayley; Sparks, 1989), bem como as represas de acumulação de água dos rios, cuja velocidade de escoamento pode variar em função de seu uso (abastecimento urbano, produção de energia), tipo, modo de operação e variabilidade climática interanual.

Os sistemas lacustres podem ser doces ou salinos, havendo estimativas de que, dos quase 300.000 km^3 de água lacustre, cerca de apenas 15.000 km^3 sejam salinos (Serruya; Pollingher, 1983). A salinidade dos lagos varia em função do clima e da geologia das áreas em que ocorrem, enquanto sua temperatura varia com a latitude e com a altitude em que se localizam. Num mesmo lago, a temperatura também varia com a profundidade, criando zonas térmicas: o epilímnio, a camada superficial turbulenta dos lagos, e o hipolímnio, a camada mais profunda e mais estável. Separando essas duas zonas, ocorre a termoclina, região caracterizada por variações bruscas de temperatura.

Os ambientes aquáticos fluviais, ou rios, caracterizam-se pelo fluxo contínuo de água, que se desloca das áreas mais altas para as mais baixas ao longo de um canal ou de sistemas de canais organizados em uma rede de drenagem. Os rios caracterizam-se por uma ampla variabilidade das propriedades físico-químicas da água no tempo e no espaço. Da nascente à foz, a água adquire propriedades das regiões que atravessa, modificando sua composição química, velocidade, turbidez, temperatura etc. Essas alterações afetam os organismos que vivem nela, dando origem a flora e fauna específicas de alto, médio e baixo curso.

Portanto, as questões a serem respondidas são: (a) como as modificações na composição da água afetam suas propriedades ópticas e como as condições de contorno (o ambiente em que ocorre) afetam essa composição; e (b) como as propriedades geométricas, hidrodinâmicas e da radiação solar afetam a interação da REM com o meio aquático.

Todo sistema aquático pode ser descrito por suas propriedades físicas (temperatura, densidade, velocidade do fluxo, campo de luz), químicas (nutrientes, saturação de oxigênio, alcalinidade) e biológicas (produtividade, biodiversidade). Essas propriedades variam no tempo e no espaço em função das condições de contorno, tais como o substrato geológico e o uso e a ocupação da terra nas imediações do corpo d'água, e das características geométricas e da localização geográfica do sistema aquático. Essas propriedades são interdependentes. A distribuição de temperatura e luz na coluna d'água, por exemplo, depende da localização geográfica do corpo d'água e da estação do ano. A produtividade primária depende da disponibilidade de nutrientes, da disponibilidade de luz, do substrato geológico e das características de uso e cobertura da terra na região em que se insere o corpo d'água. O campo de luz submerso do volume d'água é o que sobrou da interação entre a REM e os componentes opticamente ativos. A luz que emerge da superfície da água representa o elo entre as propriedades físicas, químicas e biológicas do sistema aquático e é a energia que atinge um sensor posicionado acima do corpo d'água.

7.2 Interações entre a REM e os sistemas aquáticos

Com base na seção anterior, pode-se concluir, portanto, que o comportamento espectral dos sistemas aquáticos depende da composição do corpo d'água no que se refere às concentrações de componentes opticamente ativos, das propriedades geométricas do campo de luz incidente sobre a água, das propriedades geométricas do sistema aquático, e do estado da superfície do sistema aquático. Mas não apenas disso. Os espectros de reflectância medidos sobre os sistemas aquáticos são também afetados pela geometria de aquisição da R_{rs}, sendo necessário um esforço considerável para desenvolver protocolos de aquisição padronizados e métodos de correção das medidas que permitam minimizar tal efeito.

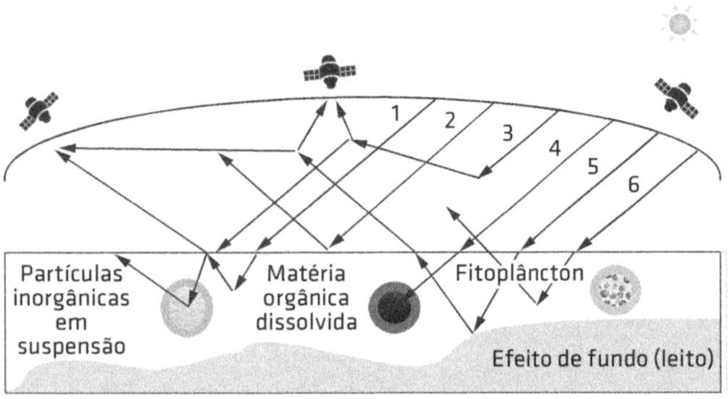

Fig. 7.4 *Interação da radiação solar com o sistema aquático: (1) retroespalhamento de partículas inorgânicas suspensas; (2) reflexão pela superfície da água; (3) espalhamento da atmosfera e posterior reflexão pela superfície; (4) absorção pela matéria orgânica dissolvida; (5) reflexão de fundo do corpo d'água; e (6) absorção pelos pigmentos das algas em suas bandas de absorção específicas e espalhamento celular*

A Fig. 7.4 ilustra as possíveis interações entre o fluxo radiante e um dado sistema aquático. A radiação solar direta, ao encontrar a atmosfera terrestre, é espalhada proporcionalmente a λ^{-4}, gerando um campo de radiação difusa de comprimento de onda predominantemente azul (Kirk, 2011). A radiação espalhada pode ser de novo parcialmente espalhada por aerossóis e outras partículas atmosféricas.

Pelo menos seis tipos básicos de interação podem acontecer entre a radiação emitida pelo Sol e um sistema aquático:

- A radiação pode atravessar a interface ar/água e ser retroespalhada pelas partículas inorgânicas em suspensão na coluna d'água, retornando ao sensor; em termos proporcionais, a radiação retroespalhada que deixa o sistema aquático é muitas vezes menor que a radiação incidente devido às perdas por reflexão na interface ar/água, tanto quando entra na coluna d'água como quando a deixa.
- A radiação que atinge a superfície da água pode ser refletida especularmente sem interagir com os componentes da água. O sinal refletido da superfície, embora varie ligeiramente com o comprimento de onda, pode ser considerado espectralmente constante, sendo mais afetado pelo ângulo de incidência solar e pelo azimute relativo entre o sensor e a fonte. Sob o ponto de vista de quem está interessado em conhecer a composição da água, esse sinal representa um ruído que precisa ser minimizado ou atenuado, porque, para uma mesma geometria de aquisição, é afetado amplamente pela direção e pela velocidade do vento. Por sua vez, o efeito do vento sobre o sistema aquático é afetado pela morfologia e orientação desse sistema em relação à direção dominante do vento, o que voltará a ser abordado oportunamente.
- A radiação espalhada pela atmosfera pode atingir a superfície da água e ser refletida especularmente em várias direções; nesse caso, as múltiplas direções de incidência da radiação geram o que se chama de reflexão do céu na superfície da água. Se o dia for claro e sem nuvens, um sensor colocado no nadir medirá um espectro semelhante ao do céu. Da mesma forma que a reflexão direta, esse componente de reflexão difusa representa também um ruído muito difícil de ser corrigido e sujeito às mesmas considerações feitas no item anterior.
- A radiação incidente pode ser totalmente absorvida pela matéria orgânica dissolvida presente na coluna d'água, principalmente nos comprimentos de onda mais curtos.
- A radiação pode sofrer reflexão de fundo do corpo d'água. Nesse caso, o sinal que retorna à superfície pode ser de baixa intensidade e variar espectralmente em função não apenas da composição da água, mas também da composição do fundo.
- A radiação pode sofrer absorção pelos pigmentos das algas em suas bandas de absorção específicas e espalhamento das células. A intensidade da absorção ou do espalhamento

depende da concentração de pigmentos, do tamanho das células fitoplanctônicas, da densidade e da posição na coluna d'água. Na coluna em que a concentração de componentes opticamente ativos é pequena, o sinal registrado pelos sensores é dominado pela reflectividade da superfície da água, porque a radiação que penetra no corpo d'água é atenuada ao longo da coluna.

Um aspecto interessante a ser observado na Fig. 7.4 é que o sinal que atinge o sensor a bordo do satélite depende da posição relativa do sensor e da fonte (Sol). Além disso, destaca-se que a energia retroespalhada para o sensor é bem menor que aquela que chega a ele. Existem estimativas de que, em média, menos de 1% do sinal que chega ao sensor posicionado sobre um sistema aquático provém da coluna d'água (Mobley, 1994; Kirk, 2011).

Se, entretanto, cada um desses sistemas aquáticos for imageado por um sensor, a energia será registrada numa matriz de pontos de dimensão finita equivalente à resolução espacial do sensor utilizado. Nesse caso, a energia emergente de superfície trará, além da informação sobre a cor da coluna d'agua, informação adicional representativa do estado da superfície. Esse efeito do estado da superfície sobre o registro da cor varia com a resolução espacial do sensor utilizado.

A Fig. 7.5 ilustra o efeito da resolução espacial sobre o registro da energia emergente do corpo d'água. À esquerda, o sensor de resolução mais fina permite isolar *pixels* em que a "cor" da água é praticamente substituída pela energia refletida de sua superfície (componentes 2 e 3 na Fig. 7.4).

A radiância registrada pelo sensor representa a energia integrada em cada *pixel*. Assim sendo, um mesmo corpo d'água apresentará, em função da resolução espacial do sensor, um maior ou menor número de *pixels*, em que o registro da cor da água será contaminado pela reflectância da superfície. No sensor de média e baixa resolução, os efeitos de reflexão especular tenderão a ser mascarados no processo de integração, predominando o sinal relativo à cor da água.

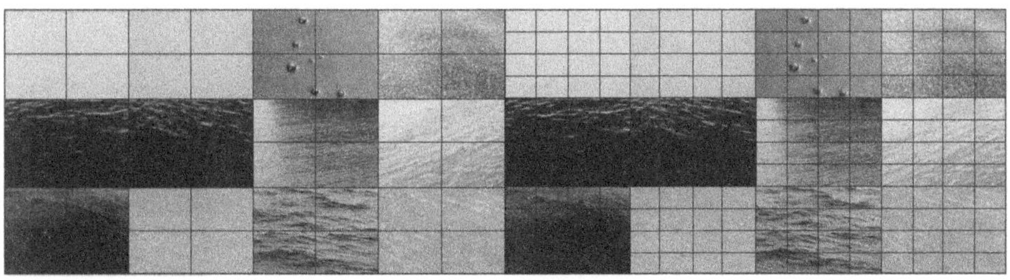

Fig. 7.5 *Efeito da resolução espacial do sensor na caracterização da radiação emergente do sistema aquático*

7.3 Interações entre a REM e os componentes opticamente ativos

Ao atravessar a interface ar/água, a REM está sujeita a dois processos no interior do sistema aquático: o espalhamento e a absorção (Fig. 7.6). Esses processos são descritos pelas propriedades ópticas inerentes do sistema aquático, que são os coeficientes de espalhamento e de absorção. Além do coeficiente de espalhamento, há também a função volumétrica de espalhamento, que descreve as direções adotadas pelo campo de radiação. Essas propriedades são chamadas de inerentes porque dependem apenas da composição da água, e não das condições de iluminação.

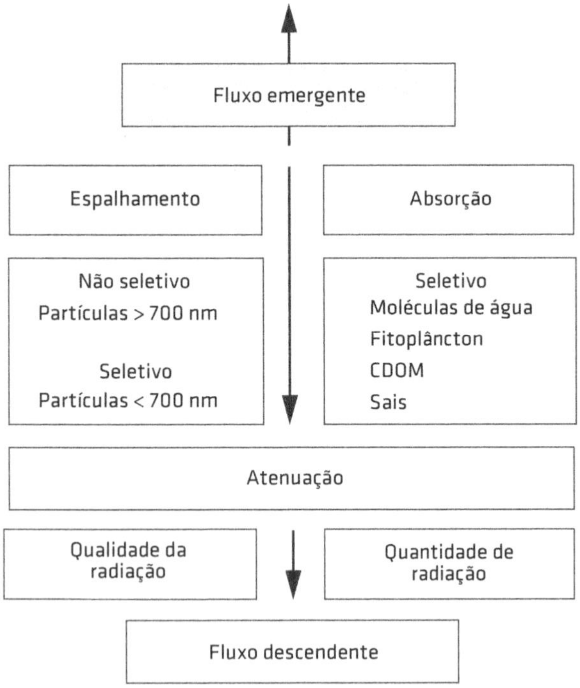

Fig. 7.6 *Interação da REM com os componentes opticamente ativos*

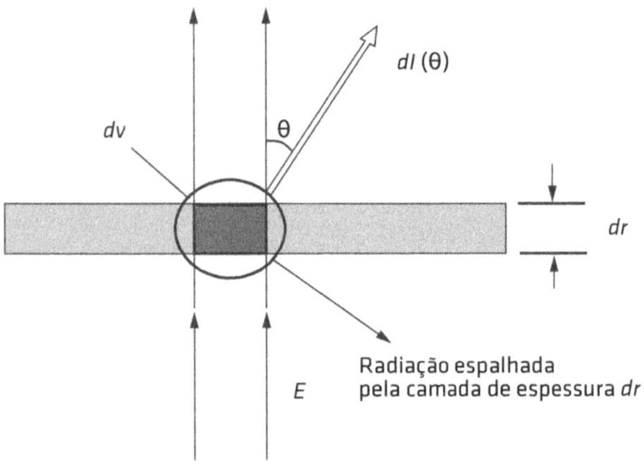

Fig. 7.7 *Espalhamento de um volume de água. Um feixe paralelo de irradiância E passa através de uma camada de espessura dr e área dA. O elemento iluminado do volume é dv, e dI (θ) é a intensidade radiante resultante da radiação espalhada segundo o ângulo θ*

Fonte: adaptado de Kirk (2011).

Como pode ser observado na Fig. 7.6, ao penetrar no corpo d'água, a REM é espalhada e absorvida pelos componentes opticamente ativos. Esses componentes encontram-se dissolvidos na água ou em suspensão na coluna d'água. Em geral, as partículas em suspensão são responsáveis pelo espalhamento da REM, que pode ser seletivo, ou seja, variar com o comprimento de onda, quando elas têm diâmetro inferior a 700 nm, ou não seletivo, quando seu diâmetro é maior que 700 nm. O espalhamento das moléculas de água também é seletivo, sendo máximo na região do azul e decaindo em direção aos comprimentos de onda mais longos segundo λ^{-4} (Kirk, 2011). A absorção pelos componentes opticamente ativos é seletiva e varia com o tipo de componente e sua concentração na coluna d'água. À medida que a REM penetra na coluna, sua intensidade e composição se alteram, porque é atenuada pela remoção de fótons seja por absorção, seja por espalhamento. Dessa forma, há alterações significativas da qualidade e da quantidade de luz conforme a REM atinge camadas mais profundas do corpo d'água.

O espalhamento e a absorção são descritos pelos coeficientes de espalhamento e de absorção, respectivamente. O coeficiente de espalhamento é definido como a fração espalhada da radiação incidente dividida pela espessura da camada através da qual esta é transmitida (Fig. 7.7).

O coeficiente de espalhamento (*b*) representa a integração de toda a radiação espalhada em todas as direções, conforme a equação:

$$b = 2(\Pi)\int_{0}^{\Pi}(\beta\theta)sen(\theta)d(\theta) = \int_{4\Pi}\beta\theta d\omega \qquad \mathbf{(7.1)}$$

Em função da direção do fluxo espalhado, são definidos dois componentes, o retroespalhamento, ou seja, o fluxo que retorna para a interface água/ar, e o espalhamento frontal, que inclui os fótons que se propagam para o fundo do corpo d'água. O componente que interessa ao estudo do comportamento espectral dos sistemas aquáticos é a fração do espalhamento que compõe a irradiância ascendente (E_U; *u* provém de *upward*), ou seja, o componente que é retroespalhado, que inclui os fótons que retornam à interface água/ar e que, ao atravessá-la, passam a compor a radiância registrada por um sensor.

É importante salientar que o coeficiente de espalhamento do meio aquático como um todo é igual à soma dos coeficientes de espalhamento dos componentes individuais nele presentes, variando em função da concentração de cada componente na coluna d'água (Kirk, 2011).

O coeficiente de absorção descreve a fração absorvida da radiação incidente dividida pela espessura da camada através da qual ela é transmitida (Fig. 7.8).

É importante salientar que o coeficiente de absorção do meio como um todo é igual à soma dos coeficientes de absorção dos componentes individuais nele presentes. Pela lei de Beer, se nenhuma mudança no estado molecular ou físico do componente ocorrer com o aumento da concentração, então o coeficiente de absorção de qualquer componente será proporcional à sua concentração (Kirk, 2011).

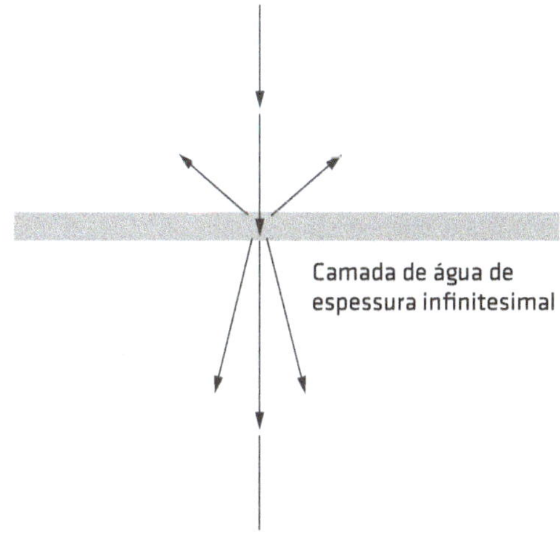

Fig. 7.8 *Absorção da REM por uma camada de espessura infinitesimal da coluna d'água*
Fonte: adaptado de Kirk (2011).

7.4 Absorção no ambiente aquático

Toda a absorção de luz no meio aquático se deve essencialmente a quatro tipos de componente do sistema aquático: a água; a matéria orgânica dissolvida colorida (CDOM, *collored organic dissolved matter*); os pigmentos fotossintetizantes e acessórios presentes no fitoplâncton e no bacterioplâncton; e as partículas orgânicas e inorgânicas.

A água pura, apesar de parecer incolor, é na verdade um líquido azul: a cor azul é facilmente observada em condições de tempo ensolarado em águas oceânicas inférteis. A cor da água pura deriva do fato de ela absorver pouca radiação azul e verde.

A Fig. 7.9 mostra a absorção da luz pela água pura. Pode-se observar que a absorção na região do vermelho é a causa de uma série de bandas de absorção fortes na região do infravermelho. Os dois patamares do espectro visível (Fig. 7.9A) – o mais pronunciado centrado aproximadamente em 604 nm e o mais fraco centrado aproximadamente em 514 nm – são atribuídos aos 5° e 6° harmônicos da vibração O-H na água líquida, e os picos de absorção em cerca de 960 nm e 745 nm (Fig. 7.9B) correspondem aos 3° e 4° harmônicos, cuja vibração

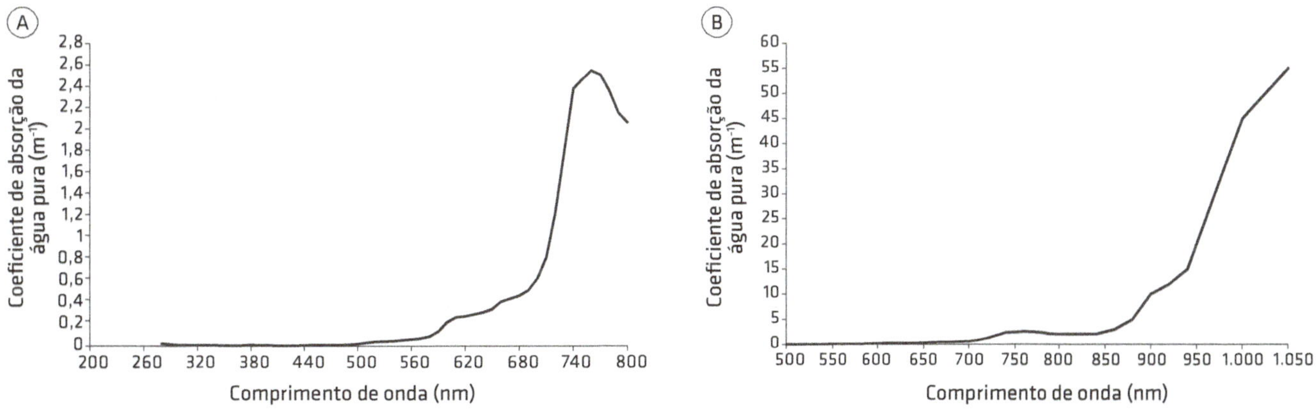

Fig. 7.9 *Coeficiente de absorção da água pura: (A) ultravioleta-vermelho e (B) verde-infravermelho*
Fonte: adaptado de Smith e Baker (1981).

fundamental é em 3 μm. O espectro de absorção foi dividido devido ao aumento abrupto do coeficiente de absorção da água em 960 nm, onde este alcança valor 20 vezes maior que o observado em 745 nm. É possível notar que o pico de absorção observado na Fig. 7.9A é quase imperceptível na Fig. 7.9B.

Um dos componentes opticamente ativos que responde por elevada capacidade de absorção de luz pela coluna d'água é a matéria orgânica dissolvida colorida. A origem dessa matéria orgânica presente nos sistemas aquáticos continentais e nas regiões costeiras é associada à drenagem de substâncias húmicas provenientes dos solos. Em regiões oceânicas, a origem é controvertida. Alguns autores consideram que ela se origina no continente através da descarga dos rios, enquanto outros consideram que ela advém de regiões distantes das costas, pela própria atividade biológica existente no oceano, resultante da decomposição da biota.

A Fig. 7.10 permite comparar o espectro de absorção pela matéria orgânica dissolvida colorida com o espectro de absorção da água pura. Um dos aspectos que chama a atenção é que a absorção pela matéria orgânica dissolvida colorida (aCDOM) é máxima na região em que a da água é mínima. Outro aspecto a ser destacado é que a aCDOM é muito mais elevada que o coeficiente de absorção da água em praticamente quase todos os comprimentos de onda. Nos comprimentos de onda mais curtos (ultravioleta), a aCDOM chega a ser quase 80 vezes maior que a absorção pela água. Nos comprimentos de onda mais longos, onde a aCDOM é menor, ela chega a ser equivalente ao coeficiente de absorção da água. É importante salientar que a aCDOM varia amplamente com o tipo de matéria orgânica dissolvida e com sua concentração. Atualmente, alguns índices óticos, como a razão de banda e o gradiente (*slope*) da expoencial, que descreve a aCDOM, têm sido utilizados como indicadores de propriedades da matéria orgânica dissolvida, tais quais o peso molecular e a origem (Helms et al., 2008).

As partículas em suspensão na água, sejam orgânicas ou inorgânicas, também têm um papel relevante no processo de absorção da radiação pelo sistema aquático. Entretanto, não há muitas medidas de absorção pelas partículas devido à sua elevada capacidade de espalhar a REM, o que acarreta dificuldades para medir essas propriedades. Via de regra, as medidas de absorção pelas partículas são indiretas, com base na determinação

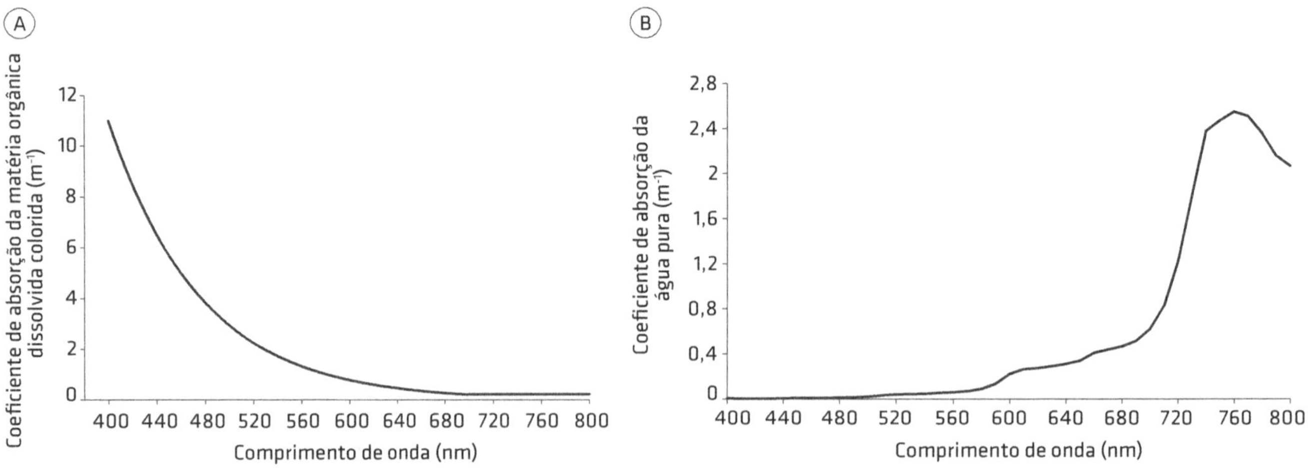

Fig. 7.10 *Coeficientes de absorção da matéria orgânica dissolvida colorida (A) e da água pura (B)*
Fonte: Kirk (2011), Smith e Baker (1981) e Barbosa et al. (2015).

do resíduo de absorção depois de removidas a aCDOM e a absorção pelos pigmentos fitoplanctônicos.

A Fig. 7.11 mostra o espectro de absorção de partículas no Lago Grande do Curuai (PA), localizado na planície do rio Amazonas, com base em resultados de Carvalho (2016). A forma do espectro é bastante similar para o conjunto de amostras e tem a mesma forma do espectro da aCDOM, com máximo na região do azul e decaimento exponencial em direção aos comprimentos de onda mais longos. A magnitude do coeficiente de absorção por partículas, entretanto, é menor que a da aCDOM.

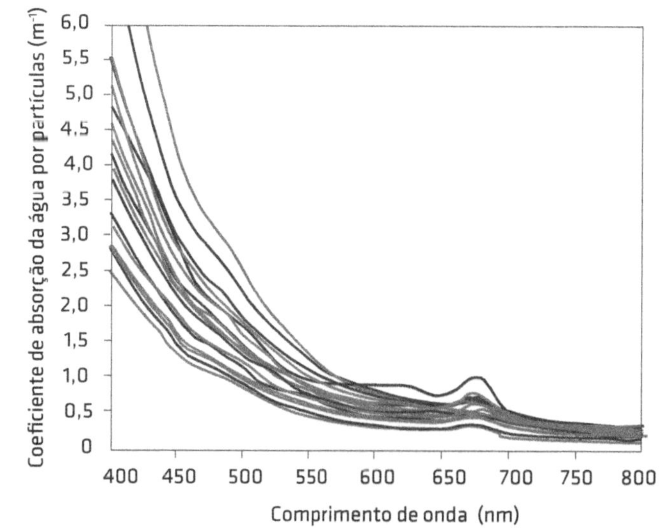

Fig. 7.11 *Coeficiente de absorção por partículas no Lago Grande do Curuai (PA)*
Fonte: adaptado de Carvalho (2016).

O fitoplâncton, composto de um conjunto de organismos microscópicos unicelulares que ocorrem de forma isolada ou em colônias (Reynolds, 2006), também tem um papel importante no processo de absorção da água. Ele é representado por organismos de diferentes grupos, tais como cianobactérias (reino Monera), euglenas (reino Protozoa), diatomáceas (reino Chromista) e clorofíceas (reino Plantae) (Calijuri; Santos; Alves, 2006).

Os diferentes grupos de fitoplâncton apresentam três tipos básicos de pigmento: pigmentos responsáveis pela captação de energia para o processo de fotossíntese; pigmentos acessórios que complementam a ação dos pigmentos fotossintetizadores; e pigmentos fotoprotetores, cuja função é proteger as células contra o excesso de radiação. Independentemente de sua função, os pigmentos presentes nas células absorvem a luz, e cada tipo de pigmento possui bandas de absorção características. A Tab. 7.1 resume as bandas de absorção dos principais pigmentos por grupos fitoplanctônicos.

A clorofila *a* é o pigmento dominante nos diversos grupos de fitoplâncton e apresenta um espectro de absorção caracterizado por um máximo de absorção no azul (~440 nm) e um segundo máximo na região do vermelho (~675 nm), como pode ser observado na

Tab. 7.1 Bandas de absorção dos diferentes pigmentos por grupos fitoplanctônicos

Absorção (nm)	Pigmento	Grupo	Absorção (nm)	Pigmento	Grupo
438	Clorofila *a*	Todos	615	C-ficocianina	Cianobactérias
470	Hexa-ficoxantina	Cianobactérias	624	Cp-cianina	Cianobactérias
480	Betacaroteno	Dinoflagelados, diatomáceas, crisófitas	627	Ficobilina	Cianobactérias
493	Ficobilina	Cianobactérias	650	Aloficocianina	Cianobactérias
493 (*in vivo*)	Ficoeritrina	Cianobactérias	673 (*in vitro*)	Clorofila *a*	Todos
562	C-ficoeritrina	Cianobactérias	676	Clorofila *a*	Todos
567	Ficobilina	Cianobactérias	680 (*in vivo*)	Clorofila *a*	Cianobactérias e eucariotes

Fonte: Dekker (1993), Weaver e Wrigley (1994) e Londe (2008).

Fig. 7.12. A intensidade da absorção é regulada pela concentração de pigmentos nas células, por fatores ligados à fotoadaptação e ao estado fisiológico do fitoplâncton, e pelo tamanho das células. Em condições similares de irradiação e disponibilidade de nutrientes, em geral, quanto maior a concentração de pigmentos, maior o coeficiente de absorção.

Uma forma de normalizar essas diferenças de absorção pelo fitoplâncton é a determinação da absorção específica, que é a absorção por unidade de concentração do pigmento (Fig. 7.13). A análise da Fig. 7.13 mostra que, à medida que aumenta a concentração de pigmento (clorofila *a*), diminui a absorção por unidade de concentração. O coeficiente de absorção específica a_{ph} (λ) indica a absorção equivalente a uma concentração de clorofila de 1 mg × m^{-3} (1 μg × L^{-1}). Os dados sugerem que, quanto maior a concentração de pigmentos, menor a absorção específica, o que reduz a dependência espectral da absorção.

O coeficiente de absorção total da água é dado pela soma dos coeficientes de absorção de todos os componentes absorvedores, a um dado comprimento de onda. A variação desse coeficiente de absorção total com o comprimento de onda é o espectro de absorção do meio aquático como um todo. Na Fig. 7.14 pode-se observar a absorção total pelo sistema aquático e por seus componentes opticamente ativos. O maior contraste entre os componentes opticamente ativos e a água pura é observado na região do azul, onde o coeficiente de absorção é mínimo. Na região do vermelho, o contraste entre a absorção dos diferentes componentes é menor. Por outro lado, devido à elevada absorção pela matéria orgânica dissolvida, no azul é difícil discriminar entre a absorção causada por ela e pelo fitoplâncton.

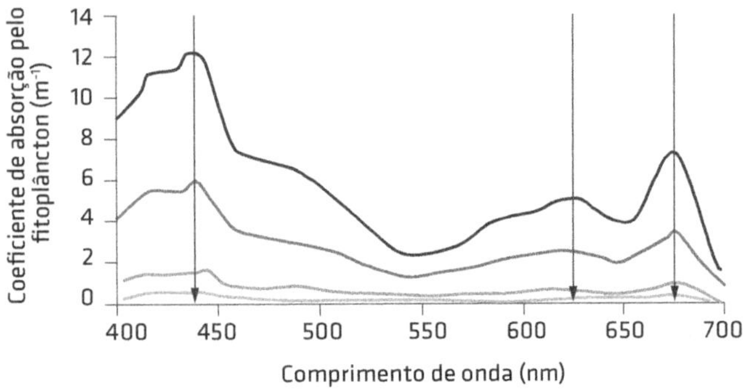

Fig. 7.12 *Coeficiente de absorção de diferentes amostras de água coletadas no reservatório de Ibitinga (SP). As setas indicam os máximos de absorção pela clorofila a em 440 nm e 675 nm e absorção leve pela ficocianina em aproximadamente 624 nm*
Fonte: adaptado de Cairo (2015).

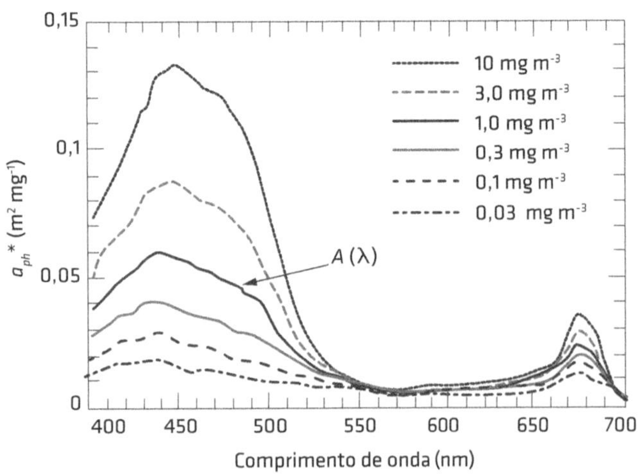

Fig. 7.13 *Absorção específica pelos pigmentos do fitoplâncton*
Fonte: adaptado de Bricaud et al. (1995).

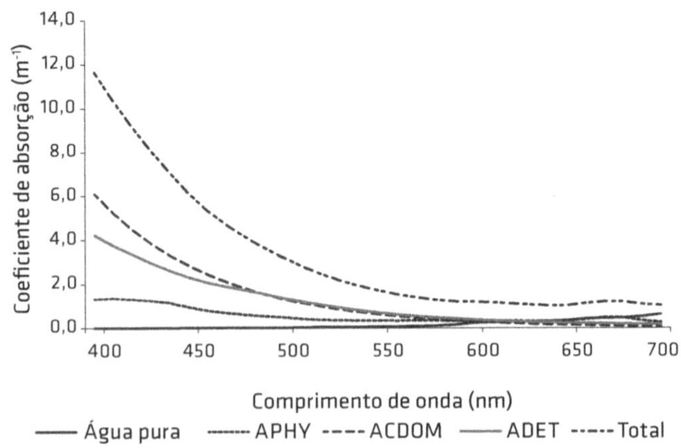

Fig. 7.14 *Coeficiente de absorção total do sistema aquático e de seus diferentes componentes opticamente ativos*
Fonte: adaptado de Barbosa (2005) e Barbosa et al. (2015).

7.5 Espalhamento no ambiente aquático

O espalhamento da água pura é relacionado à flutuação da densidade e varia acentuadamente com o comprimento de onda (Kirk, 2011). Dados experimentais mostram que o espalhamento da água pura varia proporcionalmente a $\lambda^{-4,32}$, um pouco superior a λ^{-4}, previsto pelo espalhamento Rayleigh, que se aplica às moléculas de ar. Essa discrepância é atribuída à variação no índice de refração da água com o comprimento de onda.

Os coeficientes de espalhamento de águas naturais são invariavelmente muito mais elevados que os da água pura. A Tab. 7.2 lista valores do coeficiente de espalhamento de águas naturais disponíveis na literatura. Apesar do número limitado de medidas, pode-se observar que o espalhamento das águas naturais é muitas vezes maior que o espalhamento da água pura.

Tab. 7.2 Coeficiente de espalhamento da água pura e de alguns exemplos de águas naturais

Sistema aquático	Comprimento de onda (nm)	Coeficiente de espalhamento (*b*) (m^{-1})
Água pura	550	0,058
Lago Taihu (China)	532	20,20
Mar Tirreno	546	0,016
Oceano Índico (164 estações)	544	0,18 (média)
Mar Negro (33 estações)	544	0,41 (média)

Fonte: adaptado de Kirk (2011).

Segundo Mobley (1994), o espalhamento nos ambientes aquáticos pode ser classificado em elástico e inelástico. O espalhamento elástico ocorre quando a REM espalhada pelo meio aquoso permanece com a mesma composição espectral da REM incidente. Por sua vez, o espalhamento inelástico ocorre quando, ao interagir com os componentes opticamente ativos, parte da REM é absorvida e emitida em outros comprimentos de onda. Para Mobley (1994), a fluorescência seria um exemplo clássico de espalhamento inelástico. A Tab. 7.3 exemplifica a fluorescência de diferentes pigmentos que compõem o fitoplâncton.

O espalhamento inelástico (fluorescência) é uma forma de proteção da célula que reduz o aquecimento e a degradação de proteínas da cadeia fotossintética por excesso de energia absorvida pelos pigmentos (Gitelson, 1992; Gitelson et al., 2000; Kirk, 2011; Lobo, 2009).

O espalhamento total das águas naturais é dominado pela contribuição de partículas e, portanto, cresce com o aumento da concentração de sedimentos em suspensão.

A Fig. 7.15 resume os coeficientes de retroespalhamento da água pura, do fitoplâncton e das partículas inorgânicas no intervalo compreendido entre 400 nm e 700 nm. Pode-se observar claramente que a água pura tem seu máximo de espalhamento na região do azul, com uma queda acentuada em direção aos comprimentos de onda mais curtos. Por outro lado, o fitoplâncton também

Tab. 7.3 Fluorescência de pigmentos fitoplanctônicos responsáveis pelo espalhamento inelástico dentro do sistema aquático

Fluorescência (nm)	Pigmento	Tipo de plâncton
685	Clorofila *a*	Todos os tipos
560-570	Ficobilina	Cianobactérias
650-660	Ficocianina	Cianobactérias
570-580	Ficoeritrina	Cianobactérias

Fonte: Weaver e Wrigley (1994).

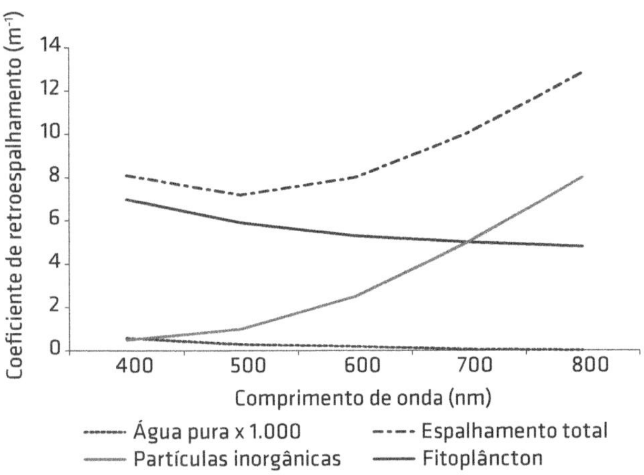

Fig. 7.15 *Coeficiente de retroespalhamento total da água pura e de seus constituintes opticamente ativos*
Fonte: adaptado de Smith e Baker (1981), Mobley (1994) e Kirk (2011).

tem um elevado espalhamento no azul, mas sua queda em direção aos comprimentos de onda mais longos é bem menor, o que explica a cor verde dos mares produtivos, com alta biomassa fitoplanctônica, alta absorção de pigmentos no azul e alto espalhamento na região do verde. Já o espalhamento das partículas inorgânicas aumenta exponencialmente em direção aos comprimentos de onda mais longos, sendo inferior ao espalhamento da própria água na região do azul.

Os coeficientes de espalhamento e de absorção são *propriedades ópticas inerentes* do ambiente aquático e se modificam apenas quando a composição da água se altera em termos de suas substâncias opticamente ativas. Existem, entretanto, propriedades ópticas que são afetadas tanto pela composição do corpo d'água quanto pelas características do campo de luz incidente sobre a água. A essas propriedades dá-se o nome de *propriedades ópticas aparentes*, porque os valores das grandezas medidas podem modificar-se com alterações no campo de luz incidente sobre a água.

Há um amplo campo de pesquisas que visa relacionar as propriedades ópticas inerentes às propriedades ópticas aparentes como base para desenvolver modelos analíticos e semianalíticos que permitam estimar a concentração de componentes opticamente ativos da água a partir de seu comportamento espectral (Mobley, 1994; Kirk, 2011).

A reflectância irradiante de subsuperfície $R(0-)$, que nada mais é do que (E_u^-/E_d^-), pode ser descrita com base nas propriedades ópticas inerentes e, portanto, permite relacionar o comportamento espectral da água a suas propriedades a partir da radiância medida pelo sensor.

As propriedades ópticas inerentes foram relacionadas a $R(0-)$ segundo a equação (Gordon; Brown; Jacobs, 1975):

$$R(0-)_\lambda = f \frac{b_b(\lambda)}{a(\lambda) + b_b(\lambda)} \tag{7.2}$$

em que $R(0-)_\lambda$ é a reflectância irradiante de subsuperfície no comprimento de onda λ, f é um coeficiente que varia com as condições de iluminação, e $b_b(\lambda)$ e $a(\lambda)$ são os coeficientes de retroespalhamento e absorção, respectivamente. Até hoje existem vários estudos que procuram melhor parametrizar essa equação.

Com o advento de satélites que detectam a cor dos oceanos, foram desenvolvidos modelos que permitissem relacionar a reflectância de sensoriamento remoto (R_{rs}) a $R(0-)$. Dentre esses modelos, destaca-se o proposto por Dekker (1993), que relaciona a reflectância de subsuperfície $R(0-)$ à reflectância de superfície $R(0)$, sendo esta:

$$R(0) = E_{wu} / E_{ad} \tag{7.3}$$

em que E_{wu} é a irradiância ascendente de subsuperfície e E_{ad} é a irradiância descendente acima da superfície.

A partir desse valor, o modelo de Dekker (1993) possibilita transportar a reflectância de subsuperfície para a reflectância imediatamente acima da superfície da água conforme expresso em:

$$R(0-) = R(0) / \{(1 - \rho_S)(1 - F) + (1 - \rho_D)F + \rho_a R(0)\} \quad \textbf{(7.4)}$$

em que ρ_S é a reflectância na interface ar/água devida à irradiância solar direta, ρ_D é a reflectância da irradiância difusa na interface, ρ_a é a reflectância ascendente da irradiância difusa que atinge a interface água/ar ao emergir da coluna d'água e F é a fração da irradiância difusa em relação à irradiância total.

A Fig. 7.16 apresenta o comportamento espectral de diferentes concentrações de sedimentos na água, obtido com o uso de modelos, e o comportamento espectral derivado de medidas de reflectância (R_{rs}) das mesmas concentrações. A análise dos espectros mostra que a reflectância modelada tem basicamente a mesma forma da reflectância medida. É possível verificar que as curvas se assemelham mais na região do vermelho e do infravermelho, onde o coeficiente de espalhamento da água é menor que aquele derivado do espalhamento de partículas.

Houve um grande avanço no conhecimento sobre o comportamento espectral dos sistemas aquáticos a partir do início do século XXI, principalmente em decorrência do desenvolvimento de instrumentação mais sensível, com maior resolução radiométrica e espectral, capaz de medir variações sutis de cor da água. Além disso, foi ampliado o conhecimento sobre as melhores formas de corrigir os efeitos ambientais sobre o sinal que emerge da coluna d'água. Para maiores informações sobre esses novos instrumentos, pode-se consultar a página do Laboratório de Instrumentação de Sistemas Aquáticos (LabISA) (http://www.dpi.inpe.br/labisa/).

O comportamento espectral dos sistemas aquáticos depende muito de suas propriedades ópticas, como visto anteriormente, e estas dependem de sua composição em termos

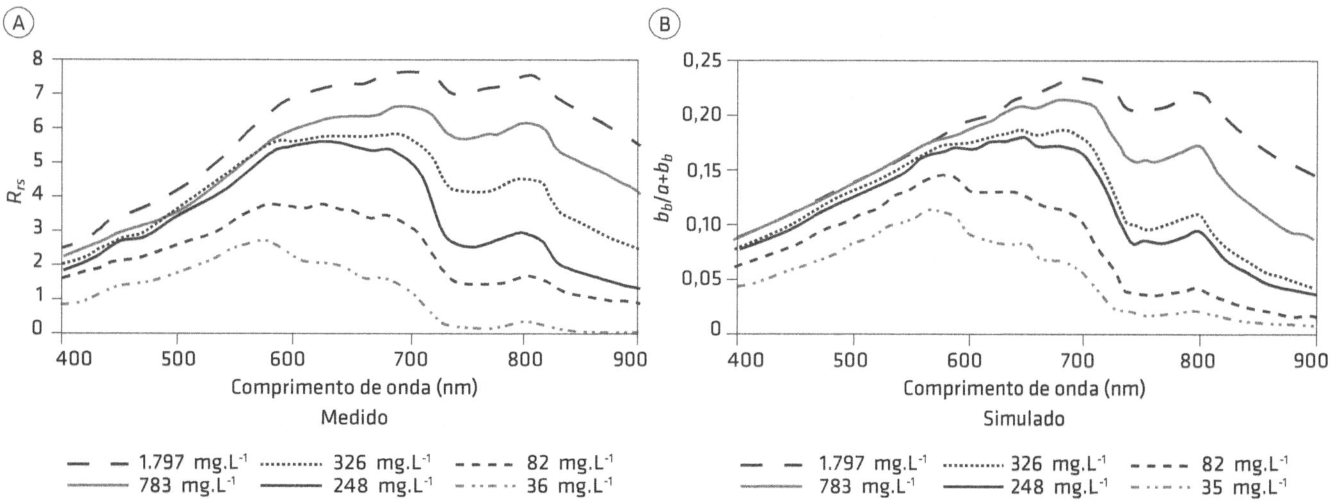

Fig. 7.16 *Comportamento espectral de diferentes concentrações de sedimentos suspensos a partir de modelagem bio-óptica e medidas de reflectância de sensoriamento remoto (R_{rs}): (A) medido e (B) simulado*
Fonte: adaptado de Doxaran et al. (2002).

de componentes opticamente ativos. Para ilustrar isso de forma prática, pode-se tomar os resultados obtidos por Londe (2008). Esse pesquisador realizou um experimento sobre o comportamento espectral de águas com diferentes concentrações de pigmentos fitoplanctônicos, no reservatório da usina hidrelétrica de Ibitinga, que representa um ambiente com alto nível de eutrofização sobretudo nos períodos de elevada residência hidráulica, coincidentes com o fim da estação seca no Estado de São Paulo e com o início da primavera. Esse reservatório é o terceiro do sistema de reservatórios em cascata do rio Tietê, o que contribui para que tenha pequena carga de particulados em suspensão, principalmente no período seco, quando diminuem as entradas de fluxo por escoamento superficial devido à ausência de chuvas. Com isso, é um sistema bastante interessante para avaliar o efeito de propriedades do fitoplâncton, tais como concentração de clorofila, densidade de células fitoplanctônicas e espécie dominante, sobre o comportamento espectral das águas do reservatório. As medidas realizadas por Londe (2008) representariam a resposta espectral da comunidade fitoplanctônica presente nos diferentes pontos amostrais. A Fig. 7.17 mostra o comportamento espectral de três pontos amostrados no reservatório em outubro de 2005. A Tab. 7.4 resume as características das amostras e do sistema aquático no instante da medida.

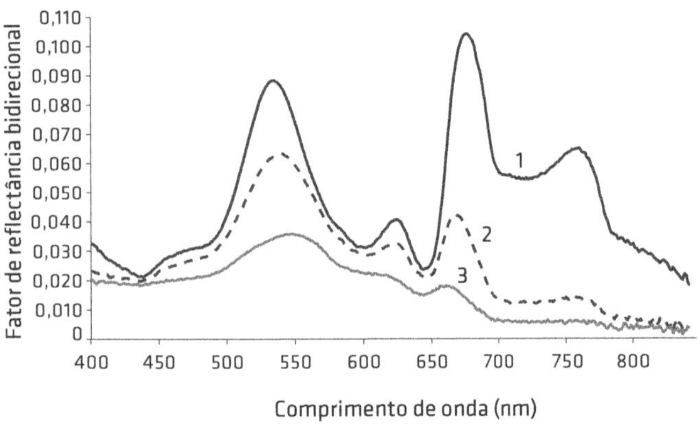

Fig. 7.17 *Comportamento espectral de pontos amostrais do reservatório de Ibitinga em outubro de 2005. As características dos pontos amostrais encontram-se descritas na Tab. 7.4*
Fonte: dados coletados por Londe (2008).

A análise da Fig. 7.17 revela que há diferenças na forma e na magnitude da reflectância entre os pontos amostrais. O espectro 1 referente ao ponto 42 apresenta cinco bandas de absorção bastante nítidas que dão origem a um máximo de reflectância no infravermelho próximo (710 nm), um segundo pico de reflectância no verde (550 nm), um terceiro pico em 800 nm e um quarto pico, mais discreto, em 650 nm. A magnitude da reflectância é bastante elevada para sistemas aquáticos, atingindo 0,10 (10%) em seu máximo. O espectro 2 referente ao ponto 43 apresenta comportamento semelhante ao do ponto 42, mas a magnitude da reflectância é muito menor, com o máximo dessa vez sendo alcançado na região verde do espectro, mas num patamar inferior ao do ponto 42, atingindo apenas 0,06 (6%). O pico de 800 nm é quase imperceptível, com um máximo de 0,03 (3%). O espectro 3 referente ao ponto 45 é caracterizado por apenas dois máximos de

Tab. 7.4 Propriedades das amostras do fitoplâncton presente na coluna d'água do reservatório hidrelétrico de Ibitinga em outubro de 2005

Espectro	Ponto amostrado	Densidade (indivíduos × mL^{-1})	Concentração de clorofila (mg × L^{-1})	Profundidade Secchi (cm)
1	42	39.398	378	30
2	43	7.576	83	110
3	45	6.926	22	140

Fonte: dados coletados por Londe (2008).

reflectância, um no verde, deslocado para 565 nm, e outro, menor, em 710 nm. A máxima reflectância não chega a 0,04 (4%).

Pela análise dos espectros, pode-se identificar a ocorrência de floração de cianobactérias, porque são observadas bandas de absorção relacionadas a esse grupo fitoplanctônico na região em torno de 620 nm (ver Tab. 7.1). Acontece também fluorescência associada à clorofila *a* (ver Tab. 7.2) e espalhamento associado às células fitoplanctônicas a partir do infravermelho (espectro 1). Como as florações se dão em subsuperfície, esse espalhamento produz um fluxo retroespalhado suficientemente intenso para atravessar a interface água/ar e produzir um sinal elevado detectável pelo sensor. Essas características são confirmadas pelos dados da Tab. 7.4. A alta densidade de células, à medida que aumenta a floração do fitoplâncton, provoca sua migração para a superfície em busca de uma região com maior disponibilidade de luz. Isso faz com que a profundidade Secchi diminua, visto que a profundidade da zona eufótica é reduzida pelo bloqueio da luz pela massa fitoplanctônica na superfície do sistema aquático.

Os espectros 2 e 3, pela forma e pelas bandas de absorção, sugerem também a presença de cianobactérias, mas a intensidade dos espectros indica que ainda não atingiram densidade característica de uma floração. Como a densidade de células é menor, a comunidade fitoplanctônica tem condições de permanecer em maior profundidade na coluna d'água (profundidade Secchi superior a 1 m). Com isso, a absorção pela água na região do infravermelho supera o espalhamento celular, fazendo com que o fluxo retroespalhado que atravessa a interface água/ar seja cada vez menor à medida que aumenta a profundidade Secchi.

Em sistemas aquáticos complexos, como o Lago Grande do Curuai (PA), os espectros de reflectância mostrados na Fig. 7.18 incluem uma mistura de componentes opticamente ativos, como pode ser observado nos dados de Barbosa (2005). Esses espectros foram medidos ao longo de um ano hidrológico e representam diferentes estados do pulso de inundação do rio Amazonas: estado 1 (cheia), estado 2 (baixa ou seca), estado 3 (enchente) e estado 4 (vazante).

A análise dos espectros mostra que há grande variabilidade na forma deles e na amplitude da energia refletida tanto entre os estados quanto dentro de um mesmo estado. No estado 1, que corresponde à cheia, o lago se encontra com a maior profundidade e praticamente dominado pela água do rio Amazonas. Nessa fase, o lago e o rio estão em equilíbrio, no mesmo nível, com redução de turbulência e aumento da taxa de deposição de sedimentos suspensos. Essas características favorecem a menor concentração do total de sedimentos em suspensão (TSS), como pode ser visto na Tab. 7.5, que resume as concentrações de componentes opticamente ativos nas diferentes estações e estados do sistema aquático estudado por Barbosa (2005). Além disso, a profundidade e a dominância da água do Amazonas no sistema – ver Rudorff, Melack e Bates (2014) e Bonnet et al. (2008) para compreender a hidrodinâmica do lago – fazem com que todas as estações tenham concentrações de TSS mais próximas entre si, com o máximo em torno de 30 mg/L. Como resultado, o máximo de reflectância não excede 10% no visível e atinge menos de 5% no infravermelho, marcado pela forte absorção pela água a partir de 710 nm (seta preta nos gráficos).

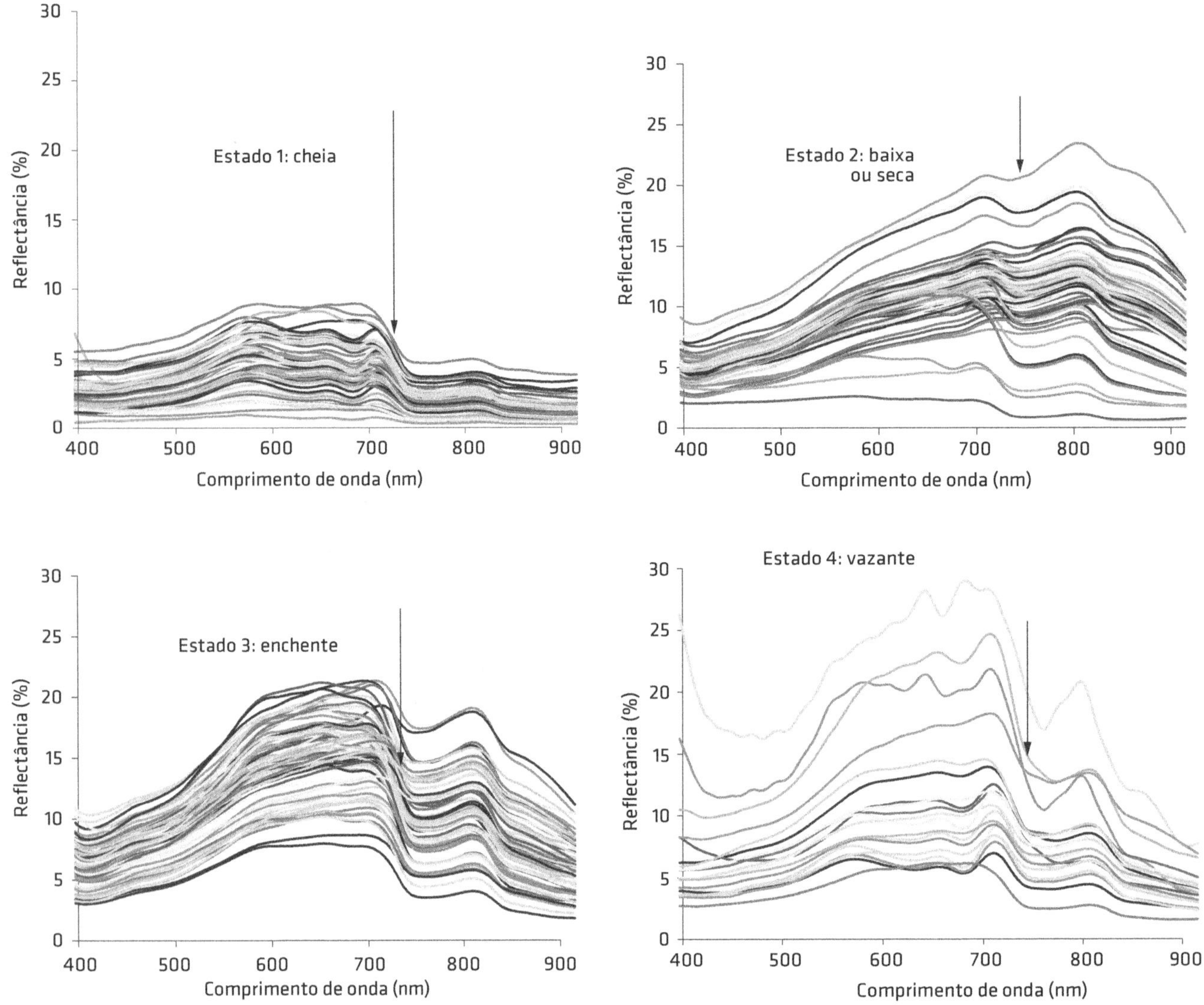

Fig. 7.18 *Comportamento espectral da reflectância de diferentes estações amostrais distribuídas pelo Lago Grande do Curuai (PA), na planície do rio Amazonas, em diferentes fases (estados) do ano hidrológico*
Fonte: Barbosa (2005).

O carbono orgânico dissolvido (COD), um indicador da matéria orgânica dissolvida, também tem pequena variabilidade, sendo a clorofila a variável de maior variabilidade no período, com um coeficiente de variação (CV) de 75%. Apesar da alta concentração média de clorofila (28,85 µg/L), as feições associadas a ela são de difícil visualização (Fig. 7.18), devido à dominância do TSS na maioria dos espectros.

No estado 2, período de água baixa, a amplitude de variação da reflectância entre as amostras do lago é muito grande, com espectros atingindo valores próximos a 20% na região do vermelho, e espectros com reflectância em torno de 2%. Essa diferença é explicada pela grande amplitude na concentração de TSS, cujos valores variam de cerca de 1 µg/L a mais de 1.000 µg/L, com um CV de 47%.

Tab. 7.5 Comportamento das propriedades opticamente ativas ao longo do ano hidrológico para o conjunto das estações amostradas

Variável	Estados	Média	Coeficiente de variação (CV) (%)
Carbono orgânico dissolvido (COD) (ppm)	Estado 4	8,37	63
	Estado 2	6,04	27
	Estado 3	5,52	28
	Estado 1	6,73	28
TSS (mg/L)	Estado 4	66,13	38
	Estado 2	462,71	47
	Estado 3	98,7	54
	Estado 1	14,51	29
Clorofila (µg/L)	Estado 4	68,78	91
	Estado 2	33,4	47
	Estado 3	8,34	49
	Estado 1	28,85	75

Fonte: adaptado de Barbosa (2005).

A forma dos espectros do estado 2, em sua maioria, apresenta um aumento linear da reflectância em direção aos comprimentos de onda mais longos, com reduções apenas nas bandas de absorção da água, indicando o efeito dominante do retroespalhamento de partículas inorgânicas. Outro aspecto interessante observável nos espectros do estado 2 é que, até em torno de 10% de reflectância (menores concentrações de TSS), o máximo se dá em torno do vermelho. À medida que aumenta a concentração de TSS, os máximos de reflectância migram para comprimentos de onda mais longos (Curran; Novo, 1988).

No estado 3, no período de enchente, os espectros também apresentam grande amplitude de reflectância, que é explicada pelo elevado CV do TSS (Tab. 7.5). A forma do espectro é diferente, quando comparada à do estado 2, porque a menor concentração de partículas inorgânicas provoca uma queda mais acentuada da reflectância na passagem do visível para o infravermelho.

No estado 4, pode-se observar maior diversidade de formas nos espectros, indicando que outros componentes opticamente ativos são encontrados em maior abundância. De fato, é possível verificar, pela Tab. 7.5, que no estado 4 são observadas concentrações médias de clorofila em torno de 68 µg/L. Segundo dados publicados por Barbosa (2005), foram observadas concentrações de até 350 µg/L de clorofila *a*, cujos espectros apresentam forma semelhante (Fig. 7.18) às descritas por Londe (2008) em ambiente dominado por fitoplâncton.

Além disso, bastante interessantes para se ter uma melhor compreensão da variabilidade do comportamento espectral da água são os resultados obtidos por Lobo et al. (2012). Sua pesquisa teve como objetivo a criação de uma biblioteca de espectros que pudesse ser utilizada para estimar a concentração de TSS e de clorofila a partir de medidas do comportamento espectral de lagos compiladas ao longo de várias missões realizadas na planície do Solimões/Amazonas (Nóbrega, 2002; Barbosa, 2005; Rudorff et al., 2007). A biblioteca consta de coordenadas das estações, dados limnológicos, medidas de reflectância de superfície entre 400 nm e 900 nm e dados relativos às condições ambientais durante a aquisição, os quais incluem totais de sólidos inorgânicos em suspensão (SIS), totais de sólidos orgânicos em suspensão (SOS), concentração de clorofila e feopigmentos (CHL), concentração de COD, concentração de carbono inorgânico dissolvido, concentração de fósforo e nitrogênio total, profundidade Secchi, temperatura da água, pH, condutividade elétrica, concentração de oxigênio dissolvido, e turbidez. O primeiro passo consistiu na definição de espectros de referência a partir de um processo de agrupamento iterativo que combinava a reflectância espectral das amostras e a concentração de componentes opticamente ativos de grandes classes de águas que ocorrem nos sistemas aquáticos da várzea amazônica.

As classes definidas por Lobo et al. (2012) foram: (a) água preta, caracterizada por alta concentração de matéria orgânica dissolvida; (b) água clara, caracterizada por baixa concentração de componentes opticamente ativos; (c) cinco classes dominadas por concentrações crescentes de sedimentos inorgânicos em suspensão; (d) três classes dominadas por concentrações crescentes de clorofila *a* e feopigmentos.

A Fig. 7.19 mostra os espectros de referência propostos por Lobo et al. (2012) para essas classes, definidas a partir de amostras coletadas em várias fases do ano hidrológico e em diferentes regiões da planície, a montante e a jusante de Manaus.

É interessante observar que os espectros relativos às classes de clorofila têm feições semelhantes às dos espectros medidos por Londe (2008) em Ibitinga, indicando a consistência do comportamento espectral independentemente da complexidade óptica do sistema aquático. O espectro referente à classe SIS66 CHL < 80, que representa águas com concentração de clorofila igual ou superior a 75 mg/L, corresponde, na região do infravermelho, à forma do espectro 1 referente ao ponto 42 (Fig. 7.17). Em termos de magnitude da energia refletida, o espectro 1 também tem um máximo no infravermelho que atinge cerca de 10%. A concentração de clorofila, entretanto, é muito maior (378 mg/L). Essas diferenças se devem à menor profundidade da zona eufótica dos lagos amazônicos, cuja concentração de sedimentos em suspensão não só provoca a migração do fitoplâncton para a superfície a concentrações menores do que aquelas encontradas em ambientes com baixa concentração de partículas, mas também aumenta o fluxo retroespalhado, adicionando ao retroespalhamento celular o componente de retroespalhamento de partículas. Sem a presença de partículas inorgânicas em suspensão (SIS = 66) na coluna d'água, o espectro equivalente a CHL < 80 seria semelhante ao espectro da amostra 43 da Fig. 7.17. Pode-se observar que a presença do SIS provoca o desaparecimento das bandas profundas de absorção pelos pigmentos fitoplanctônicos no azul e no vermelho e pela absorção de água no infravermelho.

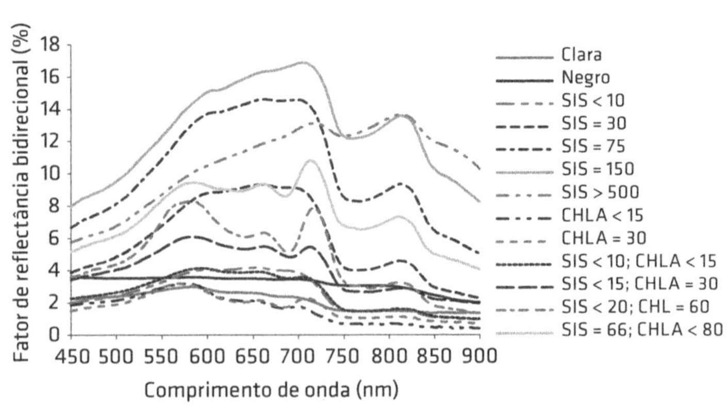

Fig. 7.19 *Espectros de referência para a classificação de sistemas aquáticos amazônicos com base em seus componentes opticamente ativos dominantes*
Fonte: adaptado de Lobo (2009).

Outro aspecto interessante que pode ser observado no conjunto de espectros de referência é a mudança de forma dos espectros dos sistemas aquáticos dominados por partículas inorgânicas em suspensão. Da classe SIS10 (concentração de sólidos inorgânicos em suspensão igual ou superior a 10 mg/L) à classe SIS30 (concentração de sólidos inorgânicos em suspensão igual ou superior a 30 mg/L), a reflectância se mantém relativamente constante entre 570 nm e 690 nm, ao passo que, da classe SIS75 à classe SIS150, a diferença de reflectância entre 570 nm e 690 nm aumenta sensivelmente. Ao contrário do que intuitivamente se espera, ao passar de concentrações iguais ou superiores a 150 mg/L para concentrações iguais ou superiores a 500 mg/L (SIS > 500), a reflectância entre 400 nm e 741 nm torna-se inferior às das classes SIS75 e SIS150. A reflectância de SIS500 tem o seu máximo deslocado para 814 nm, a partir do qual apresenta a mais alta reflectância no infravermelho em comparação com as demais classes de SIS. A queda da reflectância sugere que, a partir de certo limite de concentração, o coeficiente de absorção por partículas passa a superar o coeficiente de retroespalhamento, e que esse aumento do coeficiente de absorção é maior nos comprimentos de onda menores.

A presença da matéria orgânica dissolvida colorida nos sistemas aquáticos provoca a redução da R_{rs} em todos os comprimentos de onda. A Fig. 7.20 mostra o espectro de reflectância de amostras (sr^{-1}) do lago Mamirauá da várzea amazônica, com concentrações de clorofila (CHL) variando entre 2,06 μg × L^{-1} e 10,72 μg × L^{-1}, total de sólidos suspensos (TSS) variando entre 3,8 mg × L^{-1} e 8,2 mg × L^{-1} e absorção pela matéria orgânica dissolvida colorida variando de 1,75 m^{-1} a 5,32 m^{-1}. Pode-se observar que, mesmo na presença de alta concentração de partículas (TSS = 8,2 mg × L^{-1} e CHL = 10,72 μg × L^{-1}), a elevada absorção pela matéria orgânica dissolvida colorida (5,32 m^{-1}) provoca a destruição das feições de absorção e espalhamento dos outros componentes opticamente ativos. Devido à elevada absorção na região do azul e do verde, o sinal refletido é muito próximo de zero (ver que a reflectância encontra-se multiplicada por mil). Os valores máximos de reflectância não chegam a 0,001 na região do infravermelho, onde o efeito da matéria orgânica dissolvida colorida é mínimo. Esse comportamento da matéria orgânica dissolvida colorida confere aos lagos uma cor escura, o que faz com que essas águas sejam classificadas por Sioli (1984) como águas escuras.

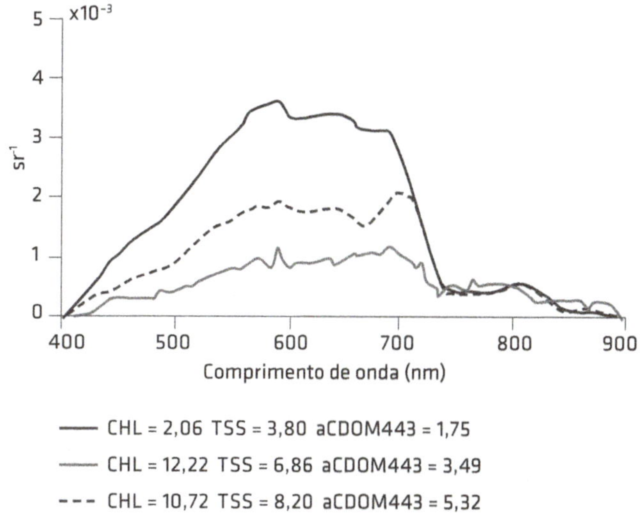

Fig. 7.20 *Espectros de sistemas aquáticos sujeitos a diferentes intensidades de absorção pela matéria orgânica dissolvida*
Fonte: Barbosa et al. (2015).

Referências bibliográficas

BARBOSA, C. C. F. *Sensoriamento remoto da dinâmica de circulação da água do sistema planície de Curuai/Rio Amazonas*. 2005. 286 f. IBI: <6qtX3pFwXQZGivnJSY/KfjFc>. (INPE-14614-TDI/1193). Tese (Doutorado em Sensoriamento Remoto) – Instituto Nacional de Pesquisas Espaciais (Inpe), São José dos Campos, 2005. Disponível em: <http://urlib.net/6qtX3pFwXQZGivnJSY/KfjFc>.

BARBOSA, C. C. F.; NOVO, E.; FERREIRA, R.; CARVALHO, L.; CAIRO, C.; LOPES, F.; STECH, J.; ALCÂNTARA, E. H. Brazilian inland water bio-optical dataset to support carbon budget studies in reservoirs as well as anthropogenic impacts in Amazon floodplain lakes: preliminary results. *International Archives of the Photogrammetry, Remote Sensing and Spatial Information Sciences* (ISPRS), v. XL-7/W3, p. 1439-1446, 2015.

BONNET, M. P.; BARROUX, G.; MARTINEZ, J. M.; SEYLER, F.; MOREIRA-TURCQ, P.; COCHONNEAU, G.; ROUX, E. Floodplain hydrology in an Amazon floodplain lake (Lago Grande de Curuai). *Journal of Hydrology*, v. 349, n. 1, p. 18-30, 2008.

BRICAUD, A.; BABIN, M.; MOREL, A.; CLAUSTRE, H. Variability in the chlorophyll-specific absorption coefficients of natural phytoplankton: analysis and parameterization. *Journal of Geophysical Research: Oceans*, v. 100, n. C7, p. 13321-13332, 1995.

CAIRO, C. T. *Caracterização temporal das propriedades bio-óticas do reservatório de Ibitinga/SP.* Dissertação (Mestrado em Sensoriamento Remoto) – Instituto Nacional de Pesquisas Espaciais (Inpe), São José dos Campos, 2015.

CALIJURI, M. C.; SANTOS, A. C. A.; ALVES, M. S. A. *Cianobactérias e cianotoxinas em águas continentais.* São Carlos: Rima, 2006.

CARVALHO, L. A. S. *Bio-optical characterization of Amazon floodplain lakes and evaluation of the retrieval of optically active constituent using remote sensing.* 2016. 201 f. IBI: <8JMKD3MGP3W34P/3LRECPB>. (sid.inpe.br/mtc-m21b/2016/06.08.16.27-TDI). Tese (Doutorado em Sensoriamento Remoto) – Instituto Nacional de Pesquisas Espaciais (Inpe), São José dos Campos, 2016. Disponível em: <http://urlib.net/8JMKD3MGP3W34P/3LRECPB>.

CURRAN, P. J.; NOVO, E. M. M. The relationship between suspended sediment concentration and remotely sensed spectral radiance: a review. *Journal of Coastal Research*, v. 4, n. 3, p. 351-368, 1988.

DEKKER, A. G. *Detection of optical water quality parameters for eutrophic waters by high resolution remote sensing.* Theses (PhD) – Free University, Amsterdan, 1993.

DOXARAN, D.; FROIDEFOND, J. M.; LAVENDER, S.; CASTAING, P. Spectral signature of highly turbid waters: application with SPOT data to quantify suspended particulate matter concentrations. *Remote Sensing of Environment*, v. 81, n. 1, p. 149-161, 2002.

GITELSON, A. The peak near 700 nm on radiance spectra of algae and water: relationships of its magnitude and position with chlorophyll concentration. *International Journal of Remote Sensing*, v. 13, n. 17, p. 3367-3373, 1992.

GITELSON, A. A.; YACOBI, Y. Z.; SCHALLES, J. F.; RUNDQUIST, D. C.; HAN, L.; STARK, R.; ETZION, D. Remote estimation of phytoplankton density in productive waters. *Advances in limnology*, Stuttgart, n. 55, p. 121-136, 2000.

GORDON, H. R.; BROWN, O. B.; JACOBS, M. Computed relationships between the inherent and apparent optical properties of a flat homogeneous ocean. *Appl. Opt.*, v. 14, p. 417-427, 1975.

HELMS, J. R.; STUBBINS, A.; RITCHIE, J. D.; MINOR, E. C.; KIEBER, D. J.; MOPPER, K. Absorption spectral slopes and slope ratios as indicators of molecular weight, source, and photobleaching of chromophoric dissolved organic matter. *Limnology and Oceanography*, v. 53, n. 3, p. 955-969, 2008.

JUNK, W. J.; BAYLEY, P. B.; SPARKS, R. E. The flood pulse concept in river-floodplain systems. *Canadian special publication of fisheries and aquatic sciences*, v. 106, n. 1, p. 110-127, 1989.

KIRK, J. T. *Light and photosynthesis in aquatic ecosystems*. Cambridge: Cambridge University Press, 2011.

LOBO, F. L. *Biblioteca espectral*: determinação de espectros de referência para a classificação de tipos de água das áreas alagáveis da Amazônia. 2009. 129 f. IBI: <8JMKD3MGP8W/35ALGU2>. (INPE-15748-TDI/1493). Dissertação (Mestrado em Sensoriamento Remoto) – Instituto Nacional de Pesquisas Espaciais (Inpe), São José dos Campos, 2009. Disponível em: <http://urlib.net/8JMKD3MGP8W/35ALGU2>.

LOBO, F. L.; NOVO, E. M. L. D. M.; BARBOSA, C. C. F.; GALVÃO, L. S. Reference spectra to classify Amazon water types. *International journal of remote sensing*, v. 33, n. 11, p. 3422-3442, 2012.

LONDE, L. R. *Comportamento espectral do fitoplâncton de um reservatório brasileiro eutrofizado – Ibitinga/SP*. 2008. 223 f. Tese (Doutorado em Sensoriamento Remoto) – Instituto Nacional de Pesquisas Espaciais (Inpe), São José dos Campos, 2008.

MOBLEY, C. D. *Light and water*: radiative transfer in natural waters. San Diego: Academic Press, 1994.

NÓBREGA, I. W. *Análise espectral de sistemas aquáticos da Amazônia para a identificação de componentes opticamente ativos*. 2002. 85 f. (INPE-13059-TDI/1023). Dissertação (Mestrado em Sensoriamento Remoto) – Instituto Nacional de Pesquisas Espaciais (Inpe), São José dos Campos, 2002. Disponível em: <http://urlib.net/sid.inpe.br/MTC-m13@80/2005/09.08.16.41>.

NOVO, E. M. L. M. Comportamento espectral da água. In: MENESES, P. R.; MADEIRA NETTO, J. da S. (Org.). *Sensoriamento remoto*: reflectância dos alvos naturais. Brasília/Planaltina: Editora Universidade de Brasília/Embrapa Cerrados, 2001.

REYNOLDS, C. S. *The ecology of phytoplankton*. Cambridge: Cambridge University Press, 2006.

RUDORFF, C. M.; MELACK, J. M.; BATES, P. D. Flooding dynamics on the lower Amazon floodplain: seasonal and interannual hydrological variability. *Water Resources Research*, v. 50, n. 1, p. 635-649, 2014.

RUDORFF, C. M.; NOVO, E. M. L. M.; GALVÃO, L. S.; PEREIRA FILHO, W. Análise derivativa de dados hiperespectrais medidos em nível de campo e orbital para caracterizar a composição de águas opticamente complexas na Amazônia/Derivative analysis of hyperespectral data measured at field and orbital level to characterize the composition of optically complex waters in the amazon. *Acta Amazonica*, v. 37, n. 2, p. 279-290, jun. 2007. Disponível em: <http://dx.doi.org/10.1590/S0044-59672007000200014>. Acesso em: 10 jul. 2017.

SERRUYA, C.; POLLINGHER, U. *Lakes of the Warm Belt*. Cambridge: Cambridge University Press, 1983. 550 p.

SIOLI, H. The Amazon and its main affluents: hydrography, morphology of the river courses, and river types, p. 127-165. In: SIOLI, H. (Ed.). *The Amazon*: limnology and landscape ecology of a mighty tropical river and its basin. Dr. W. Junk Publishers, Dordrecht, South Holland, 1984.

SMITH, R. C.; BAKER, K. S. Optical properties of the clearest natural waters (200-800 nm). *Applied optics*, v. 20, n. 2, p. 177-184, 1981.

WEAVER, E. C.; WRIGLEY, R. Factors affecting the identification of phytoplankton groups by means of remote sensing. *Nasa Technical Memorandum* 108799, 1994.

8 DO SENSORIAMENTO REMOTO MULTIESPECTRAL PARA O HIPERESPECTRAL: O COMPORTAMENTO ESPECTRAL DOS MATERIAIS VISTO DO ESPAÇO

Lênio Soares Galvão

Nos capítulos anteriores, a reflectância espectral dos materiais naturais terrestres (rochas, solos, vegetação e água) foi discutida para a faixa óptica de 400 nm a 2.500 nm. Foram apresentados exemplos de vários espectros de reflectância obtidos em laboratório e em campo com espectrorradiômetros de alta resolução espectral. Neste capítulo, será discutida a conexão entre o conhecimento estabelecido em laboratório/campo e as imagens de satélite. Em resumo, qual a importância de conhecer o comportamento espectral de alvos para interpretar imagens obtidas por sistemas sensores a bordo de satélites?

Para responder a essa pergunta, pode-se inspecionar a Fig. 8.1, que mostra composições coloridas *cor verdadeira* (normal) e *falsa cor*. As imagens recobrem uma área localizada no município de Manduri (SP) e foram obtidas pelo sensor hiperespectral Hyperion, que operava a bordo do satélite Earth Observing-1 (EO-1), da Agência Espacial dos Estados Unidos (National Aeronautics and Space Administration, Nasa). Quando se analisa a composição colorida cor verdadeira, formada por três bandas Hyperion da faixa do visível, que de certa forma coincidem com a faixa de sensibilidade da visão humana, a associação entre a distribuição de cores e o mundo real é direta. Assim, na Fig. 8.1A, a vegetação verde da paisagem aparece em cor verde na imagem, do mesmo modo como ocorre nas fotografias tiradas no dia a dia com câmeras digitais. As diferentes intensidades de verde observadas nessa imagem estão associadas aos plantios de pínus e eucalipto e aos remanescentes de floresta estacional semidecidual da Mata Atlântica, na Floresta Estadual de Manduri, localizada nas vizinhanças da cidade. Outras cores também são observadas em alvos com formas circulares, que, por associação com o mundo real, deduz-se que sejam pivôs de irrigação. Por exemplo, as diferentes variações de verde nos pivôs indicam diferentes quantidades de energia refletida na faixa do visível, provavelmente retratando culturas agrícolas distintas (milho e feijão) ou com o mesmo tipo de cultivo, mas em diferentes estágios fenológicos. Os solos expostos ocorrem em tonalidades avermelhadas, e os solos com palha (vegetação seca) revestindo a superfície aparecem em cores esbranquiçadas. Uma análise espectral mais refinada dos alvos contidos na cena poderia ser feita se outras bandas em outras faixas espectrais, além da faixa do visível, fossem investigadas.

Se a associação entre a distribuição de cores e o mundo real é óbvia na composição colorida cor verdadeira da Fig. 8.1A, o mesmo não ocorre na composição colorida falsa cor da Fig. 8.1B, formada por três bandas Hyperion do infravermelho refletido. A prática na interpretação de imagens tem demonstrado que as composições falsa cor são geralmente mais úteis que as composições cor verdadeira para a identificação dos componentes de cena. Mas, para sua interpretação, pressupõe-se que o intérprete tenha um conhecimento básico sobre o comportamento espectral

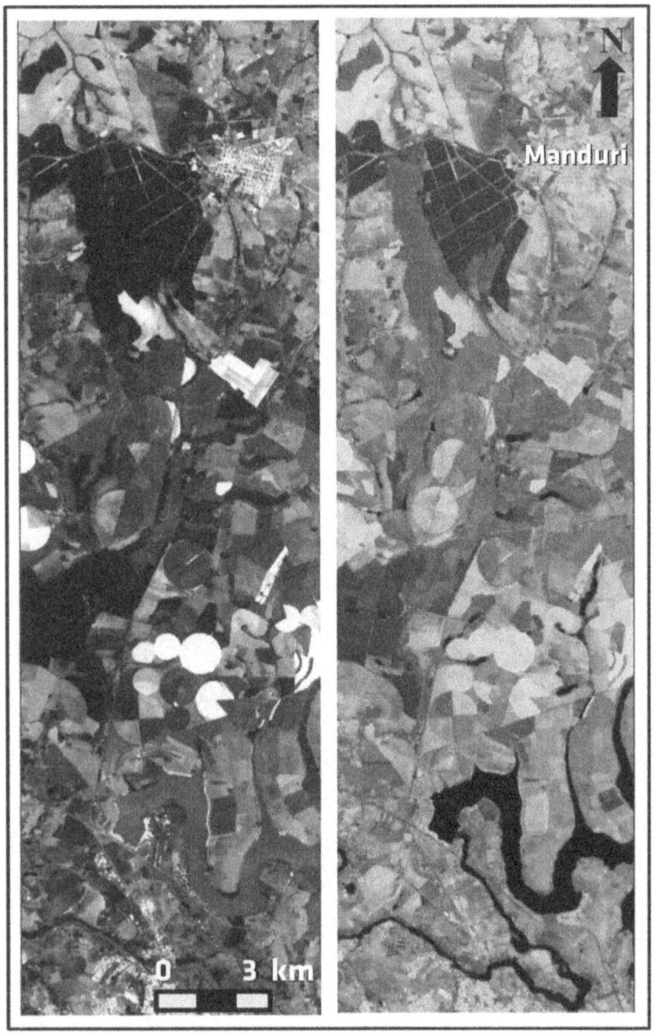

Fig. 8.1 *Imagem Hyperion/EO-1 do município de Manduri (SP): (A) composição colorida cor verdadeira das bandas espectrais posicionadas em 661 nm (vermelho), 569 nm (verde) e 487 nm (azul) e (B) composição colorida falsa cor das bandas espectrais posicionadas em 864 nm (vermelho), 1.548 nm (verde) e 2.201 nm (azul)*

dos alvos. Por exemplo, a vegetação verde da paisagem ocorre em cores avermelhadas a alaranjadas na composição falsa cor da Fig. 8.1B, porque se atribui a cor vermelha à banda fisicamente posicionada em 864 nm, portanto, na faixa do infravermelho próximo (760-1.300 nm) do espectro eletromagnético. Nessa faixa, a vegetação verde sadia reflete grande parte da energia solar incidente sobre a copa das árvores, conforme foi visto no Cap. 6. Por sua vez, a água do rio Paranapanema, na porção inferior da figura, aparece em tons escuros, uma vez que a água absorve praticamente toda a energia incidente do infravermelho próximo em diante – como já abordado no Cap. 7, a reflectância da água no infravermelho é praticamente nula. Observar que, na composição cor verdadeira, a água aparece em cores esverdeadas, em razão da presença de clorofila, que reflete mais energia na faixa espectral do verde do que nas faixas do azul ou do vermelho, onde predominam os processos de absorção da luz visível.

Retomando a pergunta inicial sobre a importância de conhecer o comportamento espectral de alvos para interpretar imagens, a resposta é relativamente simples: a interpretação de imagens de sensoriamento remoto é a interpretação do comportamento espectral dos alvos. Composições coloridas requerem o uso de três bandas (canais), para as quais o analista pode, aleatoriamente, atribuir as cores vermelha, verde e azul. No entanto, dependendo do número de bandas que um sensor tiver, dezenas a centenas de composições coloridas podem ser geradas. Por exemplo, somente com seis bandas pode-se compor 19 composições coloridas, sem considerar a permutação de cores. A interpretação visual de tal quantidade de composições é exaustiva e seria totalmente impossível no caso de um sensor hiperespectral com centenas de bandas. Daí a importância do uso de técnicas de processamento digital com configurações baseadas em parâmetros de análise espectral, com fins de determinar a provável composição dos materiais contidos nos *pixels* das imagens.

8.1 Estudando o comportamento espectral de alvos com sensores orbitais

O correspondente às medidas espectrorradiométricas de reflectância feitas em amostras de laboratório ou no campo são as medidas por elemento de resolução no terreno (*pixel*) feitas pelos sensores imageadores a bordo de aeronaves e satélites. O número digital (ND) de cada *pixel* em uma determinada banda expressa a intensidade da energia eletromagnética refletida pelo material nele contido, a qual será diferente em cada banda, dependendo do tipo de material. Valores baixos de ND (*pixels* escuros) representam uma quantidade menor de energia eletromagnética refletida ao sensor, quando comparados com valores altos de ND (*pixels* claros). Dessa forma, um material pode ocorrer como *pixel* escuro em uma banda e como *pixel* claro em outra banda, o que afeta a distribuição de cores nas composições coloridas.

Com o devido conhecimento dos padrões de calibração dos sensores (valores instrumentais de radiância mínima, de radiância máxima, ganhos e *offsets*), os NDs, que não possuem significado físico e não podem ser comparados entre sensores e ao longo do tempo, podem ser convertidos em NDs escalados, representando grandezas radiométricas como a radiância. Utilizando-se de algoritmos contendo modelos físicos de transmitância atmosférica, os valores de radiância dos *pixels*, numa segunda etapa, são convertidos para gerar imagens de reflectância de superfície, portanto, já corrigidas para eliminar os efeitos aditivos de espalhamento dos diferentes constituintes presentes na atmosfera. Esse processo de conversão de ND para radiância/reflectância foi demonstrado no Cap. 1. Como o termo sugere, a imagem convertida por esse procedimento é a resposta espectral dos componentes da superfície, a resposta de interesse da cobertura do terreno: reflectância. Os valores de reflectância de superfície podem, então, ser diretamente relacionados com os valores de reflectância medidos em laboratório ou no campo por espectrorradiômetros não imageadores, com as devidas restrições de transferência de escala entre níveis tão distintos de aquisição de dados.

Atualmente, a maioria das missões espaciais disponibiliza as imagens de seus sistemas sensores pelo menos em valores de radiância aparente no sensor, também denominada radiância no topo da atmosfera, isto é, sem correção atmosférica. Entretanto, muitas missões espaciais já disponibilizam as imagens reflectância de superfície para os usuários. Em geral, além dessa correção radiométrica, as imagens já são distribuídas para a comunidade geometricamente corrigidas e ortorretificadas. Essa é uma tendência do sensoriamento remoto, a fim de facilitar o trabalho dos usuários de dados de satélite. Por exemplo, espectros de reflectância dos materiais contidos nos *pixels* podem ser analisados com as imagens dos sensores Operational Land Imager (OLI)/Landsat-8 e Moderate Resolution Imaging Spectroradiometer (Modis)/Terra-Aqua, que disponibilizam o produto reflectância de superfície. Em resumo, o comportamento espectral dos materiais pode ser medido e visto não apenas no laboratório e no campo, mas também a partir de sensores aerotransportados (avião) e orbitais (satélites), com a vantagem de que cada cena representa a aquisição simultânea de milhares de espectros, *pixel* a *pixel*. Em nível orbital de aquisição de dados, é necessário, além de reduzir a influência atmosférica, considerar na análise da imagem a presença de mistura espectral de diferentes componentes de cena contidos dentro de cada *pixel*.

8.2 Sensores multiespectrais e hiperespectrais

Conforme visto na seção anterior, a resposta espectral dos materiais pode ser medida a partir do espaço com sensores imageadores a bordo de satélites. De forma simplificada, considerando apenas a resolução espectral, há duas formas de fazer isso: (a) usando sensores com um pequeno número de bandas largas (dezenas a centenas de nanômetros de largura), estrategicamente posicionadas em janelas atmosféricas, ao longo do espectro eletromagnético; e (b) usando sensores com um grande número de bandas estreitas (< 15 nm de largura), posicionadas sequencialmente em intervalos espectrais regulares, ao longo de uma determinada faixa espectral. No primeiro caso, os sensores são classificados como multiespectrais, enquanto no segundo são considerados hiperespectrais.

O conceito original de sensoriamento remoto hiperespectral, também conhecido como espectroscopia ou espectrometria de imageamento, refere-se à aquisição de imagens em centenas de bandas espectrais, próximas umas das outras. Isso possibilita a obtenção de um espectro de alta resolução espectral para cada *pixel* da cena (Goetz et al., 1985). Entretanto, conforme discutido por Galvão et al. (2012), esse conceito está, na realidade, muito mais relacionado com a capacidade dos sensores em medir feições espectrais estreitas, que ocorrem nos espectros de reflectância dos materiais de superfície, do que propriamente com o número de bandas. Por exemplo, a despeito da diferença no número de bandas, o sensor aerotransportado da Nasa Airborne Visible/Infrared Imaging Spectrometer (Aviris), com 224 bandas (400-2.500 nm), e o sensor orbital Compact High Resolution Imaging Spectrometer (Chris/Proba), com 62 bandas (410-1.100 nm), são ambos instrumentos hiperespectrais em suas respectivas faixas espectrais de funcionamento. Esses dois sensores têm bandas estreitas com cerca de 10 nm de largura, espaçadas regularmente (10 nm em 10 nm), que permitem medidas adequadas *pixel* a *pixel* da maioria das feições espectrais que são normalmente observadas em espectros de reflectância de laboratório. Daí as denominações espectroscopia e espectrometria de imageamento para o sensoriamento remoto hiperespectral, embora a última denominação ainda persista como a mais popular e predominante na literatura especializada.

Quais as implicações de utilizar um sensor multiespectral ou hiperespectral para estudar o comportamento espectral dos materiais a partir do espaço? A resposta para esse questionamento pode ser obtida por meio da inspeção da Fig. 8.2, que representa dados hiperespectrais adquiridos em 1995 pelo sensor Aviris operando em 224 bandas espectrais, a bordo de uma aeronave de alta altitude, sobre a Chapada dos Veadeiros, próximo ao município de Alto Paraíso de Goiás (GO). Para ilustrar o conceito de sensoriamento remoto hiperespectral usando esses dados, pode-se gerar um cubo cujas dimensões representam as linhas (x) e colunas (y) da imagem e as bandas (z) do sensor (comprimento de onda). A imagem de face do cubo é da banda 1 do Aviris, que está fisicamente posicionada no comprimento de onda de 380 nm, o que corresponde ao início da faixa da luz azul. A imagem que define a profundidade z do cubo é da banda 224, que está fisicamente posicionada em 2.500 nm, portanto, no infravermelho

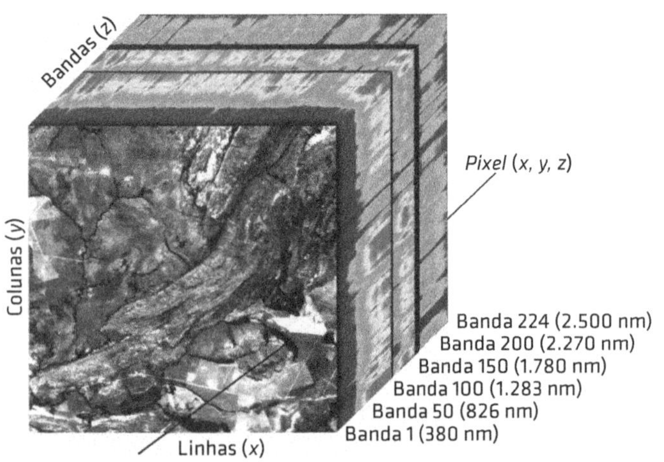

Fig. 8.2 *Ilustração do conceito de sensoriamento remoto hiperespectral usando dados Aviris adquiridos em 224 bandas espectrais na Chapada dos Veadeiros (GO). A resolução espacial é de 20 m*

de ondas curtas (SWIR). Para qualquer *pixel* da cena com localização *x* e *y*, pode-se obter um espectro de reflectância em função de *z*. Quanto maior for o número de bandas, maior será a dimensão *z* e melhor será a resolução espectral do sensor. Obviamente, essa representação gráfica não pode ser feita com dados gerados por sensores multiespectrais, nos quais a dimensão *z*, ou o pequeno número de bandas, não é suficiente para se obter um cubo.

Usando sensores de alta resolução espectral, os espectros obtidos simultaneamente para cada um dos milhares de *pixels* da cena serão cada vez mais similares aos medidos por espectrômetros não imageadores operando em laboratório. Na Fig. 8.3, são apresentados exemplos de espectros de reflectância extraídos da imagem Aviris da Chapada dos Veadeiros (GO) para um *pixel* composto de vegetação verde e para outro *pixel* composto de solo exposto. No espectro de vegetação verde, feições de absorção estreitas produzidas pelo conteúdo de água das folhas são observadas em 980 nm e 1.200 nm. Nas faixas do azul (480 nm) e do vermelho (667 nm), a clorofila absorve a radiação eletromagnética. No espectro do solo, a feição de absorção vista em 2.200 nm é devida à presença do mineral caulinita, e a que ocorre entre 600 nm e 1.200 nm é devida a óxidos de ferro. Nessa figura, a ausência de medidas em torno dos comprimentos de onda de 1.400 nm e 1.900 nm deve-se à total absorção da radiação eletromagnética pelas moléculas de vapor d'água presentes na atmosfera, que impede o registro da reflectância desses comprimentos de onda pelos sensores posicionados acima da atmosfera (nível aéreo e orbital). Mesmo após a correção atmosférica, a forte absorção atmosférica por vapor d'água impede a utilização desses dados ou das bandas posicionadas nesses intervalos espectrais. Portanto, quando comparado ao sensoriamento remoto multiespectral, o sensoriamento remoto hiperespectral possibilita a medição da reflectância do terreno com uma precisão comparável àquela de medições feitas em laboratório ou em campo. Isso permite reconhecer nas imagens hiperespectrais, por exemplo, minerais de rochas, componentes orgânicos e inorgânicos dos solos, constituintes bioquímicos da vegetação (por exemplo, clorofila, água foliar, lignina, celulose) e componentes opticamente ativos de águas interiores ou oceânicas (por exemplo, clorofila, sedimentos em suspensão, matéria orgânica dissolvida).

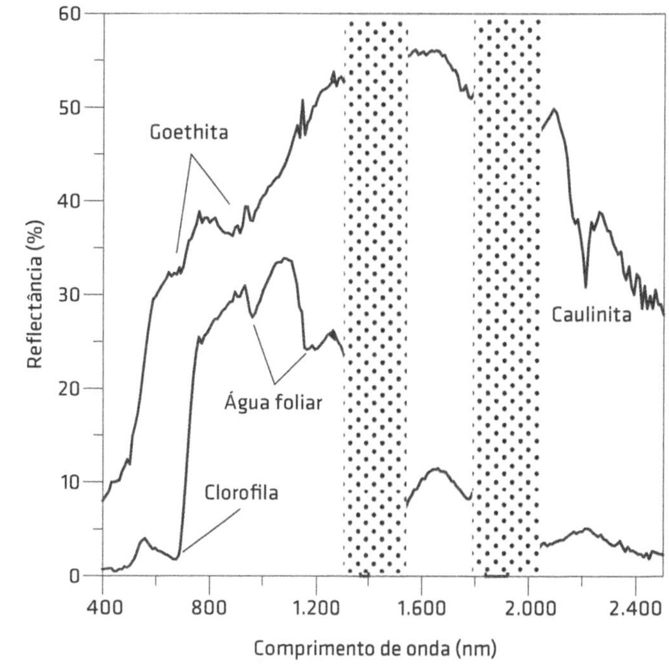

Fig. 8.3 *Espectros de reflectância de um* pixel *contendo vegetação verde (curva inferior) e de outro* pixel *composto de solo exposto (curva superior). Os espectros foram obtidos da Chapada dos Veadeiros (GO) pelo sensor hiperespectral Aviris operando em 224 bandas (400-2.500 nm). As faixas pontilhadas em 1.400 nm e 1.900 nm indicam comprimentos de onda em que ocorre forte absorção por vapor d'água da atmosfera*

Em razão da alta resolução espectral dos sensores hiperespectrais, pode-se simular, também, a resposta espectral de qualquer outro sensor multiespectral, usando a função de resposta dos filtros ou bandas desses sensores, conforme apresentado na Fig. 8.4, tendo como referência o espectro da vegetação verde, obtido de alguns *pixels* das imagens do sensor hipe-

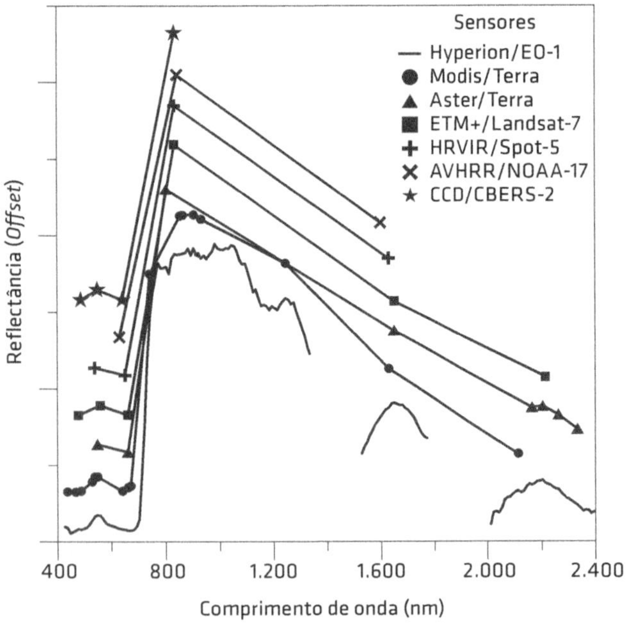

Fig. 8.4 *Resposta espectral da vegetação verde simulada para diferentes sensores multiespectrais a partir dos dados Hyperion/EO-1*

respectral Hyperion/EO-1 que contenham vegetação. As bandas e os sensores simulados a partir do Hyperion estão indicados na Tab. 8.1. Os sensores simulados foram o Advanced Very High Resolution Radiometer (AVHRR/NOAA-17); a câmera CCD do China-Brazil Earth Resources Satellite (CCD/CBERS-2); o High Resolution Visible Infrared (HRVIR/Spot-5); o Enhanced Thematic Mapper Plus (ETM+/Landsat-7); o Moderate Resolution Imaging Spectroradiometer (Modis/Terra); e o Advanced Spaceborne Thermal Emission and Reflection Radiometer (Aster/Terra). Nessa figura, o que se vê é uma forçada perda simulada de resolução espectral do sensor hiperespectral Hyperion, para se poder representar como os demais sensores multiespectrais mediriam a reflectância da vegetação em poucas bandas. Observar que o formato geral das curvas espectrais da vegetação é muito próximo do formato da curva espectral obtida das imagens Hyperion. Perde-se o detalhe da curva, mas a forma do espectro é mantida, expressando como a simulação se procede. Na figura, alguns sensores sequer são capazes de obter dados no infravermelho de ondas curtas entre 1.300 nm e 2.500 nm. As feições de absorção de água foliar em 1.200 nm não podem ser adequadamente medidas com esses sensores multiespectrais. A perda de informação será mais forte quanto mais estreitas forem as feições espectrais de absorção presentes nos espectros dos materiais. É o que normalmente acontece com os espectros de rochas, que geralmente contêm feições de absorção estreitas, produzidas por mais de um mineral, e que, portanto, não podem ser medidas por sensores multiespectrais, cujas bandas sempre são muito largas.

Tab. 8.1 Bandas dos sensores multiespectrais simuladas a partir dos dados Hyperion/EO-1 e da função de resposta dos filtros

Sensor	Azul (nm)	Verde (nm)	Vermelho (nm)	Borda vermelha (nm)	NIR-1 (nm)	NIR-2 (nm)	SWIR-1 (nm)	SWIR-2 (nm)
AVHRR/NOAA-17	–	–	580–680	–	725–1.000	–	1.580–1.640	–
CCD/CBERS-2	450–520	520–590	630–690	–	770–890	–	–	–
HRVIR/Spot-5	–	500–590	610–680	–	780–890	–	1.580–1.750	–
ETM+/Landsat-7	450–515	525–605	630–690	–	775–900	–	1.550–1.750	2.090–2.350
Modis/Terra	438–448	526–536	620–670	743–753	841–876	1.230–1.250	1.628–1.652	2.105–2.155
	459–479	545–565	662–672		862–877	931–941		
	483–493	546–556	673–683		890–920	915–965		
Aster/Terra	–	520–600	630–690	–	760–860	–	1.600–1.700	2.145–2.185
								2.185–2.225
								2.235–2.285
								2.295–2.365

Nota: NIR e SWIR são o infravermelho próximo e o infravermelho de ondas curtas, respectivamente.

8.3 Classificação e detecção de materiais nas cenas

Neste ponto da discussão, é importante separar "classificação" de "detecção" de materiais na cena. A maior parte das técnicas de classificação supervisionada aplicada a dados multiespectrais pode, também, ser aplicada a dados hiperespectrais. Entretanto, classificadores paramétricos, como máxima verossimilhança e análise discriminante linear, requerem *a priori* a seleção de atributos (por exemplo, bandas), para evitar o efeito ou fenômeno Hughes (Hughes, 1968). Esse fenômeno é causado pelo desequilíbrio entre o grande número de bandas e o número limitado de amostras de treinamento normalmente usadas na classificação. Em simples palavras, devido a esse fator e dependendo do classificador, o uso do conjunto total de bandas de um sensor hiperespectral pode resultar em perda de precisão de classificação temática, quando comparado ao uso somente de um subconjunto de bandas, com potencial bem definido de diferenciação de classes temáticas. De acordo com Pal e Foody (2010), a seleção de atributos ou de bandas hiperespectrais é recomendada até mesmo para classificadores não paramétricos, como Support Vector Machine (SVM), que são menos sensíveis ao efeito Hughes.

É importante ressaltar também que não existe um conjunto único ou universal de bandas que possa resolver todos os problemas de classificação. Consequentemente, o processo e o número de bandas selecionadas para fins de classificação variam com a área de estudo. Entretanto, conforme discutido por Galvão, Formaggio e Tisot (2006) e Galvão et al. (2012), fixadas as condições de geometria de aquisição de dados e relação sinal/ruído (SNR), sensores hiperespectrais tendem a produzir melhores resultados de classificação do que sensores multiespectrais. Por exemplo, na Fig. 8.5, a diferenciação de quatro variedades de soja é mais bem definida usando dados Hyperion/EO-1 (Fig. 8.5B) do que usando dados simulados do AVHRR/NOAA-17 (Fig. 8.5A) a partir do Hyperion.

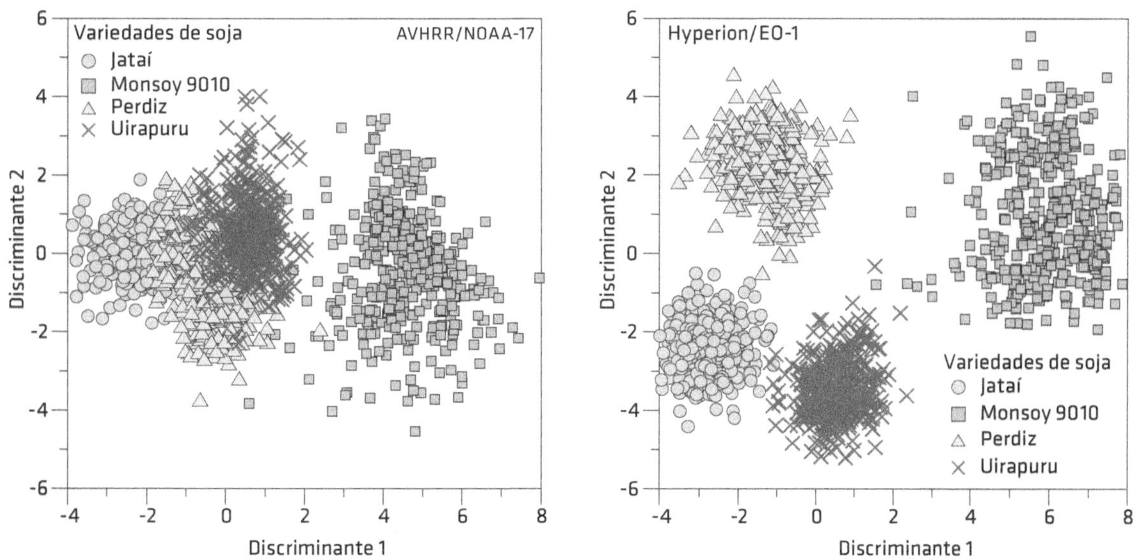

Fig. 8.5 *Escores resultantes de análise discriminante linear para a discriminação de quatro variedades de soja em Mato Grosso (MT) usando (A) dados AVHRR/NOAA-17 simulados a partir de dados Hyperion/EO-1 e (B) dados Hyperion/EO-1*
Fonte: adaptado de Galvão et al. (2012).

Para fins de detecção, o espectro de referência é, então, quantitativamente comparado quanto à similaridade com os espectros de reflectância de cada *pixel* da imagem, de uma faixa espectral estabelecida pelo usuário. Algumas técnicas comparam a similaridade da forma dos espectros de reflectância, enquanto outras quantificam, em intervalos de comprimentos de onda específicos, a similaridade das feições de absorção presentes nos espectros de referência e nos espectros dos *pixels*.

Os espectros de referência devem ser escolhidos pelo usuário. Se o interesse é detectar minerais em uma cena hiperespectral, é razoável que se utilizem, como referências, espectros de minerais de bibliotecas espectrais, como do United States Geological Survey (USGS), algumas das quais estão disponíveis em aplicativos comerciais. Por sua vez, se o interesse é detectar materiais com resposta espectral dinâmica, como classes de vegetação, espécies de plantas ou culturas agrícolas, o procedimento mais eficiente é extrair os espectros de referência de locais conhecidos na imagem contendo esses materiais. A razão é simples. A resposta espectral de uma vegetação medida em laboratório ou em campo, com um espectrorradiômetro, é a reflectância das folhas, visto que não é uma tarefa trivial medir a copa das árvores. Isso resulta em uma medida de reflectância completamente distinta da resposta medida por um sensor a bordo de um satélite, não devendo, portanto, ser usada como referência. O satélite registra a radiação refletida pela copa das árvores e pelos demais componentes do dossel, e atributos biofísicos da vegetação, como o índice de área foliar (IAF) e a arquitetura do dossel, também são muito importantes nesse contexto, assim como a fenologia da vegetação.

Para exemplificar o procedimento de detecção de um mineral em imagens Aviris da região de Campo Verde (MT), serão utilizados dados de um estudo espectral de solos publicado por Galvão et al. (2008). O exemplo apresentado aqui pode ser estendido para qualquer outro tipo de material (alvos urbanos, classes de águas interiores etc.) que possua feições espectrais diagnósticas de sua presença na cena. Muitos minerais não exibem feições espectrais passíveis de detecção nas imagens. Em solos tropicais brasileiros, hematita, goethita, caulinita e gibbsita constituem exemplos de minerais que são facilmente detectados nas cenas, desde que os sensores sejam hiperespectrais, possuam bandas com posicionamento espectral apropriado para detectar o mineral desejado e tenham alta relação sinal/ruído (SNR). Quanto mais baixa for essa relação, mais ruidosos serão os espectros dos *pixels*, o que dificulta a distinção entre o ruído e as feições de absorção espectral dos minerais. A detecção mineral também pressupõe que os solos estejam expostos à visada dos satélites e que não haja grandes quantidades de vegetação não fotossinteticamente ativa sobre a superfície dos solos, decorrentes, por exemplo, de atividades de plantio direto. A presença de vegetação, na condição verde ou seca, mascara a aparência das bandas de absorção mineral vistas pelos sensores.

A detecção de minerais em imagens hiperespectrais é puramente espectral e não representa a abundância relativa deles na rocha ou no solo. Os minerais podem ocorrer em pequenas quantidades nas amostras; no entanto, se forem opticamente ativos, produzirão absorção da radiação em comprimentos de onda específicos, o que permitirá sua identificação no *pixel*. Embora o termo não seja muito conveniente, pode-se antecipar que o que se detecta nas cenas hiperespectrais é uma espécie de "mineralogia espectral".

A Fig. 8.6 mostra o espectro de referência da hematita (Fe_2O_3), um óxido de ferro constituído por 70% de ferro e 30% de oxigênio, extraído da biblioteca espectral do USGS. A feição diagnóstica da presença de hematita nas cenas é a forte banda de absorção em 850-900 nm. O pico de reflectância no vermelho, em torno de 600 nm, e a reflectância mais baixa no verde (565 nm) e no azul (487 nm) explicam a cor avermelhada de solos contendo esse mineral.

Desse modo, para se ter uma primeira aproximação da distribuição desses minerais, pode-se utilizar as imagens Aviris. O objetivo seria otimizar ou direcionar as atividades de campo. De posse do espectro de referência da hematita, é preciso escolher uma entre as várias técnicas de processamento de imagens hiperespectrais para a detecção de materiais. No presente exemplo, a técnica escolhida foi o mapeador de ângulo espectral (SAM, *spectral angle mapper*). Detalhes e equações usadas por essa técnica podem ser vistos em Kruse et al. (1993). De forma simplificada, seu conceito é ilustrado na Fig. 8.7 para o caso de duas bandas. Supondo que o material de referência tenha 20% de reflectância na banda 30 (667 nm) e 10% de reflectância na banda 54 (864 nm), isso define um vetor a partir da origem. Considerar então que o *pixel xy* (1,1) da cena tenha 40% de reflectância na banda 30 e 50% na banda 54. Os dois vetores (referência e *pixel*) são separados por um ângulo θ. Quanto maior for esse ângulo, maiores serão as diferenças espectrais entre a referência e o *pixel* nas duas bandas. Se o ângulo for zero, os materiais serão exatamente iguais do ponto de vista espectral. Ao usuário, cabe definir o ângulo em radianos abaixo do qual os *pixels* serão classificados como contendo o material testado para a presença na cena.

Portanto, o classificador SAM testa a similaridade da forma dos espectros quando o conceito é estendido para o espaço *n*-dimensional de bandas, não levando em conta o fato de os materiais terem alta ou baixa reflectância, sejam claros ou escuros. Segundo Kruse et al. (1993), a técnica minimiza as variações de iluminação do terreno, porque a reflectância das bandas diminui com o sombreamento (deslocamento dos pontos na direção da origem na Fig. 8.7), mas o ângulo θ

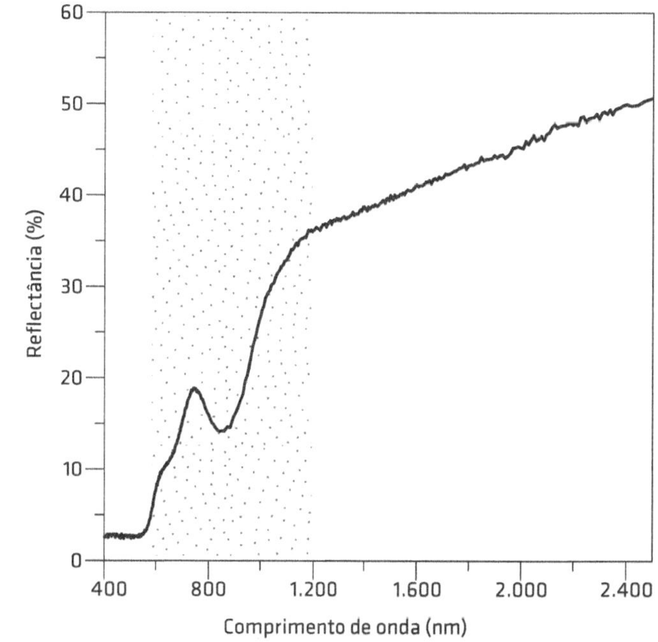

Fig. 8.6 *Espectro de referência do mineral hematita. A porção pontilhada da figura indica a feição diagnóstica normalmente utilizada para detectar o mineral nos espectros dos* pixels *de imagens hiperespectrais*
Fonte: biblioteca espectral mineral USGS.

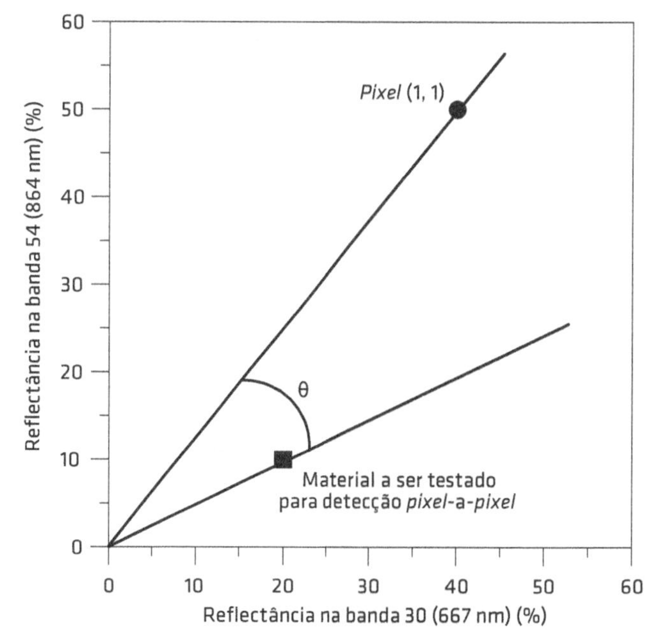

Fig. 8.7 *Ilustração da abordagem utilizada pela técnica mapeador de ângulo espectral (SAM) para o caso bidimensional. Quanto menor for o ângulo θ, maior será a similaridade entre a forma da curva de reflectância do material de referência testado para detecção na cena e a forma do espectro do* pixel *sob análise*

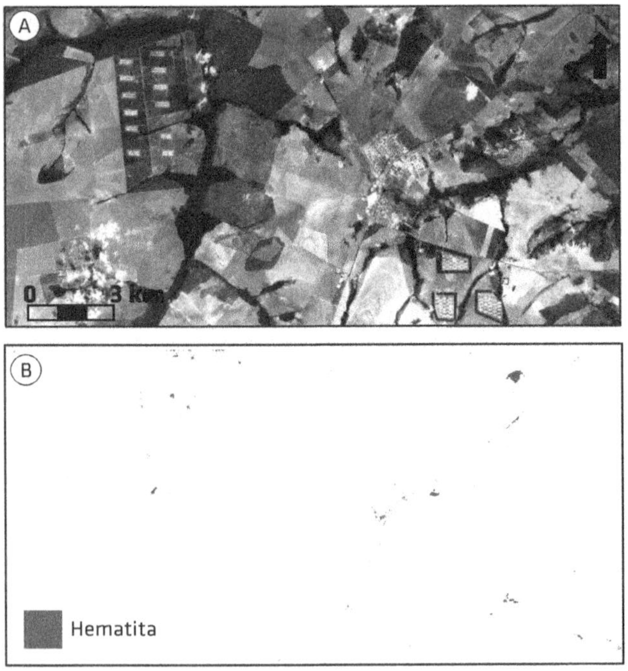

Fig. 8.8 *(A) Composição colorida Aviris cor verdadeira da região de Campo Verde (MT), com as bandas posicionadas em 667 nm, 559 nm e 480 nm, respectivamente em vermelho, verde e azul, e (B) detecção espectral do mineral hematita usando a técnica SAM.* Pixels *em branco indicam áreas onde o solo não está exposto (mistura espectral) ou onde o referido mineral não ocorre*

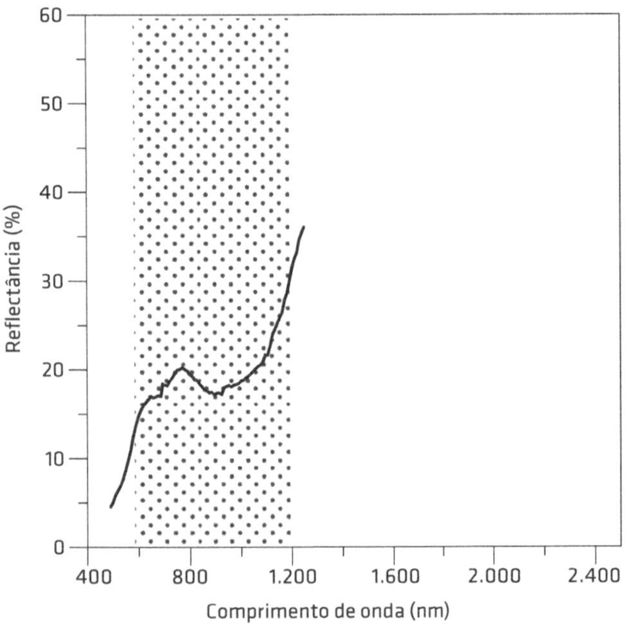

Fig. 8.9 *Espectro de reflectância de um* pixel *da imagem Aviris de Campo Verde (MT) com detecção de hematita pela técnica SAM*

não se modificará. De fato, isso é apenas uma aproximação, pois as variações de iluminação do terreno capturadas pelos sensores são dependentes do comprimento de onda, não sendo iguais para todas as bandas. Entretanto, como um todo, por ser pouco sensível às variações de iluminação do terreno, SAM é uma técnica útil também na classificação da vegetação de áreas montanhosas ou com relevo acidentado.

A Fig. 8.8A mostra uma composição colorida Aviris cor verdadeira da região de Campo Verde (MT), com resolução espacial de 20 m e dados adquiridos em 1995 pela Nasa durante a campanha *Smoke, clouds, and radiation – Brazil* (SCAR-B). Usando o espectro de referência da hematita (Fig. 8.6), o intervalo espectral de 600 nm a 1.200 nm e a classificação da imagem pela técnica SAM com um ângulo θ de 0,10 radiano, os resultados da detecção de hematita na cena são apresentados na Fig. 8.8B. As áreas detectadas, verificadas em campo, são solos expostos com alta concentração de óxidos de ferro (concrecionários), cujos espectros de reflectância dos *pixels* (Fig. 8.9) mostram a feição de hematita observada no espectro de referência (Fig. 8.6). Algumas dessas feições também estão presentes em pavimentos de terra e em telhados de construções na cidade de Campo Verde, o que é um resultado esperado.

8.4 Estudos espectrais: estado da arte e perspectivas

Nas últimas duas décadas, avanços impressionantes na tecnologia de sensores resultaram em espectrorradiômetros portáteis, leves e capazes de adquirir medidas em laboratório ou em campo em tempo quase real e com alta relação sinal/ruído (SNR), na faixa de 400 nm a 2.500 nm. Esses avanços também ocorreram com espectrômetros imageadores a bordo de aeronaves. A análise das primeiras imagens do sensor Aviris e dos espectros de reflectância de seus *pixels*, na década de 1980, gerou dúvidas quanto à operacionalidade da tecnologia hiperespectral, em virtude da baixa qualidade das imagens ou da pobre relação SNR do sensor. Naquela época, devido a seu tamanho, o Aviris podia ser transportado apenas por poucas aeronaves. As dúvidas se dissiparam com o passar dos anos e com as melhorias feitas no desenho do sensor, em sua parte óptica e no processamento de sinais, que aperfeiçoaram incrivelmente a relação SNR do instrumento, gerando espectros de *pixels* com alta qualidade radiométrica, similares aos obtidos em condições de laboratório com amostras de materiais.

Atualmente, câmeras hiperespectrais estão instaladas em torres de observação na Amazônia, adquirindo imagens sazonalmente entre 400 nm e 1.000 nm para o estudo da fenologia da vegetação (Wu et al., 2016). Essas câmeras também podem ser acopladas a veículos aéreos não tripulados (VANTs) ou *drones*. Ao mesmo tempo, espectrômetros imageadores aerotransportados de alta qualidade radiométrica desenvolvidos em parceria com o Jet Propulsion Laboratory (JPL), da Nasa, têm obtido dados em diversas partes do mundo em sinergia com instrumentos *light detection and ranging* (Lidar). O objetivo é obter informações sobre a composição química e a estrutura dos dosséis florestais usando modelos estatísticos e/ou físicos (Asner et al., 2015). Diversos sensores hiperespectrais aerotransportados também operam comercialmente em todo o mundo, e vários instrumentos imageadores e não imageadores têm sido utilizados para a observação de superfícies planetárias, como as de Marte. Esse é o conceito mais tradicional e puro do sensoriamento remoto: aquisição de informação à distância em áreas de difícil acesso pelo ser humano.

Na observação da superfície terrestre com satélites, atualmente é possível destacar dois sensores: o Hyperion/EO-1 e o Chris/Proba. O Hyperion, lançado em novembro de 2000 como parte de uma missão de demonstração de tecnologia do Programa Novo Milênio, da Nasa, é um instrumento *pushbroom* capaz de adquirir dados em 242 bandas (196 são radiometricamente calibradas), posicionadas entre 400 nm e 2.400 nm e com largura de 10 nm. Sua resolução espacial é de 30 m, com uma largura de faixa de imageamento de 7,7 km (Pearlman et al., 2003). O tempo de revisita de cena é de 16 dias e pode ser reduzido com o apontamento do sensor em visadas fora do nadir. O Hyperion cessou as operações em 2017, mas seus dados, adquiridos anteriormente, ainda são distribuídos gratuitamente para os usuários, mesmo que sua tecnologia já seja obsoleta, em face dos recentes avanços no desenvolvimento dos espectrômetros imageadores. Um de seus principais problemas é a pobre relação SNR, especialmente no infravermelho de ondas curtas, gerando dados bastante ruidosos que dificultam o procedimento de correção atmosférica e de várias aplicações. Sua faixa estreita de imageamento também dificulta o uso mais abrangente das imagens. Mas, de forma surpreendente, apesar de ser um sensor experimental, centenas de estudos e publicações foram feitas usando dados do Hyperion, o que demonstra o amplo interesse da comunidade por esse tipo de tecnologia. Como comparação, somente com dados Aviris, quase duas mil publicações foram feitas em periódicos arbitrados até o final de 2015, segundo consulta ao ISI Web of Science.

Por sua vez, o sensor Chris/Proba, lançado pela Agência Espacial Europeia (ESA) em outubro de 2001 como parte de uma missão de demonstração de tecnologia de pequenos satélites, cujo peso dos instrumentos diminui o custo das missões espaciais, teve como aspecto inovador possibilitar a aquisição simultânea de dados hiperespectrais e multiangulares para diversas aplicações (Barnsley et al., 2004). Esse instrumento hiperespectral é capaz de adquirir dados em cinco modos de operação, com diferentes combinações de configuração de bandas e resolução espacial. No modo 1, o mais completo, as imagens são adquiridas com resolução espacial de 36 m em 62 bandas (410-1.000 nm) e em cinco ângulos zenitais de visada (nadir, ±35° e ±55°). A faixa de imageamento também não é muito larga (14 km × 14 km). Sua aquisição de dados sobre a superfície terrestre é bem mais restrita quando comparada com a do Hyperion, assim como a política inicial de distribuição de dados, condicionada a submissão e seleção de projetos. Consequentemente, o número de publicações com o uso de seus dados também é bem menor. O Chris/Proba ainda continuava adquirindo dados em 2016 sob demanda, que eram distribuídos gratuitamente para os usuários. E, a exemplo do Hyperion, também tem baixa relação SNR e problemas de distorção geométrica, pelo movimento da plataforma para a simulação dos ângulos de visada.

Muitos países dispõem de sensores hiperespectrais orbitais, mas pouco se conhece sobre suas especificações técnicas, funcionamento e qualidade das imagens. Esse é o caso da China (HJ-1A) e da Índia (Hyperspectral Imager – HySI/IMS-1) (Kumar; Saha; Dadhwal, 2010; Zhao et al., 2010). Alguns instrumentos, de igual modo, têm sido posicionados na International Space Station (ISS). Um exemplo é o sensor Hyperspectral Imager for the Coastal Ocean (Hico), da Nasa, que operou por cinco anos, até setembro de 2014, e também funcionou como demonstração de tecnologia. Foi o primeiro espectrômetro desenhado para o estudo de zonas costeiras, tendo resolução espacial de 90 m, 87 bandas estreitas (5,7 nm de largura) posicionadas entre 380 nm e 960 nm e uma alta relação SNR para lidar com a complexidade do baixo sinal da água (Lucke et al., 2011). Ele adquiriu milhares de imagens, com dimensões de 50 km × 200 km, para a geração de produtos como turbidez da água, tipos de substrato, batimetria e mapas de vegetação costeira.

Países como Alemanha, Estados Unidos, França, Itália, Israel e Japão manifestaram interesse em lançar novas missões hiperespectrais. O primeiro instrumento a ser lançado provavelmente será o Environmental Mapping and Analysis Program (EnMAP), da Alemanha, previsto para meados de 2019 (Guanter et al., 2015). O EnMAP obterá imagens em mais de 200 bandas estreitas (6,5 nm a 10 nm de largura), posicionadas entre 420 nm e 2.450 nm, com resolução espacial de 30 m e relação SNR no infravermelho de ondas curtas quatro vezes superior à do Hyperion. A faixa de imageamento será de 30 km, o que representa um avanço em relação a sensores como o Hyperion (7,7 km) e o Chris/Proba (14 km). Imagens ortorretificadas e atmosfericamente corrigidas (reflectância de superfície) constituirão os produtos a serem distribuídos para o usuário, mas a política de distribuição dos dados ainda não é clara. As principais aplicações do EnMAP foram discutidas por Guanter et al. (2015) e envolverão agricultura (por exemplo, determinação de atributos biofísicos e bioquímicos de culturas agrícolas), floresta (por exemplo, medição de carbono, fotossíntese, ciclagem de nutrientes, química do dossel, efeitos de secas severas e distúrbios antropogênicos), geologia (por exemplo, detecção mineral em zonas de alteração hidrotermal), solos (por exemplo, estudos de degradação e estimativas de constituintes dos solos), águas costeiras e interiores (por exemplo, estimativa de constituintes opticamente ativos e diferenciação de grupos fitoplanctônicos) e áreas urbanas (por exemplo, fusão com dados de sensores de alta resolução espectral para quantificação de superfícies impermeáveis e para detecção de materiais específicos que possam afetar o meio ambiente).

A missão Hyperspectral Infrared Imager (HyspIRI), da Nasa, representa a fronteira do conhecimento. Ela foi recomendada pelo Conselho de Pesquisa Americano (Decadal Survey – National Research Council) como uma missão inovadora para responder a questões científicas relevantes e específicas e gerar aplicações únicas. Entretanto, ainda não está financeiramente assegurada e, portanto, não possui data definida para lançamento. Seria uma missão única de cobertura global e repetitiva, e não mais uma missão de demonstração de tecnologia ou de aquisição sob demanda de dados. De forma simplificada, representaria uma espécie de missão Landsat hiperespectral. Quando em operação, o HyspIRI adquirirá dados em uma faixa de imageamento mais próxima (145 km) da praticada pelos sensores da série Landsat (185 km). Um de seus desafios inerentes será a transmissão diária do grande volume de dados gerado para as estações de recepção em terra. Essa missão incluirá dois sensores: um na faixa do visível e do infravermelho de ondas curtas (214 bandas entre 380 nm e 2.510 nm) e outro na faixa do termal (uma banda em torno de 4 μm e sete outras bandas entre 7 μm e 12 μm). A resolução espacial prevista para o primeiro sensor seria de 60 m, mas recentes estudos têm comprovado a viabilidade técnica de melhorar essa resolução para 30 m, com faixa de imageamento de 185 km e tempo de revisita de 16 dias (Hochberg et al., 2015), portanto, compatível com as especificações do OLI/Landsat-8. A resolução espacial do sensor do termal será de 60 m, com tempo de revisita de cinco dias no equador (Lee et al., 2015).

As questões científicas únicas a serem respondidas pela missão HyspIRI e as aplicações relevantes do uso combinado de seus sensores da faixa óptica refletida e do termal foram discutidas por Lee et al. (2015). Por exemplo, a bioquímica do dossel controla os processos fundamentais de absorção da luz e fotossíntese, sendo um mecanismo essencial nos ciclos biogeoquímicos envolvendo carbono, água e nutrientes. O HyspIRI terá uma capacidade única de medir os pigmentos fotossintéticos das folhas, incluindo clorofila, carotenoides e antocianinas. As bandas de absorção posicionadas em 980 nm a 1.200 nm poderão ser utilizadas para estimar o conteúdo de água dos dosséis e o conteúdo de nitrogênio das plantas. Por outro lado, os dados do termal poderão ser úteis para estimar celulose. Seus dados hiperespectrais poderão ser usados para calcular dezenas de índices de vegetação de bandas estreitas, associados com a estrutura do dossel, a bioquímica e a fisiologia das plantas. Exemplos de alguns índices, incluindo equações adaptadas às bandas do Hyperion e referências, estão listados na Tab. 8.2 e foram discutidos por Roberts, Roth e Perroy (2012) e Galvão et al. (2012). Índices de vegetação como o *photochemical reflectance index* (PRI), determinados a partir do HyspIRI, poderão ser utilizados em estudos de fenologia por satélite para entender as relações sazonais da eficiência do uso da luz para fotossíntese e, consequentemente, do sequestro de carbono.

8.5 Considerações finais

Conforme demonstrado neste capítulo, o sensoriamento remoto também pode ser considerado um processo de amostragem do espectro eletromagnético. Essa amostragem é feita com sensores operando com um número variado de bandas, tendo posicionamento espectral e largura diferentes. Quando comparados com sensores multiespectrais, sensores hiperespectrais representam a fronteira do conhecimento, adquirindo dados com

Tab. 8.2 Índices de vegetação de bandas estreitas com equações adaptadas para os dados do Hyperion/EO-1, sendo ρ a reflectância das bandas do Hyperion (nm em nanômetros) com posicionamento espectral mais próximo dos comprimentos de onda das equações originais

Índice de vegetação	Fórmula	Referência
Arvi	$(\rho864 - (2 \cdot \rho671 - \rho467))/(\rho864 + (2 \cdot \rho671 - \rho467))$	Kaufman e Tanré (1992)
EVI	$2{,}5((\rho864 - \rho671)/(\rho864 + 6 \cdot \rho671 - 7{,}5 \cdot \rho467 + 1))$	Huete et al. (2002)
NDVI	$(\rho864 - \rho671)/(\rho864 + \rho671)$	Rouse et al. (1973)
SR	$\rho864/\rho671$	Rouse et al. (1973)
SGI	$(\rho508 + \rho518 + \rho528 + \rho538 + \rho549 + \rho559 + \rho569 + \rho579 + \rho590 + \rho600)/10$	Lobell e Asner (2003)
NDII	$(\rho823 - \rho1649)/(\rho823 + \rho1649)$	Hunt Jr. e Rock (1989)
NDWI	$(\rho854 - \rho1245)/(\rho854 + \rho1245)$	Gao (1996)
WBI	$\rho905/\rho973$	Peñuelas et al. (1997)
LWVI-2	$(\rho1094 - \rho1205)/(\rho1094 + \rho1205)$	Galvão, Formaggio e Tisot (2005)
DWSI	$\rho803/\rho1598$	Apan et al. (2004)
MSI	$\rho1598/\rho823$	Hunt Jr. e Rock (1989)
PSRI	$(\rho681 - \rho498)/\rho752$	Merzlyak et al. (1999)
CRI	$(1/\rho508) - (1/\rho701)$	Gitelson et al. (2002b)
ARI	$(1/\rho549) - (1/\rho701)$	Gitelson, Merzlyak e Chivkunova (2001)
PRI	$(\rho529 - \rho569)/(\rho529 + \rho569)$	Gamon, Serrano e Surfus (1997)
Sipi	$(\rho803 - \rho467)/(\rho803 + \rho681)$	Peñuelas, Baret e Filella (1995)
RENDVI	$(\rho752 - \rho701)/(\rho752 + \rho701)$	Gitelson, Merzlyak e Lichtenthaler (1996)
REP	$(\rho_{n+1} - \rho_n)/10$ no intervalo de 690 nm a 750 nm	Curran, Windhan e Gholz (1995)
VOG-1	$\rho742/\rho722$	Vogelmann, Rock e Moss (1993)
Vari	$(\rho559 - \rho640)/(\rho559 + \rho640 - \rho467)$	Gitelson et al. (2002a)
VIG	$(\rho559 - \rho640)/(\rho559 + \rho640)$	Gitelson et al. (2002a)

Fonte: adaptado de Galvão et al. (2012).

uma resolução espectral mais próxima da praticada em laboratório. Entretanto, vários desafios tecnológicos ainda precisam ser superados caso se queira ter essa tecnologia operando a bordo de satélites para adquirir dados em faixas de imageamento mais amplas, compatíveis com as dos sensores da série Landsat (por exemplo, 185 km × 185 km).

Porém, independentemente da característica multiespectral ou hiperespectral do sensor, entender o comportamento da reflectância espectral dos principais alvos terrestres (por exemplo, rochas, solos, vegetação e água) é fundamental para a correta interpretação das imagens. Esse conhecimento foi apresentado nos capítulos anteriores. A melhoria da resolução espectral dos instrumentos multiespectrais de várias missões espaciais é evidente, o que reforça a necessidade desse conhecimento para um uso adequado das imagens. Por exemplo, o Modis, a bordo dos satélites Terra e Aqua, da Nasa, opera em 36 bandas, com níveis diferentes de resolução espacial (250 m, 500 m e 1.000 m). O sensor multiespectral do satélite Sentinel-2A, lançado em junho de 2015 pela Agência Espacial Europeia (ESA), adquire dados em 14 bandas com resolução espacial de 10 m, 20 m e 60 m, dependendo da banda. O WorldView-3, também lançado em 2015, pode adquirir dados em um conjunto total de 21 bandas, que são comercializados com resolução espacial métrica a submétrica (30 m; 3,7 m; 1,24 m; 0,31 m), dependendo do instrumento a bordo do satélite escolhido pelo usuário.

Portanto, os avanços na tecnologia dos sensores e a melhoria na resolução espectral dos instrumentos requerem uma incorporação mais sólida do conhecimento sobre o comportamento espectral dos alvos, para que a comunidade de sensoriamento remoto possa otimizar o processo de extração da informação das imagens. Esse conhecimento é essencial para que a interpretação de imagens não se restrinja a uma abordagem meramente qualitativa, baseada na simples inspeção visual das cenas ou de composições coloridas, subutilizando o verdadeiro potencial dos dados de satélite.

Referências bibliográficas

APAN, A.; HELD, A.; PHINN, S.; MARKLEY, J. Detecting sugarcane 'orange rust' disease using EO-1 Hyperion hyperspectral imagery. *International Journal of Remote Sensing*, v. 25, p. 489--498, 2004.

ASNER, G. P.; MARTIN, R. E.; ANDERSON, C. B.; KNAPP, D. E. Quantifying forest canopy traits: imaging spectroscopy versus field survey. *Remote Sensing of Environment*, v. 158, p. 15-27, 2015.

BARNSLEY, M. J.; SETTLE, J. J.; CUTTER, M. A.; LOBB, D. R.; TESTON, F. The PROBA/CHRIS mission: a low-cost smallsat for hyperspectral multiangle observations of the Earth surface and atmosphere. *IEEE Transactions on Geoscience and Remote Sensing*, v. 42, p. 1512-1520, 2004.

CURRAN, P. J.; WINDHAM, W. R.; GHOLZ, H. L. Exploring the relationship between reflectance red edge and chlorophyll concentration in Slash Pine leaves. *Tree Physiology*, v. 15, p. 203--206, 1995.

GALVÃO, L. S.; FORMAGGIO, A. R.; TISOT, D. A. Discrimination of sugarcane varieties in southeastern Brazil with EO-1 Hyperion data. *Remote Sensing of Environment*, v. 94, p. 523--534, 2005.

GALVÃO, L. S.; FORMAGGIO, A. R.; TISOT, D. A. The influence of spectral resolution on discriminating Brazilian sugarcane varieties. *International Journal of Remote Sensing*, v. 27, p. 769-777, 2006.

GALVÃO, L. S.; EPIPHÂNIO, J. C. N.; BREUNIG, F. M.; FORMAGGIO, A. R. Crop type discrimination using hyperspectral data. In: THENKABAIL, P. S.; LYON, J. G.; HUETE, A. (Eds.). *Hyperspectral Remote Sensing of Vegetation*. Boca Raton, FL: CRC Press, Taylor and Francis Group, 2012. p. 397-421.

GALVÃO, L. S.; FORMAGGIO, A. R.; COUTO, E. G.; ROBERTS, D. A. Relationships between the mineralogical and chemical composition of tropical soils and topography from hyperspectral remote sensing data. *ISPRS Journal of Photogrammetry & Remote Sensing*, v. 63, p. 259-271, 2008.

GAMON, J. A.; SERRANO, L.; SURFUS, J. S. The photochemical reflectance index: an optical indicator of photosynthetic radiation use efficiency across species, functional types and nutrient levels. *Oecologia*, v. 112, p. 492-501, 1997.

GAO, B. C. NDWI: a normalized difference water index for remote sensing of vegetation liquid water from space. *Remote Sensing of Environment*, v. 58, p. 257-266, 1996.

GITELSON, A. A.; MERZLYAK, M. N.; CHIVKUNOVA, O. B. Optical properties and nondestructive estimation of anthocyanin content in plant leaves. *Photochemistry and Photobiology*, v. 71, p. 38-45, 2001.

GITELSON, A. A.; MERZLYAK, M. N.; LICHTENTHALER, H. K. Detection of red edge position and chlorophyll content by reflectance measurements near 700 nm. *Journal of Plant Physiology*, v. 148, p. 501-508, 1996.

GITELSON, A. A.; KAUFMAN, Y. J.; STARK, R.; RUNDQUIST, D. Novel algorithms for remote estimation of vegetation fraction. *Remote Sensing of Environment*, v. 80, p. 76-87, 2002a.

GITELSON, A. A.; ZUR, A.; CHIVKUNOVA, O. B.; MERZLYAK, M. N. Assessing carotenoid content in plant leaves with reflectance spectroscopy. *Photochemistry and Photobiology*, v. 75, p. 272-281, 2002b.

GOETZ, A. F. H.; VANE, G.; SOLOMON, J.; ROCK, B. N. Imaging spectrometry for Earth remote sensing. *Science*, v. 228, p. 1147-1153, 1985.

GUANTER, L.; KAUFMANN, H.; SEGL, K.; FOERSTER, S.; ROGASS, C.; CHABRILLAT, S. et al. The EnMAP spaceborne imaging spectroscopy mission for Earth observation. *Remote Sensing*, v. 7, p. 8830-8857, 2015.

HOCHBERG, E. J.; ROBERTS, D. A.; DENNISON, P. E.; HULLEY, G. C. Special issue on the Hyperspectral Infrared Imager (HyspIRI): emerging science in terrestrial and aquatic ecology, radiation balance and hazards. *Remote Sensing of Environment*, v. 167, p. 1-5, 2015.

HUETE, A. R.; DIDAN, K.; MIURA, T.; RODRIGUEZ, E. P.; GAO, X.; FERREIRA, L. G. Overview of the radiometric and biophysical performance of the MODIS vegetation indices. *Remote Sensing of Environment*, v. 83, p. 195-213, 2002.

HUGHES, G. F. On the mean accuracy of statistical pattern recognizers. *IEEE Transactions on Information Theory*, v. 14, p. 55-63, 1968.

HUNT JR., E. R.; ROCK, B. N. Detection of changes in leaf water content using near- and middle--infrared reflectances. *Remote Sensing of Environment*, v. 30, p. 43-54, 1989.

KAUFMAN, Y. J.; TANRÉ, D. Atmospherically resistant vegetation index (ARVI) for EOS-MODIS. *IEEE Transactions on Geoscience and Remote Sensing*, v. 30, p. 261-270, 1992.

KRUSE, F. A.; LEFKOFF, A. B.; BOARDMAN, J. W.; HEIDEBRECHT, K. B.; SHAPIRO, A. T.; BARLOON, P. J.; GOETZ, A. F. H. The Spectral Image Processing System (SIPS) – interactive visualization and analysis of imaging spectrometer data. *Remote Sensing of Environment*, v. 44, p. 145-63, 1993.

KUMAR, A.; SAHA, A.; DADHWAL, V. K. Some issues related with sub-pixel classification using HYSI data from IMS-1 satellite. *Journal of the Indian Society of Remote Sensing*, v. 38, p. 203--210, 2010.

LEE, C. M.; CABLE, M. L.; HOOK, S. J.; GREEN, R. O.; USTIN, S. L.; MANDL, D. J.; MIDDLETON, E. M. An introduction to the NASA Hyperspectral InfraRed Imager (HyspIRI) mission and preparatory activities. *Remote Sensing of Environment*, v. 167, p. 6-19, 2015.

LOBELL, D. B.; ASNER, G. P. Comparison of Earth Observing-1 ALI and Landsat ETM+ for crop identification and yield prediction in Mexico. *IEEE Transactions on Geoscience and Remote Sensing*, v. 41, p. 1277-1282, 2003.

LUCKE, R. L.; CORSON, M.; MCGLOTHLIN, N. R.; BUTCHER, S. D.; WOOD, D. L.; KORWAN, D. R.; LI, R. R.; SNYDER, W. A.; DAVIS, C. O.; CHEN, D. T. Hyperspectral imager for the coastal ocean: instrument description and first images. *Applied Optics*, v. 50, p. 1501-1516, 2011.

MERZLYAK, M. N.; GITELSON, A. A.; CHIVKUNOVA, O. B.; RAKITIN, V. Y. Non-destructive optical detection of pigment changes during leaf senescence and fruit ripening. *Physiologia Plantarum*, v. 106, p. 135-141, 1999.

PAL, M.; FOODY, G. M. Feature selection for classification of hyperspectral data for SVM. *IEEE Transactions on Geoscience and Remote Sensing*, v. 48, p. 2297-2307, 2010.

PEARLMAN, J. S.; BARRY, P. S.; SEGAL, C. C.; SHEPANSKI, J.; BEISO, D.; CARMAN, S. L. Hyperion, a space-based imaging spectrometer. *IEEE Transactions on Geoscience and Remote Sensing*, v. 41, p. 1160-1173, 2003.

PEÑUELAS, J.; BARET, F.; FILELLA, I. Semi-empirical indices to assess carotenoids/chlorophyll-a ratio from leaf spectral reflectance. *Photosynthetica*, v. 31, p. 221-230, 1995.

PEÑUELAS, J.; PINOL, J.; OGAYA, R.; FILELLA, I. Estimation of plant water concentration by the reflectance water index WI (R900/R970). *International Journal of Remote Sensing*, v. 18, p. 2869-2875, 1997.

ROBERTS, D. A.; ROTH, K. L.; PERROY, R. L. Hyperspectral vegetation indices. In: THENKABAIL, P. S.; LYON, J. G.; HUETE, A. (Eds.). *Hyperspectral Remote Sensing of Vegetation*. Boca Raton, FL: CRC Press, Taylor and Francis Group, 2012. p. 309-327.

ROUSE, J. W.; HAAS, R. H.; SCHELL, J. A.; DEERING, D. W. Monitoring vegetation systems in the Great Plains with ERTS. In: ERTS-1 SYMPOSIUM, 3., Washington, DC, 10-14 december 1973. *Proceedings*... Washington, DC: Nasa, SP-351 v. 1, 1973. p. 309-317.

VOGELMANN, J. E.; ROCK, B. N.; MOSS, D. M. Red edge spectral measurements from sugar maple leaves. *International Journal of Remote Sensing*, v. 14, p. 1563-1575, 1993.

WU, J.; ALBERT, L. P.; LOPES, A. P.; RESTREPO-COUPE, N.; HAYEK, M.; WIEDEMANN, K. T. et al. Leaf development and demography explain photosynthetic seasonality in Amazon evergreen forests. *Science*, v. 351, p. 972-976, 2016.

ZHAO, X.; XIAO, Z.; KANG, Q.; LI, Q.; FANG, L. Overview of the Fourier transform Hyperspectral Imager (HSI) boarded on HJ-1A satellite. In: 2010 IEEE INTERNATIONAL GEOSCIENCE AND REMOTE SENSING SYMPOSIUM (IGARSS), Honolulu, HI, USA, 25-30 july 2010. *Proceedings*... Honolulu, HI, USA, 2010. p. 4272-4274.

Edson Eyji Sano
Elane Fiúza Borges

9 Séries temporais: comportamento espectral de imagens multidatas

A interpretação de imagens de uma única data apresenta dificuldades para alvos que possuem marcada sazonalidade climática, pois suas reflectâncias mudam no decorrer do ano. Por exemplo, elaborar um mapa de uso atual da terra com imagens tomadas no período da seca pode levar à construção de um sistema de classes que, geralmente, não atenderá ao mesmo propósito quando as imagens tomadas forem da época chuvosa. Esse é o caso, por exemplo, dos alvos presentes nos biomas Cerrado e Caatinga. No Cerrado, embora a precipitação média anual seja em torno de 1.500 mm, sua distribuição ao longo dos meses é bastante irregular: seis meses de chuva e seis meses de seca, sendo comum acontecer índices de precipitação nulos nos meses de julho e agosto. Na Caatinga, a sazonalidade é mais marcante ainda, e a maioria da vegetação nativa é classificada como decidual, ou seja, perdem-se folhas em sua totalidade em determinadas épocas do ano. Uma das principais consequências dessa sazonalidade, em estudos que envolvem dados de sensoriamento remoto, é a dificuldade adicional na discriminação de classes de cobertura vegetal, pois um mesmo alvo pode apresentar padrões espectrais completamente diferentes em imagens obtidas em datas distintas do ano. Essa situação é acrescida de mais dificuldades quando a área de estudo envolve duas ou mais cenas, acontecendo invariavelmente uma descontinuidade de padrão espectral nas bordas de cenas adjacentes, caso as datas de passagem sejam muito distantes, isto é, representativas de distintas condições sazonais.

Um exemplo desse efeito da sazonalidade climática na resposta do padrão de reflectância da vegetação é mostrado nas imagens da Fig. 9.1, que correspondem a recortes de duas cenas do sensor OLI/Landsat-8 (órbita/ponto 215/65) do bioma Caatinga, mais especificamente da região central e semiárida do Estado de Pernambuco. As imagens foram obtidas em duas datas diferentes: uma em 14 de janeiro de 2015, durante a estação chuvosa, e a outra em 27 de setembro de 2015, no período da estação seca. Os histogramas das cenas foram ajustados um em relação ao outro pela técnica de equalização de histogramas. Essa técnica deve ser utilizada para esses casos, a fim de normalizar o brilho ou as cores das duas imagens. Apresentadas na forma de composições coloridas RGB, com a combinação das bandas NIR (5), SWIR (6) e RED (4), a cena da época chuvosa aparece com um padrão de cor avermelhada muito mais intenso do que a cena da época seca. Isso ocorre porque, na composição colorida RGB/564 falsa cor, a vegetação verde aparece com a cor predominantemente avermelhada. Na área delimitada pelo retângulo amarelo, pode-se identificar a existência de dois padrões espectrais bastante distintos na estação chuvosa, mas que são pouco realçados ou quase não aparecem na imagem da estação seca. Isso pode representar coberturas vegetais que possuem tempos de resposta diferentes à incidência de chuvas, aquelas aparecendo em tons azulados com tempo de resposta mais lento.

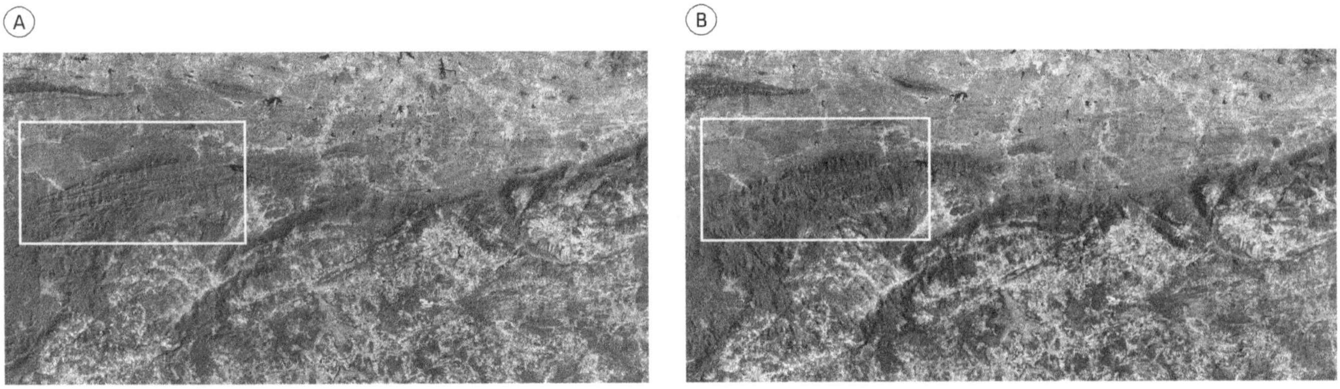

Fig. 9.1 *Composições coloridas RGB das bandas 5, 6 e 4 do sensor OLI/Landsat-8 da região central e semiárida do Estado de Pernambuco (bioma Caatinga) obtidas em (A) 14 de janeiro de 2015 (época chuvosa) e (B) 27 de setembro de 2015 (época seca). As diferenças sazonais registradas nas imagens podem implicar mapas da cobertura vegetal distintos, caso um seja produzido com base na imagem da estação chuvosa e o outro seja produzido com base na imagem da estação seca*

Nesses casos de forte interferência da sazonalidade climática na reflectância dos alvos, as séries temporais de imagens podem fornecer importantes subsídios para a discriminação mais detalhada ou mais precisa das classes de alvos. Elas oferecem importantes vantagens em áreas com presença de alvos susceptíveis às mudanças temporais e são ótimas para estimar a idade de um determinado evento, por exemplo, em que mês e ano ocorreu desmatamento, ou quando uma área de pastagem cultivada foi convertida para cultura agrícola. Elas possuem, ainda, grande potencial para estudos de estágios fenológicos de diferentes culturas agrícolas e mapeamento de fenorregiões de áreas nativas. A premissa é a de que diferentes classes de cobertura vegetal nativa e agrícola possuem assinaturas espectrotemporais distintas, de acordo com seus estágios fenológicos, refletindo a radiação eletromagnética (REM) de forma diferenciada ao longo dos diferentes meses do ano. A necessidade de monitoramento regional da dinâmica de uso e cobertura vegetal tem impulsionado o avanço na utilização de séries temporais, visando minimizar as lacunas de informações contínuas que retardam a compreensão dos processos e eventos no tempo e no espaço. Dessa forma, as séries temporais de dados de satélites têm-se constituído em importante fonte de informação, por exemplo, no preenchimento de lacunas geradas pelos sensores com baixa ou moderada resolução temporal.

No processamento de séries temporais, uma abordagem estatística relativamente complexa é aplicada para o caso da vegetação, tendo como base os índices de vegetação já consagrados na literatura. Deve-se ressaltar que os algoritmos que processam séries temporais de imagens lidam, essencialmente, com as propriedades relacionadas com a sazonalidade dos alvos, ou seja, com as análises mais específicas sobre as características espectrais da reflectância ligadas à sazonalidade. Neste capítulo, será abordada a ideia de como se pode tratar a variação do comportamento espectral de alvos, sobretudo da vegetação, por meio de alguns exemplos práticos. Para estudos dessa natureza, torna-se imprescindível a disponibilidade de sensores que forneçam imagens com alta periodicidade temporal, garantindo aquisições de imagens durante as diferentes estações climáticas do ano. Atualmente, já existem sistemas sensores orbitais que produzem dados temporais com periodicidade em torno de 1-2 dias, permitindo a elaboração de bibliotecas espectrotemporais. Um exemplo desse tipo de satélite é o RapidEye, que opera com uma constelação de cinco satélites, o que possibilita a obtenção de imagens com alta resolução espacial (tamanho de *pixel* de 5 m) e com alta periodicidade. A desvantagem é o custo de aquisição das cenas, pois se trata de um satélite comercial. Uma alternativa é o sensor Moderate Resolution Imaging Spectroradiometer (Modis), a bordo das plataformas Terra e Aqua, do Sistema de Observação da Terra (Earth Observing System – EOS) da Agência Espacial dos Estados Unidos (National Aeronautics and Space Administration, Nasa). Dados do Modis são disponibilizados gratuitamente a cada 15 dias, em uma série histórica que se iniciou no ano 2000. Por causa de sua resolução espacial moderada de 250 m, esse sensor permite estudos em escalas cartográficas relativamente pequenas. Todavia, possibilita análises sinópticas da paisagem nos níveis de Estado, bacia hidrográfica, bioma, país, continente ou globo.

A análise de séries temporais implica, então, processar um conjunto de imagens tomadas por períodos anuais ou mesmo mais longos. Como consequência, tem-se o envolvimento de uma grande base de dados (imagens de múltiplas datas). Isso torna praticamente impossível ao usuário comparar ou analisar, de forma isolada, os padrões de reflectância de alvos que apresentam dinâmicas de comportamento diferenciadas dentro de um período particular de tempo, como é típico das coberturas vegetais, seja para fins de mapeamento, seja para fins de detecção de mudanças. O usuário deve recorrer, então, a métodos auxiliares de tratamento de dados, que incluam em suas formulações algoritmos capazes de medir parâmetros dos alvos de interesse ao longo do tempo. Apenas uma pequena parte dos algoritmos de processamento de imagens suporta análises de séries temporais. Esse é o caso do programa Timesat, desenvolvido para processar séries temporais de dados relativos ao índice de vegetação normalizada pela diferença (NDVI) do sensor Advanced Very High Resolution Radiometer (AVHRR), a bordo do satélite NOAA, e séries temporais de dados relativos ao índice de vegetação realçado (EVI) do sensor Modis ou do satélite francês Vegetation/Spot.

A despeito das vantagens acerca das séries temporais de dados de satélite, é importante ter em mente que elas são de pouca valia em algumas situações, tais como em áreas de exposição natural de rochas, pois a alteração perceptível ocorre apenas na escala de tempo geológico. Ao mesmo tempo que os efeitos da sazonalidade constituem parâmetros passíveis de serem investigados por meio das séries temporais, eles podem ser interpretados como um fator que às vezes confunde a interpretação das imagens. Partindo desse pressuposto, podem-se fazer inferências equivocadas sobre mudanças na paisagem, como inferir que se tem um desmatamento quando, na verdade, ocorrem alterações fenológicas na paisagem causadas pelos efeitos da sazonalidade, com a predominância da resposta espectral do solo e a baixa resposta da vegetação, que não se encontra fotossinteticamente ativa. Ademais, não se deve negligenciar a presença persistente de ruídos nesses dados, o que requer pré-processamentos de suavização com base nas técnicas de filtragem para sua eliminação ou minimização. Os métodos de remoção de ruídos temporais precisam ser avaliados para que sua utilização não implique a perda significativa de informações.

Enfim, o uso de séries temporais significa lidar com grande quantidade de dados e elevadas capacidades de processamento e armazenamento, além da utilização de algoritmos específicos para a extração de informações. Neste capítulo, a análise do comportamento espectral de imagens multidatas por meio da ferramenta Timesat é exemplificada com a utilização de imagens do sensor Modis, visando à identificação de assinaturas espectrotemporais representativas de algumas das paisagens presentes no território nacional, incluindo-se formações florestais, savânicas e campestres, pastagens cultivadas, culturas agrícolas anuais e perenes, irrigadas e de sequeiro. Como o Modis fornece uma série de produtos especializados que passaram por uma hierarquia de processamentos de relativa complexidade para aplicações de diversos interesses, na seção a seguir será apresentada uma síntese das características mais importantes desse sensor.

9.1 Sensor Modis

O sensor Modis opera com resolução espectral de 36 bandas na faixa espectral compreendida entre 0,4 µm a 14,4 µm e resolução espacial de 250 m para as bandas nas faixas do vermelho e infravermelho próximo (bandas 1-2), 500 m para as bandas 3-7 e 1 km para as demais 29 bandas (bandas 8-36) (Soares; Batista; Shimabukuro, 2007). A resolução radiométrica é de 12 *bits* e a faixa de imageamento é bastante larga: 2.330 km na região tropical. A periodicidade é de um dia para latitudes superiores a aproximadamente 30° a norte e de dois dias para latitudes inferiores a aproximadamente 30°. A acurácia geométrica é de 50 m.

O Modis é o único sensor que opera em duas plataformas: plataforma Terra, lançada em 18 de dezembro de 1999, com início de disponibilização de dados em fevereiro de 2000 e horário de passagem 10h30; e plataforma Aqua, lançada em 4 de maio de 2002, com horário de passagem 13h30. Os produtos Modis derivados das plataformas Terra e Aqua são diferenciados pelas nomenclaturas MOD e MYD, respectivamente.

As cenas do Modis são disponibilizadas na forma de *tile*, correspondente à menor unidade de pré-processamento, que é de 1.200 km × 1.200 km. Para isso, a Terra é subdividida em grades regulares de 17 linhas e 35 colunas, enumeradas de cima para baixo e da esquerda para a direita. Por exemplo, uma nomenclatura típica de um *tile* é *h*12*v*10, em que *h* significa horizontal, e *v*, vertical (Fig. 9.2). Os dados do Modis são disponibilizados na projeção cartográfica sinusoidal, a qual pode ser convertida para outras projeções mais acessíveis, como a Universal Transversa de Mercator (UTM), por meio do programa denominado Modis Reprojection Tool, que pode ser obtido gratuitamente na internet. Esse programa permite ainda converter o formato original dos dados do Modis, que é o *hierarchy data format* (HDF) do EOS, para outros formatos mais usuais, por exemplo, o *geotiff*, além de apresentar opções para amostragens espectrais e espaciais.

Uma das vantagens oferecidas pelas imagens Modis é a disponibilização de 11 produtos pré-processados e prontos para uso relacionados com o balanço de energia, a vegetação e a cobertura de terras (Quadro 9.1). Essa facilidade torna esses produtos bastante convidativos para diversas aplicações, pois elimina a necessidade de pré-processamentos, que muitas vezes são complexos. O usuário precisa se concentrar apenas nas etapas de análise e interpretação dos dados. Esses produtos são identificados por meio de coleções, e cada coleção representa um conjunto de pré-processamentos que envolvem ajustes geométricos e radiométricos de toda a série histórica. Atualmente se está na coleção 6.

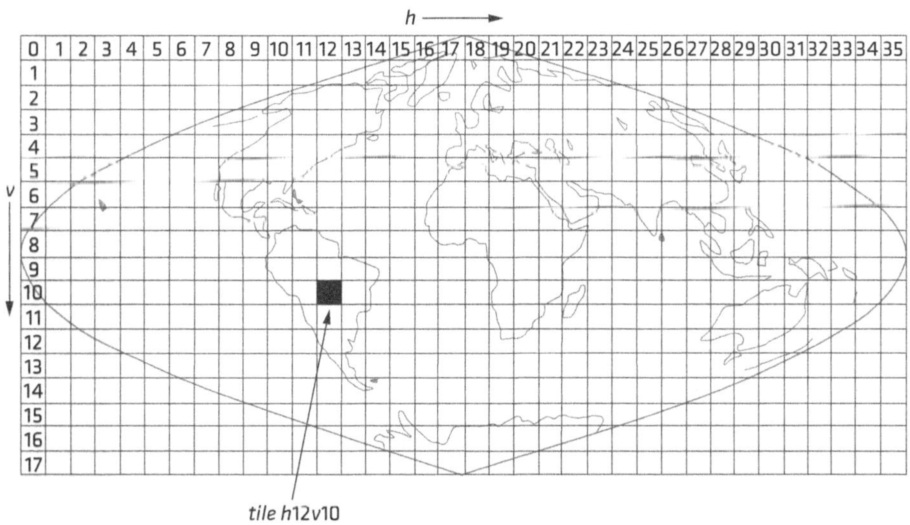

Fig. 9.2 *Sistema de referência de cenas do sensor Modis. Cada quadrícula, conhecida como* tile, *corresponde a uma área de 1.200 km × 1.200 km. Uma nomenclatura típica de um* tile *é h12v10*

Quadro 9.1 Conjunto de 11 produtos do sensor Modis prontos para uso relacionados com o balanço de energia, a vegetação e a cobertura de terras

Produtos	Especificações
Produtos relacionados com o balanço de energia	
MOD09	Reflectância na superfície terrestre
MOD11	Temperatura de superfície da Terra
MOD43	Função de distribuição de reflectância bidirecional (BRDF)
MOD10	Cobertura de neve
MOD29	Geleiras
Produtos relacionados com a vegetação	
MOD13	Índices de vegetação
MOD15	Índice de área foliar (IAF) e fração da radiação fotossinteticamente ativa (fAPAR)
MOD17	Produtividade primária bruta
Produtos relacionados com a cobertura terrestre	
MOD12	Uso e cobertura da Terra
MOD14	Anomalias termais e fogo
MOD44	Conversão da cobertura vegetal

Fonte: Justice et al. (2002).

9.2 Produtos MOD13

Entre os produtos MOD13 disponibilizados, dois tipos são os mais utilizados nas análises multitemporais, o MOD13A1 e o MOD13Q1. A diferença entre os dois está na resolução espacial: 500 m para o primeiro e 250 m para o segundo. Neste capítulo, serão apresentados os resultados de estudos feitos com os produtos do MOD13Q1, que fornece séries temporais dos índices de vegetação NDVI e EVI. O NDVI é computado como (Rouse et al., 1973):

$$NDVI = \frac{\rho_{IVP} - \rho_{VM}}{\rho_{IVP} + \rho_{VM}} \quad (9.1)$$

em que ρ_{IVP} é a reflectância na faixa do infravermelho próximo (banda 1 do Modis) e ρ_{VM} é a reflectância na faixa do vermelho (banda 2 do Modis).

O NDVI é o índice de vegetação mais empregado na literatura por causa de sua simplicidade na formulação matemática. Normalmente, seus valores variam de –1 (sem cobertura vegetal) a +1 (cobertura vegetal verde e densa). Ele é mais sensível às variações nas atividades fotossintéticas da vegetação, isto é, às variações de reflectância na faixa espectral do vermelho, e suas desvantagens são a saturação para dosséis densos de vegetação e a inteferência dos efeitos do solo e da atmosfera.

Por sua vez, o EVI (Huete et al., 2002) foi desenvolvido com o intuito de minimizar a saturação dos índices de vegetação em regiões com vegetação densa e reduzir os efeitos do solo e da atmosfera. Ele é mais sensível à estrutura do dossel da cobertura vegetal, isto é, às variações de reflectância na faixa espectral do infravermelho próximo. Sua equação é dada por:

$$EVI = 2,5\frac{\rho_{IVP} - \rho_{VM}}{\rho_{IVP} + 6\rho_{VM} - 7,5\rho_{AZ} + 1} \quad (9.2)$$

em que ρ_{AZ} é a reflectância na faixa do azul (banda 3 do Modis), utilizada para reduzir a influência de partículas (aerossóis) presentes na atmosfera, ρ_{VM} é a reflectância na faixa do vermelho (banda 4 do Modis) e ρ_{IVP} é a reflectância na faixa do infravermelho próximo (banda 5 do Modis).

O problema é que nem todos os sensores imageadores ópticos possuem banda na faixa espectral do azul, impossibilitando o cálculo do EVI. Esse é o caso, por exemplo, do sensor Advanced Thermal Emission and Reflection Radiometer (Aster), a bordo da plataforma Terra. Para contornar esse problema, Jiang et al. (2008) propuseram um novo índice de vegetação realçado (EVI2) com duas bandas, ou seja, sem a banda na faixa espectral do azul:

$$EVI2 = 2,4\frac{\rho_{IVP} - \rho_{VM}}{\rho_{IVP} + \rho_{VM} + 1} \quad (9.3)$$

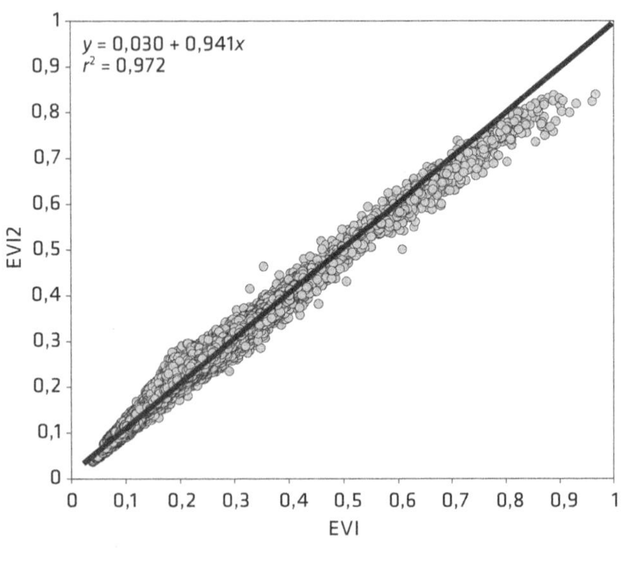

Fig. 9.3 *Relação entre EVI e EVI2 relativa a 196.114 pontos extraídos de parte da imagem Modis de 14 de setembro de 2015,* tile *h13v10, mostrando que os dois índices de vegetação são bastante similares. Os dados referem-se à região do Triângulo Mineiro, no oeste do Estado de Minas Gerais*

A eficiência desse novo índice, que não considera a banda do azul, é comprovada nos resultados expostos na Fig. 9.3. Nesse gráfico, estão plotados 196.114 pontos extraídos de uma área da imagem *h*13*v*10 de 14 de setembro de 2015, localizada na região do Triângulo Mineiro (municípios de Uberlândia, Uberaba e Araguari), na porção oeste do Estado de Minas Gerais. Os pares de valores de EVI e EVI2 dessa imagem foram gerados em uma planilha eletrônica a partir dos valores de reflectância de superfície nas bandas do azul, do vermelho e do infravermelho próximo. Percebe-se que a relação é quase idêntica entre os dois índices de vegetação, o que é comprovado pelo valor de intercepto próximo de zero (a = 0,030) e pelo valor de declividade da reta próximo de uma unidade (b = 0,941).

Os produtos MOD13 comumente utilizados em análises multitemporais são disponibilizados a partir de imagens coletadas em um período de 16 dias, nos quais são aplicados filtros para avaliar a qualidade dos dados, a cobertura de nuvens e a geometria de visada. *Pixels* a nadir livres de nuvens são considerados os de melhor qualidade e retidos para compor a imagem desse período. Cada *pixel* corresponde ao valor máximo de reflectância encontrado nas imagens obtidas durante esse período, ou seja, trata-se de composições de valor máximo (*maximum value composite*, MVC). No produto MOD13, são encontrados dados relativos às reflectâncias aparentes no azul, vermelho, infravermelho próximo e infravermelho médio, bem como dados relativos a NDVI, EVI, ângulos zenitais de visada e do Sol e confiabilidade dos *pixels*, dentre outros. Os dados de confiabilidade fornecem indicações sobre a qualidade radiométrica dos *pixels*. Conforme detalhado no Quadro 9.2, nesse caso cada *pixel* é classificado em cinco categorias, enumeradas sequencialmente de –1 a 3.

Quadro 9.2 Confiabilidade dos *pixels* relativos aos produtos MOD13

Categoria	Classificação	Descrição
–1	Sem dados	Não processado
0	Bom	Utilizável com confiança
1	Marginal	Utilizável, porém requer a verificação de outras informações sobre a qualidade dos dados
2	Neve/gelo	Alvo coberto com neve/gelo
3	Nuvem	Alvo coberto com nuvem

Fonte: Borges, Sano e Medrado (2014).

O ideal é sempre utilizar dados de categoria de boa confiabilidade para fazer a análise de séries temporais, categoria essa que deve ficar dentro de um alto intervalo percentual de *pixels* bons, não necessariamente 100%. Isso foi demonstrado em uma investigação feita por Borges, Sano e Medrado (2014), que conduziram uma análise da qualidade radiométrica dos *pixels* do período de 2000 a 2011 para a mesorregião do oeste da Bahia. Os resultados são indicados nas Tabs. 9.1 e 9.2. O ano de 2007 foi o que apresentou a melhor qualidade, com 93% dos *pixels* classificados como bons. Os anos de 2000, 2009 e 2011 foram os piores em termos de qualidade radiométrica dos *pixels*, com menos de 80% deles classificados como bons. Na média, 83% dos *pixels* do oeste da Bahia foram considerados bons, 12% foram considerados marginais e 5% apresentaram problemas de cobertura de nuvens. Outra constatação relevante foi a de que a qualidade radiométrica dos *pixels* esteve diretamente relacionada com a sazonalidade climática: 99% dos *pixels* provenientes da estação seca apresentaram qualidade boa, enquanto esse índice caiu para 71% para a estação chuvosa.

9.3 Onde obter, estruturar e analisar as séries temporais

Em teoria, é possível efetuar o *download* das imagens Modis na internet (por exemplo, por meio do Reverb, da Agência Espacial dos Estados Unidos – Nasa, ou do Earth Explorer, do Serviço Geológico dos Estados Unidos – USGS), e o analista pode montar sua própria

Tab. 9.1 Classificação (%) dos *pixels* do MOD13Q1 do oeste da Bahia no período de 2000 a 2011 nas seguintes categorias: –1 (sem dados), 0 (dado bom), 1 (dado marginal), 2 (neve/gelo) e 3 (cobertos por nuvem)

Ano	Confiabilidade (%)				
	–1	**0**	**1**	**2**	**3**
2000	0	79	10	0	11
2001	0	85	10	0	4
2002	0	83	12	0	5
2003	0	86	12	0	2
2004	0	84	10	0	6
2005	0	82	13	0	5
2006	0	80	14	0	6
2007	0	93	7	0	0
2008	0	85	8	0	6
2009	0	78	18	0	5
2010	0	86	11	0	3
2011	2	79	14	0	5
Média	**0**	**83**	**12**	**0**	**5**

Nota: os dados apresentados nessa tabela são baseados no arquivo de confiabilidade dos pixels (Quadro 9.2), disponível no MOD13Q1 após reprojeção para sistema de coordenadas geográficas e formato *geotiff.*

Fonte: Borges, Sano e Medrado (2014).

Tab. 9.2 Qualidade radiométrica (%) dos *pixels* MOD13Q1 do oeste da Bahia no período de 2000 a 2011, discriminada segundo cinco parâmetros de qualidade: –1 (sem dados), 0 (dado bom), 1 (dado marginal), 2 (neve/gelo) e 3 (cobertos por nuvem)

Parâmetro	Estação seca	Estação chuvosa
–1	0,0	0,3
0	98,9	71,3
1	0,8	20,2
2	0,0	0,0
3	0,3	8,2
Total	**100**	**100**

Fonte: Borges, Sano e Medrado (2014).

estrutura de dados. Na prática, existem programas computacionais ou sites na internet nos quais é possível encontrar os dados já estruturados, de forma que o analista não precisa ter conhecimentos sólidos de linguagens de programação como IDL ou Python, permitindo que os esforços sejam concentrados na análise dos dados. Um dos programas mais populares é o Timesat, desenvolvido por Jönsson e Eklundh (2002, 2004) e com capacidade para processar séries temporais do Modis, do AVHRR/NOAA e do Vegetation/Spot. Nesse programa estão implementadas diversas facilidades, podendo-se destacar, além da extração de séries temporais, opções de algoritmo de suavização de alguns dos parâmetros de sazonalidade extraídos da série temporal a fim de facilitar a interpretação dos dados.

Parâmetros importantes de sazonalidade que podem ser extraídos do Timesat são as métricas fenológicas. Elas correspondem a variáveis adimensionais que podem ser calculadas com base na curva espectrotemporal do NDVI ou do EVI e retratam as características da vegetação dentro de seu ciclo fenológico (fenofases). Um total de 11 métricas fenológicas é fornecido: 1) início da estação chuvosa; 2) fim da estação chuvosa; 3) meio da estação chuvosa; 4) comprimento sazonal; 5) amplitude sazonal; 6) mínimo; 7) máximo; 8) taxa de rebrota (1ª derivada); 9) taxa de senescência (2ª derivada); 10) produtividade sazonal (integral menor); e 11) produtividade total (integral maior). A Fig. 9.4 apresenta como o Timesat calcula as métricas fenológicas a partir de uma curva espectrotemporal de EVI. Primeiramente, o programa define o início e o fim da estação chuvosa na referida curva. Em seguida, calculam-se o comprimento (duração do ciclo) e a amplitude (intensidade) da estação chuvosa, além da integral menor, integral maior, 1ª derivada e 2ª derivada.

Nas aplicações, o uso de séries temporais de dados Modis, além de possibilitar a realização de estudos com a frequência exigida pela sistematização, permite a redução nos custos operacionais e na demanda de tempo em estudos de escalas regionais, como para mapeamentos de coberturas anuais de terras (Clark et al., 2010) ou para fins de caracterização de mudanças interanuais na fenologia de diferentes tipos de cobertura do solo (Bradley et al., 2007). Em escala nacional, são várias as pesquisas que têm utilizado o Timesat, podendo-se citar o mapeamento da cobertura vegetal em áreas do Cerrado (Borges; Sano, 2014a, 2014b; Borges; Sano; Medrado, 2014), estudos da sazonalidade da vegetação com base hidrológica do bioma Pantanal (Almeida et al., 2015; Penatti et al., 2015), e análises das relações entre as imagens Modis e métricas fenológicas, sombreamento topográfico e padrões de temperatura anômalos em florestas deciduais do sul do Brasil (Teles et al., 2015).

No Brasil, o Instituto Nacional de Pesquisas Espaciais (Inpe) disponibiliza, no portal <http://www.dsr.inpe.br/laf/>, uma ferramenta de visualização de séries temporais do Modis EVI2 e do Tropical Rainfall Measuring Mission (TRMM) referentes à América do Sul para estudos e análises de mudança de uso e cobertura de terras. Essas séries são integradas às imagens de satélite de alta ou média resolução espacial disponíveis no programa Google Earth. Em outras palavras, a ferramenta de visualização localiza o *pixel* do Modis que é selecionado pelo analista com o *mouse* do computador na imagem disponibilizada no Google Earth. Essa ferramenta permite ainda o *download* das assinaturas temporais, sem suavização ou suavizadas pela transformada de *wavelet*. Nesse processo de filtragem, todos os *pixels* cuja reflectância na banda do azul é superior a 0,10 ou cujo ângulo de visada zenital é superior a 32,5° são eliminados e, em seguida, interpolados linearmente.

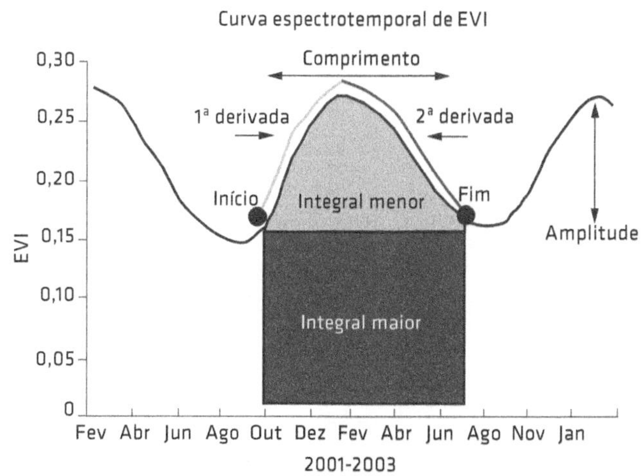

Fig. 9.4 *Demonstração da extração de métricas fenológicas pelo programa Timesat a partir de uma curva espectrotemporal de EVI correspondente ao Cerrado ralo (formação savânica) localizado no município de Barreiras (BA), no período de 2001 a 2003*
Fonte: Borges e Sano (2014a).

Maiores detalhes sobre essa ferramenta e sobre os processos de suavização dos dados podem ser encontrados em Freitas et al. (2011).

De maneira geral, pode-se dizer que as séries temporais de imagens de satélite têm, como principal objetivo, a construção de acervos de dados relevantes para o desenvolvimento de pesquisas que necessitam de abordagem temporal. Incluem-se, como uma das mais imediatas aplicações dessas séries, estudos como detecção de mudanças no uso do solo, monitoramento ambiental, variabilidade sazonal, caracterização fenológica da vegetação e previsão de safras. A relevância das séries temporais não se restringe apenas às imagens, mas também aos produtos derivados de seu processamento, como é o caso dos índices de vegetação. Dado o interesse que a comunidade de usuários tem demonstrado, prevê-se uma forte tendência em intensificar o uso das séries temporais nos próximos anos, haja vista que já existem séries históricas com mais de 15 anos de um mesmo sistema sensor, facilitando a comparação dos mesmos alvos em diferentes épocas ou a detecção de mudanças ocorridas em uma mesma área em distintos intervalos de tempo. O momento atual sugere que às análises de séries temporais devem ser incorporadas técnicas de processamento de imagens de caráter espectral que possam descrever também atributos do comportamento espectral dos alvos, o que conduziria a uma análise que poderia ser mais apropriadamente definida com séries espectrotemporais.

Por essa razão, algoritmos usualmente voltados para imagens hiperespectrais, tais como o *spectral angle mapper* (SAM) e o *minimum noise fraction* (MNF), têm sido utilizados para o processamento de dados temporais, pois, em ambos os casos, tem-se uma gama muito grande de dados que precisam ser processados para extrair as informações desejadas. Os dados hiperespectrais guardam em si propriedades que refletem o comportamento dos alvos nos diferentes comprimentos de onda do espectro eletromagnético, e as séries temporais funcionam como registro de um determinado alvo em um dado intervalo de tempo. No entanto, ainda não é possível aplicar todas as conhecidas técnicas de processamento desenvolvidas para imagens hiperespectrais no processamento das séries temporais.

9.4 Suavização de séries temporais

A despeito da grande valia das séries temporais, elas geralmente são contaminadas por ruídos, implicando a necessidade de usar filtros para removê-los ou minimizá-los (Santana et al., 2010; Couto Jr. et al., 2013). Os ruídos são identificados pelos pulsos e picos bruscos nas séries temporais e podem estar associados às interferências da atmosfera. Em sua maioria, eles são provenientes das condições meteorológicas, tais como nuvens, sombra de nuvens, nevoeiros, ventanias e chuvas. As fumaças e eventuais limitações do sensor também podem afetar a qualidade dos dados. Para suavizar esses ruídos, os desenvolvedores do Timesat implementaram três algoritmos baseados no método dos mínimos quadrados, sendo eles a logística dupla, baseada em função harmônica e polinomial, a filtragem adaptativa por meio do método de Savitzky-Golay e a função gaussiana assimétrica. Na Fig. 9.5, é apresentado um exemplo de resultado da suavização de uma série temporal pelo método de Savitzky-Golay, disponível no programa Timesat.

Como o exemplo dessa figura demonstra, muitas vezes é necessária a aplicação de filtros para a suavização das curvas, de modo a garantir interpretações fidedignas à realidade analisada a partir dos dados de sensoriamento remoto. Vários trabalhos confirmaram essa necessidade de remoção dos ruídos por filtragem, adotando métodos como a análise harmônica e o *spline* para suavizar curvas espectrais originadas de dados de NDVI do AVHRR/NOAA (Bradley et al., 2007), ou a transformada de *wavelet* (ondeletas), para analisar a relação sinal/ruído em séries temporais de NDVI do Modis (Lu et al., 2007). Essa mesma transformada foi também utilizada por Freitas et al. (2011) para remover os ruídos da série temporal de EVI2 implementada em uma plataforma semelhante à do Google Earth. Além disso, funções logísticas foram usadas por Zhang et al. (2003) para filtrar dados de EVI, com o objetivo de desenvolver uma metodologia para monitorar a fenologia da vegetação a partir de séries temporais do Modis, conseguindo-se, com os dados filtrados, identificar quatro fases distintas durante o ciclo anual. Contudo, apesar da importância da suavização de séries temporais, autores como Esquerdo, Coutinho e Antunes (2013) ressaltaram o cuidado que se deve ter ao utilizar métodos de filtragem, uma vez que alguns desses filtros podem camuflar um evento importante no ciclo vegetativo ou mesmo algum tipo de intervenção humana relativa à classe analisada.

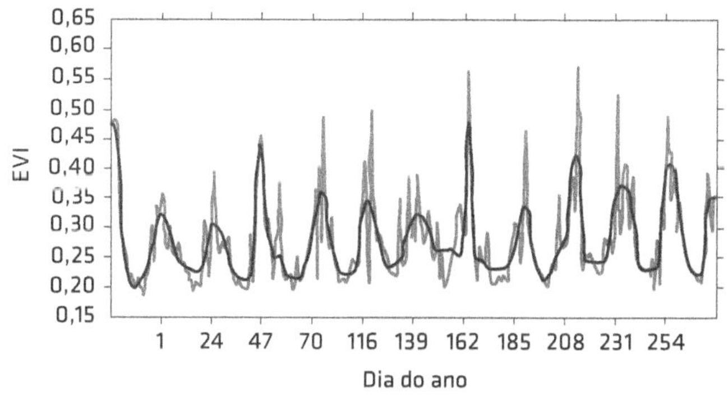

Fig. 9.5 *Exemplo de resultado de suavização de uma série temporal do oeste da Bahia pelo filtro Savitzky-Golay, disponível no programa Timesat. A linha cinza-claro representa a curva de EVI com ruídos, enquanto a linha cinza-escuro representa a curva suavizada a partir do filtro Savitzky-Golay*

9.5 Assinaturas temporais de alvos vegetados

Conforme comentado anteriormente, as assinaturas temporais têm uma conotação similar à das assinaturas espectrais da reflectância, com a diferença de que elas representam o comportamento da sazonalidade imposta a alguns tipos de alvo. As características desses alvos são identificadas por mudanças físicas dos objetos (por exemplo, perda de folhas), mas são percebidas pelos algoritmos de análise temporal por meio de detecções de mudanças espectrais. Essas detecções espectrais, de fato, não são obtidas por uma análise puramente da reflectância de cada banda que o sensor possui, mas por índices de vegetação que possam retratá-las.

A seguir, de modo bastante prático, será apresentada a forma como as informações temporais devem ser analisadas, a partir de uma série temporal de imagens de diferentes regiões brasileiras, as quais foram acessadas da ferramenta de visualização de séries temporais disponibilizada pelo Laboratório de Agricultura e Floresta (LAF) do Inpe. A análise foi feita com base nas denominadas curvas espectrotemporais de um determinado índice de vegetação, que, nos exemplos apresentados, é o índice EVI2. A ideia dos exemplos é mostrar diferentes tipos de informações que podem ser extraídas das séries temporais.

Na Fig. 9.6, são apresentadas três curvas espectrotemporais representativas das formações florestal, savânica e campestre do período de 2000 a 2013, obtidas respectivamente da Floresta Nacional (Flona) de Jamanxim (PA), da Reserva Ecológica de Águas Emendadas (DF) e do Parque Nacional das Emas (PNE) (GO). Como esperado, os valores de EVI2 foram mais altos para a formação florestal e mais baixos para a formação campestre

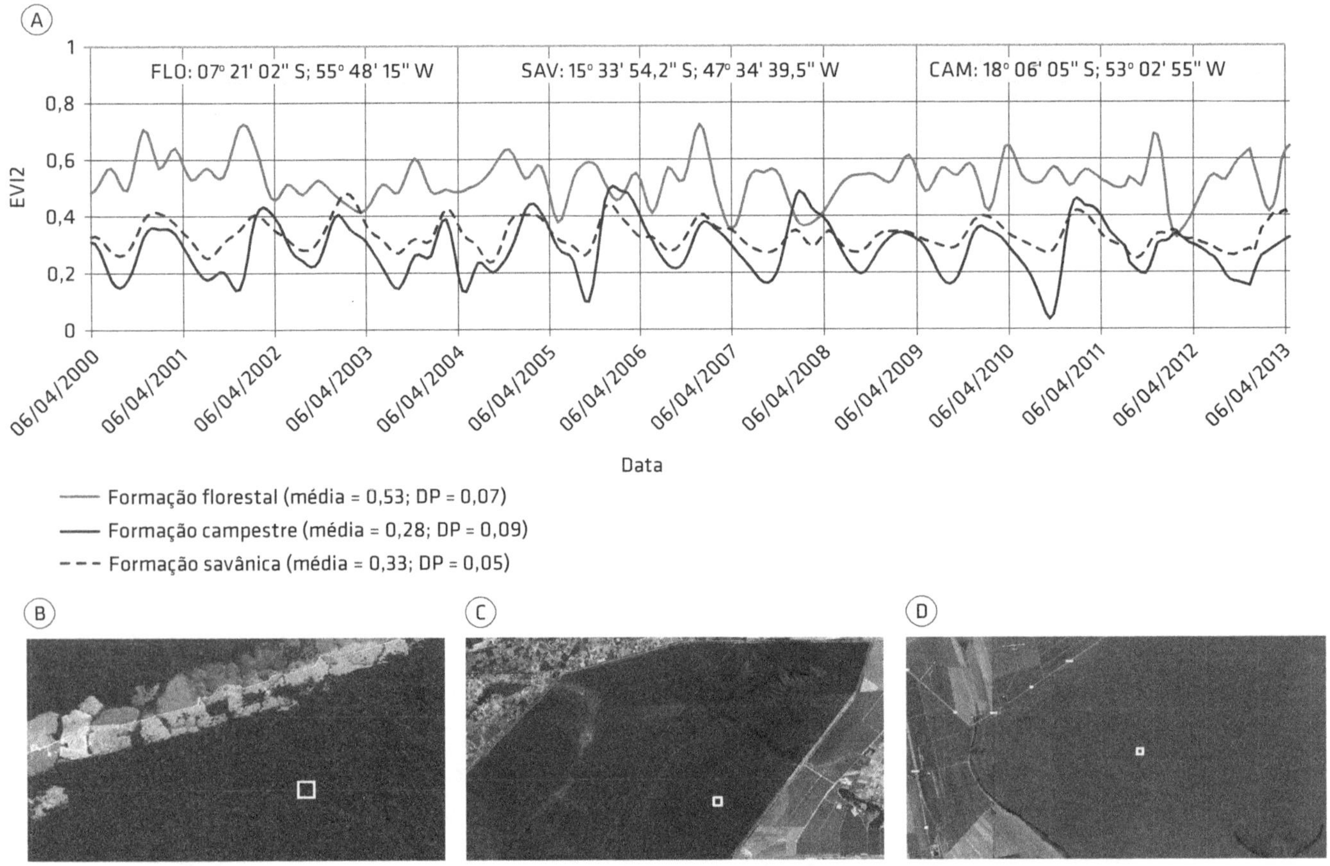

Fig. 9.6 *Assinaturas espectrotemporais, representadas pelo índice de vegetação realçado EVI2, de formações florestal, savânica e campestre (A), obtidas da Floresta Nacional de Jamanxim (PA) (B), da Reserva Ecológica de Águas Emendadas (DF) (C) e do Parque Nacional das Emas (GO) (D). FLO = formação florestal, SAV = formação savânica, CAM = formação campestre e DP = desvio-padrão. Nas imagens de satélite disponibilizadas pelo Google Earth, os quadrados brancos representam o tamanho do* pixel *do MOD13Q1 (250 m × 250 m)*

Fonte: LAF/Inpe.

(médias de 0,53 e 0,28, respectivamente). A formação vegetacional da Flona de Jamanxim corresponde a uma floresta ombrófila aberta submontana, isto é, com pouca influência da sazonalidade climática, enquanto as outras duas formações vegetais pertencem ao bioma Cerrado, onde uma das feições típicas é a acentuada influência da sazonalidade climática (Ribeiro; Walter, 2008). A formação campestre foi a que apresentou maior influência da sazonalidade climática, refletida pelo valor de desvio-padrão mais alto (DP = 0,09). De acordo com Cianciaruso, Batalha e Silva (2000), o PNE corresponde a um Cerrado hipersazonal, ou seja, trata-se de uma vegetação nativa que sofre estresse climático tanto na época chuvosa, por causa de alagamentos constantes, como na época seca, por causa da seca e das queimadas. Apesar de as formações savânicas e campestres apresentarem valores médios de EVI2 relativamente próximos (0,33 e 0,28, respectivamente), elas conseguem ser discriminadas entre si justamente porque as variações sazonais desse índice de vegetação são nitidamente maiores para a formação campestre.

Quando as séries temporais de EVI2 das formações savânicas do Cerrado e da Caatinga são comparadas (Fig. 9.7), percebe-se uma influência da sazonalidade muito maior

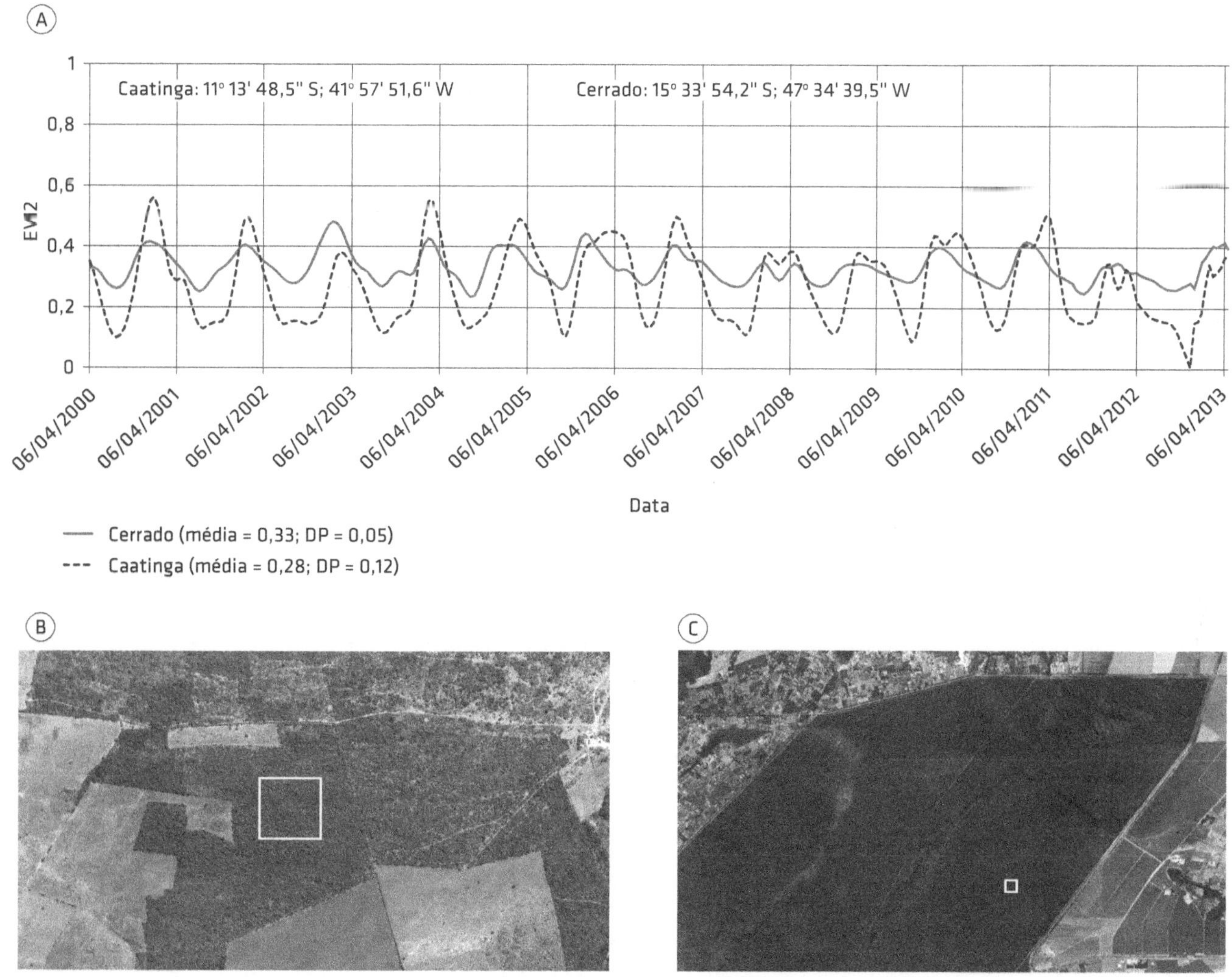

Fig. 9.7 *Assinaturas espectrotemporais, representadas pelo índice de vegetação realçado EVI2, de formações savânicas do Cerrado e da Caatinga (A), obtidas da Reserva Ecológica de Águas Emendadas (DF) (B) e do município baiano de Central (C). DP = desvio-padrão. Nas imagens de satélite disponibilizadas pelo Google Earth, os quadrados brancos representam o tamanho do* pixel *do MOD13Q1 (250 m × 250 m)*

Fonte: LAF/Inpe.

para a Caatinga. Os dados da Caatinga, obtidos da região sudeste do município baiano de Central, referem-se à fitofisionomia denominada savana estépica, que designa a vegetação típica do sertão árido nordestino, com dupla estacionalidade (IBGE, 1991). O valor médio de EVI2 para a savana estépica foi de 0,28, valor que coincide com o da formação campestre da figura anterior. Os dados para o Cerrado são os mesmos da figura anterior referentes à Reserva Ecológica de Águas Emendadas.

Outra possível aplicação envolvendo as séries temporais é a determinação da idade aproximada de uma área com cultura agrícola. Na Fig. 9.8A, é mostrada a curva espectrotemporal de um *pixel* do Modis com vegetação nativa ainda preservada, enquanto a região caracterizada pela curva espectrotemporal da Fig. 9.8B é uma área agrícola consolidada, anterior ao ano 2000. Já a Fig. 9.8C indica a curva espectrotemporal de uma situação intermediária entre os dois casos, isto é, trata-se de uma região na qual a cultura agrícola foi

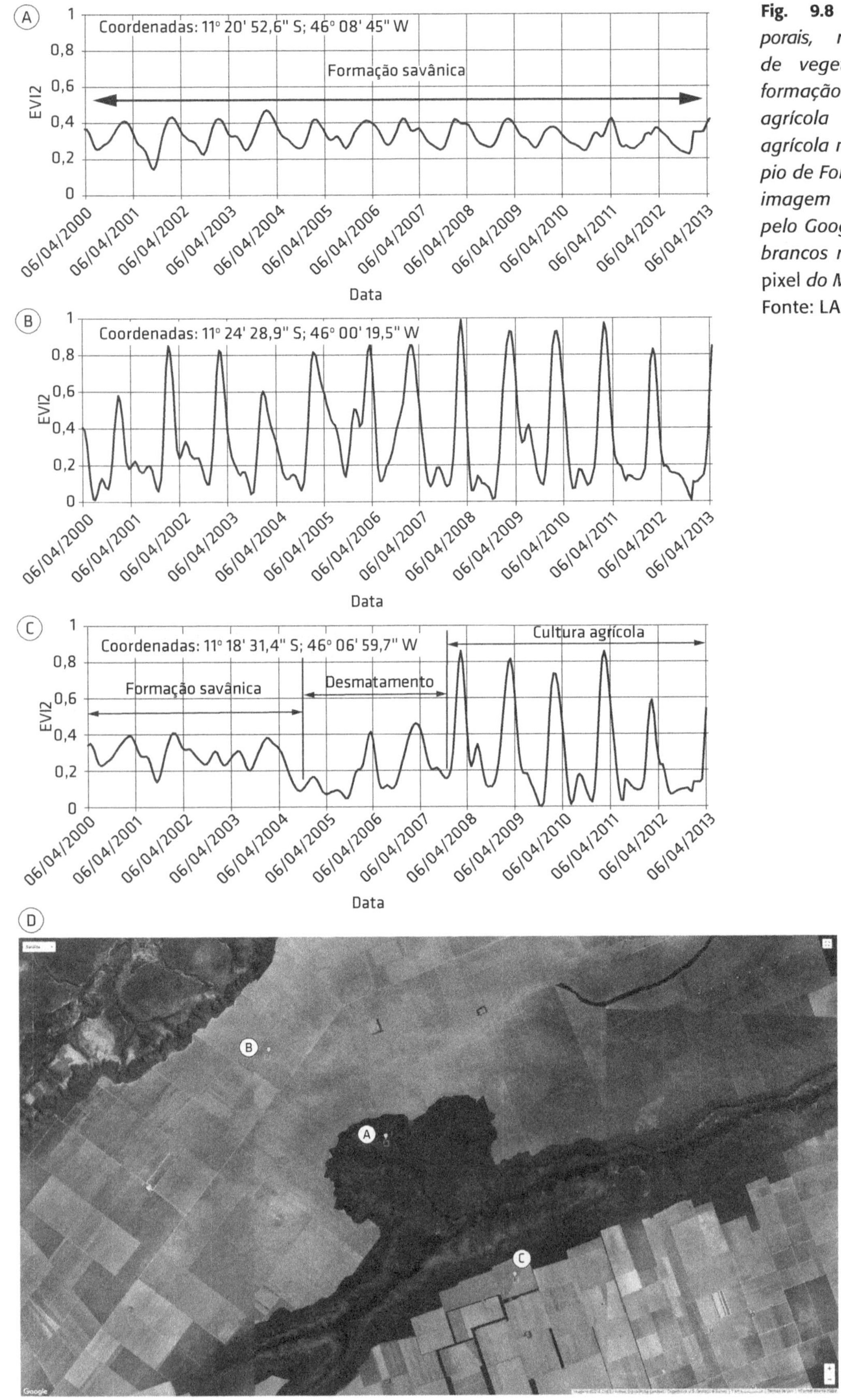

Fig. 9.8 *Assinaturas espectrotemporais, representadas pelo índice de vegetação realçado EVI2, de formação savânica (A), cultura agrícola consolidada (B) e cultura agrícola mais recente (C) do município de Formosa do Rio Preto (BA). Na imagem de satélite disponibilizada pelo Google Earth (D), os quadrados brancos representam o tamanho do* pixel *do MOD13Q1 (250 m x 250 m)*
Fonte: LAF/Inpe.

estabelecida em algum ponto dentro do intervalo de tempo considerado, mais especificamente no início da estação chuvosa de 2007 (setembro/outubro). No final da estação chuvosa de 2004, essa área provavelmente foi desmatada, o que é evidenciado pela queda brusca nos valores de EVI2 no período de maio a setembro de 2004. Conforme ressaltado por Couto Jr. et al. (2011), os valores de EVI2 da cultura agrícola no pico de seu crescimento vegetativo podem ultrapassar os correspondentes valores de formação florestal.

Culturas agrícolas e pastagens cultivadas foram identificadas e discriminadas nas séries temporais do Modis, conforme demonstrado na Fig. 9.9. O valor médio de EVI2 para cultura agrícola foi de 0,39, enquanto para pastagem cultivada foi de 0,30. O desvio-padrão também apresenta diferença acentuada para os dois tipos de alvo: 0,20 e 0,07 para cultura agrícola e pastagem cultivada, respectivamente.

Outra aplicação das séries temporais do Modis é a diferenciação entre plantios de cultura agrícola de sequeiro e cultura agrícola irrigada. Na cultura agrícola de sequeiro, identifica-se apenas um único pico de EVI2 no ano ou, quando há adoção da prática de adubação verde, pode haver um pico maior seguido de um menor, como na maioria dos casos mostrados na Fig. 9.10A. Adubação verde é o nome dado ao plantio de leguminosas (forrageiras) logo após a colheita de grãos e objetiva aumentar o teor de matéria orgânica no solo, além de reduzir a perda de solos por erosão e elevar a retenção de água, entre outras vantagens. No caso dos plantios de cultura agrícola irrigada, há dois picos de EVI2 com intensidades aproximadamente iguais, o que caracteriza uma assinatura cujo ciclo anual é bimodal, conforme pode ser visto na Fig. 9.10B. Para os casos em que a irrigação é feita por meio de sistemas de pivô central, a identificação em imagens de uma única data é simples, por causa do padrão circular do plantio. No entanto, essa identificação deixa de ser imediata para outros sistemas de irrigação, por exemplo, por gotejamento ou subterrânea.

A Fig. 9.11 mostra uma série espectrotemporal de cana-de-açúcar. A série de dados indica que a área de estudo provavelmente já estava coberta com cana-de-açúcar em 2000. De fato, essa região, localizada no município de Sertãozinho (SP), próxima de Ribeirão Preto (SP), é uma das mais tradicionais em termos de produção de açúcar e etanol no Brasil. Até dezembro de 2010, a variedade da cana plantada era de um ano, com colheita em setembro e plantio em outubro. No início de 2011, outra variedade de cana de dois anos foi introduzida. Conforme verificado por Freitas et al. (2011), com um mínimo de conhecimento técnico sobre práticas agrícolas da cana, é possível recuperar o histórico de plantio tanto em nível de talhão como em nível de fazenda.

Como os exemplos práticos anteriores demonstraram, as imagens de alta resolução temporal permitem a extração de séries temporais e a consequente realização de estudos mais sinópticos e contextualizados no tempo. Assim, é possível monitorar a fenologia da vegetação em grandes escalas geográficas e produzir informações acuradas em tempo relativamente rápido. As análises de séries temporais aplicadas ao estudo do ciclo fenológico e a subsequente associação dos efeitos da sazonalidade podem ser a chave para a discriminação e a caracterização de classes de uso e cobertura vegetal, visto que as séries temporais permitem identificar e analisar a sazonalidade climática nas escalas intra e interanual (Nora; Martini, 2010). Mudanças na temperatura e na precipitação podem influenciar as fenofases, como no período de crescimento de vegetação, na taxa de acumulação de

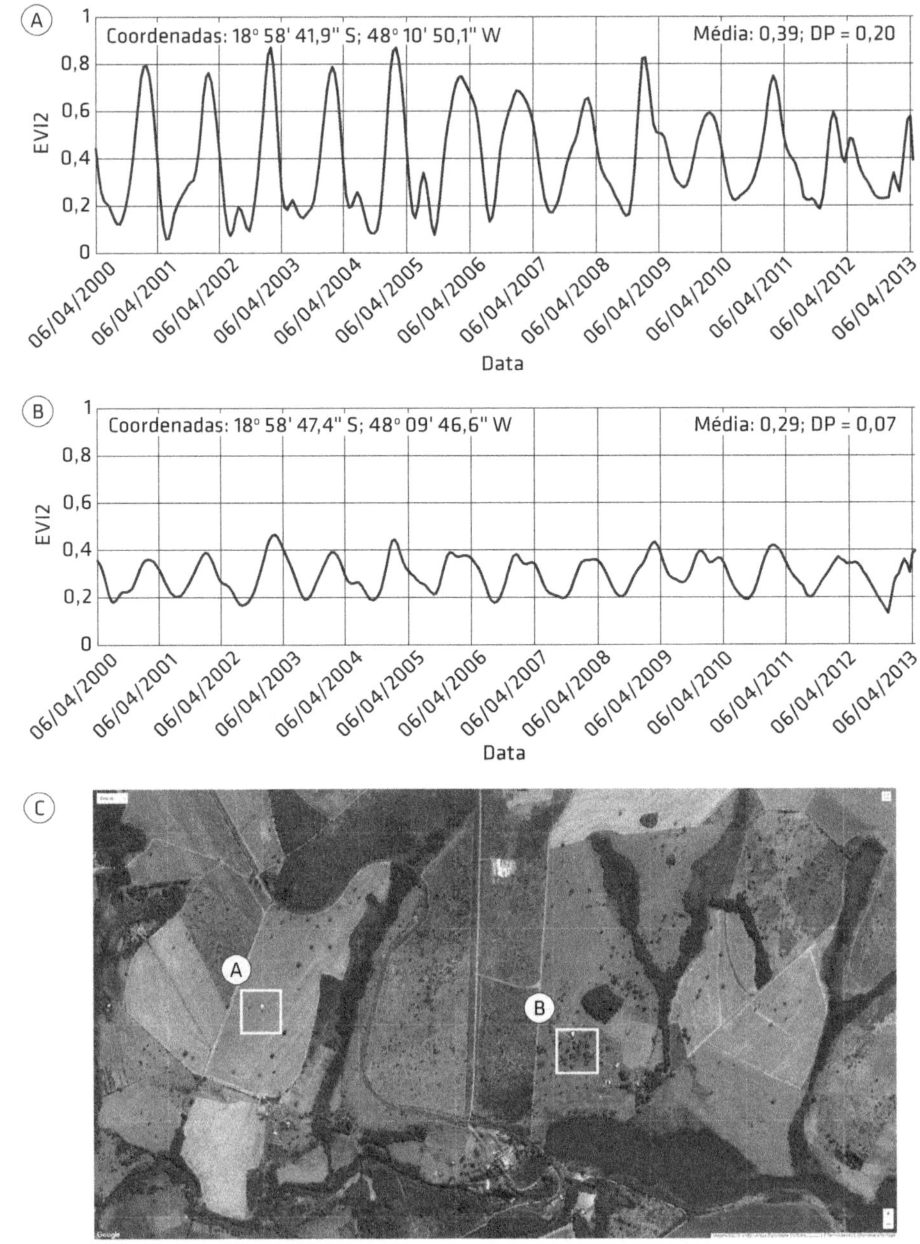

Fig. 9.9 *Assinaturas espectrotemporais, representadas pelo índice de vegetação realçado EVI2, de cultura agrícola de sequeiro (A) e pastagem cultivada (B) do município de Uberlândia (MG). Na imagem de satélite disponibilizada pelo Google Earth (C), os quadrados brancos representam o tamanho do* pixel *do MOD13Q1 (250 m × 250 m)*

Fonte: LAF/Inpe.

biomassa (rebrota) e nos períodos e na taxa de senescência da vegetação (Lee et al., 2002). Além dos fatores climáticos, processos endógenos da planta e pressões seletivas bióticas também podem influenciar a periodicidade das fenofases (Talora; Morellato, 2000).

Nesse contexto, o uso de séries temporais permite a compreensão de todo o ciclo fenológico, haja vista que as propriedades fenológicas são analisadas ao longo de um determinado período de tempo, podendo também ser extraídas a partir de séries temporais. Uma imagem de satélite de uma única data implica uma probabilidade grande de erro na

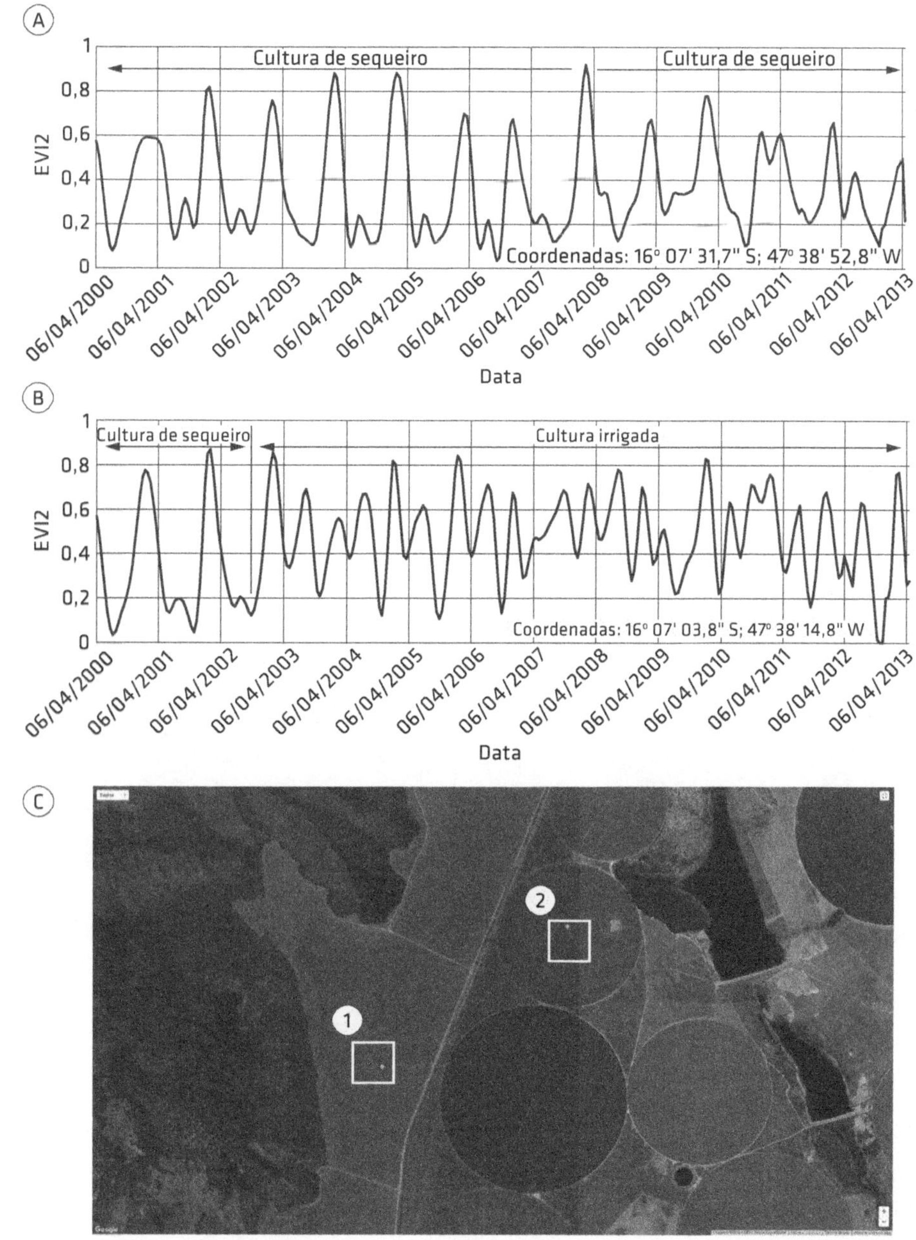

Fig. 9.10 *Comparação entre assinaturas espectrotemporais, representadas pelo índice de vegetação realçado EVI2, de uma cultura agrícola de sequeiro (A) e uma cultura agrícola irrigada (B) do município de Cristalina (GO). Na imagem de satélite disponibilizada pelo Google Earth (C), os quadrados 1 e 2 representam o tamanho do* pixel *do MOD13Q1 (250 m × 250 m). A presença de dois picos de EVI2 durante um determinado ano é típica de cultura agrícola irrigada, enquanto a presença de um pico de EVI2 menor precedido de um pico maior é típica de adubação verde*

Fonte: LAF/Inpe.

análise fenológica, mas o mesmo não ocorre quando se utilizam séries temporais. Dados fenológicos derivados de séries temporais de áreas que apresentam marcante sazonalidade, como é o caso dos biomas Caatinga e Cerrado, podem fornecer importantes subsídios para a definição da época mais apropriada para extrair informações biofísicas e

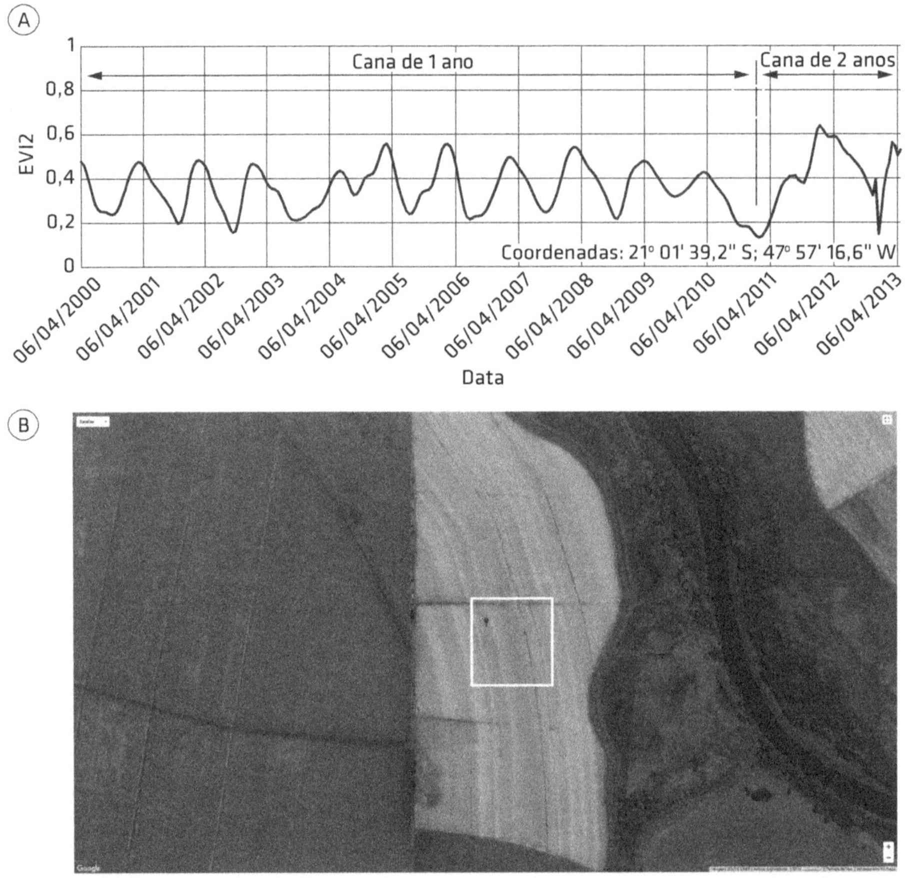

Fig. 9.11 *Assinatura espectrotemporal, representada pelo índice de vegetação realçado EVI2, de cultura de cana-de-açúcar do município de Sertãozinho (SP) (A). Na imagem de satélite disponibilizada pelo Google Earth (B), o quadrado branco representa o tamanho do* pixel *do MOD13Q1 (250 m × 250 m)*

Fonte: LAF/Inpe.

espectrais, pois as fitofisionomias exibem comportamento associado aos efeitos da sazonalidade. No caso da Mata Atlântica, cujo bioma não possui estações do ano bem definidas, o ciclo fenológico não fica bem caracterizado por meio das séries temporais, mas é possível utilizá-las para compreender o comportamento de fitofisionomias desse bioma (Fig. 9.12).

Um caso de pouca efetividade na discriminação de alvos por meio de séries temporais do Modis EVI2 é mostrado na Fig. 9.13, em que a série temporal de formação campestre da Reserva Ecológica de Águas Emendadas é comparada com a da pastagem cultivada do Triângulo Mineiro. Trata-se da separação espectral entre formação campestre (muitas vezes conhecida como pastagem nativa) e pastagem cultivada. Percebe-se que as curvas são bastante similares, tanto em seu aspecto visual quanto em seus parâmetros estatísticos de média e desvio-padrão. Estudos conduzidos por Edson E. Sano e colaboradores há mais de 15 anos têm mostrado, de forma bastante consistente, que a separação espectral desses dois alvos é uma das atividades mais árduas relacionadas com o mapeamento de uso e cobertura de terras. Dados auxiliares são quase que mandatórios para auxiliar essa separação, destacando-se os dados declaratórios do Censo Agropecuário do Instituto

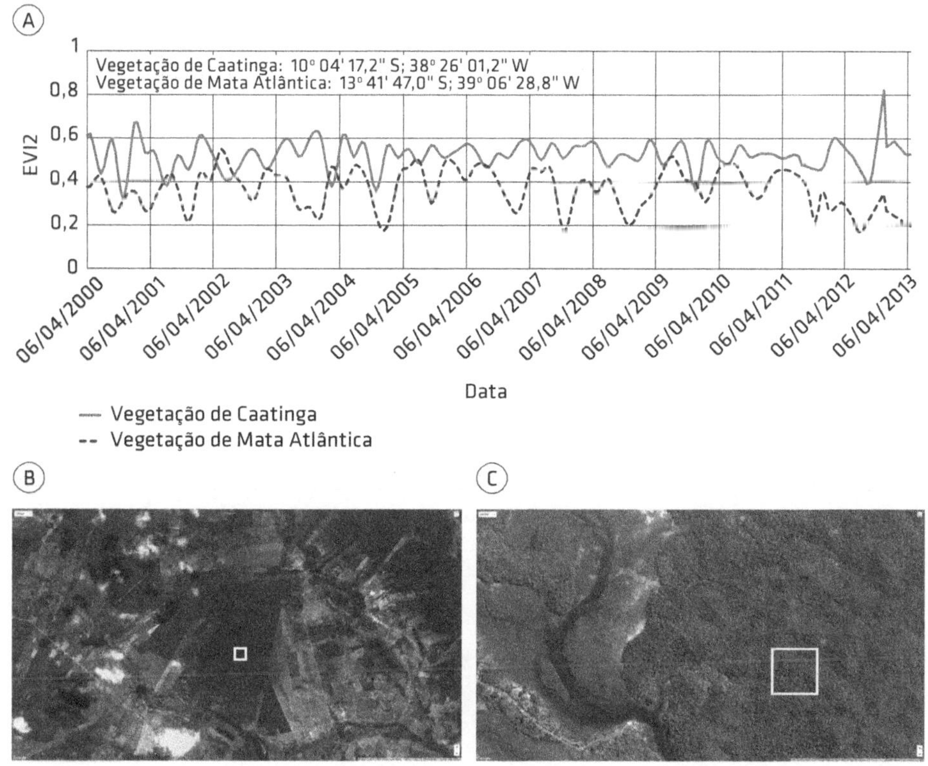

Fig. 9.12 *Assinaturas espectrotemporais de vegetação de Caatinga e de Mata Atlântica dos municípios de Jeremoabo (BA) e Ituberá (BA), respectivamente (A). As características sazonais são evidentes no primeiro município, mas menos acentuadas no segundo. Nas imagens de satélite dos municípios de Jeremoabo (B) e Ituberá (C) disponibilizadas pelo Google Earth, os quadrados brancos representam o tamanho do* pixel *do MOD13Q1 (250 m × 250 m)*

Fonte: LAF/Inpe.

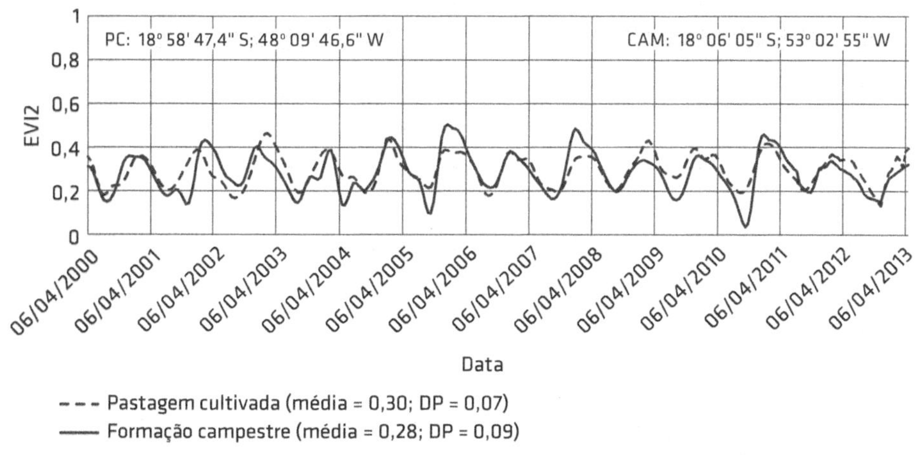

Fig. 9.13 *Comparação entre assinaturas espectrotemporais, representadas pelo índice de vegetação realçado EVI2, de uma formação campestre da Reserva Ecológica de Águas Emendadas (DF) e uma pastagem cultivada de Uberlândia (MG). A localização desses dois pontos nas imagens de satélite disponibilizadas no Google Earth pode ser vista nas Figs. 9.5 e 9.9. PC = pastagem cultivada, CAM = formação campestre e DP = desvio-padrão*

Fonte: LAF/Inpe.

Brasileiro de Geografia e Estatística (IBGE) e a análise da forma geométrica dos polígonos. Nesse último caso, há uma tendência de a geometria dos polígonos das pastagens cultivadas ser mais regular do que a da formação campestre.

Outro caso de pouca efetividade está na discriminação de áreas em regeneração na Amazônia, conforme ilustrado na Fig. 9.14. Vários polígonos mapeados como vegetação secundária pelo projeto TerraClass Amazônia de 2012 (Inpe, 2016) foram selecionados aleatoriamente para inspeção na ferramenta de visualização de séries temporais do LAF/Inpe, no entanto nenhum deles forneceu indicativos de que a vegetação estivesse regenerando. Essa figura ilustra uma situação pouco efetiva encontrada para um polígono identificado como vegetação secundária pelo TerraClass no município de Altamira (PA). Idealmente e em teoria, seria de se esperar que os valores iniciais de EVI2 da área em regeneração fossem baixos, por causa da menor quantidade de biomassa, aumentando gradativamente à medida que a vegetação fosse regenerando, até atingir os valores correspondentes à

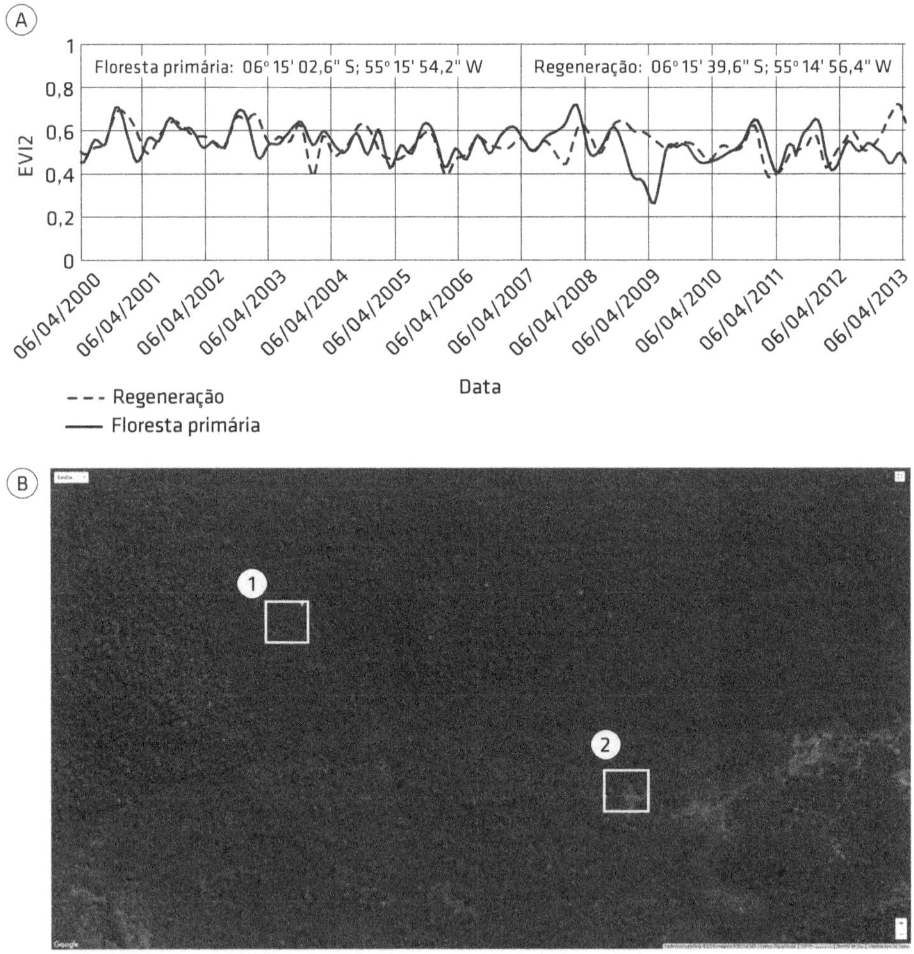

Fig. 9.14 *Comparação entre assinaturas espectrotemporais, representadas pelo índice de vegetação realçado EVI2, de uma área de regeneração e uma floresta primária do município de Altamira (PA) (A). Na imagem de satélite disponibilizada pelo Google Earth (B), os quadrados 1 e 2 representam o tamanho do* pixel *do MOD13Q1 (250 m × 250 m)*

Fonte: LAF/Inpe.

floresta primária. No entanto, o que se vê na figura são assinaturas espectrotemporais bastante próximas entre si na grande maioria das datas. Uma possível explicação é a interferência do sombreamento no topo do dossel, conforme reportado por Galvão et al. (2011). Como regra geral, os topos dos dosséis de florestas primárias são mais irregulares do que os da vegetação secundária. Consequentemente, o nível de sombreamento é maior em florestas primárias, o que pode implicar valores de EVI2 relativamente mais baixos para esse tipo de vegetação quando comparados com os valores obtidos para a vegetação secundária.

Referências bibliográficas

ALMEIDA, T. I. R.; PENATTI, N. C.; FERREIRA, L. G.; ARANTES, A. E.; AMARAL, C. H. Principal component analysis applied to a time series of MODIS images: the spatio-temporal variability of the Pantanal wetland, Brazil. *Wetlands Ecology and Management*, v. 1, p. 1-12, 2015.

BORGES, E. F.; SANO, E. E. Caracterização fenológica da cobertura vegetal do oeste da Bahia a partir de séries temporais de EVI do sensor MODIS. *Revista Brasileira de Cartografia*, v. 66, n. 6, p. 1265-1280, 2014a.

BORGES, E. F.; SANO, E. E. Séries temporais de EVI do MODIS para o mapeamento de uso e cobertura vegetal do oeste da Bahia. *Boletim de Ciências Geodésicas*, v. 20, n. 3, p. 536-547, 2014b.

BORGES, E. F.; SANO, E. E.; MEDRADO, E. Radiometric quality and performance of TIMESAT for smoothing moderate resolution imaging spectroradiometer enhanced vegetation index time series from western Bahia State, Brazil. *Journal of Applied Remote Sensing*, v. 8, 2014 (Paper 083580-1).

BRADLEY, B. A.; JACOB, R. W.; HERMANCE, J. F.; MUSTARD, J. A curve fitting procedure to derive inter-annual phenologies from time series of noisy satellite NDVI data. *Remote Sensing of Environment*, v. 106, n. 2, p. 137-145, 2007.

CIANCIARUSO, M. V.; BATALHA, M. A.; SILVA, I. A. Seasonal variation of a hyperseasonal cerrado in Emas National Park, central Brazil. *Flora*, v. 200, p. 345-353, 2000.

CLARK, M. L.; AIDE, T. M.; GRAU, H. R.; RINER, G. A scalable approach to mapping annual land cover at 250 m using MODIS time series data: a case study in the Dry Chaco ecoregion of South America. *Remote Sensing of Environment*, v. 114, n. 1, p. 2816-2832, 2010.

COUTO JR., A. F.; CARVALHO JR., O. A.; MARTINS, E. S.; SANTANA, O. A.; SOUZA, V. V.; ENCINAS, J. I. Tratamento de ruídos e caracterização de fisionomias do Cerrado utilizando séries temporais do sensor MODIS. *Árvore*, v. 35, n. 3, p. 699-705, 2011.

COUTO JR., A. F.; CARVALHO JR., O. A.; MARTINS, E. S.; VASCONCELOS, V. Characterization of the agriculture occupation in the Cerrado biome using Modis time-series. *Revista Brasileira de Geofísica*, v. 31, n. 3, p. 393-402, 2013.

ESQUERDO, J. C. D. M.; COUTINHO, A. C.; ANTUNES, J. F. G. Uso combinado de dados NDVI/MODIS dos satélites Terra e Aqua no monitoramento multi-temporal de áreas agrícolas. In: SIMPÓSIO BRASILEIRO DE SENSORIAMENTO REMOTO, 16., Foz do Iguaçu-PR, 2013. *Anais*... São José dos Campos: Inpe, p. 431-437, 2013.

FREITAS, R. M.; ARAI, E.; ADAMI, M.; FERREIRA, A. S.; SATO, F. Y.; SHIMABUKURO, Y. E.; ROSA, R. R.; ANDERSON, L. O.; RUDORFF, B. F. T. Virtual laboratory of remote sensing time series: visualizations of MODIS EVI2 data set over South America. *Journal of Computacional Interdisciplinary Sciences*, v. 2, n. 1, p. 57-68, 2011.

GALVÃO, L. S.; SANTOS, J. R.; ROBERTS, D.; BREUNIG, F. M.; TOOMEY, M.; MOURA, Y. M. On intra-annual EVI variability in the dry season of tropical forest. A case study with MODIS and hyperspectral data. *Remote Sensing of Environment*, v. 115, n. 9, p. 2350-2359, 2011.

HUETE, A.; DIDAN, K.; MIURA, T.; RODRIGUEZ, E. P.; GAO, X.; FERREIRA, L. G. Overview of the radiometric and biophysical performance of the MODIS vegetation indices. *Remote Sensing of Environment*, v. 83, n. 1-2, p. 195-213, 2002.

IBGE – INSTITUTO BRASILEIRO DE GEOGRAFIA E ESTATÍSTICA. *Manual técnico da vegetação brasileira*. Rio de Janeiro: IBGE, Série Manuais Técnicos em Geociências, n. 1, 1991, 92 p.

INPE – INSTITUTO NACIONAL DE PESQUISAS ESPACIAIS. *Dados TerraClass 2012*. Belém: INPE, Centro Regional da Amazônia (CRA). Disponível em: <http://www.inpe.br/cra/projetos_pesquisas/terraclass2012.php>. Acesso em: 5 jan. 2016.

JIANG, Z.; HUETE, A. R.; DIDAN, K.; MIURA, T. Development of a two-band enhanced vegetation index without a blue band. *Remote Sensing of Environment*, v. 112, p. 3833-3845, 2008.

JÖNSSON, P.; EKLUNDH, L. Seasonality extraction by function fitting to time-series of satellite sensor data. *IEEE Transactions on Geoscience and Remote Sensing*, v. 40, n. 8, p. 1824-1832, 2002.

JÖNSSON, P.; EKLUNDH, L. TIMESAT: a program for analyzing time-series of satellite sensor data. *Computers & Geosciences*, v. 30, n. 1, p. 833-845, 2004.

JUSTICE, C. O.; TOWNSHEND, J. R. G.; VERMOTE, E. F.; MASUOKA, E.; WOLFE, R. E.; SALEOUS, N.; ROY, D. P.; MORISETTE, J. T. An overview of MODIS land data processing and product status. *Remote Sensing of Environment*, v. 83, p. 3-15, 2002.

LEE, R.; YU, F.; PRICE, K. P.; ELLIS, J.; SHI, P. Evaluating vegetation phenological patterns in Inner Mongolia using NDVI time-series analysis. *International Journal of Remote Sensing*, v. 23, n. 12, p. 2505-2512, 2002.

LU, X.; LIU, R.; LIU, J.; LIANG, S. Removal of noise by wavelet method to generate high quality temporal data of terrestrial MODIS products. *Photogrammetric Engineering & Remote Sensing*, v. 73, n. 10, p. 1-11, 2007.

NORA, E. L. D.; MARTINI, D. Z. Análise da dinâmica sazonal de fitofisionomias do bioma Mata Atlântica com base em índices de vegetação do sensor MODIS/TERRA. *Ambiência*, v. 6, n. 1, p. 97-108, 2010.

PENATTI, N. C.; ALMEIDA, T. I. R.; FERREIRA, L. G.; ARANTES, A. E.; COE, M. T. Satellite-based hydrological dynamics of the world´s largest continuous wetland. *Remote Sensing of Environment*, v. 170, p. 1-13, 2015.

RIBEIRO, J. F.; WALTER, B. M. T. As principais fitofisionomias do Cerrado. In: SANO, S. M.; ALMEIDA, S. P.; RIBEIRO, J. F. (Eds.). *Cerrado*: Ecologia e Flora. v. 1. Planaltina: Embrapa Cerrados, 2008. p. 151-199.

ROUSE, J. W.; HAAS, R. H.; SCHELL, J. A.; DEERING, D. W. Monitoring vegetation systems in the great plains with ERTS. In: ERTS SYMPOSIUM, 3., NASA SP-351, NASA, Washington, DC., v. 1, p. 309-317, 1973.

SANTANA, O. A.; CARVALHO JR., O. A.; PIMENTEL, C. M. M.; GOMES, R. A. T.; OLIVEIRA, S. N. Modelagem de espectros temporais NDVI-Modis, no período de 2000 a 2008, na bacia do rio Paracatu, Brasil. *Revista Brasileira de Geofísica*, v. 28, n. 1, p. 47-60, 2010.

SOARES, J. V.; BATISTA, G. T.; SHIMABUKURO, Y. E. Histórico e Descrição. In: RUDORFF, B. F. T.; SHIMABUKURO, Y. E.; CEBALLOS, J. C. (Orgs.). *O Sensor Modis e suas Aplicações Ambientais no Brasil*. São José dos Campos: Parêntese, 2007. p. 3-22.

TALORA, D. C.; MORELLATO, P. C. Fenologia de espécies arbóreas em floresta de planície litorânea do sudeste do Brasil. *Revista Brasileira de Botânica*, v. 23, p. 13-26, 2000.

TELES, T. S.; GALVÃO, L. S.; BREUNIG, F. M.; BALBINOT, R.; GAIDA, W. Relationships between MODIS phenological metrics, topographic shade, and anomalous temperature patterns in seasonal deciduous forests of south Brazil. *International Journal of Remote Sensing*, v. 36, n. 18, p. 4501-4518, 2015.

ZHANG, X.; FRIEDL, M. A.; SCHAAF, C. B.; STRAHLER, A. H.; HODGES, J. C. F.; GAO, F.; REED, B. C; HUETE, A. Monitoring vegetation phenology using MODIS. *Remote Sensing of Environment*, v. 84, p. 471-475, 2003.

Edson Eyji Sano
Paulo Roberto Meneses
Tati de Almeida

10 REFLECTÂNCIA DOS ALVOS NA FAIXA DE MICRO-ONDAS

As imagens obtidas no intervalo de comprimentos de onda de 1 cm a 100 cm (faixa espectral de micro-ondas) são conhecidas como imagens de radar. O termo *radar*, acrônimo de *radio detection and ranging* (detecção e posicionamento por meio de ondas de rádio), advém dos primeiros instrumentos que operavam na frequência do rádio (comprimentos de onda superiores a 1 m). Posteriormente, eles passaram a operar na faixa de micro-ondas, porém o termo *radar* permaneceu inalterado. A operação nesses comprimentos de onda relativamente grandes apresenta um grande benefício, que é a baixa interferência das partículas (aerossóis) e moléculas de gases presentes na atmosfera no processo de aquisição de imagens. Isso significa que é rara a presença de nuvens e sombras de nuvens nas cenas de radar, principalmente para os comprimentos de onda superiores a cerca de 3 cm. Nas imagens de radar, não há o espalhamento atmosférico que tanto compromete as imagens baseadas nos comprimentos de onda da luz solar.

Essa possibilidade de obter imagens independentemente da presença de nuvens durante a passagem do sensor é uma das vantagens mais relevantes do sensoriamento remoto por radar, notadamente em aplicações que exigem monitoramentos multitemporais, inclusive na estação chuvosa (por exemplo, monitoramento do desmatamento de florestas nativas, monitoramento de derrames de óleo em plataformas de exploração de petróleo e previsão de safra de culturas agrícolas de sequeiro), ou em áreas com cobertura persistente de nuvens (por exemplo, norte da Amazônia e litoral do Nordeste brasileiro). Além disso, sensores imageadores de radar possuem a capacidade de penetrar no dossel vegetal, permitindo a discriminação de fisionomias vegetais com base nas diferenças de biomassa e de estrutura, além da capacidade de penetrar nas porções superficiais do terreno, possibilitando estimar o conteúdo de água nos solos. Outra vantagem dos sensores imageadores de radar é sua independência da radiação eletromagnética (REM) da luz solar, o que lhes permite obter imagens noturnas ou em qualquer hora do dia, pois utilizam antenas que emitem sua própria REM na forma de pulsos de radiação, emitidos em um mesmo comprimento de onda, fase e direção. Por esse motivo, são também denominados sensores ativos. Sensores de radar são ainda os únicos a utilizar energia polarizada para extrair informações da superfície terrestre ou oceânica.

Um dos exemplos mais notáveis de uso de imagens de radar foi o Projeto Radam (Radar da Amazônia), iniciado no começo da década de 1970. Em áreas de densa cobertura vegetal, como a da floresta amazônica, a decisão pelo uso de sensores de micro-ondas contornou um crucial problema, a cobertura persistente de nuvens, que impediu por muito tempo o mapeamento desse que é o maior bioma brasileiro. O projeto foi inicialmente programado para mapear os recursos naturais da Amazônia, incluindo temas como cobertura vegetal, solos, geomorfologia e geologia. Em 1975, devido a seu sucesso e importância, foi estendido para todo o território nacional e passou a ser denominado Radambrasil, constituindo a maior base de dados integrados dos recursos naturais do país. As imagens foram obtidas por uma aeronave Caravelle que transportava um sensor de radar operando com comprimento de onda de aproximadamente 3,2 cm (banda X), polarização HH (polarização emitida e recebida em plano horizontal) e faixa de imageamento de 37 km na direção Norte-Sul, com sobreposição lateral de 25%. Todo o processamento era óptico e as imagens eram construídas por um mosaico semicontrolado de faixas paralelas de imageamento (largura de 37 km) que foram reproduzidas em papel fotográfico na escala 1:250.000. Cada mosaico abrangia uma área aproximada de 18.000 km^2, delimitada em 1° entre os paralelos e em 1° 30' entre os meridianos. O livro *Projeto Radam: uma saga amazônica*, editado por Mário Ivan Cardoso de Lima (Lima, 2014), geólogo que fez parte da equipe técnica do Radambrasil, apresenta mais detalhes desse projeto.

Atualmente, a maioria das imagens de radar é obtida em formatos digitais por sensores orbitais que operam em diferentes modos de imageamento. É o caso dos satélites Radarsat-2, operado pela Agência Espacial do Canadá (CSA) (Morena; James; Beck, 2004); Cosmo-SkyMed, operado pela Agência Espacial da Itália (ASI) (Battazza et al., 2010); TerraSAR-X, operado pelo Centro Aeroespacial Alemão (DLR) (Pitz; Miller, 2010); Advanced Land Observing System 2 (Alos-2), operado pela Agência de Exploração Aeroespacial do Japão (Jaxa) (Rosenqvist et al., 2014); e Sentinel-1A, o satélite mais recente de radar, lançado em 3 de abril de 2014 e operado pela Agência Espacial Europeia (ESA) (Nagler et al., 2015). Pela primeira vez, os dados do Sentinel-1A estão sendo distribuídos gratuitamente na internet, podendo ser obtidos na página eletrônica do Sentinels Scientific Data Hub.

Sistemas de radar operam obrigatoriamente com visadas laterais para evitar ambiguidades na geração de imagens, conforme demonstrado na Fig. 10.1. Em síntese, um sensor imageador de radar operando hipoteticamente com visada vertical apresentaria duas áreas no terreno diametralmente opostas em relação ao nadir, que retroespalhariam o mesmo pulso de radar em instantes iguais. Nesse caso, metade de uma imagem estaria sem informações, enquanto a outra metade seria composta de *pixels* com retroespalhamentos advindos de duas áreas distintas no terreno.

Na Fig. 10.2, é mostrado o processo básico de operação de um sistema de radar de visada lateral. Cerca de 1.500 pulsos de energia de micro-ondas são transmitidos por segundo por uma antena colocada na base de uma aeronave, em direção à superfície terrestre. Nessa figura, um pulso transmitido pela antena se propaga livremente em direção ao alvo, com sucessivos incrementos de tempo, do 1 ao 6. No tempo 6, o pulso atinge a casa e parte da REM é retroespalhada, retornando em direção à antena no tempo 7 (linha tracejada). No tempo 12, essa radiação retroespalhada alcança a antena e é registrada com esse tempo no gráfico de resposta da antena. No tempo 8, a frente da onda transmitida atinge a árvore e parte da REM é novamente retroespa-

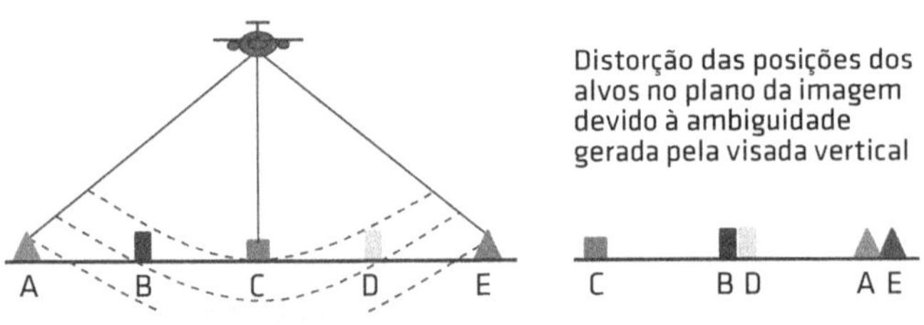

Fig. 10.1 *Situação hipotética de um sistema imageador de radar operando com visada vertical. A visada vertical de sensores de radar não é utilizada porque distorce a posição dos alvos no terreno*

lhada. Essa radiação retroespalhada alcança a antena no tempo 16 (linha tracejada). Medidas eletrônicas do tempo de retorno do sinal permitem a determinação das distâncias ou das posições (alcance) entre a antena transmissora e os dois alvos refletores. A intensidade da resposta do sinal registrado pela casa é mais forte do que a da árvore, porque a casa retroespalha o pulso de onda de radar com intensidade maior. Uma das consequências desvantajosas da visada lateral é o surgimento de severas distorções geométricas dos alvos.

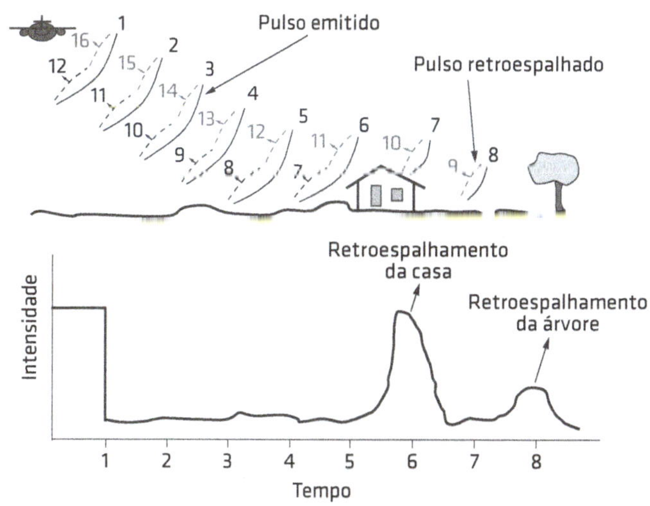

Fig. 10.2 *Processo básico de operação de um sistema de radar de visada lateral, mostrando a propagação e o retorno de frentes de onda após serem retroespalhadas por dois alvos, casa e árvore*
Fonte: adaptado de Lillesand, Kiefer e Chipman (2008).

Nos sensores de radar, a magnitude (amplitude) do sinal refletido pelos objetos é determinada pela combinação de parâmetros do sensor e das propriedades ambientais e dielétricas dos alvos. Neste capítulo, a ênfase será dada em como esses diferentes parâmetros agem na definição das propriedades espectrais dos objetos, ou seja, como determinam o comportamento da reflectância das ondas eletromagnéticas das micro-ondas. Não é o propósito dos autores apresentar uma descrição técnica detalhada dos sensores de radar, visto que pode ser facilmente encontrada em livros básicos de sensoriamento remoto (Jensen, 2009; Novo, 2011; Meneses; Sano, 2012), e também não se pretende abordar a aquisição de dados interferométricos, cujas aplicações estão fora do interesse deste livro. Detalhes sobre esses tópicos podem ser encontrados na literatura especializada, como no livro sobre radar de Henderson e Lewis (1998).

Como será visto em muitas das imagens apresentadas como exemplos do padrão de comportamento do espalhamento da onda de radar, uma característica típica de imagens recobrindo grandes áreas é a presença comum de tons de cinza escuros. Diferentemente do significado visto em imagens da faixa espectral óptica, as áreas escuras nas imagens de radar são decorrentes de diversos fatores, devidos não somente ao alvo, mas também aos sensores. Essa peculiar característica da reflectância das imagens de radar e as complexas relações de dependência da reflectância difusa são assuntos que serão tratados neste capítulo.

10.1 Retroespalhamento das ondas de radar

Quando se trata de imagens de radar, a REM que retorna ao sensor é referida aqui como radiação retroespalhada em vez de radiação refletida. Isso se justifica pelo fato de os sensores de radar serem sistemas ativos, isto é, possuírem uma fonte própria de REM que envia, para a superfície da Terra e em intervalos de tempo iguais, pulsos eletromagnéticos que, após um brevíssimo tempo e depois de interagirem com os objetos, retornam ao sensor para serem registrados e comporem os *pixels* das imagens. Independentemente da denominação utilizada, retroespalhamento ou reflectância, o que de fato acontece é que uma onda de um particular comprimento incide sobre a superfície do objeto, interagindo com essa superfície de forma macroscópica ou microscópica. O que não é absorvido é espalhado em direção oposta ao sensor ou refletido de volta ao sensor para ser registrado. Em termos puramente físicos, o fenômeno medido é o mesmo que foi abordado para os sensores passivos da faixa eletromagnética da luz solar. Sendo assim, parece bastante óbvio que, caso se queira descrever o comportamento espectral dos alvos vistos em uma imagem de radar, deve-se seguir os mesmos princípios adotados para as imagens ópticas. Isso porque a propriedade física medida é a REM, que, independentemente de seu comprimento de onda, é regida pelas leis básicas de sua natureza: onda e energia. Esses princípios que descrevem o comportamento espectral são as interações nos níveis macroscópicos e microscópicos da REM com os materiais da superfície terrestre.

Para os grandes comprimentos de onda das micro-ondas, o tamanho da onda é, no mínimo, da ordem de um milhão de vezes maior que o da luz solar, o que implica uma quantidade de energia centenas de milhões de vezes menos intensa. Por exemplo, a energia da onda de 450 nm é de 27,5 eV, enquanto a energia contida na onda de micro-ondas de 4,5 cm é de $2{,}75 \times 10^{-9}$ eV, insuficiente para promover qualquer tipo de transição no nível microscópico dos orbitais eletrônicos. Valores de energia dessa ordem são insuficientes para atuar nas estruturas moleculares da matéria. Como consequência, a energia da onda não é absorvida pelos materiais e, com isso, não transporta, na luz retroespalhada, informações sobre composição ou constituição química da matéria.

Por outro lado, ondas de 3 cm a 100 cm se chocarão com uma diversidade de alvos cujas superfícies poderão ter tamanhos ou rugosidades de superfície maiores ou menores que o tamanho da onda, e a energia retroespalhada poderá ter um comportamento especular ou difuso de intensidade variada. Nesse caso, a interação macroscópica assume quase totalmente o controle da reflectância. Essa é a dicotomia do sensoriamento remoto: imagens da faixa espectral óptica são imagens da composição da matéria e imagens da faixa dos comprimentos de onda das micro-ondas são imagens da forma. Um simples exemplo pode ser usado para demonstrar essa afirmação: uma estrada de terra com pavimento liso e uma estrada de asfalto de igual rugosidade, embora no visível guardem enorme diferença de cor e, portanto, de reflectância, em uma imagem de radar, se o comprimento de onda for maior que a rugosidade de suas superfícies, terão reflectância especular e se apresentarão na imagem com o mesmo tom de cinza-escuro, sem distinção. A forma é o atributo preponderante na composição e essa é a regra das imagens de radar.

Pelo fato de os sensores obrigatoriamente utilizarem, na faixa das micro-ondas, uma fonte artificial de REM para iluminar o terreno, os espectrorradiômetros de campo para medir a reflectância das micro-ondas ativas, conhecidos como escaterômetros, são raros por causa de seu elevado custo, isto é, não são comercializados por empresas especializadas em equipamentos de sensoriamento remoto, restando apenas, como forma de analisar as interações da radiação com os materiais, a visão das imagens de radar, segundo parâmetros preestabelecidos. Alguns desses parâmetros são ditados pelo próprio sistema sensor e são bem conhecidos, mas os parâmetros mais importantes e de maior interesse para a intepretação das imagens de radar são aqueles dependentes das características do terreno.

A característica fundamental registrada nas imagens de radar é a variação espacial do coeficiente de retroespalhamento (σ^0; lê-se sigma zero) da onda pelos alvos limitados à célula de resolução do terreno. Para entender o coeficiente de retroespalhamento, é necessário pensar que as diferentes geometrias dos alvos e suas propriedades ambientais e elétricas são as assinaturas espectrais dos alvos. Idealmente, o pulso de onda focalizado sobre o terreno ilumina uma área de seção transversal (σ) definida como o equivalente de uma unidade de área (A) de reflexão perfeita que retroespalha a onda isotropicamente de volta para o sensor. O que interessa saber são os parâmetros que comandam a energia refletida por essa seção tranversal σ por unidade de área A, a qual é denominada σ^0 e calculada como:

$$\sigma^0 = \frac{\sigma}{A} \qquad \textbf{(10.1)}$$

O coeficiente de retroespalhamento pode ser definido como a quantidade de energia espalhada pelo alvo em direção ao sensor em relação à quantidade de energia emitida. Os valores de σ^0 definem o comportamento do espalhamento da onda de todos os elementos contidos na unidade de área A no terreno, são adimensionais e, por terem valores que variam em diversas ordens de magnitude, são expressos como logaritmo com unidade de medida em decibéis (um décimo de bel). Por definição, um bel é a representação logarítmica ($\log_{10}$) da relação entre a potência da corrente elétrica retroespalhada (I) e aquela incidente (I_0), que se representa como:

$$\text{Bel}_{dB} = 10\log_{10}\left(\frac{I}{I_0}\right) \qquad \textbf{(10.2)}$$

Escrevendo σ^0 com unidade de decibel, tem-se:

$$\sigma^0(\text{dB}) = 10\log\left(\frac{I}{\acute{A}rea(\text{m}^2)} \Big| \frac{I_0}{\acute{A}rea(\text{m}^2)}\right) \qquad \textbf{(10.3)}$$

Observar que a razão entre parênteses lembra a razão que mede a reflectância das imagens na faixa óptica. Na prática, a conversão dos valores digitais de uma cena de radar, normalmente registrados com resolução radiométrica de 16 *bits*, em σ^0 é mais simples do que a conversão para reflectância das imagens ópticas. Ela é feita a partir da seguinte relação:

$$\sigma^0 = -10\log_{10}(VD^2) - FC \qquad \textbf{(10.4)}$$

em que VD é o valor digital e FC é o fator de calibração, dependente de cada sensor.

Na verdade, o σ^0 não é governado somente pelos parâmetros ambientais do terreno, sendo também influenciado pelos parâmetros do sistema sensor, os quais também definem a geometria de iluminação do terreno. Portanto, qualquer modelo que visa predizer o retroespalhamento deve ser estabelecido como função dos parâmetros do sistema de radar e dos parâmetros macroscópicos ambientais do objeto. Os parâmetros mais importantes do sensor são o comprimento de onda e os modos de polarização, seguidos pelos parâmetros dependentes da geometria de iluminação, que são a direção de visada e os ângulos de visada e de incidência local. Os parâmetros ambientais, que são os que mais interessam aqui, são a rugosidade do terreno, as características elétricas dos materiais e sua relação com o conteúdo de água no material.

No restante deste capítulo, a discussão será focada na influência de cada um desses parâmetros na formação das imagens das micro-ondas. Reforça-se o entendimento de que todos eles são dependentes dos mecanismos da interação macroscópica, à exceção do parâmetro ambiental, relacionado às propriedades elétricas dos materiais (as complexas constantes dielétricas).

10.2 Retroespalhamento condicionado aos parâmetros do sensor

10.2.1 Os que afetam a qualidade radiométrica das imagens

Qualquer poder de processamento, análise ou interpretação de uma imagem é condicionado à qualidade radiométrica do dado. Viu-se que, nas imagens ópticas, a qualidade radiométrica é muito influenciada pelas condições da atmosfera. Esse não é o caso das imagens de radar, em que a qualidade radiométrica pode ser afetada por outros meios. Serão vistos dois modos pelos quais isso acontece.

A qualidade radiométrica da imagem das micro-ondas pode ser afetada pela combinação entre um parâmetro instrumental, que diz respeito à coerência da onda emitida por um sensor, e a presença de dispersores da radiação no terreno. Antenas de radar emitem pulsos de radiação de mesma frequência ou comprimento de onda, fase ou intervalo de tempo e direção, o que significa que as ondas emitidas são altamente coerentes. Em uma célula de resolução no terreno, pode existir um grande número de alvos dispersores, aleatoriamente distribuídos. A título de ilustração, a Fig. 10.3 mostra pelo menos sete dispersores de radiação (arbustos e árvores em meio ao extrato herbáceo), localizados aleatoriamente na célula de resolução hipotética. Cada dispersor retroespalhará a onda incidente com intensidades e fases distintas.

Esses dispersores, como apresentado na Fig. 10.3, podem interferir uns nos outros, construtivamente ou destrutivamente, conforme mostrado no modelo da Fig. 10.4. A interferência destrutiva causa o anulamento dos sinais refletidos por cada dispersor, e o resultado é um sinal de retorno fraco, mostrado por um *pixel* de tom escuro. A interferência construtiva, pelo contrário, causa a adição dos sinais refletidos, aumentando a intensidade do retorno do sinal, e o resultado é um *pixel* claro. É comum encontrar tonalidades intermediárias, dependendo do grau de interferência.

Fig. 10.3 *Fotografia de campo ilustrando a visão frontal de uma célula de resolução hipotética de uma imagem de radar, com dispersores de diferentes intensidades localizados aleatoriamente na célula de resolução*
Foto: E. E. Sano.

Na imagem, o efeito visual das interferências construtiva e destrutiva da onda coerente é um padrão granulado do tipo sal e pimenta (Fig. 10.5A), denominado ruído *speckle*. A presença desse ruído diminui a qualidade radiométrica da imagem por dificultar o reconhecimento e a identificação dos objetos, tanto por métodos visuais quanto por algoritmos de segmentação e classificação digital, e é muito maior em áreas de relevo plano ou suave. Ele pode ser reduzido com o uso de múltiplas visadas (*looks*) por parte de sensores imageadores (por exemplo, dois *looks* no Palsar-2/Alos-2, do Japão), porém o aumento exagerado no número de *looks* geralmente causa degradação na resolução espacial. Outra maneira de reduzir o *speckle* é o uso de filtros adaptativos do tipo passa-baixa, que suavizam a imagem (Fig. 10.5B). Muitos filtros adaptativos têm sido desenvolvidos, podendo-se citar os filtros Enhanced Lee (Lee et al., 1994) e Frost (Frost et al., 1982). O desempenho de cada filtro depende das características do terreno. De acordo com Sant'Anna e Mascarenhas (1996), a maioria dos métodos de comparação de filtros procura avaliar a relação sinal/ruído. Quanto maior essa relação, melhor o desempenho do filtro.

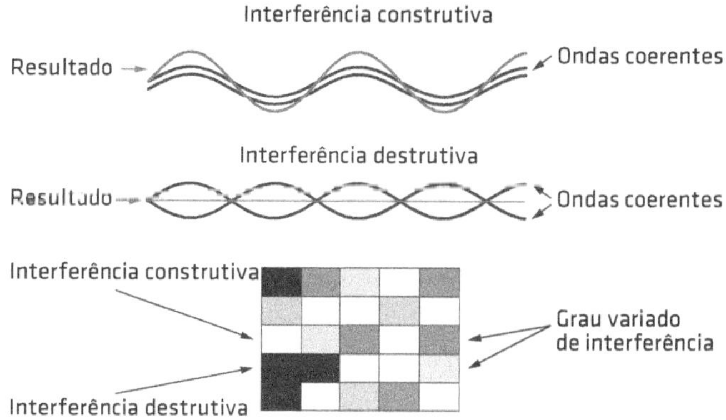

Fig. 10.4 *Interferências construtiva e destrutiva de uma onda coerente de radar retroespalhada aleatoriamente pelos múltiplos dispersores (dois para cada situação da figura) presentes em uma célula de resolução do pulso.* Pixels *claros indicam interferência construtiva, enquanto* pixels *escuros indicam interferência destrutiva*

Outro modo de comprometimento da qualidade radiométrica da imagem de radar decorre da visada lateral de imageamento, que causa o surgimento de fenômenos conhecidos como inversão do relevo (*layover*) e encurtamento de rampa (*foreshortening*), os quais predominam nas áreas de relevo montanhoso do terreno que ficam situadas em faixas de imageamento denominadas alcance próximo (*near range*). De fato,

Fig. 10.5 *(A) Cena do Palsar-2/Alos-2 do município de Luís Eduardo Magalhães, oeste do Estado da Bahia, obtida em 11 de abril de 2016, com a presença do ruído* speckle *(aspecto de sal e pimenta em toda a imagem), e (B) a mesma cena suavizada pelo filtro adaptativo Enhanced Lee. Esse tipo de ruído é inerente ao processo de aquisição de dados de radar*

layover e *foreshortening* são deslocamentos de relevo, mas visualmente seus efeitos são vistos como uma intensa mudança no retroespalhamento da onda em relação aos alvos vizinhos. A Fig. 10.6 exibe a geometria dos feixes de onda incidentes nas encostas do relevo capazes de provocar os fenômenos de *layover* e *foreshortening*. Para entendê-los, basta observar a relação entre a inclinação da frente de onda e a inclinação da encosta frontal do relevo. Na Fig. 10.6A, é mostrado um morro simétrico posicionado em uma região mais próxima do nadir. O pulso de radar atinge frontalmente primeiro o topo do morro para depois atingir a base. Portanto, o sinal de retorno do topo do morro chega primeiro ao sensor, com intensidade de brilho muito mais alta do que a da base, causando o fenômeno de inversão de relevo. O encurtamento de rampa, ilustrado pela Fig. 10.6B, corresponde a uma compressão ou encurtamento da encosta frontal em relação à encosta dorsal do relevo. Esse efeito ocorre porque é preciso menos tempo para iluminar a encosta frontal do relevo e, consequentemente, o retorno desse pulso é menor que o retorno do pulso da encosta dorsal.

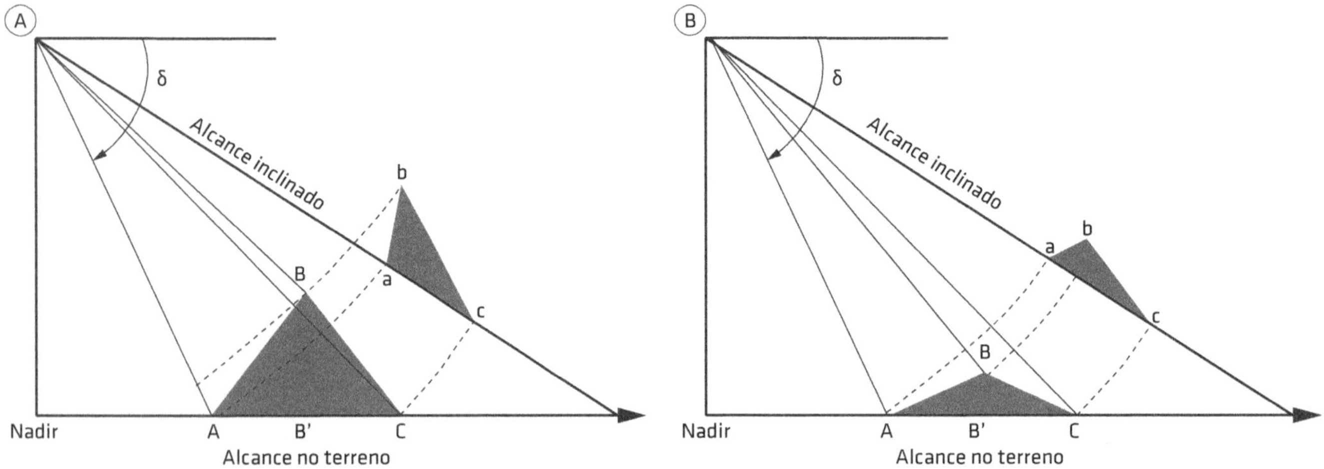

Fig. 10.6 *(A) Encurtamento de rampa (*foreshortening*) e (B) inversão de relevo (*layover*), mostrados na imagem no plano alcance inclinado (*slant range*), evidenciando um deslocamento do relevo com as seguintes consequências na radiometria da imagem: as faces voltadas para o sensor ficam com alto brilho em comparação com as faces opostas, que mostram um escurecimento gradual*

As áreas na imagem sujeitas às ações de inversão de relevo e encurtamento de rampa surgem como alvos fantasmas na imagem, como que artificialmente produzidos. Em relevos planos ou suavemente ondulados, esses efeitos não ocorrem. As imagens fantasmas são reconhecidas como estreitas manchas muito claras em forma de V ou como estreitas faixas lineares claras, indicando uma severa deformação da forma do relevo que compromete qualquer tipo de interpretação topográfica, geomorfológica e geológica do terreno. Na imagem de radar da Fig. 10.7, adquirida pelo Palsar-2/Alos-2 na banda L, com comprimento de onda de 23 cm, ambos os efeitos são bastante evidentes, podendo-se perceber o quanto o relevo fica totalmente descaracterizado. Se, por um lado, a visada lateral inclinada traz esses inconvenientes de distorção geométrica, por outro é a razão principal de a imagem de radar ser considerada uma imagem eficiente para realçar as formas texturais e estruturais do relevo. O feixe inclinado de ondas de radar ilumina as faces frontais das encostas de relevo e gera sombreamentos nas faces opostas, produzindo associações de tons claros e escuros que criam uma ótima percepção visual tridimensional do relevo.

10.2.2 Dependência em relação ao comprimento de onda

Os comprimentos de onda (bandas) na faixa espectral de micro-ondas das imagens de radar são identificados por letras maiúsculas X, C, S, L e P (Tab. 10.1). Aparentemente, essas letras não trazem nenhum significado lógico ou prático. Suspeita-se que o objetivo era tentar manter segredos militares sobre as faixas espectrais de operação dos primeiros sistemas de radar, desenvolvidos na década de 1940. Atualmente, os principais satélites de radar de abertura sintética (*synthetic aperture radar*, SAR) operam nas bandas X, C e L.

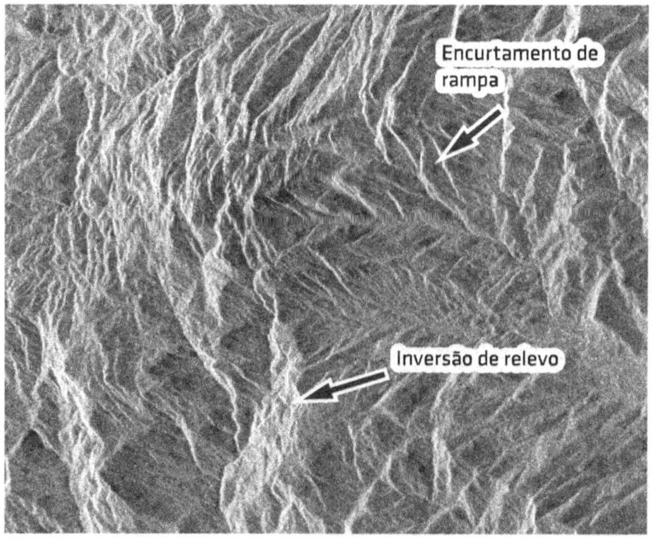

Fig. 10.7 *Feições de encurtamento de rampa (faixas estreitas, alongadas e brilhantes) e de inversão de relevo (faixas mais largas e brilhantes) em imagem do Palsar-2/Alos-2 do litoral santa-catarinense, obtida em 4 de outubro de 2015*

A escolha correta do comprimento de onda depende do tipo de aplicação pretendido com imagens de radar. Nas áreas terrestres, há sempre bastante interesse em mapeamento da cobertura vegetal, monitoramento de desmatamentos e mapeamento geológico, entre outras aplicações, ao passo que, nas áreas oceânicas, as aplicações se voltam para a detecção de tempestades de ondas, blocos de gelo flutuantes ou mesmo derrames de petróleo. É possível ver um exemplo de possibilidade de aplicação terrestre na Fig. 10.8, que mostra parte de uma cena do Palsar-2/Alos-2 da região de Florianópolis (SC), obtida em 4 de outubro de 2015 na banda L e polarização HH. Nessa imagem, identificam-se áreas com tons de cinza muito claros, outras com tons de cinza bem escuros e outras ainda com tons de cinza médios. Os tons mais claros correspondem a áreas urbanas e estão relacionados com a presença de casas e edifícios, que atuam como refletores de canto, provocando uma reflexão dupla na radiação incidente. Os tons médios correspondem a formações florestais da Mata Atlântica e estão associados à maior penetração

Tab. 10.1 Principais bandas espectrais utilizadas pelos sensores de radar e seus respectivos intervalos aproximados de comprimentos de onda. Atualmente, as bandas espectrais X, C e L são as mais utilizadas em sensores imageadores orbitais de radar

Banda espectral	Intervalo de comprimento de onda (cm)	Intervalo de frequência (MHz)
X	2,4-3,8	12.500-7.900
C	3,8-7,5	7.900-4.000
S	7,5-15	4.000-2.000
L	15-30	2.000-1.000
P	30-100	1.000-300

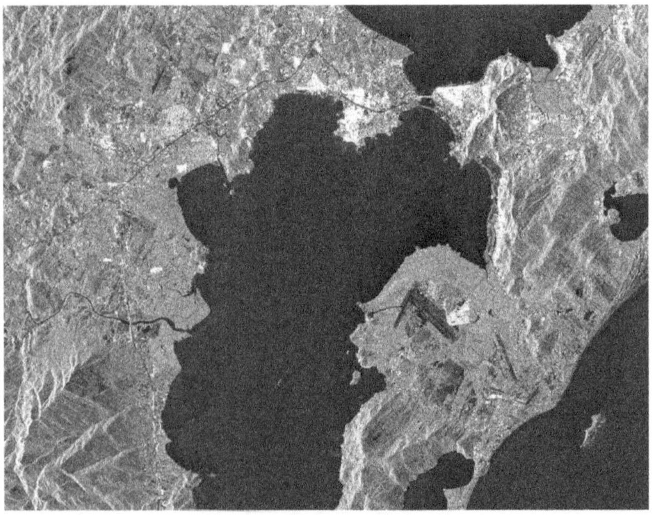

Fig. 10.8 *Parte de uma cena do Palsar-2/Alos-2 (banda L, polarização HH) da região de Florianópolis (SC) obtida em 4 de outubro de 2015, mostrando uma boa capacidade de discriminar alvos terrestres e uma capacidade ruim para estudos oceânicos*

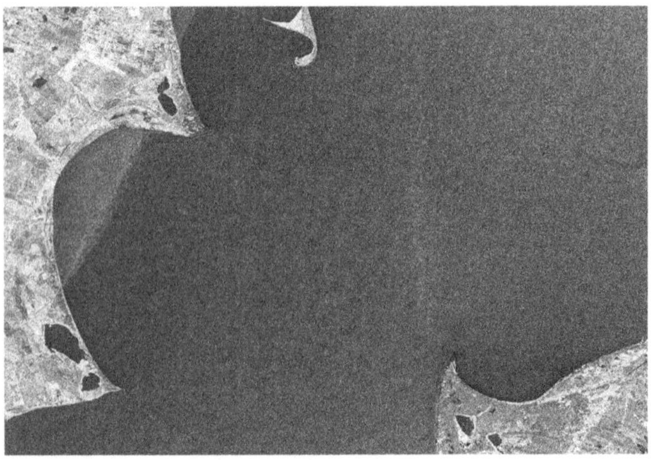

Fig. 10.9 *Parte de uma cena do satélite Sentinel 1B (banda C, polarização VV) da região de Lagoa dos Patos (RS) obtida em 25 de janeiro de 2018, mostrando padrão de tonalidade de cinza médio, característico de superfícies oceânicas*

da banda L na vegetação, com uma interação volumétrica que impõe retorno relativamente alto do sinal. As áreas de tons mais escuros indicam a presença de rodovias, aeroporto e solos secos, com rugosidade de superfície menor que o tamanho da onda, causando o surgimento de espalhamento especular.

No entanto, seu comprimento de onda relativamente longo mostra ser um forte fator limitante em superfícies de águas marítimas, porque, não havendo penetração das micro-ondas na água, o espalhamento é função meramente da textura de superfície da água. Para a banda L, a reflexão da radiação incidente geralmente é especular no momento da tomada da imagem, apesar da possível presença de franjas longitudinais e paralelas com tonalidades mais claras, correspondentes à formação de ondas de 1 cm a 2 cm de altura, relacionadas com a presença de ventos na superfície do mar ou, ainda, com a possível presença de manchas de óleo relacionadas com derrames por plataformas de exploração de petróleo ou embarcações. Em imagens obtidas na banda C, como a mostrada na Fig. 10.9, a superfície oceânica aparece com tons de cinza mais claros em relação às obtidas na banda L, o que permitiria identificar correntes marítimas e derrames de óleo, entre outros alvos, com muito mais facilidade em relação à banda L.

10.2.3 Penetração da onda

Outro fator dependente do comprimento de onda da banda de radar é o poder de penetração do pulso de onda no alvo, fato que é comprovado quando se trata da vegetação. O tamanho da onda decide que níveis de informação sobre alguns importantes parâmetros biofísicos da vegetação poderão ser obtidos, tais como o tipo de vegetação, a biomassa total, as características do dossel, a constante dielétrica e os dados sobre a interface vegetação/solo. Para a vegetação, quanto maior for o comprimento de onda, maior será a capacidade de penetração. Dessa forma, essas propriedades biofísicas da vegetação são mais bem investigadas nas bandas L e P. A Fig. 10.10 ilustra a maneira como a interação da onda com a vegetação ocorre. Com as bandas L e P, o espalhamento se daria pela interação simultânea com as três camadas em que se pode estratificar a vegetação: espalhamento superficial do topo do dossel, principalmente das folhas periféricas das árvores; espalhamento volumétrico dentro do volume não homogêneo da camada inferior, que se processa com as componentes folhas, galhos e troncos; e espalhamento superficial na interface com a superfície do solo.

O coeficiente de espalhamento total, na condição mostrada na Fig. 10.10, é um tanto quanto complexo, pois envolve o somatório de quatro componentes, havendo ainda que se considerar a polarização da onda. Wang et al. (1995) modelaram a participação de todos esses coeficientes de retroespalhamento em uma floresta contínua na equação a seguir:

$$\sigma_t^0 = \sigma_s^0 + \sigma_c^0 + \sigma_m^0 + \sigma_d^0 \quad \textbf{(10.5)}$$

Fig. 10.10 *Modelo de espalhamento da vegetação, em que s = espalhamento da superfície do solo, m = interação múltipla solo-dossel, c = espalhamento do dossel e d = interação dupla tronco-solo*
Fonte: adaptado de Wang et al. (1995).

O valor final de σ_t^0 depende também do tipo de vegetação. Em uma floresta de coníferas com copas em formato de cone, folhas finas em formato acicular e galhos projetados preferencialmente no plano horizontal, os troncos tornam-se mais visíveis e a transmitância da onda até o solo é mais intensa do que em uma floresta ombrófila tropical úmida, que congrega inúmeras formas de copa e maior densidade volumétrica de galhos e estratos inferiores, tornando-se obstáculos para a onda atingir o solo com facilidade. Por isso, na equação anterior, devem ser adicionados os coeficientes de transmitância do dossel (τ_c), e dos troncos e galhos (τ_t) (Kasischke; Bourgeau-Chavez, 1997), alterando-se para:

$$\sigma_t^0 = \sigma_c^0 + \tau_c^2\tau_t^2(\sigma_m^0 + \sigma_s^0\sigma_t^0 + \sigma_d^0) \quad \textbf{(10.6)}$$

Com as bandas C e X, a interação fica mais limitada à parte superior das copas e, assim, a imagem traz informações mais sobre a textura topográfica do dossel, com pouca informação da real biomassa. No projeto Radambrasil, por ter havido um grande interesse no mapeamento morfológico e geológico da vasta área amazônica, pode-se justificar a opção pela banda X, de 3,2 cm, por se ter desejado imagens com mais detalhes de padrões texturais, imaginando-se que a variação topográfica do dossel da floresta teria uma relação direta com a variação topográfica do relevo subjacente.

A Fig. 10.11 mostra uma área de floresta primária densa do Estado de Rondônia com um padrão típico de desmatamento por corte raso em "espinha de peixe" e que foi imageada em 1994, simultaneamente, nas bandas X, C e L pela missão com o ônibus espacial Shuttle SIR-C. Nessa figura, podem ser destacadas duas situações que são nitidamente resultado das diferenças nos comprimentos de onda das três bandas. Na parte inferior da área imageada pela banda X (área 1, Fig. 10.11A), havia a presença de cobertura de nuvens muito densas durante a passagem do ônibus espacial, que pode ser percebida com maior nitidez nessa banda, na forma de uma mancha escura, como se fosse uma sombra de nuvem em uma imagem óptica. Essa mancha é atenuada na banda C (Fig. 10.11B) e desaparece na banda L (Fig. 10.11C). Por outro lado, a separação entre desmatamento (área 2, Fig. 10.11C, tonalidade mais escura) e floresta primária (área 3, Fig. 10.11C, tonalidade mais clara) é mais nítida na banda L do que na banda C. Isso ocorre por causa da maior capacidade de penetração no dossel dos comprimentos de onda maiores, conforme discutido anteriormente.

Fig. 10.11 *Imagens de uma área no Estado de Rondônia obtidas nas bandas X (A), C (B) e L (C) pela missão com o ônibus espacial SIR-C. Por causa da capacidade de penetração maior, o contraste entre a floresta tropical primária (C, área 3) e o desmatamento por corte raso (C, área 2) é mais nítido na banda L do que na banda C ou X. Nessa última banda, percebe-se a interferência acentuada de cobertura de nuvens na parte inferior da imagem (A, área 1)*

Fonte: Nasa (s.d.).

10.2.4 Modo de polarização

A polarização de uma onda se refere à orientação física do campo elétrico em uma onda eletromagnética, e essa é uma característica em sensoriamento remoto que é única dos sensores de radar. Uma antena pode irradiar uma onda eletromagnética com um campo elétrico na vertical ou na horizontal, e, nesse caso, diz-se que a polarização é vertical ou horizontal (Fig. 10.12). Por isso, uma imagem de radar sempre deve ser identificada pelo analista por seu comprimento de onda e pelo modo de polarização da onda, utilizando-se as letras maiúsculas H e V para indicar que a polarização da onda emitida e recebida pela antena é, respectivamente, horizontal e vertical. Como sempre, é o campo elétrico de uma onda que irá interagir com as cargas elétricas dos materiais terrestres e, por isso, a orientação do campo, se vertical ou horizontal, é determinante no valor do coeficiente de espalhamento. Imageamentos com radares polarizados linearmente são os mais comuns, isto é, o vetor que descreve o campo elétrico em qualquer ponto no espaço está sempre direcionado ao longo de uma reta. A polarização linear é muito comum na natureza. A luz azul do céu é fortemente polarizada verticalmente, assim como a luz solar refletida no asfalto quente e seco de uma estrada é polarizada horizontalmente.

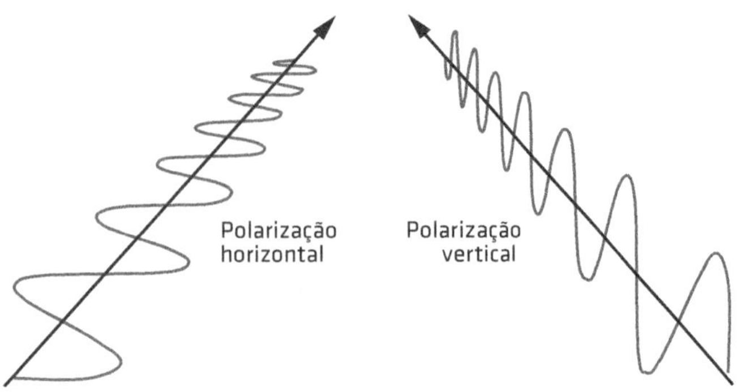

Fig. 10.12 *Polarização da onda (campo elétrico) nos planos vertical e horizontal*

Na natureza, os alvos podem comportar-se como espalhadores isotrópicos ou anisotrópicos quanto à polarização da onda. Por definição, espalhadores isotrópicos são aqueles cujo índice de refração independe da direção de propagação da onda, portanto, não alteram o estado de polarização do sinal propagado. Espalhadores anisotrópicos mostram uma variação de comportamento de propriedades físicas (retroespalhamento) segundo uma direção. Para que haja modificação da polarização horizontal para vertical ou vice-versa, é necessário que ocorram duas ou mais reflexões do sinal pelos alvos contidos na célula de resolução do terreno, antes que o sinal retorne à antena (Andrade, 2012). Fung e Ulaby (1983) identificaram quatro mecanismos que podem causar a despolarização da onda, ou seja, a mudança do estado de polarização:

- reflexão quase especular, decorrente da diferença entre os coeficientes de reflexão de Fresnel, em superfícies suavemente onduladas;
- espalhamento múltiplo em superfícies rugosas difusoras;
- espalhamento múltiplo causado pelo espalhamento volumétrico;
- anisotropia dos alvos.

Sistemas de radar podem operar com polarizações paralelas e cruzadas. Na polarização paralela, a onda emitida na direção H ou V tem o sinal de retorno na mesma direção H ou V. Ou seja, o sinal de retorno é copolarizado e a polarização da imagem se identifica como HH ou VV. A polarização cruzada é identificada como HV ou VH. Há, portanto, quatro possíveis modos de polarização de imagens de radar: HH, VV, HV e VH.

A situação real é que, em terrenos não homogêneos e de grande extensão, haverá uma diversidade de espalhadores que podem não despolarizar a onda, outros que podem despolarizá-la com maior intensidade no plano vertical, e outros, no plano horizontal. Por isso, o ideal são os sistemas de radar que operam com polarizações quádruplas, gerando quatro diferentes imagens que podem ser combinadas em composições coloridas. Na Fig. 10.13, são mostrados dois exemplos de composição colorida de imagens polarizadas do Palsar/Alos de parte do Distrito Federal dominada por área urbana consolidada. Como, na prática, é comum encontrar modos de imageamento com uma polarização paralela (HH ou VV) e outra cruzada (HV ou VH), nessa situação o analista pode gerar uma terceira imagem sintética, por exemplo, obtendo-se a média aritmética simples das duas polarizações disponibilizadas. Na Fig. 10.13A, é mostrada uma composição colorida com as polarizações HH, HV e VV nos canais do vermelho, do verde e do azul, respectivamente, enquanto na Fig. 10.13B a polarização VV foi substituída pela média aritmética das polarizações HH e HV. A principal diferença entre essas duas composições coloridas está nos alvos representados pelos tons de cinza escuros na composição colorida RGB\HH-HV-VV, que passaram a ser representados com coloração azulada na composição RGB\HH-HV-(HH+HV)/2. A capacidade de discriminação visual de alvos presentes nessa cena praticamente não se alterou.

A amplitude do espalhamento depende do modo de polarização selecionado. A regra geral é que a polarização vertical é mais apropriada para discriminar alvos orientados no plano vertical, enquanto a polarização horizontal seria mais apropriada para espalhadores orientados no plano horizontal. Por exemplo, a amplitude do sinal que retorna da polarização HH de uma superfície rugosa do mar devido aos efeitos do vento é geralmente menor do que o sinal de retorno da polarização VV. Isso demonstra que a amplitude do espalhamento depende da orientação dominante dos espalhadores em relação à polarização. Por outro lado, superfícies com vegetação sem estrutura vertical predominante

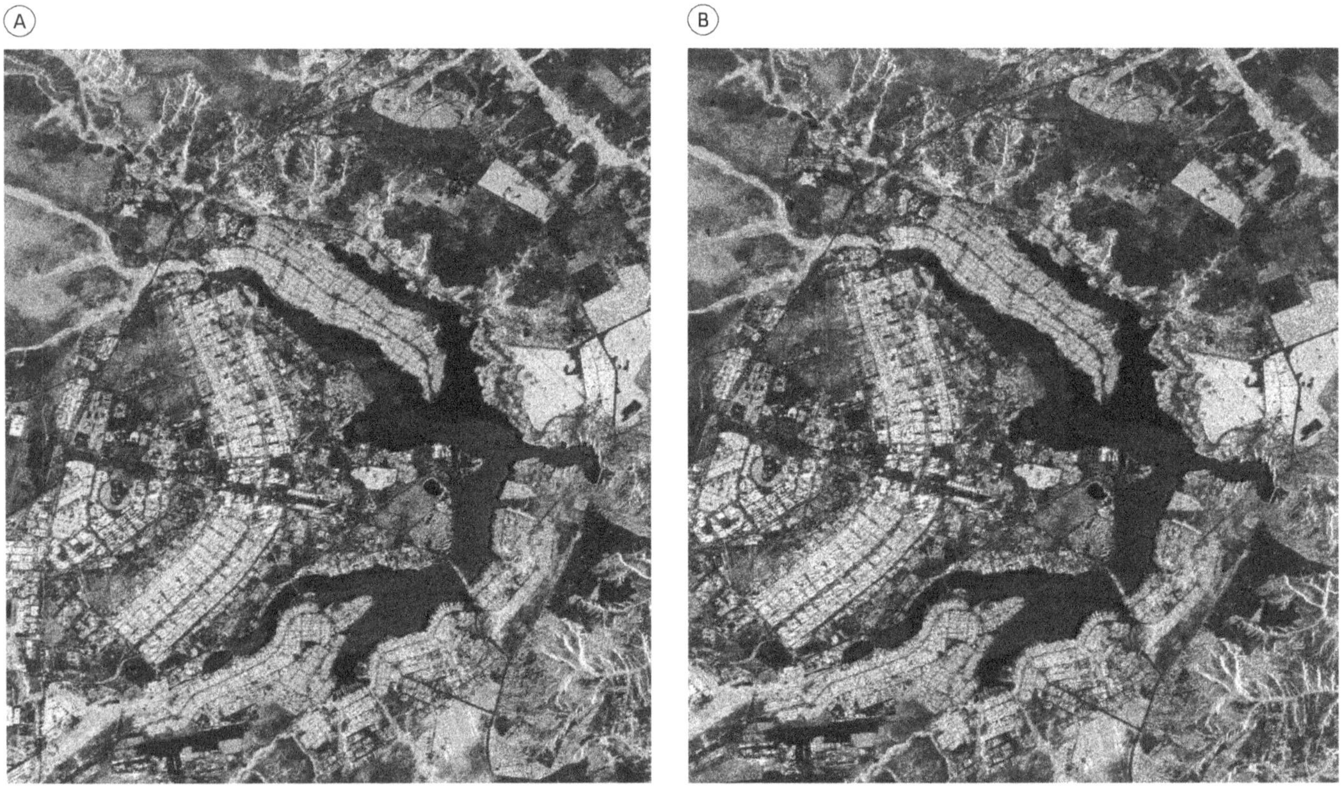

Fig. 10.13 *Composições coloridas RGB das polarizações HH, HV e VV (A) e HH, HV e média aritmética das polarizações HH e HV (B) de uma cena de parte do Distrito Federal adquirida pelo Palsar/Alos no dia 25 de abril de 2007. As cenas foram convertidas para coeficientes de retroespalhamento e realçadas com base no desvio-padrão dos coeficientes de retroespalhamento*

tendem a apresentar amplitudes de espalhamento maiores na polarização HH em relação à VV. Esses fatos podem ser comprovados pela Fig. 10.14, que apresenta recortes de imagens do Palsar/Alos do Parque Nacional de Brasília obtidos em 25 de abril de 2007 nas polarizações HH, HV e VV. Na área 1, coberta predominantemente por formações campestres (espécies graminosas com presença esparsa de arbustos), o coeficiente de retroespalhamento médio na polarização HH (σ^0 = –13,75 dB) é ligeiramente superior ao da polarização VV (σ^0 = –14,04 dB). Já no interior do reservatório de Santa Maria (área 2), o valor médio do coeficiente de retroespalhamento na polarização VV (σ^0 = –16,55 dB) é ligeiramente maior que o da polarização HH (σ^0 = –17,49 dB). Em ambos os casos, a polarização cruzada HV apresentou os menores valores de amplitude de espalhamento (σ^0 = –24,63 dB e –28,84 dB para as áreas 1 e 2, respectivamente).

Wang et al. (1995) validaram um modelo de espalhamento de dossel de floresta de coníferas com base em imagens de radar aerotransportadas, mostrando boas predições de espalhamento da biomassa para as bandas C-HH, C-HV, L-HH, L-HV, L-VV, P-HH e P-HV para a maioria dos talhões de floresta analisados. O modelo evidenciou que os espalhamentos L-HH e P-HH foram devidos principalmente aos componentes tronco-solo, isso porque a maioria da biomassa das árvores coníferas está armazenada nos troncos. Tais resultados indicam que mudanças da estrutura da vegetação ou mudanças de biomassa, por estado de seca da vegetação, podem levar a outras indicações de modos de banda/polarização.

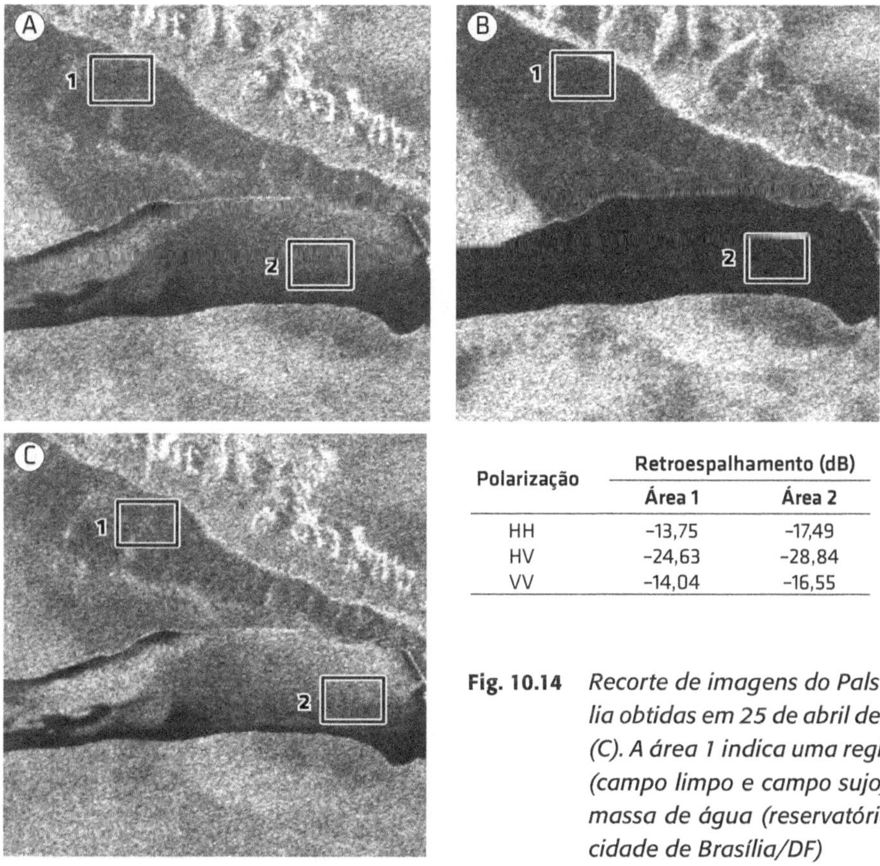

Polarização	Retroespalhamento (dB)	
	Área 1	Área 2
HH	-13,75	-17,49
HV	-24,63	-28,84
VV	-14,04	-16,55

Fig. 10.14 *Recorte de imagens do Palsar/Alos sobre o Parque Nacional de Brasília obtidas em 25 de abril de 2007 nas polarizações HH (A), HV (B) e VV (C). A área 1 indica uma região representativa de formação campestre (campo limpo e campo sujo), e a área 2, uma área representativa de massa de água (reservatório de Santa Maria, que abastece parte da cidade de Brasília/DF)*

10.2.5 Ângulo de incidência

O ângulo de incidência é formado entre a linha perpendicular à superfície da Terra e o pulso de radar, no ponto em que a onda toca o terreno. Para uma superfície plana, o ângulo de incidência diminui do alcance próximo (*near range*) para o alcance distante (*far range*). Se a superfície não é plana, ele passa a ser dependente da declividade local do terreno, não sendo, por isso, um ângulo de valor fixo. Nesse caso, é chamado de ângulo de incidência local, na forma apresentada na Fig. 10.15. Por meio dessa figura, vê-se que, para cada ponto ao longo da frente da escarpa, haverá um ângulo de incidência local correspondente. A resposta do sinal de retorno da onda é mais forte quando o valor do ângulo θ local se aproxima de zero (face frontal ao plano da onda). Dessa forma, ao longo da escarpa, têm-se respostas de retorno com diferentes intensidades, as quais, quando transformadas em diferentes tons de cinza na imagem de radar, constroem a visão textural do relevo. Para alcançar a visão tridimensional do relevo, é necessário compor, com a reflectância da face frontal, o sombreamento da face dorsal da encosta, formando pares de tons de cinza claro-escuro. O sombreamento é uma característica marcante nas imagens de radar, reconhecido por

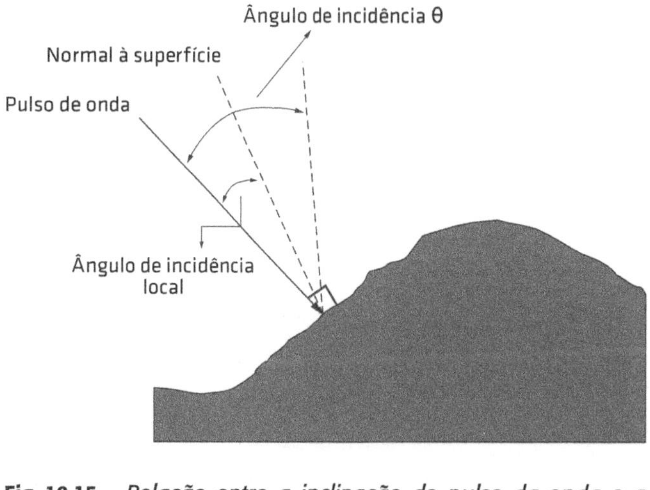

Fig. 10.15 *Relação entre a inclinação do pulso da onda e a normal à superfície do terreno em que a onda incide*

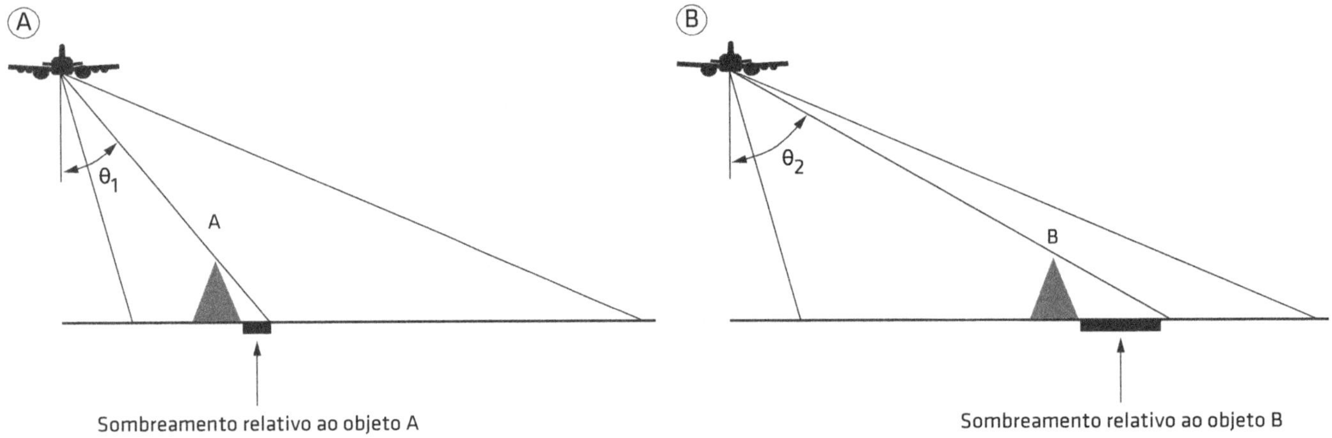

Fig. 10.16 *Efeito do posicionamento dos objetos no campo de visada de um sensor imageador a bordo de uma aeronave. Quanto mais afastado do nadir, maior o efeito do sombreamento. Para terrenos acidentados, recomenda-se o uso de sensores imageadores que operam com ângulos de incidência menores. Para terrenos com baixa rugosidade, recomenda-se o uso de sensores com ângulos de incidência maiores*

um tom de cinza muito escuro que indica a área onde não há retorno do sinal e, portanto, onde não se consegue extrair nenhuma informação do alvo.

Em relação ao sombreamento, a Fig. 10.16 mostra dois objetos A e B, de mesmo tamanho, posicionados em pontos diferentes, dentro de um campo de visada de um sistema imageador a bordo de uma aeronave. O sombreamento de relevo, que corresponde às porções na imagem sem informações dos alvos, é maior para a posição B. Portanto, quanto mais afastado um alvo se encontra do nadir, maior é o efeito de sombreamento de relevo. Isso leva à regra geral de que, para terrenos muito irregulares, recomenda-se o uso de ângulos de incidência menores, para evitar excesso de sombreamento, ao passo que, para terrenos relativamente lisos, recomenda-se o uso de ângulos de incidência maiores.

10.2.6 Direção de visada

A direção de visada do sensor (por exemplo, de leste para oeste e de norte para sul e vice-versa) é outro parâmetro crítico que interfere fortemente no retroespalhamento da onda, em função das direções estruturais dos alvos. Entende-se como estrutura a lei de organização no espaço dos elementos da paisagem. São exemplos dessa organização qualquer alinhamento de plantio agrícola ou florestal, arruamentos urbanos ou as orientações das cristas ou quebras de relevo. A facilidade que se tem, principalmente no nível aéreo, de definir com os sensores de radar a direção de visada faz das imagens de radar uma excelente ferramenta para o estudo das estruturas geológicas e da morfologia do relevo. O princípio é semelhante ao visto anteriormente na formação do sombreamento. Caso se queira ver realçada uma crista de relevo, a direção de visada deve se orientar o mais próximo possível da frontalidade com a crista. O lado frontal iluminado mostraria na imagem um alto valor de reflectância, enquanto o lado oposto da crista seria a sombra de radar. A visão tridimensional estaria, então, formada.

Nos alvos agrícolas ou em áreas urbanas, algumas vezes é mais interessante dar preferência para direções de visada paralelas ao alinhamento preferencial das culturas agrícolas ou dos arruamentos urbanos para realçar outras características dos alvos em questão. Embora as direções de visada possam ser controladas quando se trata de sobrevoos com aeronaves, o mesmo não acontece para plataformas orbitais, pois são predeterminadas pelas agências espaciais controladoras do satélite. Por exemplo, a direção de visada do satélite japonês Alos-2, no modo ascendente, é fixada em 351°.

Esse efeito de direção de visada é notavelmente mostrado nas imagens da Fig. 10.17, que, mesmo sendo observadas monoscopicamente, exibem a perfeita noção do relevo. Nessa figura, são apresentadas duas cenas de radar, obtidas com direções de visada ortogonais entre si (norte e leste), de uma mesma região com marcante presença de feições lineares de relevo, representadas por fraturas e falhas nas rochas. Percebe-se que as feições lineares (sulcos profundos no terreno) com direções próximas a N-S aparecem mais realçadas na imagem com direção de visada para leste, enquanto as feições com direção preferencial E-W aparecem mais bem realçadas na imagem com direção de visada para norte. Por isso, a regra básica é dar preferência para a imagem cuja direção de visada seja a mais ortogonal possível à orientação dos alvos, por melhor formar o par de reflectância claro-escuro.

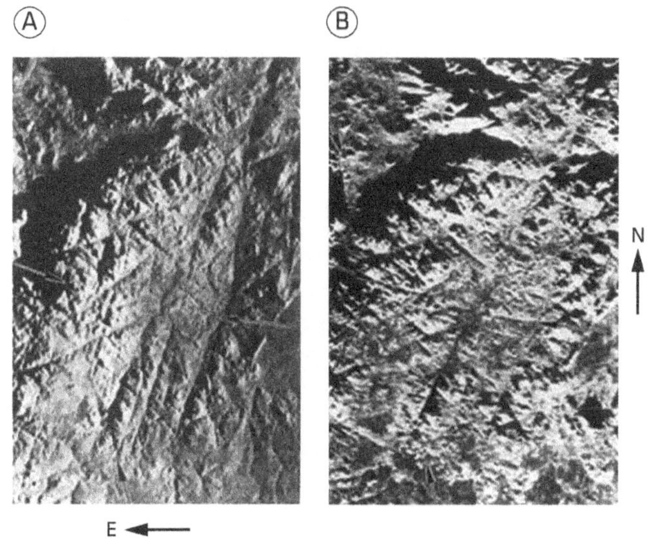

Fig. 10.17 *Imagens tomadas em duas direções de iluminação, ressaltando as diferenças no realce de feições lineares do relevo*

Fonte: Short (s.d.).

10.3 Retroespalhamento condicionado aos parâmetros ambientais

10.3.1 Rugosidade das superfícies

Rugosidade é uma propriedade macroscópica que todos os alvos apresentam e que descreve os aspectos das irregularidades de suas superfícies. Em algumas áreas das ciências, como na Geologia e na Pedologia, é um importante elemento de fotoanálise e recebe livremente diferentes qualificações, como grossa, áspera, lisa e rugosa. Porém, em sensoriamento remoto, ela é um parâmetro fortemente dependente do tamanho da onda e usualmente é dimensionada por tamanhos ou valores numéricos, segundo regras matemáticas (Eqs. 10.7 e 10.8). A rugosidade existe nas superfícies da água, nos dosséis da vegetação, nas exposições de camadas de rochas e nos solos expostos. Ela normalmente é referida como rugosidade superficial, sendo um dos parâmetros, em relação ao tamanho da onda, que mais fortemente influencia o espalhamento dos alvos terrestres. Como as variações texturais podem ser da ordem de centímetros ou quilômetros, deve-se tratar a relação do tamanho da onda com o tamanho dos objetos por um critério de escala de observação: microescala, mesoescala e macroescala. O relevo topográfico, do qual se utiliza a Geologia e a Geomorfologia, invariavelmente é considerado nas dimensões da mesoescala e da macroescala, enquanto a análise dos solos requer preferencialmente observações na microescala. Superfícies de água ou dosséis de vegetação são tratados em ambas as escalas.

Os alvos cujas propriedades texturais são analisadas na microescala, de ordem centimétrica, são os terrenos planos ou suavemente ondulados, formados basicamente por coberturas de solo sem a presença de afloramentos de rocha. O que se investiga dessas superfícies não são as composições dos materiais pedológicos que as constituem, mas suas irregularidades texturais, que estão associadas com a presença de fragmentos de rocha em solos jovens, agregados do próprio solo e oriundos do processo de mecanização agrícola, sulcos derivados de erosão hídrica, entre outros processos modeladores da superfície. Sem a interferência da vegetação, quanto menor é o comprimento de onda, mais informações texturais dos solos podem ser detectadas, o que parece bastante satisfatório para aplicações de mapeamento de áreas de solo exposto e para a identificação de práticas e de condição de aração de áreas de cultivo (distinção entre solos compactados, arados e gradeados), com repercussão em modelos de previsão de safra.

É costume quantificar a rugosidade dos solos em termos de desvio-padrão da altura média relativa das superfícies e classificá-las como de rugosidade lisa, intermediária e rugosa. A unidade de medida é dada em centímetros. A título de ilustração, na Fig. 10.18 é mostrada a seção transversal de uma superfície de terreno hipotético, com altura relativa variando de 5 cm a 32 cm. A altura média relativa é de 15 cm, indicada pela linha reta, e o desvio-padrão em relação a essa média é de 5,4 cm. Portanto, a rugosidade desse terreno hipotético é de 5,4 cm.

Nesse exemplo, não há como saber se o valor de rugosidade de 5,4 cm classificaria a superfície como lisa, intermediária ou rugosa. Se lisa, o espalhamento seria especular, nada retornaria ao sensor e o alvo seria sem brilho, totalmente escuro. Se intermediária ou rugosa, o espalhamento difuso seria crescente e resultaria em tons de cinza cada vez mais claros na imagem. Para solucionar esse problema, alguns critérios matemáticos foram propostos relacionando a altura local (h) dos elementos expostos nas superfícies (seixos, agregados, fragmentos etc.) com o comprimento de onda (λ) e o ângulo de incidência (θ). O modelamento matemático proposto para definir essas classes de rugosidade da superfície recebeu a denominação de *critério de Rayleigh modificado*, que tem a formulação expressa pelas equações a seguir. Essas fórmulas matemáticas indicam que uma superfície de dimensão h, considerada rugosa na banda X, poderá ser classificada como lisa na banda L, devendo o analista, ao interpretar uma imagem de radar, estar sempre atento ao comprimento de onda da banda.

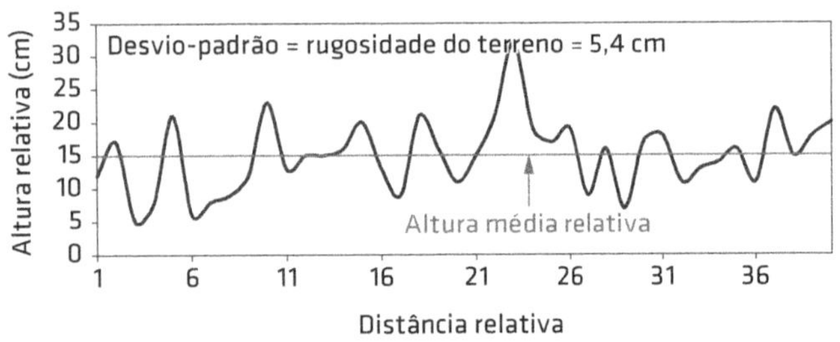

Fig. 10.18 *Exemplo de cálculo de microrrugosidade de um terreno hipotético (unidade de medida comumente dada em centímetros)*

$$\text{Superfície lisa: } h \leq \frac{\lambda}{25\cos\theta} \tag{10.7}$$

$$\text{Superfície rugosa: } h > \frac{\lambda}{4{,}4\cos\theta} \tag{10.8}$$

Os espelhos de água também podem ser analisados segundo o critério de Rayleigh modificado. Em superfícies de água totalmente calma, o espalhamento possui comportamento especular em todas as bandas de radar, identificando a superfície como lisa. Quando há perturbação pelos ventos e formação de ondas, a superfície da água muito provavelmente se torna rugosa. Em situações em que se deseja verificar a navegabilidade de um rio de acordo com a presença de áreas encachoeiradas, seria aconselhável, por segurança, utilizar uma banda de pequeno comprimento de onda, como a X ou a C. Na Fig. 10.19, tomada com o comprimento de onda de 23,5 cm, o lago (A) aparece em tons de cinza muito escuro, indicando a superfície com rugosidade lisa de reflexão especular. Os demais alvos (B) exibem retroespalhamentos difusos, e as variações em cinza identificam as variações de intensidade de retorno do sinal, pelas diferentes rugosidades de alvos presentes na cena. Um caso particular de radiação difusa é a reflexão da área (C). São alvos com edificações orientadas perpendicularmente à radiação incidente e ladeadas por áreas de alvos planos (estacionamento, ruas etc.) que refletem quase toda a radiação incidente de volta para a antena. Esses alvos são conhecidos como refletores de canto e o fenômeno é conhecido como *double bouncing*.

O critério de rugosidade é também bastante eficiente para monitorar derrames de óleo relacionados com plataformas de exploração de petróleo. Quando uma camada fina de óleo cobre as águas dos oceanos, há uma quebra na rugosidade da superfície das ondas, atenuando o sinal retroespalhado e produzindo feições escuras nas imagens. As melhores imagens para esse tipo de aplicação são as obtidas com a banda C, pois, nessa banda, áreas adjacentes ao derrame de óleo aparecem com tonalidades mais claras de cinza, por causa da presença de ondas geradas pela ação dos ventos e correntes marítimas, conforme ilustrado na Fig. 10.20. Nessa cena, adquirida em 10 de fevereiro de 2017 pelo satélite Sentinel-1A (banda C, polarização VV), é possível observar manchas de óleo em tons escuros associadas a plataformas de exploração de petróleo (manchas brilhantes) localizadas na bacia de Campos (RJ).

Os alvos cujas propriedades texturais são analisadas na mesoescala e na macroescala, de ordem métrica a quilométrica, são as formações rochosas e a geomorfologia do relevo, que, em síntese, modelam a

Fig. 10.19 *Parte da cena de radar do Distrito Federal obtida pelo Palsar-2/Alos-2 (banda L e polarização HH) em 29 de abril de 2015, mostrando alvos especulares (tons de cinza escuros; A) e difusores (tons de cinza claros; B). Em C, há um tipo especial de alvo difusor conhecido como refletor de canto – no caso particular dessa imagem, composto de edificações, que refletem praticamente toda a radiação incidente de volta para a antena*

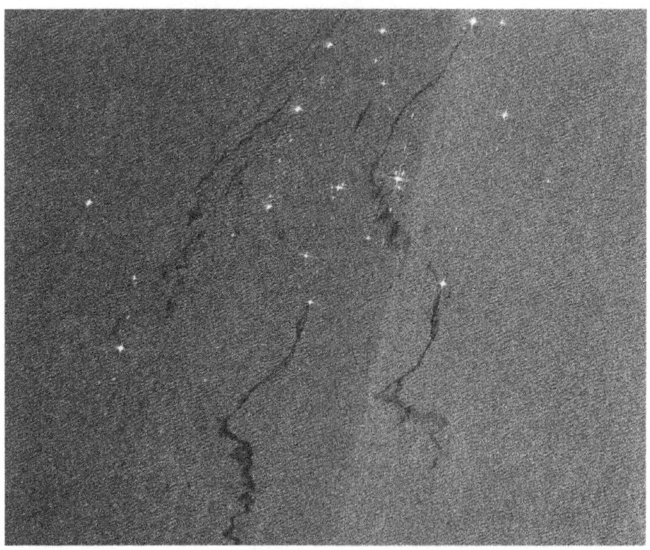

Fig. 10.20 *Imagem do satélite Sentinel-1A (banda C, polarização VV) de 10 de fevereiro de 2017 da região da bacia de Campos (RJ), mostrando manchas de derrame de óleo (tons escuros) ao redor das plataformas de exploração de petróleo (tons brilhantes)*

superfície da Terra. Como a rugosidade na mesoescala e na macroescala ultrapassa em muito a ordem centimétrica, qualquer que seja o tamanho da onda de radar, os alvos se comportarão como superfícies rugosas difusoras e a magnitude da intensidade do sinal de retorno dependerá mais dos ângulos de incidência sobre o alvo e da direção de imageamento do que do tamanho da onda. Com base nessa lógica, dever-se-ia optar pelo uso dos maiores comprimentos de onda da banda L, da ordem próxima de 30 cm, que propiciaria um reconhecimento mais compatível com as dimensões das formas de relevo e estruturas geológicas, além de possibilitar uma maior penetração nas coberturas vegetais e uma maior interação com o substrato rochoso.

10.3.2 Constante dielétrica

Define-se constante dielétrica (ε) como a medida da capacidade de um material de armazenar cargas elétricas. Ela é a única propriedade que condiciona a interação no nível microscópico das partículas elétricas de um material com a onda das micro-ondas de radar. Infelizmente, essa interação se limita somente aos materiais que tenham presença de água, devido à sua alta constante dielétrica. Os valores da constante dielétrica são dados por um número adimensional > 1, em contraste com o valor da constante dielétrica do vácuo, que é igual a 1. Nos gases, em decorrência da baixa densidade molecular, essa constante é apenas um pouco maior do que 1. Em materiais secos, sejam eles solos, rochas ou vegetação, os valores situam-se entre 3 e 8 (a menor constante é encontrada em dielétricos sólidos, constituídos de moléculas não polares), bem abaixo da constante dielétrica da água, que possui valor em torno de 48 a 80, dependente da temperatura. A Tab. 10.2 mostra os valores da constante dielétrica de alguns materiais.

A interação das ondas de radar com os materiais se processa, em qualquer comprimento de onda, por meio do campo elétrico da onda. Uma onda de radar polarizada, seja no modo vertical, seja no modo horizontal, quando interage com as moléculas de água, que é um dielétrico polar, tem a tendência de orientar as cargas negativas e positivas da molécula (dipolo) de acordo com a própria orientação do campo elétrico da onda incidente, mecanismo esse que dá origem à polarização orientada induzida da molécula. Essa é uma das propriedades fundamentais dos dielétricos quando sujeitos à ação de um campo elétrico externo. Devido a essa polarização, os materiais dielétricos são capazes de armazenar energia elétrica. A outra propriedade é que um dielétrico é qualquer substância que possui alta resistência ao fluxo da corrente elétrica, isto é, qualquer substância não condutora de eletricidade. A água presente nos materiais comporta-se como a inserção de um meio dielétrico dentro do material, e isso explica por que todos os materiais terrestres com conteúdo de moléculas de água livre refletem com alta intensidade a onda de radar.

Em termos práticos, nas imagens de radar, a vegetação fotossinteticamente ativa, que armazena água em suas estruturas foliares internas, apresenta alto valor de constante dielétrica e, por esse motivo, exibe

Tab. 10.2 Valores da constante dielétrica de alguns materiais ou substâncias encontrados na natureza

Substância	Constante dielétrica
Água líquida	48-80
Óleo	4,6
Asfalto	2,5-3,2
Areia	3-8
Mármore	8-10
Mineral mica	5,4-8,7
Quartzo	4,5-4,7

tons de cinza muito claros nas imagens de radar, em virtude de a intensidade de retorno da onda ser muito forte. Esse fato é exemplificado na Fig. 10.21, em que as áreas com ocorrência de matas de galeria aparecem com os tons de cinza mais claros na imagem.

Solos úmidos e secos respondem de maneira oposta nas imagens de radar. Uma área com solos secos reflete com menos intensidade a onda de radar, porque a onda consegue penetrar mais profundamente no solo seco do que no solo úmido. De fato, o poder de penetração da onda no solo fica afetado não somente pelas variações de ε nos sucessivos horizontes pedológicos, mas também pelas propriedades de densidade, granulometria e porosidade. Em solos nos quais essas propriedades são mais heterogêneas, a penetração da onda pode se limitar a alguns centímetros (5-10 cm), o que é suficiente, porém, para reduzir a reflectância. Por outro lado, em solos homogêneos, de granulometria mais grossa e alta porosidade, como solos arenosos totalmente secos, com ε = 3-8, a onda pode penetrar alguns metros e interagir com materiais subjacentes de constantes dielétricas diferentes da do solo. Se a constante dielétrica dos solos for mais alta (ε > 8), a onda poderá transpassar de volta o solo e retornar ao sensor, registrando a superfície soterrada.

Um exemplo notável é mostrado nas imagens da Fig. 10.22, do deserto do Saara, obtidas pelo satélite Landsat e pela missão espacial Shuttle Imaging Radar (SIR-A). Na imagem de radar, é possível identificar a presença de um paleocanal subsuperficial que se encontra soterrado pela areia. Quando as areias estão secas, a constante dielétrica é baixa, permitindo que as ondas de radar penetrem no subsolo a profundidades em torno de 3,5 m. A identificação desse mesmo paleocanal na

Fig. 10.21 *Parte da cena de radar da região de Sinop (MT) obtida pelo Palsar-2/Alos-2 (banda L e polarização HH) em 26 de setembro de 2014, mostrando as ocorrências de mata de galeria em tons de cinza claros devido à constante dielétrica alta da vegetação*

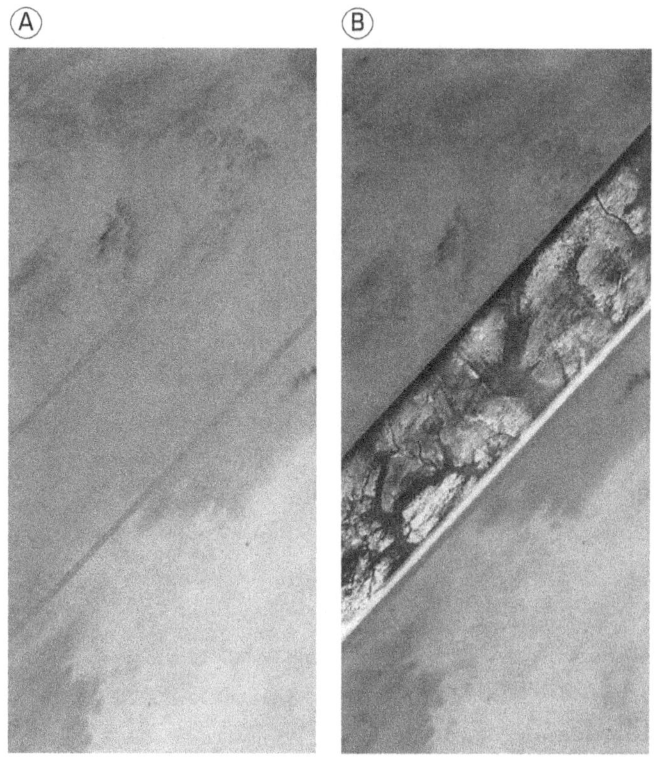

Fig. 10.22 *(A) Imagem da composição colorida do satélite Landsat do deserto do Saara, no Sudão, e (B) imagem de radar obtida pela missão espacial SIR-A, realçando paleocanais de drenagem sob manto de areia seca. A identificação da presença de paleocanais só é possível devido à penetração que o pulso tem em areias secas com constante dielétrica baixa*

Fonte: USGS (s.d.).

imagem Landsat é impossibilitada pela cobertura detrítica arenosa. Esse exemplo aponta para a possibilidade de utilizar imagens de radar como meio de identificar paleocanais com interesses prospectivos, por exemplo, associados a mineralizações de estanho e ouro. O sucesso está condicionado à existência de solos bem secos e com alta porosidade.

Imagens de radar constituem a principal fonte de dados para estimar a umidade superficial de solos (0-1 cm de profundidade para a banda C e 0-5 cm de profundidade para a banda L), por causa da capacidade de penetração da REM no terreno e da sensibilidade às variações das constantes dielétricas dos alvos. Cientistas como Susan Moran, do Departamento de Agricultura dos Estados Unidos (USDA), em Tucson (Moran et al., 2004), Jacob van Zyl, do Laboratório de Propulsão a Jato (JPL) da Agência Espacial dos Estados Unidos (Nasa), em Pasadena/EUA (Kim; Van Zyl, 2009), e M. Benallegue, da Divisão de Hidrologia da Cemagref, em Montpellier/França (Benallegue et al., 1995), além de vários outros pesquisadores, realizaram pesquisas para estimar a umidade de solos por meio de imagens de radar, porque esse parâmetro controla o ciclo hidrológico em escalas local, regional e global e porque os métodos convencionais que envolvem amostragem de solos no campo são demorados e não fornecem dados espacializados.

Entretanto, estimar a umidade de solos por meio de imagens de radar, embora importante para diversas aplicações, como modelagens hidrológicas, não é uma tarefa simples em virtude das interferências da rugosidade do terreno e da cobertura vegetal. Em um dos trabalhos iniciais envolvendo uma série de experimentos de campo com escaterômetro, Ulaby e Batlivala (1976) demonstraram que os efeitos de rugosidade do terreno são minimizados quando o ângulo de incidência é fixado em torno de 10°, conforme apresentado na Fig. 10.23. No experimento conduzido por esses autores, a polarização foi fixada em HH e os solos foram saturados até sua capacidade de campo. O parâmetro medido foi o σ^0 (unidade em decibéis e valores típicos de –32 dB a +16 dB; quanto maior o retroespalhamento, maior o valor de σ^0), sob diferentes condições de rugosidade e ângulo de incidência. As cinco curvas parecem se encontrar em um ângulo de incidência em torno de 10°, indicando que esse ângulo é o mais favorável para estimar a umidade de solos, pois o efeito da rugosidade do terreno é minimizado nele.

10.3.3 Densidade e estrutura da vegetação

A vegetação, por ser uma cobertura frequente em grande parte dos terrenos, deve ser considerada um parâmetro ambiental do espalhamento da onda de radar. Como demonstrado anteriormente, diferenças na densidade e na estrutura da vegetação causam diferenças na intensidade do retroespalhamento volumétrico (dosséis vegetais mais densos) ou bidimensional (dosséis vegetais menos densos). Com base nessa característica, é possível discriminar áreas de desmatamento consolidado ou recente em florestas tropicais, como é o caso da Amazônia. A Fig. 10.24 mostra uma cena do Palsar-2/Alos-2 da região de Sinop (MT). Áreas desmatadas já consolidadas, isto é, convertidas em pastagem ou cultura agrícola, aparecem com uma tonalidade mais escura de cinza, por causa das diferenças na biomassa e na estrutura da vegetação. O retroespalhamento é maior na floresta não só por seu maior conteúdo de água nas plantas, mas também pela presença de um número mais elevado de dispersores, relacionada com a estrutura da vegetação.

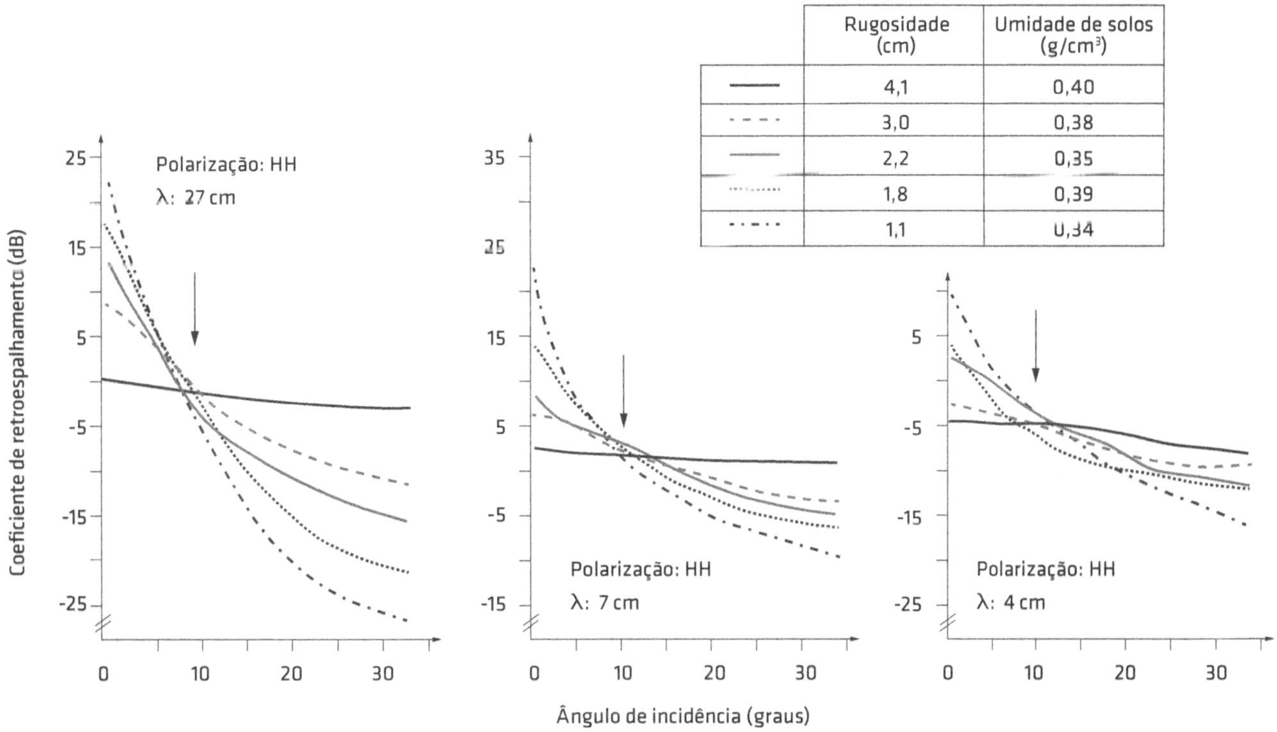

Fig. 10.23 *Relação entre coeficiente de retroespalhamento e ângulo de incidência para cinco valores de rugosidade e três valores de comprimento de onda (λ). A polarização utilizada foi a horizontal (HH). As cinco curvas se encontram em um ângulo de incidência em torno de 10°, indicando que esse ângulo é o mais favorável para estimar a umidade de solos, pois o efeito da rugosidade do terreno é minimizado*

Fonte: modificado de Ulaby e Batlivala (1976).

Quando um determinado alvo apresenta estrutura predominantemente vertical, como culturas agrícolas de arroz, cana-de-açúcar e milho, a tendência é que o retroespalhamento aumente. Na Fig. 10.25, as áreas mais claras da cena obtida pelo satélite Radarsat-1 correspondem ao plantio de arroz irrigado por inundação contínua e controlada na região de Lagoa dos Patos (RS). O plantio por inundação é uma técnica bastante utilizada em regiões úmidas e planas e consiste em inundar a área logo após o plantio de grãos pré-germinados, para controlar o surgimento de ervas daninhas e pragas. A lâmina d'água é mantida com aproximadamente 10 cm de espessura, até a fase de maturação de grãos. Quando começa essa última fase de crescimento, a água é drenada para permitir a posterior colheita. A melhor época para identificar tais áreas é quando o plantio está em fase de crescimento vegetativo e, ao mesmo tempo, quando a lâmina d'água ainda continua presente, como é o caso da cena em questão. Nessa

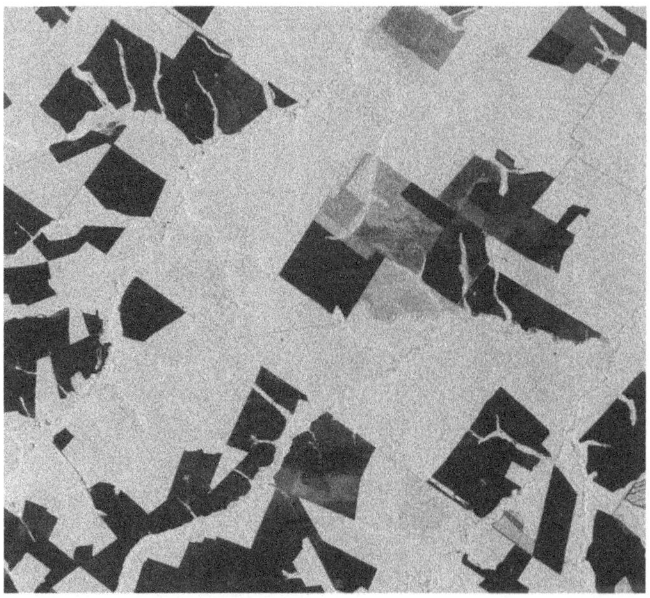

Fig. 10.24 *Parte da cena de radar da região de Sinop(MT) obtida pelo Palsar-2/Alos-2 (banda L e polarização HV) em 26 de setembro de 2014, mostrando áreas desmatadas e convertidas para pastagem e cultura agrícola com tonalidade de cinza mais escura*

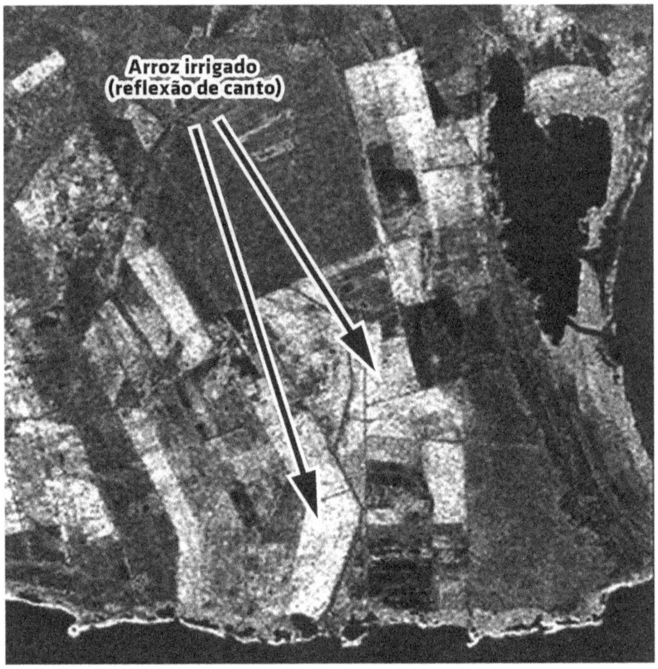

Fig. 10.25 *Cena do satélite Radarsat-1 da região de Lagoa dos Patos (RS) mostrando, em tons claros, áreas de plantio de arroz irrigadas por inundação contínua e controlada. A radiação incidente sofre reflexão dupla, a primeira quando atinge a haste da planta e a segunda quando atinge a lâmina d'água, retornando com intensidade próxima à da radiação emitida. As tonalidades mais escuras de cinza, adjacentes aos plantios de arroz, correspondem, em sua maioria, à vegetação herbácea típica do bioma Pampa*

situação, ocorre o fenômeno de reflexão dupla, isto é, o plantio de arroz comporta-se como refletor de canto. A radiação incidente sofre reflexão especular dupla, a primeira vez quando atinge a haste da planta e a segunda quando atinge a lâmina d'água, retornando para a antena com intensidade próxima à da radiação emitida.

Referências bibliográficas

ANDRADE, N. S. O. *Radar de abertura sintética polarimétrico do R99-B*: análise e aplicações. 2012. 216 f. Tese (Doutorado) – Instituto de Geociências, Universidade de Brasília, Brasília, 2012.

BATTAZZA, F.; COLETTA, A.; LOPINTO, E.; FIORENTINO, C.; PIETRANERA, L.; VALENTINI, G.; ZOFFOLI, S. COSMO-SkyMed an existing opportunity for observing the Earth. *Journal of Geodynamics*, v. 49, n. 3-4, p. 171-180, 2010.

BENALLEGUE, M.; TACONET, O.; VIDAL-MADJAR, D.; NORMAND, M. The use of radar backscattering signals for measuring soil moisture and surface roughness. *Remote Sensing of Environment*, v. 53, n. 1, p. 61-68, 1995.

FROST, V. S.; STILES, J. A.; SHANMUGAN, K. S.; HOLTZMAN, J. C. A model for radar images and its application to adaptive digital filtering of multiplicative noise. *IEEE Transactions on Pattern Analysis and Machine Intelligence*, v. 4, n. 2, p. 157-166, 1982.

FUNG, A. K.; ULABY, F. T. Matter-energy interaction in the microwave region. In: COLWELL, R. N. (Ed.). *Manual of Remote Sensing*. v. 1. 2. ed. Maryland: American Society of Photogrammetry, 1983. p. 115-164.

HENDERSON, F. M.; LEWIS, A. J. *Principles & applications of imaging radar*: manual of remote sensing. v. 2. 3. ed. Nova York: John Wiley & Sons, 1998. 866 p.

JENSEN, J. R. *Sensoriamento remoto do ambiente: uma perspectiva em recursos terrestres*. Trad. em português, 2. ed. São José dos Campos: Parêntese, 2009. 598 p.

KASISCHKE, E. S.; BOURGEAU-CHAVEZ, L. L. Monitoring South Florida wetlands using ERS-1 SAR imagery. *Photogrammetric Engineering & Remote Sensing*, v. 63, n. 3, p. 281-291, 1997.

KIM, Y.; VAN ZYL, J. J. A time-series approach to estimate soil moisture using polarimetric radar data. *IEEE Transactions on Geoscience and Remote Sensing*, v. 47, n. 8, p. 2519-2527, 2009.

LEE, J.S.; JURKEVICH, I.; DEWAELE, P.; WAMBACQ, P.; OESTERLINK, A. Speckle filtering of synthetic aperture radar images: a review. *Remote Sensing Reviews*, v. 8, p. 313-340, 1994.

LILLESAND, T. M.; KIEFER, R. W.; CHIPMAN, J. W. *Remote Sensing and Image Interpretation*. 6. ed. Hoboken: John Wiley & Sons, 2008.

LIMA, M. I. C. *Projeto Radam*: uma saga amazônica. Belém: Paka-Tatu, 2014. 232 p.

MENESES, P. R.; SANO, E. E. Sensor radar de abertura sintética. In: MENESES, P. R.; ALMEIDA, T. (Orgs.). *Introdução ao processamento de imagens de sensoriamento remoto*. Brasília: UnB/ CNPq, 2012. p. 57-76.

MORAN, M. S.; PETERS-LIDARD, C. D.; WATTS, J. M.; MCELROY, S. Estimating soil moisture at the watershed scale with satellite-based radar and land surface models. *Canadian Journal of Remote Sensing*, v. 30, n. 5, p. 805-826, 2004.

MORENA, L. C.; JAMES, K. V.; BECK, J. An introduction to the RADARSAT-2 mission. *Canadian Journal of Remote Sensing*, v. 30, n. 3, p. 221-234, 2004.

NAGLER, T.; ROTT, H.; HETZENECKER, M.; WUITE, J.; POTIN, P. The Sentinel-1 mission: new opportunities for ice sheet observations. *Remote Sensing*, v. 7, n. 7, p. 9371-9389, 2015.

NASA – NATIONAL AERONAUTICS AND SPACE ADMINISTRATION. *Brazil rainforest*. [s.d.]. Disponível em: <https://www.jpl.nasa.gov/radar/sircxsar/rodon.html>.

NOVO, E. M. L. M. *Sensoriamento remoto*: princípios e aplicações. 4. ed. São Paulo: Blucher, 2011. 388 p.

PITZ, W.; MILLER, D. The TerraSAR-X satellite. *IEEE Transactions on Geoscience and Remote Sensing*, v. 48, n. 2, p. 615-622, 2010.

ROSENQVIST, A.; SHIMADA, M.; SUZUKI, S.; OGUSHI, F.; TADONO, T.; WATANABE, M.; TSUZUKU, K.; WATANABE, T.; KAMIJO, S.; AOKI, E. Operational performance of the ALOS global systematic acquisition strategy and observation plans for ALOS-2 PALSAR-2. *Remote Sensing of Environment*, v. 155, p. 3-12, 2014.

SANT'ANNA, S. J. S.; MASCARENHAS, N. D. A. Comparação do desempenho de filtros redutores de "speckle". In: SIMPÓSIO BRASILEIRO DE SENSORIAMENTO REMOTO, 8., Salvador/BA. *Anais*... São José dos Campos: Inpe, p. 871-877, 1996.

SHORT, N. M. Pine mountain radar image. *The Remote Sensing Tutorial* (an online handbook). [s.d.]. Disponível em: <http://geoinfo.amu.edu.pl/wpk/rst/rst/Sect8/Sect8_4.html>.

ULABY, F.; BATLIVALA, P. Optimum radar parameters for mapping soil moisture. *IEEE Transactions on Geoscience Electronics*, v. 14, n. 1, p. 81-93, 1976.

USGS – UNITED STATES GEOLOGICAL SURVEY. *Remote sensing of arid lands*. [s.d.]. Disponível em: <http://pubs.usgs.gov/gip/deserts/remote/>.

WANG, Y.; DAVIS, F. W.; MELACK, J. M.; KASICHKE, E. S.; CHRISTENSEN, N. L. The effects of changes in forest biomass on backscatter from tree canopies. *International Journal of Remote Sensing*, v. 15, n. 3, p. 503-513, 1995.

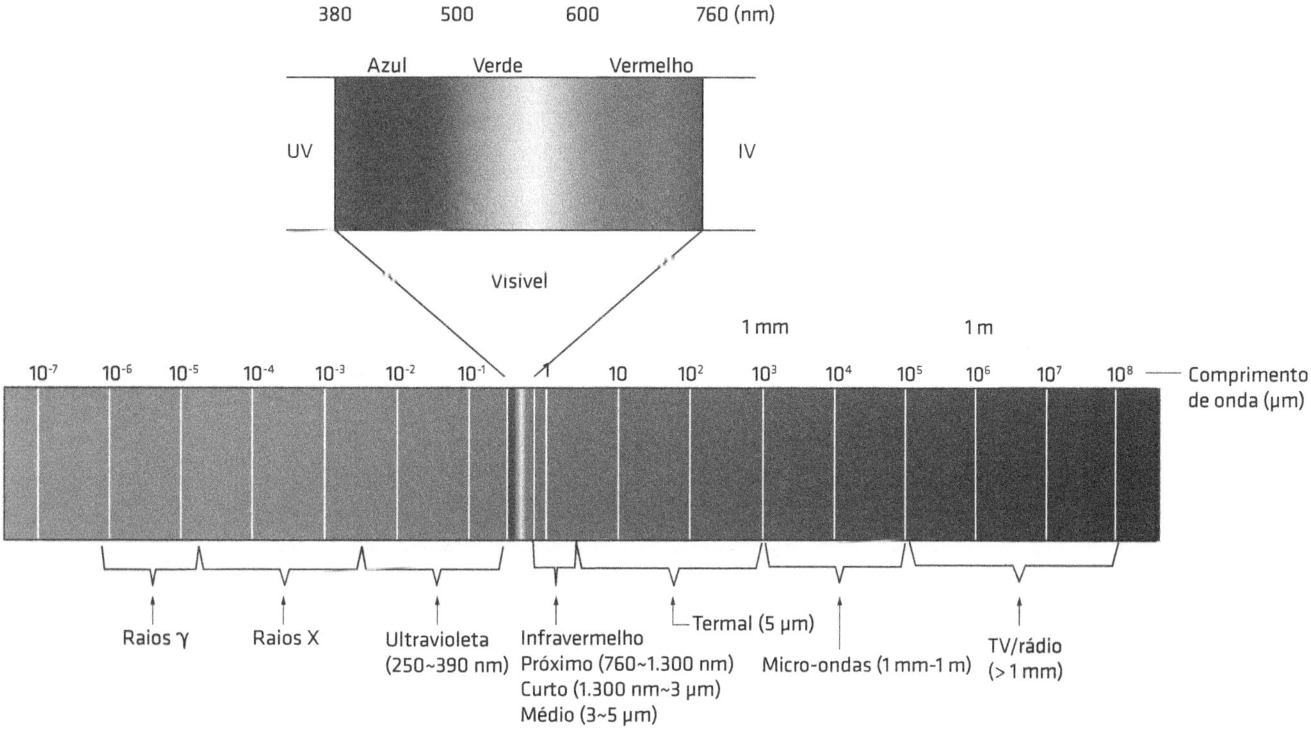

Fig. 1.1 *Divisão do espectro eletromagnético*

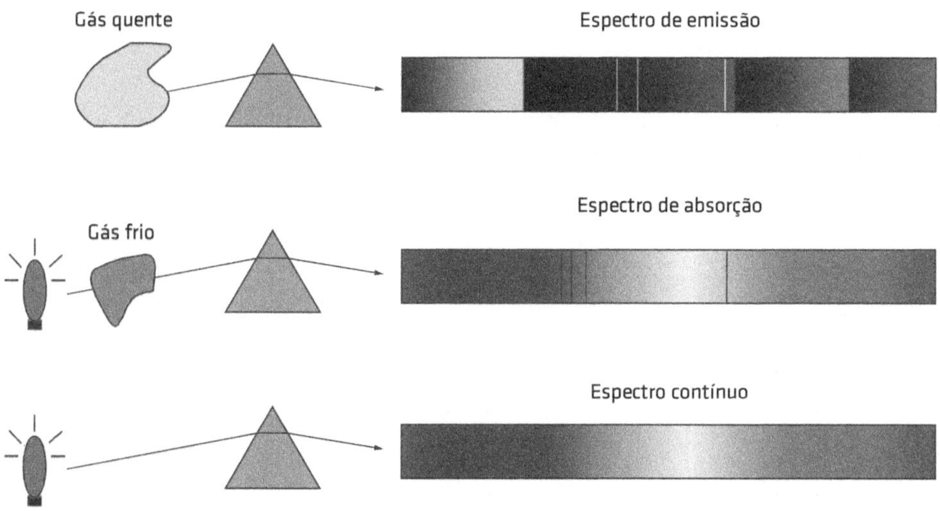

Fig. 1.5 *Leis de Kirchhoff da espectroscopia*

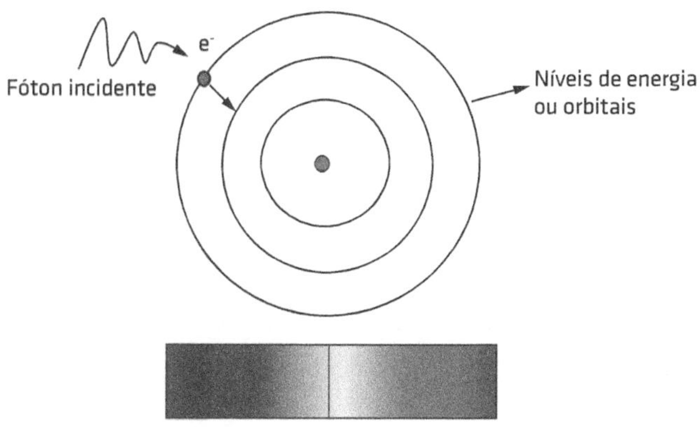

Fig. 2.4 *Ao colidir com um átomo, um fóton será absorvido se tiver energia igual à diferença de energia entre os dois estados quânticos, e o elétron será promovido para um estado de maior energia. A risca preta no espectro de cores indica o comprimento de onda de luz absorvida*

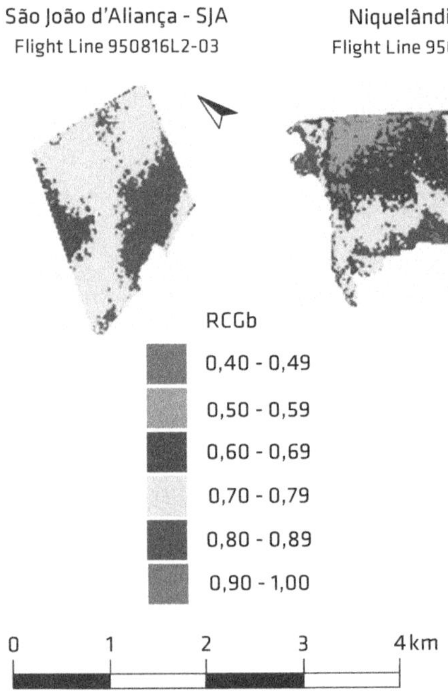

Fig. 5.7 *Mapeamento quantitativo da razão caulinita/(caulinita + gibbsita) em imagens Aviris*

Fonte: adaptado de Baptista et al. (2011).

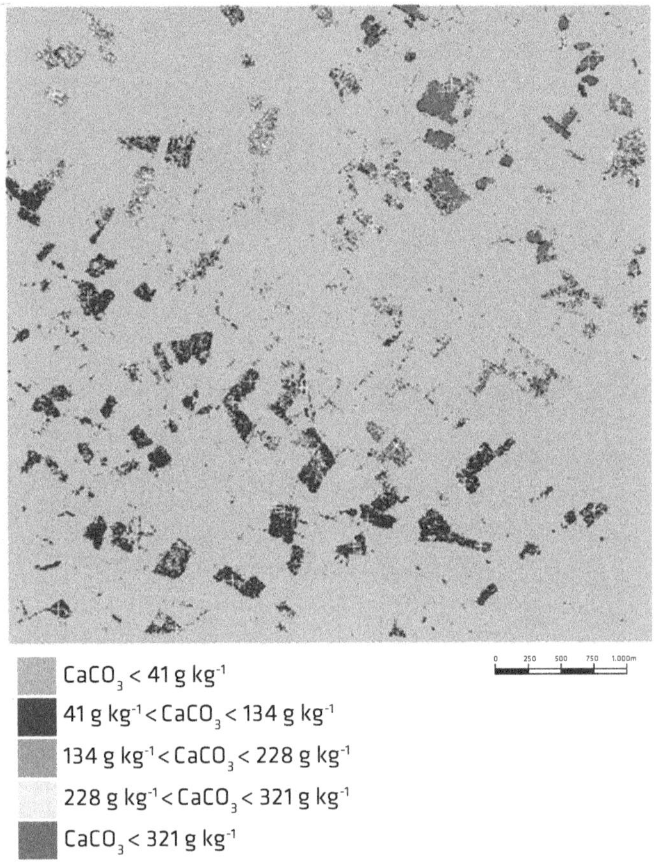

Fig. 5.10 *Classes de conteúdo estimado de* $CaCO_3$*. Os pontos destacados apresentam as localidades nas quais as observações de campo foram realizadas*

Fonte: adaptado de Madeira Netto, Robbez-Masson e Martins (2006).

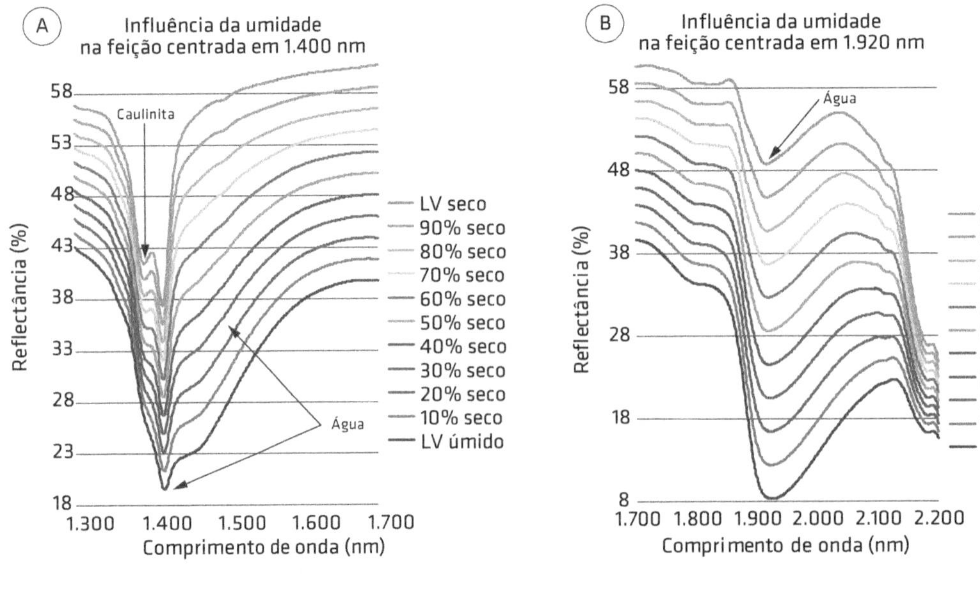

Fig. 5.14 *Modelagem espectral para destacar as alterações observadas nas feições espectrais centradas em (A) 1.400 nm e (B) 1.920 nm decorrentes do aumento de umidade na amostra de Latossolo Vermelho*

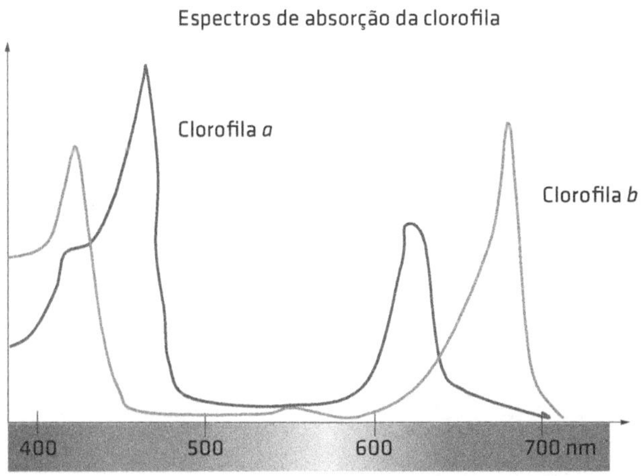

Fig. 6.10 *Picos de absorção da REM pela clorofila*

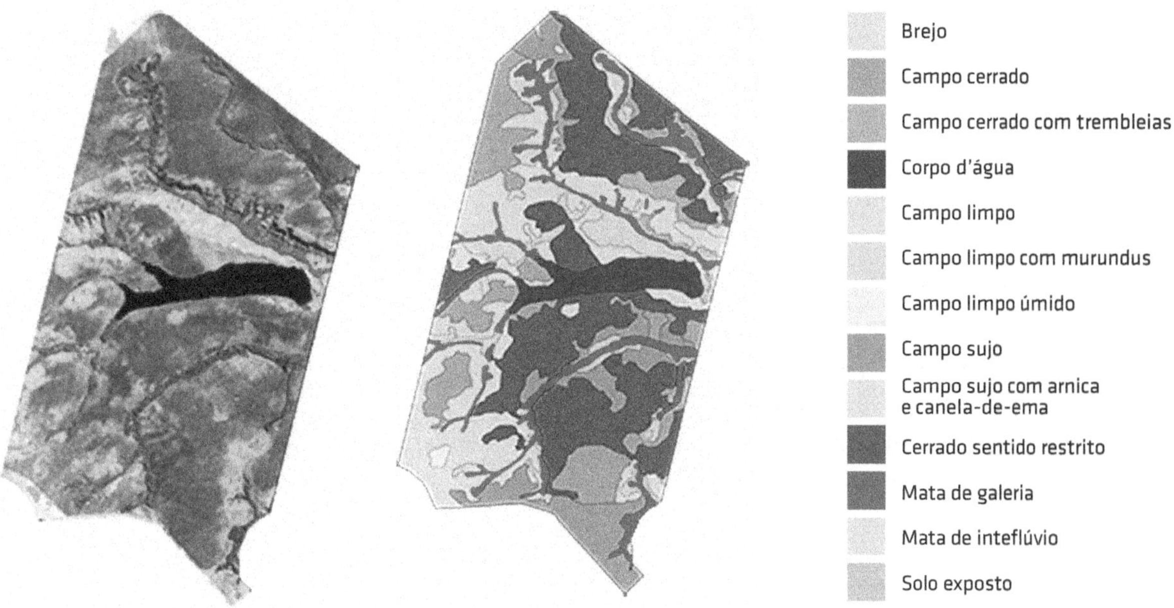

Fig. 6.22 *Recorte de uma cena Hyperion (R823 G660 B1.527 nm) obtida em 24 de junho de 2015 sobre o Parque Nacional de Brasília e o correspondente mapa de vegetação, elaborado por Ferreira et al. (2007). No centro da imagem, destaca--se a represa de Santa Maria, que abastece parte da população urbana do Distrito Federal*

Fig. 6.23 *Respostas espectrais representativas (época seca) de campo sujo (formação campestre), cerrado sentido restrito (formação savânica) e mata de galeria (formação florestal), encontrados no Parque Nacional de Brasília*

Fotos: E. E. Sano.

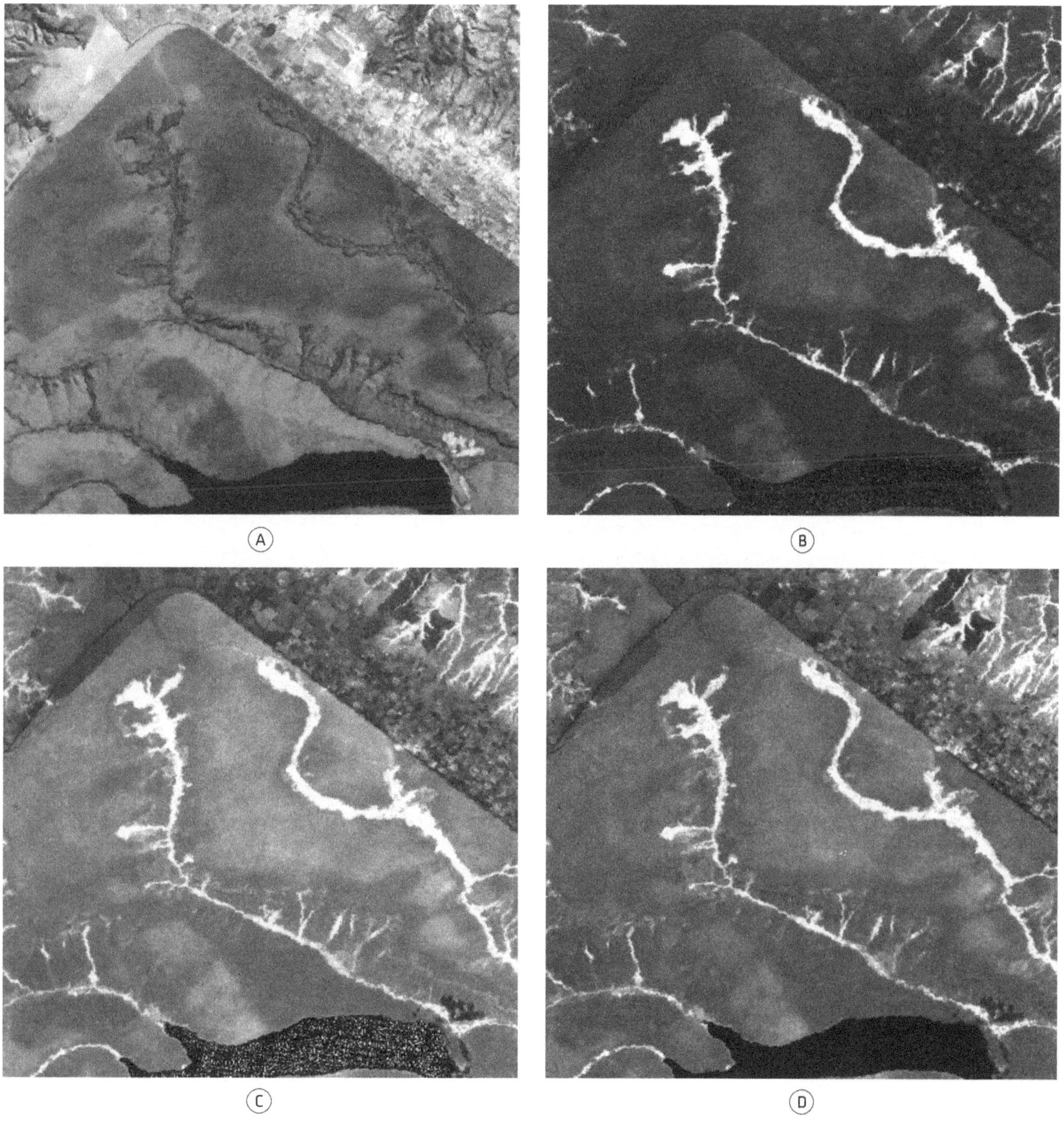

Fig. 6.25 *Recorte de imagens do satélite ETM+/Landsat-7 da porção norte do Parque Nacional de Brasília, processadas pelas técnicas de realce por composição colorida RGB das bandas 4, 5 e 3 (A), razão simples (SR) (B), índice de vegetação por diferença normalizada (NDVI) (C) e índice de vegetação realçado (EVI) (D)*

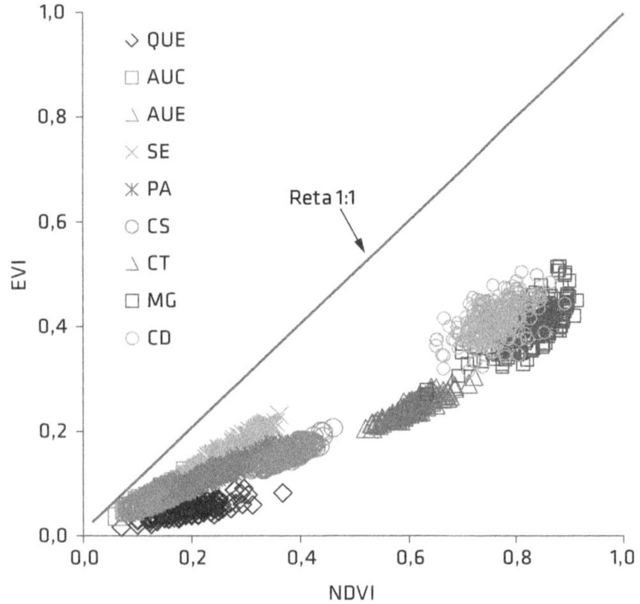

Fig. 6.26 *Diagrama de dispersão entre amostras de valores de NDVI e EVI obtidas de uma cena ETM+/Landsat-7 do Distrito Federal (órbita: 221; ponto: 71), convertida para reflectância de superfície utilizando-se o método de correção atmosférica denominado* atmospheric correction now *(Acorn). Data de passagem do satélite: 23 de setembro de 2001. QUE = cicatriz de queimada; AUC = área urbana consolidada; AUE = área urbana em consolidação; SE = solo exposto; PA = pastagem cultivada; CS = campo limpo/campo sujo; CT = cerrado típico; MG = mata de galeria; e CD = cerrado denso*

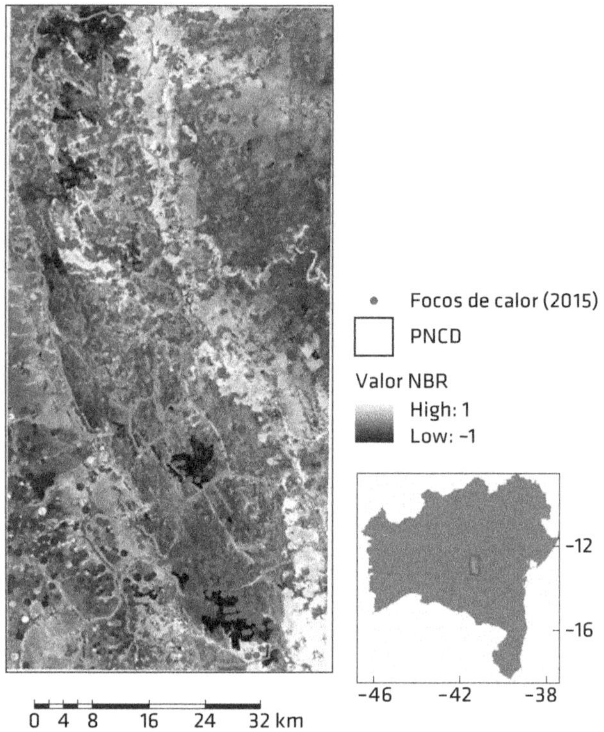

Fig. 6.31 *Imagem NBR do Landsat-5 com os focos de calor identificados pelos satélites NOAA no ano de 2015*
Fonte: adaptado de Leite et al. (2017).

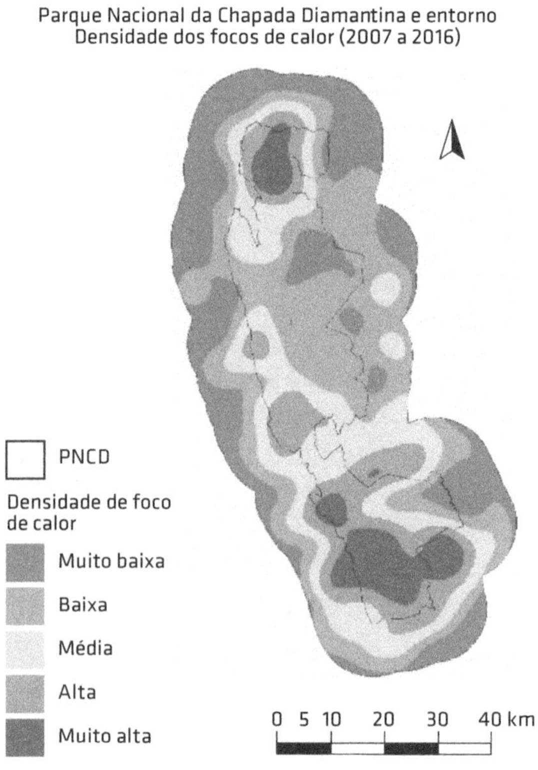

Fig. 6.32 *Mapa gerado pelo estimador de densidade Kernel indicando a densidade de focos de calor no Parque Nacional da Chapada Diamantina e seu entorno, detectados pelos sensores dos satélites NOAA e Modis/Terra-Aqua para os anos de 2007 a 2016*
Fonte: adaptado de Santos et al. (2017).

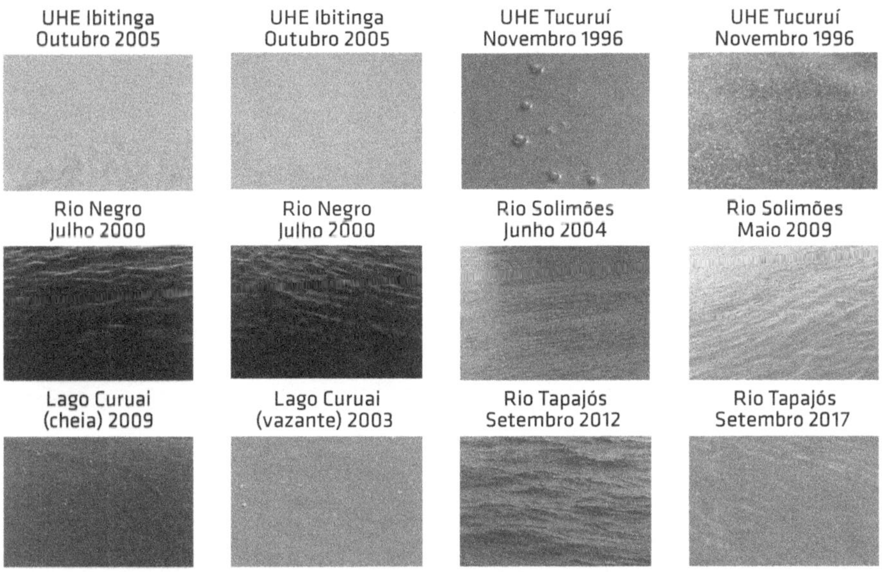

Fig. 7.1 *Variedade de cores de diferentes sistemas aquáticos*

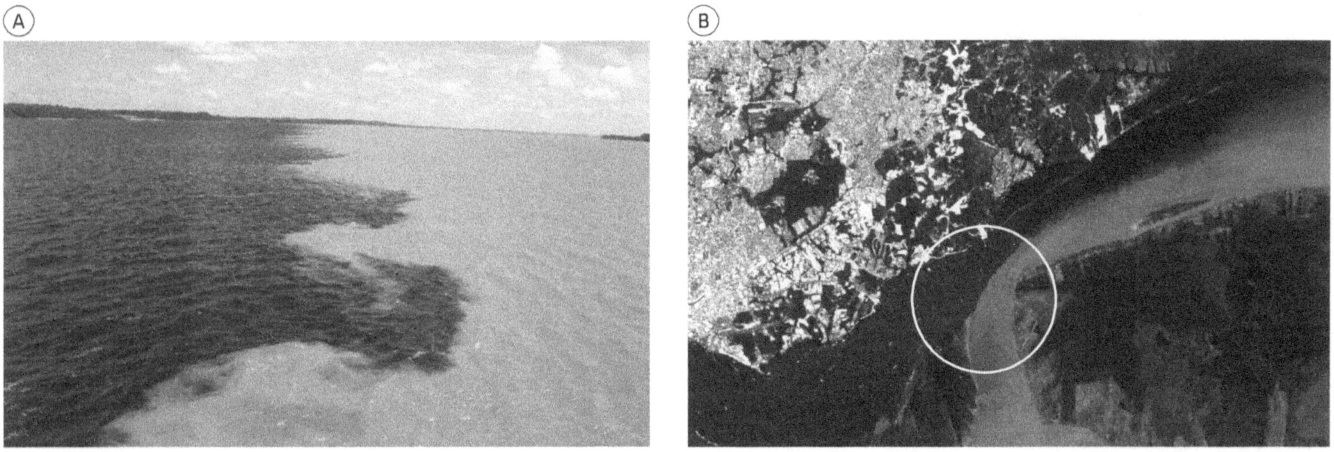

Fig. 7.2 *Diferenças de cor da água observadas (A)* in situ *e (B) em composição colorida normal do sensor TM5, bandas 1(B), 2(G) e 3(R) na região de confluência dos rios Negro e Solimões*

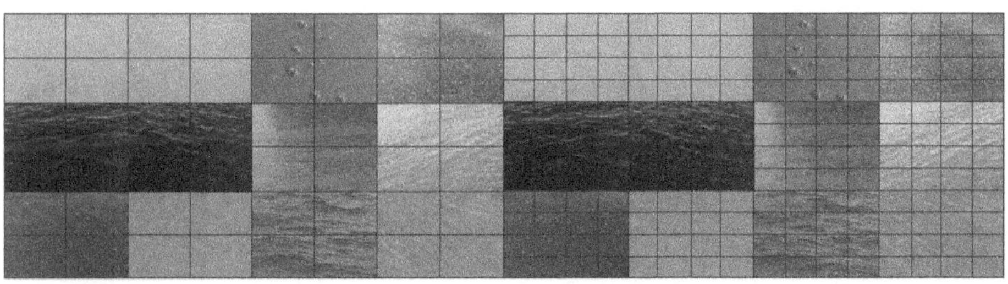

Fig. 7.5 *Efeito da resolução espacial do sensor na caracterização da radiação emergente do sistema aquático*

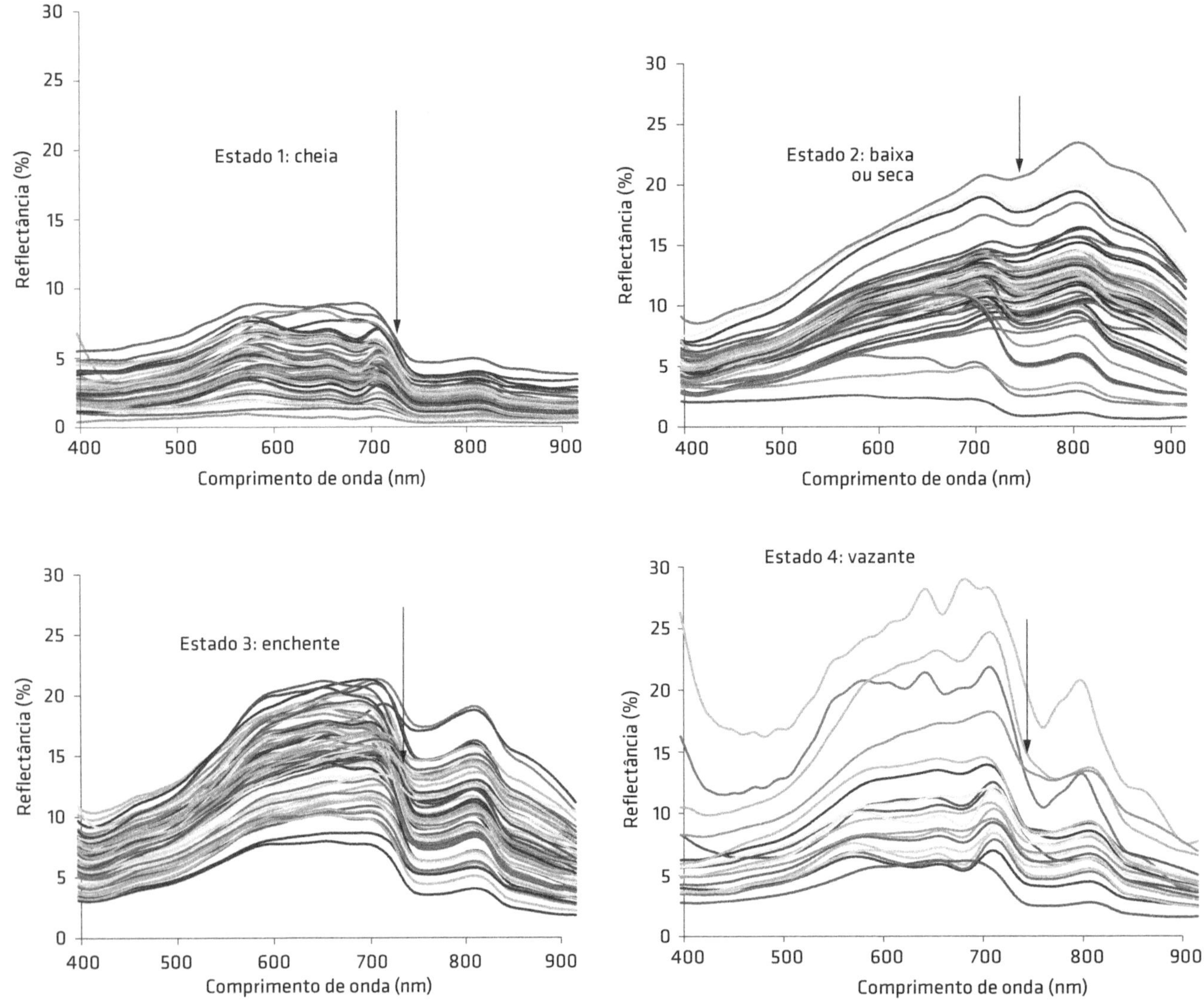

Fig. 7.18 *Comportamento espectral de reflectância de diferentes estações amostrais distribuídas pelo Lago Grande do Curuai (PA), na planície do rio Amazonas, em diferentes fases (estados) do ano hidrológico*

Fonte: Barbosa (2005).

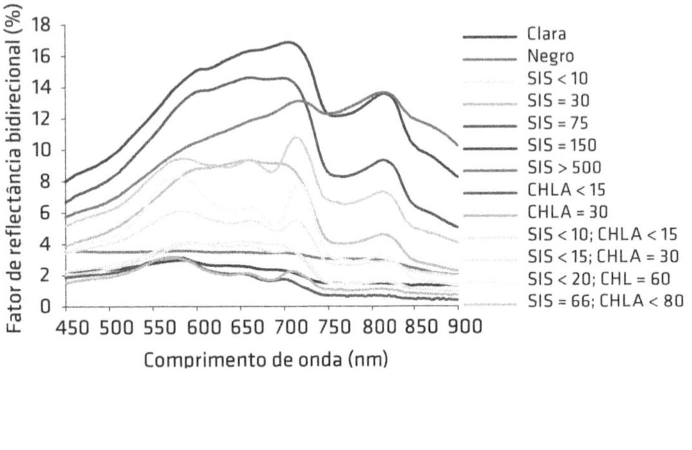

Fig. 7.19 *Espectros de referência para a classificação de sistemas aquáticos amazônicos com base em seus componentes opticamente ativos dominantes*

Fonte: adaptado de Lobo (2009).

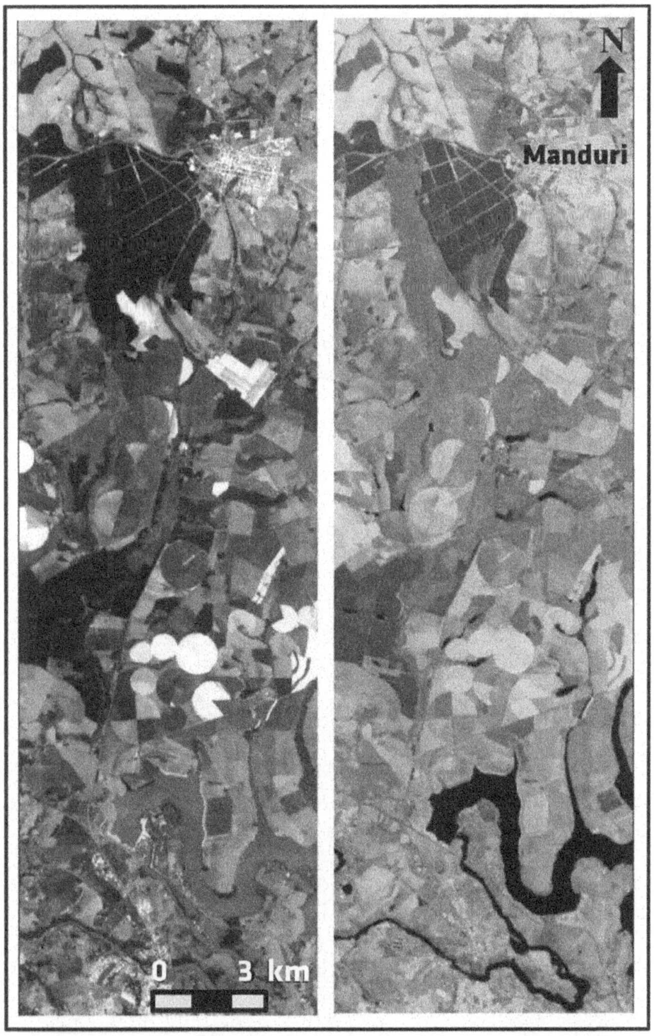

Fig. 8.1 *Imagem Hyperion/EO-1 do município de Manduri (SP): (A) composição colorida cor verdadeira das bandas espectrais posicionadas em 661 nm (vermelho), 569 nm (verde) e 487 nm (azul) e (B) composição colorida falsa cor das bandas espectrais posicionadas em 864 nm (vermelho), 1.548 nm (verde) e 2.201 nm (azul)*

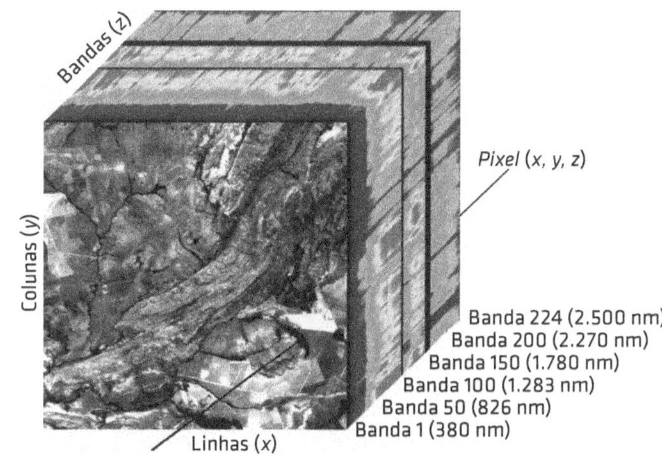

Fig. 8.2 *Ilustração do conceito de sensoriamento remoto hiperespectral usando dados Aviris adquiridos em 224 bandas espectrais na Chapada dos Veadeiros (GO). A resolução espacial é de 20 m*

Fig. 8.8 *(A) Composição colorida Aviris cor verdadeira da região de Campo Verde (MT), com as bandas posicionadas em 667 nm, 559 nm e 480 nm, respectivamente em vermelho, verde e azul, e (B) detecção espectral do mineral hematita usando a técnica SAM. Pixels em branco indicam áreas onde o solo não está exposto (mistura espectral) ou onde o referido mineral não ocorre*

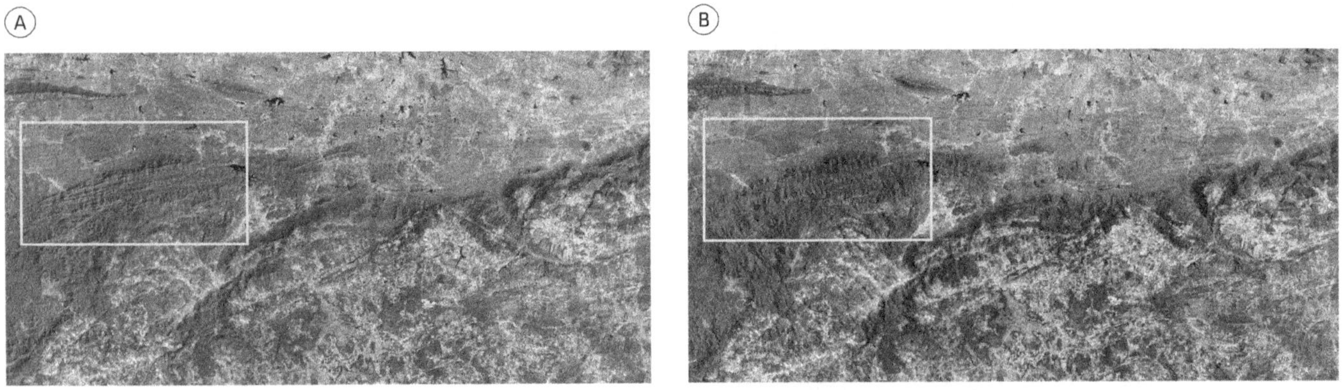

Fig. 9.1 *Composições coloridas RGB das bandas 5, 6 e 4 do sensor OLI/Landsat-8 da região central e semiárida do Estado de Pernambuco (bioma Caatinga) obtidas em (A) 14 de janeiro de 2015 (época chuvosa) e (B) 27 de setembro de 2015 (época seca). As diferenças sazonais registradas nas imagens podem implicar mapas da cobertura vegetal distintos, caso um seja produzido com base na imagem da estação chuvosa e o outro seja produzido com base na imagem da estação seca*

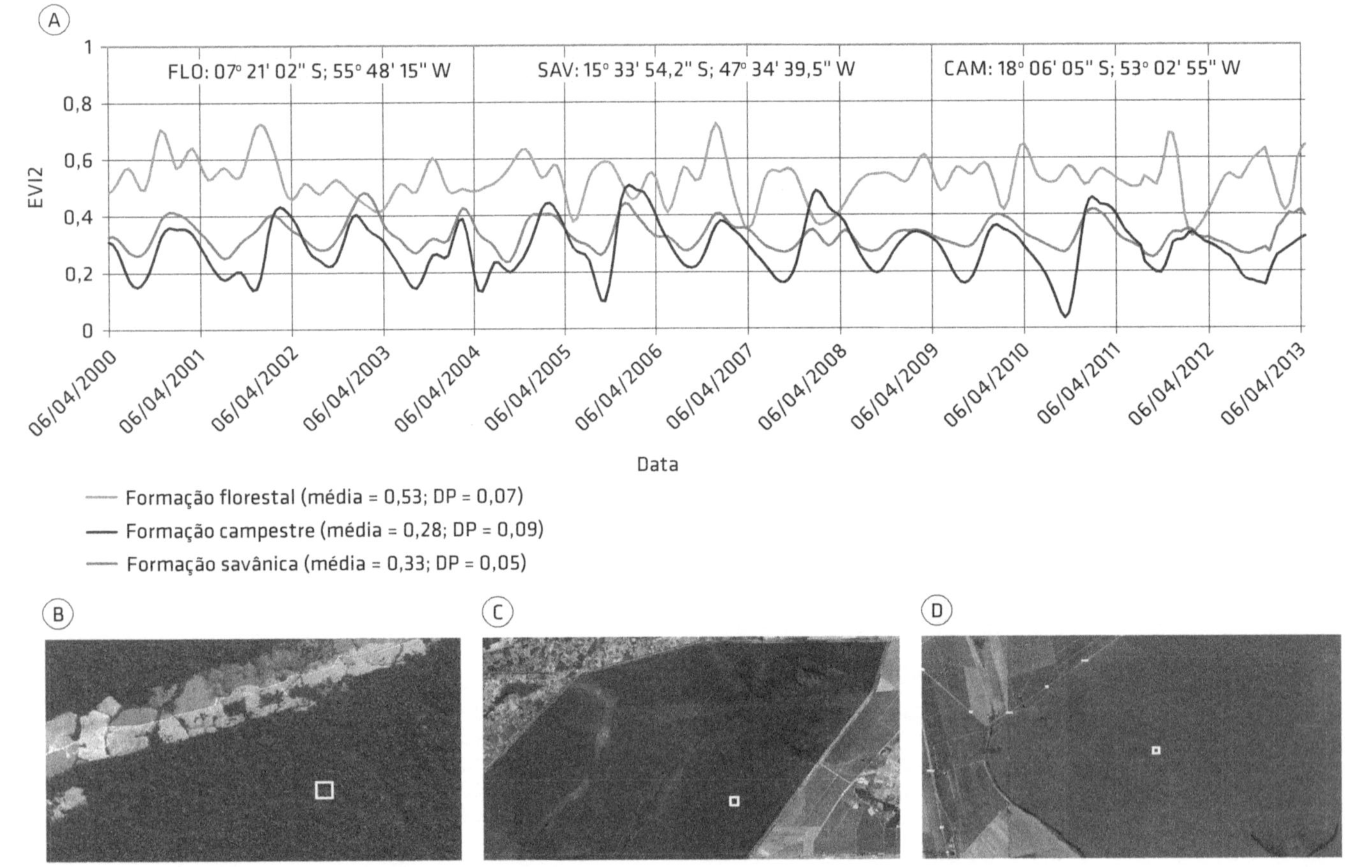

Fig. 9.6 *Assinaturas espectrotemporais, representadas pelo índice de vegetação realçado EVI2, de formações florestal, savânica e campestre (A), obtidas da Floresta Nacional de Jamanxim (PA) (B), da Reserva Ecológica de Águas Emendadas (DF) (C) e do Parque Nacional das Emas (GO) (D). FLO = formação florestal, SAV = formação savânica, CAM = formação campestre e DP = desvio-padrão. Nas imagens de satélite disponibilizadas pelo Google Earth, os quadrados brancos representam o tamanho do* pixel *do MOD13Q1 (250 m × 250 m)*

Fonte: LAF/Inpe.

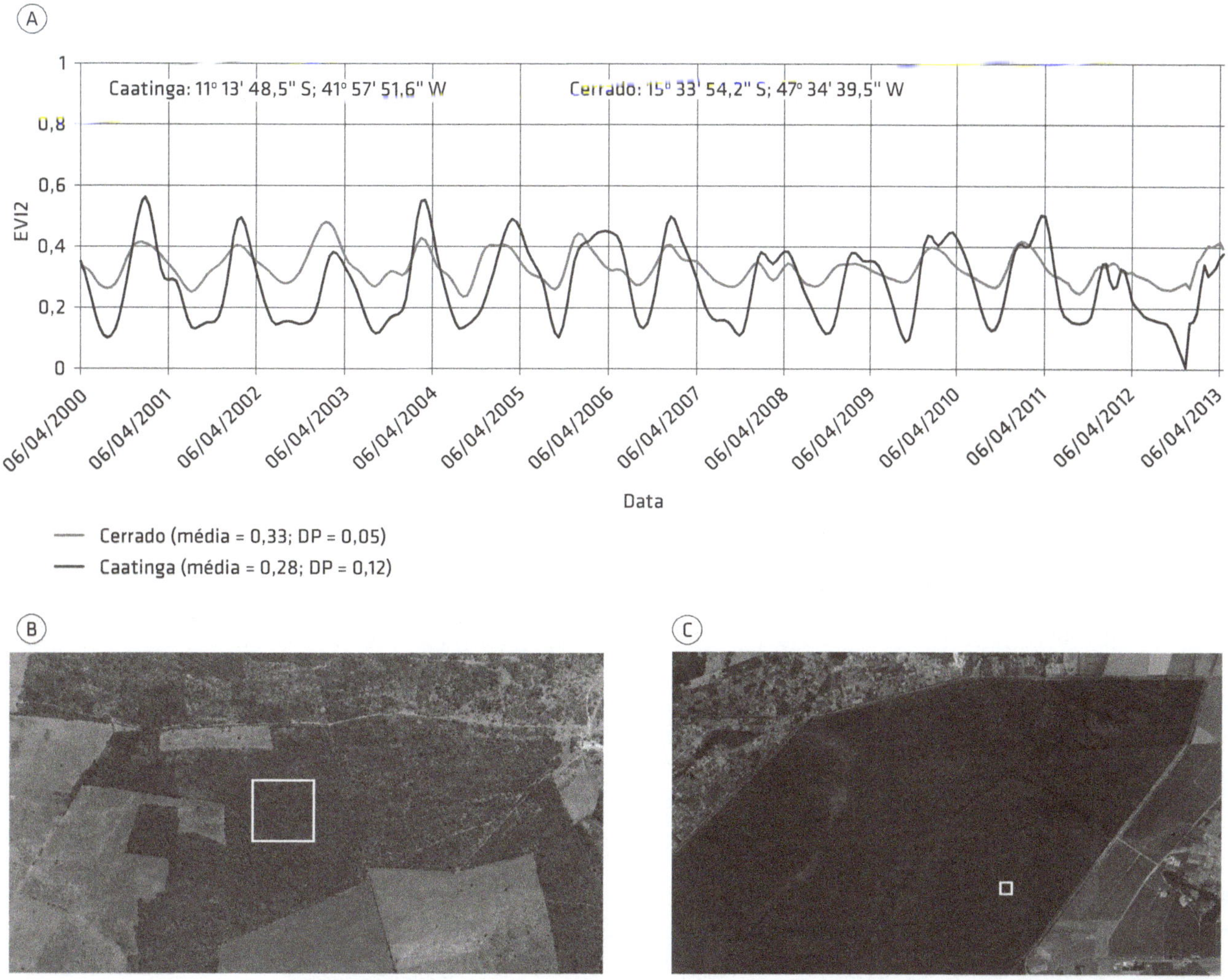

Fig. 9.7 *Assinaturas espectrotemporais, representadas pelo índice de vegetação realçado EVI2, de formações savânicas do Cerrado e da Caatinga (A), obtidas da Reserva Ecológica de Águas Emendadas (DF) (B) e do município baiano de Central (C). DP = desvio-padrão. Nas imagens de satélite disponibilizadas pelo Google Earth, os quadrados brancos representam o tamanho do* pixel *do MOD13Q1 (250 m × 250 m)*

Fonte: LAF/Inpe.

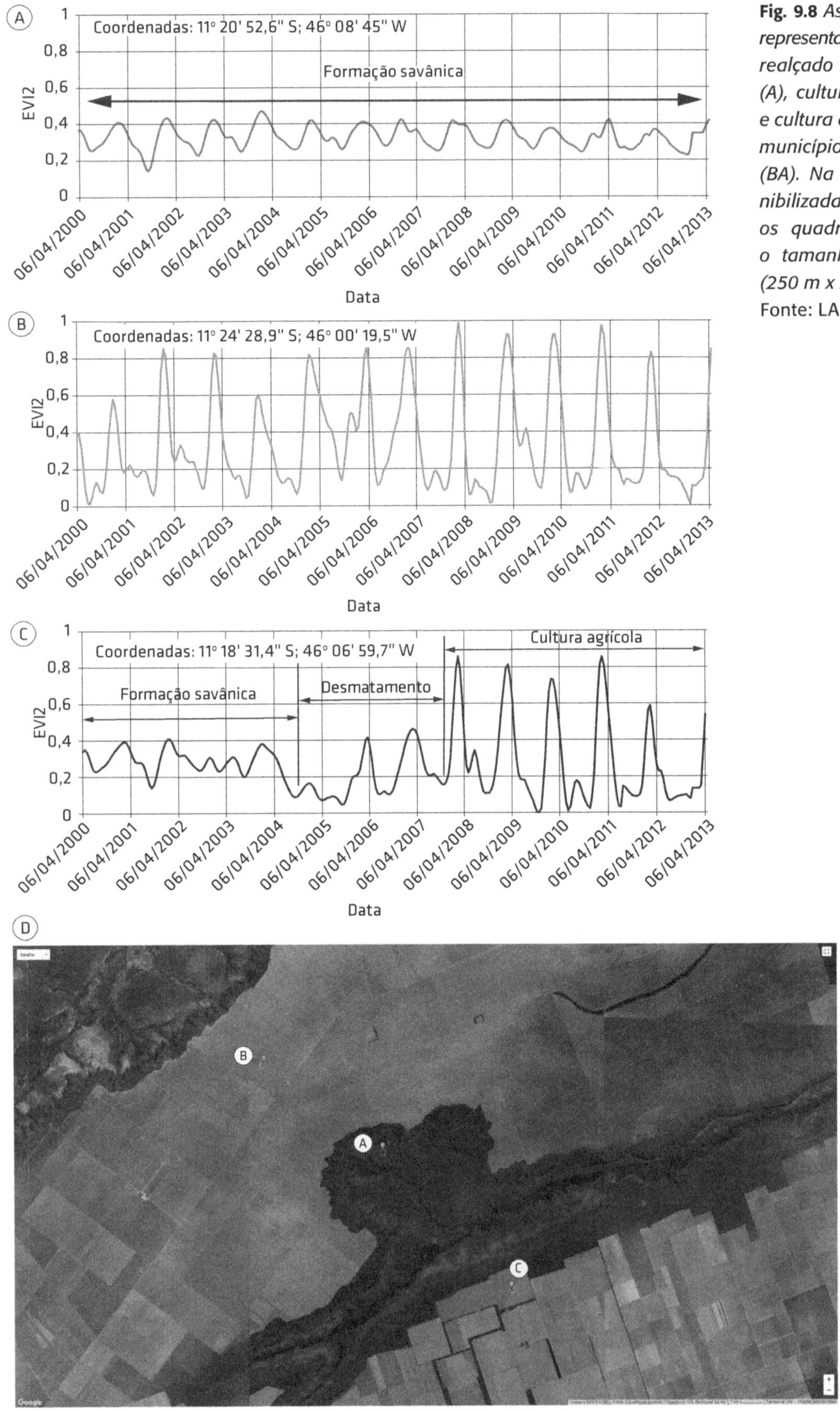

Fig. 9.8 *Assinaturas espectrotemporais, representadas pelo índice de vegetação realçado EVI2, de formação savânica (A), cultura agrícola consolidada (B) e cultura agrícola mais recente (C) do município de Formosa do Rio Preto (BA). Na imagem de satélite disponibilizada pelo Google Earth (D), os quadrados laranja representam o tamanho do* pixel *do MOD13Q1 (250 m x 250 m)*
Fonte: LAF/Inpe.

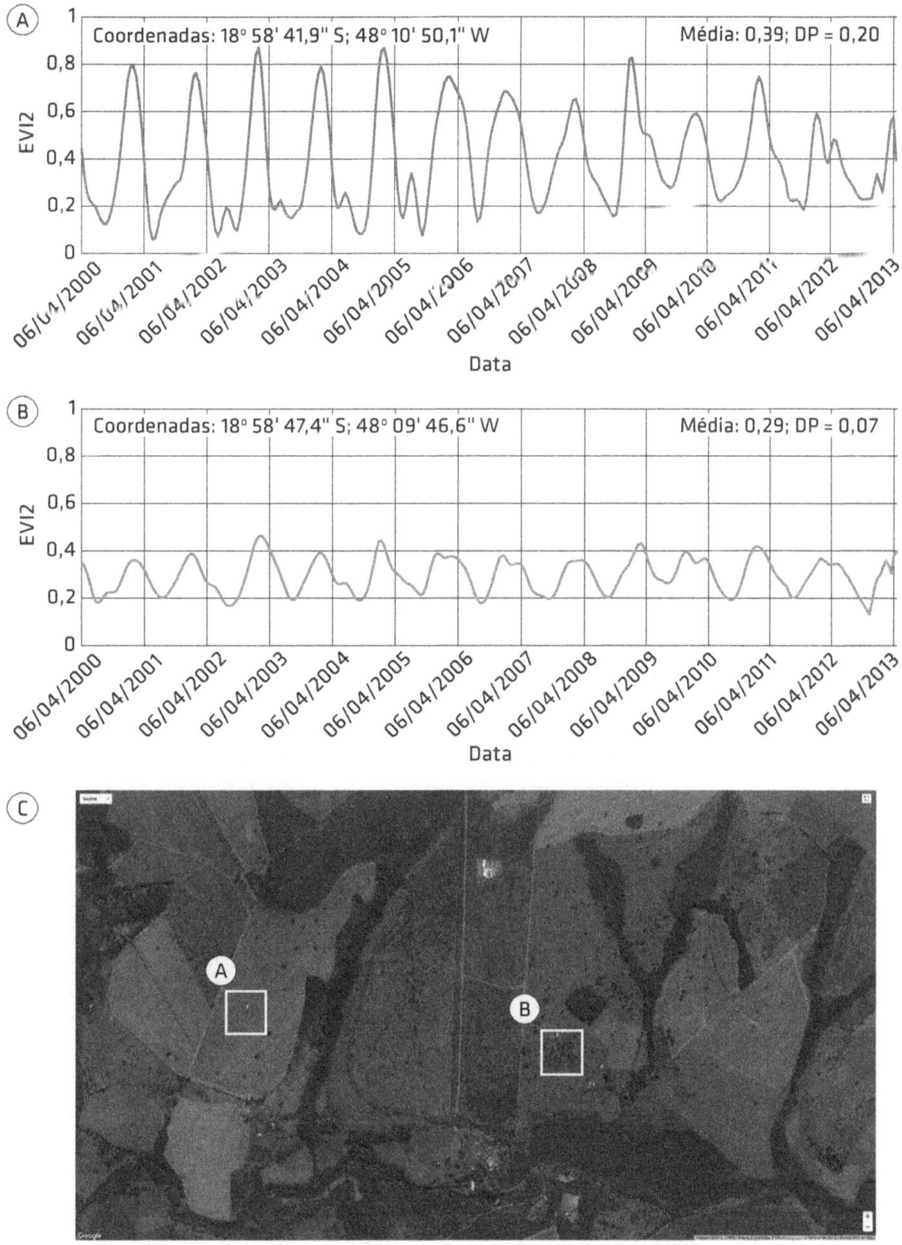

Fig. 9.9 *Assinaturas espectrotemporais, representadas pelo índice de vegetação realçado EVI2, de cultura agrícola de sequeiro (A) e pastagem cultivada (B) do município de Uberlândia (MG). Na imagem de satélite disponibilizada pelo Google Earth (C), os quadrados brancos representam o tamanho do* pixel *do MOD13Q1 (250 m × 250 m)*

Fonte: LAF/Inpe.

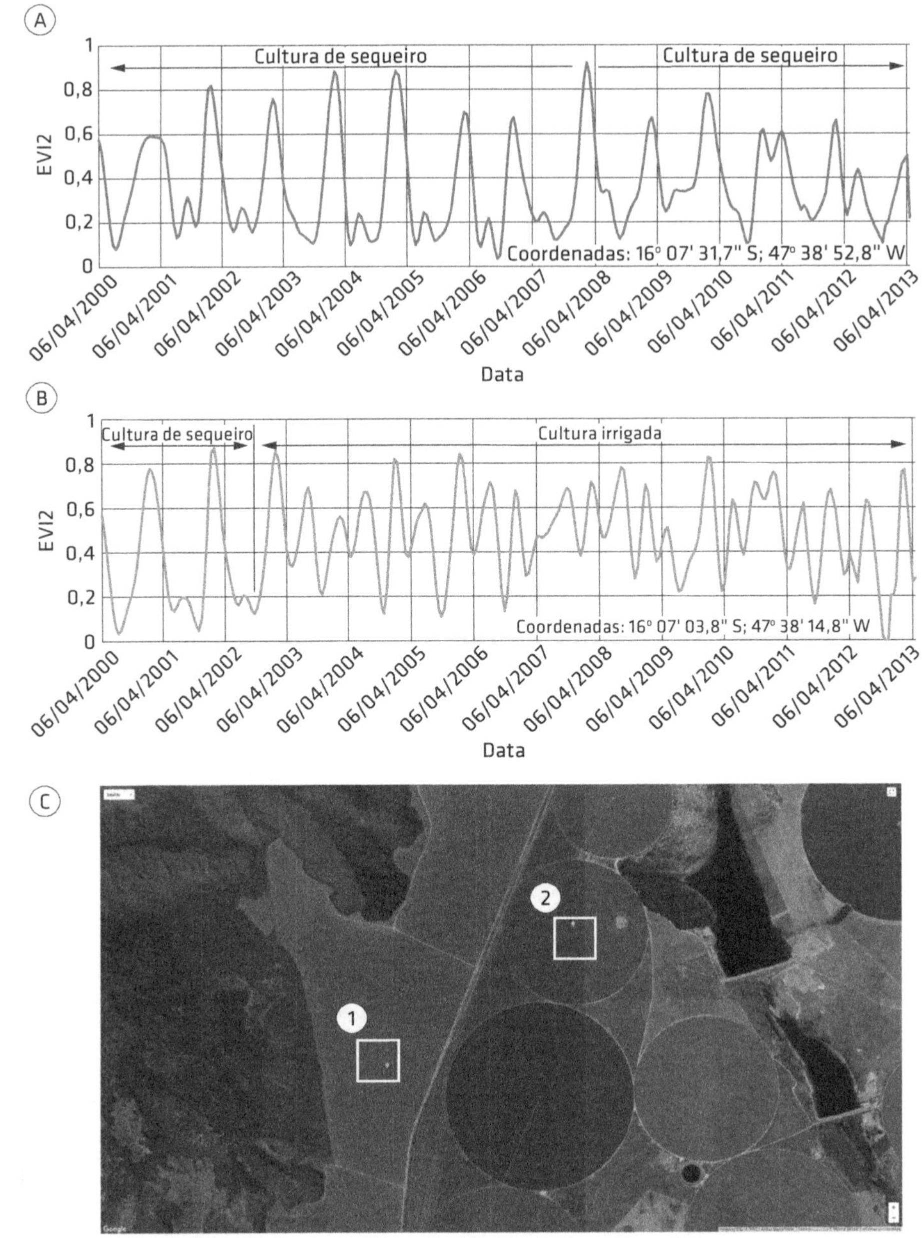

Fig. 9.10 *Comparação entre assinaturas espectrotemporais, representadas pelo índice de vegetação realçado EVI2, de uma cultura agrícola de sequeiro (A) e uma cultura agrícola irrigada (B) do município de Cristalina (GO). Na imagem de satélite disponibilizada pelo Google Earth (C), os quadrados 1 e 2 representam o tamanho do* pixel *do MOD13Q1 (250 m × 250 m). A presença de dois picos de EVI2 durante um determinado ano é típica de cultura agrícola irrigada, enquanto a presença de um pico de EVI2 menor precedido de um pico maior é típica de adubação verde*

Fonte: LAF/Inpe.

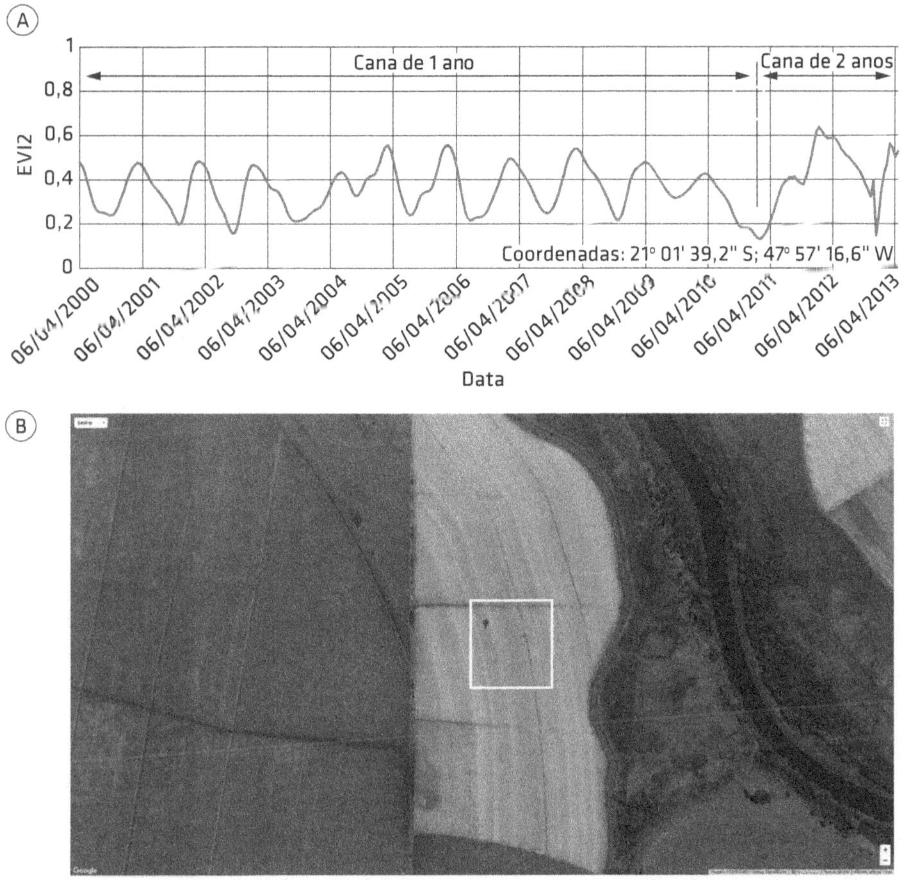

Fig. 9.11 *Assinatura espectrotemporal, representada pelo índice de vegetação realçado EVI2, de cultura de cana-de-açúcar do município de Sertãozinho (SP) (A). Na imagem de satélite disponibilizada pelo Google Earth (B), o quadrado branco representa o tamanho do* pixel *do MOD13Q1 (250 m × 250 m)*
Fonte: LAF/Inpe.

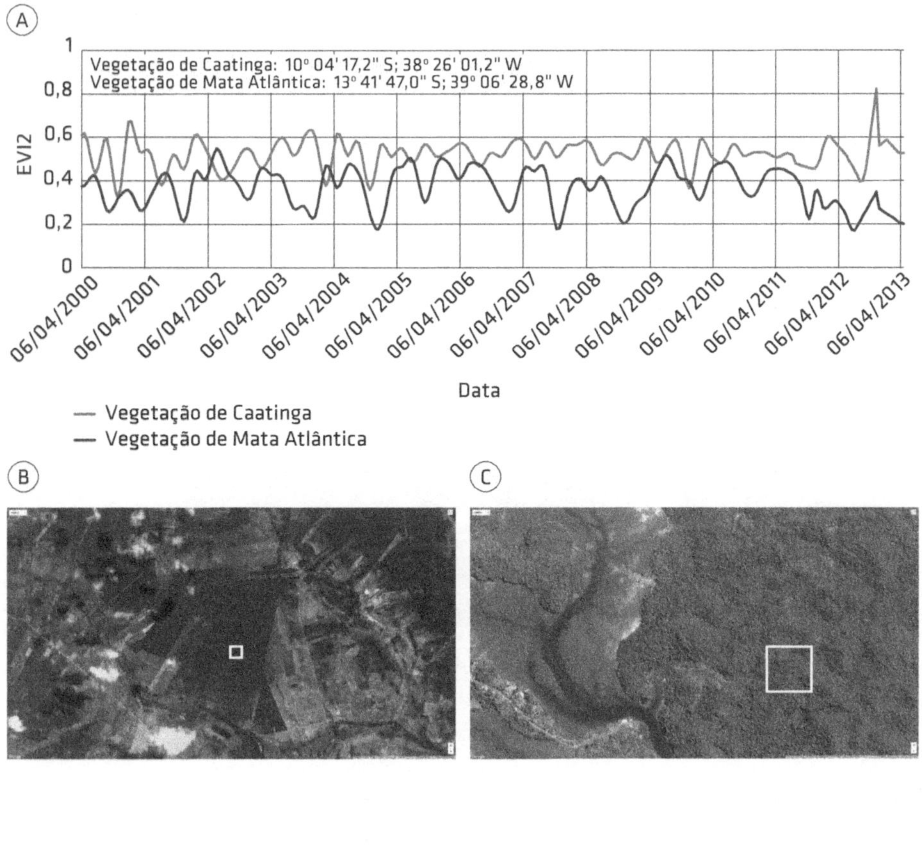

Fig. 9.12 *Assinaturas espectrotemporais de vegetação de Caatinga e de Mata Atlântica dos municípios de Jeremoabo (BA) e Ituberá (BA), respectivamente (A). As características sazonais são evidentes no primeiro município, mas menos acentuadas no segundo. Nas imagens de satélite dos municípios de Jeremoabo (B) e Ituberá (C) disponibilizadas pelo Google Earth, os quadrados brancos representam o tamanho do* pixel *do MOD13Q1 (250 m × 250 m)*
Fonte: LAF/Inpe.

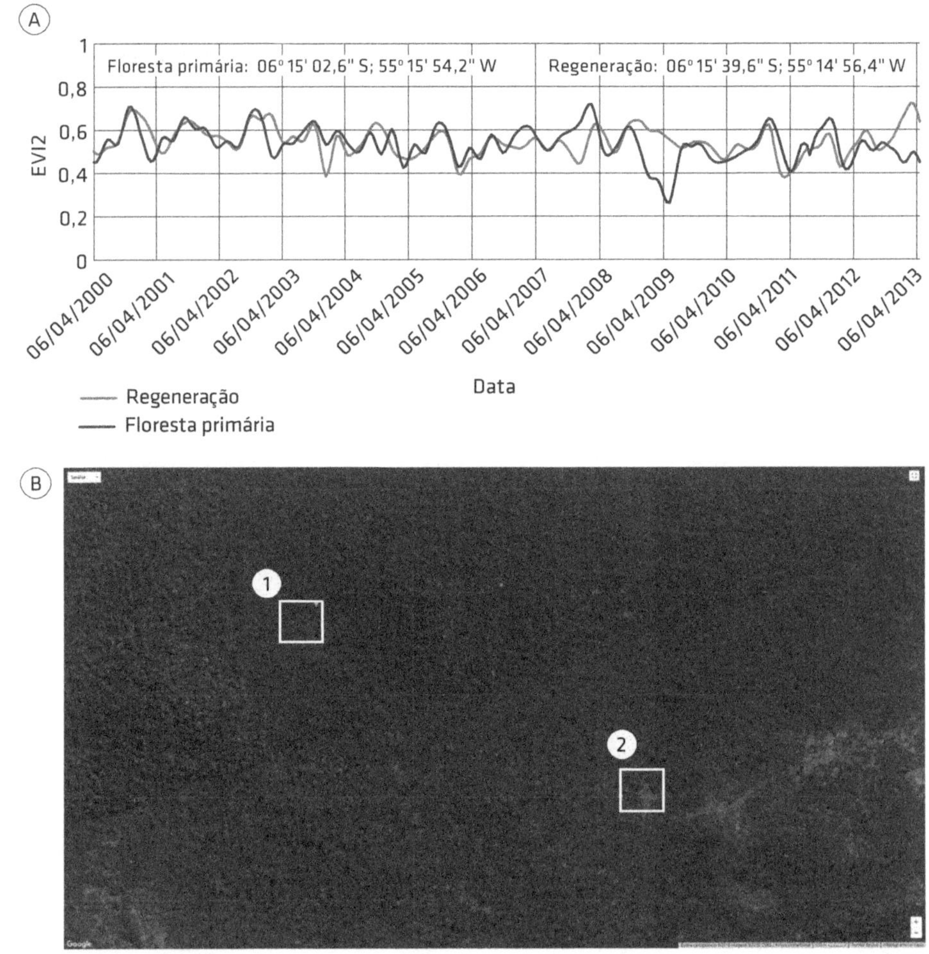

Fig. 9.14 *Comparação entre assinaturas espectrotemporais, representadas pelo índice de vegetação realçado EVI2, de uma área de regeneração e uma floresta primária do município de Altamira (PA) (A). Na imagem de satélite disponibilizada pelo Google Earth (B), os quadrados 1 e 2 representam o tamanho do* pixel *do MOD13Q1 (250 m × 250 m)*
Fonte: LAF/Inpe.

Fig. 10.13 *Composições coloridas RGB das polarizações HH, HV e VV (A) e HH, HV e média aritmética das polarizações HH e HV (B) de uma cena de parte do Distrito Federal adquirida pelo Palsar/Alos no dia 25 de abril de 2007. As cenas foram convertidas para coeficientes de retroespalhamento e realçadas com base no desvio-padrão dos coeficientes de retroespalhamento*

AUTORES

Dr. Paulo Roberto Meneses (organizador)
Professor Titular da Universidade de Brasília (UnB)
Instituto de Geociências

Dra. Tati de Almeida (organizadora)
Professora da Universidade de Brasília (UnB)
Instituto de Geociências

Dr. Gustavo Macedo de Mello Baptista (organizador)
Professor da Universidade de Brasília (UnB)
Instituto de Geociências

Dr. Edson Eyji Sano
Pesquisador da Embrapa Cerrados

Dra. Evlyn Márcia Leão de Moraes Novo
Pesquisadora Plena do Instituto Nacional de Pesquisas Espaciais (Inpe)
Coordenação de Observação da Terra

Dr. Lênio Soares Galvão
Pesquisador Pleno do Instituto Nacional de Pesquisas Espaciais (Inpe)
Coordenação de Observação da Terra

Dr. Flávio Jorge Ponzoni
Pesquisador Pleno do Instituto Nacional de Pesquisas Espaciais (Inpe)
Coordenação de Observação da Terra

Dr. José da Silva Madeira Netto
Pesquisador da Embrapa Cerrados

Dr. Washington de Jesus Sant'Anna Franca Rocha
Professor da Universidade Estadual de Feira de Santana (UEFS)
Programa de Pós-Graduação em Modelagem em Ciências da Terra e do Ambiente

Dra. Elane Fiúza Borges
Professora da Universidade Estadual de Feira de Santana (UEFS)
Programa de Pós-Graduação em Modelagem em Ciências da Terra e do Ambiente

Msc. Deorgia Tayane Mendes de Souza
Doutoranda em Geociências Aplicadas pela Universidade de Brasília (UnB)
Instituto de Geociências

Msc. Alana Carla Toniol
Mestre em Sensoriamento Remoto pelo Instituto Nacional de Pesquisas Espaciais (Inpe)
Coordenação de Observação da Terra